新世纪普通高等教育
工学类课程规划教材

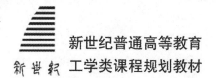

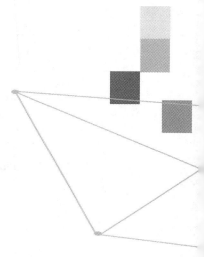

GONGCHENG LIXUE

微课版

工程力学（第四版）

主　编　邹建奇　郑训臻　周显波
副主编　崔亚平　李厚萱　张志影
主　审　董云峰

大连理工大学出版社

图书在版编目(CIP)数据

工程力学 / 邹建奇，郑训臻，周显波主编. -- 4 版
. -- 大连 ：大连理工大学出版社，2022.2(2023.7 重印)
新世纪普通高等教育工学类课程规划教材
ISBN 978-7-5685-3755-1

Ⅰ. ①工… Ⅱ. ①邹… ②郑… ③周… Ⅲ. ①工程力学－高等学校－教材 Ⅳ. ①TB12

中国版本图书馆 CIP 数据核字(2022)第 026180 号

大连理工大学出版社出版
地址:大连市软件园路 80 号 邮政编码:116023
发行:0411-84708842 邮购:0411-84708943 传真:0411-84701466
E-mail:dutp@dutp.cn URL:http://dutp.dlut.edu.cn
大连雪莲彩印有限公司印刷 大连理工大学出版社发行

幅面尺寸:185mm×260mm 印张:20 字数:485 千字
2009 年 8 月第 1 版 2022 年 2 月第 4 版
2023 年 7 月第 2 次印刷

责任编辑:王晓历 责任校对:白 露
封面设计:对岸书影

ISBN 978-7-5685-3755-1 定 价:51.80 元

前　言

《工程力学》(第四版)是新世纪普通高等教育教材编审委员会组编的工学类课程规划教材之一。

《工程力学》(第四版)是根据国家教育部高等学校力学指导委员会2014年4月颁布的《理工科非力学专业力学基础课程教学基本要求》及国家《关于地方本科高校转型发展的指导意见》的文件要求,在保留原来注重基本理论、基本方法和基本计算的掌握,突出应用型人才培养目标,注重工程应用,培养创新能力的基础上,对书中的部分内容进行了修改和补充。比如,在每一章都增加了与章节内容相关的阅读资料,部分例题和习题也做了完善和补充。

为了推进应用型人才培养目标的实现,本教材主要做了如下几个方面的修改:

1. 本教材注重理论联系实际工程,为了扩大学生的力学知识面、加深对著名工程和力学人物的了解,在每章末结合章节内容修订了阅读资料部分,注重加强学生对工程概念的理解,增添教材的趣味性,激发学生学习力学的兴趣。

2. 本教材在上版的基础上将部分章节的文字叙述、解题过程进行了完善,对发现的错误进行了改正。

为响应教育部全面推进高等学校课程思政建设工作的要求,本教材挖掘了相关的思政元素,逐步培养学生正确的思政意识,树立肩负建设国家的责任意识,从而实现全员、全过程、全方位育人。学生树立爱国主义情感,能够更积极地学习科学知识,立志成为社会主义事业建设者和接班人。

本教材响应二十大精神,推进教育数字化,建设全民终身学习的学习型社会、学习型大国,及时丰富和更新了数字化微课资源,以二维码形式融合纸质教材,使得教材更具及时性、内容的丰富性和环境的可交互性等特征,使读者学习时更轻松、更有趣味,促进了碎片化学习,提高了学习效果和效率。

本教材由长春建筑学院邹建奇、郑训臻、周显波任主编;吉林建筑大学崔亚平,长春建筑学院李厚萱、张志影任副主编,长春建筑学院李静瑶参与了编写。具体编写分工如下:李厚萱编写第 1、第 2 章；邹建奇编写第 3、第 4 章；张志影编写第 5、第 6 章；董云峰编写第 7、第 8 章；郑训臻编写第 9、第 10、第 13、第 14 章；崔亚平编写第 11、第 12 章；李静瑶负责附录的校对工作及习题的修改与完善，周显波负责全书的校对工作。本教材由邹建奇负责统稿和定稿。吉林建筑大学董云峰教授审阅了全书，并提出了修改建议。

本教材在修订的过程中，得到了长春建筑学院和吉林建筑大学领导及教师的大力支持，在此表示感谢。

本教材在修订的过程中，参阅了国内外、网络上的一些文献、资料、图片，向这些资源的作者表示诚挚的谢意。

由于编者水平有限，书中也许仍有错误，望读者不吝赐教，我们深表谢意。

编　者

2022 年 2 月

所有意见和建议请发往：dutpbk@163.com

欢迎访问高教数字化服务平台：http://hep.dutpbook.com

联系电话：0411-84708462　84708445

目　录

第1篇　理论力学

第1章　静力学基本知识……3
1.1　力的概念……3
1.2　静力学公理……4
1.3　约束与约束力……5
1.4　物体的受力分析和受力图……8
本章小结……10
习　题……11
第2章　力系的简化与平衡……13
2.1　平面汇交力系……13
2.2　平面力偶系……18
2.3　平面任意力系……21
2.4　空间任意力系……31
2.5　考虑滑动摩擦时的平衡问题……38
本章小结……40
习　题……45
第3章　运动学基本知识……50
3.1　点的运动学……50
3.2　刚体的基本运动……57
本章小结……63
习　题……65
第4章　点的合成运动……68
4.1　点的运动合成概述……68
4.2　点的速度合成定理……71
4.3　点的加速度合成定理……74
本章小结……79
习　题……80
第5章　刚体的平面运动……83
5.1　刚体平面运动概述……83
5.2　平面图形内各点的速度……85
5.3　平面图形内各点的加速度——基点法……89
本章小结……92
习　题……93

第6章 质点和质点系动力学 …… 95
6.1 质点动力学 …… 95
6.2 动量定理 …… 98
6.3 动量矩定理 …… 102
6.4 动能定理 …… 109
本章小结 …… 121
习 题 …… 124
第7章 达朗贝尔原理 …… 129
7.1 达朗贝尔原理概述 …… 129
7.2 刚体惯性力系的简化 …… 132
本章小结 …… 136
习 题 …… 137
第8章 虚位移原理 …… 139
8.1 约束·自由度·广义坐标 …… 139
8.2 虚位移原理概述 …… 141
本章小结 …… 149
习 题 …… 150

第2篇 材料力学

第9章 拉伸与压缩变形 …… 155
9.1 轴向拉伸与压缩的概念 …… 155
9.2 内力、轴力及轴力图 …… 155
9.3 拉(压)杆内的应力 …… 158
9.4 拉(压)杆的变形 …… 162
9.5 材料在拉伸(压缩)时的力学性质 …… 165
9.6 许用应力与强度条件 …… 171
9.7 拉(压)杆的超静定问题 …… 173
本章小结 …… 175
习 题 …… 176
第10章 扭转与剪切变形 …… 179
10.1 扭转的概念及实例 …… 179
10.2 扭矩的计算和扭矩图 …… 180
10.3 圆轴扭转时的应力与强度条件 …… 182
10.4 圆轴扭转时的变形与刚度条件 …… 188
10.5 剪切的概念及实例 …… 190
10.6 连接件的强度计算 …… 190
本章小结 …… 193
习 题 …… 194

第 11 章 弯曲变形 …… 199
11.1 平面弯曲的概念及梁的计算简图 …… 199
11.2 弯曲内力 …… 200
11.3 弯曲应力 …… 207
11.4 梁横截面上的切应力 …… 213
11.5 梁的合理设计 …… 216
11.6 弯曲变形概述 …… 217
本章小结 …… 227
习 题 …… 229
第 12 章 应力状态和强度理论 …… 234
12.1 概 述 …… 234
12.2 平面应力状态下的应力分析 …… 235
12.3 空间应力状态下的应力分析 …… 243
12.4 广义胡克定律 …… 245
12.5 强度理论 …… 249
本章小结 …… 254
习 题 …… 256
第 13 章 组合变形 …… 259
13.1 组合变形的概念 …… 259
13.2 斜弯曲 …… 260
13.3 拉伸(压缩)与弯曲 …… 262
13.4 偏心拉伸(压缩) …… 264
13.5 弯曲与扭转 …… 267
本章小结 …… 270
习 题 …… 271
第 14 章 压杆稳定 …… 274
14.1 压杆稳定的概念 …… 274
14.2 理想压杆临界力的计算 …… 275
14.3 欧拉公式的适用范围 …… 278
14.4 压杆的稳定计算 …… 280
14.5 压杆的合理截面设计 …… 285
本章小结 …… 287
习 题 …… 287
参考文献 …… 290
附 录 …… 291
附录 A 刚体对轴转动惯量的计算 …… 291
附录 B 截面的几何性质 …… 296
附录 C 型钢表 …… 303
附录 D 简单荷载作用下梁的挠度和转角 …… 310

第1篇　理论力学

1. 理论力学的研究对象和主要内容

结构物通常分为建筑结构和机械结构两种形式，它们通常都受到各种外力的作用，例如，行驶的汽车受到重力、摩擦力和动力的作用，房屋受到来自自然界的风力、自身重力的作用，吊车梁承受吊车和起吊物的重力作用等，力学是研究工程中的结构物及一些自然现象中的物体受力后所表现的力学性质。理论力学是研究物体机械运动一般规律的科学。

机械运动是指物体在空间的位置随时间变化而变化的过程，例如，行驶的汽车、飞行中的飞机、航行中的轮船、地球的公转和自转、机床的旋转、建筑物的沉陷等都是机械运动。平衡是机械运动的特例。理论力学是经典力学，也称古典力学，它是以牛顿三大定律为基础建立起来的，所谓"古典力学"指的是它仅适合于运动速度远小于光速的宏观物体的运动。若物体的速度接近光速，则由相对论力学来研究；若是微观粒子的运动，则由量子力学来研究。因此理论力学的研究范畴是宏观低速物体，在现代科技和工程中绝大多数物体运动都属于这个领域，所以理论力学一直发挥着它所应有的作用。

理论力学的研究内容由三部分组成：静力学（包括静力学基本知识、平面力系的简化与平衡），运动学（包括运动学基木知识、点的合成运动、刚体的平面运动），动力学（包括动力学普遍定理、达朗伯原理、虚位移原理）。

2. 理论力学的研究方法和学习理论力学的目的

理论力学的研究方法和其他学科一样，遵循辩证唯物主义的客观规律，即从实践到认识，再从认识到实践的过程。通过对生产和自然现象中物体所做机械运动的认识，建立起相应的力学模型，经过分析、归纳和综合，上升到理性认识，通过数学演绎形成反映机械运动规律的定理，再回到实践中去检验，这样反复进行的过程，形成了理论力学的理论体系。

理论力学属于经典力学的范畴，它与人类科学实践和对自然的认识是密不可分的。牛顿根据前人长期对机械运动的研究成果，总结出了牛顿三定律，奠定了经典力学的基础。18世纪，随着欧洲工业革命的爆发，出现了更复杂的机械运动，在经典力学的基础上，达朗贝尔提出了研究非自由质点系动力学的新方法——动静法；拉格朗日提出了用广义坐标描述非自由质点系的运动，使所描述体系的变量大大地减少，并将物体运动的机械能与作用在物体上的力所做的功联系起来，用能量法研究平衡问题——虚位移原理，从而拓宽了求解非自由质点系问题的途径。

理论力学是建筑工程和机械工程等专业必修的一门专业基础课程之一，学习理论力学一方面可以直接解决工程中的一些力学问题，另一方面更重要的是为后继课程打基础。理论力学的研究对象是研究不变形的物体——刚体，因此理论力学也称为"刚体力学"。

理论力学是一门较强的数学演绎和逻辑推理的课程，通过理论力学的学习，可以提高我们对机械运动的认识，为学习后继课程打下坚实的理论基础。锻炼和提高逻辑思维的能力，同时也为人们如何用科学的方法解决工程实际问题提供了方法和手段，增强解决问题的能力。

第 1 章

浅谈静力学

静力学基本知识

静力学是研究物体在力的作用下平衡规律的科学。

静力学的研究对象主要是刚体，因此，静力学又称刚体静力学。刚体是指在力的作用下不变形的物体，它是理论力学理想化的力学模型。事实上，在力的作用下不变形的物体是不存在的，物体或多或少地要产生变形，但当其变形较小而不影响所研究问题的性质时，可以忽略其变形，这就是抓住问题的主要矛盾、忽略次要矛盾的辩证唯物主义的观点。

本章学习力的概念、静力学公理、约束与约束力、物体的受力分析和受力图。正确画出物体的受力图是研究物体平衡与运动的基础，也是本章学习的重点。

1.1　力的概念

力是物体间的相互作用，这种作用可以使物体的运动状态或形状发生改变。

物体间相互作用的形式很多，大体可分两类，一类是直接接触作用，例如物体所受的拉力或压力；另一类是“场”的作用，例如，地球引力场。力有两种效应：一是力的运动效应，即力使物体的机械运动状态发生变化，例如，静止在地面的物体，当用力推它时，便开始运动；二是力的变形效应，即力使物体形状发生变化，例如，钢筋受到的横向压力过大时，将产生弯曲。

力的三要素是力的大小、方向和作用点。力的大小表示物体间相互作用的强弱程度，一般采用国际单位制，力的单位是牛顿（N，简称牛）或者千牛顿（kN，简称千牛），1 kN＝10^3 N。力的方向表示物体间的相互作用具有方向性，它包括方位和指向。力的作用点表示物体间相互作用的位置。一般说来，力的作用位置不是一个几何点而是有一定大小的一个范围，例如，重力是分布在物体整个体积上的，称体积分布力；水对池壁的压力是分布在池壁表面上的，称面分布力；分布在一条直线上的力，称线分布力；当力的作用范围很小时，可以将它抽象为一个点，此点便是力的作用点，此力称为集中力。

由力的三要素可知，力是矢量，记作 $\boldsymbol{F}$。本教材中的黑体均表示矢量，矢量可以用一有向线段表示，如图 1-1 所示。有向线段 AB 的长度表示力的大小；有向线段 AB 的指向表示力的方向；有向线段 AB 的起点或终点表示力的作用点。

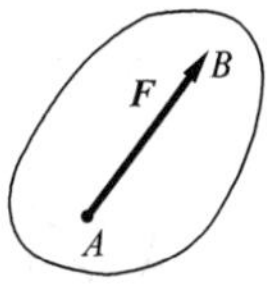

图 1-1　力的矢量表示

1.2 静力学公理

静力学公理是指人们在生产和生活实践中长期积累和总结出来并通过实践反复验证的具有一般规律的定理和定律。它是静力学的理论基础，并且无须证明。

1. 公理 1：力的平行四边形法则

作用在物体上同一点的两个力，可以合成为一个合力，此合力的大小和方向由此二力矢量所构成的平行四边形对角线来确定，合力的作用点仍在该点。如图 1-2(a)所示，$\boldsymbol{F}$ 为 $\boldsymbol{F}_1$ 和 $\boldsymbol{F}_2$ 的合力，即合力等于两个分力的矢量和。

$$\boldsymbol{F}=\boldsymbol{F}_1+\boldsymbol{F}_2 \tag{1-1}$$

也可采用三角形法则确定合力，即二力依次首尾相接，其三角形的封闭边即为该二力的合力，如图 1-2(b)所示。力的平行四边形法则和三角形法则是最简单的力系简化法则，同时此法则也是力的分解法则。

2. 公理 2：二力平衡原理

作用在刚体上的两个力，使刚体保持平衡的必要和充分条件是：此二力必大小相等、方向相反，并且作用在同一条直线上，即 $\boldsymbol{F}_1=-\boldsymbol{F}_2$，如图 1-3 所示。

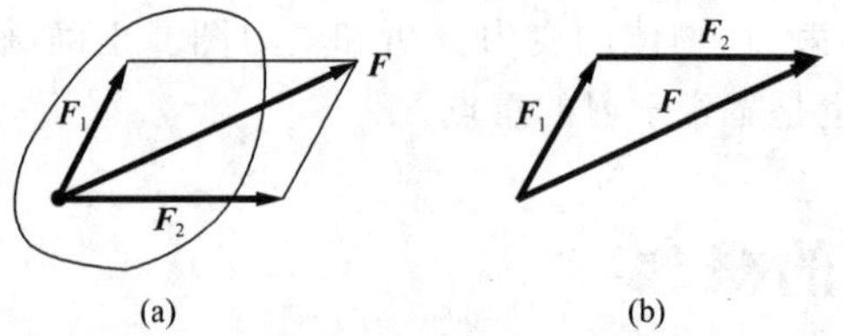

图 1-2 力的平行四边形法则和三角形法则

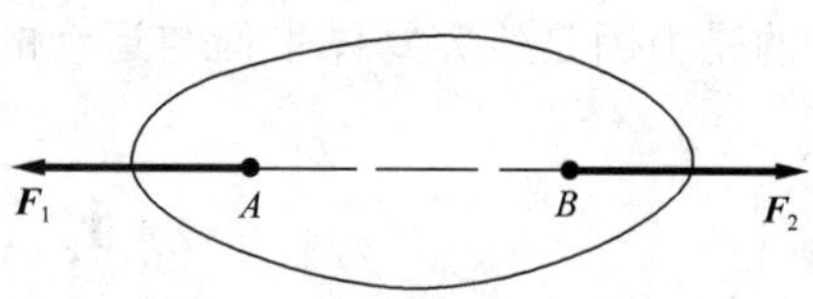

图 1-3 二力平衡原理

应当指出：二力平衡原理适用于刚体，对变形体则只是必要条件，但不是充分条件。

利用此公理可以确定力的作用线位置，例如，刚体在两个力的作用下平衡，若已知两个力的作用点，则此作用点的连线即为二力的作用线。同时，二力平衡力系也是最简单的平衡力系。

3. 公理 3：加减平衡力系原理

在作用于刚体的力系中加上或减去任意的平衡力系，并不改变原来力系对刚体的作用。

此公理表明平衡力系对刚体不产生运动效应，其适用条件只是刚体。根据公理 3 可得推论：**力的可传性。**

将作用在刚体上的力沿其作用线任意移动，而不改变它对刚体的作用效应，如图 1-4 所示。

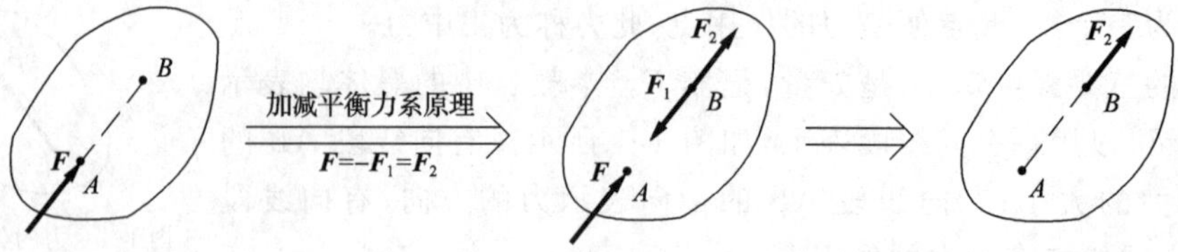

图 1-4 力的可传性

根据公理 1、公理 2 可得推论：**三力平衡汇交定理。**

刚体在三力作用下处于平衡，若其中两个力汇交于一点，则第三个力必汇交于该点，如图 1-5 所示。

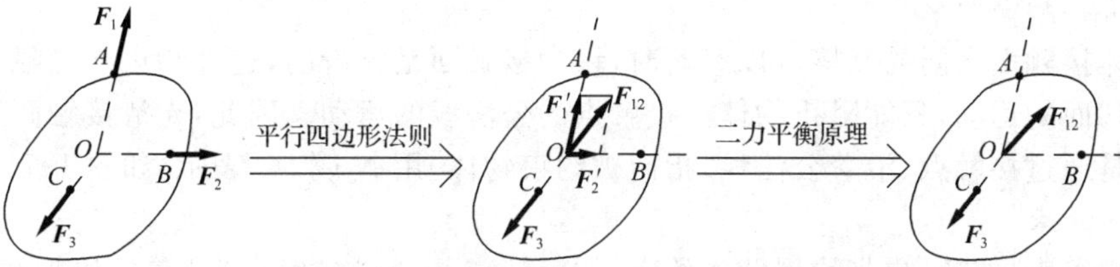

图 1-5　三力平衡汇交定理

应当指出，三力平衡汇交定理的条件是必要条件，不是充分条件。同时它也是确定力的作用线的方法之一，即如果刚体在三个力的作用下处于平衡，若已知其中两个力的作用线汇交于一点，则第三个力的作用点与该汇交点的连线为第三个力的作用线，其指向由二力平衡定理来确定。

4. 公理 4：作用与反作用定律

物体间的作用力与反作用力总是成对出现的，其大小相等，方向相反，沿着同一条直线，且分别作用在两个相互作用的物体上。如图 1-6 所示，C 铰处 $\boldsymbol{F}_N$ 与 $\boldsymbol{F}'_N$ 为一对作用力与反作用力。

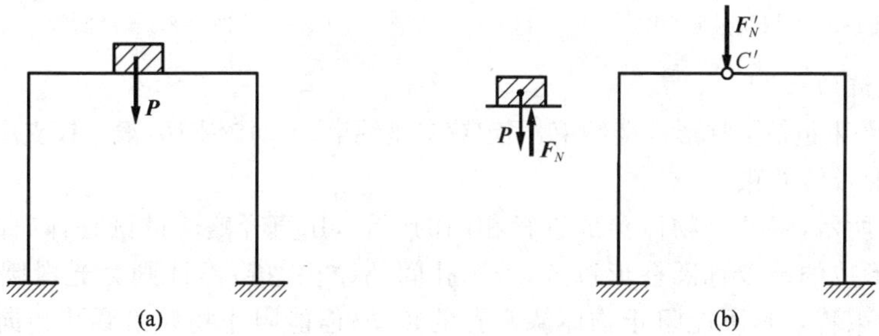

图 1-6　作用与反作用定律

1.3　约束与约束力

从运动的角度将所研究的物体分为两类：一类是物体的运动不受它周围物体的限制，这样的物体称为自由体，例如飞行中的飞机、炮弹、卫星等；另一类是物体的运动受到它周围物体的限制，这样的物体称为非自由体，例如，建筑结构中的水平梁受到支撑它的柱子的限制，火车只能在轨道上行驶等。因此，我们将限制非自由体某种位置或运动的周围物体称为**约束**，如上述的柱子是水平梁的约束，轨道是火车的约束。约束是通过直接接触实现的，当物体沿着约束所能阻止的运动方向有运动或运动趋势时，对它形成约束的物体必有能阻止其运动的力作用于它，这种力称为该物体的约束力，即约束力是约束对物体的作用，确定约束力方向的准则是，约束力的方向恒与约束所能阻止的运动方向相反。事实上约束力是一种被动力，与之相对应的力是主动力，即主动地使物体有运动或有运动趋势的大小、方向已知的力称为主动力，例如，重力、拉力、牵引力等，工程中通常将主动力称为荷载。

工程中大部分研究对象都是非自由体，它们所受的约束是多种多样的，其约束力的形式也是多种多样的。因此在理论力学中，将物体所受约束的主要因素保留，忽略次要因素，得到下面几种工程中常见的约束及约束力。

1. 光滑接触面约束

若物体接触面之间的摩擦可以忽略时，认为接触面是光滑的，这种约束不能限制物体沿接触点公切面的运动，只能阻止物体沿接触点的公法线的运动。因此，光滑接触面约束的约束力特点是通过接触点、沿着公法线、指向被约束物体，用 $\boldsymbol{N}$ 或 $\boldsymbol{F}_N$ 表示，如图 1-7 所示。

2. 柔体约束

工程中绳索、链条、皮带均属此类约束，约束特点是通过接触点，沿着柔体轴线、背离被约束物体，即柔体只承受拉力，用 $\boldsymbol{F}_T$ 表示，如图 1-8 所示。

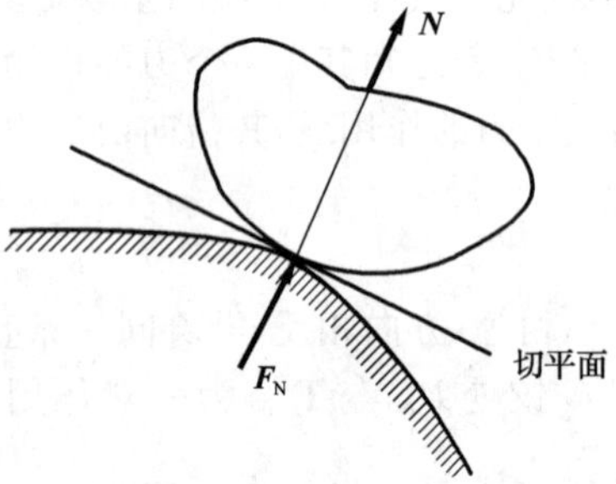

图 1-7 光滑接触面约束

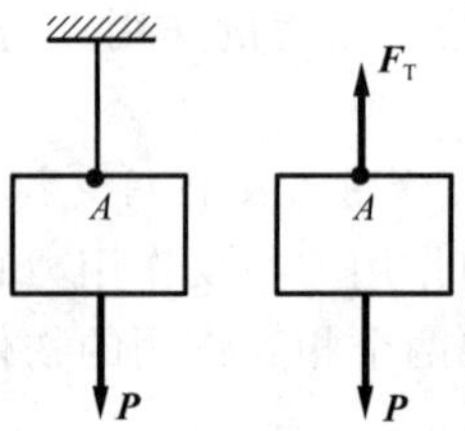

图 1-8 柔体约束

3. 光滑铰链约束

光滑铰链约束包括圆柱形铰链约束、固定铰支座约束、可动铰支座(滚动铰支座)约束三种。

(1)圆柱形铰链约束

如图 1-9 所示，将两个物体穿成直径相同的圆孔，用直径略小的圆柱体(称销子)将两个物体连接上，形成的装置称圆柱形铰链，若圆孔间的摩擦忽略不计则为光滑圆柱形铰链，简称铰链。其约束特点是不能阻止物体绕圆孔的转动，但能阻止物体沿圆孔径向的运动，约束力作用点(作用线穿过接触点和圆孔中心，但由于圆孔较小，忽略其半径)在圆孔中心，指向不定，它取决于主动力的状态。如图 1-10(a)所示的 $\boldsymbol{F}_A$，通常用它的两个正交分量表示在铰链简图上，如图 1-10(b)所示的 $\boldsymbol{F}_{Ax}$、$\boldsymbol{F}_{Ay}$。

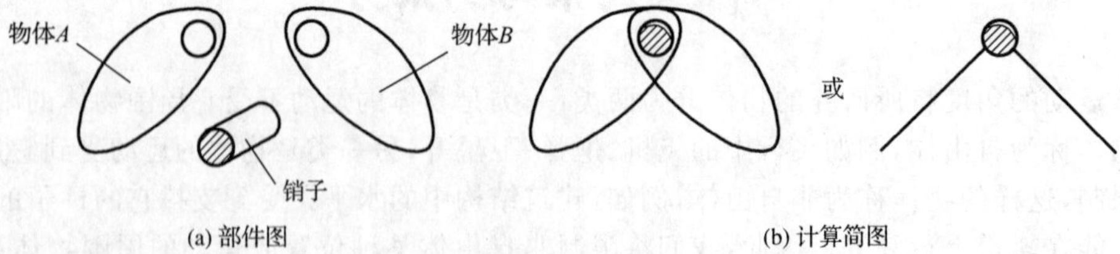

图 1-9 圆柱形铰链简图

(2)固定铰支座约束

将上面的圆柱形铰链中的一个物体固定在不动的支撑平面上，这样形成的装置称为固定铰支座。其约束特点与圆柱形铰链一样，如图 1-11 所示。

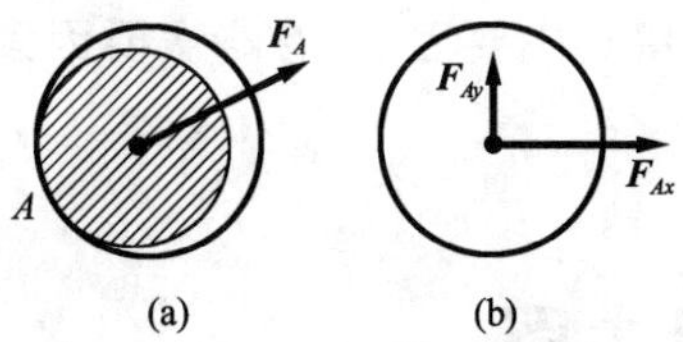

图 1-10　圆柱形铰链约束力

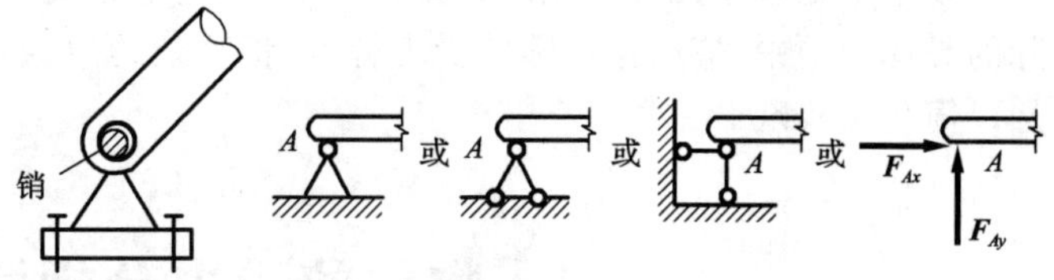

图 1-11　固定铰支座简图及约束力

(3)可动铰支座(滚动铰支座)约束

将上面的圆柱形铰链中的一个物体下面放上滚轴，此装置可在其支撑表面上移动，且摩擦不计，这样的装置称可动铰支座或滚动铰支座。其约束特点是约束力沿支撑表面的法线，作用线通过铰链中心，如图 1-12 所示。

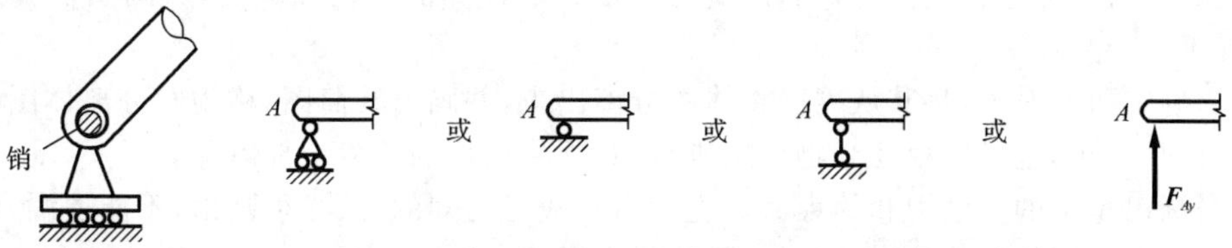

图 1-12　可动铰支座简图及约束力

4. 链杆约束

两端用铰链与其他物体相连，中间不受力的直杆称为链杆。其约束特点是约束力的作用线沿链杆轴线，且指向不定，如图 1-13 所示。

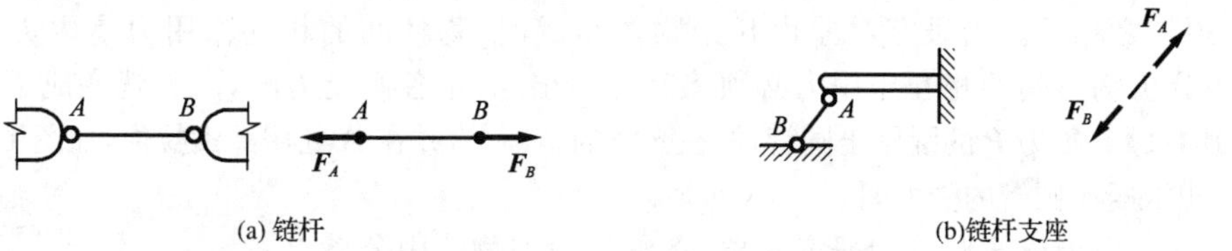

图 1-13　链杆及约束力

5. 轴承约束

轴承包括向心轴承和止推轴承两种形式。

(1)向心轴承

向心轴承是工程中常见的约束，其约束特点与圆柱形铰链约束相同，常用正交分量表示，如图 1-14 所示。

(2)止推轴承

用一光滑的面将向心轴承的一端封闭而形成的装置，称止推轴承。其约束特点是除了具有向心轴承的受力特点以外，还受沿封闭面的法线方向的力，如图 1-15 所示。

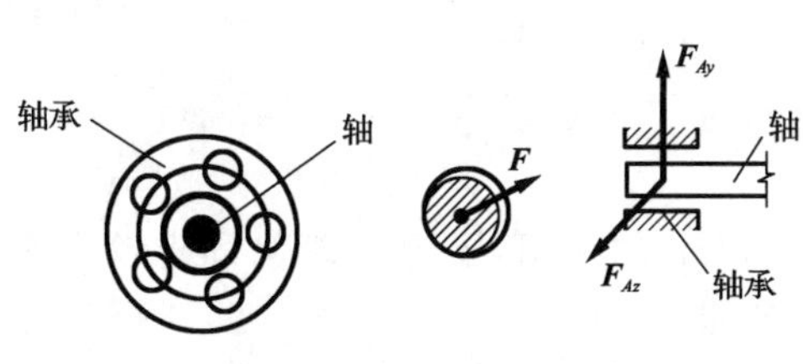

图 1-14　向心轴承及约束力

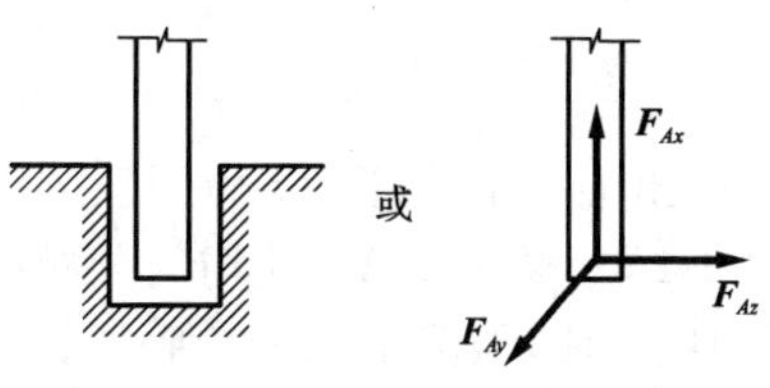

图 1-15　止推轴承及约束力

以上是工程中几种常见的约束及约束力，这些情况只是工程中的理想约束。在工程实际的具体问题中，应根据实际的受力特点，将复杂约束通过保留其主要因素、忽略次要因素加以简化来实现。

1.4 物体的受力分析和受力图

在对力学问题的分析和计算中，首先要分析物体受到哪些力的作用，每个力的作用位置如何，力的方向如何，这个过程称为对物体进行受力分析，将所分析的全部力用图表示出来称为受力图。

正确地对物体进行受力分析和画受力图是力学计算的前提和关键，其画图步骤及注意事项如下：

(1)确定研究对象，将其从周围物体中分离出来，并画出其简图，称为画分离体图。研究对象可以是一个，也可以由几个物体组成，但必须将它们的约束全部解除。

(2)画出全部的主动力和约束力。主动力一般是已知的，故必须画出，不能遗漏，约束力一般是未知的，要从解除约束处分析，不能凭空捏造。

(3)不画内力，只画外力。内力是研究对象内部各物体之间的相互作用力，对研究对象的整体运动效应没有影响，因此不画。但外力必须画出，一个也不能少，外力是研究对象以外的物体对该物体的作用，它包括作用在研究对象上全部的主动力和约束力。

(4)要正确地分析物体间的作用力与反作用力，当作用力的方向一经假定，反作用力的方向必须与之相反。当研究对象由几个物体组成时，物体间的相互作用力是内力，也不必画，若想分析物体间的相互作用力必须将其分离出来，单独画受力图，内力就变成了外力。

【例 1-1】 重为 $\boldsymbol{P}$ 的混凝土圆管，放在光滑的斜面上，并在 A 处用绳索拉住，如图 1-16(a)所示，试画出混凝土圆管的受力图。

解 (1)取混凝土圆管为研究对象，将它从周围物体中分离出来。

(2)混凝土圆管所受的主动力为重力 $\boldsymbol{P}$，约束力为绳索拉力 $\boldsymbol{F}_{TA}$ 和斜面 B 点的法向约束力 $\boldsymbol{F}_{NB}$，如图 1-16(b)所示。

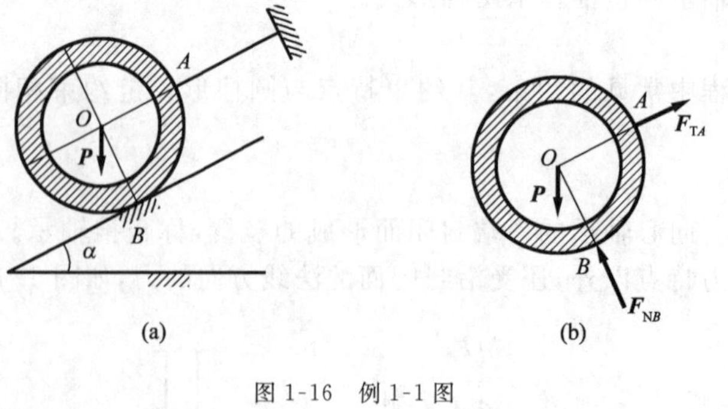

图 1-16 例 1-1 图

(3)画出混凝土圆管的受力图。

【例 1-2】 水平梁 AB 受均匀分布的荷载 q(N/m)的作用，梁的 A 端为固定铰支座，B 端为滚动铰支座，如图 1-17(a)所示，试画出梁 AB 的受力图。

解 (1)取水平梁 AB 为研究对象，将它从周围物体中分离出来。

(2)水平梁 AB 所受的主动力为均匀分布的荷载 q(沿直线分布的荷载称为线分布荷载),固定铰支座 A 端的约束力为正交分力 $\boldsymbol{F}_{Ax}$ 和 $\boldsymbol{F}_{Ay}$,滚动铰支座 B 端的法向约束力为 $\boldsymbol{F}_B$。

(3)画出梁 AB 的受力图,如图 1-17(b)所示。

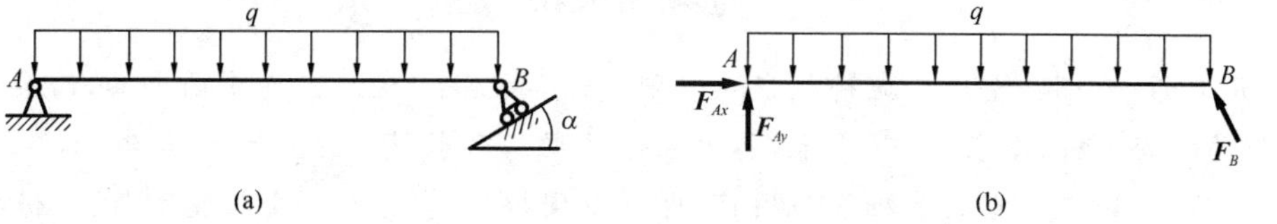

图 1-17　例 1-2 图

【例 1-3】　管道支架由水平梁 AB 和链杆 CD 组成,如图 1-18(a)所示,其上放置一重为 $\boldsymbol{P}$ 的混凝土圆管。A、D 为固定铰支座,C 处为铰链连接,不计各杆的自重和各处的摩擦,试画出水平杆 AB、斜杆 CD 以及整体的受力图。

解　(1)取斜杆 CD 为研究对象,由于杆 CD 只在 C 端和 D 端受有约束而处于平衡,其中间不受任何力的作用,由二力平衡原理知,C、D 两点连线为杆 CD 受的约束力方向,受力如图 1-18(b)所示,这样的杆称为二力杆。若是有形的物体则称为二力构件(只受两点力的作用,中间不受任何力作用的物体)。

(2)取混凝土圆管和水平梁 AB 为研究对象,所受的主动力为圆管的重力 $\boldsymbol{P}$,固定铰支座 A 端的约束力由三力平衡汇交定理确定,即 $\boldsymbol{F}_A$,如图 1-18(c)所示 。但在以后的计算中,通常用两个正交分力 $\boldsymbol{F}_{Ax}$ 和 $\boldsymbol{F}_{Ay}$ 描述,这样便于计算。铰链 C 处的约束力有作用力与反作用力 $\boldsymbol{F}'_C=-\boldsymbol{F}_C$,受力如图 1-18(c)所示。

(3)取整体为研究对象,受力图只画外力,不画内力,因为内力在整体受力图中是成对出现的,构成平衡力系,对整体平衡不产生影响。因此整体所受的力为重力 $\boldsymbol{P}$,A 端的约束力 $\boldsymbol{F}_A$,D 端的约束力 $\boldsymbol{F}_D$,受力如图 1-18(d)所示。

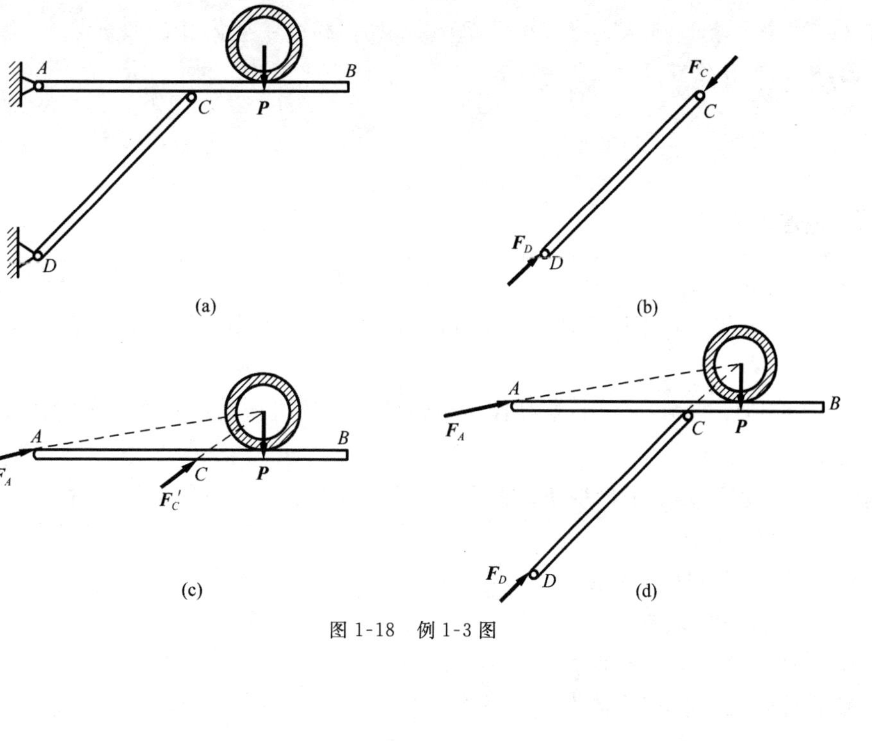

图 1-18　例 1-3 图

【资料阅读】

港珠澳大桥

从开工那一刻起，港珠澳大桥就在连续创造世界之最。这座东连中国香港，西接中国澳门、珠海的跨海大桥，全长约55千米，其中主体桥梁工程长达22.9千米，是继三峡工程、青藏铁路之后，我国又一重大基础设施项目，也是中国桥梁建筑史上技术最复杂、环保要求最高、建设标准最高的"超级工程"。

同时，还是迄今世界上总体跨度最长、钢结构桥体最长、桥面铺装面积最大的跨海大桥，被英国《卫报》称为"现代世界七大奇迹"之一。

港珠澳大桥设计施工中，全长超过7公里的岛隧工程是整个项目的控制性工程，负责这一工程设计施工的是中国交通建设集团。7年里，岛隧工程项目总工程师林鸣带领几千人团队，相继破解了深埋沉管快速成岛、隧道基础、外海深槽安装系列世界难题，为中国工程建设标注了全新的高度。

中国著名桥梁专家谭国顺说："港珠澳大桥建设从原材料到施工现场多艘3000多吨级的吊船等大型装备全是国产的，能建成这样一座世界瞩目的桥梁，不仅仅代表中国桥梁的先进水平，更是国家综合国力体现，港珠澳大桥是中国走向世界的又一张新名片。"

（资料来源：《今日文摘》，2017）

思政目标

通过对力学基本概念和公理的学习，了解研究力学的普适方法，即抓住问题的主要矛盾忽略次要矛盾的辩证唯物主义观点；通过对工程力学研究任务的讲解，培养学生职业道德，树立工程伦理观。

本章小结

1. 静力学基本概念

（1）刚体是指在力的作用下不变形的物体，或者在力的作用下其内任意两点间的距离不变。

（2）力是物体间的相互作用，这种作用可以使物体的机械运动状态或者物体的形状和大小发生改变。

刚体和力是理论力学中最抽象的两个基本概念，在学习时应很好地理解。

（3）静力学公理：

公理1：力的平行四边形法则；

公理2：二力平衡原理；

公理3：加减平衡力系原理；

公理4：作用与反作用定律。

2. 物体受力分析

正确地对物体进行受力分析是力学计算的前提，这一部分的学习应掌握以下几点：

(1)约束和约束力

约束是指限制非自由体某种运动的周围物体，约束力是约束对物体的作用，约束力的方向恒与约束所能阻止的运动方向相反。学习时应熟练掌握光滑接触面约束、柔体约束、光滑铰链约束、链杆约束、轴承约束等。

(2)受力图

物体的受力图是描述物体全部受力情况的计算简图，它是力学计算和结构设计的重要前提。画受力图应明确研究对象（画分离体图），画出全部的主动力和约束力，对于物体而言，当研究对象发生变化时，应注意外力和内力的区别，内力是不能画在受力图上的，对此应特别引起注意。

习　题

1-1　如图 1-19 所示，画出各图中用字母标注的物体的受力图，未画重力的各物体其自重不计，所有接触面均为光滑接触面。

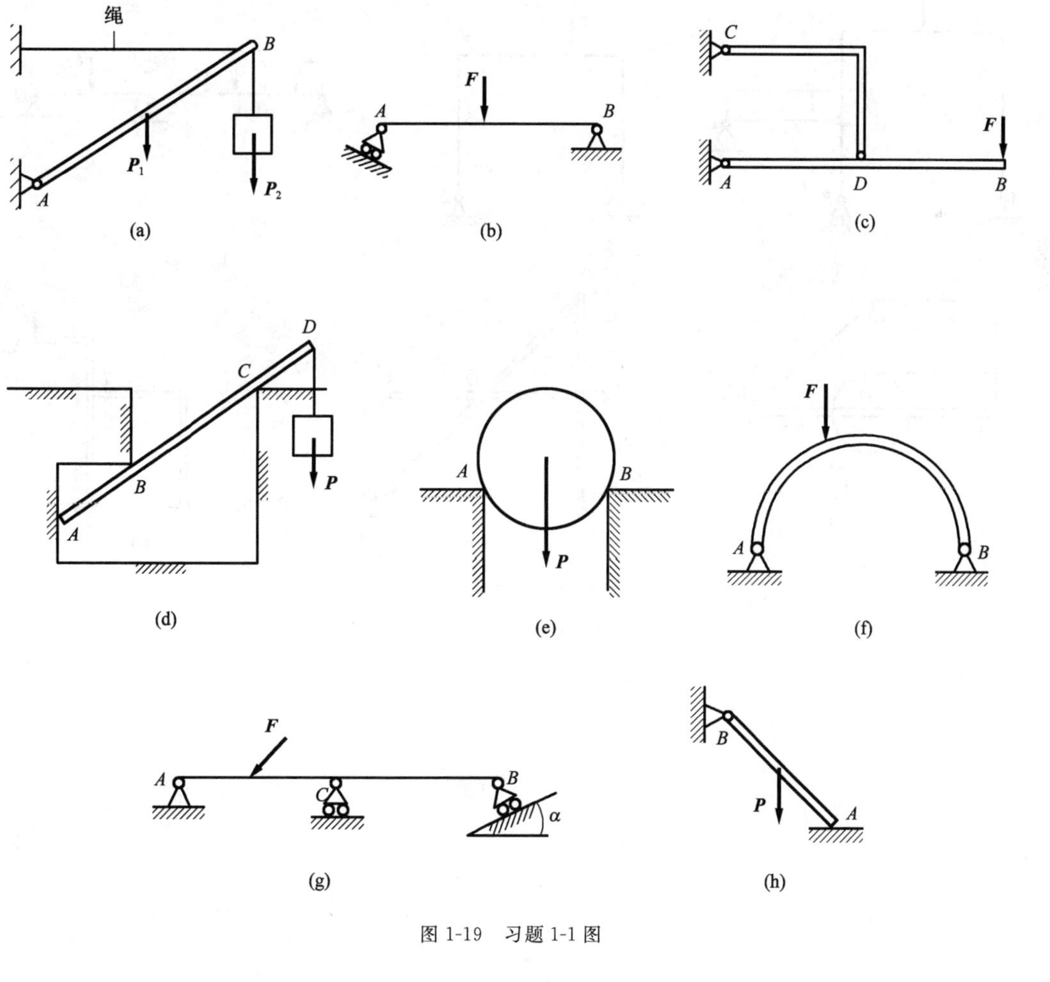

图 1-19　习题 1-1 图

1-2　如图 1-20 所示，画出其中标注字母物体的受力图及系统整体的受力图，未画重力的各物体其自重不计，所有接触面均为光滑接触面。

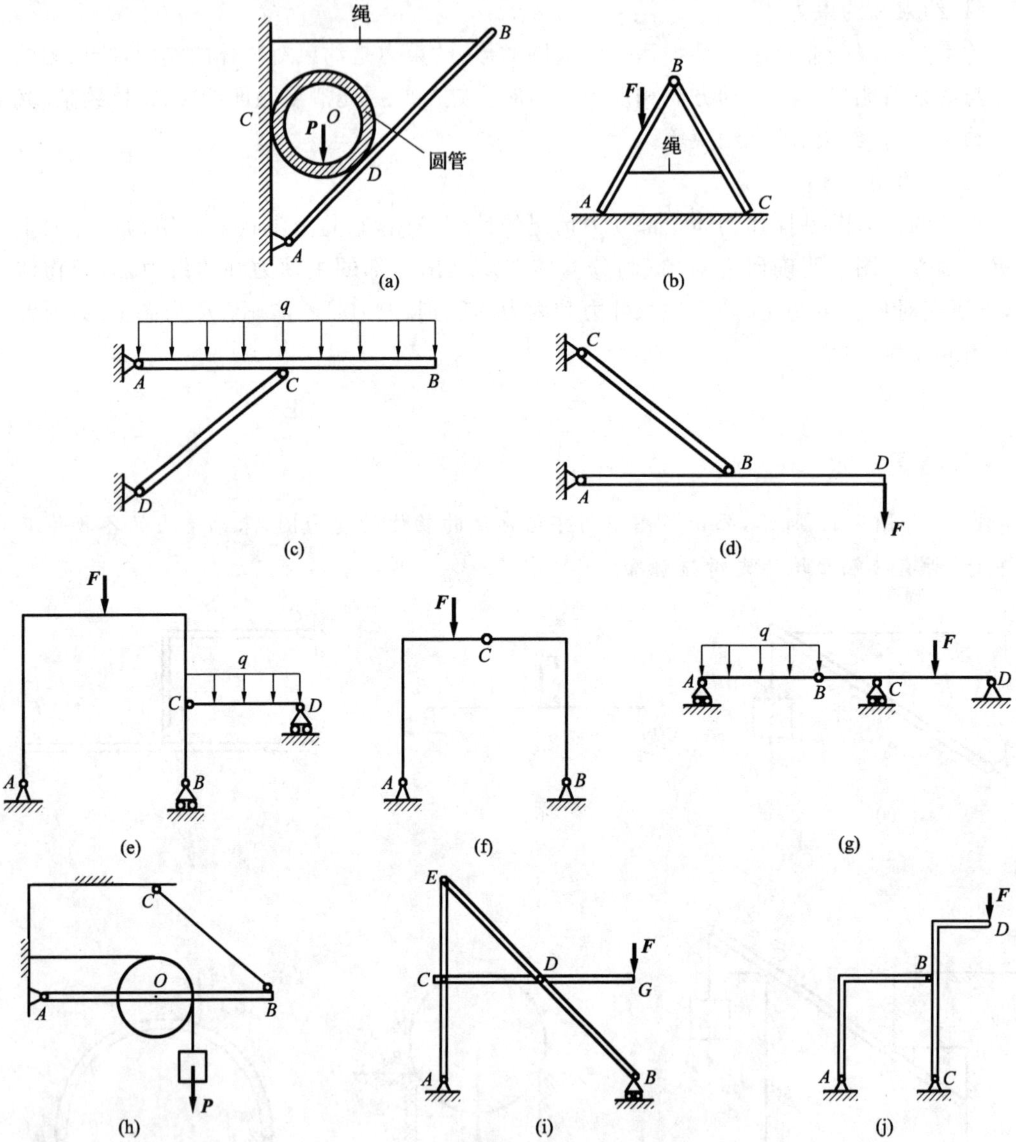

图 1-20　习题 1-2 图

第 2 章

力系的简化及平衡条件

力系的简化与平衡

作用在物体上的力系多种多样，为了更好地研究这些复杂力系，应将力系进行分类。如果按作用线是否位于同一平面内分类，作用线在同一平面内的，称为平面力系，否则为空间力系；如果将力系按作用线是否汇交或者平行分类，则可分为汇交力系、力偶系、平行力系和任意力系。力系的分类如图 2-1 所示。

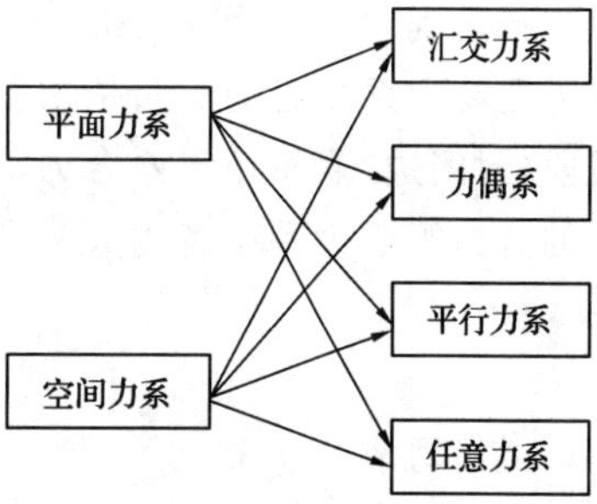

图 2-1　力系的分类

本章学习两个方面的内容：

1. 力系的简化

作用在物体上的一组力称为力系，如果两个力系使刚体产生相同的运动状态，称这两个力系互为等效力系，用一个简单力系等效地代替一个复杂力系的过程称为力系的简化，若一个力与一个力系等效，则将这个力称为该力系的合力，力系中的各力称为此合力的分力。

2. 力系的平衡

平衡是指物体相对地面（惯性坐标系）保持静止或做匀速直线运动的状态，它是机械运动的特例。物体保持平衡状态所应满足的条件称为平衡条件，它是求解物体平衡问题的关键，是静力学的核心，也是本章学习的重点。

本章研究平面汇交力系、平面力偶系、平面任意力系及考虑滑动摩擦时的平衡问题。

2.1　平面汇交力系

2.1.1　平面汇交力系合成与平衡的几何法

1. 平面汇交力系合成的几何法——力多边形法则

力系的合成依据力的平行四边形法则或三角形法则。

设作用在刚体上汇交于 O 点的力系 $\boldsymbol{F}_1$、$\boldsymbol{F}_2$、$\boldsymbol{F}_3$ 和 $\boldsymbol{F}_4$，如图 2-2(a)所示，求其合力。首先由平行四边形法则，将 $\boldsymbol{F}_1$ 和 $\boldsymbol{F}_2$ 两个力进行合成，得合力 $\boldsymbol{F}_{12}$，同理，力 $\boldsymbol{F}_{12}$ 与 $\boldsymbol{F}_3$ 的合力为 $\boldsymbol{F}_{123}$，依次得力系的合力 $\boldsymbol{F}_\mathrm{R}$，如图 2-2(b)所示。省略中间求合力的过程，将力矢量 $\boldsymbol{F}_1$、$\boldsymbol{F}_2$、$\boldsymbol{F}_3$

和 $\boldsymbol{F}_4$ 依次首尾相连，得折线 $abcde$，由折线起点向折线终点作有向线段 ae，封闭边 ae 表示其力系合力的大小和方向，且合力的作用线汇交于 O 点，多边形 $abcde$ 称为力的多边形，这种求汇交力系合力的方法称为力多边形法则。作图时力的顺序可以是任意的，力多边形形状不同，但并不影响合力的大小和方向，如图 2-2(c)所示。

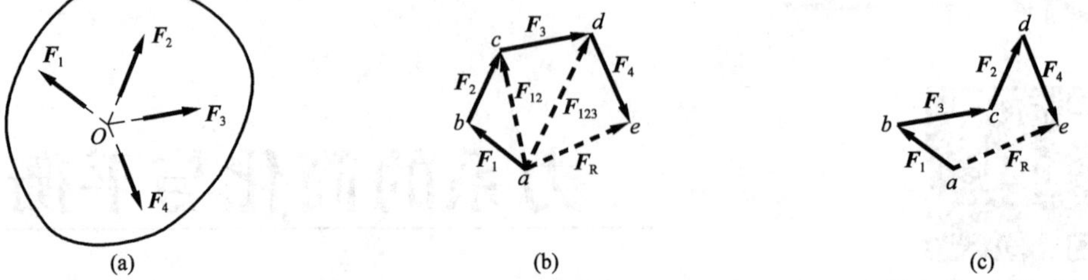

图 2-2　平面汇交力系合成的几何法

推广到由 n 个力 $\boldsymbol{F}_1$、$\boldsymbol{F}_2$、…、$\boldsymbol{F}_n$ 组成的平面汇交力系，可得如下结论：平面汇交力系的合力是将力系中各力矢量依次首尾相连得折线，并将折线由起点向终点作有向线段，该有向线段(封闭边)表示该力系合力的大小和方向，且合力的作用线通过汇交点。即平面汇交力系的合力等于力系中各力矢量和(也称几何和)，表达式为

$$\boldsymbol{F}_R = \boldsymbol{F}_1 + \boldsymbol{F}_2 + \cdots + \boldsymbol{F}_n = \sum_{i=1}^{n} \boldsymbol{F}_i \tag{2-1}$$

或简写成

$$\boldsymbol{F}_R = \sum \boldsymbol{F}_i$$

此结论可以推广到空间汇交力系，但空间力的多边形不是平面图形。

若力系是共线力系(各力平行且相交)，其合力应等于力系中各力的代数和，即

$$F_R = \sum F_i \tag{2-2}$$

【例 2-1】　吊车钢索连接处有三个共面的绳索，它们分别受拉力 $F_{T1} = 3$ kN，$F_{T2} = 6$ kN，$F_{T3} = 15$ kN，各力的方向如图 2-3(a)所示，试用几何法求力系的合力。

解　由于三个力汇交于 O 点，构成平面汇交力系。选比例尺，将各力的大小转换成长度单位，如图 2-3(b)所示，令 $ab = F_{T1}$，$bc = F_{T2}$，$cd = F_{T3}$，在平面上选一点 a 作为力多边形

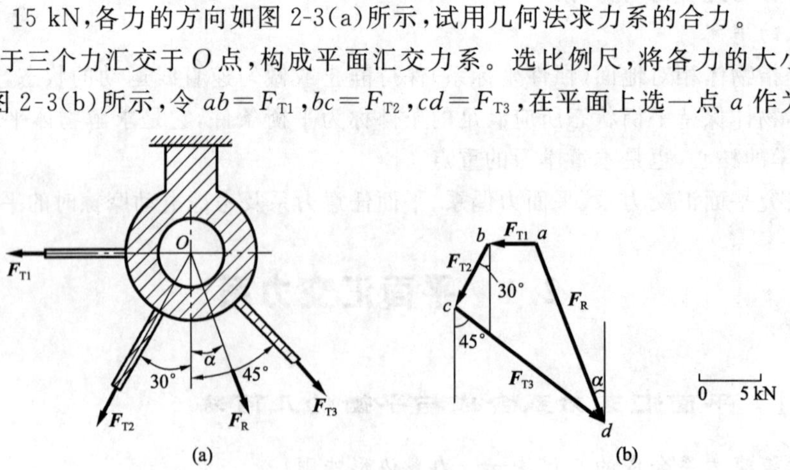

图 2-3　例 2-1 图

的起点，将各力矢量按其方向进行依次首尾相连得折线 $abcd$，并将该折线封闭，便可求得力系合力的大小和方向。合力的大小量取折线 ad 的长度，并再通过比例尺转换成力的单位，则有

$$F_R = 16.50\ \text{kN}$$

合力的方向为过 d 点作一铅垂线，用量角器量取合力与铅垂线的夹角，即

$$\alpha = 16°10'$$

合力的作用线通过汇交点 O。

2. 平面汇交力系平衡的几何法

平面汇交力系平衡的必要充分条件是力系的合力为零

$$\sum \boldsymbol{F}_i = 0 \tag{2-3}$$

即力的多边形必自行封闭，或力多边形的封闭边为零，这是平面汇交力系平衡的几何条件。

【例 2-2】 一钢管放置在 V 形槽内，如图 2-4(a)所示。已知，钢管重 $P=5$ kN，钢管与槽面间的摩擦不计，求槽面对钢管的约束力。

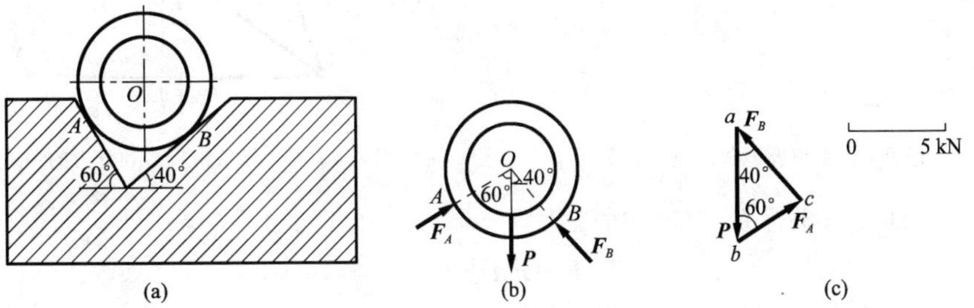

图 2-4　例 2-2 图

解　取钢管为研究对象，它所受到的主动力为重力 $\boldsymbol{P}$，约束力为 $\boldsymbol{F}_A$ 和 $\boldsymbol{F}_B$。钢管平衡满足三力平衡汇交定理，故各力汇交于 O 点，如图 2-4(b)所示。

选比例尺，令 $ab=P$，$bc=F_A$，$ca=F_B$，将各力矢量按其方向依次首尾相连得封闭的三角形 abc，如图 2-4(c)所示。量取 bc 边和 ca 边的边长，按照比例尺转换成力的单位，则槽面对钢管的约束力为

$$F_A = bc = 3.26\ \text{kN},\ F_B = ca = 4.40\ \text{kN}$$

另一解法：利用正弦定理得

$$\frac{F_A}{\sin 40°} = \frac{F_B}{\sin 60°} = \frac{P}{\sin 80°}$$

则约束力为

$$F_A = 3.26\ \text{kN},\ F_B = 4.40\ \text{kN}$$

2.1.2　平面汇交力系合成与平衡的解析法

1. 力在直角坐标轴上的投影

在力 $\boldsymbol{F}$ 所在的平面内建立直角坐标系 Oxy，如图 2-5 所示，x 和 y 轴的单位矢量为 $\boldsymbol{i}$、$\boldsymbol{j}$，由力的投影定义，力 $\boldsymbol{F}$ 在 x 和 y 轴上的投影为

$$\begin{cases} F_x = \boldsymbol{F} \cdot \boldsymbol{i} = F\cos(\boldsymbol{F}, \boldsymbol{i}) \\ F_y = \boldsymbol{F} \cdot \boldsymbol{j} = F\cos(\boldsymbol{F}, \boldsymbol{j}) \end{cases} \tag{2-4}$$

式中，$\cos(\boldsymbol{F}, \boldsymbol{i})$、$\cos(\boldsymbol{F}, \boldsymbol{j})$——方向余弦；

$(\boldsymbol{F},\boldsymbol{i})=\alpha$、$(\boldsymbol{F},\boldsymbol{j})=\beta$——方向角。

力的投影可推广到空间坐标系。

如图 2-5 所示，若将力 $\boldsymbol{F}$ 沿直角坐标 x 轴和 y 轴分解得分力 $\boldsymbol{F}_x$ 和 $\boldsymbol{F}_y$，则力 $\boldsymbol{F}$ 在直角坐标系上投影的绝对值与分力的大小相等（$\overline{A'B'}=F_x$，$\overline{A''B''}=F_y$），但应注意投影和分力是两种不同的量，不能混淆。投影是代数量，有大小、符号，对物体不产生运动效应；分力是矢量，有大小、方向，对物体产生运动效应。另外，在斜坐标系中投影与分力的大小是不相等的（$\overline{A'O}\neq F_x$，$\overline{A''O}\neq F_y$），如图 2-6 所示。

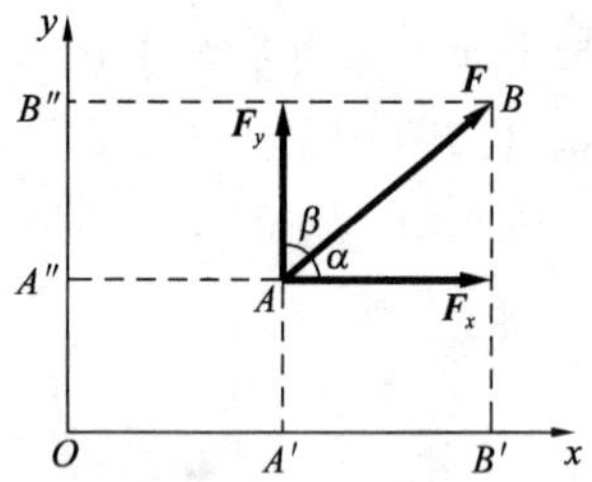

图 2-5　直角坐标系中投影和分力的关系

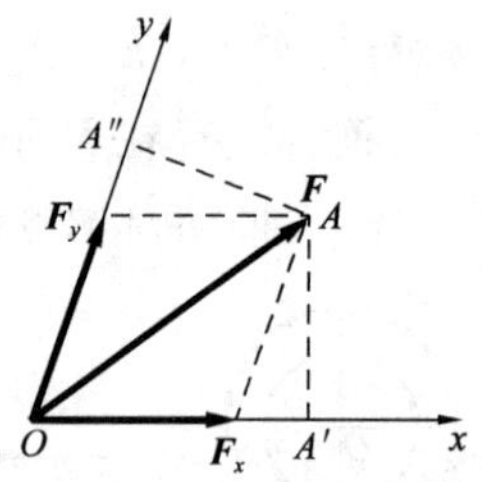

图 2-6　斜坐标系中投影和分力的关系

力 $\boldsymbol{F}$ 在平面直角坐标系中的解析式为

$$\boldsymbol{F}=F_x\boldsymbol{i}+F_y\boldsymbol{j} \tag{2-5}$$

若已知力 $\boldsymbol{F}$ 在平面直角坐标轴上的投影 F_x 和 F_y，则力 $\boldsymbol{F}$ 的大小和方向为

$$\left.\begin{aligned} F&=\sqrt{F_x^2+F_y^2}\\ \cos(\boldsymbol{F},\boldsymbol{i})&=\frac{F_x}{F},\cos(\boldsymbol{F},\boldsymbol{j})=\frac{F_y}{F}\end{aligned}\right\} \tag{2-6}$$

2. 合矢量投影定理

合矢量投影定理：合矢量在某一轴上的投影等于各分矢量在同一轴投影的代数和，即

$$\left.\begin{aligned} F_{\mathrm{R}x}&=F_{x1}+F_{x2}+\cdots+F_{xn}=\sum F_x\\ F_{\mathrm{R}y}&=F_{y1}+F_{y2}+\cdots+F_{yn}=\sum F_y\end{aligned}\right\} \tag{2-7}$$

式中，$F_{\mathrm{R}x}$、$F_{\mathrm{R}y}$——合力 $\boldsymbol{F}_{\mathrm{R}}$ 在 x 轴和 y 轴上的投影；

F_{xi}、F_{yi}——第 i 个分力 $\boldsymbol{F}_i$ 在 x 轴和 y 轴上的投影。

3. 汇交力系的合成和平衡的解析法

若已知分力在平面直角坐标轴上的投影 F_{xi}、F_{yi}，则合力 $\boldsymbol{F}_{\mathrm{R}}$ 的大小和方向为

$$\left.\begin{aligned} F_{\mathrm{R}}&=\sqrt{F_{\mathrm{R}x}^2+F_{\mathrm{R}y}^2}=\sqrt{(\sum F_x)^2+(\sum F_y)^2}\\ \cos(\boldsymbol{F}_{\mathrm{R}},\boldsymbol{i})&=\frac{F_{\mathrm{R}x}}{F_{\mathrm{R}}}=\frac{\sum F_x}{F_{\mathrm{R}}},\cos(\boldsymbol{F}_{\mathrm{R}},\boldsymbol{j})=\frac{F_{\mathrm{R}y}}{F_{\mathrm{R}}}=\frac{\sum F_y}{F_{\mathrm{R}}}\end{aligned}\right\} \tag{2-8}$$

平面汇交力系平衡的必要与充分条件是平面汇交力系的合力为零。

$$F_{\mathrm{R}}=\sqrt{F_{\mathrm{R}x}^2+F_{\mathrm{R}y}^2}=\sqrt{(\sum F_x)^2+(\sum F_y)^2}=0$$

或写成

$$\sum F_x=0,\sum F_y=0 \tag{2-9}$$

即力系中各力在直角坐标轴上的投影的代数和均为零。式(2-9)即为平面汇交力系平衡的平衡方程，此方程式为两个独立的方程，可求解两个未知力。

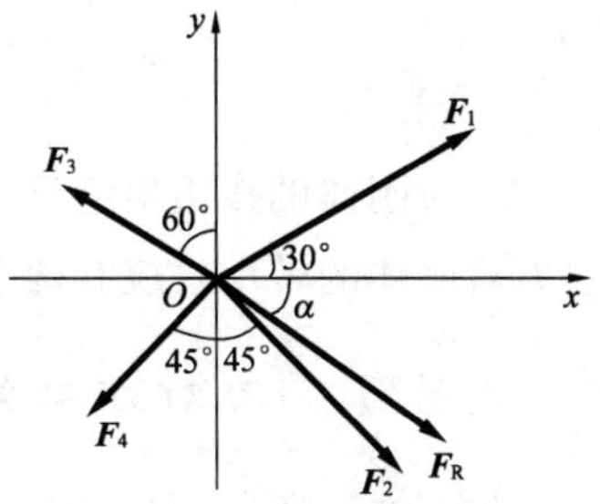

图 2-7　例 2-3 图

【例 2-3】　已知，$F_1=200$ N，$F_2=200$ N，$F_3=100$ N，$F_4=100$ N，如图 2-7 所示，求此平面汇交力系的合力。

解　根据式(2-7)得

$F_{Rx}=\sum F_x=F_1\cos30°+F_2\cos45°-F_3\cos30°-F_4\cos45°=157.31$ N

$F_{Ry}=\sum F_y=F_1\cos60°-F_2\cos45°+F_3\cos60°-F_4\cos45°=-62.13$ N

$$F_R=\sqrt{F_{Rx}^2+F_{Ry}^2}=\sqrt{(\sum F_x)^2+(\sum F_y)^2}=169.13\text{ N}$$

$$\cos(\boldsymbol{F}_R,\boldsymbol{i})=\frac{F_{Rx}}{F_R}=\frac{\sum F_x}{F_R}=\frac{157.31}{169.13}=0.9301$$

合力的指向为第Ⅳ象限，与 x 轴夹角 α 为 $-21.55°$。

【例 2-4】　支架 ABC 受力如图 2-8(a)所示。求 AB、CB 杆所受的力。

解　(1)对 AB、CB 杆进行受力分析。

由于 AB、CB 杆的自重均不计，因此均为二力杆。

假设 AB、CB 杆均是拉杆，受力如图 2-8(b)所示。

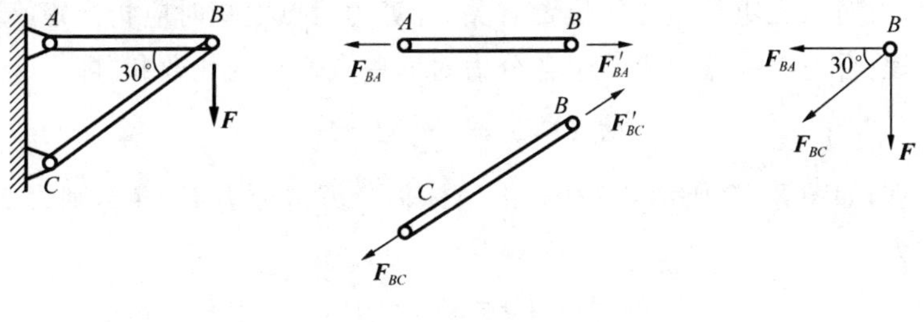

(a)　(b)　(c)

图 2-8　例 2-4 图

(2)取 B 点为研究对象，受力如图 2-8(c)所示，求 AB、CB 杆所受的力(内力)。

B 点所受的力系是平面汇交力系，可以通过两个平衡方程，求出两杆的内力 $\boldsymbol{F}_{BA}$，$\boldsymbol{F}_{BC}$。

$\sum F_y=0$　$F_{BC}\sin30°+F=0$

$\therefore F_{BC}=-2F$(压)

$\sum F_x=0$　$F_{BA}+F_{BC}\cdot\cos30°=0$

$\therefore F_{BA}=\sqrt{3}F$(拉)

应该注意，如果所求力的结果为正，说明假设与实际是一致的，即为拉杆，如 AB 杆所受的力。如果所求力的结果为负，说明假设与实际是相反的，即为压杆，如 BC 杆所受的力。一般情况下，对二力杆开始受力分析时一律假设为受拉杆。

2.2 平面力偶系

力对刚体的作用使刚体产生两种运动效应，即移动效应和转动效应。在平面力系中描述力对刚体的转动效应有两个物理量，它们是力对点之矩和力偶矩。

2.2.1 力对点之矩

如图 2-9 所示，在力 $\boldsymbol{F}$ 所在的平面内，力 $\boldsymbol{F}$ 对平面内任意点 O 的矩定义为：力 $\boldsymbol{F}$ 的大小与矩心点 O 到力 $\boldsymbol{F}$ 作用线的距离 h（力臂）的乘积。力对点之矩简称为力矩，用 $M_O(\boldsymbol{F})$ 表示，它是代数量，其符号规定为：力使物体绕矩心逆时针转动时为正，顺时针转动时为负。

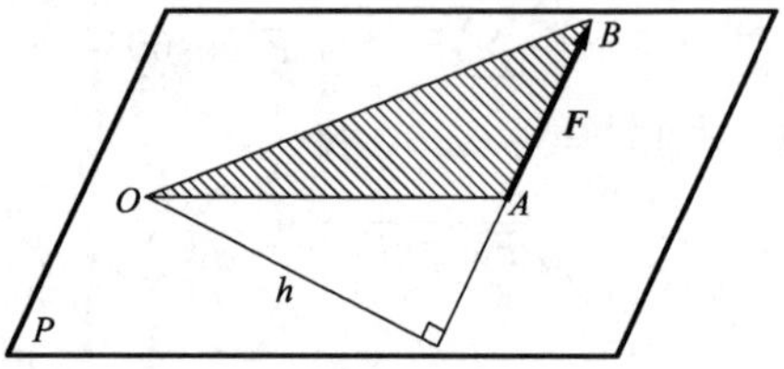

图 2-9 力对点之矩

$$M_O(\boldsymbol{F})=\pm Fh=\pm 2\triangle OAB \text{ 的面积} \tag{2-10}$$

力矩的单位为 N·m 或 kN·m。

特殊情况：

(1) 当 $M_O(\boldsymbol{F})=0$ 时，力的作用线通过矩心（力臂 $h=0$），或 $F=0$。

(2) 当力臂 h 为常量时，$M_O(\boldsymbol{F})$ 值为常数，即力 $\boldsymbol{F}$ 沿其作用线滑动，对同一点的矩为常数。

应当指出，力对点之矩与矩心的位置有关，计算力对点之矩时应指出矩心点。

合力矩定理：合力对一点之矩等于各分力对同一点之矩的代数和，即

$$M_O(\boldsymbol{F}_R)=\sum M_O(\boldsymbol{F}_i) \tag{2-11}$$

根据此定理，如图 2-10 所示，将力 $\boldsymbol{F}$ 沿坐标轴分解得分力 $\boldsymbol{F}_x$、$\boldsymbol{F}_y$，则力 $\boldsymbol{F}$ 对 O 点之矩的解析表达式为

$$M_O(\boldsymbol{F})=xF_y-yF_x$$

【例 2-5】 如图 2-11 所示，挡土墙所受的力为 $P=200$ kN，$F=150$ kN，试求力系的合力对点 O 之矩。

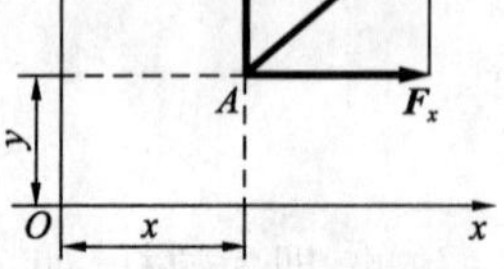

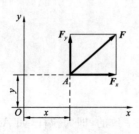

图 2-10 力 $\boldsymbol{F}$ 沿坐标轴的分力

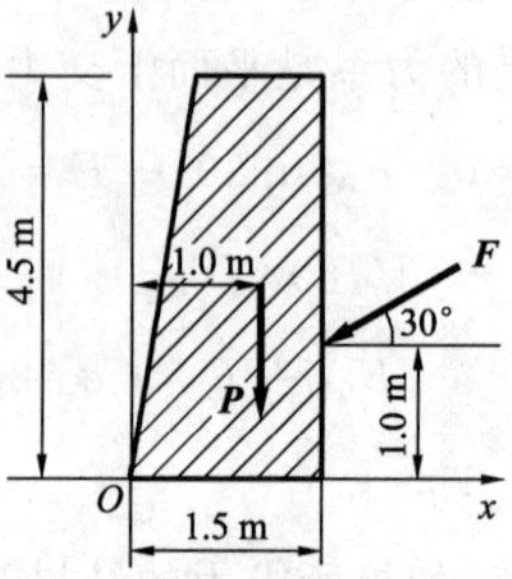

图 2-11 例 2-5 图

解　根据式(2-11)得

$$\begin{aligned}M_O(\boldsymbol{F}_{\mathrm{R}}) &= \sum M_O(\boldsymbol{F}_i)\\ &=-200\times1.0+150\cos30^\circ\times1.0-150\sin30^\circ\times1.5\\ &=-182.6\ \mathrm{kN\cdot m}\end{aligned}$$

【例 2-6】　已知三角形荷载，最大荷载集度为 q_0(N/m)，如图 2-12 所示，求其合力的大小和作用线的位置。

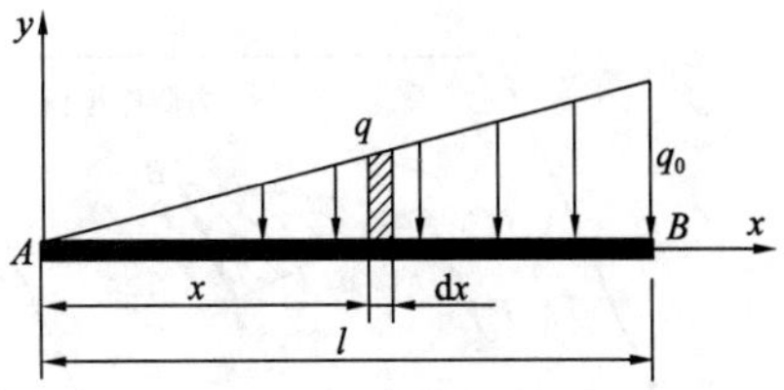

图 2-12　例 2-6 图

解　设距 A 端 x 处的荷载集度为 q，其值为 $q=\frac{x}{l}q_0$，则微段 $\mathrm{d}x$ 上的力

$$\mathrm{d}F=q\mathrm{d}x=\frac{x}{l}q_0\mathrm{d}x$$

则三角形荷载的合力为

$$F=\int_0^l q\mathrm{d}x=\int_0^l \frac{x}{l}q_0\mathrm{d}x=\frac{1}{2}q_0 l \tag{a}$$

设合力作用线距 A 端为 d，由合力矩定理得

$$Fd=\int_0^l qx\mathrm{d}x=\int_0^l \frac{x}{l}q_0 x\mathrm{d}x=\frac{1}{3}q_0 l^2 \tag{b}$$

将式(a)代入式(b)得合力作用线距 A 端的距离为

$$d=\frac{2}{3}l$$

2.2.2　平面力偶

1. 力偶与力偶矩

所谓力偶是由两个大小相等、方向相反且不共线的平行力组成的力系称为力偶，记作($\boldsymbol{F},\boldsymbol{F}'$)，如图 2-13 所示，力偶中的两个力之间的垂直距离 d 称为力偶臂。在实际中，我们双手驾驶方向盘，两个手指拧钢笔帽等都是力偶的作用，力偶对物体的转动效应用力偶矩来描述。

力偶矩等于力偶中力的大小与力偶臂的乘积，它是代数量，其符号规定为：力偶使物体逆时针转动时为正，顺时针转动时为负，用 M 表示，即

$$M=\pm Fd=\pm 2\triangle ABC\text{ 的面积} \tag{2-12}$$

力偶矩的单位为 N·m 或 kN·m。

2. 平面力偶的性质与力偶的等效定理

平面力偶的性质是一个基本的力学量，力偶没有合力，因此不能与一个力等效；力偶只能与力偶等效；力偶矩与矩心位置无关。

平面力偶的等效定理：在同一平面内两个力偶等效的必要与充分条件是两个力偶矩(包括大小和转向)相等。

由此定理可得如下推论：

(1)当力偶矩不变时，力偶可在其作用面内任意移动和转动，而不改变它对刚体的作用。

(2)当力偶矩不变时,可以同时改变力偶中力的大小和力偶臂的长度,而不改变它对刚体的作用。

对力偶而言,无须知道力偶中力的大小和力偶臂的长度,只需知道力偶矩就可以了。力偶矩的描述如图 2-14 所示。

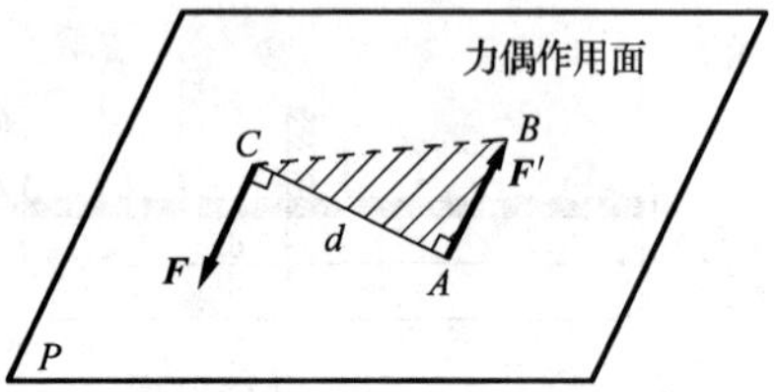

图 2-13 力偶

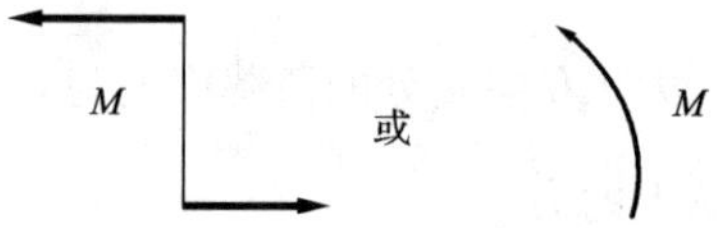

图 2-14 力偶矩的描述

3.平面力偶系的合成与平衡

(1)平面力偶系的合成

作用在同一平面内的一组力偶称为平面力偶系,由力偶的等效定理及其推论可得平面力偶系可以合成为一个合力偶,合力偶矩等于力偶系中各力偶矩的代数和,即

$$M=\sum M_i \tag{2-13}$$

(2)平面力偶系的平衡条件

平面力偶系平衡的必要与充分条件是合力偶矩等于零。力偶系中各力偶矩的代数和等于零,即

$$\sum M_i=0 \tag{2-14}$$

式(2-14)为平面力偶系的平衡方程。由于只有一个平衡方程,因此只能求解一个未知量。

【例 2-7】 如图 2-15(a)所示的外伸梁,受力偶矩 M 的作用,试求支座处的约束力。

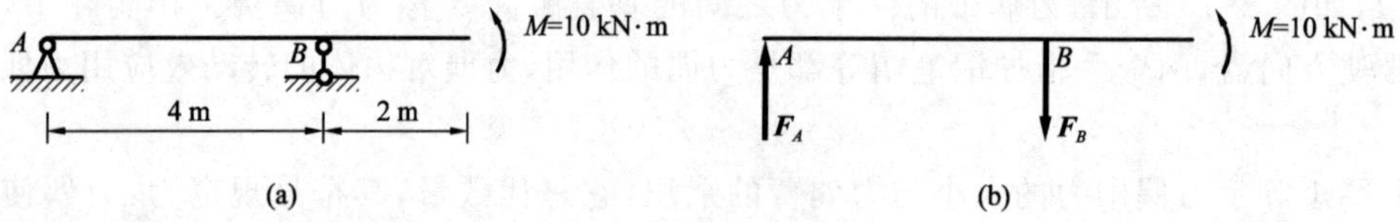

图 2-15 例 2-7 图

解 (1)选杆 AB 为研究对象。根据力偶的性质,即力偶只能与力偶平衡,则可确定 A、B 处的约束力一定构成一个反力偶与外力偶 M 平衡且 $F_A=F_B$,方向如图 2-15(b)所示,支座 B 受力为铅垂向下,支座 A 受力为铅垂向上。

(2)建立平衡方程

$$\sum M_i=0,M-F_A\times 4=0$$

得支座 A、B 处约束力为

$$F_A=F_B=2.5\ \text{kN}$$

2.3　平面任意力系

力的作用线在同一平面、各力作用线既不彼此平行又不汇交于一点的力系称为平面力系，力系中力的作用线不全交于一点或不全彼此平行的力系称为平面任意力系。本章研究平面任意力系的简化和平衡。

2.3.1　力的平移定理

力的平移定理：已知作用在刚体上任意点 A 的力 $\boldsymbol{F}$ 可以平行移到另一点 B，若保证力的效应不变，只需附加一个力偶，此力偶的矩等于原来的力 $\boldsymbol{F}$ 对平移点 B 的矩。

证明：作用在刚体上任意点 A 的力 $\boldsymbol{F}$，如图 2-16(a)所示，由加减平衡力系原理，在刚体的另一点 B 加上平衡力系 $\boldsymbol{F}'=-\boldsymbol{F}''$，并令 $\boldsymbol{F}=\boldsymbol{F}'=-\boldsymbol{F}''$，如图 2-16(b)所示。$\boldsymbol{F}$ 和 $\boldsymbol{F}''$ 构成一个力偶，其矩为

$$M=Fd=M_B(\boldsymbol{F}) \tag{2-15}$$

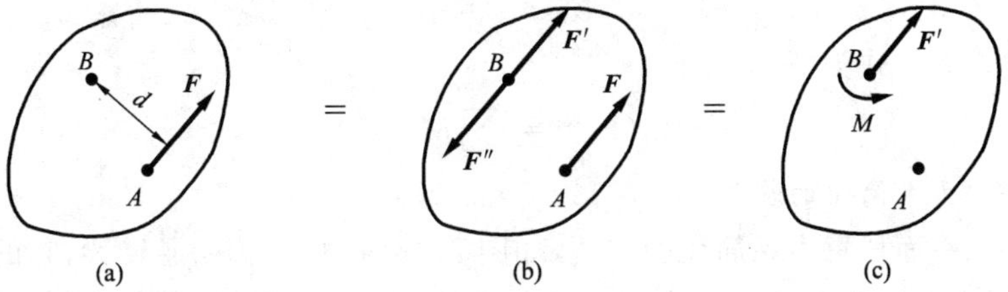

图 2-16　力的平移

则力 $\boldsymbol{F}$ 平行移到另一点 B，如图 2-16(c)所示。

此定理的逆过程为作用在刚体上的一个力 $\boldsymbol{F}$ 和一个力偶 M 可以和一个力等效，此力为在距离 $d=\dfrac{M}{F}$ 处的力 $\boldsymbol{F}$。

2.3.2　力系的简化

1. 平面任意力系向一点简化——主矢与主矩

设刚体上作用有 n 个力 $\boldsymbol{F}_1$、$\boldsymbol{F}_2$、…、$\boldsymbol{F}_n$ 组成的平面任意力系，如图 2-17(a)所示，由力的平移定理将力系中各力向 O 点(简化中心)简化或平移，得到作用于简化中心 O 处的平面汇交力系 $\boldsymbol{F}'_1$、$\boldsymbol{F}'_2$、…、$\boldsymbol{F}'_n$ 和平面力偶系，如图 2-17 (b)所示。

平面汇交力系 $\boldsymbol{F}'_1$、$\boldsymbol{F}'_2$、…、$\boldsymbol{F}'_n$ 可以合成为通过简化中心 O 的一个力 $\boldsymbol{F}'_\mathrm{R}$，此力称为原力系的主矢，主矢等于力系中各力的矢量和

$$\boldsymbol{F}'_\mathrm{R}=\boldsymbol{F}'_1+\boldsymbol{F}'_2+\cdots+\boldsymbol{F}'_n=\boldsymbol{F}_1+\boldsymbol{F}_2+\cdots+\boldsymbol{F}_n=\sum\boldsymbol{F}_i \tag{2-16}$$

平面力偶系 M_1、M_2、…、M_n 可以合成一个力偶，其矩为 M_O，此力偶矩称为原力系的主矩，主矩等于力系中各力矢量对简化中心 O 的矩的代数和

$$M_O=M_1+M_2+\cdots+M_n=\sum M_O(\boldsymbol{F}_i) \tag{2-17}$$

结论：平面任意力系向力系所在平面内任意点简化，得到一个力和一个力偶，如图 2-17(c)所

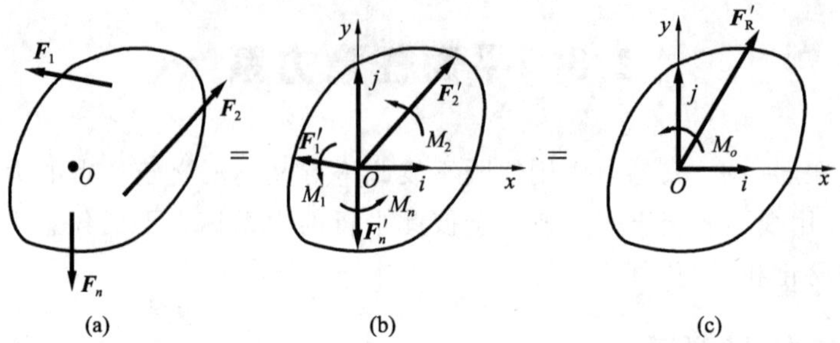

图 2-17 平面任意力系向一点简化

示,此力称为原力系的主矢,与简化中心的位置无关;此力偶矩称为原力系的主矩,与简化中心的位置有关。

主矢的大小和方向余弦为

$$F_{\mathrm{R}}=\sqrt{F_{\mathrm{R}x}'^{2}+F_{\mathrm{R}y}'^{2}}=\sqrt{\left(\sum F_{x}\right)^{2}+\left(\sum F_{y}\right)^{2}} \tag{2-18}$$

$$\cos(\boldsymbol{F}_{\mathrm{R}},\boldsymbol{i})=\frac{F_{\mathrm{R}x}'}{F_{\mathrm{R}}'}=\frac{\sum F_{x}}{F_{\mathrm{R}}},\cos(\boldsymbol{F}_{\mathrm{R}},\boldsymbol{j})=\frac{F_{\mathrm{R}y}'}{F_{\mathrm{R}}'}=\frac{\sum F_{y}}{F_{\mathrm{R}}} \tag{2-19}$$

主矩的解析表达式为

$$M_{O}(\boldsymbol{F}_{\mathrm{R}})=\sum M_{O}(\boldsymbol{F}_{i}) \tag{2-20}$$

2. 平面任意力系简化的应用

下面看一个平面任意力系简化的实例,如图 2-18(a) 所示为一悬臂梁,它的端部约束方式为插入端或固定端。端部的约束力等于分布力系,如图 2-18(b) 所示。固定端约束的特点是:它使被约束的物体既不能移动又不能转动。因此由平面任意力系简化理论,将固定端处的约束力向固定端点 A 处简化,得到一个力 $\boldsymbol{F}_A$ 和一个力偶 M_A,如图 2-18(c) 所示。一般将力 $\boldsymbol{F}_A$ 分解为两个正交分布 $\boldsymbol{F}_{Ax}$ 和 $\boldsymbol{F}_{Ay}$,如图 2-18(d) 所示。

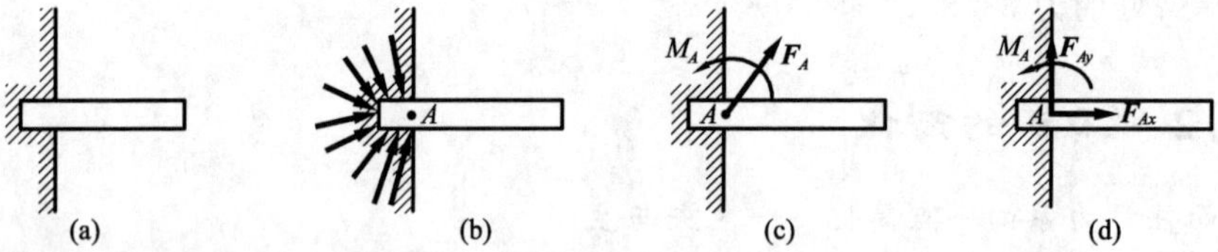

图 2-18 固定端及约束力

3. 平面任意力系简化结果讨论

(1)当 $\boldsymbol{F}_{\mathrm{R}}'=0, M_O\neq 0$ 时,简化为一个力偶。此时的力偶矩与简化的位置无关,主矩 M_O 为原力系的合力偶矩。

(2)当 $\boldsymbol{F}_{\mathrm{R}}'\neq 0, M_O=0$ 时,简化为一个力。此时的主矢为原力系的合力,合力的作用线通过简化中心 O。

(3)当 $\boldsymbol{F}_{\mathrm{R}}'\neq 0, M_O\neq 0$ 时,简化为一个力,此时的主矢为原力系的合力,合力的作用线到 O 点的距离为

$$d=\frac{M_O}{F_{\mathrm{R}}'}$$

如图 2-19 所示,合力对 O 点的矩为

$$M_O(\boldsymbol{F}_R) = F_R d = M_O = \sum M_O(\boldsymbol{F}_i) \tag{2-21}$$

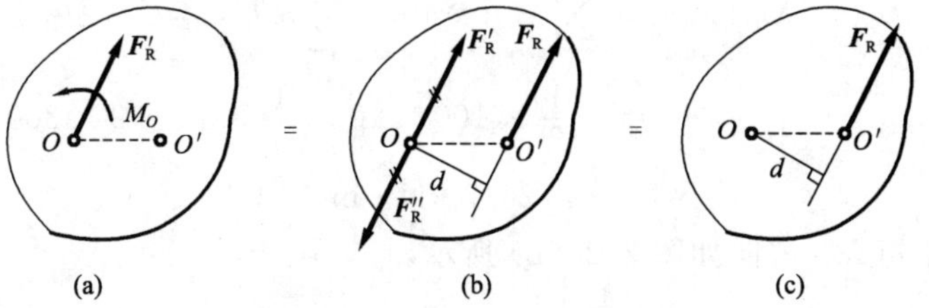

图 2-19　平面任意力系简化为一个力

由上面(2)、(3)可以看出，不论主矩是否等于零，只要主矢不等于零，力系最终简化为一个合力。

(4)当 $\boldsymbol{F}'_R=0, M_O=0$ 时，平面任意力系为平衡力系。

【例 2-8】 重力水坝受力情况及几何尺寸如图 2-20(a)所示。已知 $P_1=300$ kN，$P_2=100$ kN，$q_0=100$ kN/m，试求力系向 O 点简化的结果。

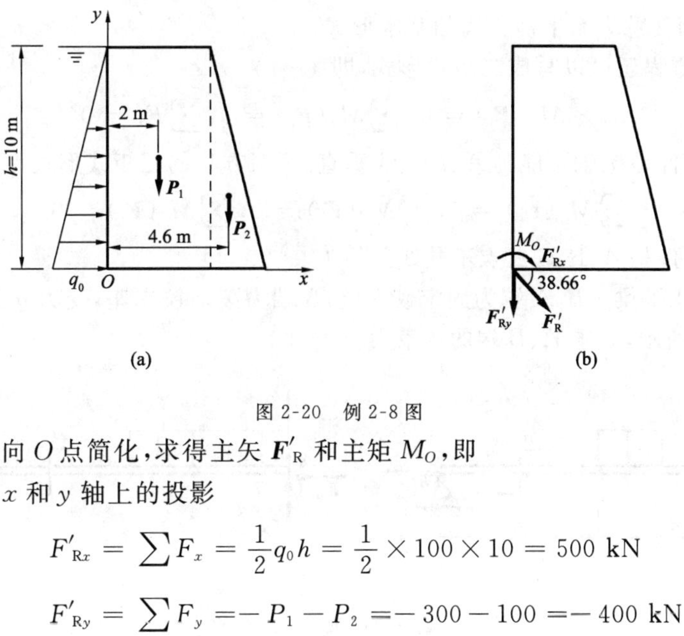

图 2-20　例 2-8 图

解　将力系向 O 点简化，求得主矢 $\boldsymbol{F}'_R$ 和主矩 M_O，即

主矢 $\boldsymbol{F}'_R$ 在 x 和 y 轴上的投影

$$F'_{Rx} = \sum F_x = \frac{1}{2}q_0 h = \frac{1}{2}\times 100\times 10 = 500 \text{ kN}$$

$$F'_{Ry} = \sum F_y = -P_1 - P_2 = -300 - 100 = -400 \text{ kN}$$

主矢 $\boldsymbol{F}'_R$ 的大小

$$F'_R = \sqrt{F'^2_{Rx} + F'^2_{Ry}} = \sqrt{500^2 + (-400)^2} = 640.3 \text{ kN}$$

主矢 $\boldsymbol{F}'_R$ 的方向余弦

$$\cos(\boldsymbol{F}'_R, \boldsymbol{i}) = \frac{F'_{Rx}}{F'_R} = \frac{\sum F_x}{F'_R} = \frac{500}{640.3} = 0.7809$$

$$\cos(\boldsymbol{F}'_R, \boldsymbol{j}) = \frac{F'_{Ry}}{F'_R} = \frac{\sum F_y}{F'_R} = \frac{-400}{640.3} = -0.6247$$

则方向角为

$$\angle(\boldsymbol{F}'_R, \boldsymbol{i}) = \pm 38.66°, \angle(\boldsymbol{F}'_R, \boldsymbol{j}) = 180° \pm 51.34°$$

故主矢 $\boldsymbol{F}'_R$ 在第Ⅳ象限内，与 x 轴的夹角为 $-38.66°$。

力系对简化中心 O 点的主矩 M_O 为

$$M_O = M_O(\boldsymbol{F}_R) = \sum M_O(\boldsymbol{F}_i) = -\frac{1}{2}q_0 h \cdot \frac{1}{3}h - 2P_1 - 4.6P_2$$

$$= -\frac{1}{2} \times 100 \times 10 \times \frac{1}{3} \times 10 - 2 \times 300 - 4.6 \times 100$$

$$= -2726.7\ \text{kN} \cdot \text{m}$$

主矢 $\boldsymbol{F}'_R$ 和主矩 M_O 方向如图 2-20(b) 所示。

2.3.3 平面任意力系的平衡

1. 平面任意力系的平衡方程

平面任意力系平衡的必要和充分条件：力系的主矢和对任意点的主矩均等于零，即

$$\boldsymbol{F}'_R = 0, M_O = 0 \tag{2-22}$$

或写成投影形式

$$\sum F_x = 0, \sum F_y = 0, \sum M_O(\boldsymbol{F}_i) = 0 \tag{2-23}$$

式(2-23) 为平面任意力系平衡方程的基本形式。

另外，平衡方程还可以写成二矩式形式，即

$$\sum M_A(\boldsymbol{F}_i) = 0, \sum M_B(\boldsymbol{F}_i) = 0, \sum F_x = 0 \tag{2-24}$$

上式要满足的条件是 x 轴不能与 A、B 连线垂直。平衡方程的三矩式形式为

$$\sum M_A(\boldsymbol{F}_i) = 0, \sum M_B(\boldsymbol{F}_i) = 0, \sum M_C(\boldsymbol{F}_i) = 0 \tag{2-25}$$

上式要满足的条件是 A、B、C 三点不共线。

【例 2-9】 水平梁 AB，A 端为固定铰支座，B 端为滚动铰支座，受力 q，$M=qa^2$，几何尺寸如图 2-21(a)所示，试求 A、B 端的约束力。

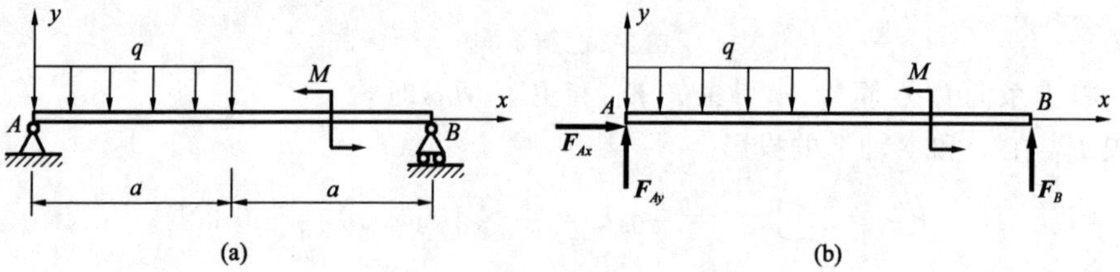

图 2-21 例 2-9 图

解 (1)选梁 AB 为研究对象。设作用于它的主动力为均布荷载 q，力偶 M；约束力为固定铰支座 A 端的 $\boldsymbol{F}_{Ax}$、$\boldsymbol{F}_{Ay}$ 两个分力，滚动铰支座 B 端的铅垂向上的力 $\boldsymbol{F}_B$，如图 2-21(b)所示。

(2)建立平衡方程

$$\sum M_A(\boldsymbol{F}_i) = 0, F_B \cdot 2a + M - \frac{1}{2}qa^2 = 0 \tag{a}$$

$$\sum F_x = 0, F_{Ax} = 0 \tag{b}$$

$$\sum F_y = 0, F_{Ay} + F_B - qa = 0 \tag{c}$$

由式(a)、式(b)、式(c)解得 A、B 端的约束力为

$$F_B=-\frac{qa}{4}(\downarrow),F_{Ax}=0,F_{Ay}=\frac{5qa}{4}(\uparrow)$$

负号说明假设方向与实际方向相反。

【例 2-10】 如图 2-22(a)所示的刚架，已知 $q=3\ \text{kN/m}$，$F=6\sqrt{2}\ \text{kN}$，$M=10\ \text{kN}\cdot\text{m}$，不计刚架的自重，试求固定端 A 的约束力。

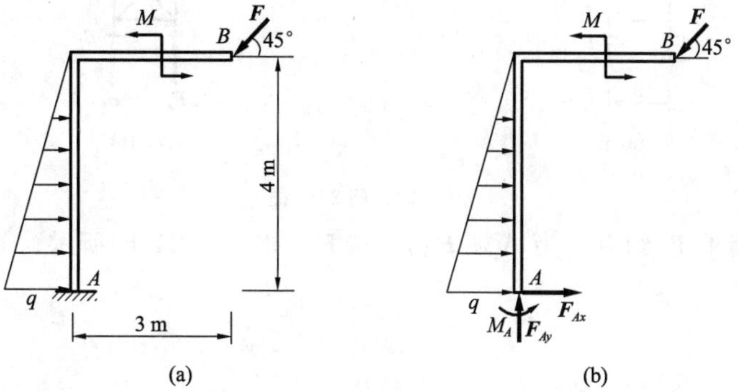

图 2-22 例 2-10 图

解 (1)选刚架 AB 为研究对象。作用于它的主动力为三角形荷载 q、集中荷载 $\boldsymbol{F}$、力偶 M；约束力为固定端 A 处的两个分力 $\boldsymbol{F}_{Ax}$、$\boldsymbol{F}_{Ay}$ 和力偶矩 M_A，如图 2-22(b)所示。

(2)建立坐标系，列平衡方程。

$$\sum M_A(\boldsymbol{F}_i)=0,M_A-\frac{1}{2}q\times4\times\frac{1}{3}\times4+M-3F\sin45°+4F\cos45°=0 \qquad \text{(a)}$$

$$\sum F_x=0,F_{Ax}+\frac{1}{2}q\times4-F\cos45°=0 \qquad \text{(b)}$$

$$\sum F_y=0,F_{Ay}-F\sin45°=0 \qquad \text{(c)}$$

由式(a)、式(b)、式(c)解得固定端 A 的约束力为

$$F_{Ax}=0,F_{Ay}=6\ \text{kN}(\uparrow),M_A=-8\ \text{kN}\cdot\text{m}(\curvearrowright)$$

2. 平面平行力系的平衡方程

设在 Oxy 坐标下，如果力系中各力作用线彼此平行，则称此力系为平面平行力系，如图 2-23 所示。式(2-25)变为

$$\sum M_O(\boldsymbol{F}_i)=0,\sum F_y=0$$

或写成

$$\sum M_A(\boldsymbol{F}_i)=0,\sum M_B(\boldsymbol{F}_i)=0$$

其中，A、B 连线不能与力的作用线平行。

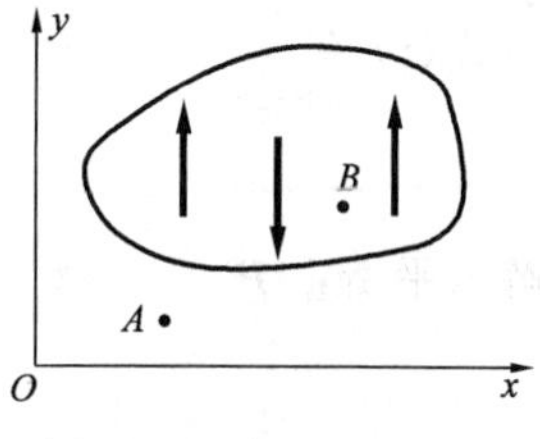

图 2-23 平面平行力系

因此平面平行力系的平衡方程共有两种形式，每种形式只能列两个方程，共解两个未知力。

【例 2-11】 行走式起重机如图 2-24(a)所示，设机身的重量为 $P_1=500\ \text{kN}$，其作用线距右轨的距离为 $e=1\ \text{m}$，起吊的最大重量为 $P_2=200\ \text{kN}$，其作用线距右轨的最远距离为 $l=10\ \text{m}$，两个轮距为 $b=3\ \text{m}$，试求使起重机满载和空载不至于翻倒时，起重机平衡重 $\boldsymbol{P}$ 的值，设平衡重 $\boldsymbol{P}$ 的作用线距左轨的距离为 $a=4\ \text{m}$。

解 (1)选起重机为研究对象。作用在其上的主动力为起重机机身的重力 $\boldsymbol{P}_1$ 和起吊重

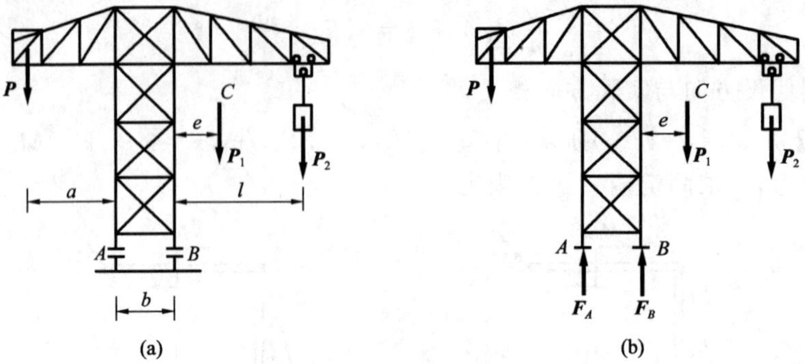

图 2-24　例 2-11 图

物的重力 $\boldsymbol{P}_2$，平衡重 $\boldsymbol{P}$；约束力为 A 端 $\boldsymbol{F}_A$，B 端 $\boldsymbol{F}_B$，如图 2-24(b)所示。

(2)平衡方程

当满载时

$$\sum M_B(\boldsymbol{F}_i)=0,(a+b)P-eP_1-lP_2-bF_A=0 \tag{a}$$

使起重机满载不至于翻倒的条件为

$$F_A\geqslant 0$$

由式(a) 有

$$F_A=\frac{1}{b}[(a+b)P-eP_1-lP_2]\geqslant 0$$

解得平衡重 $\boldsymbol{P}$

$$P\geqslant\frac{eP_1+lP_2}{a+b}=\frac{1\times 500+10\times 200}{4+3}=357.14\ \text{kN} \tag{b}$$

当空载时

$$\sum M_A(\boldsymbol{F}_i)=0,aP-(e+b)P_1+bF_B=0 \tag{c}$$

使起重机空载不至于翻倒的条件为

$$F_B\geqslant 0$$

由式(c) 有

$$F_B=\frac{1}{b}[(e+b)P_1-aP]\geqslant 0$$

解得平衡重 $\boldsymbol{P}$

$$P\leqslant\frac{(e+b)P_1}{a}=\frac{(1+3)\times 500}{4}=500\ \text{kN} \tag{d}$$

由式(b) 和式(d) 得起重机平衡重 $\boldsymbol{P}$ 的值为

$$357.14\ \text{kN}\leqslant P\leqslant 500\ \text{kN}$$

3. 物体系统的平衡计算

工程中，如刚架结构、三铰拱、桁架等结构，都是由几个物体通过某种连接方式组成的物体系统。物体系统全部未知力的数目与所列的平衡方程的数目相等，此类问题称为静定问题(理论力学的静力学部分均为静定问题)；物体系统全部未知力的数目多于所列的平衡方程的数目，此类问题为静不定问题，也称超静定问题。求解超静定问题时，需要引入相应的变形与力之间关系的补充方程，才能求解，这将在后续课程材料力学中学习。

下面通过例题,分析求解物体系统的平衡问题。

【例 2-12】 水平梁是由 AB、BC 两部分组成的,A 处为固定端约束,B 处为铰链连接,C 端为滚动铰支座,已知 $F=10\ \text{kN}$,$q=20\ \text{kN/m}$,$M=10\ \text{kN}\cdot\text{m}$,如图 2-25(a)所示,试求 A、C 处的约束力。

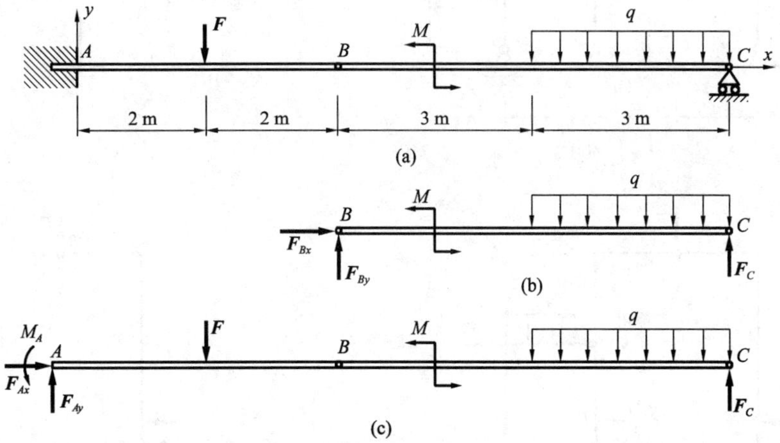

图 2-25　例 2-12 图

解　(1)分析:物体系统有两个构件,故所能列的平衡方程的数目是 3×2=6 个;作用于系统上的所有约束力个数是 6 个(A 处是 3 个,B 处是 2 个,C 处是 1 个)。因此,该问题是静定问题。

(2)首先取梁 BC 为研究对象。如图 2-25(b)所示,列平衡方程

$$\sum M_B(\boldsymbol{F}_i)=0,6F_C+M-3q\times\left(3+\frac{3}{2}\right)=0 \tag{a}$$

解得

$$F_C=43.33\ \text{kN}(\uparrow)$$

(3)取整体为研究对象。如图 2-25(c)所示,列平衡方程

$$\sum M_A(\boldsymbol{F}_i)=0,M_A-2F+10F_C+M-3q\times\left(7+\frac{3}{2}\right)=0 \tag{b}$$

$$\sum F_x=0,F_{Ax}=0$$

$$\sum F_y=0,F_{Ay}-F-3q+F_C=0$$

解得 A、C 端的约束力为

$$F_{Ax}=0,F_{Ay}=26.67\ \text{kN}(\uparrow),M_A=86.7\ \text{kN}\cdot\text{m}(\curvearrowleft)$$

结果为正值,说明假设的约束力方向与实际方向一致。

注意,约束反力或力偶求出后要标出指向或转向。

我们可以分析一下,如果先取 AB 或整体为研究对象,结果会怎样?

【例 2-13】 刚架结构由 3 部分组成,其中 A、D 为固定铰支座,E 为滚动铰支座,B、C 为铰链,受力及几何尺寸如图 2-26(a)所示,试求 A、D、E 处的约束力。

解　(1)取 CE 为研究对象。受力如图 2-26(b)所示,列平衡方程

$$\sum M_C(\boldsymbol{F}_i)=0,aF_E-\frac{1}{2}qa^2=0$$

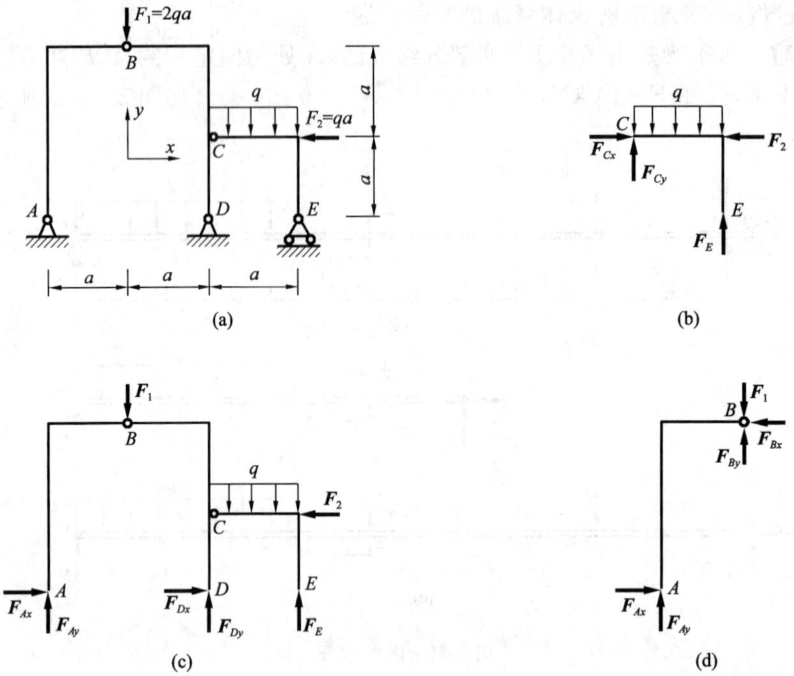

图 2-26　例 2-13 图

解得
$$F_E=\frac{1}{2}qa\ (\uparrow)$$

(2)取整体为研究对象。受力如图 2-26(c)所示，列平衡方程

$$\sum M_A(\boldsymbol{F}_i)=0,2aF_{Dy}+3aF_E+aF_2-2.5aqa-aF_1=0$$

$$\sum F_y=0,F_{Ay}+F_{Dy}+F_E-F_1-qa=0$$

解得
$$F_{Ay}=\frac{3}{2}qa\ (\uparrow),F_{Dy}=qa\ (\uparrow)$$

$$\sum F_x=0,F_{Ax}+F_{Dx}-F_2=0 \tag{a}$$

(3)取 AB 为研究对象。受力如图 2-26(d)所示，列平衡方程

$$\sum M_B(\boldsymbol{F}_i)=0,2aF_{Ax}-aF_{Ay}=0 \tag{b}$$

联立(a)、(b)两式，解得　$F_{Ax}=\frac{3}{4}qa(\rightarrow),F_{Dx}=\frac{1}{4}qa(\rightarrow)$

由上述分析可得如下求解物体系统平衡问题的步骤：

(1)根据题意确定约束力个数及所能建立的独立的平衡方程个数；

(2)适当选取研究对象，一般所选构件为静定结构，其未知力个数不能多于三个；

(3)建立平衡方程时尽量使一个方程求解出一个未知力，避免联立求解。

4. 桁架的内力计算

所谓桁架是由二力杆组成的系统，它的特点是各杆由光滑铰链连接，且在结点受力，这样的桁架为理想桁架。如工程中的屋架结构(图 2-27)、场馆的网状结构、桥梁以及电视塔架等均可看成桁架结构。

桁架的内力计算有两种方法：结点法和截面法。

(1)结点法

以每个结点为研究对象，构成平面汇交力系，列两个平衡方程，求出杆内力。计算时应从两个杆件连接的结点进行求解，每次只能求解两个未知力，逐一对结点求解，直到全部杆件内力求解完毕，此法称结点法。

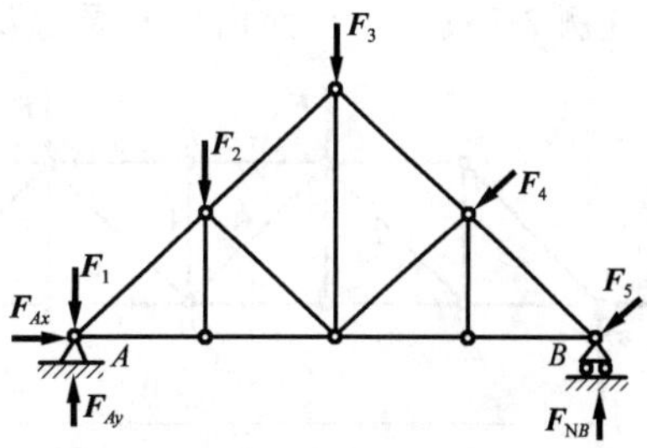

图 2-27　屋架结构

【例 2-14】 求平面桁架各杆的内力，其受力如图 2-28 所示。

解　(1)取整体为研究对象，求支反力。受力如图 2-28(a)所示。列平衡方程

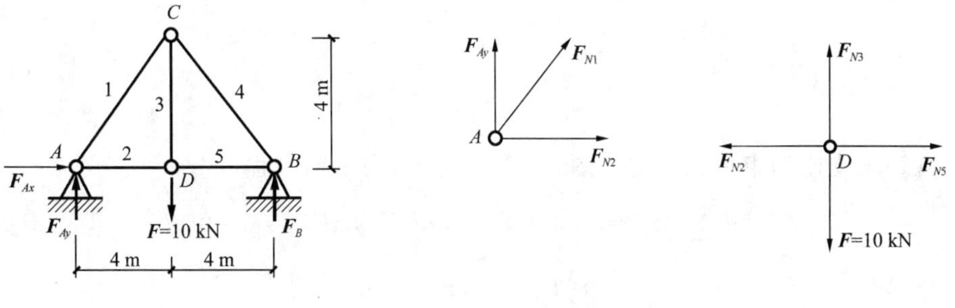

(a)　(b)　(c)

图 2-28　例 2-14 图

$\sum M_A = 0 \quad 8F_B - 4F = 0 \qquad \therefore F_B = 5\ \text{kN}(\uparrow)$

$\sum F_y = 0 \quad F_A + F_B - F = 0 \qquad \therefore F_A = 5\ \text{kN}(\uparrow)$

$\sum F_x = 0 \qquad \therefore F_{Ax} = 0$

(2)求平面桁架各杆的内力，假设各杆的内力为拉力。

A 结点：受力如图 2-28(b)所示，列平衡方程

$\sum F_y = 0 \quad F_{N1}\sin 45^\circ + F_{Ay} = 0 \qquad \therefore F_{N1} = -5\sqrt{2}\ \text{kN}$(压)

$\sum F_x = 0 \quad F_{N1}\cos 45^\circ + F_{N2} = 0 \qquad \therefore F_{N2} = 5\ \text{kN}$(拉)

D 结点：受力如图 2-28(c)所示。列平衡方程

$\sum F_y = 0 \quad F_{N3} - F = 0 \qquad \therefore F_{N3} = 10\ \text{kN}$(拉)

根据对称性，可得 $F_{N5} = F_{N2} = 5\ \text{kN}$(拉)　　$F_{N4} = F_{N1} = -5\sqrt{2}\ \text{kN}$(压)

注意：二力杆的内力在求解前一律假定为拉力，求解后如果是正的说明假定和实际一致，即为受拉杆，结果是负的说明假定和实际受力相反，即为受压杆。二力杆一定注明拉或压，如 $F_{58} = -20\ \text{kN}$(压)。

(2)截面法

若要求桁架中的某杆件内力时，选择一截面假想将要求的杆件截开，使桁架成为两部分，并选其中一部分作为研究对象，所受力一般为平面任意力系，列相应的平衡方程求解，此法称截面法。

【例 2-15】 一平面桁架的受力及几何尺寸如图 2-29(a)所示，试求 1、2、3、4 杆的内力。

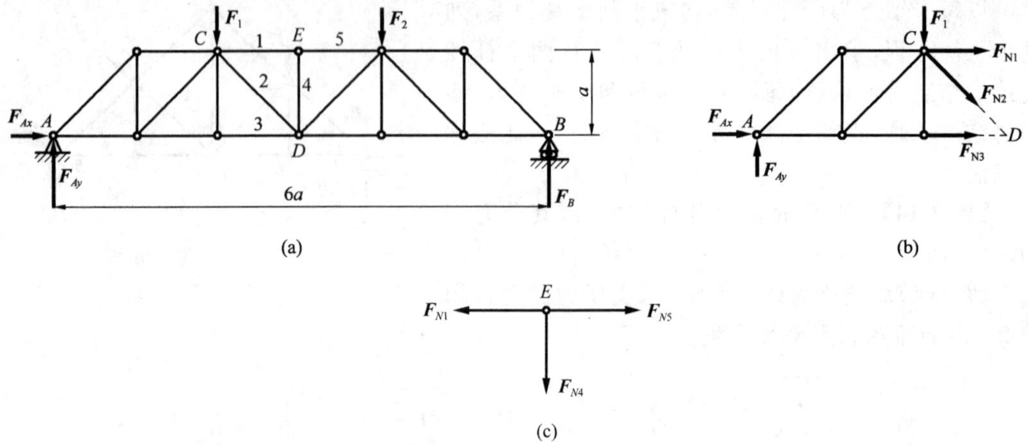

图 2-29 例 2-15 图

解 (1)求支座约束力。受力如图 2-29(a)所示，列平衡方程

$$\sum M_B = 0, 6aF_{Ay} - 4aF_1 - 2aF_2 = 0$$

$$\sum F_x = 0, F_{Ax} = 0$$

解得
$$F_{Ay} = \frac{2F_1 + F_2}{3}$$

(2) 求各杆的内力。假想将 1、2、3 杆截开，取左侧为研究对象，如图 2-29(b) 所示。列平衡方程

$$\sum M_C = 0, -2aF_{Ay} + aF_{N3} = 0 \quad \therefore F_{N3} = 2F_{Ay} = \frac{4F_1 + 2F_2}{3}(\text{拉})$$

$\sum F_y = 0, F_{Ay} - F_1 - F_{N2}\cos 45^\circ = 0 \quad \therefore F_{N2} = \sqrt{2}(F_{Ay} - F_1) = \frac{\sqrt{2}}{3}(F_2 - F_1)$(拉、压不定，取绝对 F_1、F_2 的数值)

$$\sum M_D = 0, F_{N1}a + 3aF_{Ay} - F_1 a = 0 \quad F_{N1} = -(F_1 + F_2)(\text{压})$$

E 结点受力如图 2-29(c) 所示，由 $\sum F_y = 0 \quad \therefore F_{N4} = 0$

在桁架计算中，有时将结点法和截面法联合应用，计算将会更方便。

由上面的例子可见，桁架中存在内力为零的杆，我们通常将内力为零的杆称为零力杆。如果能在进行内力计算之前根据结点平衡的一些特点，将桁架中的零力杆找出来，便可以节省这部分计算量。下面给出一些特殊情况判断零力杆。

① 一个结点连着两个杆，当该结点无荷载作用时，这两个杆的内力均为零。

② 三个杆汇交的结点上，当该结点无荷载作用时，且其中两个杆在一条直线上，则第三个杆的内力为零，在一条直线上的两个杆的内力大小相等，符号相同。

2.4　空间任意力系

空间力系是力的作用线不位于同一平面的力系。它是力学计算中最一般的力系，分为汇交力系、平行力系、力偶系和任意力系。这一章与平面力系一样学习空间力系的简化与平衡问题。

2.4.1　力在空间直角坐标轴上的投影

由投影的定义式(2-4)可知，力 $\boldsymbol{F}$ 在空间直角坐标轴上的投影可表示为

$$\begin{cases} F_x = \boldsymbol{F}\cdot\boldsymbol{i} = F\cos(\boldsymbol{F}\cdot\boldsymbol{i}) \\ F_y = \boldsymbol{F}\cdot\boldsymbol{j} = F\cos(\boldsymbol{F}\cdot\boldsymbol{j}) \\ F_z = \boldsymbol{F}\cdot\boldsymbol{k} = F\cos(\boldsymbol{F}\cdot\boldsymbol{k}) \end{cases} \tag{2-26}$$

其中 $\boldsymbol{i}$、$\boldsymbol{j}$、$\boldsymbol{k}$ 为坐标轴正向的单位矢量。式(2-26)称为力的直接投影法。

设力 $\boldsymbol{F}$ 与 z 轴的夹角为 γ，力 $\boldsymbol{F}$ 沿 z 轴的合力为 $\boldsymbol{F}_z$，力 $\boldsymbol{F}$ 在 Oxy 面上的分力为 $\boldsymbol{F}_{xy}$，此分力 $\boldsymbol{F}_{xy}$ 与 x 轴的夹角为 φ，如图 2-30 所示。则力 $\boldsymbol{F}$ 在 x、y、z 轴上的投影为

$$\begin{cases} F_x = F_{xy}\cos\varphi = F\sin\gamma\cos\varphi \\ F_y = F_{xy}\sin\varphi = F\sin\gamma\sin\varphi \\ F_z = F\cos\gamma \end{cases} \tag{2-27}$$

式(2-27)称为力的间接投影法。

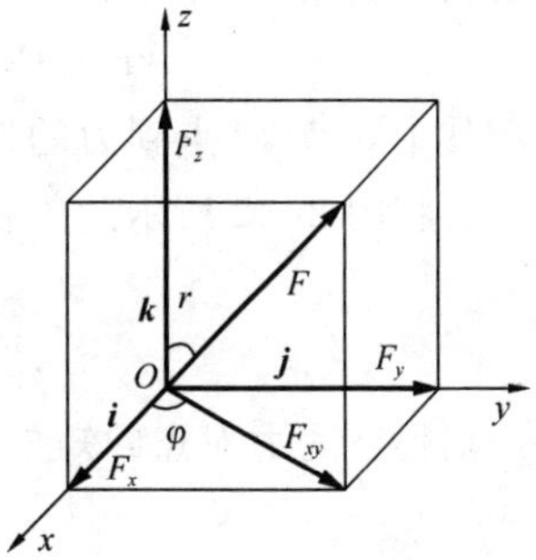

图 2-30

【例 2-16】　在正方体的角点 A、B 处作用力 $\boldsymbol{F}_1$、$\boldsymbol{F}_2$，如图 2-31 所示。试求此二力在 x、y、z 轴上的投影。

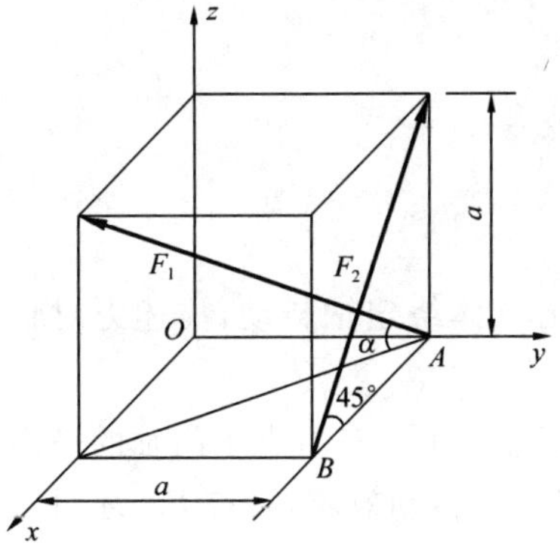

图 2-31　例 2-16 图

解：对力 $\boldsymbol{F}_1$ 使用间接投影法。设 $\boldsymbol{F}_1$ 与 Oxy 面的夹角为 α，其余弦值和正弦值分别为

$$\cos\alpha = \frac{\sqrt{2}a}{\sqrt{3}a} = \frac{\sqrt{2}}{\sqrt{3}} \quad \sin\alpha = \frac{a}{\sqrt{3}a} = \frac{1}{\sqrt{3}}$$

其中，a 为正方体的边长。则 $\boldsymbol{F}_1$ 在 Oxy 面上的投影为

$$F_{1xy} = F_1\cos\alpha = \frac{\sqrt{2}}{\sqrt{3}}F_1$$

则力 $\boldsymbol{F}_1$ 在 x、y、z 轴上的投影为

$$F_{1x} = F_{1xy}\cos45° = \frac{\sqrt{2}}{\sqrt{3}}\times\frac{\sqrt{2}}{2}F_1 = \frac{F_1}{\sqrt{3}}$$

$$F_{1y} = -F_{1xy}\cos45° = -\frac{\sqrt{2}}{\sqrt{3}}\times\frac{\sqrt{2}}{2}F_1 = -\frac{F_1}{\sqrt{3}}$$

$$F_{1z} = F_1\sin\alpha = \frac{F_1}{\sqrt{3}}$$

对力 $\boldsymbol{F}_2$ 使用直接投影法。则 $\boldsymbol{F}_2$ 在 x、y、z 轴上的投影为

$$F_{2x} = -F_2\cos45° = -\frac{\sqrt{2}F_2}{2}$$

$$F_{2y} = 0$$

$$F_{2z} = F_2\sin45° = \frac{\sqrt{2}F_2}{2}$$

2.4.2 空间力对点的矩和对轴的矩

1. 空间力对点的矩

平面问题力对点的矩用代数量就可以完全表示力对物体的转动效应，但空间问题由于各力矢量不在同一平面内，矩心和力的作用线构成的平面也不在同一平面内，再用代数量无法表示各力对物体的转动效应，因此采用力对点的矩的矢量表示，即为力偶矩矢。

如图 2-32 所示，由坐标原点 O 向力 $\boldsymbol{F}$ 的作用点 A 作矢径 $\boldsymbol{r}$，则定义力 $\boldsymbol{F}$ 对坐标原点 O 的力偶矩矢为 $\boldsymbol{r}$ 与 $\boldsymbol{F}$ 的矢量积，即

$$\boldsymbol{M}_O(\boldsymbol{F}) = \boldsymbol{r} \times \boldsymbol{F}$$

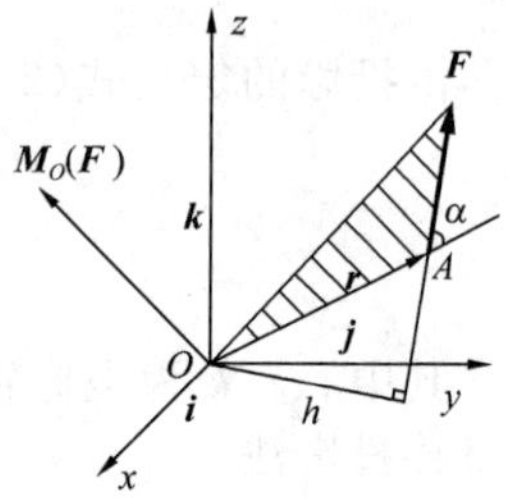

图 2-32

力偶矩矢 $\boldsymbol{M}_O(\boldsymbol{F})$ 的方向由右手螺旋法则来确定；由矢量积的定义得矢量 $\boldsymbol{M}_O(\boldsymbol{F})$ 大小，即

$$|\boldsymbol{r} \times \boldsymbol{F}| = rF\sin\alpha = Fh$$

其中，h 为 O 点到力的作用线的垂直距离，即力臂。

若将图 2-32 所示的矢径 $\boldsymbol{r}$ 和力 $\boldsymbol{F}$ 表示成解析式，即

$$\begin{cases} \boldsymbol{r} = x\boldsymbol{i} + y\boldsymbol{j} + z\boldsymbol{k} \\ \boldsymbol{F} = F_x\boldsymbol{i} + F_y\boldsymbol{j} + F_z\boldsymbol{k} \end{cases}$$

则得空间力对点的矩的解析表达式为

$$\boldsymbol{M}_O(\boldsymbol{F}) = \boldsymbol{r} \times \boldsymbol{F} = \begin{vmatrix} \boldsymbol{i} & \boldsymbol{j} & \boldsymbol{k} \\ x & y & z \\ F_x & F_y & F_z \end{vmatrix} = (yF_z - zF_y)\boldsymbol{i} + (zF_x - xF_z)\boldsymbol{j} + (xF_y - yF_x)\boldsymbol{k}$$

由此可得力矩 $\boldsymbol{M}_O(\boldsymbol{F})$ 在坐标轴 x、y、z 上的投影为

$$\begin{cases} [M_O(\boldsymbol{F})]_x = yF_z - zF_y \\ [M_O(\boldsymbol{F})]_y = zF_x - xF_z \\ [M_O(\boldsymbol{F})]_z = xF_y - yF_x \end{cases} \tag{2-28}$$

2. 空间力对轴的矩

在实际中，例如门绕门轴转动、飞轮绕转轴转动等均为物体绕定轴转动，描述力对轴的转动效应时用力对轴的矩。

如图 2-33 所示，作用在门上 A 点的力 $\boldsymbol{F}$，将力 $\boldsymbol{F}$ 沿与门轴 z 平行和垂直于门轴的平面这两个方向进行分解，得分力 $\boldsymbol{F}_{xy}$ 和 $\boldsymbol{F}_z$。实践表明 $\boldsymbol{F}_z$ 不对门产生转动效应，只有 $\boldsymbol{F}_{xy}$ 才对门产生转动效应。用 $M_z(\boldsymbol{F})$ 表示力对 z 轴的矩，该力矩是代数量。即

$$M_z(\boldsymbol{F}) = M_O(\boldsymbol{F}_{xy}) = \pm F_{xy}h = \pm 2\Delta OAB \text{ 面积} \tag{2-29}$$

该力矩的符号用右手螺旋法则来确定。

特殊情况：$M_z(\boldsymbol{F}) = 0$，(1) 力 $\boldsymbol{F}$ 与转轴平行，即 $\boldsymbol{F}_z \mathbin{/\mkern-6mu/} z$ 轴；(2) $h = 0$，即力 $\boldsymbol{F}$ 与转轴相交，力的作用线与转轴共面。

力对轴的矩的单位：牛·米(N·m) 或千牛·米(kN·m)。

将分力 $\boldsymbol{F}_{xy}$ 在 xy 平面内分解，如图 2-34 所示，由合力矩定理得空间力对轴的矩的解析表达式为

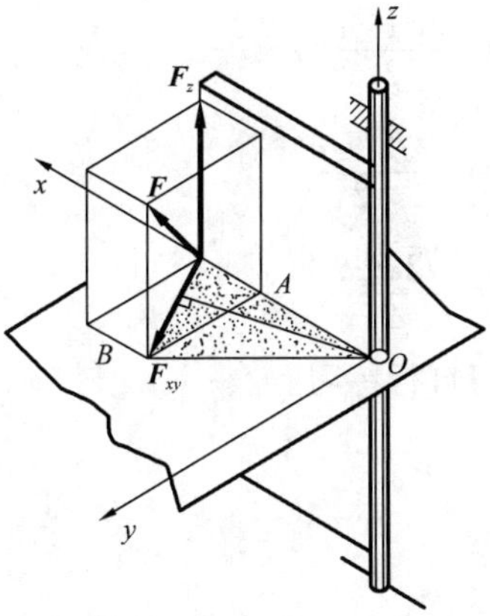

图 2-33

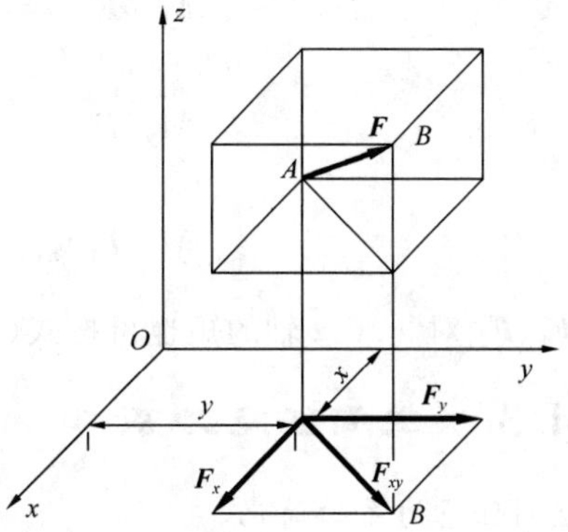

图 2-34

$$M_z(\boldsymbol{F}) = M_O(\boldsymbol{F}_{xy}) = M_O(\boldsymbol{F}_x) + M_O(\boldsymbol{F}_y) = xF_y - yF_x \tag{2-30}$$

将式(2-30) 和式(2-28) 的第三式比较得

$$M_z(\boldsymbol{F}) = [M_O(\boldsymbol{F})]_z \tag{2-31}$$

式(2-31) 表明：力对点的矩矢在通过该点的某轴上的投影等于力对该轴的矩。

3. 空间力对点的矩与对轴的矩的关系

由式(2-30) 可以得出

$$\begin{cases} [M_O(\boldsymbol{F})]_x = yF_z - zF_y = M_x(\boldsymbol{F}) \\ [M_O(\boldsymbol{F})]_y = zF_x - xF_z = M_y(\boldsymbol{F}) \\ [M_O(\boldsymbol{F})]_z = xF_y - yF_x = M_z(\boldsymbol{F}) \end{cases} \tag{2-32}$$

若已知力对直角坐标轴 x、y、z 的矩，则力对坐标原点 O 的矩为

大小：　$|M_O(\boldsymbol{F})| = \sqrt{[M_x(\boldsymbol{F})]^2 + [M_y(\boldsymbol{F})]^2 + [M_z(\boldsymbol{F})]^2}$

方向：$\cos[M_O(\boldsymbol{F}),\boldsymbol{i}] = \dfrac{M_x(\boldsymbol{F})}{M_O(\boldsymbol{F})}$，$\cos[M_O(\boldsymbol{F}),\boldsymbol{j}] = \dfrac{M_y(\boldsymbol{F})}{M_O(\boldsymbol{F})}$，

$\cos[M_O(\boldsymbol{F}),\boldsymbol{k}] = \dfrac{M_z(\boldsymbol{F})}{M_O(\boldsymbol{F})}$

【例 2-17】　试求【例 2-16】中力 $\boldsymbol{F}_1$、$\boldsymbol{F}_2$ 对 x、y、z 轴的矩。

解　A 点的直角坐标为 $x=0$，$y=a$，$z=0$，由力对轴的矩的解析式(2-32)，并利用【例 2-16】的结果，得力 $\boldsymbol{F}_1$ 对 x、y、z 轴的矩，即

$$M_x(\boldsymbol{F}_1) = yF_{1z} - zF_{1y} = \frac{F_1 a}{\sqrt{3}}$$

$$M_y(\boldsymbol{F}_1) = zF_{1x} - xF_{1z} = 0$$

$$M_z(\boldsymbol{F}_1) = xF_{1y} - yF_{1x} = -\frac{F_1 a}{\sqrt{3}}$$

B 点的直角坐标为 $x=a$，$y=a$，$z=0$，力 $\boldsymbol{F}_2$ 对 x、y、z 轴的矩，即

$$M_x(\boldsymbol{F}_2)=yF_{2z}-zF_{2y}=\frac{\sqrt{2}F_2a}{2}$$

$$M_y(\boldsymbol{F}_2)=zF_{2x}-xF_{2z}=-\frac{\sqrt{2}F_2a}{2}$$

$$M_z(\boldsymbol{F}_2)=xF_{2y}-yF_{2x}=\frac{\sqrt{2}F_2a}{2}$$

力 $\boldsymbol{F}_1$、$\boldsymbol{F}_2$ 对 x、y、z 轴的矩也可按式(2-28)计算，请自行练习。

2.4.3 空间任意力系

1. 空间任意力系的简化

与平面力系一样，空间任意力系向一点简化，得到一个力和一个力偶，如图 2-35 所示。

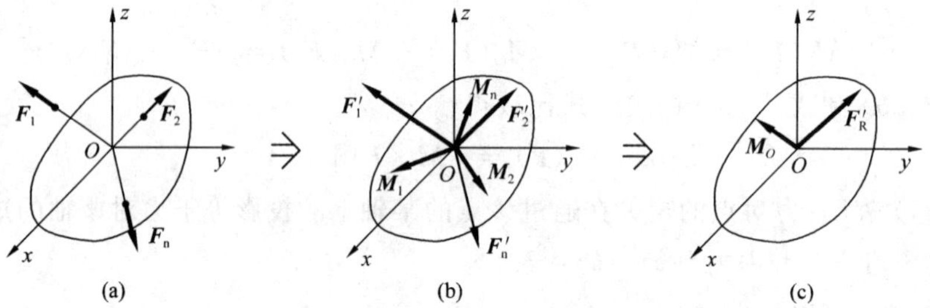

图 2-35

该力为原来力系的主矢，即主矢等于力系中各力矢量和。有

$$\boldsymbol{F}'_R=\boldsymbol{F}'_1+\boldsymbol{F}'_2+\cdots+\boldsymbol{F}'_n=\boldsymbol{F}_1+\boldsymbol{F}_2+\cdots+\boldsymbol{F}_n=\sum_{i=1}^{n}F_i$$

$$=(\sum_{i=1}^{n}F_{xi})\boldsymbol{i}+(\sum_{i=1}^{n}F_{yi})\boldsymbol{j}+(\sum_{i=1}^{n}F_{zi})\boldsymbol{k} \tag{2-33}$$

该力偶矩称为原来力系的主矩，即主矩等于力系中各力矢量对简化中心取矩的矢量和。有

$$\boldsymbol{M}_O=\boldsymbol{M}_O(\boldsymbol{F}_1)+\boldsymbol{M}_O(\boldsymbol{F}_2)+\cdots+\boldsymbol{M}_O(\boldsymbol{F}_n)=\sum_{i=1}^{n}M_O(\boldsymbol{F}_i)=\sum_{i=1}^{n}(\boldsymbol{r}_i\times\boldsymbol{F}_i)$$

$$=(\sum_{i=1}^{n}M_{xi})\boldsymbol{i}+(\sum_{i=1}^{n}M_{yi})\boldsymbol{j}+(\sum_{i=1}^{n}M_{zi})\boldsymbol{k} \tag{2-34}$$

主矢的大小与方向的计算与平面力系的主矢的计算相似，只是变成空间合力的计算。而主矩的计算即根据空间力系对点和对轴矩的计算。

结论：空间任意力系向力系所在平面内任意一点简化，得到一个力和一个力偶，它们都是矢量。如图 2-35 所示，此力称为原来力系的主矢，与简化中心的位置无关；此力偶矩称为原来力系的主矩，一般与简化中心的位置有关。

合力矩定理：空间任意力系的合力对任意一点(轴)的矩等于力系中各力对同一点(轴)的矩的矢量和(代数和)。即

$$\boldsymbol{M}_O=\sum_{i=1}^{n}\boldsymbol{M}_O(\boldsymbol{F}_i) \tag{2-35}$$

和

$$
\begin{cases}
M_x = \sum_{i=1}^{n} M_x(\boldsymbol{F}_i) \\
M_y = \sum_{i=1}^{n} M_y(\boldsymbol{F}_i) \\
M_z = \sum_{i=1}^{n} M_z(\boldsymbol{F}_i)
\end{cases}
\tag{2-36}
$$

特殊情况：

(1) 空间汇交力系 —— 空间各力的作用线都汇交于一点。简化结果是一个合力(主矢)，即式(2-33)。

(2) 空间力偶系 —— 各力偶矩矢的作用线都汇交于一点。简化结果是一个合力偶(主矩)，即式(2-34)。

(3) 空间平行力系 —— 各力作用线彼此平行，如图 2-36 所示。简化结果是一个合力(代数和)。

由空间任意力系的简化结果，研究空间固定端约束，如图 2-37 所示。空间固定端处既不能移又不能转。因此，约束共有六个约束力：三个正交分力 $\boldsymbol{F}_{Ax}$、$\boldsymbol{F}_{Ay}$ 和 $\boldsymbol{F}_{Az}$ 限制移动，绕三个轴的约束力矩 $\boldsymbol{M}_{Ax}$、$\boldsymbol{M}_{Ay}$ 和 $\boldsymbol{M}_{Az}$ 限制转动。

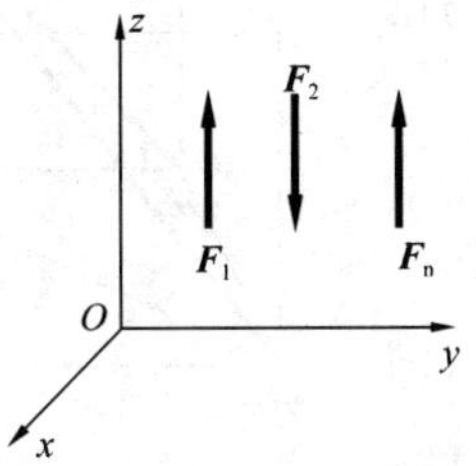

图 2-36

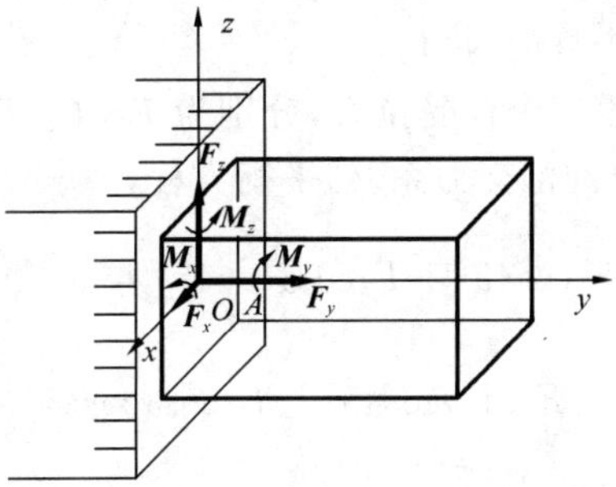

图 2-37

2. 空间任意力系的平衡

空间任意力系平衡的必要与充分条件：力系的主矢和对任意一点的主矩均等于零。即

$$
\boldsymbol{F}'_{R} = 0 \quad \boldsymbol{M}_O = 0 \tag{2-37}
$$

由上式可得空间任意力系的平衡方程

$$
\begin{cases}
\sum_{i=1}^{n} F_{xi} = 0 \quad \sum_{i=1}^{n} F_{yi} = 0 \quad \sum_{i=1}^{n} F_{zi} = 0 \\
\sum_{i=1}^{n} M_{xi}(\boldsymbol{F}_i) = 0 \quad \sum_{i=1}^{n} M_{yi}(\boldsymbol{F}_i) = 0 \quad \sum_{i=1}^{n} M_{zi}(\boldsymbol{F}_i) = 0
\end{cases}
\tag{2-38}
$$

上述平衡方程为六个独立的方程，可解六个未知力。

特殊情况讨论：

(1) 空间汇交力系 ——
$$
\begin{cases}
\sum_{i=1}^{n} F_{xi} = 0 \\
\sum_{i=1}^{n} F_{yi} = 0 \\
\sum_{i=1}^{n} F_{zi} = 0
\end{cases}
\tag{2-39}
$$

(2) 空间力偶系 ——
$$\begin{cases} M_x = \sum_{i=1}^{n} M_x(\boldsymbol{F}_i) \\ M_y = \sum_{i=1}^{n} M_y(\boldsymbol{F}_i) \\ M_z = \sum_{i=1}^{n} M_z(\boldsymbol{F}_i) \end{cases} \tag{2-40}$$

(3) 空间平行力系 ——
$$\begin{cases} \sum_{i=1}^{n} F_{zi} = 0 \\ \sum_{i=1}^{n} M_{xi}(\boldsymbol{F}_i) = 0 \quad \sum_{i=1}^{n} M_{yi}(\boldsymbol{F}_i) = 0 \end{cases} \tag{2-41}$$

由于空间任意力系的平衡方程有六个，所以在求解时应注意：(1) 选择适当的投影轴，使更多的未知力尽可能地与该轴垂直；(2) 力矩轴应选择与未知力相交或平行的轴；(3) 投影轴和力矩轴不一定是同一轴，所选择的轴也不一定都是正交的；只有这样才能做到一个方程含有一个未知力，避免求解联立方程。

【例 2-18】 沿正方体三个侧面的对角线有三个杆铰接于 A 点，并有沿竖直方向的力 $\boldsymbol{F}$，如图 2-38 所示，三个杆的自重不计，试求三个杆的内力。

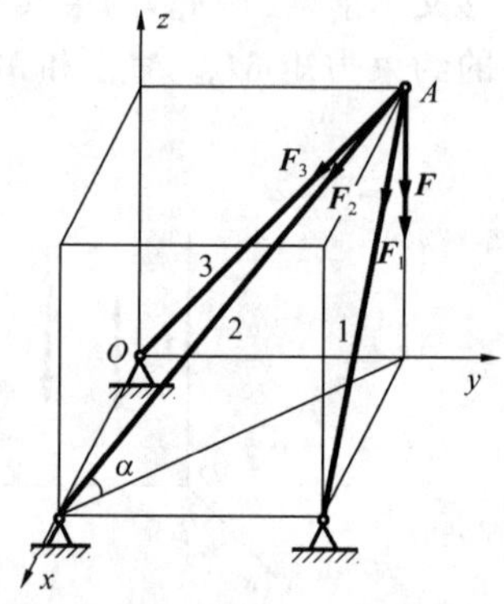

图 2-38

解 假设三个杆受拉力，分别为 $\boldsymbol{F}_1$、$\boldsymbol{F}_2$、$\boldsymbol{F}_3$，在 A 点与已知力 $\boldsymbol{F}$ 构成空间汇交力系。列平衡方程，

$$\sum_{i=1}^{n} F_{xi} = 0 \quad F_1\cos45° + F_2\cos\alpha\cos45° = 0 \tag{a}$$

$$\sum_{i=1}^{n} F_{yi} = 0 \quad -F_2\cos\alpha\cos45° - F_3\cos\alpha\cos45° = 0 \tag{b}$$

$$\sum_{i=1}^{n} F_{zi} = 0 \quad -F_1\cos45° - F_3\cos45° - F_2\sin\alpha - F = 0 \tag{c}$$

其中，$\cos\alpha = \dfrac{\sqrt{2}}{\sqrt{3}}$，$\sin\alpha = \dfrac{1}{\sqrt{3}}$

由(a)、(b)、(c) 三式解得

$$F_1 = F_3 = -\sqrt{2}F(\text{压}) \quad F_2 = \sqrt{3}F(\text{拉})$$

【例 2-19】 如图 4-11 所示的三轮车，自重 $\boldsymbol{P} = 10$ kN，作用在 E 点，载重 $\boldsymbol{P}_1 = 20$ kN 作用在 C 点，设三轮车为静止状态，试求地面对车轮的约束力。

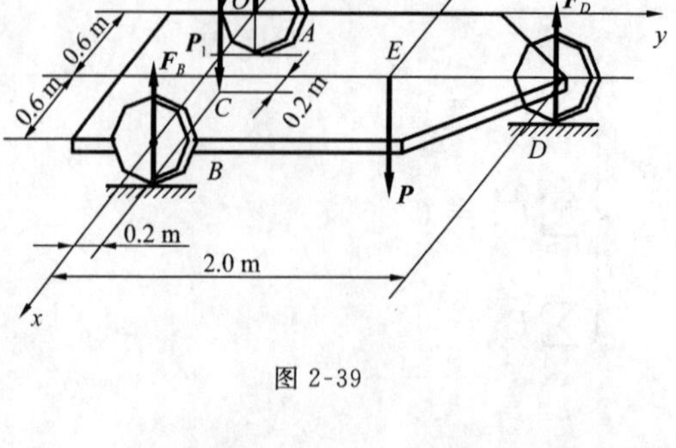

图 2-39

解　以三轮车为研究对象，受力 $\boldsymbol{P}$、$\boldsymbol{P}_1$ 如图 2-39 所示，约束力为主动力，为地面对轮的支取力，分别为 $\boldsymbol{F}_A$、$\boldsymbol{F}_B$、$\boldsymbol{F}_D$，构成空间平行力系。建立坐标系 $Oxyz$，列平衡方程

$$\sum_{i=1}^{n} F_{xi} = 0 \qquad F_A + F_B + F_D - P - P_1 = 0$$

$$\sum_{i=1}^{n} M_x(\boldsymbol{F}_i) = 0 \qquad 2F_D - 0.2P_1 - 1.2P = 0$$

$$\sum_{i=1}^{n} M_y(\boldsymbol{F}_i) = 0 \qquad -0.6F_D - 1.2F_B + 0.8P_1 + 0.6P = 0$$

解得

$$F_A = 4\ \text{kN}(\uparrow) \qquad F_B = 18\ \text{kN}(\uparrow) \qquad F_D = 8\ \text{kN}(\uparrow)$$

【例 2-20】　绞车结构如图 2-40 所示，绞车的轴承 AE 水平放置，轴上固定有胶带轮 B 和鼓轮 C，胶带轮 B 的直径 $d = 100$ mm，鼓轮 C 的直径 $D = 200$ mm，胶带轮 B 的两侧拉力为 $\boldsymbol{F}_1$、$\boldsymbol{F}_2$，$\boldsymbol{F}_1$ 与铅垂线的夹角为 $\alpha = 60°$，$\boldsymbol{F}_2$ 与铅垂线的夹角为 $\beta = 30°$，且 $\boldsymbol{F}_1 = 2\boldsymbol{F}_2$；鼓轮 C 上缠绕绳索并悬挂 $P = 100$ kN 的重物，绞车结构处于平衡状态，结构的几何尺寸如图所示。试求胶带的拉力和轴承 A、B 的约束力。

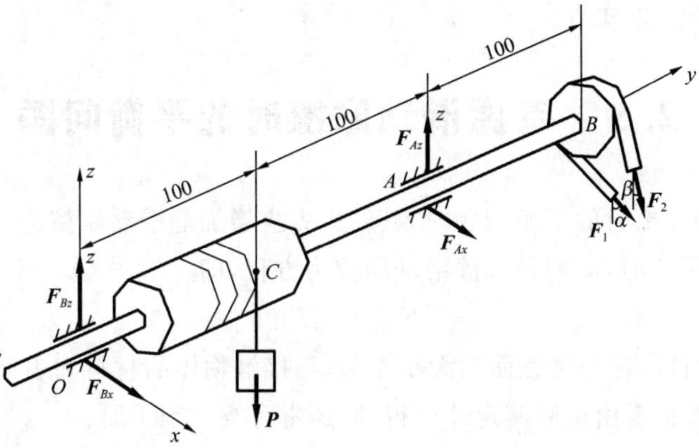

图 2-40

解　取整个系统为研究对象，受力如图 2-40 所示。主动力为 $\boldsymbol{P}$，约束力为轴承 A 上的 $\boldsymbol{F}_{Ax}$、$\boldsymbol{F}_{Az}$，轴承 B 上的 $\boldsymbol{F}_{Bx}$、$\boldsymbol{F}_{Bz}$，胶带的拉力 $\boldsymbol{F}_1$、$\boldsymbol{F}_2$。建立坐标系 $Oxyz$，列平衡方程

$$\sum_{i=1}^{n} F_{xi} = 0 \qquad F_{Ax} + F_{Bx} + F_1\sin\alpha + F_2\sin\beta = 0 \tag{a}$$

$$\sum_{i=1}^{n} F_{yi} = 0 \qquad 0 = 0$$

$$\sum_{i=1}^{n} F_{zi} = 0 \qquad F_{Az} + F_{Bz} - F_1\cos\alpha - F_2\cos\beta - P = 0 \tag{b}$$

$$\sum_{i=1}^{n} M_{xi}(\boldsymbol{F}_i) = 0 \qquad 200F_{Az} - 300F_1\cos\alpha - 300F_2\cos\beta - 100P = 0 \tag{c}$$

$$\sum_{i=1}^{n} M_{yi}(\boldsymbol{F}_i) = 0 \qquad \frac{d}{2}F_2 - \frac{d}{2}F_1 + \frac{D}{2}P = 0 \tag{d}$$

$$\sum_{i=1}^{n} M_{zi}(\boldsymbol{F}_i) = 0 \qquad -200F_{Ax} - 300F_1\sin\alpha - 300F_2\sin\beta = 0 \tag{e}$$

其中，$F_1 = 2F_2$ 代入式(d)

解得胶带的拉力　　$F_1 = 400\ \text{kN}\quad F_2 = 200\ \text{kN}$

将胶带的拉力代入式(a)、(b)、(c)、(e) 解得轴承 A、B 的约束力为

$F_{Ax} = -1189.23\ \text{kN}\quad F_{Az} = 919.62\ \text{kN}\quad F_{Bx} = 742.82\ \text{kN}\quad F_{Bz} = -446.41\ \text{kN}$

方程 $\sum_{i=1}^{n} F_{yi} = 0$ 为恒等式，是因为轴承 y 方向上无约束，因此本例题只有五个独立的平衡方程。

由上面的例子可以看出，空间任意力系的平衡方程有六个独立的平衡方程，可求解六个未知力，在求解时应做到：

(1) 正确地对所研究的物体进行受力分析，分析受哪些力的作用，即哪些是主动力，哪些是要求的未知力，它们构成怎样的力系(平行力系、力偶系、汇交力系、任意力系)。

(2) 选择适当的平衡方程，进行求解。求解所遵循的原则是尽量使一个方程含有一个未知力，避免联立求解。方程的选择不局限于式(2-38)，例如，【例 2-20】的解法。选择的力矩轴尽量使未知力的作用线与该轴平行或者相交，投影轴尽量与未知力的作用线垂直等，以减少平衡方程未知力的数目。

(3) 解方程，求出未知力。

2.5　考虑滑动摩擦时的平衡问题

当考虑有滑动摩擦时的平衡问题时，其约束力应增加静滑动摩擦力，所列的方程除了平衡方程外，在临界平衡时，应列最大静滑动摩擦力方程，即

$$F_{\max} = fF_{\text{N}} \tag{2-42}$$

式中，f—— 摩擦因数，它与接触面的大小无关，与接触物体的材料和表面情况有关，摩擦因数的数据需由试验测定才能得到，通常可查工程手册；

F_{N}—— 支撑面的法向约束力。

式(2-42) 称为摩擦力方程。

应当注意的是静滑动摩擦力 $\boldsymbol{F}$ 应是一个范围值，即 $0 \leqslant F \leqslant F_{\max}$，所以在考虑有摩擦的平衡问题时，其解答也应是一个范围值。但为了便于计算，总是以物体处于最大静滑动摩擦状态(此状态称为临界状态) 来计算，然后再考虑解答的范围值，同时静滑动摩擦力方向不能任意假定，要与物体的运动趋势相反。

【例 2-21】　一物块重为 $\boldsymbol{P}$，放在倾角为 θ 的斜面上，它与斜面间的摩擦因数为 f，当物块处于平衡时，试求作用在它上面的水平力 $\boldsymbol{F}$ 的大小。

解　由经验知，力 $\boldsymbol{F}$ 过大，物块沿斜面向上滑动；力 $\boldsymbol{F}$ 过小，物块沿斜面向下滑动，因此计算的 $\boldsymbol{F}$ 应在这两种状态之间。

(1) 求当物块处于沿斜面向上滑动的临界状态时，摩擦力向下，此时摩擦力的最大值用 $\boldsymbol{F}_{\max}$ 表示。受力如图 2-41(a) 所示，列平衡方程

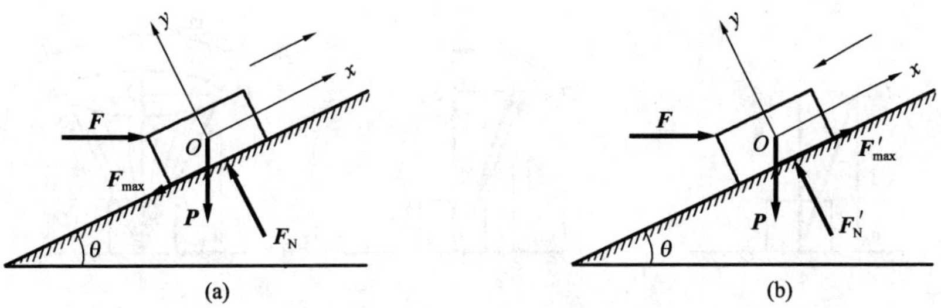

图 2-41　例 2-21 图

$$\sum F_x = 0, F\cos\theta - P\sin\theta - F_{max} = 0 \tag{a}$$

$$\sum F_y = 0, F_N - F\sin\theta - P\cos\theta = 0 \tag{b}$$

摩擦力方程
$$F_{max} = fF_N \tag{c}$$

由式(a)、式(b) 和式(c) 联立，求得最大的水平推力

$$F = \frac{\sin\theta + f\cos\theta}{\cos\theta - f\sin\theta}P \tag{d}$$

(2) 求当物块处于沿斜面向下滑动的临界状态时，摩擦力向上，对应的摩擦力为另一最大值，用 $\boldsymbol{F}'_{max}$ 表示。受力如图 2-41(b) 所示，列平衡方程

$$\sum F_x = 0, F\cos\theta - P\sin\theta + F'_{max} = 0 \tag{e}$$

$$\sum F_y = 0, F'_N - F\sin\theta - P\cos\theta = 0 \tag{f}$$

摩擦力方程
$$F'_{max} = fF'_N \tag{g}$$

由式(e)、式(f) 和式(g) 联立，得最小的水平推力

$$F = \frac{\sin\theta - f\cos\theta}{\cos\theta + f\sin\theta}P \tag{h}$$

由此得使物块处于平衡的水平推力为

$$\frac{\sin\theta - f\cos\theta}{\cos\theta + f\sin\theta}P \leqslant F \leqslant \frac{\sin\theta + f\cos\theta}{\cos\theta - f\sin\theta}P \tag{i}$$

(3) 讨论

① 若不计摩擦，则摩擦因数为 $f = 0$，由式(i) 得唯一的水平推力 $F = P\tan\theta$。

② 若引用摩擦角的概念，即摩擦角是支撑面全约束力与支撑面法向线间夹角的最大值，用 φ_f 表示。即

$$\tan\varphi_f = \frac{F_{max}}{F_N} = \frac{fF_N}{F_N} = f \tag{j}$$

如图 2-42 所示，其中支撑面全约束力 $\boldsymbol{F}_{RA}$ 包括法向约束力 $\boldsymbol{F}_N$ 和切向约束力 $\boldsymbol{F}_S$，有 $\boldsymbol{F}_{RA} = \boldsymbol{F}_N + \boldsymbol{F}_S$ 的矢量关系；全约束力 $\boldsymbol{F}_{RA}$ 与法线间的夹角 φ 也在零与 φ_f 之间变化，即

$$0 \leqslant \varphi \leqslant \varphi_f$$

因此，将式(j) 代入式(i)，得

$$P\tan(\theta - \varphi_f) \leqslant F \leqslant P\tan(\theta + \varphi_f)$$

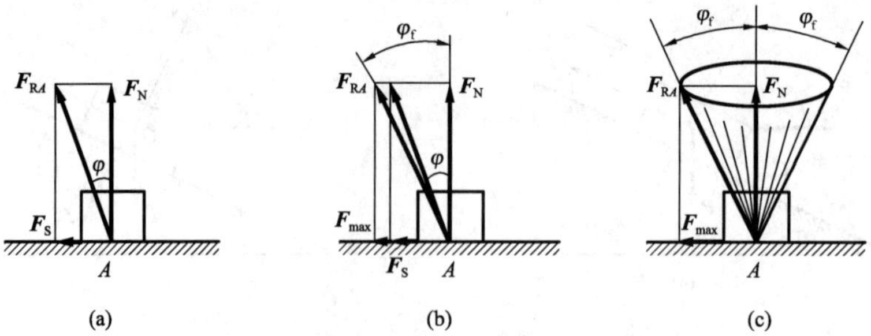

图 2-42 摩擦角与全约束力间的关系

【资料阅读】

杭州湾跨海大桥

作为杭州湾的“黄金通道”，跨海大桥使沪杭甬三地间的路网格局从原先的“V”字形变为“A”字形，物流、信息流、资金流快速汇聚和扩散。

在长三角一体化融合的加速进程中，杭州湾跨海大桥展现出极其重要的作用与意义。在杭州湾跨海大桥建成通车之前，宁波人要通过陆路去上海只能绕道杭州，至少需要三四个小时。跨海大桥飞架南北，使得杭州湾两岸的天堑变成了通途，将宁波与上海之间的陆路距离缩短了 120 多千米，两地从此也进入了“2 小时交通圈”。宁波从原本的长三角交通末端，一跃成为交通枢纽。

杭州湾跨海大桥由我国自行设计、自行建设和自行管理，全长 36 千米，是当时世界上最长的跨海大桥，工程总投资约 118 亿元。该跨海大桥按双向六车道高速公路设计，设计时速 100 千米，设计使用寿命 100 年以上。

（资料来源：《新民周刊》，2019）

思政目标

结合平衡的概念和平衡方程，培养学生具有平衡是相对的，而平衡方程是绝对的辩证思维；通过中国古代发明中蕴含的平衡问题，提升学生民族自豪感与文化自信。通过三种力系简化与平衡的学习，引导学生认识事物发展的客观规律，培养学生探索未知、追求真理的科学思维方法。

本章小结

1. 平面汇交力系

(1) 几何法

① 平面汇交力系合成的几何法 —— 力多边形法则

将原力系中各力矢量依次首尾相连得折线，封闭边的大小和方向表示力系的合力的大小和方向，合力的作用线通过汇交点。

② 平面汇交力系平衡的几何条件 —— 力多边形自行封闭

(2) 解析法

① 平面汇交力系合成的解析法

合矢量投影定理:合矢量在某一轴上的投影等于各分矢量在同一轴上投影的代数和。

$$\begin{cases} F_{Rx} = \sum F_x \\ F_{Ry} = \sum F_y \end{cases}$$

力系合力:
$$\begin{cases} F_R = \sqrt{F_{Rx}^2 + F_{Ry}^2} = \sqrt{(\sum F_x)^2 + (\sum F_y)^2} \\ \cos(\boldsymbol{F}_R, \boldsymbol{i}) = \dfrac{F_{Rx}}{F_R} = \dfrac{\sum F_x}{F_R}, \cos(\boldsymbol{F}_R, \boldsymbol{j}) = \dfrac{F_{Ry}}{F_R} = \dfrac{\sum F_y}{F_R} \end{cases}$$

② 平面汇交力系平衡的解析条件

力系中各力在直角坐标轴上的投影的代数和均为零。

平面汇交力系的平衡方程:$\sum F_x = 0, \sum F_y = 0$

2. 平面力偶系

(1) 合力矩定理

合力对平面内任意点之矩等于力系中各力对同一点之矩的代数和。即

$$M_O(\boldsymbol{F}_R) = \sum M_O(\boldsymbol{F}_i)$$

(2) 力偶与力偶矩

力偶:由两个大小相等、方向相反且不共线的平行力组成的力系。

力偶矩:力偶中力的大小与力偶臂的乘积,它是代数量。即

$$M = \pm Fd$$

符号规定:力偶使物体逆时针转动为正,反之为负。

平面力偶的性质:

① 力偶没有合力;

② 力偶不能与一个力等效,力偶只能与一个力偶等效;

③ 力偶矩与矩心点无关。

平面力偶的等效定理:在同一平面内两个力偶等效的必要与充分条件是两个力偶矩相等。

(3) 平面力偶系的合成

合力偶矩等于力偶系中各力偶矩的代数和。即

$$M = \sum M_i$$

(4) 平面力偶系的平衡条件

力偶系中各力偶矩的代数和等于零。即

$$\sum M_i = 0$$

3. 平面任意力系

(1) 力的平移定理

作用在刚体上任意点 A 的力 $\boldsymbol{F}$ 可以平行移到另一点 B,只需附加一个力偶,此力偶的矩等于原来的力 $\boldsymbol{F}$ 对平移点 B 的矩。

(2) 平面任意力系的简化

平面任意力系向力系所在平面内任意点简化,得到一个力和一个力偶,此力称为原力系的主矢,与简化中心的位置无关;此力偶矩称为原力系的主矩,与简化中心的位置有关。

主矢:$\boldsymbol{F}'_{\mathrm{R}} = \sum \boldsymbol{F}_i$;主矩:$M_O = \sum M_O(\boldsymbol{F}_i)$

(3) 平面任意力系简化结果

① 当 $\boldsymbol{F}'_{\mathrm{R}} = 0, M_O \neq 0$ 时,简化为一个力偶。此时的力偶矩与简化的位置无关,主矩 M_O 为原力系的合力偶矩。

② 当 $\boldsymbol{F}'_{\mathrm{R}} \neq 0, M_O = 0$ 时,简化为一个力。此时的主矢为原力系的合力,合力的作用线通过简化中心 O。

③ 当 $\boldsymbol{F}'_{\mathrm{R}} \neq 0, M_O \neq 0$ 时,简化为一个力。此时的主矢为原力系的合力,合力的作用线到 O 点的距离 d 为

$$d = \frac{M_O}{F'_{\mathrm{R}}}$$

④ 当 $\boldsymbol{F}'_{\mathrm{R}} = 0, M_O = 0$ 时,平面任意力系为平衡力系。

(4) 合力矩定理

平面任意力系的合力对力系所在平面内任意点的矩等于力系中各力对同一点的矩的代数和,即

$$M_O(\boldsymbol{F}_{\mathrm{R}}) = \sum M_O(\boldsymbol{F}_i)$$

(5) 平面任意力系的平衡

平面任意力系平衡的必要与充分条件:力系的主矢和对任意点的主矩均等于零。即

$$\boldsymbol{F}'_{\mathrm{R}} = 0, M_O = 0$$

(6) 平面任意力系的平衡方程

基本形式:$\sum M_O(\boldsymbol{F}_i) = 0, \sum F_x = 0, \sum F_y = 0$

二力矩式:$\sum M_A(\boldsymbol{F}_i) = 0, \sum M_B(\boldsymbol{F}_i) = 0, \sum F_x = 0$

式中,x 轴不能与 A、B 连线垂直。

三力矩式:$\sum M_A(\boldsymbol{F}_i) = 0, \sum M_B(\boldsymbol{F}_i) = 0, \sum M_C(\boldsymbol{F}_i) = 0$

式中,A、B、C 三点不共线。

(7) 平面平行力系的平衡方程

$$\sum M_O(\boldsymbol{F}_i) = 0, \sum F_y = 0$$

或者

$$\sum M_A(\boldsymbol{F}_i) = 0, \sum M_B(\boldsymbol{F}_i) = 0$$

式中,A、B 连线不能与力的作用线平行。

(8) 平面任意力系的解题类型

物体系统平衡问题,求解时应注意:

① 要明确刚体系是由哪些单一刚体组成的。受力如何,哪些是外力,哪些是内力。

② 正确地运用作用力与反作用力的关系对所选的研究对象进行受力分析。

③ 选择上述某种形式的平衡方程,尽量做到投影轴与某未知力垂直,矩心点选在某未

知力的作用点上，使一个平衡方程含有一个未知力，避免联立求解，只有这样才能减少解题的工作量。

(9) 桁架的内力计算

桁架的杆件均为二力杆，外力作用在桁架的结点上。平面简单桁架的内力计算有以下两种方法：① 结点法 —— 计算时应先从两个杆件连接的结点进行求解，列平面汇交力系的平衡方程，按结点顺序逐一结点求解；② 截面法 —— 主要是求某些杆件的内力，即假想地将要求的杆件截开，取桁架的一部分为研究对象，列平面任意力系的平衡方程，注意每次截开只能求出杆件的三个未知力；在有些桁架的内力计算时，还可以是上面两种方法的联合应用。

4. 空间任意力系

(1) 力 F 在空间直角坐标上的投影：

① 直接投影法

$$\begin{cases} F_x = \boldsymbol{F} \cdot \boldsymbol{i} = F\cos(\boldsymbol{F} \cdot \boldsymbol{i}) \\ F_y = \boldsymbol{F} \cdot \boldsymbol{j} = F\cos(\boldsymbol{F} \cdot \boldsymbol{j}) \\ F_z = \boldsymbol{F} \cdot \boldsymbol{k} = F\cos(\boldsymbol{F} \cdot \boldsymbol{k}) \end{cases}$$

式中，$\boldsymbol{i}$、$\boldsymbol{j}$、$\boldsymbol{k}$ 为坐标轴正向的单位矢量。

② 间接投影法

$$\begin{cases} F_x = F_{xy}\cos\varphi = F\sin\gamma\cos\varphi \\ F_y = F_{xy}\sin\varphi = F\sin\gamma\sin\varphi \\ F_Z = F\cos\gamma \end{cases}$$

式中，γ 为力 $\boldsymbol{F}$ 与 z 轴的夹角，$\boldsymbol{F}_{xy}$ 为力 $\boldsymbol{F}$ 在 xy 面上的分力，φ 为分力 $\boldsymbol{F}_{xy}$ 与 x 轴的夹角。

(2) 空间力对点的矩与空间力对轴的矩

① 空间力对点的矩的矢量表示

$$\boldsymbol{M}_O(\boldsymbol{F}) = \boldsymbol{r} \times \boldsymbol{F}$$

$\boldsymbol{M}_O(\boldsymbol{F})$ 的方向由右手螺旋法则来确定，$\boldsymbol{M}_O(\boldsymbol{F})$ 大小为：$|\boldsymbol{r} \times \boldsymbol{F}| = rF\sin\alpha = Fh$

式中，h 为 O 点到力 $\boldsymbol{F}$ 作用线的垂直距离，即力臂。

② 空间力对轴的矩

$$M_z(\boldsymbol{F}) = M_O(\boldsymbol{F}_{xy}) = \pm F_{xy}h$$

式中，h 为 O 点到力 $\boldsymbol{F}_{xy}$ 作用线的垂直距离，即力臂。

③ 空间力对点的矩与空间力对轴的矩的关系

$$\begin{cases} [M_O(\boldsymbol{F})]_x = yF_z - zF_y = M_x(\boldsymbol{F}) \\ [M_O(\boldsymbol{F})]_y = zF_x - xF_z = M_y(\boldsymbol{F}) \\ [M_O(\boldsymbol{F})]_z = xF_y - yF_x = M_z(\boldsymbol{F}) \end{cases}$$

(3) 空间汇交力系

① 空间汇交力系的合成

合力 $\boldsymbol{F}_R$ 在空间直角坐标系中的解析式为

$$\boldsymbol{F}_R = F_{Rx}\boldsymbol{i} + F_{Ry}\boldsymbol{j} + F_{Rz}\boldsymbol{k} = \sum_{i=1}^{n} F_{xi}\boldsymbol{i} + \sum_{i=1}^{n} F_{yi}\boldsymbol{j} + \sum_{i=1}^{n} F_{zi}\boldsymbol{k}$$

合理的大小和方向为

$$\begin{cases} F_R = \sqrt{F_{Rx}^2 + F_{Ry}^2} = \sqrt{(\sum_{i=1}^{n} F_{xi})^2 + (\sum_{i=1}^{n} F_{yi})^2 + (\sum_{i=1}^{n} F_{zi})^2} \\ \cos(\boldsymbol{F}_R \cdot \boldsymbol{i}) = \dfrac{F_{Rx}}{F_R} = \dfrac{\sum_{i=1}^{n} F_{xi}}{F_R}, \cos(\boldsymbol{F}_R \cdot \boldsymbol{j}) = \dfrac{F_{Ry}}{F_R} = \dfrac{\sum_{i=1}^{n} F_{yi}}{F_R}, \cos(\boldsymbol{F}_R \cdot \boldsymbol{k}) = \dfrac{F_{Rz}}{F_R} = \dfrac{\sum_{i=1}^{n} F_{zi}}{F_R} \end{cases}$$

② 空间汇交力系的平衡方程：

$$\sum_{i=1}^{n} F_{xi} = 0 \qquad \sum_{i=1}^{n} F_{yi} = 0 \qquad \sum_{i=1}^{n} F_{zi} = 0$$

(4) 空间任意力系

① 空间任意力系向一点简化

主矢 $$\boldsymbol{F}'_{\mathrm{R}} = \boldsymbol{F}'_1 + \boldsymbol{F}'_2 + \cdots + \boldsymbol{F}'_n = \sum_{i=1}^{n} \boldsymbol{F}_i$$

主矩 $$\boldsymbol{M}_O = \boldsymbol{M}_1 + \boldsymbol{M}_2 + \cdots + \boldsymbol{M}_n = \sum_{i=1}^{n} \boldsymbol{M}_O(\boldsymbol{F}_i)$$

② 合力矩定理:空间任意力系的合力对任意一点的矩等于力系中各力对同一点的矩的矢量和。即

$$\boldsymbol{M}_O = \sum_{i=1}^{n} \boldsymbol{M}_O(\boldsymbol{F}_i)$$

③ 空间任意力系的平衡

空间任意力系平衡的必要与充分条件:力系的主矢和对任意一点的主矩均等于零。即

$$\boldsymbol{F}'_{\mathrm{R}} = 0 \quad \boldsymbol{M}_O = 0$$

空间任意力系平衡的方程：

$$\begin{cases} \sum_{i=1}^{n} F_{xi} = 0 \quad \sum_{i=1}^{n} F_{yi} = 0 \quad \sum_{i=1}^{n} F_{zi} = 0 \\ \sum_{i=1}^{n} M_{xi}(\boldsymbol{F}_i) = 0 \quad \sum_{i=1}^{n} M_{yi}(\boldsymbol{F}_i) = 0 \quad \sum_{i=1}^{n} M_{zi}(\boldsymbol{F}_i) = 0 \end{cases}$$

空间任意力系有如下特殊的平衡方程为

空间平行力系：

$$\begin{cases} \sum_{i=1}^{n} F_{zi} = 0 \\ \sum_{i=1}^{n} M_{xi}(\boldsymbol{F}_i) = 0 \\ \sum_{i=1}^{n} M_{yi}(\boldsymbol{F}_i) = 0 \end{cases}$$

空间力偶系：

$$\begin{cases} M_x = \sum_{i=1}^{n} M_x(\boldsymbol{F}_i) \\ M_y = \sum_{i=1}^{n} M_y(\boldsymbol{F}_i) \\ M_z = \sum_{i=1}^{n} M_z(\boldsymbol{F}_i) \end{cases}$$

空间汇交力系：

$$\begin{cases} \sum_{i=1}^{n} F_{xi} = 0 \\ \sum_{i=1}^{n} F_{yi} = 0 \\ \sum_{i=1}^{n} F_{zi} = 0 \end{cases}$$

平面任意力系：

$$\begin{cases}\sum_{i=1}^{n} F_{xi} = 0 \\ \sum_{i=1}^{n} F_{yi} = 0 \\ \sum_{i=1}^{n} M_O(\boldsymbol{F}_i) = 0\end{cases}$$

共线力系：

$$\sum_{i=1}^{n} F_{xi} = 0$$

平面汇交力系：

$$\begin{cases}\sum_{i=1}^{n} F_{xi} = 0 \\ \sum_{i=1}^{n} F_{yi} = 0\end{cases}$$

平面力偶系：

$$\sum_{i=1}^{n} M_i = 0$$

平面平行力系：

$$\begin{cases}\sum_{i=1}^{n} M_O(\boldsymbol{F}_i) = 0 \\ \sum_{i=1}^{n} F_{yi} = 0\end{cases} \quad 或者 \quad \begin{cases}\sum_{i=1}^{n} M_A(\boldsymbol{F}_i) = 0 \\ \sum_{i=1}^{n} M_B(\boldsymbol{F}_i) = 0\end{cases}$$

5. 考虑摩擦时的平衡问题

约束力应增加静滑动摩擦力，除了平衡方程外应列最大静滑动摩擦力方程，即

$$F_{\max} = fF_N$$

式中，F_N——支撑面的法向约束力。

静滑动摩擦力方向不能任意假定，要与物体的运动趋势相反，其解答应是一个范围值。

摩擦角是支撑面全约束力与支撑面法向线间夹角的最大值，用 φ_f 表示，即

$$\tan\varphi_f = \frac{F_{\max}}{F_N} = \frac{fF_N}{F_N} = f$$

习 题

2-1 不计重量的直杆 AB 与折杆 CD 在 B 处用光滑铰链连接，如图 2-43 所示，若结构受力 $\boldsymbol{F}$ 作用，试求滚动铰支座 D 和固定铰支座 C 处的约束力。

2-2 如图 2-44 所示，固定在墙壁上的圆环受 3 根绳子的拉力作用，力 $\boldsymbol{F}_1$ 沿水平方向，$\boldsymbol{F}_3$ 沿铅直方向，$\boldsymbol{F}_2$ 与水平成 40° 角，三个力的大小分别为 $F_1 = 2$ kN，$F_2 = 2.5$ kN，$F_3 = 1.5$ kN，试求力系的合力。

2-3 如图 2-45 所示，均质杆 AB 重 P，长为 l，两端放置在相互垂直的光滑斜面上。已

知一斜面与水平面的夹角为 α，求平衡时杆与水平面所成的夹角 φ 及 OA 的距离。

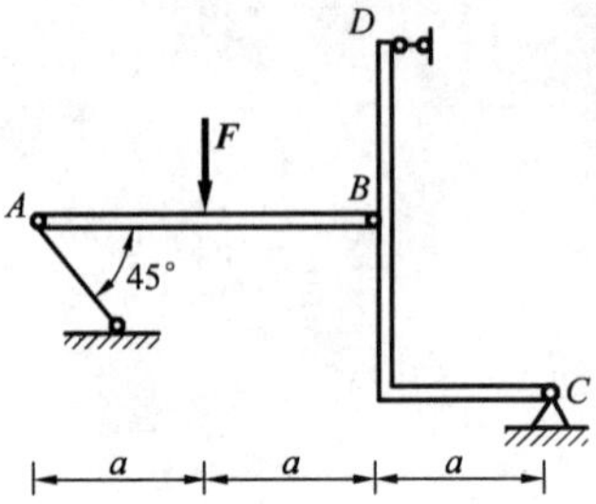

图 2-43　习题 2-1 图

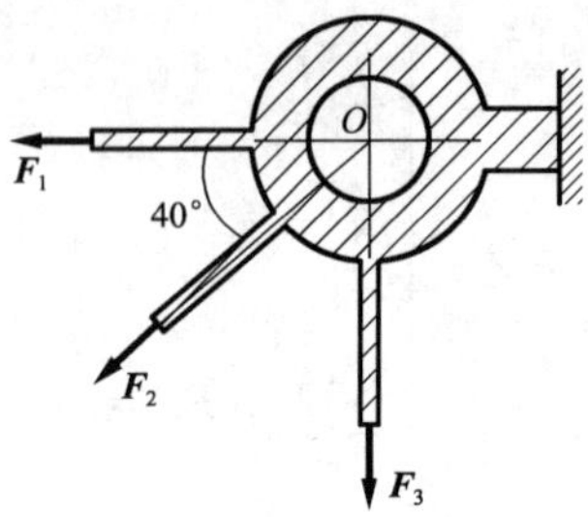

图 2-44　习题 2-2 图

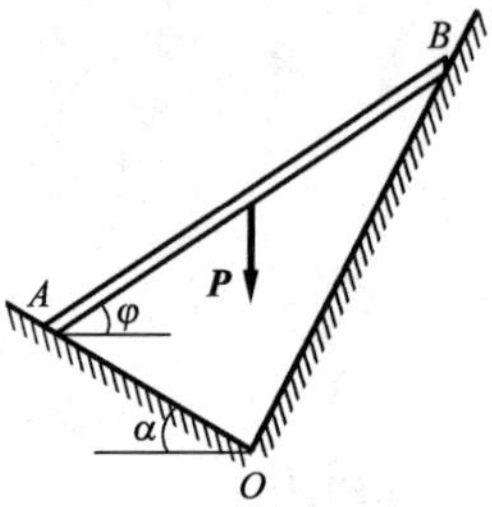

图 2-45　习题 2-3 图

2-4　在如图 2-46 所示刚架上的点 B 处作用一水平力 $\boldsymbol{F}$，刚架自重不计，求支座 A、D 处的约束力。

2-5　直角杆 CDA 和杆 BDE 在 D 处铰接，如图 2-47 所示，系统受力偶 M 作用，各杆自重不计，试求支座 A、B 处的约束力。

2-6　如图 2-48 所示为曲轴冲床简图，由连杆 AB 和冲头 B 组成。A、B 两处为铰链连接，$OA=R$，$AB=l$，忽略摩擦和物体的自重，当 OA 在水平位置，冲头的压力为 $\boldsymbol{F}$ 时，求：①作用在轮Ⅰ上的力偶矩 M 的大小；②轴承 O 处的约束力；③连杆 AB 所受的力；④冲头给导轨的侧压力。

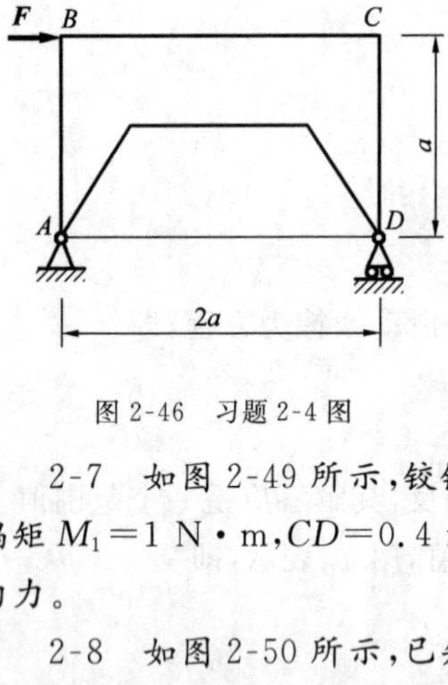

图 2-46　习题 2-4 图

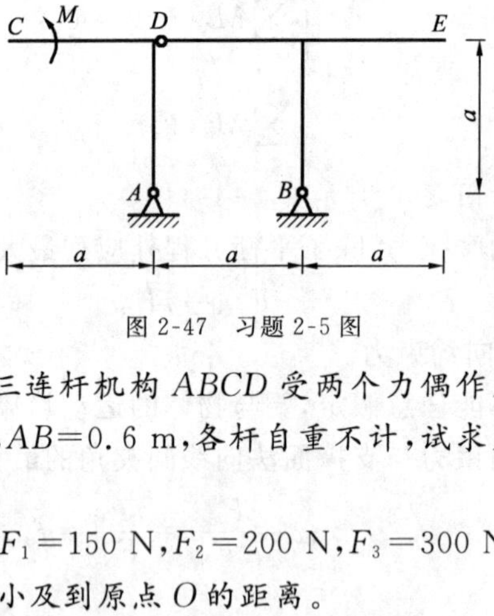

图 2-47　习题 2-5 图

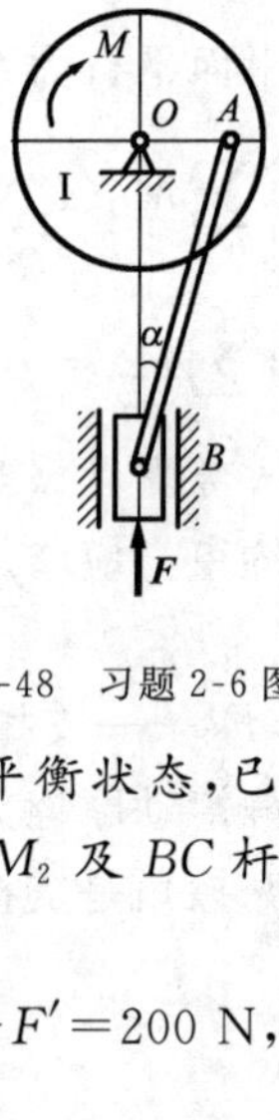

图 2-48　习题 2-6 图

2-7　如图 2-49 所示，铰链三连杆机构 $ABCD$ 受两个力偶作用处于平衡状态，已知力偶矩 $M_1=1\ \text{N}\cdot\text{m}$，$CD=0.4\ \text{m}$，$AB=0.6\ \text{m}$，各杆自重不计，试求力偶矩 M_2 及 BC 杆所受的力。

2-8　如图 2-50 所示，已知 $F_1=150\ \text{N}$，$F_2=200\ \text{N}$，$F_3=300\ \text{N}$，$F=-F'=200\ \text{N}$，求力系向点 O 简化的结果，合力的大小及到原点 O 的距离。

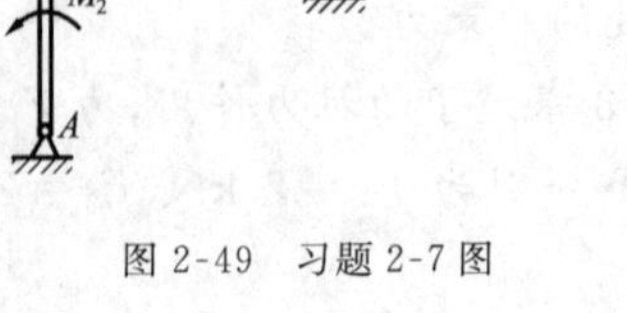

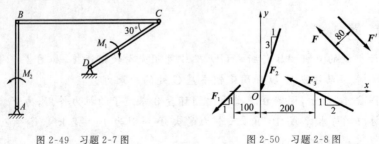

图 2-49　习题 2-7 图

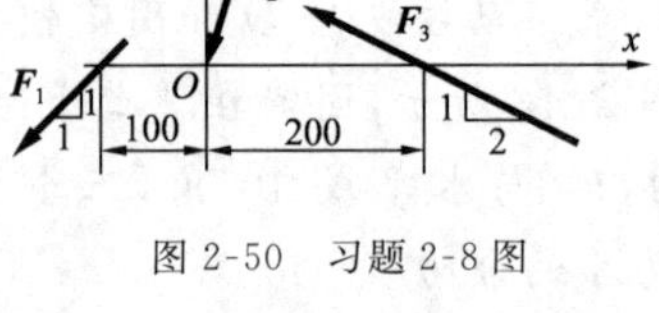

图 2-50　习题 2-8 图

2-9　如图 2-51 所示的行走式起重机，重为 $P=500$ kN，其重心到右轨的距离为 1.5 m，起重机起重的重量为 $P_1=250$ kN，到右轨的距离为 10 m，跑车自重不计，使跑车满载和空载起重机不至于翻倒，求平衡锤的最小重量 P_2 以及平衡锤到左轨的最大距离 x。

2-10　水平梁 AB 由铰链 A 和杆 BC 支持，如图 2-52 所示。在梁的 D 处用销子安装半径为 $r=0.1$ m 的滑轮。有一跨过滑轮的绳子，其一端水平地系在墙上，另一端悬挂有重为 $P=1800$ N 的重物。如 $AD=0.2$ m，$BD=0.4$ m，$\varphi=45°$，且不计梁、滑轮和绳子的自重。求固定铰支座 A 和杆 BC 的约束力。

2-11　水平梁的支承和载荷如图所示。已知力 F，力偶矩为 m 的力偶和强度的均布载荷。试求支座 A、B 处的约束力。

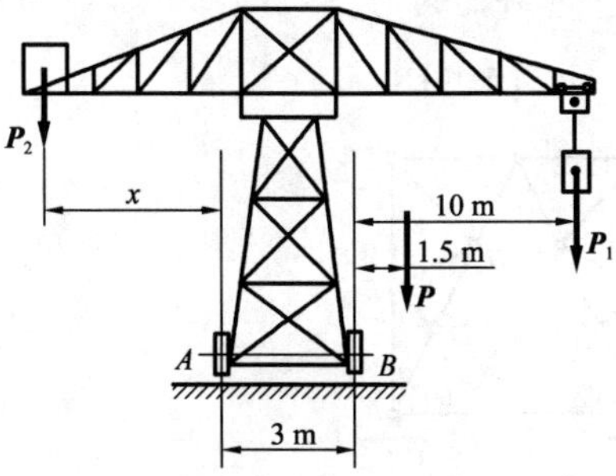

图 2-51　习题 2-9 图

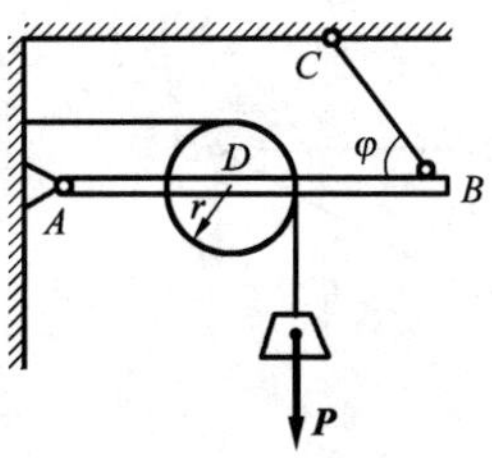

图 2-52　习题 2-10 图

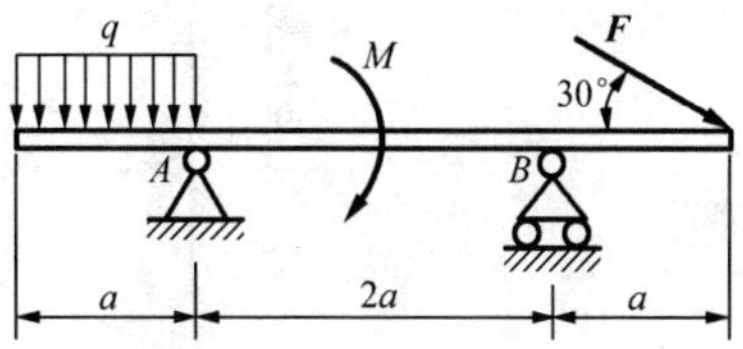

图 2-53　习题 2-11 图

2-12　水平梁 AB，A 端为固定铰支座，B 端为可动铰支座，均布荷载集度为 q，$M=6qa^2$，几何尺寸如图所示，试求 A、B 支座的约束力。

2-13　已知悬臂梁的受力如图所示，梁的自重不计，梁上作用有均布荷载和集中力。试求梁 A 处所受的约束力。

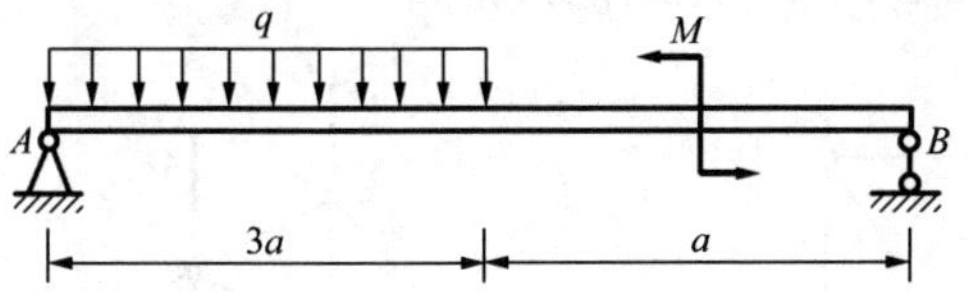

图 2-54　习题 2-12 图

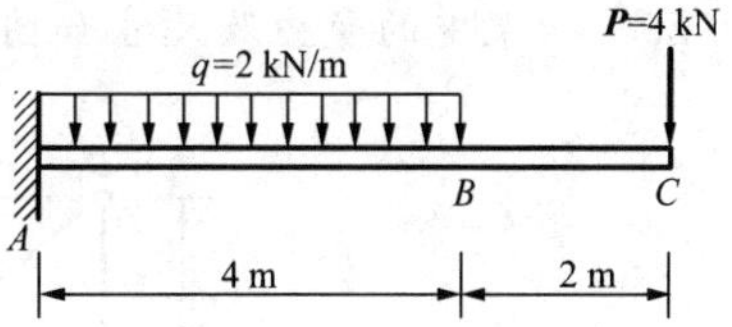

图 2-55　习题 2-13 图

2-14　求如图 2-56 所示的多跨静定梁的支座约束力。

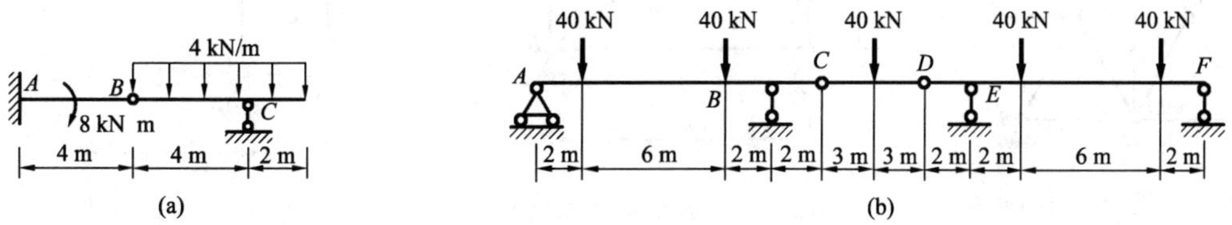

图 2-56　习题 2-14 图

2-15　求如图 2-57 所示的三铰拱式屋架拉杆 AB 及中间 C 铰所受的力，屋架所受的力及几何尺寸如图所示，屋架自重不计。

2-16　如图 2-58 所示的组合梁由 AC 和 CD 铰接而成，起重机放在梁上，已知起重机重为 $P_1=50$ kN，重心在铅直线 EC 上，起重荷载为 $P=10$ kN，不计梁的自重，试求支座 A、

D 处的约束力。

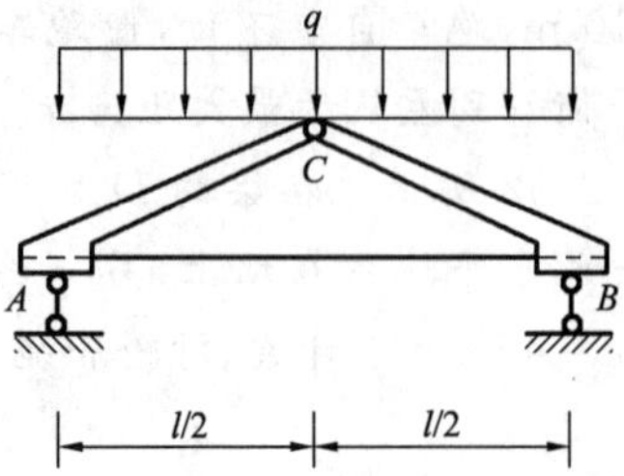

图 2-57　习题 2-15 图

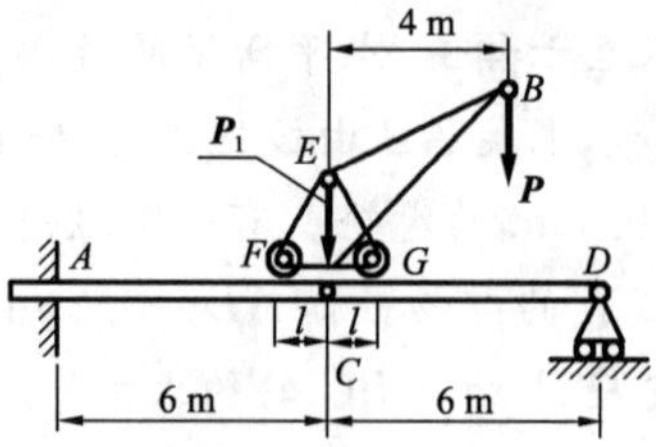

图 2-58　习题 2-16 图

2-17　平面桁架荷载及尺寸如图 2-59 所示，试求桁架中各杆的内力。

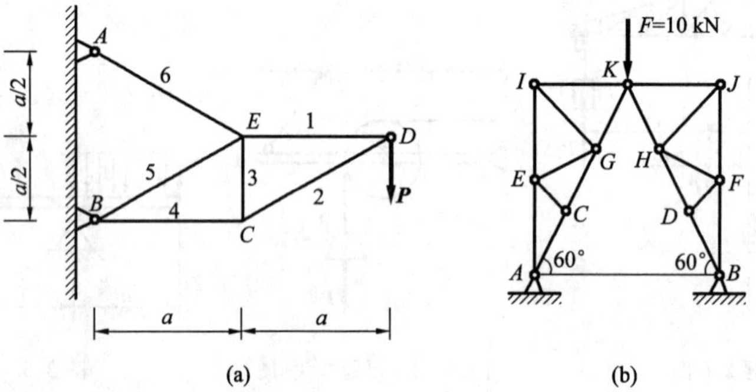

图 2-59　习题 2-17 图

2-18　平面桁架受力如图 2-60 所示，ABC 为等边三角形，且 $AD=DB$，试求杆 CD 的内力。

2-19　平面桁架受力如图 2-61 所示，试求 1、2、3 杆的内力。

2-20　桁架中的受力及尺寸如图 2-62 所示，求 1、2、3 杆的内力。

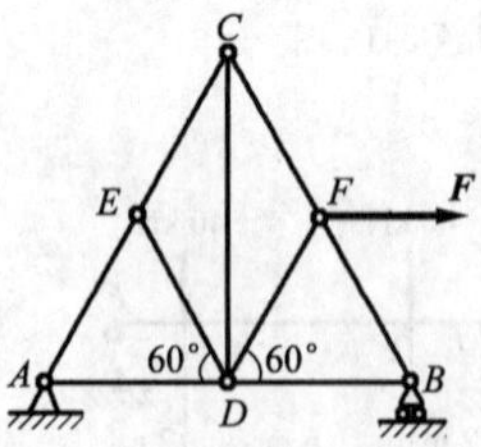

图 2-60　习题 2-18 图

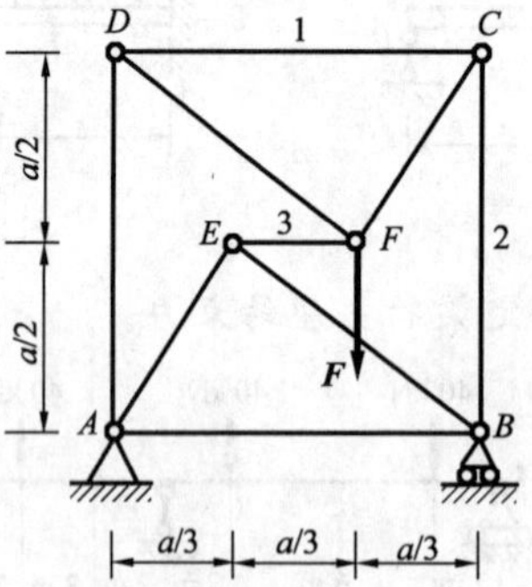

图 2-61　习题 2-19 图

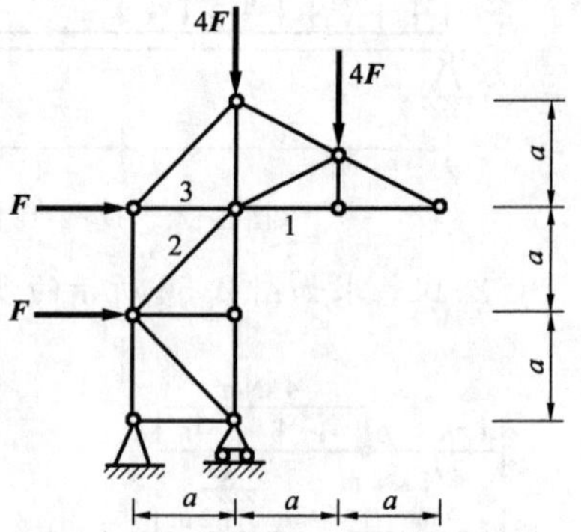

图 2-62　习题 2-20 图

2-21　如图 2-63 所示，已知一正方体，各边长为 a，沿对角线 BH 作用一个力 $\boldsymbol{F}$，则该力在 x、y、z 轴上的投影 $F_x=$________、$F_y=$________、$F_z=$________。

2-22　已知一正方体如图 2-64 所示，各边长为 a，沿对角线 BD 作用一个力 $\boldsymbol{F}$，则该力对 x、y、z 轴的矩 $M_x=$________、$M_y=$________、$M_z=$________。

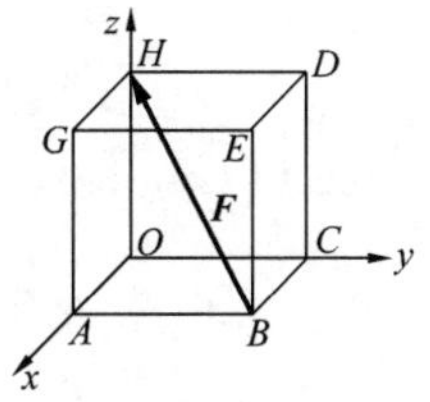

图2-63　习题2-21图

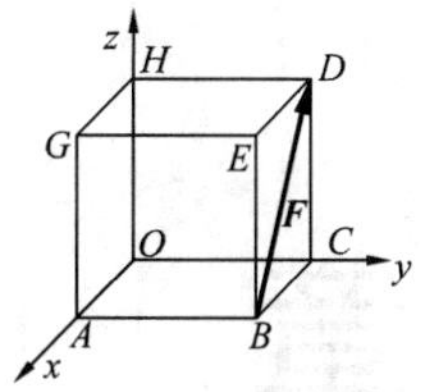

图2-64　习题2-22图

2-23　空间构架由三根直杆 AD、BD 和 CD 用铰链于 D 处连接，如图2-65所示。起吊重物的重量为 $P=10\ \text{kN}$，各杆自重不计，试求三根直杆 AD、BD 和 CD 所受的约束力。

2-24　绞车的轴 AB 上绕有绳子，绳子挂重物重 P_1，轮 C 装在轴上，轮的半径为轴的半径的6倍，其他尺寸如图2-66所示。绕在轮 C 上的绳子沿轮与水平线成30°角的切线引出，绳跨过轮 D 后挂以重物 $P=60\ \text{N}$。试求平衡时，重物 P_1 的重量；轴承 A、B 的约束力。轮及绳子的重量不计，各处的摩擦不计。

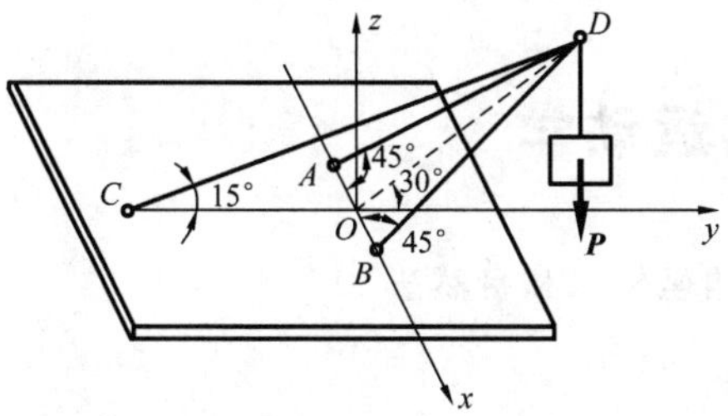

图2-65　习题2-23图

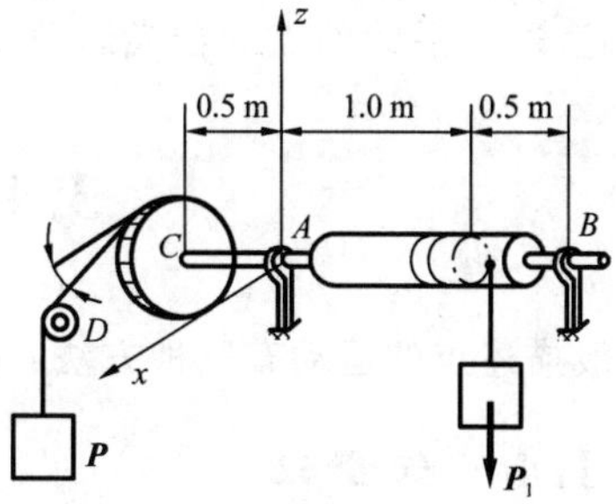

图2-66　习题2-24图

2-25　用六根杆支撑一矩形方板，在板的角点处受到铅垂力 $\boldsymbol{F}$ 的作用，如图2-67所示。不计杆和板的重量，试求六根杆所受的力。

2-26　尖劈起重装置尺寸如图2-68所示，物块 A 的顶角为 α，物块 B 受力 $\boldsymbol{F}_1$ 的作用，物块 A、B 间的摩擦因数为 f（有滚珠处的摩擦忽略不计），物块 A、B 的自重不计，试求使系统保持平衡的力 $\boldsymbol{F}_2$ 的范围。

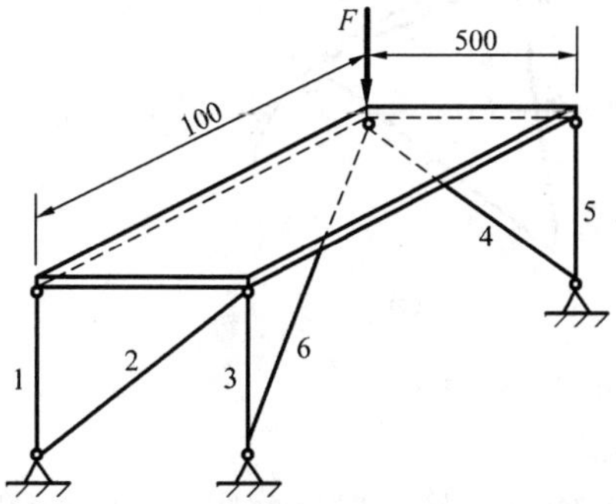

图2-69　习题2-25图

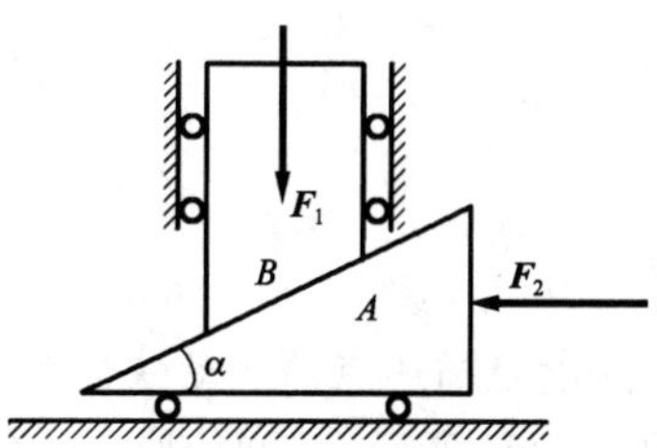

图2-70　习题2-26图

第 3 章

运动学基本知识

本章以点和刚体为研究对象，学习点的运动学和刚体的简单运动，研究其运动方程、速度和加速度，为后续的点的合成运动及刚体的平面运动的学习奠定基础。

3.1 点的运动学

一般描述点的运动有三种方法：矢量法、直角坐标法和自然法。

3.1.1 矢量法

在参考体上选一固定点 O 作为参考点，由点 O 向动点 M 作矢径 $\boldsymbol{r}$，如图 3-1(a)所示，当动点 M 运动时，矢径 $\boldsymbol{r}$ 大小和方向随时间的变化而变化，矢径 $\boldsymbol{r}$ 是时间的单值连续函数，即

$$\boldsymbol{r}=\boldsymbol{r}(t) \tag{3-1}$$

式(3-1)称为动点矢量形式的运动方程。

当动点 M 运动时，矢径 $\boldsymbol{r}$ 端点所描出的曲线称动点的运动轨迹或矢径端迹。

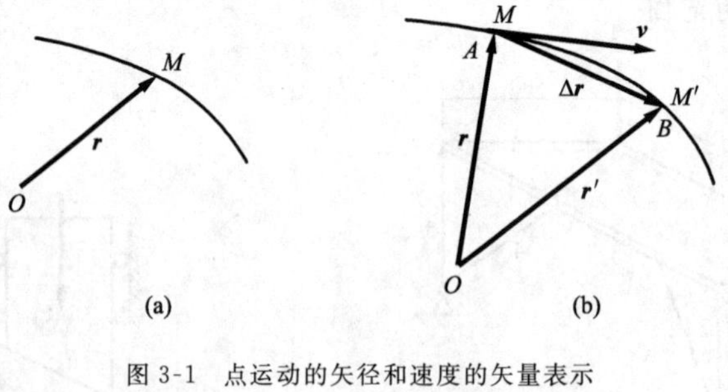

图 3-1 点运动的矢径和速度的矢量表示

点的速度是描述点的运动快慢和方向的物理量。

如图 3-1(b)所示，t 瞬时动点 M 位于 A 点，矢径为 $\boldsymbol{r}$，经过时间间隔 Δt 后的瞬时 t'，动点 M 位于 B 点，矢径为 $\boldsymbol{r}'$，矢径的变化为 $\Delta\boldsymbol{r}=\boldsymbol{r}'-\boldsymbol{r}$，称为动点 M 经过时间间隔 Δt 的位移，动点 M 经过时间间隔 Δt 的平均速度，用 $\boldsymbol{v}^*$ 表示，即

$$\boldsymbol{v}^*=\frac{\Delta\boldsymbol{r}}{\Delta t}$$

平均速度 $\boldsymbol{v}^*$ 与 $\Delta\boldsymbol{r}$ 同向。

平均速度的极限为点在 t 瞬时的速度，即

$$\boldsymbol{v}=\lim_{\Delta t\to 0}\boldsymbol{v}^*=\frac{\mathrm{d}\boldsymbol{r}}{\mathrm{d}t} \tag{3-2}$$

式(3-2)称为动点矢量形式的速度。点的速度等于动点的矢径 $\boldsymbol{r}$ 对时间的一阶导数。它是矢量，其大小表示动点运动的快慢，方向沿轨迹曲线的切线，并指向前进一侧。速度单位是米/秒(m/s)。

点的加速度是描述点的速度大小和方向变化的物理量，即

$$\boldsymbol{a}=\lim_{\Delta t\to 0}\boldsymbol{a}^*=\frac{\mathrm{d}\boldsymbol{v}}{\mathrm{d}t}=\frac{\mathrm{d}^2\boldsymbol{r}}{\mathrm{d}t^2} \tag{3-3}$$

式中，$\boldsymbol{a}^*$——动点的平均加速度；

$\boldsymbol{a}$——动点在 t 瞬时的加速度。

点的加速度等于动点的速度矢对时间的一阶导数，也等于动点的矢径对时间的二阶导数。它是矢量，表征了速度大小和方向的变化。如图 3-2(a)所示为动点 M 的速度矢端曲线，动点的加速度矢的方向与速度矢端曲线在相应点 M 的切线相平行，如图 3-2(b)所示。加速度单位为米/秒²(m/s²)。

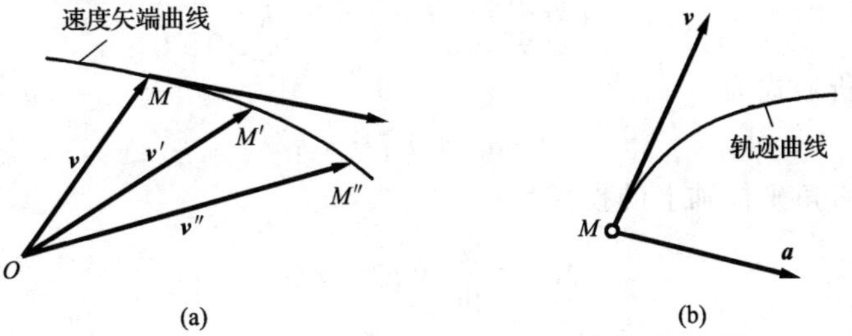

图 3-2　速度矢端曲线及速度和加速度的关系

为了方便书写采用简写方法，即一阶导数用字母上方加“·”表示，二阶导数用字母上方加“··”表示，即上面的物理量记为

$$\boldsymbol{v}=\dot{\boldsymbol{r}},\boldsymbol{a}=\dot{\boldsymbol{v}}=\ddot{\boldsymbol{r}} \tag{3-4}$$

3.1.2　直角坐标法

在固定点 O 建立直角坐标系 $Oxyz$，则动点 M 的位置可用其直角坐标 x、y、z 表示，如图 3-3 所示。当动点 M 运动时，坐标 x、y、z 是时间 t 的单值连续函数，即

$$\boldsymbol{r}=x\boldsymbol{i}+y\boldsymbol{j}+z\boldsymbol{k} \tag{3-5}$$

$$\begin{cases}x=f_1(t)\\y=f_2(t)\\z=f_3(t)\end{cases} \tag{3-6}$$

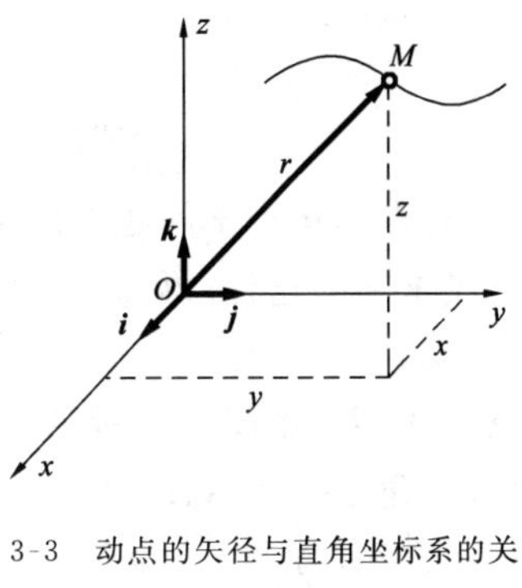

图 3-3　动点的矢径与直角坐标系的关系

式(3-6)称为动点直角坐标形式的运动方程。

由式(3-2)得动点的速度，其中 $\boldsymbol{i}$、$\boldsymbol{j}$、$\boldsymbol{k}$ 是直角坐标轴的单位常矢量，则有

$$\boldsymbol{v}=\dot{x}(t)\boldsymbol{i}+\dot{y}(t)\boldsymbol{j}+\dot{z}(t)\boldsymbol{k} \tag{3-7}$$

速度的解析形式为

$$\boldsymbol{v}=v_x\boldsymbol{i}+v_y\boldsymbol{j}+v_z\boldsymbol{k} \tag{3-8}$$

比较式(3-7)和式(3-8),得速度在直角坐标轴上的投影为

$$\begin{cases} v_x=\dfrac{\mathrm{d}x}{\mathrm{d}t}=\dot{x}(t) \\ v_y=\dfrac{\mathrm{d}y}{\mathrm{d}t}=\dot{y}(t) \\ v_z=\dfrac{\mathrm{d}z}{\mathrm{d}t}=\dot{z}(t) \end{cases} \tag{3-9}$$

因此,速度在直角坐标轴上的投影等于动点所对应的坐标对时间的一阶导数。

若已知速度投影,则速度的大小和方向为

$$v=\sqrt{v_x^2+v_y^2+v_z^2}$$

$$\cos(\boldsymbol{v},\boldsymbol{i})=\frac{v_x}{v},\cos(\boldsymbol{v},\boldsymbol{j})=\frac{v_y}{v},\cos(\boldsymbol{v},\boldsymbol{k})=\frac{v_z}{v} \tag{3-10}$$

同理,由式(3-3)得动点的加速度为

$$\boldsymbol{a}=\frac{\mathrm{d}\boldsymbol{v}}{\mathrm{d}t}=\dot{v}_x\boldsymbol{i}+\dot{v}_y\boldsymbol{j}+\dot{v}_z\boldsymbol{k} \tag{3-11}$$

加速度的解析形式为

$$\boldsymbol{a}=a_x\boldsymbol{i}+a_y\boldsymbol{j}+a_z\boldsymbol{k} \tag{3-12}$$

则加速度在直角坐标轴上的投影为

$$\begin{cases} a_x=\dfrac{\mathrm{d}v_x}{\mathrm{d}t}=\dot{v}_x=\ddot{x}(t) \\ a_y=\dfrac{\mathrm{d}v_y}{\mathrm{d}t}=\dot{v}_y=\ddot{y}(t) \\ a_z=\dfrac{\mathrm{d}v_z}{\mathrm{d}t}=\dot{v}_z=\ddot{z}(t) \end{cases} \tag{3-13}$$

加速度在直角坐标轴上的投影等于速度在同一坐标轴上的投影对时间一阶导数,也等于动点所对应的坐标对时间二阶导数。

若已知加速度投影,则加速度的大小和方向为

$$a=\sqrt{a_x^2+a_y^2+a_z^2}$$

$$\cos(\boldsymbol{a},\boldsymbol{i})=\frac{a_x}{a},\cos(\boldsymbol{a},\boldsymbol{j})=\frac{a_y}{a},\cos(\boldsymbol{a},\boldsymbol{k})=\frac{a_z}{a} \tag{3-14}$$

求解点的运动学问题大体可分为两类:第一类是已知动点的运动,求动点的速度和加速度,它是求导的过程;第二类是已知动点的速度或加速度,求动点的运动,它是求解微分方程的过程。

【例 3-1】 如图 3-4 所示的平面机构中,曲柄 OC 以角速度 ω 绕 O 轴转动,图示瞬时与水平线夹角 $\varphi=\omega t$,A、B 滑块分别在水平滑道和竖直滑道内运动,试求 AC 中点 M 的运动方程、速度和加速度。

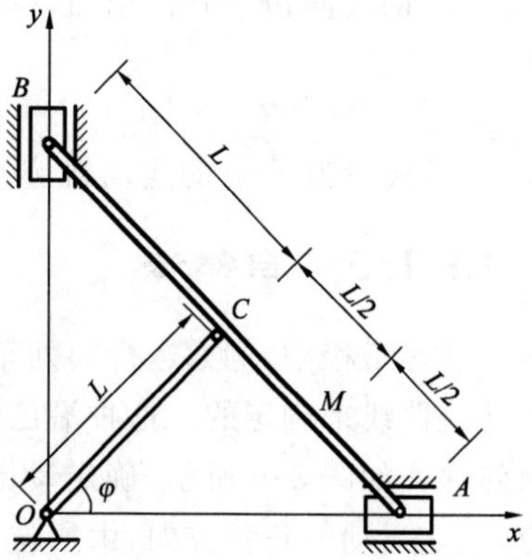

图 3-4　例 3-1 图

解　(1)在图示坐标系中写出 M 点的坐标

$$\begin{cases} x_M = L\cos\varphi + \dfrac{L}{2}\cos\varphi = \dfrac{3}{2}L\cos(\omega t) \\ y_M = \dfrac{L}{2}\sin\varphi = \dfrac{L}{2}\sin(\omega t) \end{cases} \quad \text{(a)}$$

(a)式即为 M 点的运动方程。

(2)对(a)式两边同时对时间求一阶导数

$$\begin{cases} \dot{x}_M = -\dfrac{3}{2}\omega L\sin(\omega t) = v_x \\ \dot{y}_M = \dfrac{1}{2}\omega L\cos(\omega t) = v_y \end{cases} \quad \text{(b)}$$

(b)式即为 M 点的速度在两坐标轴上分量的大小。所以

$$\begin{cases} v_M = \sqrt{\dot{x}_M^2 + \dot{y}_M^2} = \dfrac{\omega L}{2}\sqrt{9\sin^2(\omega t) + \cos^2(\omega t)} \\ \cos(\boldsymbol{v}_M, \boldsymbol{i}) = \dfrac{\dot{x}_M}{v_M} = -\dfrac{3\sin(\omega t)}{\sqrt{9\sin^2(\omega t) + \cos^2(\omega t)}} \end{cases}$$

(3)对(b)式两边同时对时间求一阶导数

$$\begin{cases} \ddot{x}_M = -\dfrac{3}{2}\omega^2 L\cos(\omega t) = a_x \\ \ddot{y}_M = -\dfrac{1}{2}\omega^2 L\sin(\omega t) = a_y \end{cases} \quad \text{(c)}$$

(c)式即为 M 点的加速度在两坐标轴上分量的大小。所以

$$\begin{cases} a_M = \sqrt{\ddot{x}_M^2 + \ddot{y}_M^2} = \dfrac{\omega^2}{2}L\ \sqrt{9\cos^2(\omega t) + \sin^2(\omega t)} \\ \cos(\boldsymbol{a}_M, \boldsymbol{i}) = \dfrac{\ddot{x}_M}{a_M} = -\dfrac{3\cos\omega t}{\sqrt{9\cos^2(\omega t) + \sin^2(\omega t)}} \end{cases}$$

【例 3-2】　如图 3-5 所示杆 AB 长为 l，以角速度 ω 绕点 B 转动，其转动方程为 $\varphi=\omega t$。与杆相连的滑块按规律 $s=a+b\sin(\omega t)$ 沿水平线做往复运动，其中 ω、a、b 均为常数，试求点 A 的轨迹。

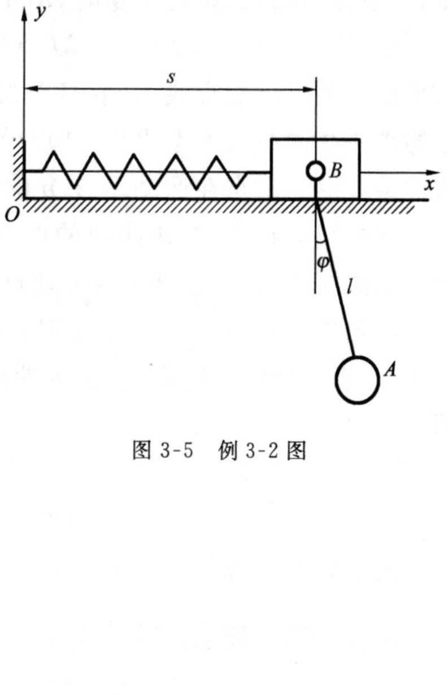

图 3-5　例 3-2 图

解　(1)写出 A 点的坐标

$$\begin{cases} x_A = S + l\sin\varphi = a + (l+b)\sin(\omega t) \\ y_A = -l\cos\varphi = -l\cos(\omega t) \end{cases} \quad \text{(a)}$$

(a)式即为 A 点的运动方程。

(2)求 A 点的轨迹

将(a)式整理，得

$$\begin{cases} \dfrac{x_A - a}{l+b} = \sin(\omega t) \\ -\dfrac{y_A}{l} = \cos(\omega t) \end{cases} \quad \text{(b)}$$

将(b)式两边平方再相加,得

$$\left(\frac{x_A-a}{l+b}\right)^2+\left(\frac{y_A}{l}\right)^2=1 \tag{c}$$

(c)式即为 A 点的运动轨迹。

3.1.3 自然法

实际工程中,例如运行的列车是在已知的轨道上行驶,而列车的运行状况也是沿其运行的轨迹路线来确定的。这种沿已知轨迹路线来确定动点的位置及运动状态的方法通常称为**自然法**。如图 3-6 所示,确定动点的位置应在已知的轨迹曲线上选择一个点 O 作为参考点,设定运动的正负方向,由所选取参考点 O 量得 OM 的弧长 s,弧长 s 称为**弧坐标**。当动点运动时,弧坐标 s 随时间而发生变化,即弧坐标是时间 t 的单值连续函数,即

$$s=f(t) \tag{3-15}$$

式(3-15)称为弧坐标形式的运动方程。

为了学习速度和加速度,先学习随动点运动的动坐标系——**自然轴系**,如图 3-7 所示。

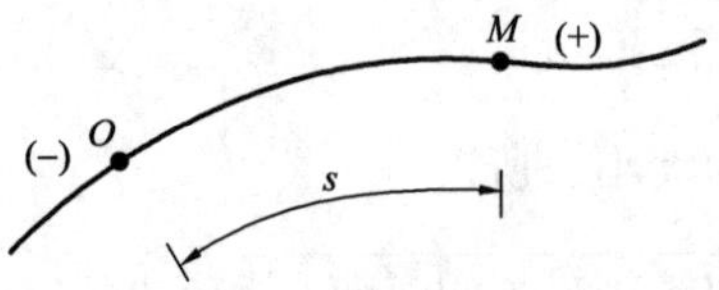

图 3-6 动点的弧坐标

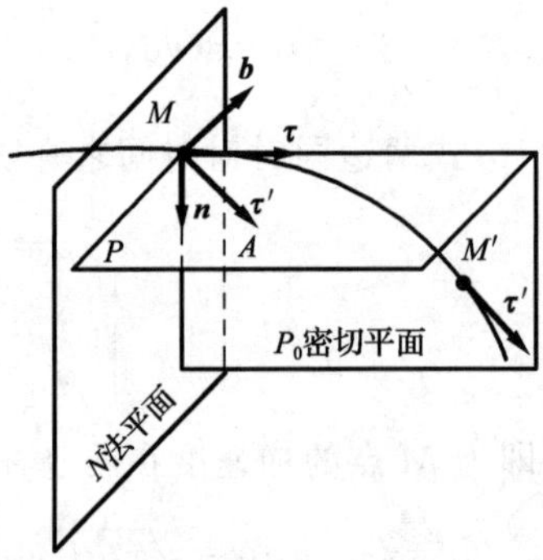

图 3-7 自然轴系

如图 3-7 所示,在 M 点处作单位矢量 $\boldsymbol{\tau}'$ 的平行线 MA,单位矢量 $\boldsymbol{\tau}$ 与 MA 构成一个平面 P,当时间间隔 Δt 趋于零时,MA 靠近单位矢量 $\boldsymbol{\tau}$,M' 趋于 M 点,平面 P 趋于极限平面 P_0,P_0 平面称为密切平面,过 M 点作密切平面的垂直平面 N,N 称为 M 点的法平面。在密切平面与法平面的交线上,取其单位矢量 $\boldsymbol{n}$,并恒指向轨迹曲线的曲率中心一侧,$\boldsymbol{n}$ 称为 M 点的主法线。按右手系生成 M 点处的次法线 $\boldsymbol{b}$,使得 $\boldsymbol{b}=\boldsymbol{\tau}\times\boldsymbol{n}$,从而得到由 $\boldsymbol{b}$、$\boldsymbol{\tau}$、$\boldsymbol{n}$ 构成的自然轴系。由于动点在运动,$\boldsymbol{b}$、$\boldsymbol{\tau}$、$\boldsymbol{n}$ 的方向随动点的运动而变化,故 $\boldsymbol{b}$、$\boldsymbol{\tau}$、$\boldsymbol{n}$ 为动坐标系。

在曲线运动中,轨迹曲线的曲率或曲率半径是一个重要的参数,它表示曲线的弯曲程度。如图 3-8 所示,设在 t 瞬时动点在轨迹曲线上的 M 点,并在 M 点作其切线,沿其前进的方向给出单位矢量 $\boldsymbol{\tau}$,下一个瞬时 t' 动点在 M' 点处,并沿其前进的方向给出单位矢量 $\boldsymbol{\tau}'$。为描述曲线 M 处的弯曲程度,引入曲率的概念,即单位矢量 $\boldsymbol{\tau}$ 与 $\boldsymbol{\tau}'$ 夹角 θ 对弧长 s 的变化率,用 κ 表示

$$\kappa=\left|\frac{\mathrm{d}\theta}{\mathrm{d}s}\right|$$

M 处的曲率半径为

$$\rho=\frac{1}{\kappa} \tag{3-16}$$

由矢量法可知动点的速度大小为

$$|\boldsymbol{v}|=\left|\frac{\mathrm{d}\boldsymbol{r}}{\mathrm{d}t}\right|=\lim_{\Delta t\to 0}\left|\frac{\Delta\boldsymbol{r}}{\Delta t}\right|=\lim_{\Delta t\to 0}\left|\frac{\Delta\boldsymbol{r}}{\Delta s}\frac{\Delta s}{\Delta t}\right|=\lim_{\Delta s\to 0}\left|\frac{\Delta\boldsymbol{r}}{\Delta s}\right|\lim_{\Delta t\to 0}\left|\frac{\Delta s}{\Delta t}\right|=|v| \tag{3-17}$$

如图 3-9 所示，式中，$\lim\limits_{\Delta s\to 0}\left|\frac{\Delta\boldsymbol{r}}{\Delta s}\right|=1$，$\lim\limits_{\Delta t\to 0}\frac{\Delta s}{\Delta t}=v$，$v$ 定义为速度代数量，当动点沿轨迹曲线的正向运动时，即 $\Delta s>0$，$v>0$；反之 $\Delta s<0$，$v<0$。

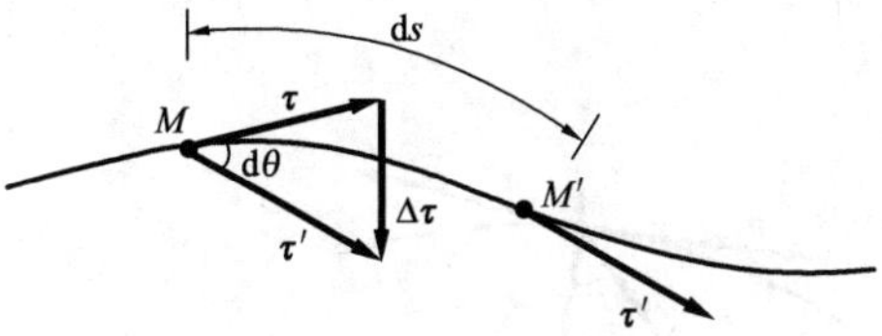

图 3-8　动点轨迹曲线切线的矢量关系

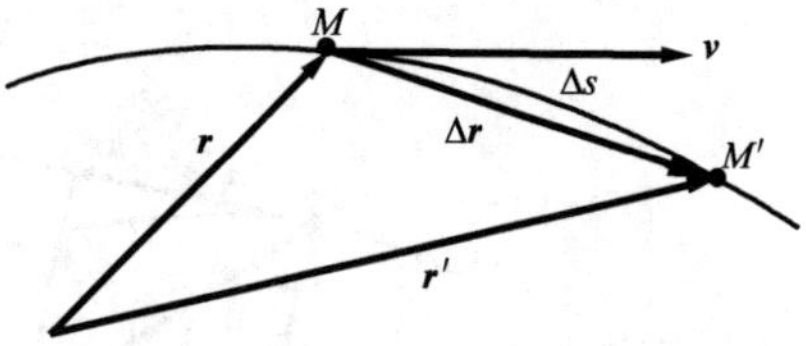

图 3-9　弧坐标与矢径的关系

动点速度方向沿轨迹曲线切线，并指向前进一侧，即点的速度的矢量表示为

$$\boldsymbol{v}=v\boldsymbol{\tau} \tag{3-18}$$

式中，$\boldsymbol{\tau}$——沿轨迹曲线切线的单位矢量，恒指向 $\Delta s>0$ 的方向。

由矢量法可知动点的加速度为

$$\boldsymbol{a}=\frac{\mathrm{d}\boldsymbol{v}}{\mathrm{d}t}=\frac{\mathrm{d}}{\mathrm{d}t}(v\boldsymbol{\tau})=\frac{\mathrm{d}v}{\mathrm{d}t}\boldsymbol{\tau}+v\frac{\mathrm{d}\boldsymbol{\tau}}{\mathrm{d}t} \tag{3-19}$$

由式(3-19)加速度应分两项，一项表示速度大小对时间变化率，用 $\boldsymbol{a}_\tau$ 表示称为**切向加速度**，其方向沿轨迹曲线切线，当 $\boldsymbol{a}_\tau$ 与 $\boldsymbol{v}$ 同号时动点做加速运动，反之做减速运动；另一项表示速度方向对时间变化率，用 $\boldsymbol{a}_\mathrm{n}$ 表示称为**法向加速度**。其中，$\frac{\mathrm{d}\boldsymbol{\tau}}{\mathrm{d}t}$的大小和方向分析如下：

(1)$\frac{\mathrm{d}\boldsymbol{\tau}}{\mathrm{d}t}$的大小

$$\left|\frac{\mathrm{d}\boldsymbol{\tau}}{\mathrm{d}t}\right|=\lim_{\Delta t\to 0}\left|\frac{\Delta\boldsymbol{\tau}}{\Delta t}\right|=\lim_{\Delta t\to 0}\frac{2\cdot 1\cdot\sin\frac{\Delta\theta}{2}}{\Delta t}=\lim_{\Delta\theta\to 0}\frac{\sin\frac{\Delta\theta}{2}}{\frac{\Delta\theta}{2}}\lim_{\Delta s\to 0}\frac{\Delta\theta}{\Delta s}\lim_{\Delta t\to 0}\frac{\Delta s}{\Delta t}=\frac{v}{\rho}$$

(2)$\frac{\mathrm{d}\boldsymbol{\tau}}{\mathrm{d}t}$的方向

$\frac{\mathrm{d}\boldsymbol{\tau}}{\mathrm{d}t}$的方向如图 3-8 所示，沿轨迹曲线的主法线，恒指向曲率中心一侧。则式(3-19)成为

$$\boldsymbol{a}=a_\tau\boldsymbol{\tau}+a_\mathrm{n}\boldsymbol{n} \tag{3-20}$$

式中，$a_\tau=\frac{\mathrm{d}v}{\mathrm{d}t}=\frac{\mathrm{d}^2 s}{\mathrm{d}t^2}$(或 $a_\tau=\dot{v}=\ddot{s}$)；

$a_\mathrm{n}=\frac{v^2}{\rho}$。

若将动点的全加速度 $\boldsymbol{a}$ 向自然坐标系 $\boldsymbol{\tau}$、$\boldsymbol{n}$、$\boldsymbol{b}$ 上投影，则有

$$\begin{cases}a_\tau=\dfrac{\mathrm{d}v}{\mathrm{d}t}=\dfrac{\mathrm{d}^2 s}{\mathrm{d}t^2}\\ a_\mathrm{n}=\dfrac{v^2}{\rho}\\ a_\mathrm{b}=0\end{cases} \tag{3-21}$$

式中，a_b——次法向加速度。

若已知动点的切向加速度 $\boldsymbol{a}_\tau$ 和法向速度 $\boldsymbol{a}_n$，则动点的全加速度大小为

$$a=\sqrt{a_\tau^2+a_n^2} \tag{3-22a}$$

全加速度与法线间的夹角为 α，如图 3-10 所示。

$$\tan\alpha=\frac{|a_\tau|}{a_n} \tag{3-22b}$$

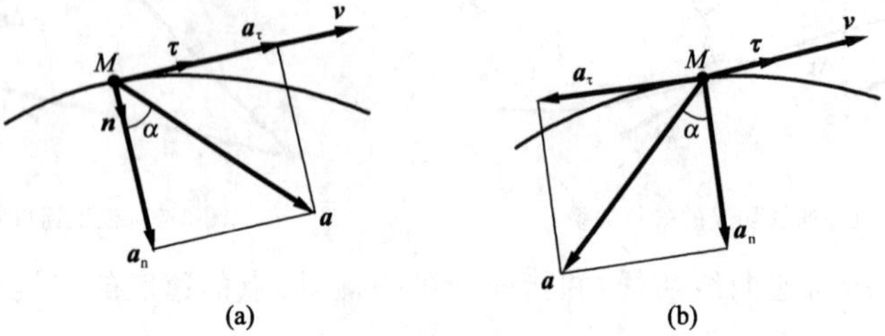

图 3-10　切向加速度与法向加速度

【例 3-3】 飞轮边缘上的点按 $s=4\sin\frac{\pi}{4}t$ 的规律运动，飞轮的半径 $r=20$ cm。试求时间 $t=10$ s 该点的速度和加速度。

解　当时间 $t=10$ s 时，飞轮边缘上点的速度为

$$v=\frac{\mathrm{d}s}{\mathrm{d}t}=\pi\cos\frac{\pi}{4}t=3.11\ \mathrm{cm/s}$$

方向沿轨迹曲线的切线。

飞轮边缘上点的切向加速度为

$$a_\tau=\frac{\mathrm{d}v}{\mathrm{d}t}=-\frac{\pi^2}{4}\sin\frac{\pi}{4}t=-0.34\ \mathrm{cm/s^2}$$

法向加速度为

$$a_n=\frac{v^2}{\rho}=\frac{3.11^2}{0.2}=48.36\ \mathrm{cm/s^2}$$

飞轮边缘上点的全加速度大小和方向为

$$a=\sqrt{a_\tau^2+a_n^2}=48.4\ \mathrm{cm/s^2}$$

$$\tan\alpha=\frac{|a_\tau|}{a_n}=0.0070$$

全加速度与法线间的夹角 $\alpha=0.40°$。

【例 3-4】 已知动点的运动方程为

$$x=20t,y=5t^2-10$$

式中，x、y 以 m 计，t 以 s 计，试求 $t=0$ 时动点的曲率半径 ρ。

解　动点的速度和加速度在直角坐标 x、y 上的投影为

$$v_x=\dot{x}=20\ \mathrm{m/s}$$

$$v_y=\dot{y}=10t\ \mathrm{m/s}$$

$$a_x=\dot{v}_x=0$$

$$a_y = \dot{v}_y = 10\ \mathrm{m/s^2}$$

动点的速度和全加速度的大小为

$$v = \sqrt{v_x^2 + v_y^2} = \sqrt{400 + 100t^2} = 10\sqrt{4 + t^2}$$

$$a = \sqrt{a_x^2 + a_y^2} = 10\ \mathrm{m/s^2}$$

当 $t=0$ 时，动点的切向加速度为

$$a_\tau = \dot{v} = \frac{10t}{\sqrt{4+t^2}} = 0$$

法向加速度为

$$a_n = \frac{v^2}{\rho} = \frac{400}{\rho}$$

全加速度的大小为

$$a = \sqrt{a_x^2 + a_y^2} = \sqrt{a_\tau^2 + a_n^2} = a_n$$

当 $t=0$ 时，动点的曲率半径为

$$\rho = \frac{400}{a} = \frac{400}{10} = 40\ \mathrm{m}$$

3.2　刚体的基本运动

本节的研究对象是刚体，学习的内容是刚体的平行移动和定轴转动，它构成刚体的两个基本运动，也是研究刚体平面运动的基础。

3.2.1　刚体的平行移动

工程实际中，如气缸内活塞的运动，打桩机上桩锤的运动等，其共同的运动特点是在运动过程中，刚体上任意直线段始终与它初始位置相平行，刚体的这种运动称为平行移动，简称平动。如图 3-11 所示，车轮的平行推杆 AB 在运动过程中始终与它初始位置相平行，因此推杆 AB 做平动。

确定平动刚体的位置和运动状况，只需研究刚体上任意直线段 AB，A、B 两点的矢径为 $\boldsymbol{r}_A$ 和 $\boldsymbol{r}_B$，如图 3-12 所示，A、B 两点间的有向线段 $\boldsymbol{r}_{AB}$ 之间的关系为

$$\boldsymbol{r}_A = \boldsymbol{r}_B + \boldsymbol{r}_{AB} \tag{3-23}$$

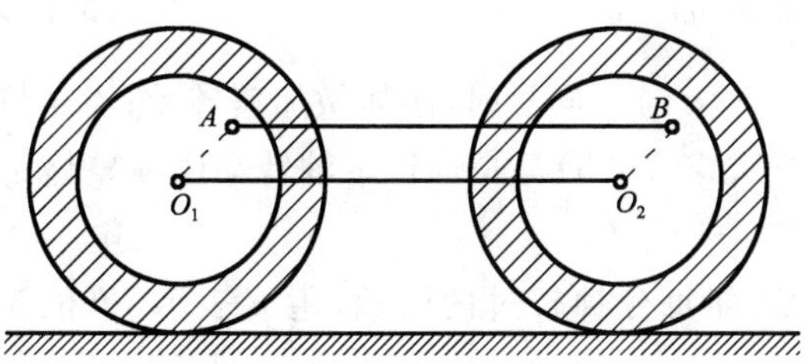

图 3-11　平动刚体

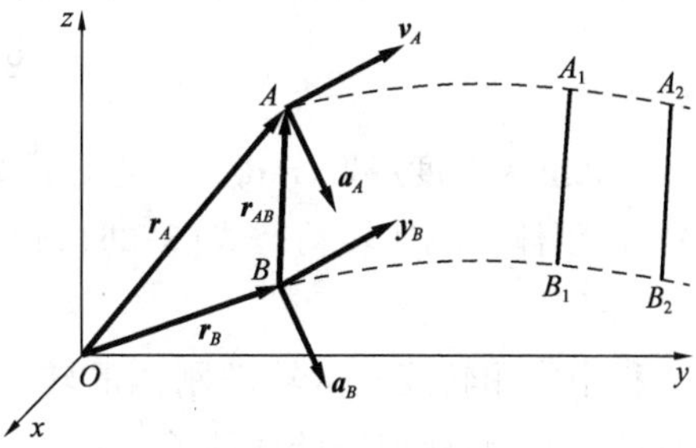

图 3-12　平动刚体上点的轨迹

由平动定义知，$\boldsymbol{r}_{AB}$ 为恒矢量，A、B 两点的轨迹只相差 $\boldsymbol{r}_{AB}$ 的恒矢量，即 A、B 两点的轨迹

形状相同。

式(3-23)对时间求导,得

$$\boldsymbol{v}_A=\boldsymbol{v}_B \tag{3-24}$$

$$\boldsymbol{a}_A=\boldsymbol{a}_B \tag{3-25}$$

结论:

(1)平动刚体上各点的轨迹形状相同;

(2)在同一瞬时,平动刚体上各点的速度相同,各点的加速度相同。

因此,刚体的平行移动可以转化为一点的运动来研究,即可按点的运动学问题来研究。

3.2.2 刚体的定轴转动

工程实际中绕定轴转动的物体很多,如飞轮、电动机的转子、卷扬机的鼓轮、齿轮等均绕定轴转动。这些刚体的运动特点是:在运动过程中,刚体上存在一条不动的线段,刚体的这种运动称为刚体的绕定轴转动,简称转动,转动刚体上的一条不动的线段称为刚体的转轴。

1. 转动刚体的运动方程

如图 3-13 所示,选定参考坐标系 $Oxyz$,设 z 轴与刚体的转轴重合,过 z 轴作一个不动的平面 P_0(称为静平面),再作一个与刚体一起转动的平面 P(称为动平面),令静平面 P_0 位于 Oxz 面上。初始瞬时这两个平面重合,当刚体转动到 t 瞬时,两个平面间的夹角为 φ,φ 称为刚体的转角,用来描述转动刚体的代数量。按照右手螺旋法则规定转角 φ 的符号,其单位为弧度(rad)。

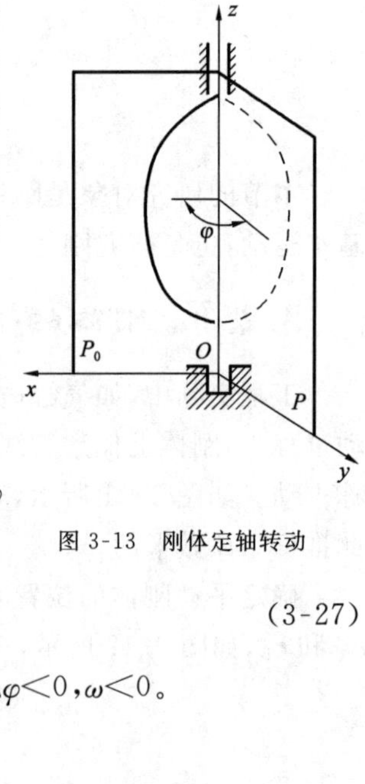

图 3-13 刚体定轴转动

刚体定轴转动时的运动方程

$$\varphi=f(t) \tag{3-26}$$

式中,$f(t)$——时间 t 的单值连续函数。

角速度是描述刚体转动快慢的物理量,用 ω 表示,即转角 φ 对时间 t 的导数。

$$\omega=\frac{\mathrm{d}\varphi}{\mathrm{d}t}(\text{或 }\omega=\dot{\varphi}) \tag{3-27}$$

ω 的单位为弧度/秒(rad/s),它是代数量。当 $\Delta\varphi>0,\omega>0;\Delta\varphi<0,\omega<0$。

角加速度是角速度 ω 对时间 t 的导数,用 α 表示

$$\alpha=\frac{\mathrm{d}\omega}{\mathrm{d}t}=\frac{\mathrm{d}^2\varphi}{\mathrm{d}t^2}(\text{或 }\alpha=\dot{\omega}=\ddot{\varphi}) \tag{3-28}$$

α 的单位为弧度/秒^2(rad/s^2),它是代数量。当 α 与 ω 同号时,刚体做加速转动;当 α 与 ω 异号时,刚体做减速转动。式(3-26)、式(3-27)、式(3-28)都是描述定轴转动刚体整体运动的。

工程中常用转速表示转动刚体的转动快慢,即每分钟转过的圈数,用 n 表示,单位为转/分(r/min),角速度与转速的关系是

$$\omega=\frac{2\pi n}{60}=\frac{\pi n}{30} \tag{3-29}$$

注意:转动刚体的运动微分关系与点的运动微分关系有着相似之处,望初学者加以比较。

2. 转动刚体上各点的速度

当刚体做定轴转动时,刚体上各点均做圆周运动,故在刚体上任选一点 M,设它到转轴的距离为 R,如图 3-14 所示,当刚体转过 φ 角时,点 M 的弧坐标为

$$s=R\varphi \tag{3-30}$$

式(3-30)对时间 t 求导得点 M 的速度为

$$\dot{s}=v=R\omega \tag{3-31}$$

其速度分布如图 3-15 所示。

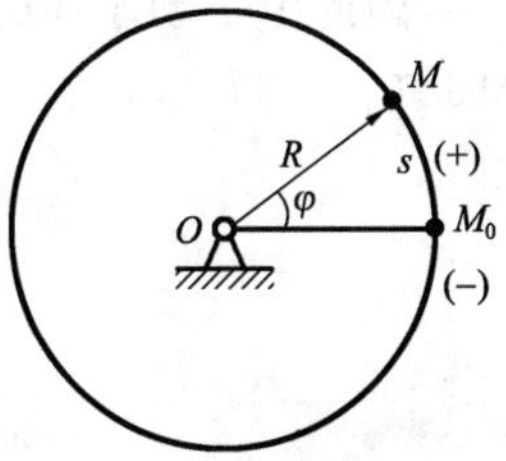

图 3-14　转动刚体上各点的弧坐标与转角的关系

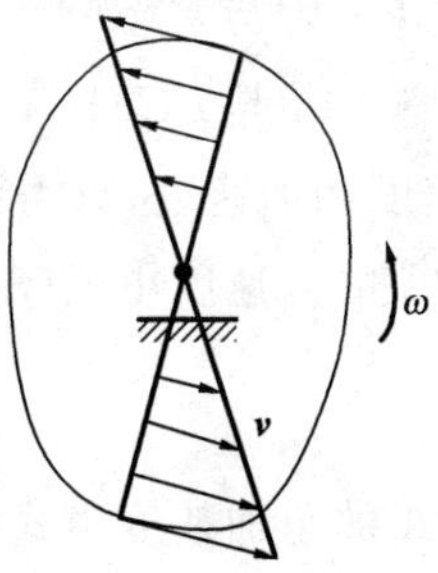

图 3-15　转动刚体的速度分布图

3. 转动刚体上各点的加速度

式(3-31)对时间求导得点 M 的切向加速度为

$$\ddot{s}=a_\tau=R\alpha \tag{3-32}$$

点 M 的法向加速度为

$$a_n=\frac{v^2}{R}=\frac{(R\omega)^2}{R}=R\omega^2 \tag{3-33}$$

则点的全向加速度的大小和方向为

$$a=\sqrt{a_\tau^2+a_n^2}=\sqrt{(R\alpha)^2+(R\omega^2)^2}=R\sqrt{\alpha^2+\omega^4} \tag{3-34}$$

$$\tan\theta=\frac{|a_\tau|}{a_n}=\frac{|\alpha|}{\omega^2} \tag{3-35}$$

其加速度分布如图 3-16 所示。

结论:

(1)在同一瞬时,转动刚体上各点的速度 $\boldsymbol{v}$ 和加速度 $\boldsymbol{a}$ 的大小均与到转轴的垂直距离 R 成正比;

(2)在同一瞬时,各点速度 $\boldsymbol{v}$ 的方向垂直于到转轴的距离 R,各点加速度 $\boldsymbol{a}$ 的方向与该点法线间的夹角 θ 都相等。

【例 3-5】　如图 3-17 所示,曲柄 OA 绕 O 轴转动,其转动方程为 $\varphi=4t^2$(rad),BC 杆绕 C 轴转动,且杆 OA 与杆 BC 平行等长,$OA=BC=0.5$ m,试求当时 $t=1$ s,直角杆 ABD 上 D 点的速度和加速度。

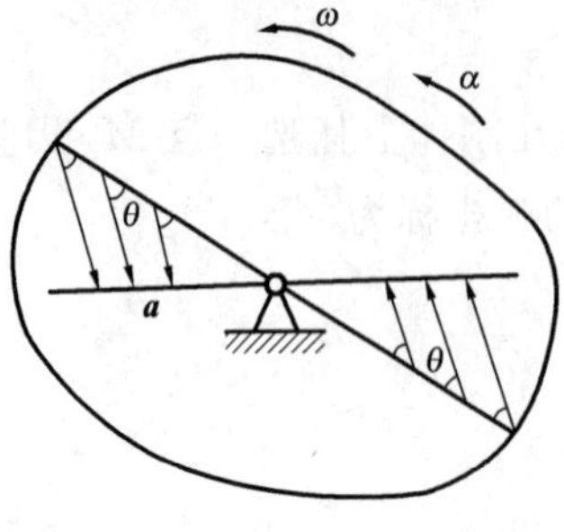

图 3-16 转动刚体的加速度分布图

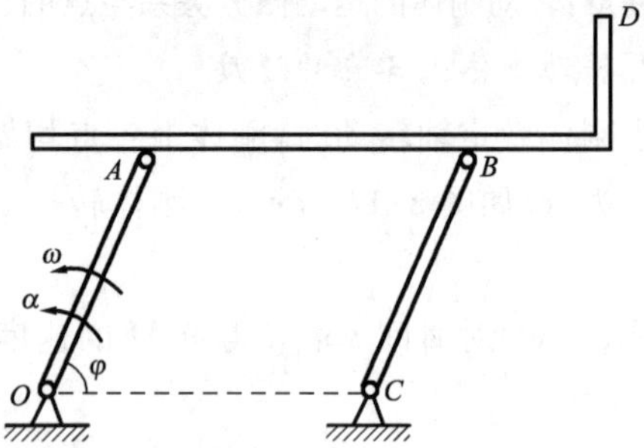

图 3-17 例 3-5 图

解 由于 OA 与 BC 平行等长，则直角杆 ABD 做平移，因此由平动刚体的定义可知：计算 D 点的速度和加速度，只需计算 A 点的速度和加速度即可。

曲柄 OA 的角速度由式(3-27)得

$$\omega=\frac{\mathrm{d}\varphi}{\mathrm{d}t}=8t$$

曲柄 OA 的角加速度由式(3-28)得

$$\alpha=\frac{\mathrm{d}\omega}{\mathrm{d}t}=8\ \mathrm{rad/s^2}$$

当 $t=1$ s 时

(1)直角杆 ABD 上 D 点的速度

由式(3-31)得

$$v=R\omega=OA\omega=0.5\times8=4\ \mathrm{m/s}$$

方向垂直于 OA 指向角速度方向。

(2)直角杆 ABD 上 D 点的加速度

$$a_\tau=R\alpha=OA\alpha=0.5\times8=4\ \mathrm{m/s^2}$$

$$a_\mathrm{n}=R\omega^2=OA\omega^2=0.5\times8^2=32\ \mathrm{m/s^2}$$

$$a=\sqrt{a_\tau^2+a_n^2}=\sqrt{4^2+32^2}=32.25\ \mathrm{m/s^2}$$

$$\tan\theta=\frac{|a_\tau|}{a_\mathrm{n}}=\frac{|\alpha|}{\omega^2}=\frac{8}{8^2}=0.125$$

式中，$\theta=7.13°$。

【例 3-6】 鼓轮绕 O 轴转动，其半径为 $R=0.2$ m，转动方程为 $\varphi=-t^2+4t$(rad)，如图 3-18 所示。绳索缠绕在鼓轮上，绳索的另一端悬挂重物 A，试求当 $t=1$ s 时，轮缘上的点 M 和重物 A 的速度和加速度。

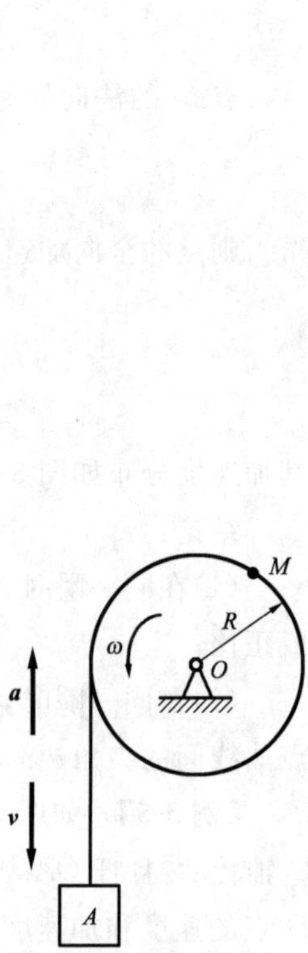

图 3-18 例 3-6 图

解 鼓轮 O 轴转动的角速度由式(3-27)得

$$\omega=\frac{\mathrm{d}\varphi}{\mathrm{d}t}=-2t+4\ \mathrm{rad/s}$$

鼓轮绕 O 轴转动的角加速度由式(3-28)得

$$\alpha=\frac{\mathrm{d}\omega}{\mathrm{d}t}=-2\ \mathrm{rad/s^2}$$

当 $t=1$ s 时

(1)点 M 的速度和加速度

由式(3-31)得

$$v_M=R\omega=0.2\times2=0.4\ \mathrm{m/s}$$

方向垂直于 R 指向角速度方向。

切向加速度由式(3-32)得

$$a_{\tau M}=R\alpha=0.2\times(-2)=-0.4\ \mathrm{m/s^2}$$

法向加速度由式(3-33)得

$$a_{nM}=R\omega^2=0.2\times2^2=0.8\ \mathrm{m/s^2}$$

全向加速度由式(3-34)得

$$a_M=\sqrt{a_{\tau M}^2+a_{nM}^2}=\sqrt{(-0.4)^2+0.8^2}=0.89\ \mathrm{m/s^2}$$

全向加速度与法线间的夹角由式(3-35)得

$$\tan\theta=\frac{|a_\tau|}{a_n}=\frac{|\alpha|}{\omega^2}=\frac{|-2|}{2^2}=0.5$$

式中,$\theta=26.57°$。

(2)重物 A 的速度和加速度

重物 A 的速度为

$$v_A=v_M=0.4\ \mathrm{m/s}$$

方向铅垂向下。

重物 A 的加速度为

$$a_A=a_{\tau M}=-0.4\ \mathrm{m/s^2}$$

与速度方向相反,做减速运动。

【例 3-7】 变速箱由四个齿轮构成,如图 3-19 所示。齿轮Ⅱ和Ⅲ安装在同一轴上,与轴一起运动,各齿轮的齿数分别为 $z_1=36$、$z_2=112$、$z_3=32$ 和 $z_4=128$,如主动轴Ⅰ的转数 $n_1=1\ 450$ r/min,试求从动轮Ⅳ的转数 n_3。

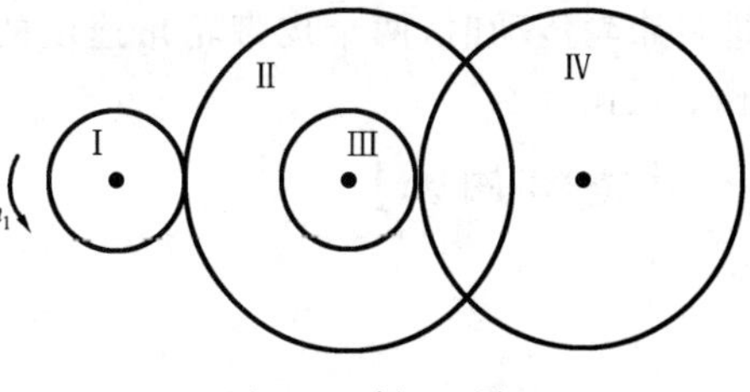

图 3-19　例 3-7 图

解　在机械中常用齿轮作为传动部件,例如本题中变速箱,是由多组齿轮构成的,起到增速和减速的作用。在齿轮相互啮合处其速度应相等。如本例中的主动轮Ⅰ和从动轮Ⅱ,设其角速度分别为 ω_1、ω_2,齿轮的半径分别为 r_1 和 r_2,即

$$\omega_1 r_1=\omega_2 r_2 \tag{a}$$

定义齿轮的传动比 i_{12} 等于主动轮的角速度与从动轮角速度的比。

由式(a)有

$$i_{12}=\frac{\omega_1}{\omega_2}=\frac{r_2}{r_1} \tag{b}$$

由于齿轮啮合时齿距必须相等,而齿距等于齿轮节圆周长与齿轮齿数的比,若设齿轮齿

数分别为 z_1、z_2，则有

$$\frac{2\pi r_1}{z_1}=\frac{2\pi r_2}{z_2} \tag{c}$$

从而由式(b)和式(c)得

$$i_{12}=\frac{\omega_1}{\omega_2}=\frac{r_2}{r_1}=\frac{z_2}{z_1} \tag{d}$$

即齿轮传递时，两个齿轮角速度的比等于两个齿轮半径的反比，或等于两个齿轮齿数的反比。

由上面公式解本题。设四个轮的转数分别为 n_1、n_2、n_3、n_4，且有

$$n_2=n_3$$

$$i_{12}=\frac{n_1}{n_2}=\frac{z_2}{z_1} \tag{e}$$

$$i_{34}=\frac{n_3}{n_4}=\frac{z_4}{z_3} \tag{f}$$

将式(e)与式(f)相乘得

$$i_{14}=\frac{n_1}{n_4}=\frac{z_2 z_4}{z_1 z_3}$$

解得从动轮Ⅳ的转数 n_4 为

$$n_4=n_1\ \frac{z_1 z_3}{z_2 z_4}=1\ 450\times\frac{36\times 32}{112\times 128}=117\ \text{r/min}$$

在机械中还有皮带轮传动，如图 3-20 所示。如不考虑皮带的厚度，并假设皮带与轮无相对滑动，设轮Ⅰ和轮Ⅱ的角速度分别为 ω_1、ω_2，半径分别为 r_1 和 r_2，即

$$\omega_1 r_1=\omega_2 r_2 \tag{g}$$

皮带轮的传动比 i_{12} 为

$$i_{12}=\frac{\omega_1}{\omega_2}=\frac{r_2}{r_1} \tag{h}$$

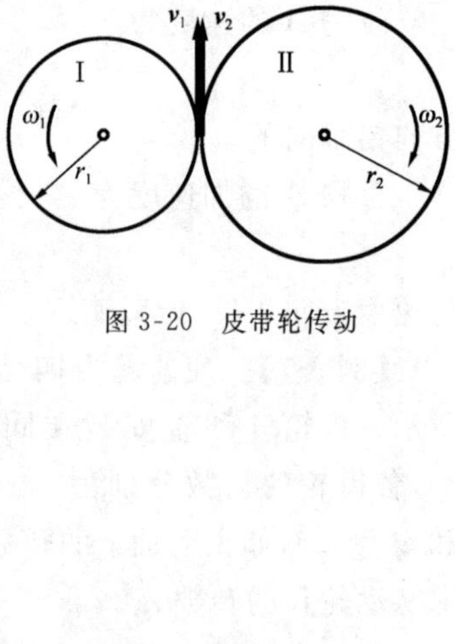

图 3-20 皮带轮传动

即皮带轮传动时，两个皮带轮角速度的比等于两个皮带轮半径的反比。

【资料阅读】

挖掘机

挖掘机诞生于 1838 年，以蒸汽为动力，吊臂操作依靠钢缆作业以车轮来行走。随着技术的发展及机器的大型化，行走机构逐渐转变为履带行走装置(1912 年)。在中国台湾乌山头水坝施工中挖掘机单次作业可完成 2 m 的挖掘量。动力系统则于 1903 年出现电动机驱动，1914 年出现燃料机驱动。工作装置结构虽发生变化但依然以钢缆传递动力。现代挖掘机的雏形初步形成，并且具备初期阶段挖掘机械的使用要求。

1948 年，液压挖掘机由 Carlo 和 Mario Bruneri 首次开发出来。1961 年，新三菱重工引进生产技术，由日立公司于 1965 年生产出日本第一台液压挖掘机，从此，液压挖掘机以其便利的操作性能急速取代传统的机械式挖掘机。

1968 年，首台液压挖掘机诞生，以铲斗容量为主要参数，可称为现今主流 20 t 挖掘机鼻

祖的 16.4 t 挖掘机开始销售。早期 20 t 液压挖掘机为保证挖掘装置的复合动作采用了两泵两阀控制,液压泵为变量泵,可双泵合流,流量可由操作杆进行控制。据记载,普通的挖掘作业动作周期为 18～25 s,在速度上即使与当前的挖掘机相比性能也毫不逊色。

(资料来源:中国知网,蒋运劲,2011)

思政目标

通过对运动学概念与理论的学习,明确客观世界总是处于不断的运动变化中,而物体的运动变化是有规律性的,使学生认识到在客观世界的不断运动变化中,人们的观念、意识及认识水平也在不断地变化,从而树立科学的世界观。意识到作为新时代的青年要在中华民族伟大复兴这一时代大潮中,努力学习,使自己成为有理想、有文化、有担当、有作为,无愧于时代使命的青年人。

本章小结

1. 点运动的矢量法

动点矢量形式的运动方程:$\boldsymbol{r}=\boldsymbol{r}(t)$

动点的速度:$\boldsymbol{v}=\dfrac{\mathrm{d}\boldsymbol{r}}{\mathrm{d}t}$

动点的加速度:$\boldsymbol{a}=\dfrac{\mathrm{d}\boldsymbol{v}}{\mathrm{d}t}=\dfrac{\mathrm{d}^2\boldsymbol{r}}{\mathrm{d}t^2}$

简写形式:$\boldsymbol{r}=\boldsymbol{r}(t)$,$\boldsymbol{v}=\dot{\boldsymbol{r}}$,$\boldsymbol{a}=\dot{\boldsymbol{v}}=\ddot{\boldsymbol{r}}$

2. 点运动的直角坐标法

动点直角坐标形式的运动方程:$\begin{cases} x=f_1(t) \\ y=f_2(t) \\ z=f_3(t) \end{cases}$

动点的速度:$\boldsymbol{v}=v_x\boldsymbol{i}+v_y\boldsymbol{j}+v_z\boldsymbol{k}$

动点的速度在直角坐标轴上的投影:$\begin{cases} v_x=\dfrac{\mathrm{d}x}{\mathrm{d}t}=\dot{x}(t) \\ v_y=\dfrac{\mathrm{d}y}{\mathrm{d}t}=\dot{y}(t) \\ v_z=\dfrac{\mathrm{d}z}{\mathrm{d}t}=\dot{z}(t) \end{cases}$

动点的加速度:$\boldsymbol{a}=a_x\boldsymbol{i}+a_y\boldsymbol{j}+a_z\boldsymbol{k}$

动点的加速度在直角坐标轴上的投影:$\begin{cases} a_x=\dfrac{\mathrm{d}v_x}{\mathrm{d}t}=\dot{v}_x=\ddot{x}(t) \\ a_y=\dfrac{\mathrm{d}v_y}{\mathrm{d}t}=\dot{v}_y=\ddot{y}(t) \\ a_z=\dfrac{\mathrm{d}v_z}{\mathrm{d}t}=\dot{v}_z=\ddot{z}(t) \end{cases}$

3.点运动的自然法

弧坐标形式的运动方程：$s=f(t)$

自然轴系：由轨迹曲线切线的单位矢量 $\boldsymbol{\tau}$、主法线的单位矢量 $\boldsymbol{n}$ 和次法线的单位矢量 $\boldsymbol{b}$ 构成，满足右手螺旋关系。即

$$\boldsymbol{b}=\boldsymbol{\tau}\times\boldsymbol{n}$$

速度：$\boldsymbol{v}=v\boldsymbol{\tau}$

速度的大小：$v=\frac{ds}{dt}=\dot{s}$

加速度：$\boldsymbol{a}=a_\tau\boldsymbol{\tau}+a_n\boldsymbol{n}+a_b\boldsymbol{b}$

切向加速度：$a_\tau=\frac{dv}{dt}=\frac{d^2s}{dt^2}$

法向加速度：$a_n=\frac{v^2}{\rho}$

次法向加速度：$a_b=0$

4.常见的几种点的运动(表 3-1)

表 3-1 常见的几种点的运动

匀变速曲线运动	匀速曲线运动	直线运动
切向加速度： $a_\tau=\frac{dv}{dt}=\frac{d^2s}{dt^2}=$恒量 (1) 积分： $v=v_0+a_\tau t$ (2) 再积分： $s=s_0+v_0t+\frac{1}{2}a_\tau t^2$ (3) 式(2)、(3)消去时间 t 得 $v^2=v_0^2+2a_\tau(s-s_0)$ (4) 法向加速度： $a_n=\frac{v^2}{\rho}$	速度： $v=$恒量 (5) 切向加速度： $a_\tau=0$ 式(5)积分： $s=s_0+v_0t$ (6) 全加速度： $a=a_n=\frac{v^2}{\rho}$	曲率半径：$\rho\to\infty$ 法向加速度：$a_n=0$ 全加速度：$a=a_\tau$

5.刚体的平行移动(简称平动)

平行移动：在运动过程中，刚体上任意直线段始终与它初始位置相平行。

(1)平移刚体上各点的轨迹形状相同。

(2)在同一瞬时，平移刚体上各点的速度相同，各点的加速度相同。

因此，刚体的平行移动可以转化为一点的运动来研究，即点的运动学。

6.刚体的定轴转动

刚体的定轴转动：在运动过程中，刚体上存在一条不动的线段。

刚体定轴转动的运动方程：$\varphi=f(t)$ (rad)

角速度：$\omega=\frac{d\varphi}{dt}$(或 $\omega=\dot{\varphi}$)(rad/s)

角加速度：$\alpha=\frac{d\omega}{dt}=\frac{d^2\varphi}{dt^2}$(或 $\alpha=\dot{\omega}=\ddot{\varphi}$)$(rad/s^2)$

工程中转速 n：单位为转/分(r/min)，转速与角速度的关系为

$$\omega=\frac{2\pi n}{60}=\frac{\pi n}{30}(rad/s)$$

转动刚体上各点的速度和加速度：

速度：$v=R\omega$

切向加速度：$a_\tau=R\alpha$

法向加速度：$a_n=R\omega^2$

全向加速度：$a=\sqrt{a_\tau^2+a_n^2}=R\sqrt{\alpha^2+\omega^4}$

全向加速度与法线间的夹角：$\tan\theta=\frac{|a_\tau|}{a_n}=\frac{|\alpha|}{\omega^2}$

7. 转动刚体的运动微分关系与点的运动微分关系的对应关系(表 3-2)：

表 3-2　　转动刚体的运动微分关系与点的运动微分关系的对应关系

运动特征	点做曲线运动	刚体做定轴转动
匀速运动	$v=$恒量 $s=s_0+vt$	$\omega=$恒量 $\varphi=\varphi_0+\omega t$
匀变速运动	$a_\tau=\frac{dv}{dt}=\frac{d^2s}{dt^2}$ $v=v_0+a_\tau t$ $s=s_0+v_0t+\frac{1}{2}a_\tau t^2$ $v^2=v_0^2+2a_\tau(s-s_0)$	$\alpha=\frac{d\omega}{dt}=\frac{d^2\varphi}{dt^2}$ $\omega=\omega_0+\alpha t$ $\varphi=\varphi_0+\omega_0t+\frac{1}{2}\alpha t^2$ $\omega^2=\omega_0^2+2\alpha(\varphi-\varphi_0)$
一般运动	$s=f(t)$ $v=\dot{s}$ $a_\tau=\ddot{s}$	$\varphi=f(t)$ $\omega=\dot{\varphi}$ $\alpha=\ddot{\varphi}$

习　题

3-1　如图 3-21 所示，摇杆机构的滑杆 AB 以等速度 $\boldsymbol{u}$ 向上运动，摇杆 OC 的长为 a，$OD=l$。初始时，摇杆 OC 位于水平位置，试建立摇杆 OC 上点 C 的运动方程，并求当 $\varphi=\frac{\pi}{4}$ 时点 C 的速度。

3-2　如图 3-22 所示，偏心凸轮半径为 R，绕 O 轴转动，转角 $\varphi=\omega t$，ω 为常量，偏心距 $OC=e$，凸轮带动顶杆 AB 沿直线做往复运动，试求顶杆的运动方程和速度。

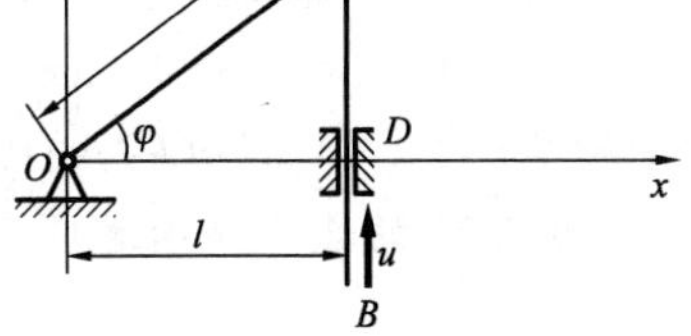

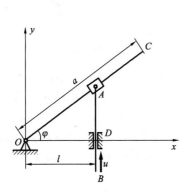

图 3-21　习题 3-1 图

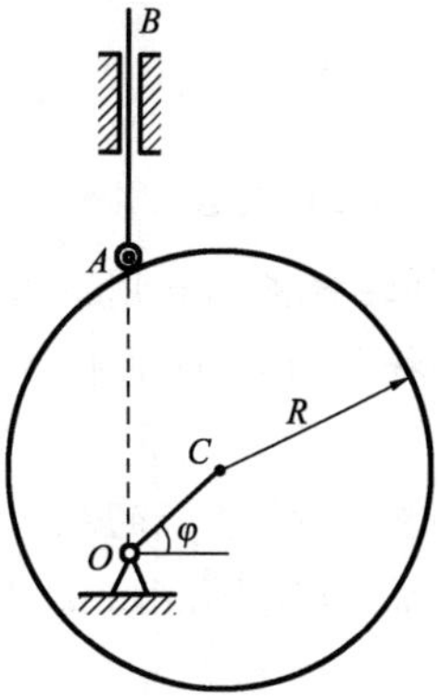

图 3-22　习题 3-2 图

3-3 已知点的运动方程，试求动点自然法的运动方程。

(1)$x=4\cos^2 t, y=3\sin^2 t$;　　(2)$x=t^2, y=2t$。

3-4 列车在半径为 $r=800$ m 的圆弧轨道做匀减速行驶，设初速度 $v_0=54$ km/h，末速度 $v=18$ km/h，走过的路程 $s=800$ m，试求列车在这段路程的起点和终点时的加速度，以及列车在这段路程中所经历的时间。

3-5 动点 M 沿曲线 OA 和 OB 两段圆弧运动，其圆弧的半径分别为 $R_1=18$ m 和 $R_2=24$ m，以两段圆弧的连接点为弧坐标的坐标原点 O，如图 3-23 所示。已知动点的运动方程为 $s=3+4t-t^2$，s 以米(m)计、t 以秒(s)计，试求：

(1)动点 M 由 $t=0$ 运动到 $t=5$ s 所经过的路程；

(2)$t=5$ s 时的加速度。

3-6 动点做平面曲线运动，设其加速度与轨迹切线的夹角 α 为常量，且此切线与平面内某直线的夹角按 $\varphi=\omega t$ 的规律运动，初始时，$s=0, v=k\omega$，试求动点经过时间 t 后所走过的弧长。

3-7 已知动点的运动方程为 $x=t, y=\sin t^2$，其中 x、y 以米(m)计、t 以秒(s)计，试求动点在 $t=0$ 时的曲率半径。

3-8 如图 3-24 所示的摇杆滑道机构中，动点 M 同时在固定的圆弧 BC 和摇杆 OA 的滑道中滑动。设圆弧 BC 的半径为 R，摇杆 OA 的轴 O 在圆弧 BC 的圆周上，同时摇杆 OA 绕轴 O 以等角速度 ω 转动，初始时摇杆 OA 位于水平位置。试分别用直角坐标法和自然法给出动点 M 的运动方程，并求出其速度和加速度。

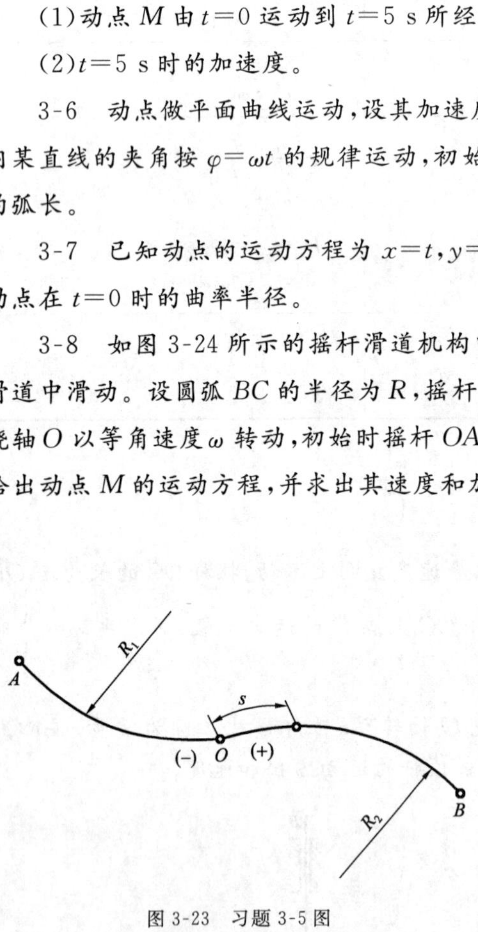

图 3-23 习题 3-5 图

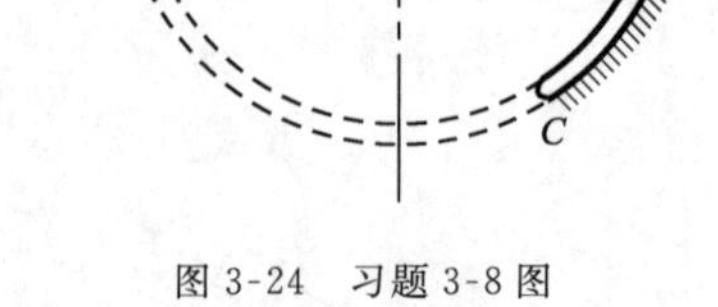

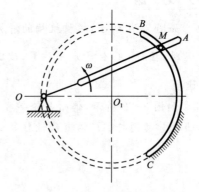

图 3-24 习题 3-8 图

3-9 曲柄连杆机构如图 3-25 所示，设 $OA=AB=60$ cm，$MB=20$ cm，$\varphi=4\pi t$，t 以秒(s)计，试求连杆上的点 M 的轨迹方程，并求初始时点 M 的速度和加速度以及轨迹的曲率半径 ρ。

3-10 如图 3-26 所示的机构中，已知 $O_1A=O_2B=AM=r=0.2$ m，$O_1O_2=AB$，轮 O_1 的运动方程为 $\varphi=15\pi t$(rad)，试求当 $t=0.5$ s 时，杆 AB 上的点 M 的速度和加速度。

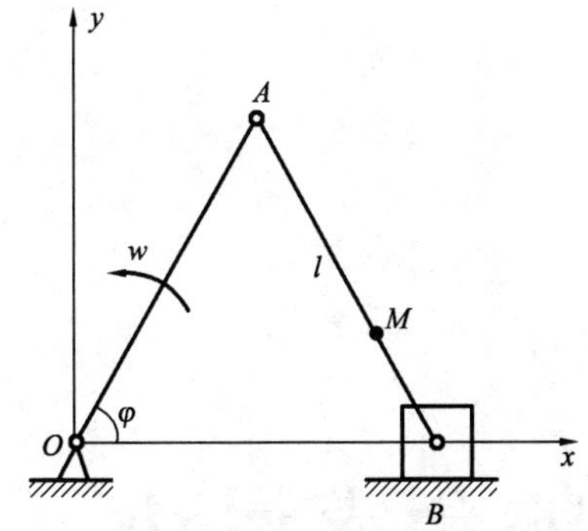

图 3-25　习题 3-9 图

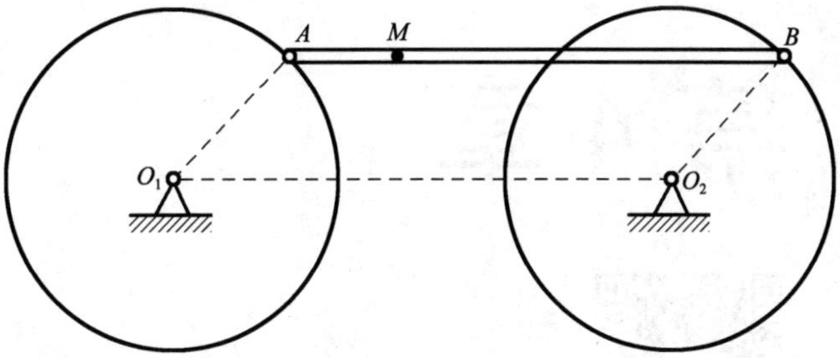

图 3-26　习题 3-10 图

3-11　揉茶机的揉桶由三个曲柄支承，曲柄支座 A、B、C 与支轴 a、b、c 恰好组成等边三角形，如图 3-27 所示。三个曲柄长相等，长为 $l=15$ cm，并以相同的转速 $n=45$ r/min 分别绕其支座转动，试求揉桶中心点 O 的速度和加速度。

3-12　如图 3-28 所示的升降机装置由半径 $R=50$ cm 的鼓轮带动，被提升的重物的运动方程为 $x=5t^2$，x 的单位为 m，t 的单位为 s，试求鼓轮的角速度和角加速度，及轮边缘上任一点的全加速度。

3-13　如图 3-29 所示主动轮Ⅰ的齿数为 z_1，半径为 R_1，角速度为 ω_1，从动轮Ⅱ的齿数为 z_2，半径为 R_2，轮Ⅱ与轮Ⅲ固连在同一轴上，轮Ⅲ的半径为 R_3，其上悬挂重物，试求重物的速度。

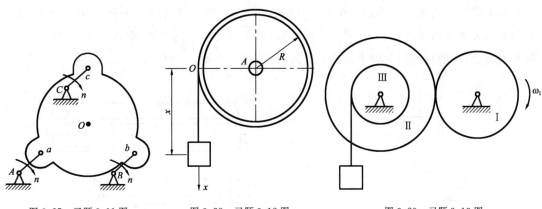

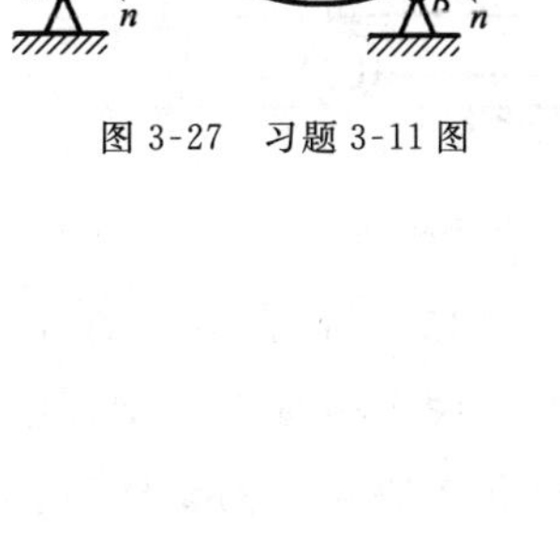

图 3-27　习题 3-11 图

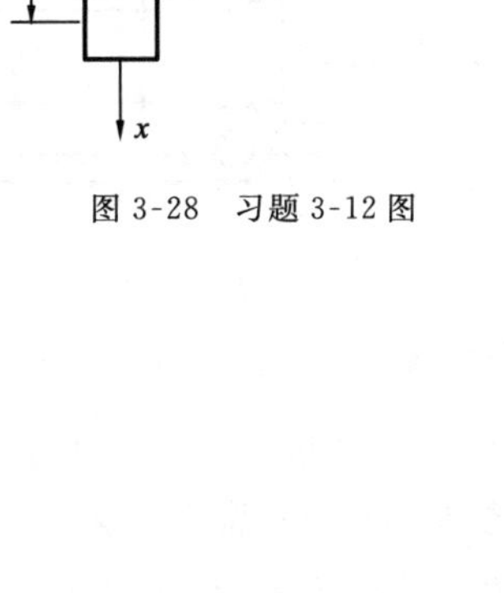

图 3-28　习题 3-12 图

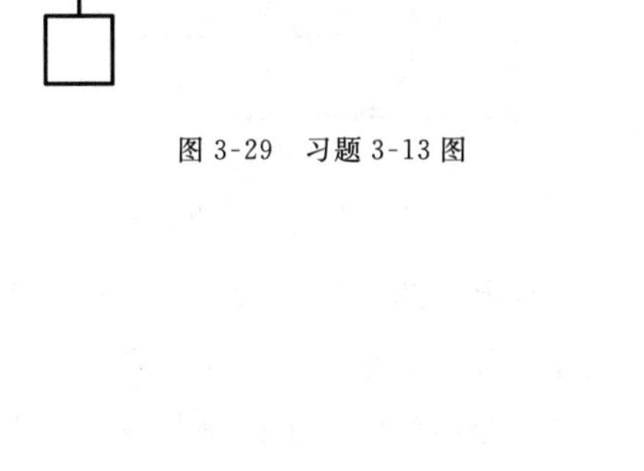

图 3-29　习题 3-13 图

第 4 章

点的合成运动

点的合成运动

前面我们研究点的运动是相对于惯性参考坐标系的，当所研究的点相对于不同参考坐标系运动时(它们之间存在相对运动)，就形成了点的合成运动。本节主要学习动点相对于不同参考坐标系运动时的运动方程、速度和加速度以及它们之间的几何关系。

4.1　点的运动合成概述

在工程和实际生活中物体相对于不同参考系运动的例子很多，例如沿直线滚动的车轮，在地面上观察轮边缘上点的运动轨迹是旋轮线，但在车厢上观察是一个圆，如图 4-1 所示；又如在雨天观察雨滴的运动，如果在地面上观察(不计自然风的干扰)雨滴铅垂下落，而在行驶的汽车上，雨滴在车窗上留下倾斜的痕迹，如图 4-2 所示。

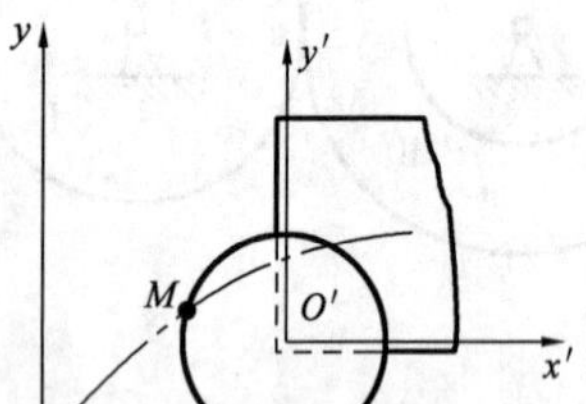

图 4-1　点的合成运动实例(一)

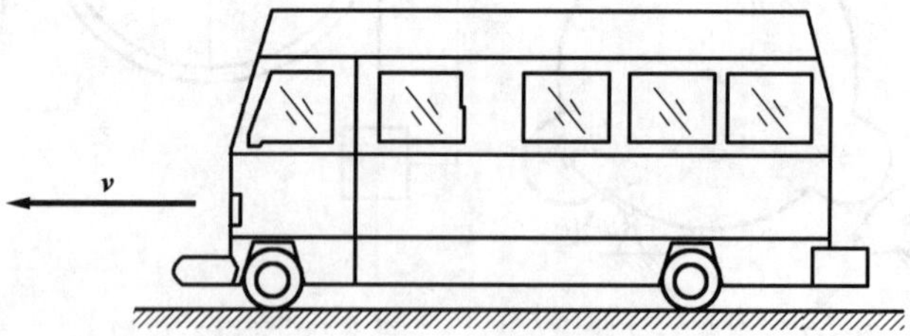

图 4-2　点的合成运动实例(二)

从上面两个例子看出物体相对于不同参考系的运动是不同的，它们之间存在运动的合成和分解的关系。一般情况下，将研究的物体看成是动点，动点相对于两个坐标系运动，其中建立在不动物体上的坐标系称为定参考坐标系(简称定系)，如建立在地面上的坐标系。另一个坐标系是相对于定参考坐标系的运动坐标系，称为动参考坐标系(简称动系)。动点相对于定系运动可以看成是动点相对于动系的运动和动系相对于定系的运动的合成。上面的例子中，定系建立在地面上，动点 M 的运动轨迹是旋轮线，动系建立在车厢上，点 M 相对于动系的运动轨迹是一个圆，而车厢做平移运动。即动点 M 的旋轮线可以看成圆的运动和车厢平移运动的合成。

研究点的合成运动必须要选定一个动点、两个参考坐标系、三种运动，即一点、两系、三运动。一点即所研究的动点（运动物体上的点），两系即动系（与动点有相对运动）和定系，三运动即绝对运动、相对运动和牵连运动。下面说明一下这三个运动：

绝对运动即动点相对于定参考坐标系的运动；

相对运动即动点相对于动参考坐标系的运动；

牵连运动即动参考坐标系相对于定参考坐标系的运动。

一般来讲，绝对运动看成是运动的合成，相对运动和牵连运动看成是运动的分解，合成与分解是研究点的合成运动的两个方面，切不可孤立看待，必须用联系的观点去学习。

动点的绝对运动、相对运动和牵连运动之间的关系可以通过动点在定参考坐标系和动参考坐标系中的坐标变换得到。以平面运动为例，设 Oxy 为定系，$O'x'y'$ 为动系，M 为动点，如图 4-3 所示。

M 点绝对运动方程为

$$x=x(t),y=y(t) \tag{4-1}$$

M 点相对运动方程为

$$x'=x'(t),y'=y'(t) \tag{4-2}$$

牵连运动是动系 $O'x'y'$ 相对于定系 Oxy 的运动，其运动方程为

$$x_{O'}=x_{O'}(t),y_{O'}=y_{O'}(t),\varphi=\varphi(t) \tag{4-3}$$

由图 4-3 得坐标变换

$$\begin{cases}x=x_{O'}+x'\cos\varphi-y'\sin\varphi\\ y=y_{O'}+x'\sin\varphi+y'\cos\varphi\end{cases} \tag{4-4}$$

由此可见，绝对运动是由相对运动和牵连运动合成的。

【例 4-1】 半径为 r 的轮子沿直线轨道无滑动地滚动，如图 4-4 所示，已知轮心 C 的速度为 $\boldsymbol{v}_C$，试求轮缘上的点 M 绝对运动方程和相对于轮心 C 的相对运动方程和牵连运动方程。

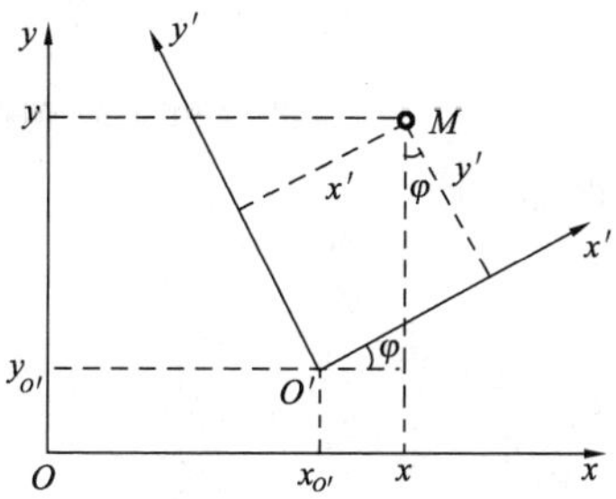

图 4-3　坐标变换关系

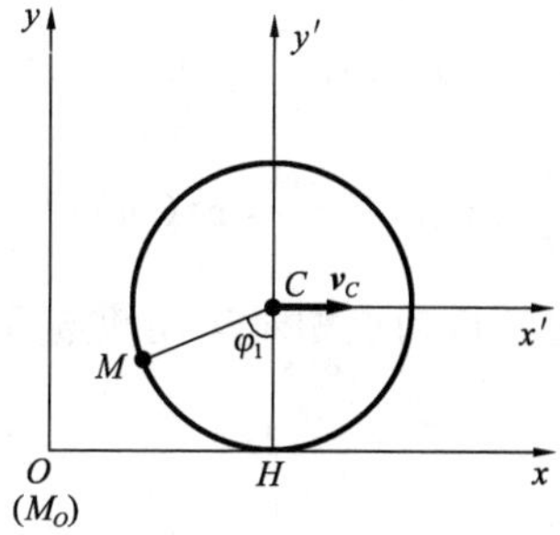

图 4-4　例 4-1 图

解　沿轮子滚动的方向建立定系 Oxy，初始时设轮缘上的点 M 位于 y 轴上 M_O 处。在图示瞬时，点 M 和轮心 C 的连线与 CH 所夹的角为

$$\varphi_1=\frac{\overset{\frown}{MH}}{r}=\frac{v_Ct}{r}$$

在轮心 C 建立动系 $Cx'y'$，点 M 的相对运动方程为

$$\begin{cases} x'=-r\sin\varphi_1=-r\sin\dfrac{v_C t}{r} \\ y'=-r\cos\varphi_1=-r\cos\dfrac{v_C t}{r} \end{cases} \tag{a}$$

点 M 相对运动轨迹方程为

$$x'^2+y'^2=r^2 \tag{b}$$

由式(b)可知，点 M 的相对运动轨迹为圆。

牵连运动为动系 $Cx'y'$ 相对于定系 Oxy 的运动，其牵连运动方程为

$$\begin{cases} x_C=v_C t \\ y_C=r \\ \varphi=0 \end{cases} \tag{c}$$

其中，由于动系做平移，因此动系坐标轴 x' 与定系坐标轴 x 的夹角 $\varphi=0$。

由式(4-4)得点 M 绝对运动方程为

$$\begin{cases} x=v_C t-r\sin\varphi_1=v_C t-r\sin\dfrac{v_C t}{r} \\ y=r-r\cos\varphi_1=r-r\cos\dfrac{v_C t}{r} \end{cases} \tag{d}$$

点 M 的绝对运动轨迹为式(d)表示的旋轮线。

【例 4-2】 用车刀切削工件直径的端面时，车刀沿水平轴 x 做往复运动，如图 4-5 所示。设定系为 Oxy，刀尖在 Oxy 面上的运动方程为 $x=r\sin(\omega t)$，工件以匀角速度 ω 绕 z 轴转动，动系建立在工件上为 $Ox'y'$，试求刀尖在工件上画出的痕迹。

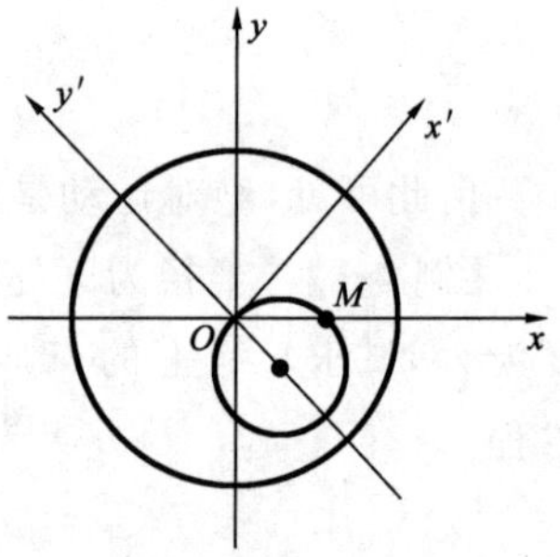

图 4-5 例 4-2 图

解 由题意知，刀尖为动点，刀尖在工件上画出的痕迹为动点相对运动轨迹。由图 4-5 得动点相对运动方程为

$$\begin{cases} x'=x\cos(\omega t)=r\sin(\omega t)\cos(\omega t)=\dfrac{r}{2}\sin 2(\omega t) \\ y'=-x\sin(\omega t)=-r\sin^2(\omega t)=-\dfrac{r}{2}[1-\cos 2(\omega t)] \end{cases}$$

消去时间 t，得动点相对运动轨迹方程为

$$x'^2+\left(y'+\frac{r}{2}\right)^2=\frac{r^2}{4}$$

则刀尖在工件上画出的痕迹为圆。

注意：若求三种运动的速度之间的关系，最直接的方法是将式(4-4)对时间求导，即可求出点的相对速度、牵连速度和绝对速度三者之间的关系。

4.2　点的速度合成定理

在了解上述三个运动的基础上，下面研究点的三个速度：

动点的绝对速度即绝对运动所对应的速度，用 $\boldsymbol{v}_a$ 表示；

动点的相对速度即相对运动所对应的速度，用 $\boldsymbol{v}_r$ 表示；

动点的牵连速度即牵连点的速度，用 $\boldsymbol{v}_e$ 表示。所谓牵连点，即动系上与动点重合的点。

下面分析点的绝对速度、相对速度和牵连速度三者之间的关系。

如图 4-6 所示，设 $Oxyz$ 为定系，$O'x'y'z'$ 为动系，M 为动点。动系的坐标原点 O' 在定系中的矢径为 $\boldsymbol{r}_{O'}$，动点在定系上的矢径为 $\boldsymbol{r}_M$，动点 M 在动系上的矢径为 $\boldsymbol{r}'$，动系坐标的三个单位矢量为 $\boldsymbol{i}', \boldsymbol{j}', \boldsymbol{k}'$，牵连点为 M'（动系上与动点重合的点）在定系上的矢径为 $\boldsymbol{r}_{M'}$，有如下关系：

$$\boldsymbol{r}_M = \boldsymbol{r}_{O'} + \boldsymbol{r}' \tag{4-5}$$

$$\boldsymbol{r}' = x'\boldsymbol{i}' + y'\boldsymbol{j}' + z'\boldsymbol{k}' \tag{4-6}$$

$$\boldsymbol{r}_M = \boldsymbol{r}_{M'} \tag{4-7}$$

动点 M 的绝对速度为

$$\boldsymbol{v}_a = \frac{\mathrm{d}\boldsymbol{r}_M}{\mathrm{d}t} = \dot{\boldsymbol{r}}_{O'} + \dot{\boldsymbol{r}}' \tag{4-8}$$

动点 M 的相对速度为

$$\boldsymbol{v}_r = \frac{\mathrm{d}\boldsymbol{r}'}{\mathrm{d}t} = \dot{x}'\boldsymbol{i}' + \dot{y}'\boldsymbol{j}' + \dot{z}'\boldsymbol{k}' \tag{4-9}$$

将式(4-6)和式(4-7)代入式(4-5)中，因牵连点 M' 是动系上的一个确定点，因此 M' 的三个坐标 x'、y'、z' 是常量，得牵连速度

$$\boldsymbol{v}_e = \frac{\mathrm{d}\boldsymbol{r}_{M'}}{\mathrm{d}t} = \dot{\boldsymbol{r}}_{O'} + x'\dot{\boldsymbol{i}}' + y'\dot{\boldsymbol{j}}' + z'\dot{\boldsymbol{k}}' \tag{4-10}$$

从而得相对速度、牵连速度和绝对速度三者之间的关系为

$$\boldsymbol{v}_a = \boldsymbol{v}_e + \boldsymbol{v}_r \tag{4-11}$$

式(4-11)即为点的速度合成定理的公式表述。

点的速度合成定理：在任一瞬时，动点的绝对速度等于在同一瞬时的相对速度和牵连速度的矢量和。或者说，点的相对速度、牵连速度、绝对速度三者之间满足平行四边形合成法则，即绝对速度由相对速度和牵连速度构成的平行四边形对角线所确定。

应当注意：

(1)三种速度有三个大小和三个方向共六个要素，必须已知其中四个要素，才能求出剩余的两个要素。因此只要正确地画出上面三种速度的平行四边形，即可求出剩余的两个要素。

(2)动点和动系的选择是关键，一般不能将动点和动系选在同一个参考体上。

(3)动系的运动是任意的运动，可以是平动、转动或者是较为复杂的运动。

【例 4-3】　汽车以速度 $\boldsymbol{v}_1$ 沿直线的道路行驶，雨滴以速度 $\boldsymbol{v}_2$ 铅直下落，如图 4-7 所示，试求雨滴相对于汽车的速度。

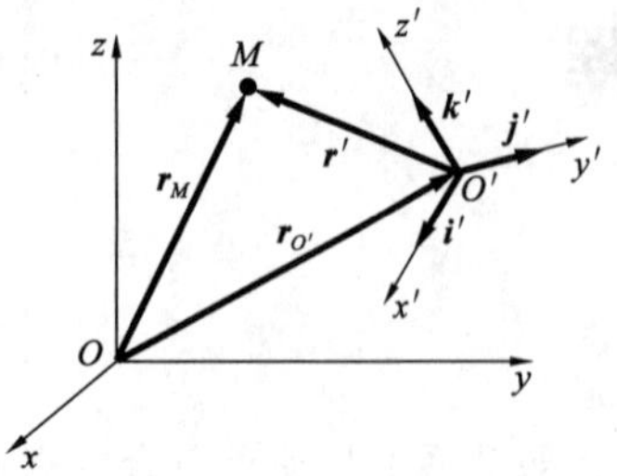

图 4-6 三种运动中矢径的关系

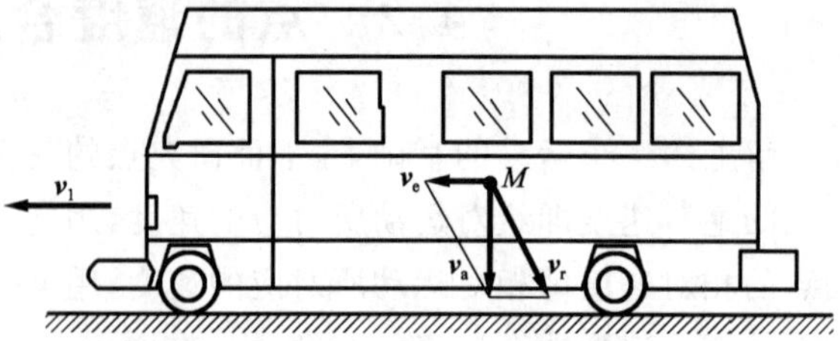

图 4-7 例 4-3 图

解 (1)选择动点、动系

动点:淋在车上的雨滴 M;

定系:建立在地面上(以后不特殊说明定系都建立在地面上);

动系:建立在汽车上。

(2)分析三种运动及速度

绝对运动:直线运动,即雨滴的运动,绝对速度为 $\boldsymbol{v}_a=\boldsymbol{v}_2$。

牵连运动:平动,即汽车的运动,牵连速度 $\boldsymbol{v}_e=\boldsymbol{v}_1$。

相对运动:雨滴相对于汽车的运动,这是未知的,也是要求的。

(3)作速度的平行四边形

由于绝对速度 $\boldsymbol{v}_a$ 和牵连速度 $\boldsymbol{v}_e$ 的大小和方向都是已知的,如图 4-7 所示,只需将速度 $\boldsymbol{v}_a$ 和 $\boldsymbol{v}_e$ 矢量的端点连线便可确定雨滴相对于汽车的速度 $\boldsymbol{v}_r$。故

$$v_r=\sqrt{v_a^2+v_e^2}=\sqrt{v_2^2+v_1^2}$$

设雨滴相对于汽车的速度 $\boldsymbol{v}_r$ 与铅垂线的夹角为

$$\tan\alpha=\frac{v_1}{v_2}$$

$$\alpha=\arctan\frac{v_1}{v_2}$$

【例 4-4】 如图 4-8 所示曲柄滑道机构,T 字形杆 BC 部分处于水平位置,DE 部分处于铅直位置并放在套筒 A 中。已知曲柄 OA 以匀角速度 $\omega=20$ rad/s 绕 O 轴转动,$OA=r=10$ cm,试求当曲柄 OA 与水平线的夹角 $\varphi=0°$、30°、60°、90°时,T 字形杆的速度 $\boldsymbol{v}_T$。

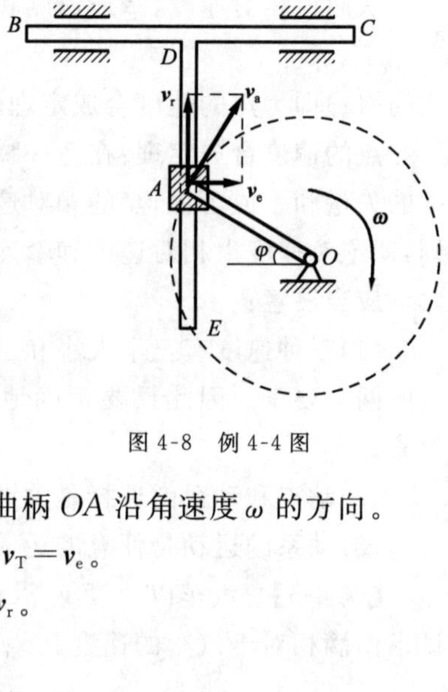

图 4-8 例 4-4 图

解 (1)选择动点、动系

动点:套筒 A;

动系:T 字形杆。

(2)运动及速度分析

绝对运动:圆周运动,即套筒 A 的运动。绝对速度大小为 $v_a=r\omega=10\times20=200$ cm/s,绝对速度的方向垂直于曲柄 OA 沿角速度 ω 的方向。

牵连运动:直线运动,即 T 字形杆的运动,牵连速度为 $\boldsymbol{v}_T=\boldsymbol{v}_e$。

相对速度:直线运动,即套筒 A 相对 T 字形杆的运动 $\boldsymbol{v}_r$。

(3)由速度合成定理　$\vec{v}_a=\vec{v}_e+\vec{v}_r$ 得

速度关系如图 4-8 所示，即

$$v_T=v_e=v_a\sin\varphi$$

将已知条件代入得

$$\varphi=0°, v_T=200\sin0°=0$$
$$\varphi=30°, v_T=200\sin30°=100\ \text{cm/s}$$
$$\varphi=60°, v_T=200\sin60°=173.2\ \text{cm/s}$$
$$\varphi=90°, v_T=200\sin90°=200\ \text{cm/s}$$

【例 4-5】 曲柄 OA 以匀角速度 ω 绕 O 轴转动，其上套有小环 M，而小环 M 又在固定的大圆环上运动，大圆环的半径为 R，如图 4-9 所示。试求当曲柄与水平线成的角 $\varphi=\omega t$ 时，小环 M 的绝对速度和相对曲柄 OA 的相对速度。

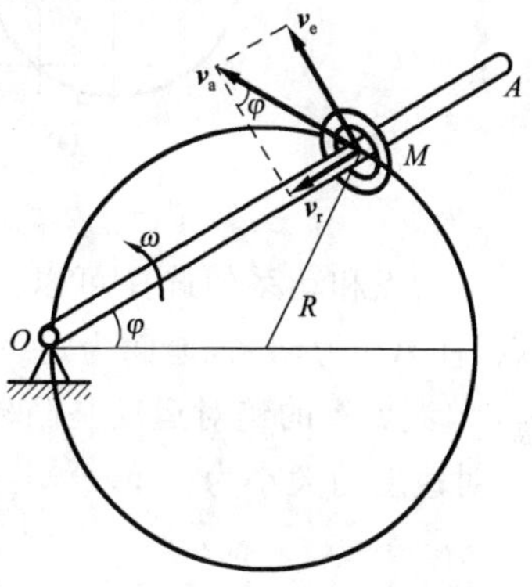

图 4-9　例 4-5 图

解　(1)选择动点、动系

动点：小环 M；

动系：固连于曲柄 OA；

定系：固连于地面。

(2)分析三种运动及速度，小环 M 的绝对运动是在大圆上的运动，因此小环 M 绝对速度垂直于大圆的半径 R；小环 M 的相对运动是在曲柄 OA 上的直线运动，因此小环 M 相对速度沿曲柄 OA 并指向 O 点，牵连运动为曲柄 OA 的定轴转动，小环 M 的牵连速度垂直于曲柄 OA，如图 4-9 所示，作速度的平行四边形。由速度合成定理 $\boldsymbol{v}_a=\boldsymbol{v}_e+\boldsymbol{v}_r$，得

小环 M 的牵连速度为

$$v_e=OM\omega=2R\omega\cos\varphi=2R\omega\cos\omega t$$

小环 M 的绝对速度为

$$v_a=\frac{v_e}{\cos\varphi}=2R\omega$$

小环 M 的相对速度为

$$v_r=v_e\tan\varphi=2R\omega\sin\varphi=2R\omega\sin\omega t$$

【例 4-6】 如图 4-10(a)所示，半径为 R，偏心距为 e 的凸轮，以匀角速度 ω 绕 O 轴转动，并使滑槽内的直杆 AB 上下移动，设 OAB 在一条直线上，轮心 C 与 O 轴在水平位置，试求在图示位置时，杆 AB 的速度。

解　由于杆 AB 做平移，所以研究杆 AB 的运动只需研究其上 A 点的运动即可。因此选杆 AB 上的 A 点为动点，凸轮为动系，地面为定系。

动点 A 的绝对运动是直杆 AB 的上下直线运动；相对运动为凸轮的轮廓线，即沿凸轮边缘的圆周运动；牵连运动为凸轮绕 O 轴的定轴转动，由速度合成定理 $\boldsymbol{v}_a=\boldsymbol{v}_e+\boldsymbol{v}_r$ 作速度的平行四边形，如图 4-10(a)所示。

动点 A 的牵连速度为

$$v_e=\omega OA$$

动点 A 的绝对速度为

$$v_a=v_e\cot\theta=\omega OA\,\frac{e}{OA}=\omega e$$

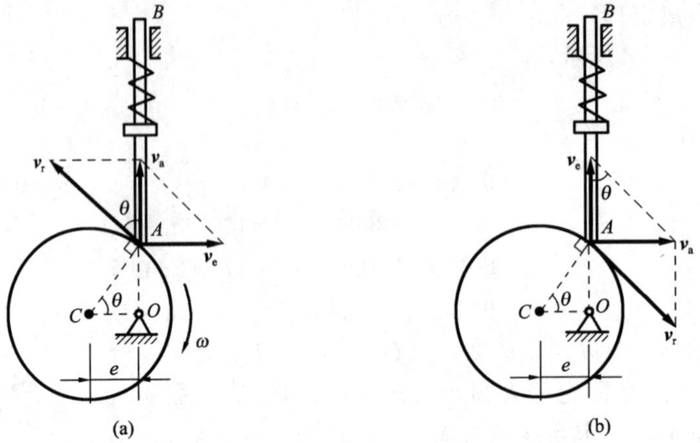

图 4-10 例 4-6 图

动点和动系的选择可以是任意的。本题的另一种解法是：选凸轮边缘上的点 A 为动点，杆 AB 为动系，地面为定系。

动点 A 的绝对运动是凸轮绕 O 轴的定轴转动，绝对速度的方向垂直于 OA，水平向右，绝对速度的大小为

$$v_a = \omega OA$$

动点 A 的相对运动为沿凸轮边缘的曲线运动，相对速度的方向沿凸轮边缘的切线，牵连运动为直杆 AB 上下的直线运动，作速度的平行四边形，如图 4-10(b)所示。杆 AB 的速度为动点 A 的牵连速度，即

$$v_e = v_a \cot\theta = \omega OA \frac{e}{OA} = \omega e$$

应当注意：

(1)动点和动系不能选在同一个物体上；

(2)动点和动系应选在容易判断其相对运动的物体上，否则会使问题变得混乱；

(3)无特殊说明，定系应选在地面上。

4.3 点的加速度合成定理

4.3.1 牵连运动为平移时点的加速度合成定理

如图 4-11 所示，设 $Oxyz$ 为定系，$O'x'y'z'$ 为动系且做平移，M 为动点。动点 M 的相对速度为

$$v_r = \frac{dr'}{dt} = \dot{x}'i' + \dot{y}'j' + \dot{z}'k' \qquad (4\text{-}12)$$

动点 M 的相对加速度为

$$a_r = \frac{dv_r}{dt} = \ddot{x}'i' + \ddot{y}'j' + \ddot{z}'k' \qquad (4\text{-}13)$$

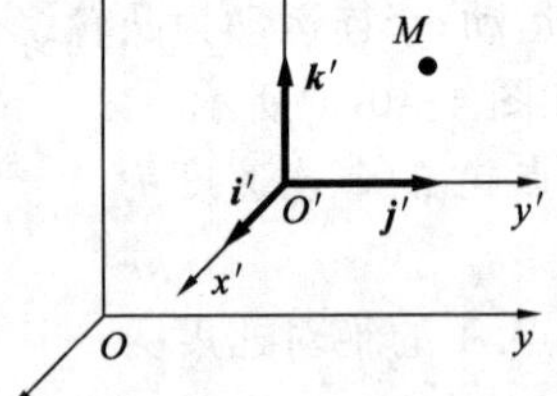

图 4-11 牵连运动为平移时点的加速度合成

式中，i'，j'，k' 为动系坐标 x'，y'，z' 的单位矢量，由于动系做水平移动，故 i'，j'，k' 为常矢量，对时间的导数

均为零，$\boldsymbol{v}_e=\boldsymbol{v}_{O'}$。将速度合成定理式(4-11)对时间求导得

$$\frac{\mathrm{d}\boldsymbol{v}_a}{\mathrm{d}t}=\frac{\mathrm{d}\boldsymbol{v}_e}{\mathrm{d}t}+\frac{\mathrm{d}\boldsymbol{v}_r}{\mathrm{d}t}=\frac{\mathrm{d}\boldsymbol{v}_{O'}}{\mathrm{d}t}+\frac{\mathrm{d}}{\mathrm{d}t}(\dot{x}'i'+\dot{y}'j'+\dot{z}'k')=a_{O'}+\ddot{x}'i'+\ddot{y}'j'+\ddot{z}'k'=a_e+a_r$$

动点 M 的绝对加速度为

$$\boldsymbol{a}_a=\boldsymbol{a}_e+\boldsymbol{a}_r \tag{4-14}$$

牵连运动为平移时点的加速度合成定理：在任一瞬时，动点的绝对加速度等于在同一瞬时动点相对加速度和牵连加速度的矢量和。它与速度合成定理一样满足平行四边形合成法则，即绝对加速度位于相对加速度和牵连加速度所构成平行四边形对角线位置。在求解时也要画加速度平行四边形来确定三种加速度之间的关系。

【例 4-7】 如图 4-12(a)所示，曲柄 OA 以匀角速度 ω 绕定轴 O 转动，T 字形杆 BC 沿水平方向往复平移，滑块 A 在铅直槽 DE 内运动，$OA=r$，曲柄 OA 与水平线夹角为 $\varphi=\omega t$，试求图示瞬时，杆 BC 的速度及加速度。

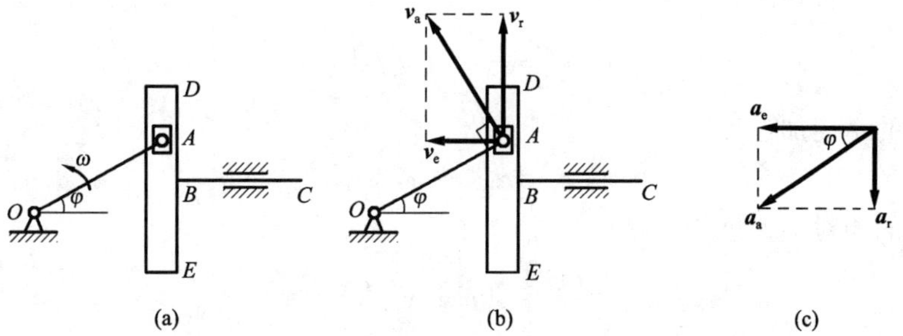

图 4-12　例 4-7 图

解　滑块 A 为动点，T 字形杆 BC 为动系，地面为定系。动点 A 的绝对运动是曲柄 OA 绕定轴 O 转动；相对运动为滑块 A 在铅直槽 DE 内的直线运动；牵连速度为 T 字形杆 BC 沿水平方向的往复平移。

(1)求杆 BC 的速度

由速度合成定理 $\boldsymbol{v}_a=\boldsymbol{v}_e+\boldsymbol{v}_r$ 作速度的平行四边形，如图 4-12(b)所示。动点 A 的绝对速度为

$$v_a=r\omega$$

杆 BC 的速度为

$$v_{BC}=v_e=v_a\sin\varphi=r\omega\sin\omega t$$

(2)求杆 BC 的加速度

由加速度合成定理 $\boldsymbol{a}_a=\boldsymbol{a}_e+\boldsymbol{a}_r$ 作加速度的平行四边形，如图 4-12(c)所示。动点 A 的绝对加速度为

$$a_a=r\omega^2$$

杆 BC 的加速度为

$$a_{BC}=a_e=a_a\cos\varphi=r\omega^2\cos\omega t$$

4.3.2 牵连运动为定轴转动时点的加速度合成定理

设动系 $O'x'y'z'$ 相对于定系 $Oxyz$ 做定轴转动，角速度矢量为 $\boldsymbol{\omega}$，角加速度矢量为 $\boldsymbol{\alpha}$，如图 4-13 所示。动系坐标轴的三个单位矢量为 $\boldsymbol{i}',\boldsymbol{j}',\boldsymbol{k}'$，其在定系中是变矢量，对时间的导数等于矢量端点的速度，即

$$\frac{\mathrm{d}\boldsymbol{i}'}{\mathrm{d}t}=\boldsymbol{\omega}\times\boldsymbol{i}',\frac{\mathrm{d}\boldsymbol{j}'}{\mathrm{d}t}=\boldsymbol{\omega}\times\boldsymbol{j}',\frac{\mathrm{d}\boldsymbol{k}'}{\mathrm{d}t}=\boldsymbol{\omega}\times\boldsymbol{k}' \tag{4-15}$$

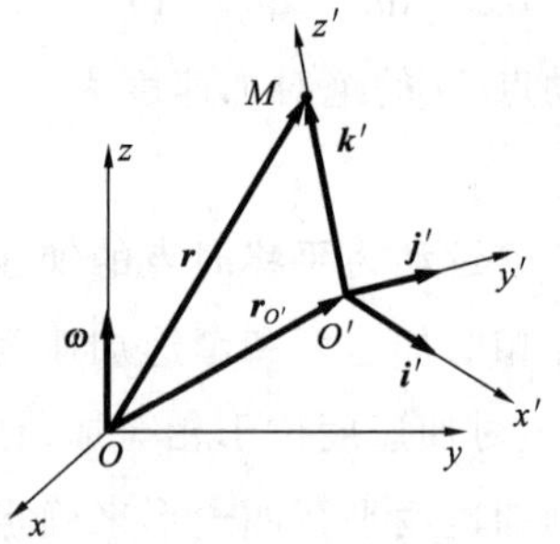

图 4-13 牵连运动为定轴转动时点的加速度合成

动点 M 的绝对速度为

$$\boldsymbol{v}_{\mathrm{a}}=\frac{\mathrm{d}\boldsymbol{r}}{\mathrm{d}t}$$

动点 M 的牵连速度为

$$\boldsymbol{v}_{\mathrm{e}}=\boldsymbol{\omega}\times\boldsymbol{r}$$

动点 M 的相对速度为

$$\boldsymbol{v}_{\mathrm{r}}=\frac{\mathrm{d}\boldsymbol{r}'}{\mathrm{d}t}=\dot{x}'\boldsymbol{i}+\dot{y}'\boldsymbol{j}+\dot{z}'\boldsymbol{k}$$

动点 M 的牵连加速度为

$$\boldsymbol{a}_{\mathrm{e}}=\boldsymbol{\alpha}\times\boldsymbol{r}+\boldsymbol{\omega}\times\boldsymbol{v}_{\mathrm{e}}$$

动点 M 的相对加速度为

$$\boldsymbol{a}_{\mathrm{r}}=\frac{\mathrm{d}\boldsymbol{v}_{\mathrm{r}}}{\mathrm{d}t}=\ddot{x}'\boldsymbol{i}'+\ddot{y}'\boldsymbol{j}'+\ddot{z}'\boldsymbol{k}'$$

由速度合成定理

$$\boldsymbol{v}_{\mathrm{a}}=\boldsymbol{v}_{\mathrm{e}}+\boldsymbol{v}_{\mathrm{r}} \tag{4-16}$$

式(4-16)对时间求导，得动点 M 的绝对速度为

$$\begin{aligned}\frac{\mathrm{d}\boldsymbol{v}_{\mathrm{a}}}{\mathrm{d}t}&=\frac{\mathrm{d}\boldsymbol{v}_{\mathrm{e}}}{\mathrm{d}t}+\frac{\mathrm{d}\boldsymbol{v}_{\mathrm{r}}}{\mathrm{d}t}=\frac{\mathrm{d}}{\mathrm{d}t}(\boldsymbol{\omega}\times\boldsymbol{r})+[(\ddot{x}\boldsymbol{i}'+\ddot{y}\boldsymbol{j}'+\ddot{z}'\boldsymbol{k}')+(\dot{x}'\dot{\boldsymbol{i}}'+\dot{y}'\dot{\boldsymbol{j}}'+\dot{z}'\dot{\boldsymbol{k}}')]\\&=(\boldsymbol{\alpha}\times\boldsymbol{r}+\boldsymbol{\omega}\times\frac{\mathrm{d}\boldsymbol{r}}{\mathrm{d}t})+[(\ddot{x}'\boldsymbol{i}'+\ddot{y}'\boldsymbol{j}'+\ddot{z}'\boldsymbol{k}')+(\dot{x}'\boldsymbol{\omega}\times\boldsymbol{i}'+\dot{y}'\boldsymbol{\omega}\times\boldsymbol{j}'+\dot{z}'\boldsymbol{\omega}\times\boldsymbol{k}')]\\&=[\boldsymbol{\alpha}\times\boldsymbol{r}+\boldsymbol{\omega}\times(\boldsymbol{v}_{\mathrm{e}}+\boldsymbol{v}_{\mathrm{r}})]+[(\ddot{x}'\boldsymbol{i}'+\ddot{y}'\boldsymbol{j}'+\ddot{z}'\boldsymbol{k}')+\boldsymbol{\omega}\times(\dot{x}'\boldsymbol{i}'+\dot{y}'\boldsymbol{j}'+\dot{z}'\boldsymbol{k}')]\\&=\boldsymbol{a}_{\mathrm{e}}+\boldsymbol{a}_{\mathrm{r}}+\boldsymbol{\omega}\times\boldsymbol{v}_{\mathrm{r}}+\boldsymbol{\omega}\times(\dot{x}'\boldsymbol{i}'+\dot{y}'\boldsymbol{j}'+\dot{z}'\boldsymbol{k}')\\&=\boldsymbol{a}_{\mathrm{e}}+\boldsymbol{a}_{\mathrm{r}}+2\boldsymbol{\omega}\times\boldsymbol{v}_{\mathrm{r}}\end{aligned}$$

即

$$\boldsymbol{a}_{\mathrm{a}}=\boldsymbol{a}_{\mathrm{e}}+\boldsymbol{a}_{\mathrm{r}}+\boldsymbol{a}_{\mathrm{C}} \tag{4-17}$$

$$\boldsymbol{a}_{\mathrm{C}}=2\boldsymbol{\omega}\times\boldsymbol{v}_{\mathrm{r}} \tag{4-18}$$

式中，$\boldsymbol{a}_{\mathrm{C}}$——科氏加速度，是科利澳里在 1832 年给出的，当动系做平移时，其角速度矢量为 $\boldsymbol{\omega}=0$，科氏加速度 $\boldsymbol{a}_{\mathrm{C}}=0$，式(4-18)就转化为式(4-14)。

式(4-18)为**牵连运动为定轴转动时，点的加速度合成定理**：在任一瞬时，动点的绝对加速度等于在同一瞬时动点相对加速度、牵连加速度和科氏加速度的矢量和。

牵连运动为定轴转动时，点的加速度合成定理适合动系做任何运动的情况，此时动系的角速度矢量 $\boldsymbol{\omega}$ 分解为定系三个轴方向的角速度矢量 $\boldsymbol{\omega}_x,\boldsymbol{\omega}_y,\boldsymbol{\omega}_z$ 即可。

【例 4-8】 刨床的急回机构如图 4-14(a)所示。曲柄 OA 与滑块 A 用铰链连接,曲柄 OA 以匀角速度 ω 绕固定轴 O 转动,滑块 A 在摇杆 O_1B 上滑动,并带动摇杆 O_1B 绕固定轴 O_1 转动。设曲柄 $OA=r$,两个轴间的距离 $OO_1=l$,试求当曲柄 OA 在水平位置时,摇杆 O_1B 的角速度 ω_1 和角加速度 α_1。

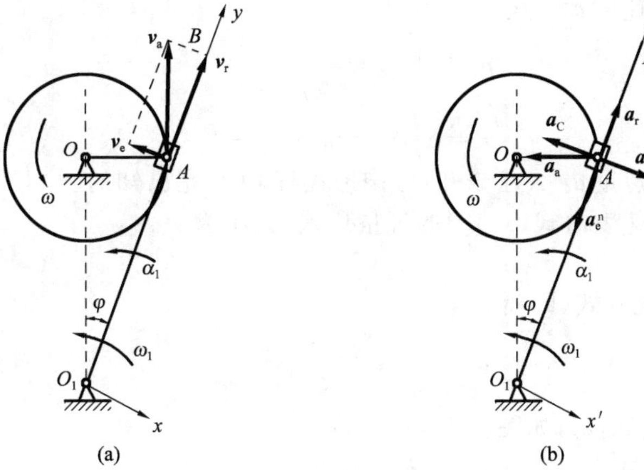

图 4-14　例 4-8 图

解　根据题意,选滑块 A 为动点,摇杆 O_1B 为动系,地面为定系。动点 A 绝对运动为曲柄 OA 的圆周运动,动点 A 相对运动为沿摇杆 O_1B 的直线运动,牵连运动为摇杆 O_1B 绕固定轴 O_1 转动。

(1)求摇杆 O_1B 的角速度 ω_1

当曲柄 OA 在水平位置时,动点 A 的绝对速度 $\boldsymbol{v}_a$ 沿圆周的切线铅垂向上,动点 A 的相对速度 $\boldsymbol{v}_r$ 沿摇杆 O_1B,牵连运动 $\boldsymbol{v}_e$ 垂直摇杆 O_1B,作速度的平行四边形,如图 4-14(a)所示。由速度合成定理得,动点 A 的绝对速度 $\boldsymbol{v}_a$ 为

$$v_a = r\omega \tag{a}$$

动点 A 的牵连速度 $\boldsymbol{v}_e$ 为

$$v_e = O_1A\omega_1 \tag{b}$$

利用速度的平行四边形中的三角关系有

$$v_e = v_a \sin\varphi \tag{c}$$

式中,$O_1A=\sqrt{r^2+l^2}$,$\sin\varphi=\dfrac{OA}{O_1A}=\dfrac{r}{\sqrt{r^2+l^2}}$,$\cos\varphi=\dfrac{OO_1}{O_1A}=\dfrac{l}{\sqrt{r^2+l^2}}$。

将式(a)和式(b)代入式(c),得摇杆 O_1B 绕固定轴 O_1 转动的角速度为

$$\omega_1 = \frac{r^2\omega}{r^2+l^2} \tag{d}$$

转向与曲柄 OA 的角速度 ω 相同。

动点 A 的相对速度 $\boldsymbol{v}_r$ 为

$$v_r = v_a \cos\varphi \tag{e}$$

将式(a)代入式(e)得

$$v_r = v_a\cos\varphi = r\omega\frac{l}{\sqrt{r^2+l^2}} \tag{f}$$

(2)求摇杆 O_1B 的角加速度 α_1

由于动系做定轴转动,因此求摇杆 O_1B 的角加速度 α_1,应选择牵连运动为定轴转动时点的加速度合成定理。即

$$\boldsymbol{a}_{\mathrm{a}}=\boldsymbol{a}_{\mathrm{e}}+\boldsymbol{a}_{\mathrm{r}}+\boldsymbol{a}_{\mathrm{C}} \tag{g}$$

动点 A 的绝对加速度 $\boldsymbol{a}_{\mathrm{a}}$ 分为切向加速度和法向加速度，但由于曲柄 OA 以匀角速度 ω 绕固定轴 O 转动，所以其角加速度 $\alpha=0$，则有

$$a_{\mathrm{a}}=a_{\mathrm{a}}^{n}=r\omega^{2} \tag{h}$$

动点 A 的牵连加速度 $\boldsymbol{a}_{\mathrm{e}}$ 为

$$\boldsymbol{a}_{\mathrm{e}}^{n}=O_1A\omega_1^2=\frac{r^4\omega^2}{(r^2+l^2)^{\frac{3}{2}}} \tag{i}$$

$$\boldsymbol{a}_{\mathrm{e}}^{\tau}=O_1A\alpha_1=\alpha_1\sqrt{r^2+l^2} \tag{j}$$

动点 A 的相对加速度 $\boldsymbol{a}_{\mathrm{r}}$ 大小未知，方向沿摇杆 O_1B 是已知的。

动点 A 的科氏加速度由式(4-18)的矢量形式，大小为

$$a_{\mathrm{C}}=2\omega_1 v_{\mathrm{r}} \tag{k}$$

将式(d)和式(f)代入式(k)得

$$a_{\mathrm{C}}=2\omega_1 v_{\mathrm{r}}=\frac{2r^3\omega^2 l}{(r^2+l^2)^{\frac{3}{2}}} \tag{l}$$

方向按右手螺旋法则来确定，如图 4-14(b)所示。

式(g)的具体表达式为

$$\boldsymbol{a}_{\mathrm{a}}^{\tau}+\boldsymbol{a}_{\mathrm{a}}^{n}=\boldsymbol{a}_{\mathrm{e}}^{\tau}+\boldsymbol{a}_{\mathrm{e}}^{n}+\boldsymbol{a}_{\mathrm{r}}+\boldsymbol{a}_{\mathrm{C}} \tag{m}$$

如图 4-14(b)所示，将式(m)向 O_1x' 轴投影，得

$$-a_{\mathrm{a}}\cos\varphi=a_{\mathrm{e}}^{\tau}-a_{\mathrm{C}} \tag{n}$$

将式(h)、式(j)和式(k)代入式(n)得摇杆 O_1B 的角加速度，即

$$\alpha_1=-\frac{rl(l^2-r^2)}{(r^2+l^2)^2}\omega^2$$

负号说明原假设方向与实际相反，如图 4-14(b)所示，应为逆时针转向。

【例 4-9】【例 4-6】中求杆 AB 的加速度。

解 选杆 AB 上的 A 点为动点，凸轮为动系，地面为定系。应用牵连运动为定轴转动时点的加速度合成定理，即

$$\boldsymbol{a}_{\mathrm{a}}=\boldsymbol{a}_{\mathrm{e}}+\boldsymbol{a}_{\mathrm{r}}+\boldsymbol{a}_{\mathrm{C}} \tag{a}$$

下面分析加速度：

动点 A 的绝对加速度 $\boldsymbol{a}_{\mathrm{a}}$：由于动点 A 的绝对运动是做直线运动，故其加速度的方向是已知的，大小是未知的。

动点 A 的相对加速度 $\boldsymbol{a}_{\mathrm{r}}$：动点 A 的相对运动是沿凸轮边缘的圆周运动，故其加速度分为切向加速度 $\boldsymbol{a}_{\mathrm{r}}^{\tau}$ 和法向加速度 $\boldsymbol{a}_{\mathrm{r}}^{\mathrm{n}}$。

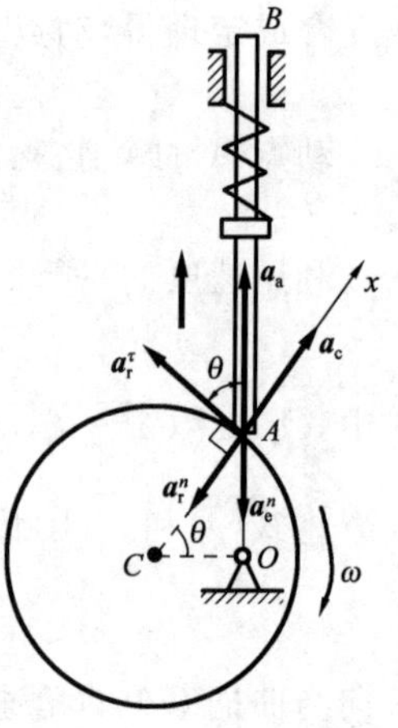

图 4-15 例 4-9 图

由前面例题求得相对速度为

$$v_{\mathrm{r}}=\frac{v_{\mathrm{a}}}{\cos\theta}=\frac{\omega eR}{e}=\omega R \tag{b}$$

则相对加速度的法向加速度 $\boldsymbol{a}_{\mathrm{r}}^{\mathrm{n}}$ 为

$$a_{\mathrm{r}}^{\mathrm{n}}=\frac{v_{\mathrm{r}}^2}{R}=\omega^2 R \tag{c}$$

相对加速度的切向加速度 $\boldsymbol{a}_{\mathrm{r}}^{\tau}$ 的方向沿圆轮的切线，指向任意；$\boldsymbol{a}_{\mathrm{r}}^{\tau}$ 的大小是未知的。

牵连加速度 $\boldsymbol{a}_{\mathrm{e}}$：因为凸轮以匀角速度 ω 绕 O 轴转动，所以牵连加速度为法向加速度 $\boldsymbol{a}_{\mathrm{e}}^{\mathrm{n}}$，切向加速度 $\boldsymbol{a}_{\mathrm{e}}^{\tau}=0$，即

$$a_{\mathrm{e}}=a_{\mathrm{e}}^{\mathrm{n}}=OA\omega^2=\sqrt{R^2-e^2}\,\omega^2 \tag{d}$$

科氏加速度 $\boldsymbol{a}_{\mathrm{c}}$：由式(4-18)的矢量形式得其大小为

$$a_c = 2\omega v_r \tag{e}$$

将式(b)代入式(e)得

$$a_c = 2\omega v_r = 2\omega^2 R \tag{f}$$

方向按右手螺旋法则来确定，如图 4-15 所示。

式(a)的具体表达式为

$$\boldsymbol{a}_a = \boldsymbol{a}_e^\tau + \boldsymbol{a}_e^n + \boldsymbol{a}_r^\tau + \boldsymbol{a}_r^n + \boldsymbol{a}_C \tag{g}$$

如图 4-15 所示，将式(g)向 x 轴投影，得

$$a_a \sin\theta = -a_e^n \sin\theta - a_r^n + a_C \tag{h}$$

式中，$\sin\theta = \dfrac{\sqrt{R^2 - e^2}}{R}$，将式(c)、式(d)和式(f)代入式(h)得杆 AB 的加速度为

$$a_a = \frac{1}{\sin\theta}(-a_e^n \sin\theta - a_r^n + a_C) = \frac{e^2\omega^2}{\sqrt{R^2 - e^2}}$$

【资料阅读】

桥(门)式起重机

桥(门)式起重机轨道是用来承受起重机车轮传来的集中压力，并引导车轮运行。起重机轨道一般采用标准的型钢或钢轨，轨道的选择应考虑符合车轮的要求，同时还要考虑固定方式。通常起重机轮压较小时，采用 P 形铁路钢轨，轮压较大时采用 OU 形起重机专用钢轨。采用方钢作为起重机轨道，只适宜支承在钢结构上。

起重机大车或小车在运行过程中，车轮轮缘与轨道侧面接触，产生水平侧向推力，引起轮缘与轨道的摩擦及磨损，通常称作啃轨。桥(门)式起重机运行中常见故障是大车啃轨，发生啃轨原因较多且复杂。轨道铺设质量不好引起的轨距偏差值超出正常范围，是直接影响大车运行啃轨的重要原因之一。因此，起重机安装单位安装后的自检、维护保养单位对起重机的日常检查及特种设备检验机构对起重机的监督检查过程中，均要对轨距偏差进行检测，衡量轨道安装和使用的状况，以保证起重机正常运行。

(资料来源：中国知网，马学文，李鹏，2012)

思政目标

通过对点的合成运动理论的学习，认识到由于观察者所在位置的不同，对同一物体运动的描述与认识也会不同。能够使学生建立复杂相关事物之间的区别与联系，树立科学、辩证的世界观，进而理解分析处理复杂问题的思路与方法。

本章小结

1. 建立两种坐标系

定参考坐标系：建立在不动物体上的坐标系，简称定系。

动参考坐标系：建立在运动物体上的坐标系，简称动系。

2. 动点的三种运动

绝对运动：动点相对于定参考坐标系的运动。

相对运动：动点相对于动参考坐标系的运动。

牵连运动：动参考坐标系相对于定参考坐标系的运动。

3. 点的速度合成定理

在任一瞬时，动点的绝对速度等于在同一瞬时动点的相对速度和牵连速度的矢量和。

$$\boldsymbol{v}_{a}=\boldsymbol{v}_{e}+\boldsymbol{v}_{r}$$

4. 点的加速度合成定理

(1)牵连运动为平移时点的加速度合成定理

在任一瞬时，动点的绝对加速度等于在同一瞬时动点相对加速度和牵连加速度的矢量和。

$$\boldsymbol{a}_{a}=\boldsymbol{a}_{e}+\boldsymbol{a}_{r}$$

在应用速度合成定理和牵连运动为平移时点的加速度合成定理时，应画速度合成和加速度合成的平行四边形，使绝对速度和绝对加速度位于平行四边形对角线的位置。只有画出平行四边形，才能确定三种运动的关系。

(2)牵连运动为定轴转动时点的加速度合成定理

在任一瞬时，动点的绝对加速度等于在同一瞬时动点的相对加速度、牵连加速度和科氏加速度的矢量和。

$$\boldsymbol{a}_{a}=\boldsymbol{a}_{e}+\boldsymbol{a}_{r}+\boldsymbol{a}_{C}$$

在应用牵连运动为定轴转动时点的加速度合成定理时，一般采用投影法求解。

习 题

4-1 如图 4-16 所示，点 M 在平面 $Ox'y'$ 中运动，运动方程为

$$x'=40(1-\cos t),\ y'=40\sin t$$

t 以 s 计，x'、y' 以 mm 计，平面 $Ox'y'$ 绕 O 轴转动，其转动方程为 $\varphi=t(\text{rad})$，试求点 M 的相对运动轨迹和绝对运动轨迹。

4-2 如图 4-16 所示，汽车 A 沿半径为 150 m 的圆弧道路，以匀速 $v_A=45$ km/h 行驶，汽车 B 沿直线道路行驶，图示瞬时汽车 B 的速度为 $v_B=70$ km/h，加速度为 $a_B=-3\ \text{m/s}^2$。试求汽车 A 相对汽车 B 的速度和加速度。

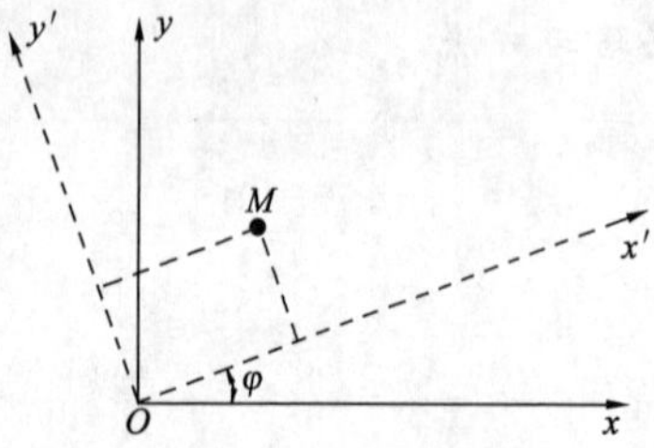

图 4-16 习题 4-1 图

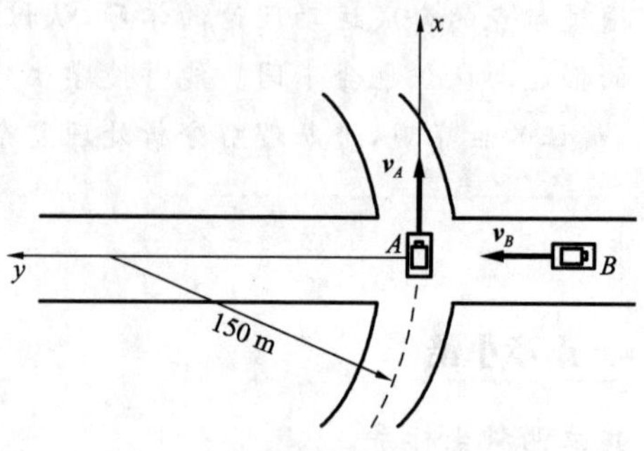

图 4-17 习题 4-2 图

4-3 如图 4-18 所示的机构中，已知 $O_1O_2=a=200$ mm，$\omega_1=3$ rad/s，试求图示瞬时杆

O_2A 的角速度。

4-4　如图 4-19 所示的机构中，杆 AB 以匀速 $\boldsymbol{v}$ 沿铅直导槽向上运动，摇杆 OC 穿过套筒 A，$OC=a$，导槽到 O 的水平距离为 l，初始时 $\varphi=0$，试求当 $\varphi=\frac{\pi}{4}$ 时，摇杆 OC 的端点 C 的速度。

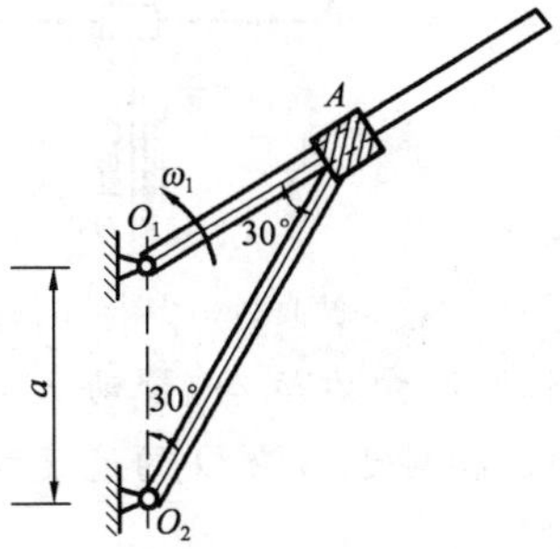

图 4-18　习题 4-3 图

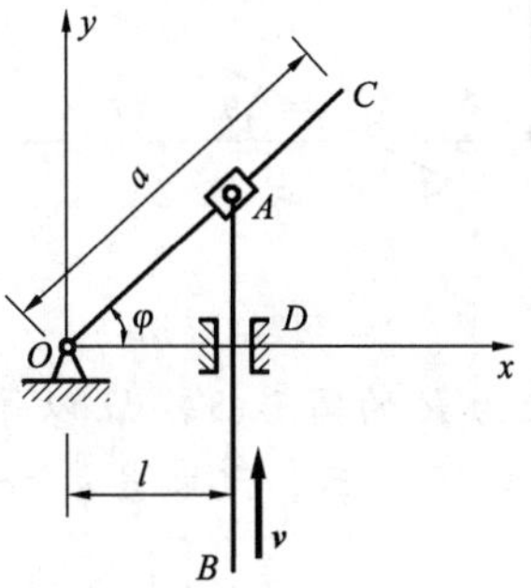

图 4-19　习题 4-4 图

4-5　刨床急回机构如图 4-20 所示，轮 O 以匀角速度 $\omega_O=5$ rad/s 转动，并通过滑块 A 带动摇杆 O_1B 摆动，而又通过滑块 E 使刨枕沿水平支撑面往复运动。已知 $OA=r=15$ cm，$O_1O=l=l'=\sqrt{3}r$，试求当 OA 水平时，摇杆 O_1B 的角速度和刨枕的速度。

4-6　绕轴 O 转动的圆轮及直杆 OA 上均有一导槽，两导槽间有一活动的销子 M，如图 4-21 所示，$b=0.1$ m，设在图示位置时，圆轮及直杆的角速度分别为 $\omega_1=9$ rad/s 和 $\omega_2=3$ rad/s，试求此瞬时销子 M 的速度。

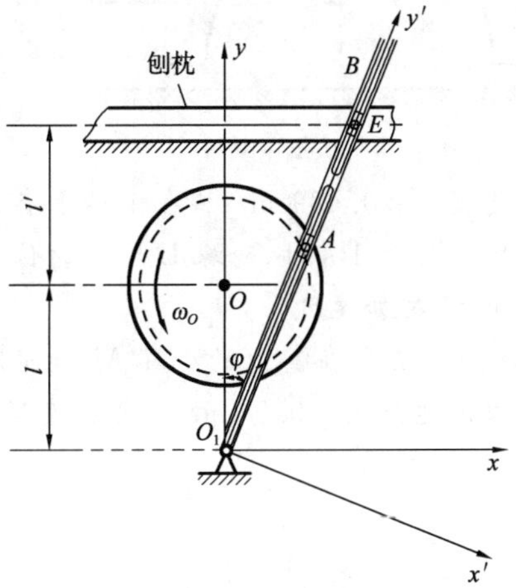

图 4-20　习题 4-5 图

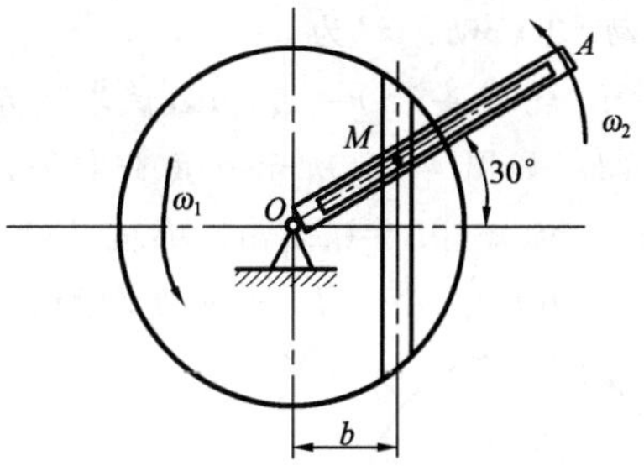

图 4-21　习题 4-6 图

4-7　直线 AB 以大小为 $\boldsymbol{v}_1$ 的速度沿垂直于 AB 杆的方向向上移动，直线 CD 以大小为 $\boldsymbol{v}_2$ 的速度沿垂直于 CD 杆的方向向上移动，如图 4-22 所示，若两个直线的交角为 θ，试求两个直线的交点 M 的速度。

4-8　如图 4-23 所示铰接四边形的平面机构中，已知 $O_1A=O_2B=100$ mm，$O_1O_2=AB$，杆 O_1A 以匀角速度 $\omega=2$ rad/s 绕轴 O_1 转动，杆 AB 上有一套筒 C，此套筒与杆 CD 相铰接，试求当 $\varphi=60^\circ$ 时，杆 CD 的速度和加速度。

4-9　如图 4-24 所示，曲柄 OA 长 0.4 m，以等角速度 $\omega=0.5$ rad/s 绕 O 轴逆时针转动，由于曲柄的 A 端推动水平板 B，而使滑杆 C 沿铅直方向上升。试求当曲柄 OA 与水平线间的夹角 $\theta=30^\circ$ 时，滑杆 C 的速度和加速度。

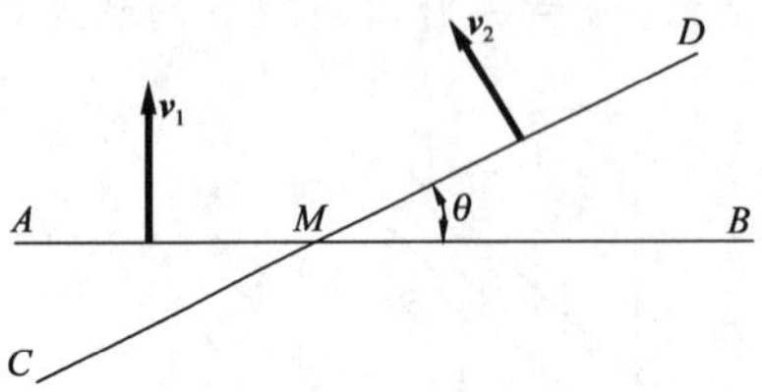

图 4-22　习题 4-7 图

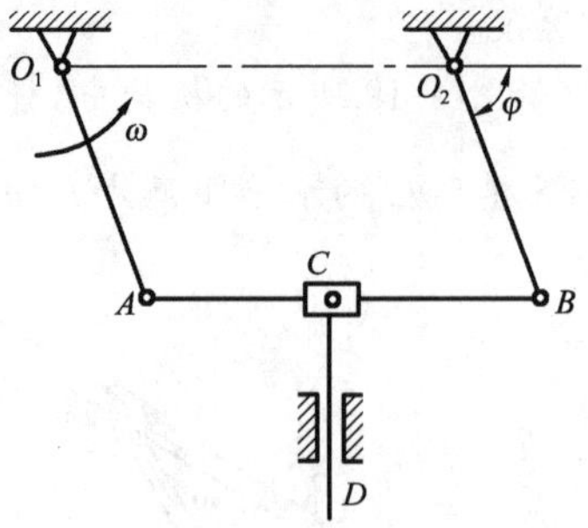

图 4-23　习题 4-8 图

4-10　半径为 R 的圆形凸轮 D 以等速 $\boldsymbol{v}_0$ 沿水平线向右运动，带动从动杆 AB 沿铅直方向上升，如图 4-25 所示。试求当 $\varphi=60°$ 时，杆 AB 相对于凸轮 D 的速度和加速度。

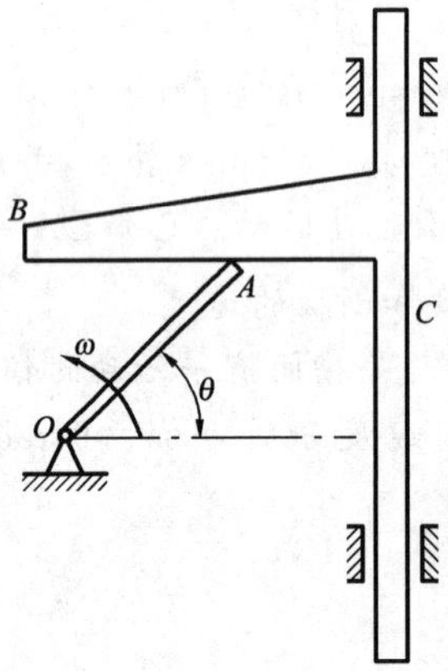

图 4-24　习题 4-9 图

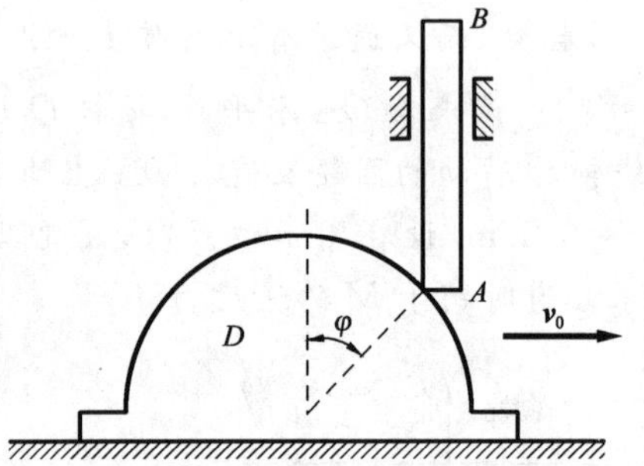

图 4-25　习题 4-10 图

4-11　小车沿水平方向向右做加速运动，其加速度 $a=0.439\ \mathrm{m/s^2}$，在小车上有一轮绕 O 轴转动，其转动方程为 $\varphi=t^2$，t 以 s 计，φ 以 rad 计。当 $t=1$ s 时，轮缘上点 A 的位置如图 4-26 所示，轮的半径 $r=0.2$ m，试求图示瞬时点 A 的绝对加速度。

4-12　如图 4-27 所示直角曲杆 OBC 绕轴 O 转动，使套在其上的小环 M 沿固定直杆 OA 滑动。已知 $OB=0.1$ m，OB 与 BC 垂直，曲杆的角速度 $\omega=0.5$ rad/s，角加速度 $\alpha=0$，试求当 $\varphi=60°$ 时，小环 M 的速度和加速度。

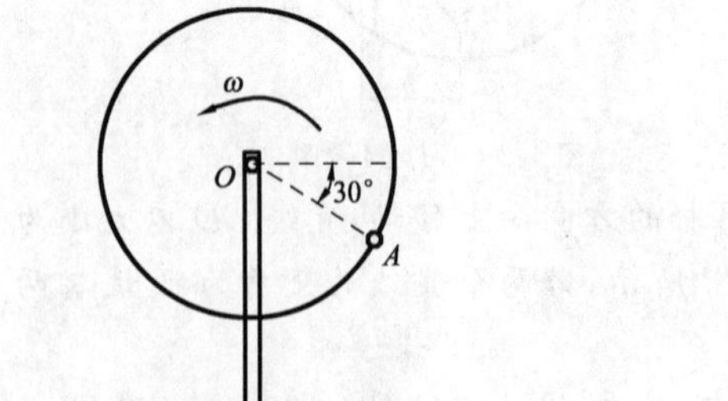

图 4-26　习题 4-11 图

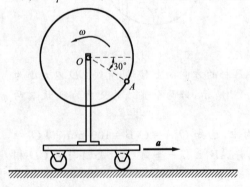

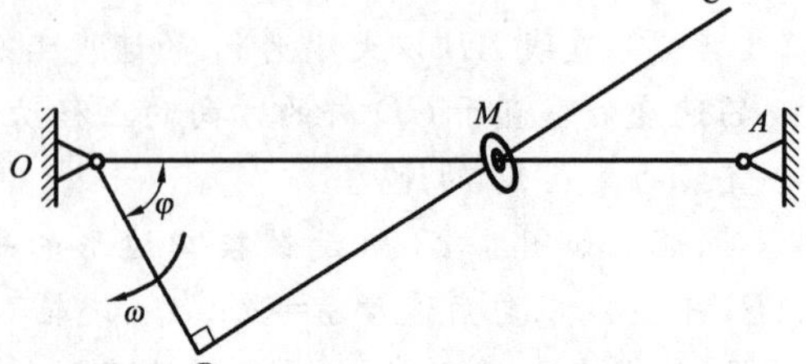

图 4-27　习题 4-12 图

第 5 章

刚体平面运动

刚体的平面运动

刚体的平面运动是机械中各种构件的常见运动形式。前面我们学习了刚体的基本运动,即平移和定轴转动。这一章里我们要学习由这两个运动合成的运动——刚体的平面运动,并运用点的速度合成定理和牵连运动为平移时的加速度合成定理,建立刚体上各点的速度和加速度之间的关系。

5.1 刚体平面运动概述

5.1.1 平面运动定义

机械结构中很多构件的运动,例如行星齿轮机构中动齿轮 B 的运动,如图 5-1(a)所示;曲柄连杆机构中连杆 AB 的运动,如图 5-1(b)所示;以及沿直线轨道滚动的轮子,如图 5-1(c)所示。它们运动的共同特点是既不沿同一方向的平移,又不绕某固定轴做定轴转动,而是在其自身平面内运动。

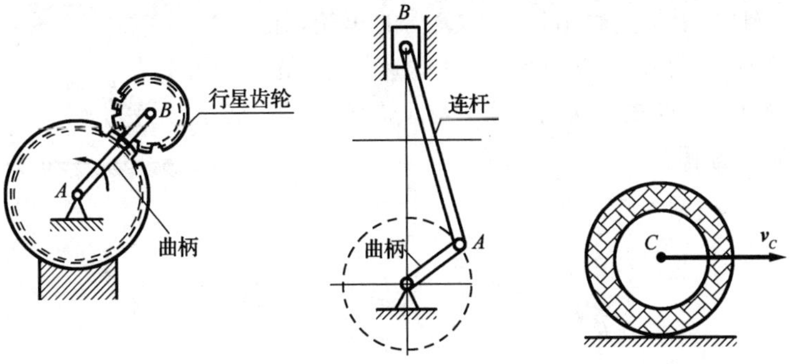

(a)　(b)　(c)

图 5-1　刚体的平面运动

刚体平面运动:在一般情况下,刚体运动过程中,其上任意一点与某一固定平面的距离始终保持不变的运动。

5.1.2 平面运动方程

设刚体做平面运动，某一固定平面为 P_0，如图 5-2 所示，过刚体上 M 点做一个与固定平面 P_0 平行的平面 P，在刚体上截出一个平面图形 S，平面图形 S 内各点的运动均在平面 P 内。过 M 点做与固定平面 P_0 垂直的线段 M_1M_2，线段 M_1M_2 的运动为平移，其上各点的运动均与 M 点的运动相同。因此刚体做平面运动时，只需研究平面图形在其自身平面 P 内的运动即可。

在平面图形 S 内建立平面直角坐标系 xOy，来确定平面图形 S 的位置，如图 5-3 所示。为确定平面图形 S 的位置只需确定其上任意直线段 AB 的位置，线段 AB 的位置可由点 A 的坐标和线段 AB 与 x 轴或者与 y 轴的夹角来确定。即

$$\begin{cases} x_A = f_1(t) \\ y_A = f_2(t) \\ \varphi = f_3(t) \end{cases} \tag{5-1}$$

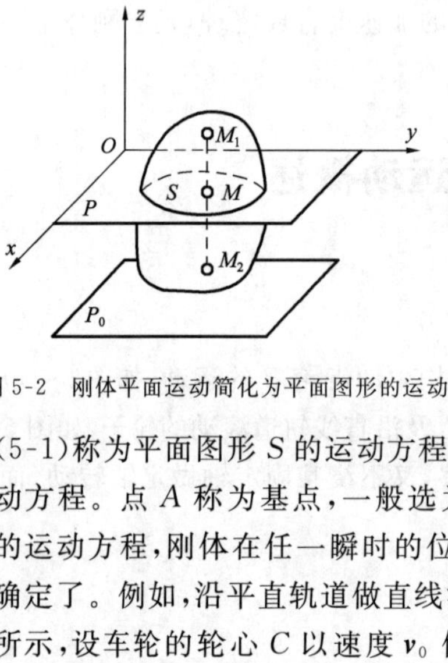

图 5-2 刚体平面运动简化为平面图形的运动

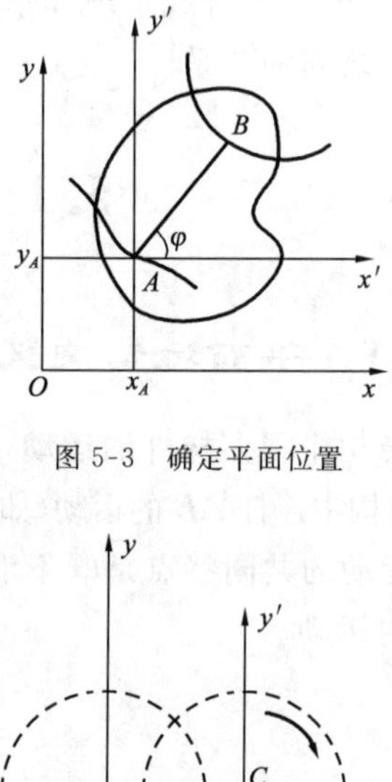

图 5-3 确定平面位置

式(5-1)称为平面图形 S 的运动方程，即刚体平面运动的运动方程。点 A 称为基点，一般选为已知点，若已知刚体的运动方程，刚体在任一瞬时的位置和运动规律就可以确定了。例如，沿平直轨道做直线滚动的车轮，如图 5-4 所示，设车轮的轮心 C 以速度 $\boldsymbol{v}_0$ 做匀速运动，选点 C 为基点，初始时 C 点在 y' 轴上，CM 与 y' 轴的夹角为 φ，则车轮的运动方程为

$$\begin{cases} x_C = v_0 t \\ y_C = R \\ \varphi = \dfrac{v_0 t}{R} \end{cases}$$

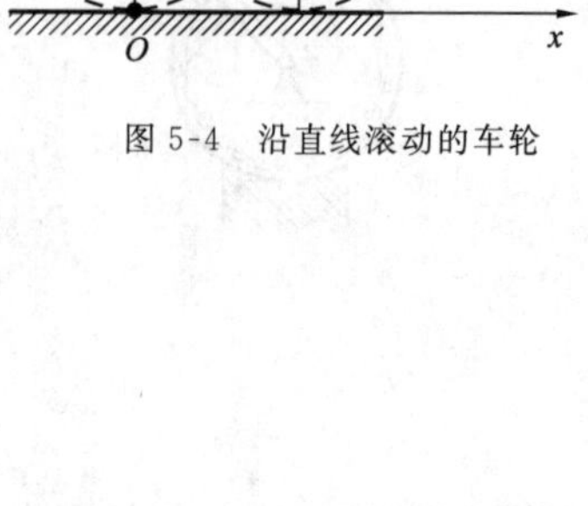

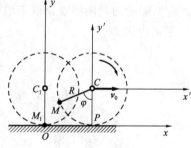

图 5-4 沿直线滚动的车轮

式中，R——轮的半径。

5.1.3 平面运动分解

由式(5-1)可知，若基点 A 不动，基点 A 坐标 x_A、y_A 均为常数，则平面图形 S 绕基点 A 做定轴转动；若 φ 为常数，平面图形 S 无转动，则平面图形 S 以方位不变的 φ 角做平移。由此可见当两者都变化时，平面图形 S 运动可以看成是随着基点的平移和绕基点的转动的合

成运动。一般情况下,在基点 A 处建立平移坐标系 $x'Ay'$,由点的合成运动知识来研究平面图形内各点的速度和加速度。

基点的选择是任意的,选择不同的基点,平面图形上各点的运动情况一般是不相同的,如图 5-5 所示。A 和 A' 为平面图形上的两个不同点,此两点的速度和加速度是不相等的,因此平面图形随着基点平移的速度和加速度与基点的选择有关。过 A 和 A' 作两条线段 AB 和 $A'B'$,与平移坐标系的夹角分别 φ 和 φ',两条线段的夹角为 α,平移坐标系的两坐标轴 x 和 x',有关系为 $\varphi'=\varphi+\alpha$,由于两条线段的夹角 α 是常数,其角速度和角加速度有 $\omega'=\omega,\alpha'=\alpha$,因此平面图形绕基点转动的角速度和角加速度与基点的选择无关。

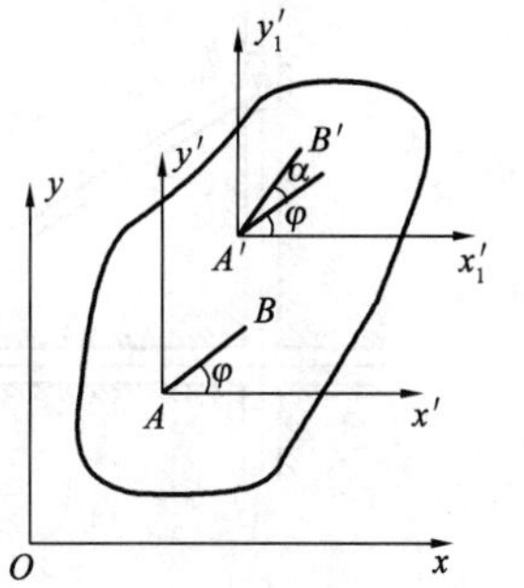

图 5-5　以不同点为基点时的运动情况

5.2　平面图形内各点的速度

5.2.1　基点法

平面图形 S 运动可以看成是随着基点的平移和绕基点的转动的合成运动。因此,运用速度合成定理求平面图形内各点的速度。

如图 5-6 所示,取 A 为基点,求平面图形内 B 点的速度,设图示瞬时平面图形的角速度为 ω,由速度合成定理可知,牵连速度 $\boldsymbol{v}_e=\boldsymbol{v}_A$,相对速度 $v_r=v_{BA}=\omega AB$

$$\boldsymbol{v}_B=\boldsymbol{v}_A+\boldsymbol{v}_{BA} \tag{5-2}$$

求平面图形 S 内任一点速度的基点法:在任一瞬时,平面图形内任一点的速度等于基点的速度和绕基点转动速度的矢量和。

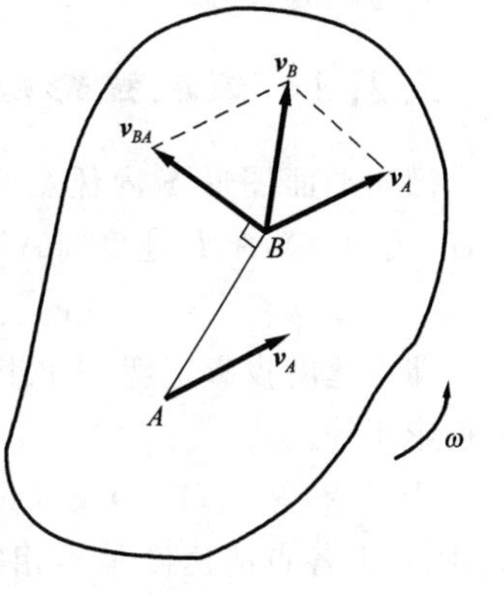

图 5-6　平面图形内任一点速度的基点法

【例 5-1】　如图 5-7(a)所示,滑块 A、B 分别在相互垂直的滑槽中滑动,连杆 AB 的长度为 $l=20$ cm,在图示瞬时,$v_A=20$ cm/s,水平向左,连杆 AB 与水平线的夹角为 $\varphi=30°$,试求滑块 B 的速度和连杆 AB 的角速度。

解　连杆 AB 做平面运动,因滑块 A 的速度是已知的,故选点 A 为基点,由基点法式(5-2)得滑块 B 的速度为

$$\boldsymbol{v}_B=\boldsymbol{v}_A+\boldsymbol{v}_{BA} \tag{a}$$

式(a)中有三个大小和三个方位,共六个要素,其中 $\boldsymbol{v}_B$ 的方位是已知的,$\boldsymbol{v}_B$ 的大小是未知的;$\boldsymbol{v}_A$ 的大小和方位是已知的;点 B 相对于基点转动的速度 $\boldsymbol{v}_{BA}$ 的大小是未知的,$v_{BA}=\omega AB$,方位是已知的,垂直于连杆 AB。在点 B 处作速度的平行四边形,应使 $\boldsymbol{v}_B$ 位于平行四边形对角线的位置,如图 5-7(b)所示。由图中的几何关系得

$$v_B=\frac{v_A}{\tan\varphi}=\frac{20}{\tan 30°}=34.6\ \text{cm/s}$$

$\boldsymbol{v}_B$ 的方向铅垂向上。

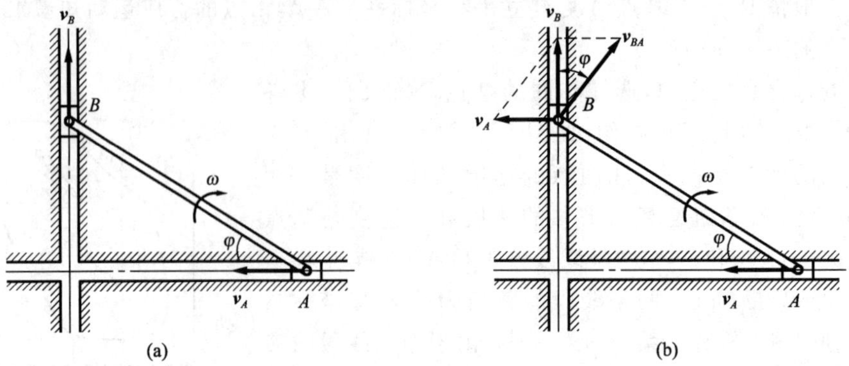

图 5-7 例 5-1 图

点 B 相对于基点转动的速度为

$$v_{BA}=\frac{v_A}{\sin\varphi}=\frac{20}{\sin 30^\circ}=40\ \text{cm/s}$$

则连杆 AB 的角速度为

$$\omega=\frac{v_{BA}}{l}=\frac{40}{20}=2\ \text{rad/s}$$

其转向为顺时针方向。

5.2.2 速度投影法

已知平面图形 S 内任意两点 A、B 速度的方位，如图 5-8 所示，由式(5-2)，A、B 速度向 AB 连线投影为

$$[\boldsymbol{v}_A]_{AB}=[\boldsymbol{v}_B]_{AB} \tag{5-3}$$

即得速度投影定理：平面图形内任意两点的速度在两点连线上投影相等。

式(5-2)和式(5-3)反映刚体上各点的速度关系，一般情况下，刚体上各点的速度是不相等的，它们相差的是相对于基点转动的速度，说明选不同的点作为基点时，平面图形 S 随基点平移的速度与基点的选择是有关的。

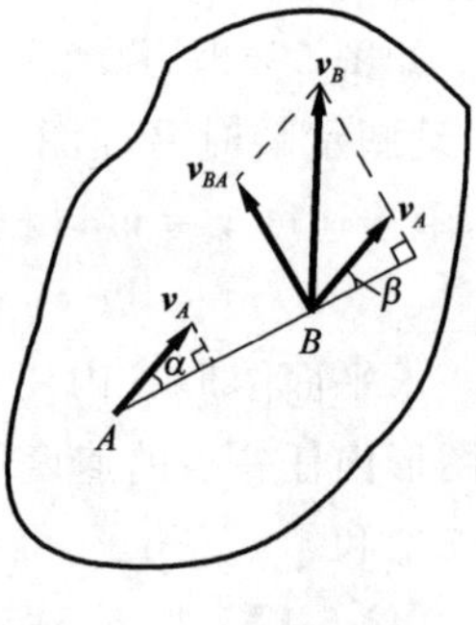

图 5-8 速度投影法

【例 5-2】 采用速度投影法求解【例 5-1】中 B 的速度。

解 如图 5-7(b)所示，由式(5-3)有

$$[\boldsymbol{v}_A]_{AB}=[\boldsymbol{v}_B]_{AB}$$

即

$$v_A\cos\varphi=v_B\sin\varphi$$

则

$$v_B=\frac{\cos\varphi}{\sin\varphi}v_A=\frac{v_A}{\tan\varphi}=\frac{20}{\tan 30^\circ}=34.6\ \text{cm/s}$$

但此法不能求出连杆 AB 的角速度。

5.2.3　速度瞬心法

1. 速度瞬心法定义

由基点法可知，若选择不同的点作为基点，相对于基点的速度是不相同的，因此在每一瞬时，平面图形上总可以找到速度为零的点。此点的速度是由基点的速度和相对于基点转动的速度合成得到的，即基点的速度和相对于基点转动的速度大小相等、方向相反。该点称为瞬时速度转动中心，简称速度瞬心。如图 5-9 所示，已知 A 点的速度 $\boldsymbol{v}_A$，过 A 点作速度矢量 $\boldsymbol{v}_A$ 的垂线段 AB，沿角速度 ω 的旋转方向，在线段 AB 上找点 P，使

$$PA=\frac{v_A}{\omega}$$

则相对速度 $v_{PA}=\omega PA=v_A$，点 P 的速度 $\boldsymbol{v}_{\mathrm{P}}=\boldsymbol{v}_{\mathrm{A}}+\boldsymbol{v}_{\mathrm{PA}}=0$

结论：做平面运动的刚体，每一瞬时存在速度为零的点，此时平面图形相对于该点做纯转动，则求平面图形内各点的速度可以用定轴转动的知识来求解。这种求速度的方法称为速度瞬心法，简称瞬心法。

应当注意：由于速度瞬心的位置是随时间的变化而变化的，因此平面图形相对于速度瞬心的转动具有瞬时性。

2. 确定速度瞬心的方法

(1)若已知某一瞬时，平面图形上任意两点的速度矢量 $\boldsymbol{v}_A$、$\boldsymbol{v}_B$ 的方向，作 A、B 点速度矢量的垂线，其交点 P 即为平面图形在该瞬时的速度瞬心，如图 5-10(a)所示。

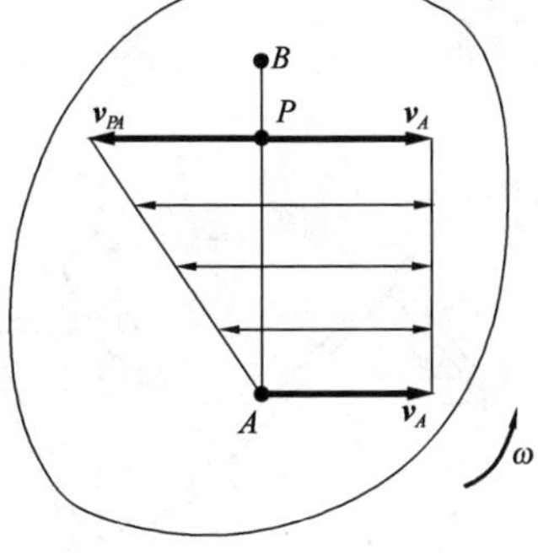

图 5-9　确定速度瞬心的位置

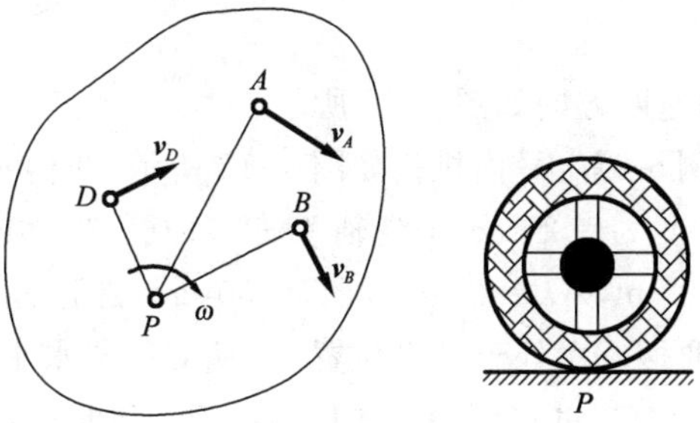

(a)　(b)

图 5-10　确定速度瞬心的方法

(2)平面图形沿某一固定表面做无滑动的滚动，称为纯滚动，平面图形与固定表面接触的点 P 其速度为零，则点 P 为平面图形在该瞬时的速度瞬心。例如，在平直轨道做纯滚动的车轮，如图 5-10(b)所示的点 P。

(3)若已知某一瞬时，平面图形上任意两点的速度矢量 $\boldsymbol{v}_A$、$\boldsymbol{v}_B$ 彼此平行，且两个速度方向垂直于 A、B 两点连线，将如图 5-11(a)和图 5-11(b)所示的速度矢量 $\boldsymbol{v}_A$、$\boldsymbol{v}_B$ 端点连线与线段 AB 的交点 P 为该瞬时平面图形的速度瞬心；若两个速度方向不垂直 A、B 两点连线，过 A、B 点作速度矢量 $\boldsymbol{v}_A$、$\boldsymbol{v}_B$ 的垂线，其交点在无限远处，此时的角速度为

$$\omega=\frac{v_A}{PA}=\frac{v_A}{\infty}=0$$

则 A、B 两点的速度相等，此时平面图形做平移，称为瞬时平移，如图 5-11(c)所示。平面图

形内各点的速度相等，但加速度一般不相等。

【例 5-3】 半径为 R 的圆轮，沿直线轨道做无滑动的滚动，如图 5-12 所示。已知轮心 O 以速度 v_O 运动，试求轮缘上水平位置和竖直位置处点 A、B、C、D 的速度。

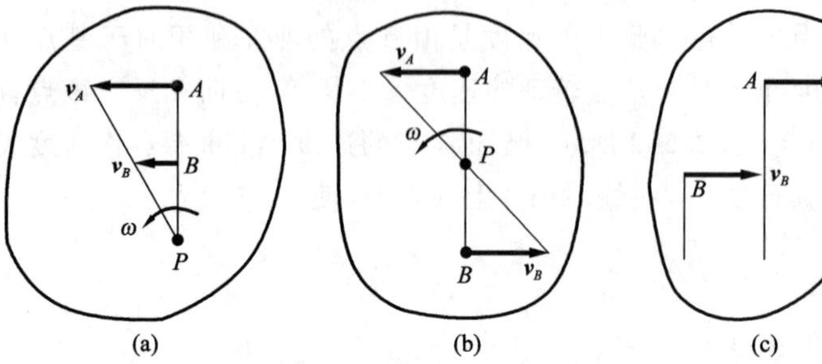

图 5-11 确定速度瞬心的方法

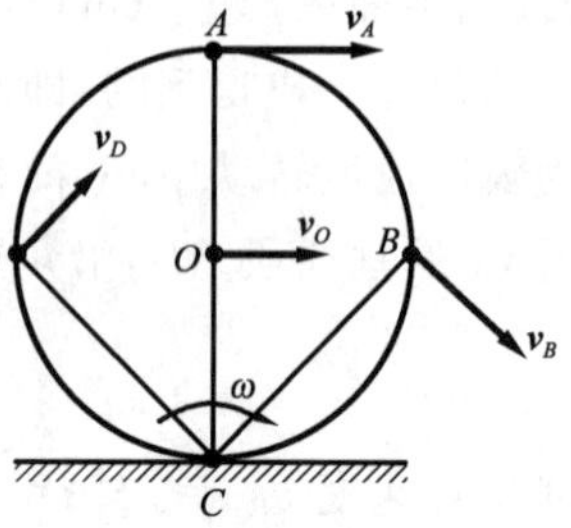

图 5-12 例 5-3 图

解 由于圆轮沿直线轨道做无滑动的滚动，圆轮与轨道接触点的速度为零，故点 C 为速度瞬心。圆轮的角速度为

$$\omega=\frac{v_O}{R}$$

圆轮上各点速度为

$$v_A=\omega AC=\frac{v_O}{R}2R=2v_O$$

$$v_B=v_D=\omega\sqrt{2}R=\sqrt{2}v_O$$

$$v_C=0$$

各点的速度方向如图 5-12 所示。

【例 5-4】 平面机构如图 5-13 所示，曲柄 OA 以角速度 $\omega=2$ rad/s 绕轴 O 转动，已知 $OA=CD=10$ cm，$AB=20$ cm，$BC=30$ cm，在图示位置时，曲柄 OA 处于水平位置，曲柄 CD 与水平线夹角 $\varphi=45°$，试求该瞬时连杆 AB、BC 和曲柄 CD 的角速度。

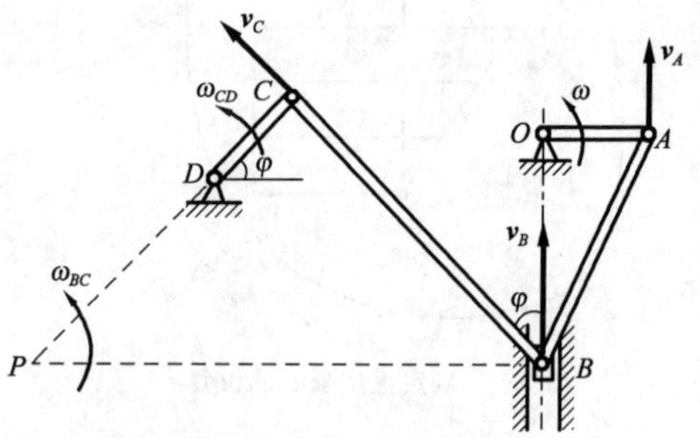

图 5-13 例 5-4 图

解 速度分析如图 5-13 所示，点 A 的速度为

$$v_A=\omega OA=2\times10=20\ \text{cm/s}$$

由于 B 点的速度铅垂方向，故连杆 AB 做瞬时平移，其角速度为

$$\omega_{AB}=0$$

则 B 点的速度为

$$v_B=v_A=20\ \text{cm/s}$$

C 点的速度方向垂直于曲柄 CD，连杆 BC 的速度瞬心为 B、C 速度矢量垂线的交点 P，则连杆 BC 的角速度为

$$\omega_{BC}=\frac{v_B}{PB}=\frac{v_B}{\sqrt{2}BC}=\frac{20}{30\sqrt{2}}=0.471\ \text{cm/s}$$

C 点的速度大小为

$$v_C=\omega_{BC}PC=\frac{20}{30\sqrt{2}}\times 30=14.14\ \mathrm{cm/s}$$

曲柄 CD 的角速度为

$$\omega_{CD}=\frac{v_C}{CD}=\frac{14.14}{10}=1.414\ \mathrm{cm/s}$$

5.3　平面图形内各点的加速度——基点法

由于平面图形的运动看成随着基点的平移和相对于基点的转动的合成，因此根据牵连运动为平移时的加速度合成定理，便可求平面图形内各点的加速度。如图 5-14 所示，选点 A 作为基点，其加速度为 $\boldsymbol{a}_A$，某一瞬时平面图形的角速度和角加速度分别为 ω、α，则点 B 的加速度为

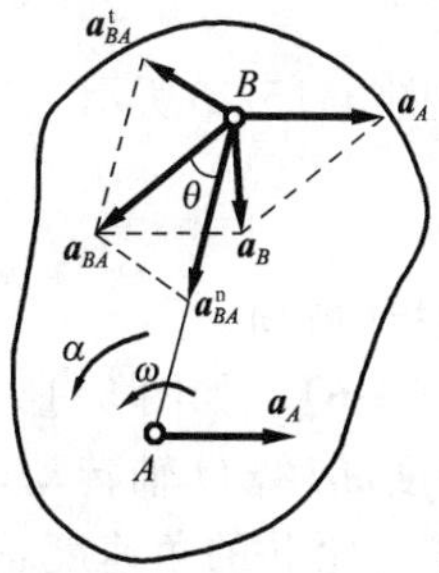

图 5-14　基点法求平面图形内各点的加速度

牵连加速度　　$\boldsymbol{a}_e=\boldsymbol{a}_A$

相对加速度　　$\boldsymbol{a}_{BA}=\boldsymbol{a}_{BA}^{t}+\boldsymbol{a}_{BA}^{n}$

相对切向加速度　　$a_{BA}^{t}=\alpha AB$

相对法向加速度　　$a_{BA}^{n}=\omega^2 AB$

相对加速度的全加速度大小及方向

$$a_{BA}=\sqrt{a_{BA}^{t\ 2}+a_{BA}^{n\ 2}}=AB\sqrt{\alpha^2+\omega^4},\tan\theta=\frac{|\alpha|}{\omega^2}$$

B 点的加速度

$$\boldsymbol{a}_B=\boldsymbol{a}_A+\boldsymbol{a}_{BA}=\boldsymbol{a}_A+\boldsymbol{a}_{BA}^{\tau}+\boldsymbol{a}_{BA}^{n} \tag{5-4}$$

平面图形 S 内各点的加速度的基点法：在任一瞬时，平面图形内任一点的加速度等于基点的加速度和相对于基点转动的加速度的矢量和。

式(5-4)可以求出两个要素，一般采用向坐标轴投影的方法进行求解。

【例 5-5】　在平直的轨道做纯滚动圆轮，已知轮心 O 的速度为 $\boldsymbol{v}_O$，加速度为 $\boldsymbol{a}_O$，轮的半径为 R，如图 5-15(a)所示，试求速度瞬心点的加速度。

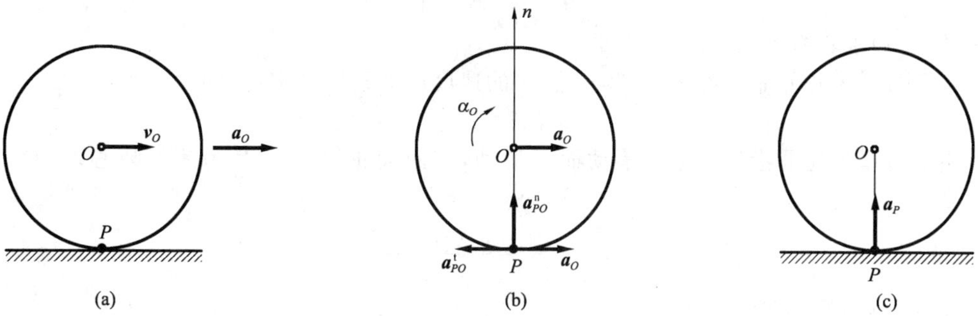

图 5-15　例 5-5 图

解　由于圆轮做纯滚动，则轮缘与地面接触的点 P 为速度瞬心点。圆轮的角速度为

$$\omega=\frac{v_O}{R}$$

又由于圆轮的半径为常数，则对上式求导即可得到圆轮的角加速度。即

$$\alpha=\dot{\omega}=\frac{\dot{v}_O}{R}=\frac{a_O}{R}$$

点 P 的加速度为

$$\boldsymbol{a}_P=\boldsymbol{a}_O+\boldsymbol{a}_{PO}=\boldsymbol{a}_O+\boldsymbol{a}_{PO}^{\mathrm{t}}+\boldsymbol{a}_{PO}^{\mathrm{n}}$$

式中

$$a_{PO}^{\mathrm{t}}=\alpha R=a_O$$

$$a_{PO}^{\mathrm{n}}=R\omega^2=\frac{v_O^2}{R}$$

如图 5-15(c)所示，点 P 的加速度为

$$a_P=a_{PO}^{\mathrm{n}}=\frac{v_O^2}{R}$$

方向恒指向轮心。

【例 5-6】 如图 5-16 所示行星轮系机构中，大齿轮Ⅰ固定不动，半径为 r_1，曲柄 OA 以匀角速度 ω_O 绕 O 轴转动，并带动行星齿轮Ⅱ沿齿轮Ⅰ只滚动而不滑动，齿轮Ⅱ的半径为 r_2，试求齿轮Ⅱ的角速度 ω_{II}，轮缘上点 C、B 的速度和加速度（点 C 为曲柄 OA 延长线上的点、点 B 为与 OA 垂直的点）。

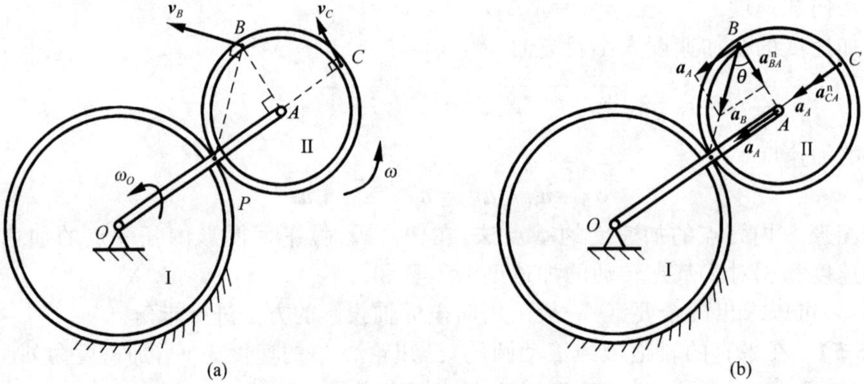

图 5-16 例 5-6 图

解 (1)求轮缘上点 C、B 的速度

由于行星齿轮Ⅱ做平面运动，其上点 A 的速度由曲柄转动求得，即

$$v_A=\omega_O\,OA=\omega_O(r_1+r_2)$$

由于行星齿轮Ⅱ沿齿轮Ⅰ只滚动而不滑动，则两齿轮接触点 P 为速度瞬心，齿轮Ⅱ的角速度为

$$\omega_{\mathrm{II}}=\frac{v_A}{r_2}=\frac{\omega_O(r_1+r_2)}{r_2} \tag{a}$$

轮缘上点 C、B 的速度为

$$v_C=2r_2\omega_{\mathrm{II}}=2\omega_O(r_1+r_2)$$

$$v_B=\sqrt{2}\,r_2\omega_{\mathrm{II}}=\sqrt{2}\,\omega_O(r_1+r_2)$$

方向如图 5-16(a)所示。

(2)求轮缘上点 C、B 的加速度

由于曲柄 OA 以匀角速度 ω_O 转动，则式(a)对时间求导，得轮Ⅱ的角加速度为

$$\alpha=0$$

选点 A，轮缘上点 C、B 的加速度为

$$\boldsymbol{a}_B=\boldsymbol{a}_A+\boldsymbol{a}_{BA}=\boldsymbol{a}_A^{\mathrm{t}}+\boldsymbol{a}_A^{\mathrm{n}}+\boldsymbol{a}_{BA}^{\mathrm{t}}+\boldsymbol{a}_{BA}^{\mathrm{n}}$$

$$\boldsymbol{a}_C=\boldsymbol{a}_A+\boldsymbol{a}_{CA}=\boldsymbol{a}_A^{\mathrm{t}}+\boldsymbol{a}_A^{\mathrm{n}}+\boldsymbol{a}_{CA}^{\mathrm{t}}+\boldsymbol{a}_{CA}^{\mathrm{n}}$$

式中

$$a_A^{\mathrm{t}}=a_{BA}^{\mathrm{t}}=a_{CA}^{\mathrm{t}}=0$$

$$a_A=a_A^{\mathrm{n}}=\omega_O^2(r_1+r_2)$$

$$a_{BA}^{\mathrm{n}}=a_{CA}^{\mathrm{n}}=\omega_{\mathrm{II}}^2 r_2=\frac{\omega_O^2(r_1+r_2)^2}{r_2}$$

$$a_C=a_A+a_{CA}^{\mathrm{n}}=\omega_O^2(r_1+r_2)+\frac{\omega_O^2(r_1+r_2)^2}{r_2}$$

$$a_B=\sqrt{a_A^2+a_{BA}^{\mathrm{n}\,2}}=\sqrt{\omega_O^4(r_1+r_2)^2+\frac{\omega_O^4(r_1+r_2)^4}{r_2^2}}$$

$\boldsymbol{a}_B$ 与 AB 的夹角为

$$\theta=\arctan\frac{a_A}{a_{BA}^{\mathrm{n}}}=\arctan\frac{r_2}{r_1+r_2}$$

方向如图 5-16(b)所示。

【资料阅读】

力学起源

经典力学是以牛顿力学为基础，对物体运动规律进行研究的一门基本科学。其从 17 世纪到 20 世纪中叶一直被人们所应用，带来了各种工程上的创新和理论上的突破，为人类的进步做出了巨大的贡献。由于其适用范围的局限性，在微观世界和高速状态下不再具有参考价值。

几千年来，人们对于物体的机械运动规律总是充满好奇，提出了各种假说和解释。我国战国时期著名哲学家墨子曾说过“力，刑之所以奋也”，即力是物体运动的原因。古希腊哲学家亚里士多德认为：“物体的运动是施加外力导致的，外力停止，运动就会停止。”这些先哲的认识虽然只是浅显的、表面的，但也显现出了人类对于力学规律的初始探索。经过无数的假说与实验，经典力学终于诞生了。

（资料来源：《祖国》，2018）

思政目标

通过对刚体平面运动概念与理论的分析，明确刚体复杂运动形式可分解为刚体几种简单运动形式的叠加，反之刚体几种简单运动的合成即刚体的复杂运动形式。学习中既关注刚体整体运动的描述，同时亦关注刚体上一点的运动状态。学会分析处理复杂问题的思路与方法，培养解决复杂问题的能力，提升专业素养。

本章小结

1. 平面运动特征

由于在刚体做平面运动的过程中，其上任意一点与某一固定平面的距离始终保持不变，因此刚体的平面运动转化为在其自身平面内图形 S 的运动。

平面运动的分解：平面图形 S 的运动可以看成是随着基点的平移和绕基点的转动的合成运动。

平面图形 S 的运动方程为

$$\begin{cases} x_A = f_1(t) \\ y_A = f_2(t) \\ \varphi = f_3(t) \end{cases}$$

式中，x_A、y_A——基点 A 的坐标；

φ——平面图形 S 上线段 AB 与 x 轴或者与 y 轴的夹角。

2. 求平面图形内各点速度的三种方法

(1)基点法

在任一瞬时，平面图形内任一点的速度等于基点的速度和绕基点转动速度的矢量和。即

$$\boldsymbol{v}_B = \boldsymbol{v}_A + \boldsymbol{v}_{BA}$$

式中，$\boldsymbol{v}_A$——基点 A 的速度；

$\boldsymbol{v}_{BA}$——相对基点转动的速度，$v_{BA} = \omega_{AB}$。

(2)速度投影法

平面图形 S 内任意两点的速度在两点连线上投影相等。

$$[\boldsymbol{v}_A]_{AB} = [\boldsymbol{v}_B]_{AB}$$

此法必须是已知两点速度的方向，才能使用。

(3)速度瞬心法

做平面运动的刚体，每一瞬时存在速度为零的点，此时平面图形相对于该点做纯转动。因此，求平面图形内各点的速度可以用定轴转动的知识来求解。

应当注意：由于速度瞬心的位置是随时间的变化而变化的，因此平面图形相对速度瞬心的转动具有瞬时性。

3. 求平面图形 S 各点加速度的基点法

在任一瞬时，平面图形内任一点的加速度等于基点的加速度和相对于基点转动的加速度的矢量和。即

$$\boldsymbol{a}_B = \boldsymbol{a}_A + \boldsymbol{a}_{BA} = \boldsymbol{a}_A + \boldsymbol{a}_{BA}^{t} + \boldsymbol{a}_{BA}^{n}$$

当基点做曲线运动时

$$\boldsymbol{a}_B = \boldsymbol{a}_A + \boldsymbol{a}_{BA} = \boldsymbol{a}_A^{t} + \boldsymbol{a}_A^{n} + \boldsymbol{a}_{BA}^{t} + \boldsymbol{a}_{BA}^{n}$$

同时 B 点也可能做曲线运动，则

$$\boldsymbol{a}_B^{t} + \boldsymbol{a}_B^{n} = \boldsymbol{a}_A + \boldsymbol{a}_{BA} = \boldsymbol{a}_A^{t} + \boldsymbol{a}_A^{n} + \boldsymbol{a}_{BA}^{t} + \boldsymbol{a}_{BA}^{n}$$

式中，A——基点。

求解时，只能求两个要素，其余均为已知要素，常采用向坐标轴投影的方法。

习　题

5-1　椭圆规尺 AB 由曲柄 OC 带动，曲柄以匀角速度 ω_O 绕 O 轴转动，如图 5-17 所示，若取 C 为基点，$OC=BC=AC=r$，试求椭圆规尺 AB 的平面运动方程。

5-2　曲柄连杆机构，已知 $OA=40$ cm，连杆 $AB=1$ m，曲柄 OA 绕 O 轴以转速 $n=180$ r/min 匀速转动，如图 5-18 所示。试求当曲柄 OA 与水平线成 45°角时，连杆 AB 的角速度和中点 M 的速度大小。

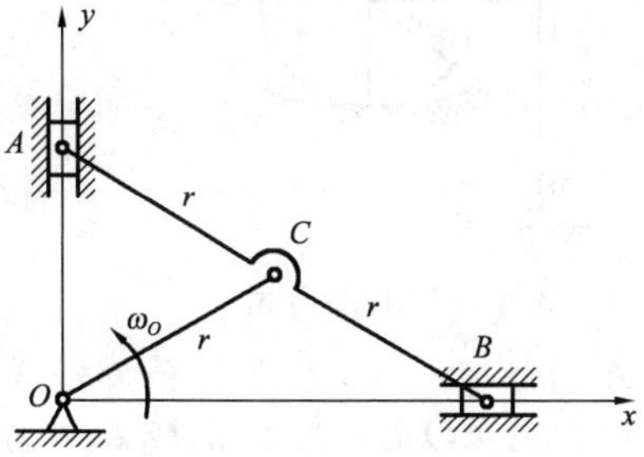

图 5-17　习题 5-1 图

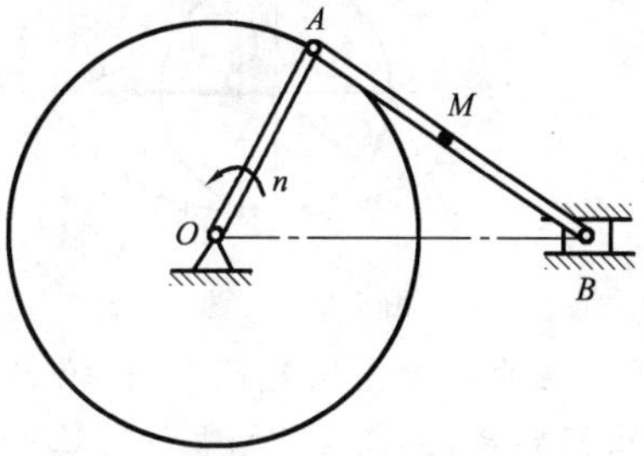

图 5-18　习题 5-2 图

5-3　如图 5-19 所示筛料机，由曲柄 OA 带动筛子 BC 摆动。已知曲柄 OA 以转速 $n=40$ r/min 匀速转动，$OA=0.3$ m，当筛子 BC 运动到与点 O 在同一水平线时，$\angle BAO=90°$，摆杆与水平线夹角为 60°时，试求在图示瞬时筛子 BC 的速度。

5-4　如图 5-20 所示三连杆机构，曲柄 OA 以匀角速度绕 O 轴转动，当曲柄 OA 处于水平位置时，曲柄 O_1B 恰好在铅垂位置。设 $OA=O_1B=\dfrac{1}{2}AB=l$，试求曲柄 O_1B 的角速度。

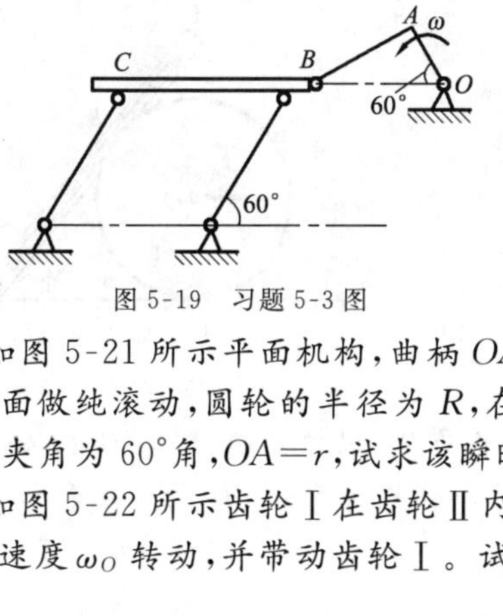

图 5-19　习题 5-3 图

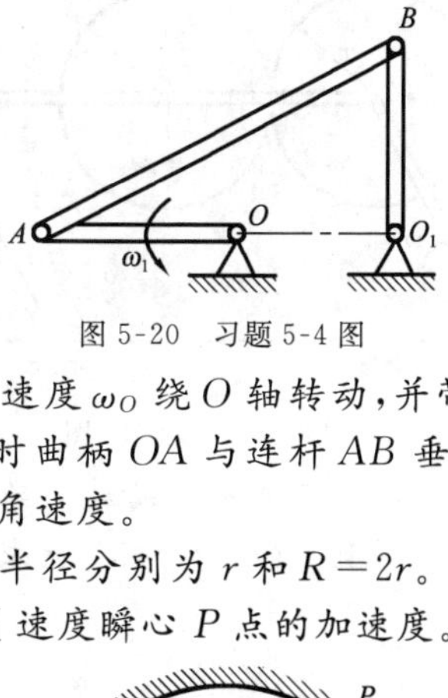

图 5-20　习题 5-4 图

5-5　如图 5-21 所示平面机构，曲柄 OA 以匀角速度 ω_O 绕 O 轴转动，并带动连杆 AB 使圆轮在地面做纯滚动，圆轮的半径为 R，在图示瞬时曲柄 OA 与连杆 AB 垂直，曲柄 OA 与水平线的夹角为 60°角，$OA=r$，试求该瞬时圆轮的角速度。

5-6　如图 5-22 所示齿轮Ⅰ在齿轮Ⅱ内滚动，其半径分别为 r 和 $R=2r$。曲柄 OO_1 绕 O 轴以等角速度 ω_O 转动，并带动齿轮Ⅰ。试求齿轮Ⅰ速度瞬心 P 点的加速度。

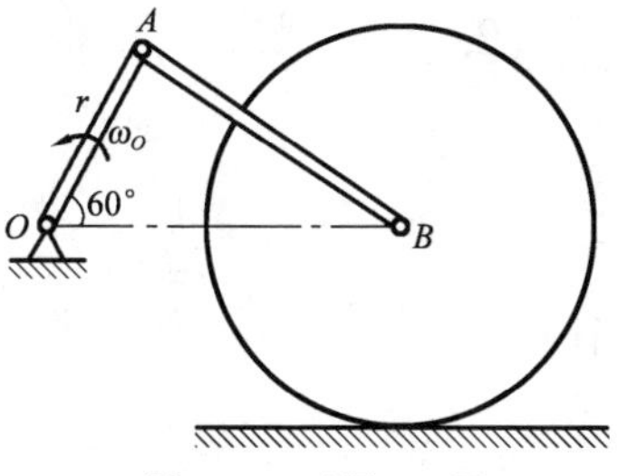

图 5-21　习题 5-5 图

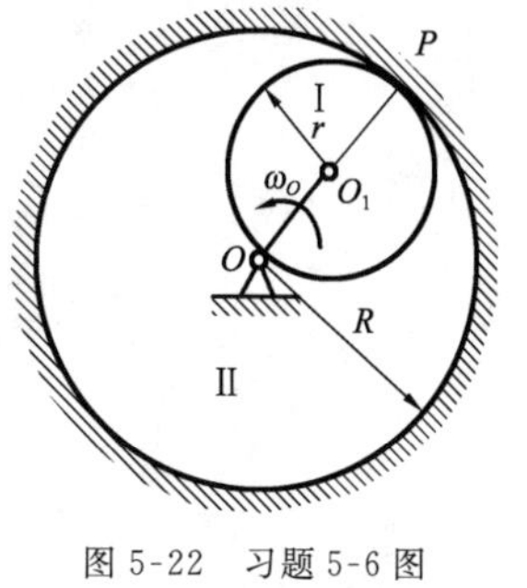

图 5-22　习题 5-6 图

5-7　半径为 r 的圆柱体在半径为 R 的圆弧内做无滑动的滚动，如图 5-23 所示，圆柱中心 C 的速度为 $\boldsymbol{v}_C$，切向加速度为 $\boldsymbol{a}_C^{t}$，试求圆柱的最低点 A 和最高点 B 的加速度。

5-8　曲柄 OA 以匀角速度 $\omega=2$ rad/s 绕 O 轴转动，并借助连杆 AB 驱动半径为 r 的轮子在半径为 R 的圆弧内做无滑动的滚动。设 $OA=AB=R=2r=1$ m，试求如图 5-24 所示瞬时轮子上的点 B、C 的速度和加速度。

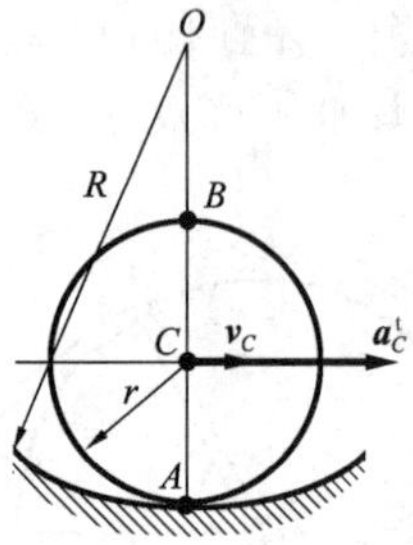

图 5-23　习题 5-7 图

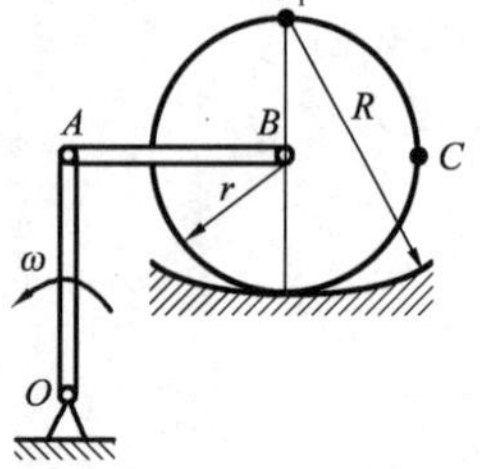

图 5-24　习题 5-8 图

5-9　在曲柄齿轮椭圆规中，齿轮 A 和曲柄 O_1A 固结为一体，齿轮 C 和齿轮 A 半径均为 r 并互相啮合，如图 5-25 所示。已知 $AB=O_1O_2$，$O_1A=O_2B=0.4$ m，O_1A 以匀角速度 $\omega=0.2$ rad/s 绕 O_1 轴转动。M 为轮 C 上的点，$CM=0.1$ m。图示瞬时，CM 为铅直，试求此瞬时点 M 的速度和加速度。

5-10　如图 5-26 所示，轮 O 在水平面上滚动，而不滑动，轮心以匀速 $v_O=0.2$ m/s 运动，轮缘上固连销钉 B，此销钉在摇杆 O_1A 的槽内滑动，并带动摇杆绕 O_1 轴转动。已知轮的半径 $R=0.5$ m，图示瞬时 O_1A 是轮的切线，摇杆与水平线的夹角为 60°，试求此瞬时摇杆 O_1A 角速度和角加速度。

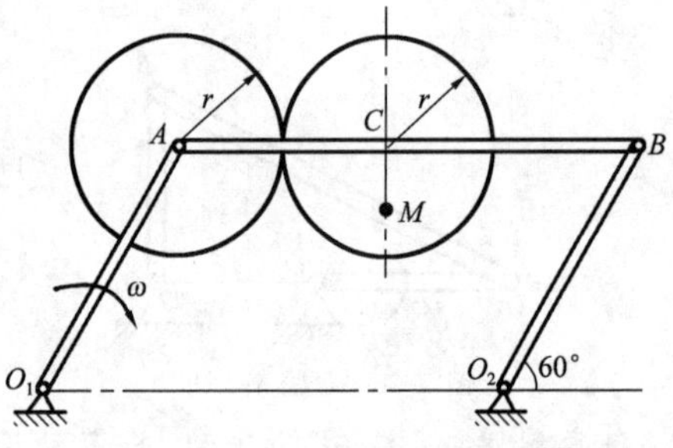

图 5-25　习题 5-9 图

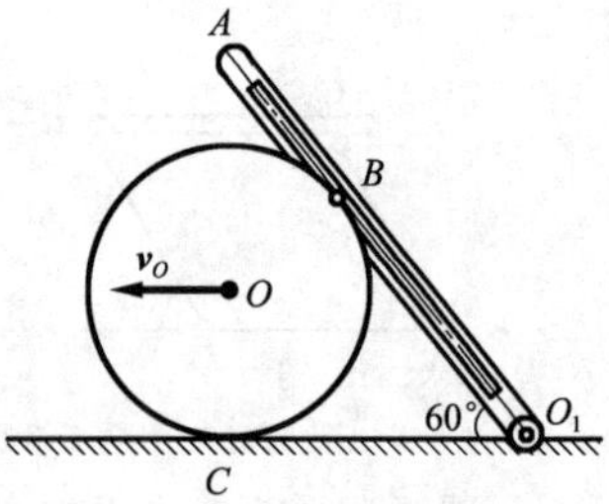

图 5-26　习题 5-10 图

5-11　如图 5-27 所示平面机构的曲柄 OA 长为 $2l$，以匀角速度 ω_O 绕 O 轴转动。图示瞬时 $AB=BO$，并且 $\angle OAD=90°$，试求此瞬时套筒 D 相对于杆 BC 的速度和加速度。

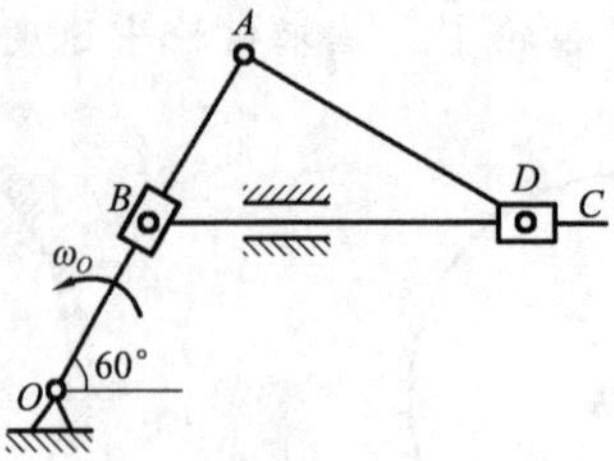

图 5-27　习题 5-11 图

第 6 章

质点和质点系动力学

在静力学中，我们只从力的角度来研究物体的平衡问题，以及如何对力进行合成与分解等问题；在运动学中，我们只从几何角度来研究物体运动的轨迹、速度和加速度等运动的几何性质，并不考虑物体运动状态的改变与作用在物体上力的关系。这两个方面只是机械运动的一个侧面，并不能全面地反映机械运动的状况。而物体运动状态的改变与作用在物体上的力是密不可分的统一整体。例如，汽车在牵引力的作用下，由静到动做加速运动，当牵引力消失时，由动到静而停止。动力学是研究物体机械运动与所受力之间关系的科学，它是理论力学的核心内容，是解决物体机械运动问题的理论基础。

根据工程实际问题，动力学的研究对象分为质点和质点系。当物体的大小和形状可以忽略不计，只考虑物体的质量时称为质点，例如，研究轮船的速度和轨迹时，其大小和形状对所研究的问题没什么影响，则将轮船的质量看成集中在质心上的质点。当物体的大小和形状不可以忽略时，物体抽象为质点系。质点系是由许多个质点相互联系组成的有机整体。例如，当研究有旋转的动力学问题时，一般是不能忽略其大小和形状的。

动力学在工程中得到广泛的应用，在建筑结构中对结构物的抗震分析，在机械结构中对转动装置的动力学分析，在航天工程中分析飞行器的运行以及轨道的计算等问题，都离不开动力学的基本理论。

动力学的主要内容有：质点动力学、质点系动力学（包括动量定理、动量矩定理、动能定理）。

动力学的求解是通过以牛顿定律为基础而建立起来的动力学微分方程来实现的。动力学问题的求解，一般分为两类：

(1)已知物体的运动，求作用在物体上的力。

(2)已知作用在物体上的力，求物体的运动。

6.1 质点动力学

本节以牛顿定律为基础建立质点动力学的运动微分方程，并求解质点动力学的两类问题。质点动力学的运动微分方程是研究复杂物体系统的基础。

6.1.1 动力学的基本定律——牛顿三定律

动力学的基本定律是由牛顿三定律组成的，其表述如下：

（1）**第一定律：不受力作用的物体将保持静止或匀速直线运动。**

这里的物体应理解为：①没有转动或其转动可以不计的平移物体；②大小和形状可以不计的质点。第一定律给出了物体的基本属性，即物体保持静止或匀速直线运动的属性，称为惯性，因此，第一定律也称为惯性定律。

由于运动是绝对的，但描述物体的运动却又是相对的，所以必须在一定的参考坐标系下研究机械运动。参考坐标系应建立在使牛顿定律成立的物体上，这样的坐标系称为惯性坐标系。一般情况下，工程中建立在地面上的坐标系视为惯性坐标系。

（2）**第二定律：物体所获得的加速度的大小与物体所受的力成正比，与物体的质量成反比，加速度的方向与力同向。其数学表达式为**

$$m\boldsymbol{a}=\boldsymbol{F} \tag{6-1}$$

第二定律建立了质点运动与所受力之间的关系，它是研究质点动力学的基础，由此定理导出动力学普遍定理：动量定理、动量矩定理、动能定理。

在地球表面上，任何物体都受到重力 $\boldsymbol{P}$ 的作用，所获得的加速度称为重力加速度，用 $\boldsymbol{g}$ 表示，由式(6-1)有

$$m\boldsymbol{g}=\boldsymbol{P} \text{ 或 } m=\frac{\boldsymbol{P}}{\boldsymbol{g}} \tag{6-2}$$

重力加速度是根据国际计量委员会制定的标准计算的，一般取 $g=9.8\ \mathrm{m/s^2}$。

在国际单位制(SI)中，质量单位是千克(kg)，长度单位是米(m)，时间单位是秒(s)，则定义 1 牛顿(N)的力为

$$1\ \mathrm{N}=1\ \mathrm{kg}\times 1\ \mathrm{m/s^2}$$

（3）**第三定律：物体间的作用力与反作用力总是大小相等、方向相反、沿着同一条直线，分别作用在两个物体上。**

牛顿第三定律我们在第 1 章中已经学习过，此定律不但适用于静力学，而且适用于动力学。

应当指出，牛顿定律只适合于惯性坐标系。与之相反的非惯性坐标系是不适合牛顿定律成立的坐标系，例如建立在有相对运动物体上的坐标系一般为非惯性坐标系，在此坐标系中研究物体的运动，应重新建立物体的运动与作用在物体上力之间的微分关系。

6.1.2 质点运动微分方程

1. 矢量形式的质点运动微分方程

在惯性坐标系下，由第二定律得质点运动微分方程的矢量表达式

$$m\frac{\mathrm{d}^2\boldsymbol{r}}{\mathrm{d}t^2}=\sum \boldsymbol{F}_i \tag{6-3}$$

式中，$\sum \boldsymbol{F}_i$ 为作用在质点上的所有外力的矢量和。

2. 直角坐标形式的质点运动微分方程

矢径 $\boldsymbol{r}$ 和力 $\sum \boldsymbol{F}_i$ 在直角坐标轴 x、y、z 上投影(图 6-1)，得直角坐标形式的质点运动微

分方程

$$\left.\begin{aligned} m\frac{\mathrm{d}^2x}{\mathrm{d}t^2} &= \sum F_x \\ m\frac{\mathrm{d}^2y}{\mathrm{d}t^2} &= \sum F_y \\ m\frac{\mathrm{d}^2z}{\mathrm{d}t^2} &= \sum F_z \end{aligned}\right\} \tag{6-4}$$

3. 自然轴系形式的质点运动微分方程

将矢径 $\boldsymbol{r}$ 和力 $\sum \boldsymbol{F}_i$ 向自然轴系 $\boldsymbol{t}$、$\boldsymbol{n}$、$\boldsymbol{b}$ 上投影(图 6-2)，得自然轴系形式的质点运动微分方程

$$\begin{cases} ma_t = \sum F_t \\ ma_n = \sum F_n \\ ma_b = \sum F_b \end{cases} \tag{6-5}$$

式中，a_t——切向加速度，$a_t=\dfrac{\mathrm{d}v}{\mathrm{d}t}=\dfrac{\mathrm{d}^2s}{\mathrm{d}t^2}$；

a_n——法向加速度，$a_n=\dfrac{v^2}{\rho}$；

a_b——次法向加速度，$a_b=0$。

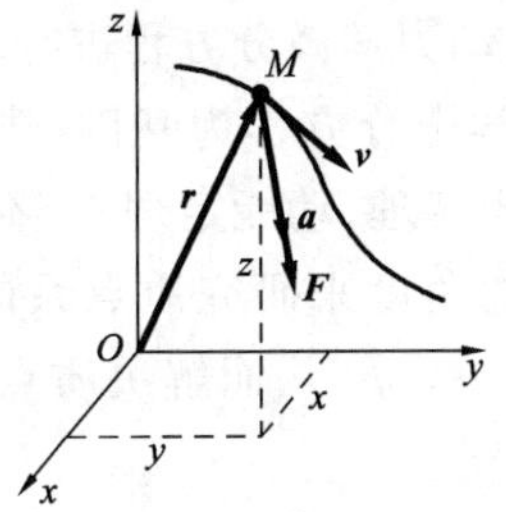

图 6-1　在直角坐标系中表示矢径、速度、加速度和力

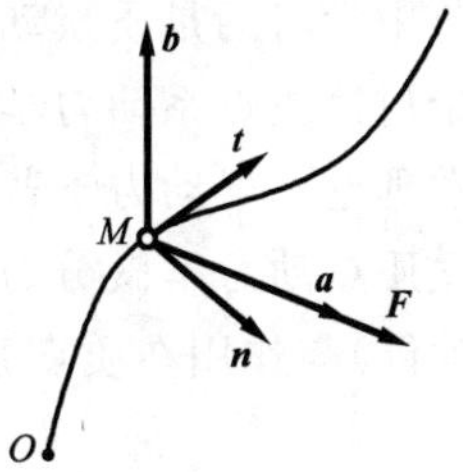

图 6-2　在自然轴系中表示加速度和力

由质点运动微分方程可求解质点动力学的两类基本问题：

(1)已知质点的运动，求作用于质点上的力，称为质点动力学第一类问题。在求解过程中对运动方程求导即可。

(2)已知作用于质点上的力，求质点的运动，称为质点动力学第二类问题。在求解过程中需解微分方程，即求积分的过程。

在这两类基本问题基础上，有时也存在两类问题的联合求解。

【例 6-1】 一圆锥摆如图 6-3 所示，质量为 $m=0.1$ kg 的小球系于长为 $l=0.3$ m 的绳上，绳的另一端系在固定点 O 上，并与铅垂线成 $\theta=60°$角，若小球在水平面内做匀速圆周运动，试求小球的速度和绳子的拉力。

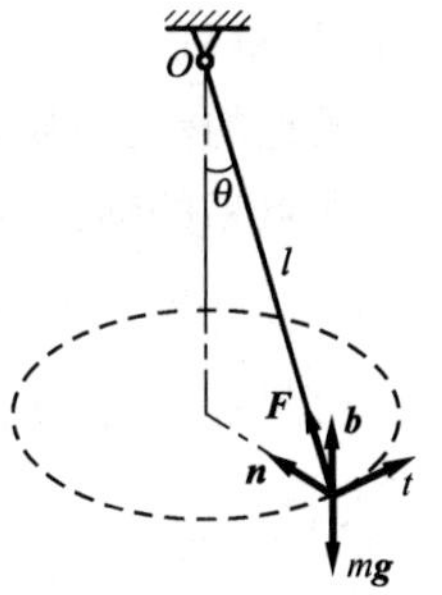

图 6-3　例 6-1 图

解　以小球为质点，小球受重力 mg 及绳子的拉力 $\boldsymbol{F}$，其运动如图 6-3 所示，采用自然法求解。其运动微分方程为

$$\begin{cases} ma_t = \sum F_t \\ ma_n = \sum F_n \\ ma_b = \sum F_b \end{cases}$$

其切向运动微分方程为 $F_t=0$。

法向运动微分方程为

$$m\frac{v^2}{\rho}=F\sin\theta \tag{a}$$

次法向运动微分方程为

$$ma_b=F\cos\theta-mg \tag{b}$$

由于次法向加速度 $a_b=0$，则由式(b)得绳子的拉力为

$$F=\frac{mg}{\cos\theta}=\frac{0.1\times9.8}{\cos60^\circ}=1.96\ \text{N}$$

因圆的半径 $\rho=l\sin\theta$，将绳子的拉力代入式(a)得小球的速度为

$$v=\sqrt{\frac{Fl\sin^2\theta}{m}}=\sqrt{\frac{1.96\times0.3\times\sin^2 60^\circ}{0.1}}=2.1\ \text{m/s}$$

6.2 动量定理

在上一节中学习的是质点动力学问题，以及建立质点动力学微分方程进行求解的方法。从这一节开始讨论质点系动力学问题。它是以质点动力学微分方程为基础，建立复杂物体系统的动力学理论——动力学普遍定理（动量定理、动量矩定理、动能定理）。不再从单一的质点出发建立质点动力学微分方程，而是从质点系整体的角度来研究质点系的运动量（动量、动量矩、动能）与作用在质点系上的力、力矩和功之间的关系，从而解决质点系动力学的两类问题。

6.2.1 动量定理概述

1. 质点和质点系的动量

在工程实际中，物体之间往往进行机械运动量的交换，机械运动量不仅与物体的运动有关，还与物体的质量有关。例如，速度虽小但质量很大的桩锤能使桩柱下沉，质量虽小但速度很大的子弹能穿透物体。它们的共同特点是质量与速度的乘积很大，即动量很大，在发生碰撞时，将机械运动量传递给被交换的物体，从而使自己的机械运动量（动量）减少。

质点的动量：质点的质量与速度的乘积，记作 $m\boldsymbol{v}$，质点的动量是矢量，单位为 kg·m/s。

质点系的动量：质点系中所有各质点动量的矢量和，即

$$\boldsymbol{p}=\sum m_i\boldsymbol{v}_i \tag{6-6}$$

由附录 A 中质点系质量中心的概念，质点系动量的另一种表示为

$$\boldsymbol{p}=M\boldsymbol{v}_C \tag{6-7}$$

$$\boldsymbol{v}_C=\dot{\boldsymbol{r}}_C,\boldsymbol{r}_C=\frac{\sum m_i\boldsymbol{r}_i}{M}$$

式中，M—— 质点系的质量，$M = \sum_{i=1}^{n} m_i$。

即质点系动量等于质点系质量与质心速度的乘积。

由式(6-7) 可以很方便地计算几何形状规则的均质刚体系的动量，即

$$\boldsymbol{p} = \sum m_i \boldsymbol{v}_{Ci} \tag{6-8}$$

2. 质点和质点系的动量定理

(1)质点的动量定理

由式(6-1)得

$$m\boldsymbol{a} = \frac{\mathrm{d}(m\boldsymbol{v})}{\mathrm{d}t} = \boldsymbol{F} \tag{6-9}$$

式(6-9)的微分形式为

$$\mathrm{d}(m\boldsymbol{v}) = \boldsymbol{F}\mathrm{d}t = \mathrm{d}\boldsymbol{I} \tag{6-10}$$

质点动量定理的微分形式：质点动量的增量等于作用在质点上力的元冲量。式(6-10)的积分形式为

$$m\boldsymbol{v} - m\boldsymbol{v}_0 = \int_0^t \boldsymbol{F}\mathrm{d}t = \boldsymbol{I} \tag{6-11}$$

式中，$\mathrm{d}\boldsymbol{I}$——$\mathrm{d}t$ 时间内力 $\boldsymbol{F}$ 的元冲量，$\mathrm{d}\boldsymbol{I} = \boldsymbol{F}\mathrm{d}t$；

$\boldsymbol{I}$—— t 时间内力 $\boldsymbol{F}$ 的冲量，$\boldsymbol{I} = \int_0^t \boldsymbol{F}\mathrm{d}t$，冲量的单位为 N·s，它是矢量，冲量表示力 $\boldsymbol{F}$ 对物体作用的时间累积。

质点动量定理的积分形式：质点运动时末动量与初动量的差等于作用在质点上的力在此时间间隔内的冲量，常称为**冲量定理**。

动量与冲量的矢量关系如图 6-4 所示。

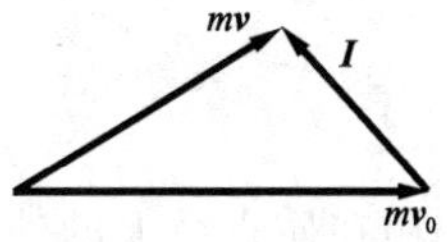

图 6-4　动量与冲量的矢量关系

特殊情形，当作用在质点上的力等于零，即 $\boldsymbol{F}=0$ 时，则质点做惯性运动；当作用在质点上的力在某一轴上投影等于零时，例如 $F_x=0$，则质点沿该轴(x 轴)做惯性运动。

(2)质点系的动量定理

设质点系由 n 个质点组成，对每一个质点由式(6-9)有

$$\frac{\mathrm{d}(m_i \boldsymbol{v}_i)}{\mathrm{d}t} = \boldsymbol{F}_i^{(e)} + \boldsymbol{F}_i^{(i)}$$

式中，$\boldsymbol{F}_i^{(e)}$——质点系以外的物体给该质点的作用力，称为外力；

$\boldsymbol{F}_i^{(i)}$——质点系以内其他质点给该质点的作用力，称为内力。

将上述方程进行左右连加，其中，内力的合力等于零，即 $\sum \boldsymbol{F}_i^{(i)} = 0$，从而有

$$\frac{\mathrm{d}\boldsymbol{p}}{\mathrm{d}t} = \sum \boldsymbol{F}_i^{(e)} \tag{6-12}$$

质点系的动量定理：质点系的动量对时间的导数等于作用在质点系上外力的矢量和(或称外力的主矢)。式(6-12) 的微分形式为

$$\mathrm{d}\boldsymbol{p} = \sum \boldsymbol{F}_i^{(e)}\mathrm{d}t = \sum \mathrm{d}\boldsymbol{I}_i \tag{6-13}$$

质点系动量定理的微分形式：质点系动量的增量等于作用在质点系上外力元冲量的矢

量和。式(6-13)的积分形式为

$$\boldsymbol{p}-\boldsymbol{p}_0=\sum\int_0^t \boldsymbol{F}_i^{(e)}\,\mathrm{d}t=\sum \boldsymbol{I}_i \tag{6-14}$$

质点系动量定理的积分形式:质点系运动时末动量与初动量的差等于作用在质点系上外力在此时间间隔内冲量的矢量和,常称为**冲量定理**。

由式(6-12)得质点系动量定理的投影形式:

$$\text{直角坐标系:}\begin{cases}\dfrac{\mathrm{d}p_x}{\mathrm{d}t}=\sum F_{xi}^{(e)}\\ \dfrac{\mathrm{d}p_y}{\mathrm{d}t}=\sum F_{yi}^{(e)}\\ \dfrac{\mathrm{d}p_z}{\mathrm{d}t}=\sum F_{zi}^{(e)}\end{cases}\qquad \text{自然轴系:}\begin{cases}\dfrac{\mathrm{d}p_t}{\mathrm{d}t}=\sum F_{ti}^{(e)}\\ \dfrac{\mathrm{d}p_n}{\mathrm{d}t}=\sum F_{ni}^{(e)}\\ \dfrac{\mathrm{d}p_b}{\mathrm{d}t}=\sum F_{bi}^{(e)}\end{cases}$$

3. 质点系动量守恒定律

当作用在质点系上外力的主矢等于零,即$\sum \boldsymbol{F}_i^{(e)}=0$时,质点系动量$\boldsymbol{p}$为恒矢量,则质点系动量守恒;当作用在质点系上外力的主矢在某一轴上投影等于零时,例如$\sum F_x^{(e)}=0$,质点系沿x轴的动量p_x为恒量,则质点系沿x轴的动量守恒。

【例 6-2】 两个重物M_1和M_2的质量分别为m_1和m_2,系在两个质量不计的绳子上,如图 6-5 所示。两个绳子分别缠绕在半径为r_1和r_2的鼓轮上,鼓轮的质量为m_3,其质心为轮心O处。若轮以角加速度α绕轮心O逆时针转动,试求轮心O处的约束力。

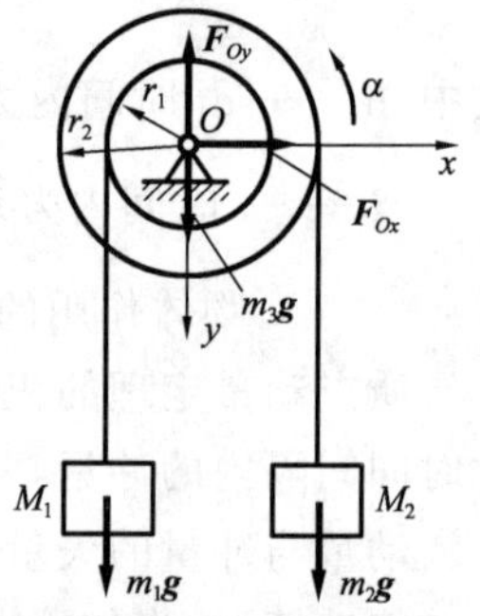

图 6-5 例 6-2 图

解 根据题意,质点系选鼓轮和两个重物为研究对象,系统的受力分析如图 6-5 所示。质点系动量在坐标轴上的投影为

$$\begin{aligned}p_x&=0\\ p&=m_1v_1-m_2v_2\end{aligned} \tag{a}$$

作用在质点系上的外力在坐标轴上的投影为

$$\begin{aligned}F_x&=F_{Ox}\\ F_y&=m_1g+m_2g+m_3g-F_{Oy}\end{aligned} \tag{b}$$

将式(a)和式(b)代入质点系的动量定理式(6-12)中,得

$$F_{Ox}=0$$

$$m_1\dot{v}_1-m_2\dot{v}_2=m_1g+m_2g+m_3g-F_{Oy}$$

又由于$\dot{v}_1=\alpha r_1$,$\dot{v}_2=\alpha r_2$,则轮心O处的约束力为

$$F_{Ox}=0$$

$$F_{Oy}=m_1g+m_2g+m_3g+\alpha(m_2r_2-m_1r_1)$$

6.2.2 质心运动定理

1. 质心运动定理

由质点系动量定理,将质点系动量式(6-7)代入式(6-12)中得

$$\frac{\mathrm{d}}{\mathrm{d}t}(M\boldsymbol{v}_C)=\sum \boldsymbol{F}_i^{(e)}$$

或者写成
$$M\boldsymbol{a}_C = \sum \boldsymbol{F}_i^{(e)} \tag{6-15}$$

式中，$\boldsymbol{a}_C$—— 质点系质心的加速度。

式(6-15) 给出了质点系质心的运动规律。即**质心运动定理**：质点系质量与质心加速度的乘积等于作用在质点系上外力的矢量和(或称外力的主矢)。

由式(6-15) 得质点系质心运动定理的投影形式：

直角坐标系：$\begin{cases} Ma_{Cx} = \sum F_x^{(e)} \\ Ma_{Cy} = \sum F_y^{(e)} \\ Ma_{Cz} = \sum F_z^{(e)} \end{cases}$　　自然轴系：$\begin{cases} Ma_{Ct} = \sum F_t^{(e)} \\ Ma_{Cn} = \sum F_n^{(e)} \\ Ma_{Cb} = \sum F_b^{(e)} \end{cases}$

由质心运动定理式(6-15)可以看出质点系质心的运动与一个质点的运动规律一样，这个质点的质量就是质点系的质量，这个质点所受的力就是作用在质点系上的外力。因此在求解质心运动时，与求质点运动问题完全一致。

由质点系动量定理和质心运动定理知，质点系动量的变化和质点系质心的运动均与内力无关，与外力有关，外力是改变质点系动量和质点系质心运动的根本原因。例如在光滑的冰面上，人和汽车都很难行走，原因是冰面的摩擦力较小，克服它往往需要在冰面上洒一些沙子，以增大摩擦力。

2. 质心运动守恒定律

当作用在质点系上外力的主矢等于零，即$\sum \boldsymbol{F}^{(e)} = 0$时，质点系质心的速度$\boldsymbol{v}_C =$ 恒矢量，则质点系质心做惯性运动；当作用在质点系上外力的主矢在某一轴上投影等于零时，例如$\sum F_x^{(e)} = 0$，质点系的质心沿 x 轴的速度$v_{Cx} =$ 恒量，则质点系质心沿 x 轴做惯性运动，若初始系统静止，即质心的速度 $v_{Cx} = 0$，则质点系质心 x_C 的坐标保持不变。

【例 6-3】 质量为 m_1 的均质曲柄 OA，长为 l，以等角速度 ω 绕 O 轴转动，并带动滑块 A 在竖直的滑道 AB 内滑动，滑块 A 的质量为 m_2；而滑杆 BD 在水平滑道内运动，滑杆的质量为 m_3，其质心在点 C 处，如图 6-6 所示。开始时曲柄 OA 为水平向右，各处的摩擦不计。试求：(1)系统质心运动规律；(2)作用在 O 轴处的最大水平约束力。

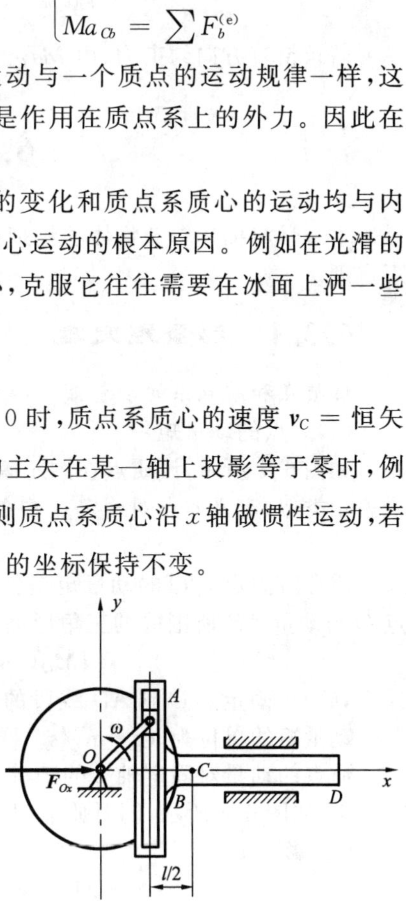

图 6-6　例 6-3 图

解　(1)计算系统质心运动规律

如图 6-6 所示，建立直角坐标系 Oxy，系统质心坐标

$$x_C = \frac{m_1 \dfrac{l}{2}\cos(\omega t) + m_2 l\cos(\omega t) + m_3\left[l\cos(\omega t) + \dfrac{l}{2}\right]}{m_1 + m_2 + m_3}$$

$$= \frac{m_3 l}{2(m_1 + m_2 + m_3)} + \frac{m_1 + 2m_2 + 2m_3}{2(m_1 + m_2 + m_3)} l\cos(\omega t) \tag{a}$$

$$y_C = \frac{m_1 \dfrac{l}{2} + m_2 l}{m_1 + m_2 + m_3}\sin(\omega t) = \frac{m_1 + 2m_2}{2(m_1 + m_2 + m_3)} l\sin(\omega t)$$

(2)计算作用在 O 轴处的最大水平约束力

由质心运动定理对式(a)求导,得质心的加速度为

$$a_{Cx}=\ddot{x}_C=-\frac{m_1+2m_2+2m_3}{2(m_1+m_2+m_3)}l\omega^2\cos(\omega t)$$

则作用在 O 轴处水平约束力为

$$F_{Ox}=Ma_{Cx}=-(m_1+2m_2+2m_3)\frac{l\omega^2}{2}\cos(\omega t)$$

最大水平约束力为

$$F_{Ox,\max}=Ma_{Cx}=(m_1+2m_2+2m_3)\frac{l\omega^2}{2}$$

若求铅直方向约束力,由 $Ma_{Cy}=\sum F_y^{(e)}$ 求出,但只能求出铅直方向的合约束力。

6.3 动量矩定理

本节学习描述转动物体的物理量——动量矩,与作用在物体上力矩之间的关系称动量矩定理。

6.3.1 动量矩定理

1. 质点和质点系的动量矩

(1)质点的动量矩

如图 6-7 所示,设质点在图示瞬时 A 点的动量为 $m\boldsymbol{v}$,矢径为 $\boldsymbol{r}$,与力 $\boldsymbol{F}$ 对点 O 之矩的矢量表示类似,定义质点对固定点 O 的动量矩为

$$\boldsymbol{M}_O(m\boldsymbol{v})=\boldsymbol{r}\times m\boldsymbol{v} \tag{6-16}$$

质点对固定点 O 的动量矩是矢量,方向满足右手螺旋法则,如图 6-7 所示,大小为固定点 O 与动量 AB 所围成的三角形面积的 2 倍,即

$$|\boldsymbol{M}_O(m\boldsymbol{v})|=2\triangle OAB\text{ 的面积}=mvh$$

式中,h——固定点 O 到 AB 线段的垂直距离,称为动量臂。

动量矩的单位为 $\mathrm{kg\cdot m^2/s}$。

质点的动量对固定轴 z 的矩等于质点的动量 $m\boldsymbol{v}$ 在 xOy 平面上的投影 $(m\boldsymbol{v})_{xy}$ 对固定点 O 的矩,如图 6-8 所示,同时质点对固定轴 z 的矩也等于质点对固定点 O 的动量矩在固定轴 z 上的投影。即

$$M_z(m\boldsymbol{v})=M_O[(m\boldsymbol{v})_{xy}]=[\boldsymbol{M}_O(m\boldsymbol{v})]_z \tag{6-17}$$

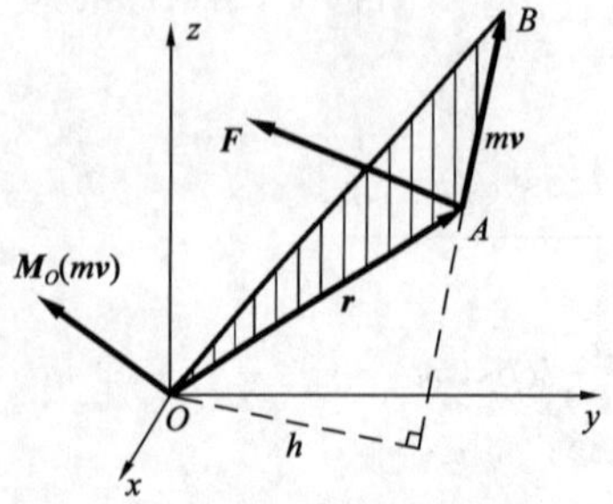

图 6-7 质点对固定点的动量矩

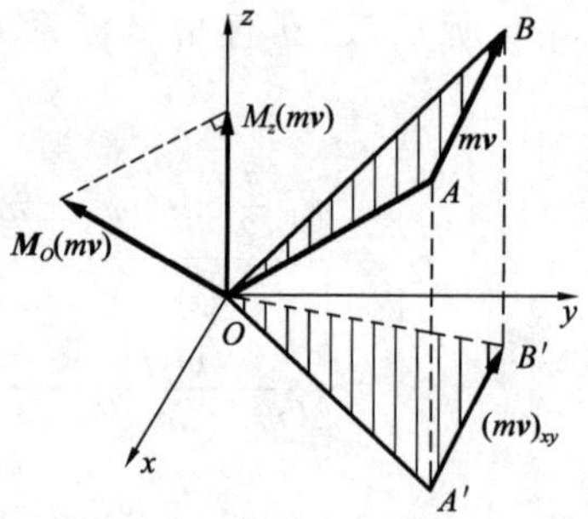

图 6-8 质点对固定轴的动量矩

(2)质点系的动量矩

质点系对固定点 O 的动量矩等于质点系内各质点对固定点 O 的动量矩的矢量和，即

$$\boldsymbol{L}_O = \sum \boldsymbol{M}_O(m_i \boldsymbol{v}_i) \tag{6-18}$$

质点系对固定轴 z 的矩等于质点系内各质点对同一轴 z 动量矩的代数和，即

$$L_z = \sum M_z(m_i \boldsymbol{v}_i) = [\boldsymbol{L}_O]_z \tag{6-19}$$

平移刚体动量矩：将刚体的质量集中在刚体的质心上，按质点的动量矩计算。

定轴转动刚体动量矩：设定轴转动刚体如图 6-9 所示，其上任一质点 i 的质量为 m_i，到转轴的垂直距离为 r_i，某瞬时的角速度为 ω，刚体对转轴 z 的动量矩由式(6-19)得

$$L_z = \sum M_z(m_i \boldsymbol{v}_i) = \sum (m_i v_i r_i) = \sum (m_i \omega r_i r_i) = (\sum m_i r_i^2)\omega = J_z \omega$$

即

$$L_z = J_z \omega \tag{6-20}$$

式中，J_z—— 刚体对转轴 z 的转动惯量①，$J_z = \sum m_i r_i^2$。

定轴转动刚体对转轴 z 的动量矩等于刚体对转轴 z 的转动惯量与角速度的乘积。

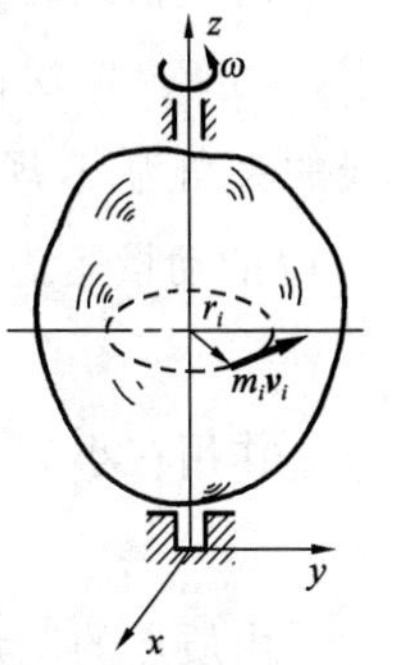

图 6-9 定轴转动刚体

2. 质点和质点系的动量矩定理

(1)质点的动量矩定理

如图 6-7 所示，设质点对固定点 O 的动量矩为 $\boldsymbol{M}_O(m\boldsymbol{v})$，力 $\boldsymbol{F}$ 对同一点 O 的力矩为 $\boldsymbol{M}_O(\boldsymbol{F})$，将式(6-16)对时间求导得

$$\frac{\mathrm{d}}{\mathrm{d}t}[\boldsymbol{M}_O(m\boldsymbol{v})] = \frac{\mathrm{d}}{\mathrm{d}t}(\boldsymbol{r} \times m\boldsymbol{v}) = \frac{\mathrm{d}\boldsymbol{r}}{\mathrm{d}t} \times m\boldsymbol{v} + \boldsymbol{r} \times \frac{\mathrm{d}}{\mathrm{d}t}(m\boldsymbol{v}) = \boldsymbol{v} \times m\boldsymbol{v} + \boldsymbol{r} \times \boldsymbol{F} = \boldsymbol{M}_O(\boldsymbol{F})$$

即

$$\frac{\mathrm{d}}{\mathrm{d}t}[\boldsymbol{M}_O(m\boldsymbol{v})] = \boldsymbol{M}_O(\boldsymbol{F}) \tag{6-21}$$

质点的动量矩定理：质点对某一固定点的动量矩对时间的导数等于作用在质点上的力对同一点的矩。

将式(6-21)向直角坐标轴投影得

$$\left\{\begin{aligned} &\frac{\mathrm{d}}{\mathrm{d}t}[M_x(m\boldsymbol{v})] = M_x(\boldsymbol{F}) \\ &\frac{\mathrm{d}}{\mathrm{d}t}[M_y(m\boldsymbol{v})] = M_y(\boldsymbol{F}) \\ &\frac{\mathrm{d}}{\mathrm{d}t}[M_z(m\boldsymbol{v})] = M_z(\boldsymbol{F}) \end{aligned}\right. \tag{6-22}$$

特殊情形，当质点受向心力 $\boldsymbol{F}$ 的作用，如图 6-10 所示，力矩 $\boldsymbol{M}_O(\boldsymbol{F}) = 0$，则质点对固定点 O 的动量矩 $\boldsymbol{M}_O(m\boldsymbol{v})$ = 恒矢量，质点的动量矩守恒。例如，行星绕

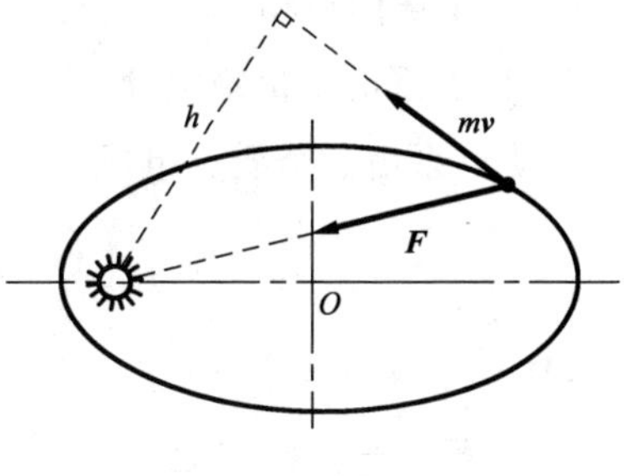

图 6-10 行星绕着恒星运动

①刚体对转轴的转动惯量的计算见附录 B。

着恒星转，受恒星的引力作用，引力对恒星的矩 $\boldsymbol{M}_O(\boldsymbol{F})=0$，行星的动量矩 $\boldsymbol{M}_O(m\boldsymbol{v})=$恒矢量，此恒矢量的方向是不变的，因此行星做平面曲线运动；此恒矢量的大小是不变的，即 $mvh=$恒量，行星的速度 v 与恒星到速度矢量的距离 h 成反比。

【例 6-4】 如图 6-11 所示单摆，由质量为 m 的小球和绳索构成。单摆悬吊于点 O，绳长为 l，当单摆做微振幅摆动时，试求单摆的运动规律。

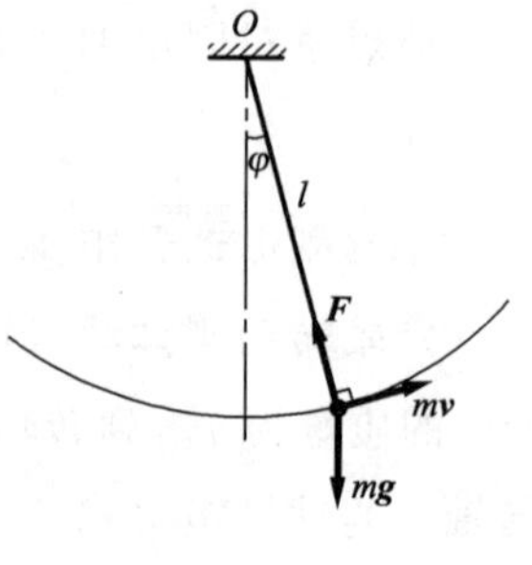

图 6-11 例 6-4 图

解 根据题意，以小球为研究对象，小球受力为铅垂重力和绳索拉力 $\boldsymbol{F}$。单摆在铅垂平面内绕点 O 做微振幅摆动，设单摆与铅垂线的夹角为 φ，规定 φ 为逆时针时为正，如图 6-11 所示。则质点对点 O 的动量矩为

$$M_O(m\boldsymbol{v})=mvl$$

作用在小球上的力对点 O 的矩为

$$M_O(\boldsymbol{F})=-mgl\sin\varphi$$

由质点的动量矩定理得

$$m\dot{v}l=-mgl\sin\varphi \tag{a}$$

由于 $v=l\omega=l\dot{\varphi}$，则 $\dot{v}=l\ddot{\varphi}$，又由于单摆做微振幅摆动，则 $\sin\varphi\approx\varphi$。

从而由式(a)得单摆运动微分方程为

$$\frac{\mathrm{d}^2\varphi}{\mathrm{d}t^2}+\frac{g}{l}\varphi=0 \tag{b}$$

解式(b)得单摆的运动规律为

$$\varphi=\varphi_0\sin(\omega_n t+\theta)$$

式中，ω_n——单摆的角频率，$\omega_n=\sqrt{\dfrac{g}{l}}$；单摆的周期为

$$T=\frac{2\pi}{\omega_n}=2\pi\sqrt{\frac{l}{g}}$$

φ_0——单摆的振幅，由运动的初始条件确定；

θ——单摆的初相位，由运动的初始条件确定。

(2)质点系的动量矩定理

设质点系由 n 个质点组成，对每一个质点列式(6-21)有

$$\frac{\mathrm{d}}{\mathrm{d}t}[\boldsymbol{M}_O(m_i\boldsymbol{v}_i)]=\boldsymbol{M}_O(\boldsymbol{F}_i^{(e)})+\boldsymbol{M}_O(\boldsymbol{F}_i^{(i)})$$

式中，$\boldsymbol{M}_O(\boldsymbol{F}_i^{(e)})$——外力矩；

$\boldsymbol{M}_O(\boldsymbol{F}_i^{(i)})$——内力矩。

上式共列 n 个方程，将这些方程进行左右连加，并考虑内力矩之和为零，得

$$\frac{\mathrm{d}}{\mathrm{d}t}\boldsymbol{L}_O=\sum\boldsymbol{M}_O(\boldsymbol{F}_i^{(e)}) \tag{6-23}$$

质点系的动量矩定理：质点系对某一固定点的动量矩对时间的导数等于作用在质点系上的外力对同一点矩的矢量和(或称外力的主矩)。

将式(6-23) 向直角坐标系投影得

$$\left.\begin{aligned}\frac{\mathrm{d}}{\mathrm{d}t}L_x &= \sum M_x(\boldsymbol{F}_i^{(e)})\\ \frac{\mathrm{d}}{\mathrm{d}t}L_y &= \sum M_y(\boldsymbol{F}_i^{(e)})\\ \frac{\mathrm{d}}{\mathrm{d}t}L_z &= \sum M_z(\boldsymbol{F}_i^{(e)})\end{aligned}\right\} \tag{6-24}$$

特殊情形，当作用在质点系上外力对某点的矩等于零时，例如$\sum \boldsymbol{M}_O(\boldsymbol{F}_i^{(e)}) = 0$，质点系动量矩 $\boldsymbol{L}_O =$ 恒矢量，则质点系对该点的动量矩守恒；当作用在质点系上的外力对某一轴的矩等于零时，质点系对该轴的动量矩守恒，例如$\sum M_x(\boldsymbol{F}_i^{(e)}) = 0$，质点系对 x 轴的动量矩 L_x 为恒量，则质点系对 x 轴的动量矩守恒。

【例 6-5】 在矿井提升设备中，两个鼓轮固连在一起，总质量为 m，对转轴 O 的转动惯量为 J_O，在半径为 r_1 的鼓轮上悬挂一质量为 m_1 的重物 A，而在半径为 r_2 的鼓轮上用绳牵引小车 B 沿倾角 θ 的斜面向上运动，小车的质量为 m_2。在鼓轮上作用有一不变的力偶矩 M，如图 6-12 所示。不计绳索的质量和各处的摩擦，绳索与斜面平行，试求小车上升的加速度。

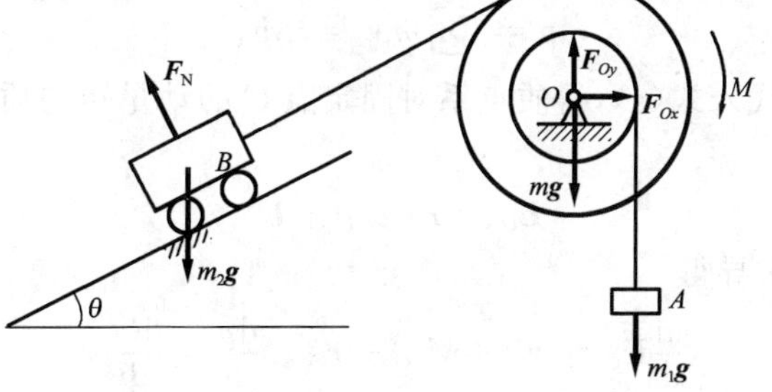

图 6-12　例 6-5 图

解　选整体为质点系，作用在质点系上的力为三个物体的重力 $m\boldsymbol{g}$、$m_1\boldsymbol{g}$、$m_2\boldsymbol{g}$，在鼓轮上不变的力偶矩 M，以及作用在轴 O 处和斜面的约束力为 $\boldsymbol{F}_{Ox}$、$\boldsymbol{F}_{Oy}$、$\boldsymbol{F}_{\mathrm{N}}$。质点系对转轴 O 的动量矩为

$$L_O = J_O\omega + m_1 v_1 r_1 + m_2 v_2 r_2$$

$$v_1 = r_1\omega,\ v_2 = r_2\omega$$

则

$$L_O = J_O\omega + m_1 r_1^2\omega + m_2 r_2^2\omega$$

作用在质点系上的力对转轴 O 的矩为

$$M_O = M + m_1 g r_1 - m_2 g r_2 \sin\theta$$

由质点系的动量矩定理

$$\frac{\mathrm{d}}{\mathrm{d}t}\boldsymbol{L}_O = \sum \boldsymbol{M}_O(\boldsymbol{F}_i^{(e)})$$

得

$$J_O\dot{\omega}+m_1r_1^2\dot{\omega}+m_2r_2^2\dot{\omega}=M+m_1gr_1-m_2gr_2\sin\theta$$

解得鼓轮的角加速度为

$$\alpha=\frac{M+m_1gr_1-m_2gr_2\sin\theta}{J_O+m_1r_1^2+m_2r_2^2}$$

小车上升的加速度为

$$a=\frac{M+(m_1r_1-m_2r_2\sin\theta)g}{J_O+m_1r_1^2+m_2r_2^2}r_2$$

(3)质点系相对质心的动量矩定理

建立定坐标系 $Oxyz$ 和以质心 C 为坐标原点的动坐标系 $Cx'y'z'$。设质点系质心 C 的矢径为 $\boldsymbol{r}_C$，任一质点 i 的质量 m_i，对两个坐标系的矢径分别为 $\boldsymbol{r}_i$、$\boldsymbol{\rho}_i$，三者的关系如图 6-13 所示。

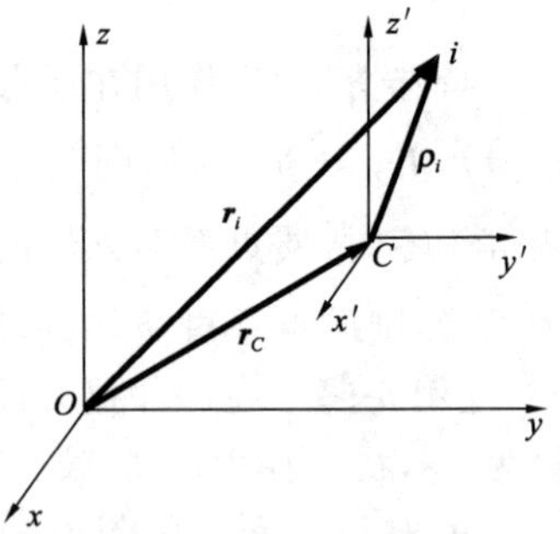

图 6-13 质心坐标系

质点系对固定点 O 的动量矩为

$$\boldsymbol{L}_O=\sum\boldsymbol{r}_i\times m_i\boldsymbol{v}_i=\sum(\boldsymbol{r}_C+\boldsymbol{\rho}_i)\times m_i\boldsymbol{v}_i$$

$$=\boldsymbol{r}_C\times\sum m_i\boldsymbol{v}_i+\sum\boldsymbol{\rho}_i\times m_i\boldsymbol{v}_i \tag{a}$$

其中，质点系对质心 C 的动量矩为

$$\boldsymbol{L}_C=\sum\boldsymbol{\rho}_i\times m_i\boldsymbol{v}_i \tag{b}$$

质点系相对定坐标系的动量为

$$\boldsymbol{p}=\sum m_i\boldsymbol{v}_i=M\boldsymbol{v}_C \tag{c}$$

将式(b) 和式(c) 代入式(a)，得质点系对固定点 O 的动量矩与质点系对质心 C 的动量矩之间的关系为

$$\boldsymbol{L}_O=\boldsymbol{r}_C\times\boldsymbol{p}+\boldsymbol{L}_C \tag{6-25}$$

式(6-25) 对时间求导得

$$\frac{\mathrm{d}}{\mathrm{d}t}\boldsymbol{L}_O=\boldsymbol{v}_C\times M\boldsymbol{v}_C+\boldsymbol{r}_C\times\frac{\mathrm{d}\boldsymbol{p}}{\mathrm{d}t}+\frac{\mathrm{d}\boldsymbol{L}_C}{\mathrm{d}t} \tag{d}$$

作用在质点系上的外力对固定点 O 的力矩为

$$\boldsymbol{M}_O=\sum\boldsymbol{r}_i\times\boldsymbol{F}_i^{(e)}=\sum(\boldsymbol{r}_C+\boldsymbol{\rho}_i)\times\boldsymbol{F}_i^{(e)}=\boldsymbol{r}_C\times\sum\boldsymbol{F}_i^{(e)}+\sum\boldsymbol{\rho}_i\times\boldsymbol{F}_i^{(e)} \tag{e}$$

作用在质点系上的外力对质心 C 的力矩为

$$\boldsymbol{M}_C^{(e)}=\sum\boldsymbol{\rho}_i\times\boldsymbol{F}_i^{(e)} \tag{f}$$

将式(d)、式(e) 和式(f) 代入质点系动量矩定理式(6-23) 中，并考虑质点系动量定理，从而得

$$\frac{\mathrm{d}\boldsymbol{L}_C}{\mathrm{d}t}=\boldsymbol{M}_C \tag{6-26}$$

质点系相对质心的动量矩定理：质点系相对质心的动量矩对时间的导数等于作用在质点系上的外力对质心之矩的矢量和(或称外力的主矩)。

应当指出：质点系动量矩定理只有对固定点或质心点取矩时其方程的形式才是一致的，若对其他动点取矩，质点系动量矩定理将更加复杂；不论是质点系的动量矩定理还是质点系相对于质心的动量矩定理，质点系动量矩的变化均与内力无关，与外力有关，外力是改变质点系动量矩的根本原因。

6.3.2　刚体定轴转动微分方程

如图 6-14 所示，设定轴转动刚体某瞬时的角速度为 ω，作用在刚体上的主动力为 $\boldsymbol{F}_i(i=1,\cdots,n)$，约束力为 $\boldsymbol{F}_{NA}$、$\boldsymbol{F}_{Ax}$、$\boldsymbol{F}_{Ay}$、$\boldsymbol{F}_{Az}$，刚体对转轴 z 的动量矩为式(6-20)

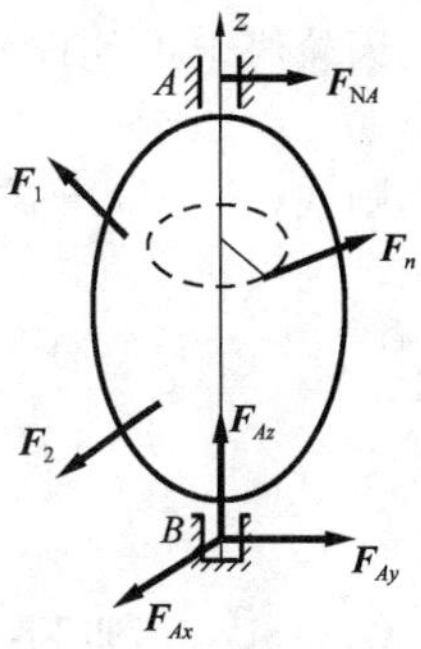

图 6-14　定轴转动刚体上的力

$$L_z=J_z\omega$$

将其代入式(6-24)中的第三式，得刚体定轴转动微分方程

$$\frac{\mathrm{d}}{\mathrm{d}t}(J_z\omega)=\sum M_z(\boldsymbol{F}_i)$$

$$\text{或 } J_z\frac{\mathrm{d}\omega}{\mathrm{d}t}=\sum M_z(\boldsymbol{F}_i) \text{ 或 } J_z\alpha=\sum M_z(\boldsymbol{F}_i) \qquad (6\text{-}27)$$

式中，$\sum M_z(\boldsymbol{F}_i)$ 为主动力对转轴 z 的矩，因为转轴处的约束力对转轴的矩 $\sum M_z(\boldsymbol{F}_N)=0$。则刚体对转轴 z 的转动惯量与角加速度的乘积等于作用在转动刚体上的主动力对转轴 z 的矩的代数和(或主矩)。

刚体定轴转动微分方程 $J_z\alpha=\sum M_z(\boldsymbol{F}_i)$ 与质点运动微分方程 $m\boldsymbol{a}=\sum \boldsymbol{F}_i$ 类似，转动惯量是转动刚体的惯性量度。当 $\sum M_z(\boldsymbol{F}_i)=0$ 时，刚体转动对转轴 z 的动量矩 $L_z=J_z\omega=$ 恒量，动量矩守恒，例如花样滑冰运动员通过伸展和收缩手臂以及另一条腿，改变其转动惯量，从而达到增大和减小旋转角速度的效果；当 $\sum M_z(\boldsymbol{F}_i)=$ 恒量，对于确定的刚体和转轴而言，刚体做匀变速转动。

利用刚体定轴转动微分方程求解动力学的两类问题。

【例 6-6】 传动轴系如图 6-15(a)所示，主动轴 Ⅰ 和从动轴 Ⅱ 的转动惯量分别为 J_1 和 J_2，传动比为 $i_{12}=\dfrac{R_2}{R_1}$，R_1 和 R_2 分别为主动轴 Ⅰ 和从动轴 Ⅱ 的半径。若在轴 Ⅰ 上作用主动力矩 M_1，在轴 Ⅱ 上有阻力矩 M_2，各处摩擦不计，试求主动轴 Ⅰ 的角加速度。

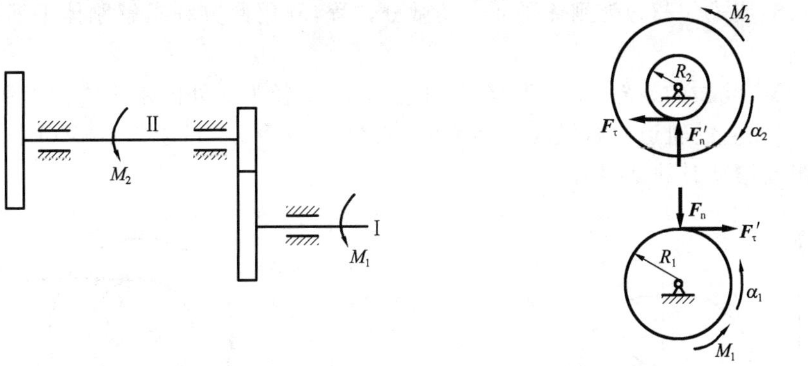

(a)　　　　　　　　(b)

图 6-15　例 6-6 图

解　由于主动轴 Ⅰ 和从动轴 Ⅱ 为两个转动的物体，应用动量矩定理时应分别研究。受力传动轴系如图 6-15(b)所示，设角加速度的方向为建立动量矩方程的正方向，其定轴转动微分方程为

$$J_1\alpha_1 = M_1 - F'_\tau R_1 \tag{a}$$

$$J_2\alpha_2 = F_\tau R_2 - M_2 \tag{b}$$

因轮缘上的切向力 $F_\tau = F'_\tau$，传动比 $i_{12}=\dfrac{R_2}{R_1}=\dfrac{\alpha_1}{\alpha_2}$。

则式(a)$\times i_{12}$+式(b)，并注意 $\alpha_2=\dfrac{\alpha_1}{i_{12}}$，得主动轴Ⅰ的角加速度为

$$\alpha_1=\frac{M_1-\dfrac{M_2}{i_{12}}}{J_1+\dfrac{J_2}{i_{12}^2}}$$

6.3.3 刚体平面运动微分方程

由运动学知，刚体的平面运动可以分解为随基点的平移和相对于基点转动的两部分。在动力学中，一般取质心为基点，因此刚体的平面运动可以分解为随质心的平移和相对于质心的转动两部分。这两部分的运动分别由质心运动定理和相对于质心的动量矩定理来确定。

如图 6-16 所示，作用在刚体上的力简化为质心所在平面内一平面力系 $\boldsymbol{F}_i^{(e)}$ $(i=1,\cdots,n)$，在质心 C 处建立平移坐标系 $Cx'y'$，由质心运动定理和相对于质心的动量矩定理得

$$\begin{cases} M\boldsymbol{a}_C = \sum \boldsymbol{F}_i^{(e)} \\ \dfrac{\mathrm{d}}{\mathrm{d}t}(J_C\omega) = \sum M_C(\boldsymbol{F}_i^{(e)}) \end{cases} \tag{6-28}$$

式(6-28) 的投影形式为

$$\begin{cases} Ma_{Cx} = \sum F_{ix}^{(e)} \\ Ma_{Cy} = \sum F_{iy}^{(e)} \\ J_C\ddot{\varphi} = \sum M_C(\boldsymbol{F}_i^{(e)}) \end{cases} \tag{6-29}$$

式(6-28)或式(6-29)为刚体平面运动微分方程，利用此方程求解刚体平面运动的两类动力学问题。

【例 6-7】 均质的鼓轮，半径为 R，质量为 m，在半径为 r 处沿水平方向作用有力 $\boldsymbol{F}_1$ 和 $\boldsymbol{F}_2$，使鼓轮沿平直的轨道向右做无滑动滚动，如图 6-17 所示，试求轮心点 O 的加速度以及使鼓轮无滑动滚动时的摩擦力。

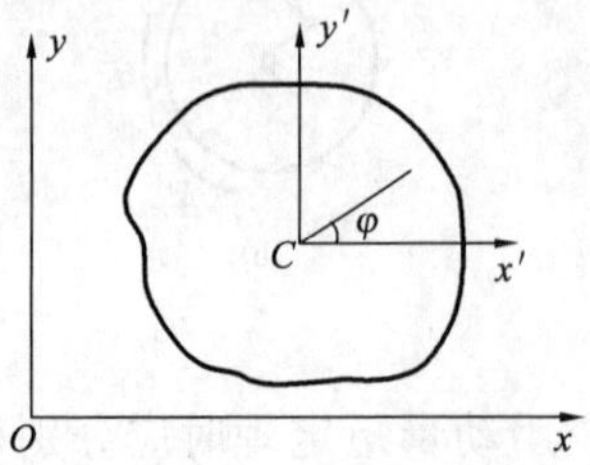

图 6-16 质心坐标系

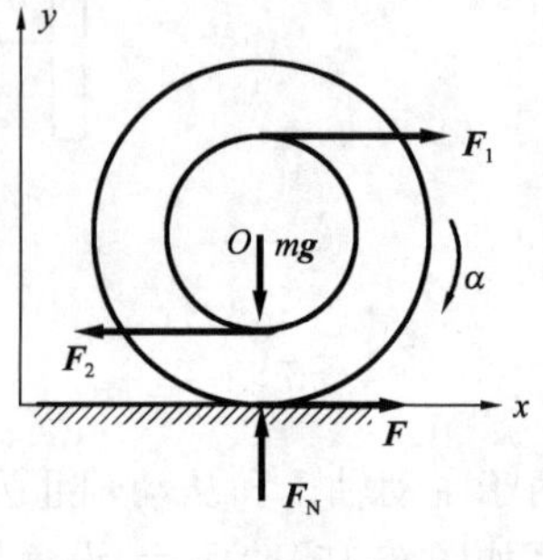

图 6-17 例 6-7 图

解　由于鼓轮做平面运动，鼓轮的受力如图 6-17 所示，建立鼓轮平面运动微分方程为

$$ma_{Ox}=F_1-F_2+F \tag{a}$$

$$ma_{Oy}=F_N-mg \tag{b}$$

$$J_O\alpha=F_1r+F_2r-FR \tag{c}$$

式中，F——摩擦力；

F_N——支撑面的法向约束力。

因鼓轮沿平直的轨道做无滑动的滚动，则 $a_{Oy}=0$，$F_N=mg$，$\omega=\dfrac{v_O}{R}$，$\alpha=\dfrac{\dot{v}_O}{R}=\dfrac{a_{Ox}}{R}$，代入式(c)得

$$J_O\frac{a_{Ox}}{R}=F_1r+F_2r-FR \tag{d}$$

式(a)和式(d)联立，得轮心点 O 的加速度为

$$a=a_{Ox}=\frac{(F_1+F_2)r+(F_1-F_2)R}{J_O+mR^2}R$$

其中，转动惯量 $J_O=\dfrac{1}{2}mR^2$，则有

$$a=a_{Ox}=\frac{2[(F_1+F_2)r+(F_1-F_2)R]}{3mR}$$

使鼓轮做无滑动滚动时的摩擦力为

$$F=\frac{2(F_1+F_2)r-(F_1-F_2)R}{3R}$$

6.4　动能定理

动量和动量矩是描述物体做机械运动时与周围物体进行机械运动交换的物理量，动能是描述物体做机械运动时所具有的能量。这一节我们要学习物体动能的变化与作用在物体上力的功之间的关系——动能定理。

6.4.1　力的功

1. 常力做直线运动的功

设物体在大小和方向都不变的力 $\boldsymbol{F}$ 作用下，沿直线做运动，其位移为 $\boldsymbol{s}$，如图 6-18 所示，力 $\boldsymbol{F}$ 对物体所做的功为

$$W_{12}=\boldsymbol{F}\cdot\boldsymbol{s}=Fs\cos\theta \tag{6-30}$$

式中，θ——力 $\boldsymbol{F}$ 与位移 $\boldsymbol{s}$ 间的夹角。

功是代数量，功的单位为焦耳(J)，1 J=1 N·m。

2. 变力做曲线运动的功

设质点 M 在变力 $\boldsymbol{F}$ 的作用下做曲线运动，如图 6-19 所示，质点从位置 M_1 运动到位置 M_2。为了计算变力 $\boldsymbol{F}$ 在曲线上的功，将曲线 M_1M_2 分成若干小段，其弧长为 $\mathrm{d}s$，$\mathrm{d}s$ 可视为

直线，此段上力 $\boldsymbol{F}$ 视为常力，此时力 $\boldsymbol{F}$ 做的功称为元功①，由式(6-30)有

$$\delta W = F\cos\theta \mathrm{d}s \tag{6-31}$$

当 $\mathrm{d}s$ 足够小时，位移与路程相等，即 $\mathrm{d}s=|\mathrm{d}\boldsymbol{r}|$，$\mathrm{d}\boldsymbol{r}$ 为微小弧段 $\mathrm{d}s$ 上所对应的位移，式(6-31)写成

$$\delta W = \boldsymbol{F}\cdot \mathrm{d}\boldsymbol{r} \tag{6-32}$$

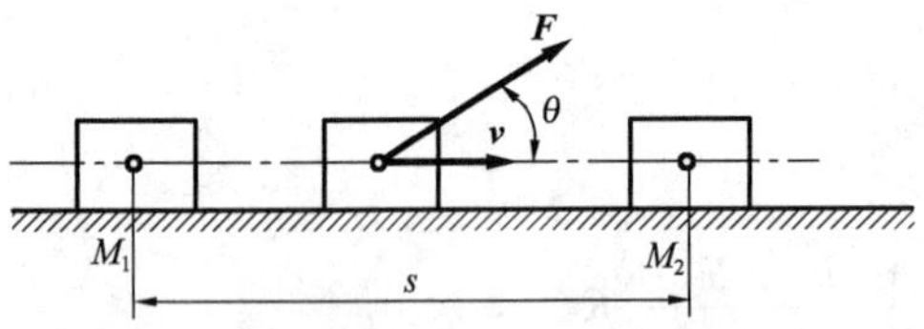

图 6-18 物体在常力作用下做直线运动

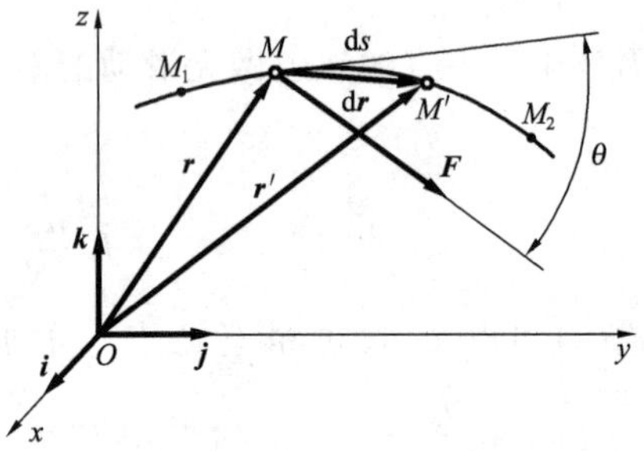

图 6-19 质点在变力作用下做曲线运动

力 $\boldsymbol{F}$ 在位移 $\mathrm{d}\boldsymbol{r}$ 上的元功的解析式为

$$\delta W = F_x\mathrm{d}x + F_y\mathrm{d}y + F_z\mathrm{d}z \tag{6-33}$$

则力 $\boldsymbol{F}$ 在曲线 M_1M_2 上的功为

$$W_{12} = \int_{M_1}^{M_2}\delta W = \int_{M_1}^{M_2}\boldsymbol{F}\cdot \mathrm{d}\boldsymbol{r} = \int_{M_1}^{M_2}F_x\mathrm{d}x + F_y\mathrm{d}y + F_z\mathrm{d}z \tag{6-34}$$

3. 汇交力系合力的功

设质点 m 上作用有 n 个力 $\boldsymbol{F}_1,\boldsymbol{F}_2,\cdots,\boldsymbol{F}_n$，则力系的合力功为

$$W_{12} = \sum W_{12i} = \sum\int_{M_1}^{M_2}\boldsymbol{F}_i\cdot \mathrm{d}\boldsymbol{r} \tag{6-35}$$

即合力在某一路程上所做的功等于各分力在同一路程上所做功的代数和。

4. 常见力的功

(1)重力功

设物体受重力 $\boldsymbol{P}$ 的作用，重心沿曲线从位置 M_1 运动到位置 M_2，如图 6-20 所示，则重力 $\boldsymbol{P}$ 在直角坐标轴上的投影 $F_x=F_y=0,F_z=-P$，代入式(6-33)，得重力的元功为

$$\delta W = -P\mathrm{d}z = \mathrm{d}(-Pz)$$

重力 $\boldsymbol{P}$ 沿曲线 $\overset{\frown}{M_1M_2}$ 的功为

$$W_{12} = \int_{z_1}^{z_2}\mathrm{d}(-Pz) = P(z_1 - z_2) \tag{6-36}$$

由重力功式(6-36)可见，重力功只与始末位置的高度差有关，与物体的运动路径无关。

(2)弹性力功

如图 6-21 所示，一端固定、另一端连接质点 M 的弹簧，质点受弹力 $\boldsymbol{F}$ 的作用，从位置 M_1 运动到位置 M_2。设弹簧的原长为 l_0，弹性系数为 k(N/m 或 N/cm)，在弹性范围内，弹性力 $\boldsymbol{F}$ 表示为

①力的元功 δW 不能写成 $\mathrm{d}W$ 的全微分形式，只有当力是势力时才可以写成 $\mathrm{d}W$ 的全微分形式。

$$\boldsymbol{F}=-k(r-l_0)\boldsymbol{r}_0$$

由式(6-32)得弹性力的元功

$$\delta W=\boldsymbol{F}\cdot \mathrm{d}\boldsymbol{r}=-k(r-l_0)\boldsymbol{r}_0\cdot \mathrm{d}\boldsymbol{r}=-k(r-l_0)\frac{\boldsymbol{r}}{r}\cdot \mathrm{d}\boldsymbol{r}$$

式中，$\boldsymbol{r}\cdot \mathrm{d}\boldsymbol{r}=\frac{1}{2}\mathrm{d}(\boldsymbol{r}\cdot\boldsymbol{r})=\frac{1}{2}\mathrm{d}(r^2)=r\mathrm{d}r$ 代入上式，则有

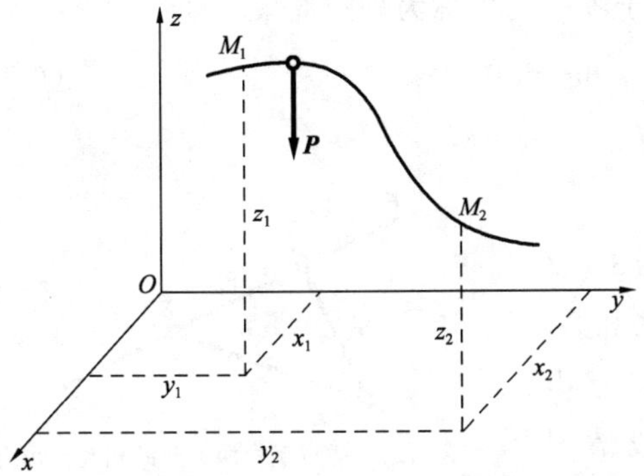

图 6-20　重力做功

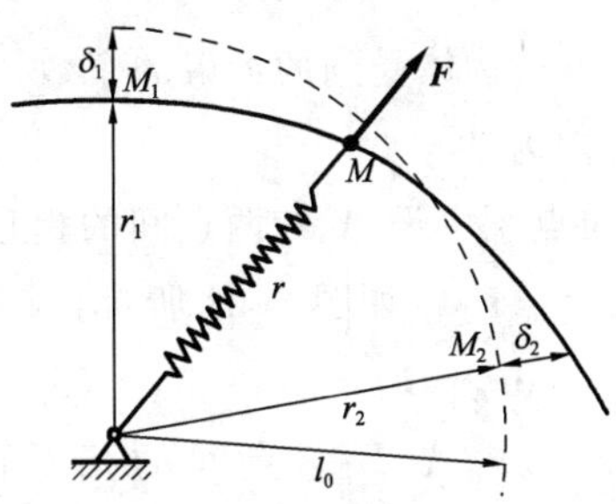

图 6-21　弹性力做功

$$\delta W=-k(r-l_0)\mathrm{d}r=\mathrm{d}\left[-\frac{k}{2}(r-l_0)^2\right]$$

质点沿$\overset{\frown}{M_1M_2}$运动时弹性力功为

$$W_{12}=\int_{M_1}^{M_2}\boldsymbol{F}\cdot \mathrm{d}\boldsymbol{r}=\frac{k}{2}[(r_1-l_0)^2-(r_2-l_0)^2]$$

即

$$W_{12}=\frac{k}{2}(\delta_1^2-\delta_2^2) \tag{6-37}$$

式中，$\delta_1=r_1-l_0$，$\delta_2=r_2-l_0$ 分别为质点在初位置 M_1 和末位置 M_2 时弹簧的变形量。由此可见，弹性力功只与质点始末位置有关，与质点的运动路径无关。

(3)力矩功

如图 6-22 所示，刚体绕转轴 z 做定轴转动，作用在刚体上的力 $\boldsymbol{F}$ 的元功为

$$\delta W=\boldsymbol{F}\cdot \mathrm{d}\boldsymbol{r}=F_\tau \mathrm{d}s=F_\tau r\mathrm{d}\varphi=M_z\mathrm{d}\varphi$$

则刚体从位置 M_1 转到位置 M_2 时，力 $\boldsymbol{F}$ 所做的功

$$W_{12}=\int_0^{\varphi}\boldsymbol{F}\cdot \mathrm{d}\boldsymbol{r}=\int_0^{\varphi}M_z\mathrm{d}\varphi \tag{6-38}$$

若刚体在力偶作用下，且力偶矩 M_z = 恒量，由式(6-38)力偶矩的功为

$$W_{12}=\int_0^{\varphi}M_z\mathrm{d}\varphi=M_z\varphi \tag{6-39}$$

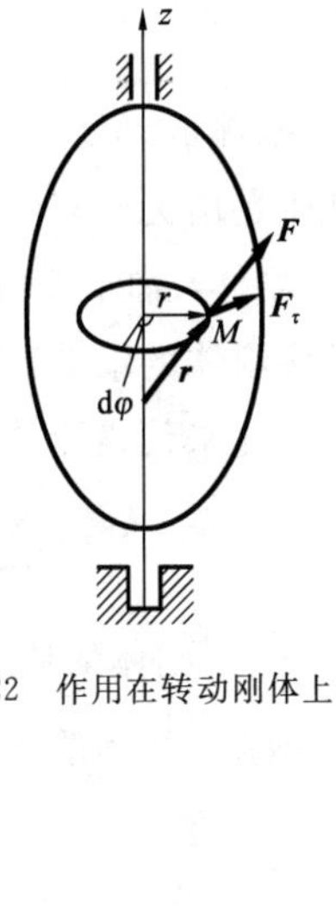

图 6-22　作用在转动刚体上的力

(4)约束力功

物体所受的约束，例如，①光滑接触面约束、轴承约束、滚动铰支座，其约束力与微小位移 d$\boldsymbol{r}$ 总是相互垂直，约束力的元功等于零；②铰链约束，其单一的约束力的元功不等于零，但相互间的约束力的元功之和等于零；③不可伸长的绳索、二力杆约束，由于绳索、二力杆不可伸长，其约束力的元功等于零；④物体沿固定平面做纯滚动，其法向约束力和摩擦力均不做功。

我们把约束力不做功或约束力做功之和等于零的约束称为理想约束。即

$$\delta W = \sum \boldsymbol{F}_{Ni} \cdot \mathrm{d}\boldsymbol{r}_i = 0 \tag{6-40}$$

式中，N——物体受到的约束的个数。

(5)内力功

在质点系中设 A、B 两点间的相互作用力为 $\boldsymbol{F}_A$、$\boldsymbol{F}_B$，且有 $\boldsymbol{F}_A=-\boldsymbol{F}_B$。如图 6-23 所示，内力的元功之和为

$$\delta W=\boldsymbol{F}_A \cdot \mathrm{d}\boldsymbol{r}_A-\boldsymbol{F}_B \cdot \mathrm{d}\boldsymbol{r}_B=\boldsymbol{F}_A \cdot (\mathrm{d}\boldsymbol{r}_A-\mathrm{d}\boldsymbol{r}_B)=\boldsymbol{F}_A \cdot \mathrm{d}\boldsymbol{r}_{AB}$$

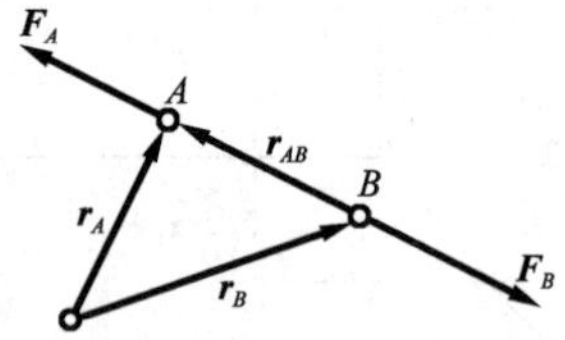

图 6-23 质点系中两点间的相互作用力

式中，d$\boldsymbol{r}_{AB}$——A、B 两点间的相对位移，一般情况下 d$\boldsymbol{r}_{AB}\neq 0$，则其元功 $\delta W\neq 0$；但当物体为刚体时，d$\boldsymbol{r}_{AB}=0$，则其元功 $\delta W=0$。

6.4.2 动能定理

1. 质点和质点系的动能

(1)质点的动能

设质点的质量为 m，速度为 $\boldsymbol{v}$，质点的动能定义为

$$T=\frac{1}{2}mv^2 \tag{6-41}$$

动能是标量，恒为正值；单位为焦耳(J)，1 J=1 N·m。

(2)质点系的动能

设质点系由 n 个质点组成，质点系的动能等于质点系内各质点动能的代数和，即

$$T = \sum \frac{1}{2}m_i v_i^2 \tag{6-42}$$

(3)刚体的动能

刚体是由无数点组成的质点系，由于刚体运动形式的不同，其上各点的速度分布也不相同，因此刚体动能计算也不同。由质点系的动能式(6-42)，计算下面常见刚体运动的动能。

平移刚体的动能：当刚体做平移运动时，由于每一瞬时其上各点的速度都相等，因此用质心的速度来代表刚体上各点的速度，则平移刚体的动能为

$$T = \sum \frac{1}{2}m_i v_i^2 = \sum (\frac{1}{2}m_i v_C^2) = \frac{1}{2}(\sum m_i)v_C^2 = \frac{1}{2}Mv_C^2 \tag{6-43}$$

式中，M—— 刚体的质量，$M = \sum m_i$。

平移刚体的动能等于刚体的质量与质心速度平方的乘积的一半，它与质点的动能形式一样。

刚体定轴转动的动能：设刚体某瞬时以角速度 ω 绕固定轴 z 转动，如图 6-24 所示，刚体内第 i 个质点的质量为 m_i，到转轴 z 的距离为 r_i，质点的速度为 $v_i = r_i\omega$，则刚体做定轴转动时的动能

$$T = \sum \frac{1}{2}m_i v_i^2 = \sum \frac{1}{2}m_i(r_i\omega)^2 = \frac{1}{2}(\sum m_i r_i^2)\omega^2 = \frac{1}{2}J\omega^2 \tag{6-44}$$

式中，J—— 刚体对转轴 z 的转动惯量，$J = \sum m_i r_i^2$。

刚体定轴转动的动能等于刚体对转轴的转动惯量与角速度平方的乘积的一半。

刚体平面运动的动能：刚体做平面运动时，平面图形取刚体质心所在的平面，如图 6-25 所示，设某瞬时平面图形的角速度为 ω，速度瞬心点为 P，平面运动可以看成相对于速度瞬心点 P 的纯转动，则刚体平面运动的动能为

$$T=\frac{1}{2}J_P\omega^2 \tag{6-45}$$

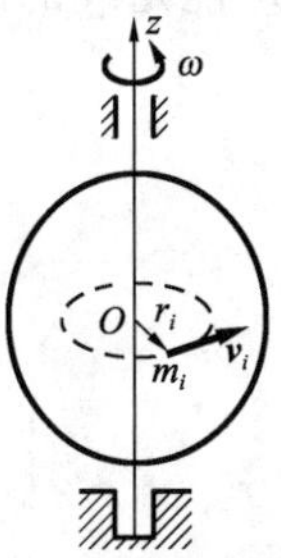

图 6-24　刚体定轴转动

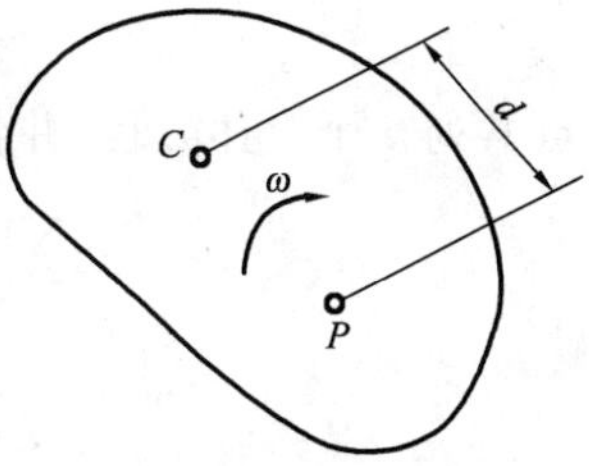

图 6-25　刚体平面运动

由转动惯量的平行轴定理有

$$J_P=J_C+md^2$$

将其代入式(6-45)得

$$T=\frac{1}{2}J_P\omega^2=\frac{1}{2}(J_C+md^2)\omega^2=\frac{1}{2}J_C\omega^2+\frac{1}{2}md^2\omega^2$$

其中，质心点的速度为 $v_C=\omega d$，于是有

$$T=\frac{1}{2}J_C\omega^2+\frac{1}{2}mv_C^2 \tag{6-46}$$

刚体平面运动的动能等于随质心平移动能和绕质心转动动能之和。

2. 质点和质点系动能定理

(1)质点动能定理

由牛顿第二定律得

$$m\boldsymbol{a}=\boldsymbol{F}$$

加速度 $\boldsymbol{a}=\frac{\mathrm{d}\boldsymbol{v}}{\mathrm{d}t}$，在上面的方程中两端同时点乘 $\mathrm{d}\boldsymbol{r}$，于是有

$$m\frac{\mathrm{d}\boldsymbol{v}}{\mathrm{d}t}\cdot \mathrm{d}\boldsymbol{r}=\boldsymbol{F}\cdot \mathrm{d}\boldsymbol{r}$$

因 $\boldsymbol{v}=\frac{\mathrm{d}\boldsymbol{r}}{\mathrm{d}t}$，$\delta W=\boldsymbol{F}\cdot \mathrm{d}\boldsymbol{r}$，代入上式得

$$m\mathrm{d}\boldsymbol{v}\cdot\boldsymbol{v}=\delta W$$

式中，$\mathrm{d}\boldsymbol{v}\cdot\boldsymbol{v}=\mathrm{d}(\frac{1}{2}\boldsymbol{v}\cdot\boldsymbol{v})=\mathrm{d}(\frac{1}{2}v^2)$，则有

$$\mathrm{d}(\frac{1}{2}mv^2)=\delta W \tag{6-47}$$

质点动能定理的微分形式：质点动能的增量等于作用在质点上的力的元功。

若质点从位置 M_1 转到位置 M_2 时，速度由 $\boldsymbol{v}_1$ 变为 $\boldsymbol{v}_2$，对式(6-47)积分得

$$\frac{1}{2}mv_2^2-\frac{1}{2}mv_1^2=W_{12} \tag{6-48}$$

质点动能定理的积分形式：质点在某一段路程上运动时，末动能与初动能的差等于作用在质点上的力在同一段路程上所做的功。

(2)质点系动能定理

设质点系由 n 个质点组成，由式(6-47)，对第 i 个质点建立动能定理的微分形式，即

$$\mathrm{d}(\frac{1}{2}m_iv_i^2)=\delta W_i$$

n 个质点共列 n 个上述方程，并将其连加，得

$$\sum\mathrm{d}(\frac{1}{2}m_iv_i^2) = \sum\delta W_i$$

即

$$\mathrm{d}T = \sum\delta W_i \tag{6-49}$$

式中，T—— 质点系的动能，$T = \sum(\frac{1}{2}m_iv_i^2)$。

质点系动能定理的微分形式：质点系动能的增量等于作用在质点系上的全部力所做元功之和。

若质点系从位置 M_1 运动到位置 M_2 时，所对应的动能为 T_1 和 T_2，对式(6-49) 积分得

$$T_2 - T_1 = \sum W_{12} \tag{6-50}$$

质点系动能定理的积分形式：质点系在某一段路程上运动时，末动能与初动能的差等于作用在质点系上的全部力在同一段路程上所做功的和。

应当注意：

①当我们研究刚体动力学问题时，作用在刚体上全部力的功应为主动力的功，因为刚体受理想约束；同时若考虑滑动摩擦力时应按主动力处理。

②动能和功都是标量，动能定理所对应的方程是标量方程，没有投影形式。

③利用动能定理计算时，只需研究始末状态即可。

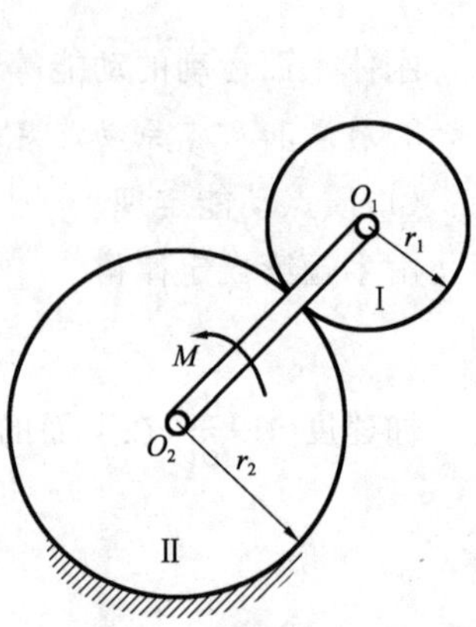

图 6-26　例 6-8 图

【例 6-8】　如图 6-26 所示，均质轮 I 的质量为 m_1，半径为 r_1，在曲柄 O_1O_2 的带动下绕 O_2 轴转动，并沿轮 II 只滚动而不滑动。轮 II 固定不动，半径为 r_2。曲柄的质量为 m_2。若已

知系统处于水平面内，曲柄上作用有一不变的力矩 M，初始时系统静止，各处的摩擦不计。试求曲柄 O_1O_2 转过 φ 角时曲柄的角速度和角加速度。

解　取曲柄 O_1O_2 和轮Ⅰ为质点系，质点系的初动能

$$T_1=0$$

曲柄 O_1O_2 转过 φ 角时，质点系的动能

$$T_2=\frac{1}{2}\left[\frac{1}{3}m_2(r_1+r_2)^2\right]\omega^2+\frac{1}{2}m_1v_{O_1}^2+\frac{1}{2}\left(\frac{1}{2}m_1r_1^2\right)\omega_1^2$$

式中，$\omega_1=\dfrac{v_{O_1}}{r_1}=\dfrac{\omega(r_1+r_2)}{r_1}$，则上式为

$$T_2=\frac{1}{2}\left(\frac{m_2}{3}+\frac{3m_1}{2}\right)\omega^2(r_1+r_2)^2$$

由于系统处于水平面内，因此重力不做功。力的功

$$W_{12}=M\varphi$$

由质点系动能定理

$$T_2-T_1=\sum W_{12}$$

得

$$\frac{1}{2}\left(\frac{m_2}{3}+\frac{3m_1}{2}\right)\omega^2(r_1+r_2)^2=M\varphi \tag{a}$$

则曲柄的角速度

$$\omega=\sqrt{\frac{12M\varphi}{(9m_1+2m_2)(r_1+r_2)^2}} \tag{b}$$

式(a)两边对时间求导，得曲柄的角加速度

$$\alpha=\frac{6M\varphi}{(9m_1+2m_2)(r_1+r_2)^2} \tag{c}$$

6.4.3　机械能守恒定律

1. 势力场和势能

(1)势力场

当物体在某一空间时，所受力的大小和方向完全由物体所在的位置决定，这样的空间称为力场，例如重力场和万有引力场等。在力场中，力所做的功与物体的运动路径无关，只与运动的始末位置有关，这样的力场称为势力场，或称保守力场。势力场中的力称为势力，或称保守力。例如重力和弹性力，还有万有引力都是势力或保守力，它们均满足势力的性质。

(2)势能

定义：在势力场中，质点从位置 M 运动到位置 M_0 时势力所做的功称为质点在位置 M 相对于位置 M_0 的势能，即

$$V=\int_M^{M_0}\boldsymbol{F}\cdot\mathrm{d}\boldsymbol{r}=\int_M^{M_0}F_x\mathrm{d}x+F_y\mathrm{d}y+F_z\mathrm{d}z \tag{6-51}$$

其中，定义位置 M_0 的势能等于零，点 M_0 称为零势能点。在势力场中，势能的大小是相对于零势能点而言的。因此，势力场中的同一点相对于不同零势能点，其势能的大小是不相同的；同时，零势能点的选择又可以是任意的。

(3)常见力的势能

重力势能:在重力场中,质点受重力 $\boldsymbol{P}$ 作用,设 z 轴铅垂向上,z_0 为零势能点,质点在任意 z 处的重力势能,由式(6-36)得

$$V = \int_M^{M_0} \boldsymbol{F} \cdot \mathrm{d}\boldsymbol{r} = P(z - z_0) \tag{6-52a}$$

若取坐标原点为零势能点,则重力势能

$$V = Pz \tag{6-52b}$$

弹性力势能:设一端固定、另一端连接一物体的弹簧,弹簧的弹性系数为 k,以变形量 δ_0 为零势能点,变形量 δ 处的弹性力势能,由式(6-37)得

$$V = \frac{k}{2}(\delta^2 - \delta_0^2) \tag{6-53a}$$

若取弹簧的自然位置为零势能点,即 $\delta_0 = 0$,则有

$$V = \frac{k}{2}\delta^2 \tag{6-53b}$$

以上讨论的是一个质点受到势力作用时的势能计算,对质点系而言,其势能应等于质点系内每个质点势能的代数和。

(4)势力功与势能的关系

在势力场中,设零势能点为 M_0 点。质点系从位置 M_1 运动到位置 M_2 时,势力做功为 W_{12};质点系从位置 M_2 运动到位置 M_0 时,势力做功为 W_{20};质点系从位置 M_1 运动到位置 M_0 时,势力做功为 W_{10},如图 6-27 所示,则有

$$W_{10} = W_{12} + W_{20} \tag{a}$$

由势能的定义知

$$W_{10} = V_1, W_{20} = V_2$$

代入式(a),从而有

$$W_{12} = V_1 - V_2 \tag{6-54}$$

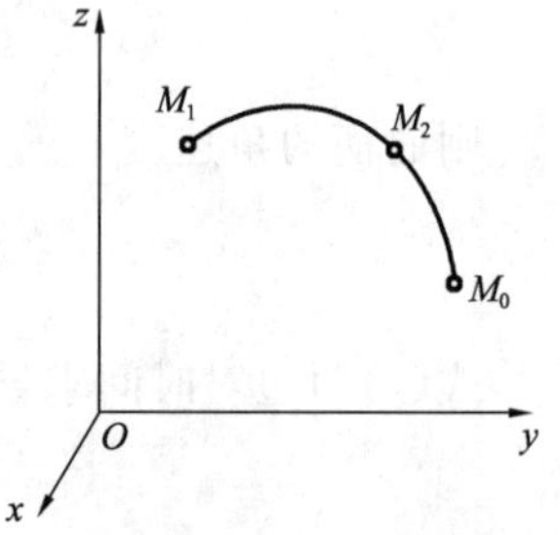

图 6-27　质点系的运动

即势力做功等于质点系在运动过程中始末位置的势能差。

(5)势力与势能的关系

在势力场中,由于质点系势能的大小与所在势力场中位置有关,因此势能是势力场位置坐标的函数。

设势力从一位置运动到另一位置时,这两点的势能分别为 $V(x,y,z)$ 和 $V(x+\mathrm{d}x, y+\mathrm{d}y, z+\mathrm{d}z)$,由式(6-54)得势力的元功为

$$\delta W = V(x,y,z) - V(x+\mathrm{d}x, y+\mathrm{d}y, z+\mathrm{d}z) = -\mathrm{d}V \tag{6-55}$$

其中,势能的全微分

$$\mathrm{d}V = \frac{\partial V}{\partial x}\mathrm{d}x + \frac{\partial V}{\partial y}\mathrm{d}y + \frac{\partial V}{\partial z}\mathrm{d}y \tag{a}$$

势力元功的解析式为

$$\delta W = F_x \mathrm{d}x + F_y \mathrm{d}y + F_z \mathrm{d}z \tag{b}$$

将式(a)和式(b)代入式(6-55)中,得

$$F_x=-\frac{\partial V}{\partial x},F_y=-\frac{\partial V}{\partial y},F_z=-\frac{\partial V}{\partial z} \tag{6-56}$$

即势力的元功等于势能微分的负值；势力在直角坐标轴上的投影等于势能对该坐标的偏导数的负值。

2. 机械能守恒定律

设质点系在势力作用下，从位置 M_1 运动到位置 M_2 时，相应的势能分别为 V_1 和 V_2，动能分别为 T_1 和 T_2，势力所做的功由式(6-54)得

$$W_{12}=V_1-V_2$$

依据质点系动能定理有

$$W_{12}=T_2-T_1$$

于是有

$$V_1-V_2=T_2-T_1$$

即

$$V_1+T_1=V_2+T_2 \tag{6-57}$$

其中，势能和动能之和称为机械能，即 $E=T+V$。

则得**机械能守恒定律**：质点系在势力作用下机械能保持不变。

如果将作用在质点系上的力分为势力(或保守力)和非势力(或非保守力)两类，势力的功为 W_{12}，非势力的功为 W'_{12}，则由质点系动能定理得

$$W_{12}+W'_{12}=T_2-T_1$$

考虑式(6-54)，上式变为

$$W'_{12}=(T_2+V_2)-(T_1+V_1) \tag{6-58}$$

即非势力的功等于机械能的变化。当非势力做正功时：$W'_{12}>0$，机械能增加，质点系作加速运动；当非势力做负功时：$W'_{12}<0$，机械能减少，质点系做减速运动。

【例 6-9】 均质圆柱体 A 和 B 的质量均为 m，半径均为 r，一绳缠绕在绕固定轴转动的圆柱体 A 上，绳另一端缠绕在圆柱体 B 上，直线绳段为铅垂，如图 6-28 所示，若轴 O 的摩擦不计，系统初始静止，两轮心初始时在同一水平线上，试求当圆柱体 B 下落时，圆柱体 B 的轮心速度和加速度，以及圆柱体 A 的角速度和角加速度。

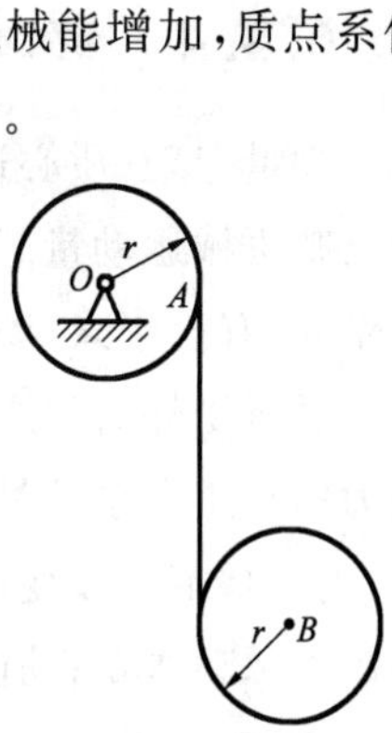

图 6-28　例 6-9 图

解　选均质圆柱体 A 和 B 为质点系。由于轴 O 处的约束力不做功，因此系统机械能守恒。轮心初始位置为零势能点，根据题意，初始位置时系统的动能和势能为

$$T_1=0,V_1=0$$

圆柱体 B 下落时，系统的动能

$$T_2=\frac{1}{2}mv_B^2+\frac{1}{2}J_B\omega^2+\frac{1}{2}J_A\omega^2$$

式中，两圆柱体的角速度 $\omega_A=\omega_B=\omega$，$v_B=2\omega r$，$\omega=\frac{v_B}{2r}$，则上式为

$$T_2=\frac{1}{2}mv_B^2+\frac{1}{2}J_B\omega^2+\frac{1}{2}J_A\omega^2=\frac{1}{2}mv_B^2+2\times\frac{1}{2}(\frac{1}{2}mr^2)(\frac{v_B}{2r})^2=\frac{5}{8}mv_B^2$$

系统的势能

$$V_2=-mgh$$

由机械能守恒定律

$$V_1+T_1=V_2+T_2$$

得

$$-mgh+\frac{5}{8}mv_B^2=0 \tag{a}$$

则圆柱体 B 轮心的速度

$$v_B=\sqrt{\frac{8gh}{5}} \tag{b}$$

式(a)两边对时间求导,并注意 $\dot{h}=v_B$,从而得圆柱体 B 轮心的加速度

$$a_B=\frac{4}{5}g \tag{c}$$

圆柱体 A 的角速度

$$\omega=\frac{1}{2r}\sqrt{\frac{8gh}{5}} \tag{d}$$

式(d)对时间求导,得圆柱体 A 的角加速度

$$\alpha=\frac{2}{5r}g \tag{e}$$

式中,$\dot{h}=v_B$。

6.4.4 动力学普遍定理的综合应用

动量定理(质心运动定理)、动量矩定理和动能定理构成动力学普遍定理,它们从不同侧面反映机械运动量与作用在物体上的力、力矩和功之间的关系。动量定理和动量矩定理是矢量式,有投影式;动能定理是标量式,没有投影式。动量定理和质心运动定理一样是分析质点系所受外力与质点系的动量和质点系质心运动的关系;动量矩定理是分析质点系所受外力矩与质点系动量矩的关系。这三个定理中动量、质心运动和动量矩的变化均与内力无关,内力是不能改变质点系动量、质心运动和动量矩的,但内力可以改变质点系内单个质点的动量和动量矩;动能定理是从能量角度研究质点系动能的变化与作用在质点系上力的功的关系,质点系动能的变化不仅与外力有关,而且还与内力有关。但当质点系是刚体时,动能的变化只与外力功有关,此时若刚体受理想约束,约束力不做功,外力功(包括滑动摩擦力的功)为主动力的功。

在动力学计算方面,应根据问题适当选择普遍定理中的某一个定理,有时是这些定理的联合应用。一般情形,动量定理和质心运动定理主要是研究平移运动的质点系问题;动量矩定理主要是研究定轴转动质点系问题;质心运动定理和动量矩定理联合应用是研究刚体平面运动问题;动能定理是研究一般机械运动问题。当要求质点系的运动量(例如速度、加速

度、角速度和角加速度)时,一般先采用动能定理较好,因为它是标量方程易于求解;当要求作用在质点系上的力时,应根据问题选择动量定理、质心运动定理或动量矩定理。

动力学求解分为两类,一类是已知质点系的运动,求作用于质点系上的力;另一类是已知作用于质点系上的力,求质点系的运动。

【例 6-10】 均质圆轮重为 $\boldsymbol{P}$,半径为 r,沿倾角为 θ 的斜面做无滑动的滚动,如图 6-29 所示,滚动摩阻不计。试求轮心的加速度,以及斜面的法向约束力和斜面的滑动摩擦力。

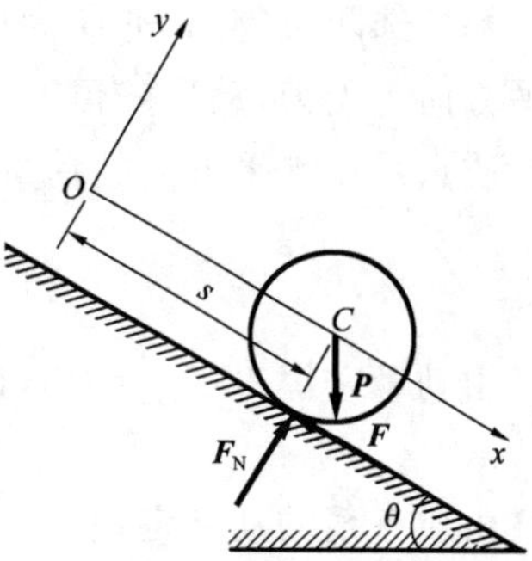

图 6-29　例 6-10 图

解　根据题意,圆轮做平面运动,受重力 $\boldsymbol{P}$、法向约束力 $\boldsymbol{F}_{\mathrm{N}}$、滑动摩擦力 $\boldsymbol{F}$ 的作用,如图 6-29 所示。

(1)求轮心的加速度

圆轮的初动能

$$T_1=0$$

圆轮运动到任一瞬时的动能

$$T_2=\frac{1}{2}J_C\omega^2+\frac{1}{2}mv_C^2=\frac{1}{2}\left(\frac{1}{2}\frac{P}{g}r^2\right)\left(\frac{v_C}{r}\right)^2+\frac{1}{2}\frac{P}{g}v_C^2=\frac{3P}{4g}v_C^2$$

当圆轮轮心运动的距离为 s 时,主动力所做的功

$$W_{12}=Ps\sin\theta$$

由质点系动能定理

$$T_2-T_1=\sum W_{12}$$

得

$$\frac{3P}{4g}v_C^2=Ps\sin\theta \tag{a}$$

式(a)两边对时间求导,并注意 $\dot{s}=v_C$,得轮心的加速度为

$$a_C=\frac{2}{3}g\sin\theta \tag{b}$$

(2)求斜面的法向约束力和斜面的滑动摩擦力

建立图示坐标系,由质心运动定理得

$$\begin{cases}\dfrac{P}{g}a_{Cx}=P\sin\theta-F\\[2mm]\dfrac{P}{g}a_{Cy}=F_{\mathrm{N}}-P\cos\theta\end{cases}$$

由于 $a_{Cx}=a_C=\frac{2}{3}g\sin\theta$,$a_{Cy}=0$,则

斜面的法向约束力

$$F_{\mathrm{N}}=P\cos\theta$$

斜面的滑动摩擦力

$$F=\frac{1}{3}P\sin\theta$$

【例 6-11】 如图 6-30 所示，弹簧两端各系重物 A 和 B，放在光滑的水平面上。其中，重物 A 的质量为 m_1，重物 B 的质量为 m_2，弹簧原长为 l_0，弹性系数为 k。若将弹簧拉到 l 后，无初速度释放。试求弹簧回到原长时重物 A 和 B 的速度。

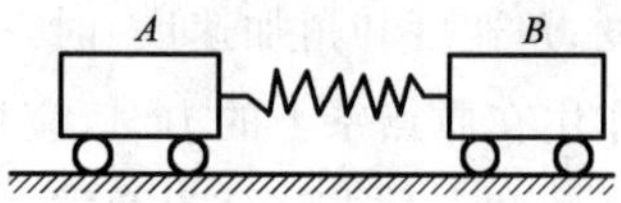

图 6-30 例 6-11 图

解 选两重物 A 和 B 为质点系。由于重物 A 和 B 放在光滑的水平面上，则质点系在水平方向不受力，动量守恒。

质点系在水平方向的动量

$$P_{x1}=0$$

$$P_{x2}=m_1v_A-m_2v_B$$

由动量守恒得 $P_{x1}=P_{x2}$，即

$$m_1v_A-m_2v_B=0 \tag{a}$$

由质点系的动能定理

$$T_2-T_1=\sum W_{12}$$

其中质点系动能

$$T_1=0$$

$$T_2=\frac{1}{2}m_1v_A^2+\frac{1}{2}m_2v_B^2$$

作用在质点系上力的功

$$W_{12}=\frac{k}{2}(l-l_0)^2$$

则有

$$\frac{1}{2}m_1v_A^2+\frac{1}{2}m_2v_B^2=\frac{k}{2}(l-l_0)^2 \tag{b}$$

式(a)和式(b)联立，求得重物 A 和 B 的速度

$$v_A=\frac{\sqrt{km_2}(l-l_0)}{\sqrt{m_1(m_1+m_2)}},v_B=\frac{\sqrt{km_1}(l-l_0)}{\sqrt{m_2(m_1+m_2)}}$$

上面的例子还可以有其他的解法，请读者自己练习。在学习这部分时，应根据具体问题，恰当地选择动力学普遍定理中的某一个或几个的联立，才能求解。

【资料阅读】

牛 顿

许多杰出的数学家在 17 世纪取得了辉煌的成就，所以英国哲学家怀特海把 17 世纪称为"天才的世纪"。在闪耀的群星中，牛顿也许是其中最耀眼的天才之一。

牛顿从小喜欢读书并喜欢制作各种机械模型，比如，风车、水钟和日晷。1665 年，从剑桥大学毕业后，牛顿回家乡林肯郡躲避鼠疫，待了两年。正是在这两年的清静时光中，牛顿取得了微积分和万有引力定律的伟大突破。牛顿将微积分称为"流数法"，并将微积分完美地应用于物理学中。在 1688 年发表的巨著《自然哲学的数学原理》中，牛顿用简洁的数学公式描述了万有引力定律和三大运动定律，从而奠定了经典物理学的基础。

（资料来源：刘韩.人工智能简史.北京：人民邮电出版社，2017）

思政目标

动力学理论将物体运动变化及其原因结合起来，辩证地揭示了物体运动变化及其规律。质点动力学揭示了单个质点的动力学规律，质点系动力学理论从质点系运动变化的不同侧面描述了与作用其上力及力的功之间的关系。动力学理论为人们从宏观层面科学辩证认识客观世界运动变化提供了方法，为人们建立科学辩证的世界观提供了基础。

本章小结

1. 质点动力学

(1)动力学的基本定律

第一定律：不受力作用的物体将保持静止或匀速直线运动。

第二定律：物体所获得的加速度的大小与物体所受的力成正比，与物体的质量成反比，加速度的方向与力同向，即 $m\boldsymbol{a}=\boldsymbol{F}$。

第三定律：物体间的作用力与反作用力总是大小相等、方向相反、沿着同一条直线，分别作用在两个物体上。

(2)质点运动微分方程

矢量形式的运动微分方程：$m\dfrac{\mathrm{d}^2\boldsymbol{r}}{\mathrm{d}t^2}=\sum\boldsymbol{F}_i$

直角坐标形式的运动微分方程：$\begin{cases} m\dfrac{\mathrm{d}^2x}{\mathrm{d}t^2}=\sum F_x \\ m\dfrac{\mathrm{d}^2y}{\mathrm{d}t^2}=\sum F_y \\ m\dfrac{\mathrm{d}^2z}{\mathrm{d}t^2}=\sum F_z \end{cases}$

自然轴系形式的运动微分方程：$\begin{cases} ma_\tau=\sum F_\tau \\ ma_n=\sum F_n \\ ma_b=\sum F_b \end{cases}$

(3)质点动力学的两类基本问题：

第一类问题——已知质点的运动，求作用于质点上的力。

第二类问题——已知作用于质点上的力，求质点的运动。

在此两类问题基础上，有时也存在两类问题的联合求解。

2. 动量定理

(1)动量与冲量

质点的动量：$m\boldsymbol{v}$，单位为 kg · m/s。

质点系的动量：$\boldsymbol{p}=\sum m_i\boldsymbol{v}_i$，或者 $\boldsymbol{p}=M\boldsymbol{v}_C$

冲量：$\boldsymbol{I}=\int_0^t\boldsymbol{F}\mathrm{d}t$，它是矢量，单位为 N · s。

(2)动量定理

质点的动量定理：$\frac{\mathrm{d}(m\boldsymbol{v})}{\mathrm{d}t}=\boldsymbol{F}$

质点系的动量定理：$\frac{\mathrm{d}\boldsymbol{p}}{\mathrm{d}t}=\sum \boldsymbol{F}_i^{(e)}$

质点系动量守恒定律：当作用在质点系上外力的主矢等于零时，则质点系动量守恒；当作用在质点系上外力的主矢在某一轴上投影等于零时，则质点系沿该轴的动量守恒。

(3)质心运动定理

$$M\boldsymbol{a}_C=\sum \boldsymbol{F}_i^{(e)}$$

质点系质心的运动可以看成一个质点的运动，这个质点的质量就是质点系的质量，这个质点所受的力就是作用在质点系上的外力。

质心运动守恒定律：当作用在质点系上外力的主矢等于零时，则质点系质心做惯性运动；当作用在质点系上外力的主矢在某一轴上投影等于零时，则质点系质心沿该轴做惯性运动，若初始系统静止，如质心的速度 $v_{Cx}=0$，质点系质心 x_C 的坐标保持不变。

3. 动量矩定理

(1)质点的动量矩定理

质点对点的动量矩：$\boldsymbol{M}_O(m\boldsymbol{v})=\boldsymbol{r}\times m\boldsymbol{v}$ 是矢量，单位为 $\mathrm{kg\cdot m^2/s}$。

质点对轴的动量矩：$M_z(m\boldsymbol{v})=M_O[(m\boldsymbol{v})_{xy}]$是代数量。

质点的动量矩定理：质点对某一固定点的动量矩对时间的导数等于作用在质点上的力对同一点的矩。即

$$\frac{\mathrm{d}}{\mathrm{d}t}[\boldsymbol{M}_O(m\boldsymbol{v})]=\boldsymbol{M}_O(\boldsymbol{F})$$

(2)质点系的动量矩定理

质点系对点的动量矩：$\boldsymbol{L}_O=\sum \boldsymbol{M}_O(m_i\boldsymbol{v}_i)$

质点系对轴的动量矩：$L_z=\sum M_z(m_i\boldsymbol{v}_i)=[\boldsymbol{L}_O]_z$

质点系对点的动量矩和对轴的动量矩的关系：$L_z=[\boldsymbol{L}_O]_z$

刚体定轴转动的动量矩：$L_z=J_z\boldsymbol{\omega}$

质点系的动量矩定理：质点系对某一固定点的动量矩对时间的导数等于作用在质点系上的外力对同一点矩的矢量和(或称外力的主矩)。即

$$\frac{\mathrm{d}}{\mathrm{d}t}\boldsymbol{L}_O=\sum \boldsymbol{M}_O(\boldsymbol{F}_i^{(e)})$$

投影形式：
$$\begin{cases}\frac{\mathrm{d}}{\mathrm{d}t}L_x=\sum M_x(\boldsymbol{F}_i^{(e)})\\ \frac{\mathrm{d}}{\mathrm{d}t}L_y=\sum M_y(\boldsymbol{F}_i^{(e)})\\ \frac{\mathrm{d}}{\mathrm{d}t}L_z=\sum M_z(\boldsymbol{F}_i^{(e)})\end{cases}$$

质点系动量矩守恒定律：当作用在质点系上外力对某一点的矩等于零时，则质点系对该点的动量矩守恒；当作用在质点系上的外力对某一轴的矩等于零时，则质点系对该轴的动量矩守恒。

质点系相对质心的动量矩定理：质点系相对质心的动量矩对时间的导数等于作用于质

点系上的外力对质心之矩的矢量和(或称外力的主矩)。即

$$\frac{\mathrm{d}\boldsymbol{L}_C}{\mathrm{d}t}=\boldsymbol{M}_C$$

(3)刚体定轴转动微分方程和刚体平面运动微分方程

刚体定轴转动微分方程：$J_z\frac{\mathrm{d}\omega}{\mathrm{d}t}=\sum M_z(\boldsymbol{F}_i)$ 或 $J_z\alpha=\sum M_z(\boldsymbol{F}_i)$

刚体平面运动微分方程：$\begin{cases} M\boldsymbol{a}_C=\sum \boldsymbol{F}_i^{(e)} \\ \frac{\mathrm{d}}{\mathrm{d}t}(J_C\omega)=\sum M_C(\boldsymbol{F}_i^{(e)}) \end{cases}$

利用刚体定轴转动微分方程和刚体平面运动微分方程，可求解动力学的两类问题。

4. 动能定理

(1)力的功

常力功：$W_{12}=\boldsymbol{F}\cdot\boldsymbol{s}=Fs\cos\theta$

变力功：$W_{12}=\int_{M_1}^{M_2}\boldsymbol{F}\cdot\mathrm{d}\boldsymbol{r}=\int_{M_1}^{M_2}F_x\mathrm{d}x+F_y\mathrm{d}y+F_z\mathrm{d}z$

重力功：$W_{12}=P(z_1-z_2)$

弹性力功：$W_{12}=\frac{k}{2}(\delta_1^2-\delta_2^2)$

力矩功：$W_{12}=\int_0^{\varphi}M_z\mathrm{d}\varphi=M\varphi$

约束力功：$\delta W=\sum \boldsymbol{F}_{\mathrm{N}i}\cdot\mathrm{d}\boldsymbol{r}_i=0$，即约束力不做功或约束力做功之和等于零的约束称为理想约束。

内力功：一般情况下，内力功不等于零；但当物体为刚体时，内力功等于零。

(2)质点和质点系的动能

质点的动能：$T=\frac{1}{2}mv^2$，它是标量，恒为正值，单位为焦耳(J)，1 J=1 N·m。

质点系的动能：$T=\sum\frac{1}{2}m_iv_i^2$

刚体的动能：

- 平移刚体的动能：$T=\frac{1}{2}Mv_C^2$
- 刚体定轴转动的动能：$T=\frac{1}{2}J\omega^2$
- 刚体平面运动的动能：$T=\frac{1}{2}J_P\omega^2$
- 或者 $T=\frac{1}{2}J_C\omega^2+\frac{1}{2}mv_C^2$，其中，点 P 为速度瞬心。

(3)动能定理

质点的动能定理：

- 质点动能定理的微分形式：$\mathrm{d}(\frac{1}{2}mv^2)=\delta W$
- 质点动能定理的积分形式：$\frac{1}{2}mv_2^2-\frac{1}{2}mv_1^2=W_{12}$

质点系的动能定理：

- 质点系动能定理的微分形式：$\mathrm{d}T=\sum\delta W_i$
- 质点系动能定理的积分形式：$T_2-T_1=\sum W_{12}$

(4)势力场和势能

势力场:力所做的功与物体的运动路径无关,只与运动的始末位置有关。

势力:势力场中的力称为势力,或称保守力。例如重力和弹性力,还有万有引力都是势力或保守力。

势能:在势力场中,质点从位置 M 运动到位置 M_0 时势力所做的功。即

$$V=\int_{M}^{M_0}\boldsymbol{F}\cdot\mathrm{d}\boldsymbol{r}=\int_{M}^{M_0}F_x\mathrm{d}x+F_y\mathrm{d}y+F_z\mathrm{d}z$$

式中,点 M_0—— 零势能点。

重力势能:$V=P(z-z_0)$,若取坐标原点为零势能点,重力势能:$V=Pz$。

弹性力势能:$V=\frac{k}{2}(\delta^2-\delta_0^2)$,若取弹簧的自然位置为零势能点,即 $\delta_0=0$,弹性力势能:$V=\frac{k}{2}\delta^2$。

(5)机械能守恒定律

质点系在势力作用下机械能保持不变。

习 题

6-1 质量 $m=2$ kg 的重物 M 挂在长 $l=1$ m 的绳子下端,已知重物受到水平冲击力而获得的速度为 $v=5$ m/s,如图 6-31 所示,试求该瞬时绳子的拉力。

6-2 小球重为 $\boldsymbol{P}$,用两个细绳吊起,如图 6-32 所示,已知细绳与铅垂线的夹角为 θ,现突然剪断其中一根绳子,试求此时另一根绳子的拉力。

6-3 如图 6-33 所示,A、B 两物体的质量分别为 m_1、m_2,两者用一根绳子连接,此绳跨过一滑轮,滑轮的半径为 r,若初始时,两物体的高度差为 h,且 $m_1>m_2$,不计滑轮的质量,试求两个物体到达相同的高度时所需要的时间。

6-4 半径为 R 的偏心凸轮,绕轴 O 以匀角速度 ω 转动。推动导板沿铅直轨道运动,如图 6-34 所示。导板顶部放一质量为 m 的物块 A,设偏心距为 $OC=e$,初始时,OC 沿水平线,试求物块对导板的最大压力以及使物块不离开导板的角速度 ω 的最大值。

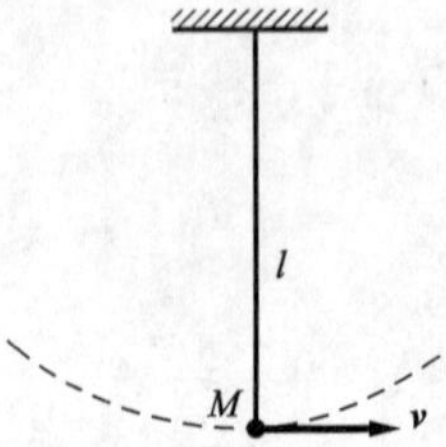

图 6-31 习题 6-1 图

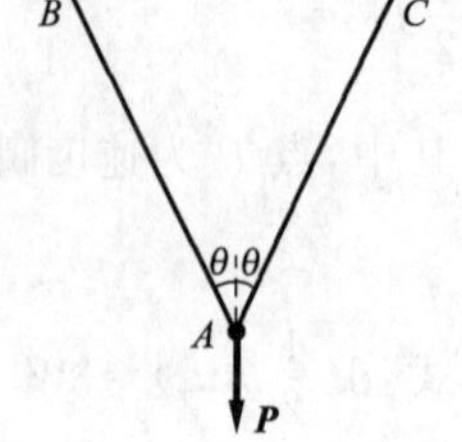

图 6-32 习题 6-2 图

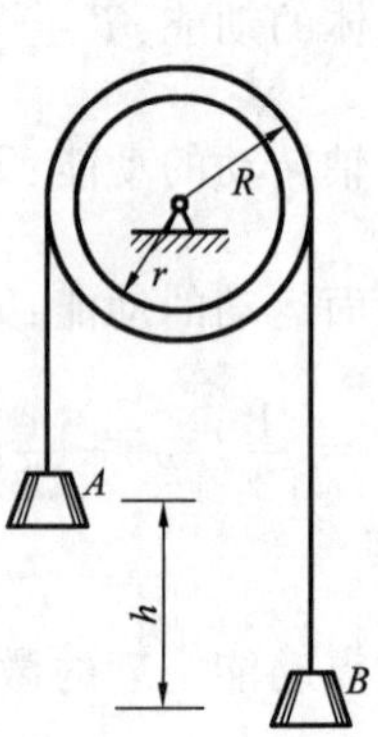

图 6-33 习题 6-3 图

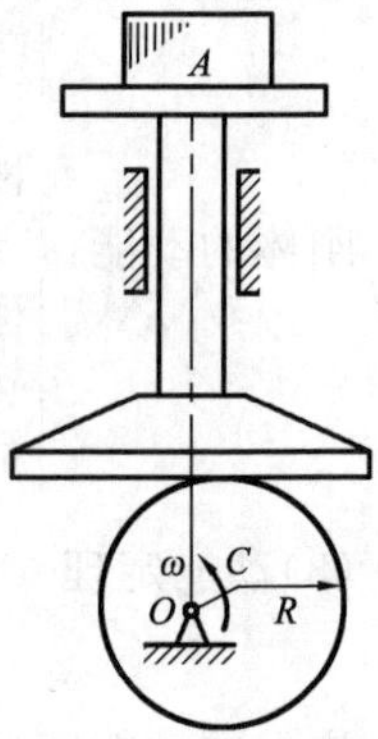

图 6-34 习题 6-4 图

6-5 如图 6-35 所示,质量为 m 的小球 M,用两根长为 l 的杆连接,此机构以等角速度 ω 绕铅直轴 AB 转动,如 $AB=2a$,杆的两端均为铰接,且不计杆的质量,试求 AM、BM 杆所受的力。

6-6　有一木块质量为 2.3 kg，放在光滑的水平面上。一质量为 0.014 kg 的子弹沿水平方向射入后，木块以速度 3 m/s 前进，试求子弹射入前的速度。

6-7　跳伞者质量为 60 kg，从停留在高空中的直升机中跳出，落下 100 m 后，将伞打开。设开伞前的空气阻力忽略不计，伞重不计，开伞后所受的阻力不变，经 5 s 后跳伞者的速度减为 4.3 m/s，试求阻力的大小。

6-8　电动机的质量为 M，放在光滑的基础上，如图 6-36 所示。电动机的转子长为 $2l$，质量为 m_1，转子的另一端固结一质量为 m_2 的小球，已知电动机的转子以匀角速度 ω 转动。试求：(1) 电动机定子的水平运动方程；(2) 若将电动机固定在基础上，作用在螺栓上的水平和竖直约束力的最大值。

6-9　如图 6-37 所示的曲柄滑块机构，设曲柄 OA 以匀角速度 ω 绕 O 轴转动，滑块 B 沿水平方向滑动。已知 $OA=AB=l$，OA 及 AB 为均质杆，其质量均为 m_1，滑块 B 的质量为 m_2。试求：(1) 系统质心的运动方程；(2) 质心的轨迹；(3) 系统的动量。

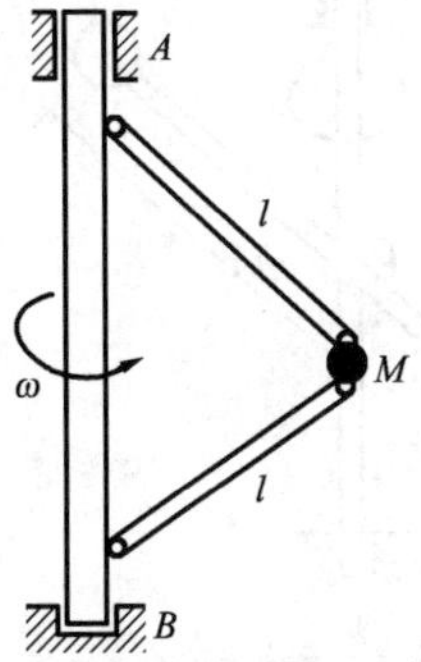

图 6-35　习题 6-5 图

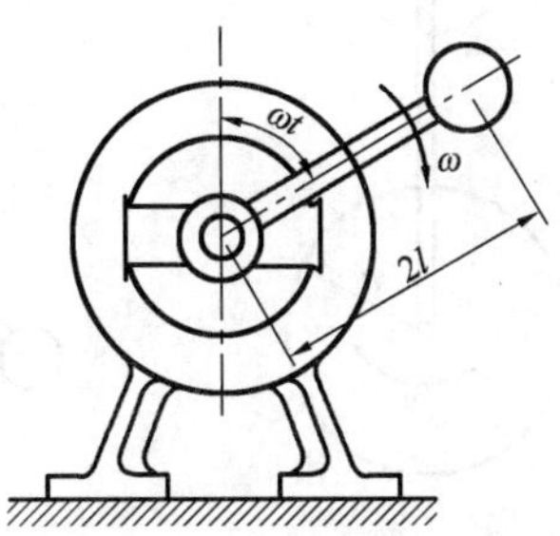

图 6-36　习题 6-8 图

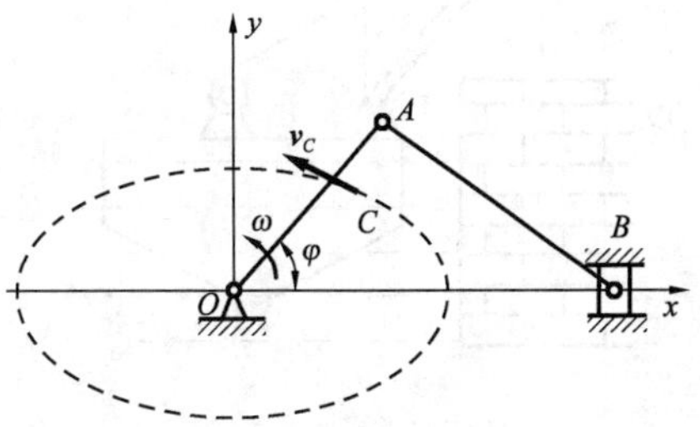

图 6-37　习题 6-9 图

6-10　如图 6-38 所示质量为 m_1 的小车 A，悬挂一质量为 m_2 的单摆 B，单摆的摆长为 l，按规律 $\varphi=\varphi_0\sin kt$ 摆动，其中 k 为常数。不计水平面的摩擦和摆杆的质量，试求小车的运动方程。

6-11　如图 6-39 所示的平台车，车重为 $P=4.9$ kN，沿水平轨道运动。平台车上站一个人，重 $Q=686$ N。车与人以相同的速度向右方运动，若人以相对于平台车的相对速度 $v_r=2$ m/s 向左跳出，试求平台车的速度增加了多少？

6-12　三个重物的质量分别为 $m_1=20$ kg，$m_2=15$ kg，$m_3=10$ kg，由绕过两个定滑轮的绳子相连，如图 6-40 所示。当重物 m_1 下降时，重物 m_2 在四棱柱 $ABCD$ 的水平桌面上向右移动，重物 m_3 则沿斜面上升，四棱柱的质量 $m=100$ kg。如忽略接触面的摩擦和绳子的质量，试求当重物 m_1 下降 1 m 时，四棱柱相对地面移动的距离。

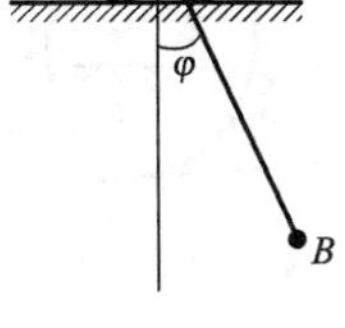

图 6-38　习题 6-10 图

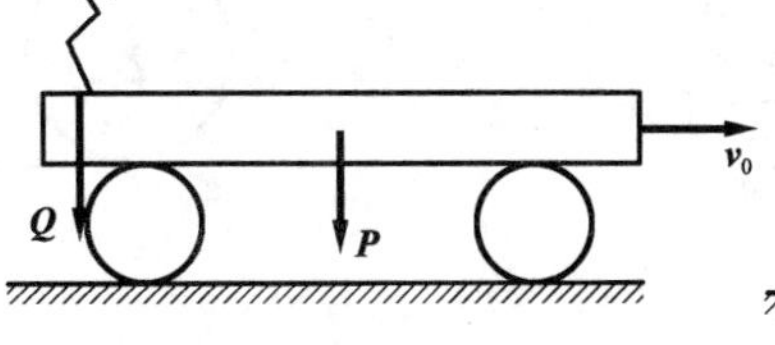

图 6-39　习题 6-11 图

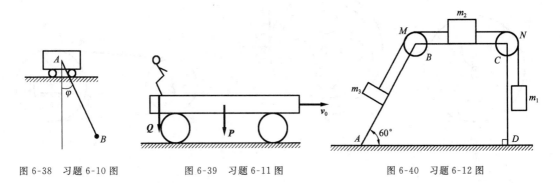

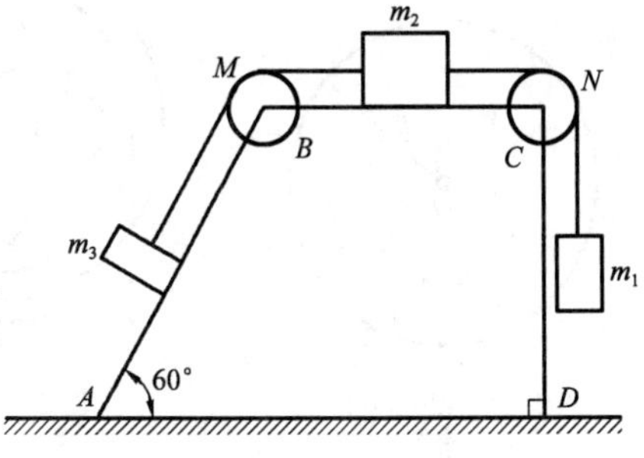

图 6-40　习题 6-12 图

6-13 如图 6-41 所示的浮动起重机，举起重量为 $m_1=2\times10^3$ kg 的重物，设起重机的质量为 $m_2=2\times10^4$ kg，起重杆 OA 的长度 $l=8$ m；初始时，起重杆与铅垂线成 60°角，忽略水的阻力和起重杆的自重，试求当起重杆转到与铅垂线成 30°角时，起重机的位移。

6-14 质量为 m 的质点在平面 Oxy 内运动，其运动方程为 $x=a\cos\omega t$，$y=b\sin2\omega t$，其中 a、b、ω 为常数，试求质点对坐标原点 O 的动量矩。

6-15 半径为 R，质量为 m 的均质圆盘与长为 l、质量为 M 的均质杆铰接，如图 6-42 所示。杆以角速度 ω 绕轴 O 转动，圆盘以相对角速度 ω_r 绕点 A 转动。试求：(1) $\omega_r=\omega$，系统对转轴 O 的动量矩；(2) $\omega_r=-\omega$，系统对转轴 O 的动量矩。

6-16 两小球 C、D 质量均为 m，用长为 $2l$ 的均质杆连接，杆的质量为 M，杆的中点固定在轴 AB 上，CD 与轴 AB 的夹角为 θ，如图 6-43 所示。轴以角速度 ω 转动，试求系统对转轴 AB 的动量矩。

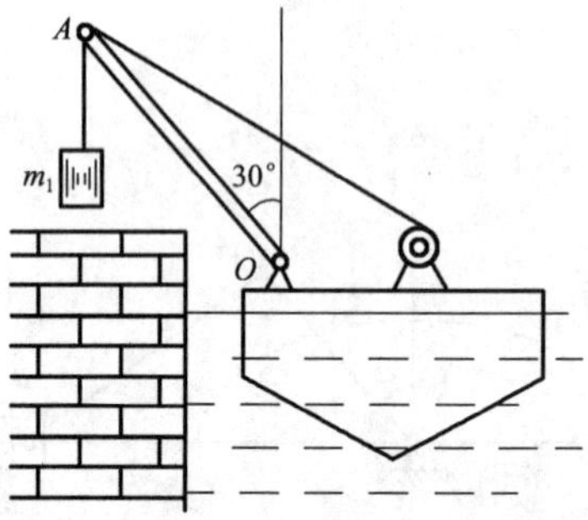

图 6-41 习题 6-13 图

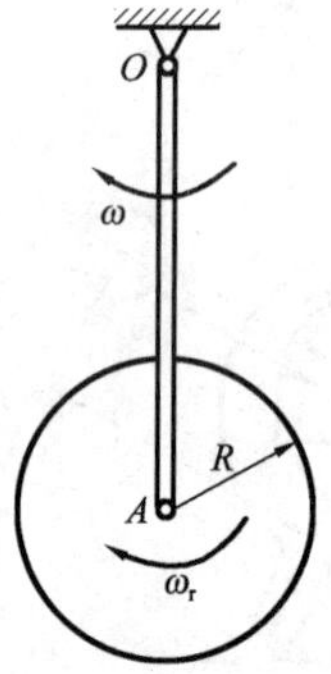

图 6-42 习题 6-15 图

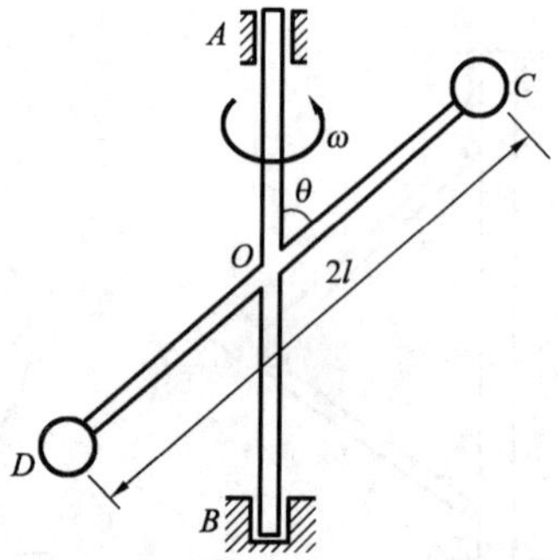

图 6-43 习题 6-16 图

6-17 一半径为 R、质量为 m_1 的均质圆盘，可绕通过其中心 O 的铅直轴无摩擦地旋转。一质量为 m_2 的人在盘上 B 点按规律 $s=\dfrac{1}{2}at^2$ 沿着半径为 r 的圆周行走，如图 6-44 所示。系统初始静止，试求圆盘的角速度和角加速度。

6-18 飞轮对转轴 O 的转动惯量为 J_O，以角速度 ω_O 绕轴 O 转动，制动时闸块给轮以正压力 $\boldsymbol{F}_N$，闸块与轮之间的摩擦系数为 f，轮的半径为 R，如图 6-45 所示，轴承的摩擦不计。试求制动时的时间。

6-19 如图 6-46 所示两轮的半径为 R_1、R_2，质量分别为 m_1、m_2。两轮用胶带连接，分别绕两平行的固定轴转动，若在第一轮上作用主动力矩 M，在第二轮上作用阻力矩 M'。视圆轮为均质圆盘，胶带与轮间无滑动，胶带质量不计，试求第一轮的角加速度。

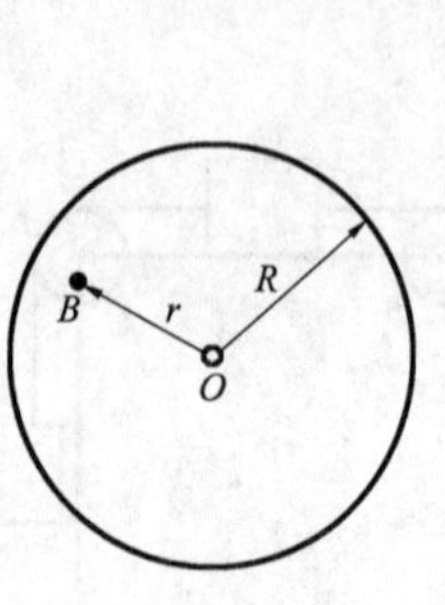

图 6-44 习题 6-17 图

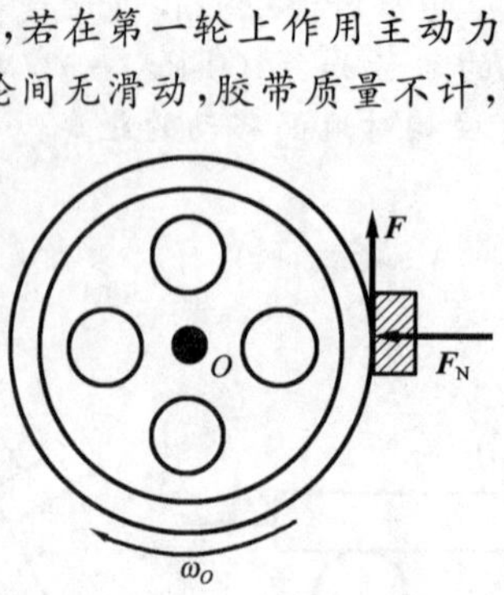

图 6-45 习题 6-18 图

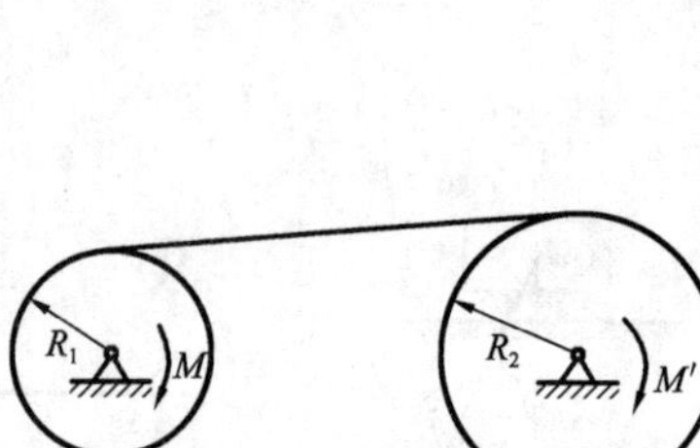

图 6-46 习题 6-19 图

6-20　如图 6-47 所示的绞车，提升一重为 $\boldsymbol{P}$ 的重物，在其主动轴上作用一不变的力矩 M。已知主动轴和从动轴的转动惯量分别为 J_1、J_2，传动比 $i=\frac{z_2}{z_1}$，吊索缠绕在鼓轮上，鼓轮半径为 R，轴承的摩擦不计。试求重物的加速度。

6-21　两质量分别为 m_1、m_2 的重物系于不可伸长的绳索下端，如图 6-48 所示。两绳的上部分别缠绕在半径为 r_1 和 r_2 的鼓轮上，两鼓轮在同一轴上。若两个鼓轮的转动惯量为 J，试求鼓轮的角加速度。

6-22　如图 6-49 所示均质杆 AB 长为 l，重为 $\boldsymbol{P}_1$，B 端固结一重为 $\boldsymbol{P}_2$ 的小球，杆的 D 点与铅垂悬挂的弹簧相连以使杆保持水平位置。已知弹簧的弹性系数为 k，给小球以微小的初位移 δ_0，然后自由释放，试求杆的运动规律。

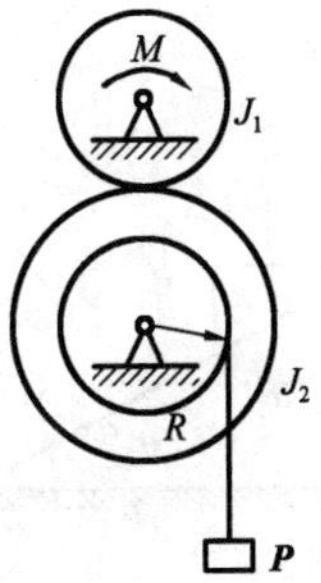

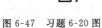

图 6-47　习题 6-20 图

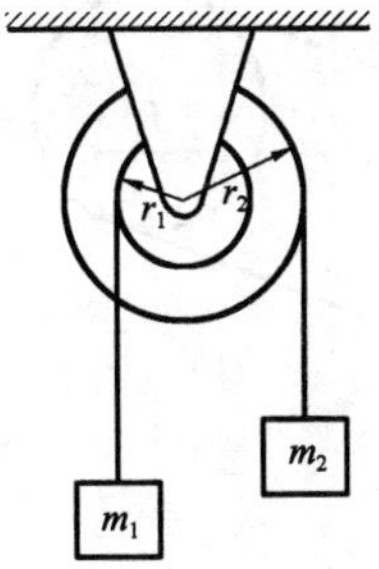

图 6-48　习题 6-21 图

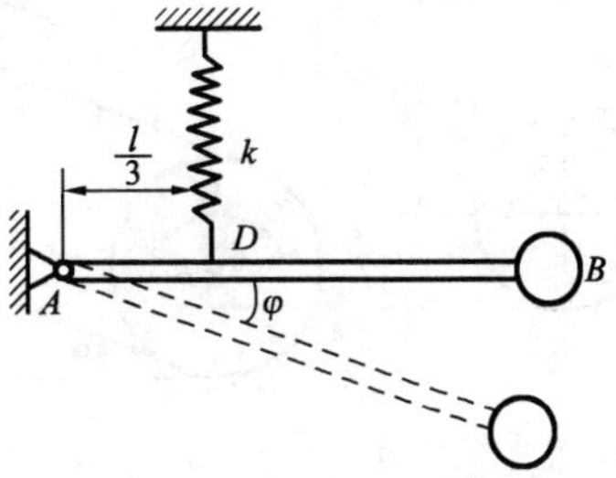

图 6-49　习题 6-22 图

6-23　重物 A 的质量为 m_1 系在绳子上，绳子跨过不计质量的固定滑轮 D 上，并缠绕在鼓轮 B 上，如图 6-50 所示。由于重物 A 下降，使轮 C 沿水平轨道做纯滚动而不滑动。设鼓轮的半径为 r，轮 C 的半径为 R，两者固连在一起，总质量为 m_2，对于水平轴 O 的惯性半径为 ρ。试求重物 A 的加速度。

6-24　半径为 r、质量为 m 的均质圆轮沿水平直线做纯滚动，如图 6-51 所示。设轮的惯性半径为 ρ，作用在圆轮上有一不变力偶矩 M，试求轮心的加速度。若轮对地面的静滑动摩擦系数为 f，问力偶矩 M 满足什么条件时不至于使圆轮滑动。

6-25　如图 6-52 所示的均质圆柱体，质量为 m，半径为 r，放在倾角为 60°的斜面上，一细绳缠绕在圆柱体上，其一端固定在 A 点，绳与斜面平行，若圆柱体与斜面间的摩擦因数为 $f=\frac{1}{3}$，试求圆柱体沿斜面落下时质心的加速度。

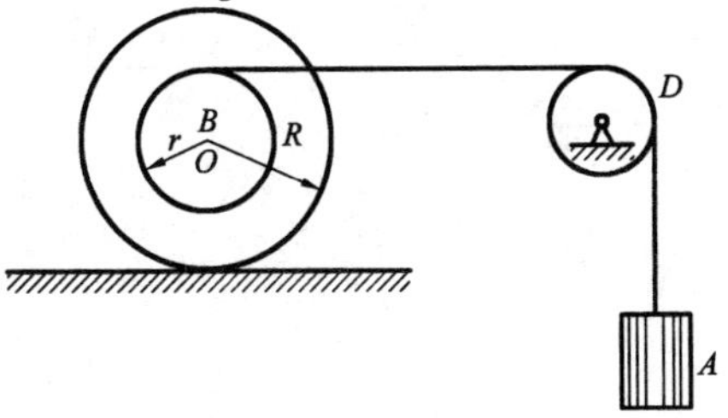

图 6-50　习题 6-23 图

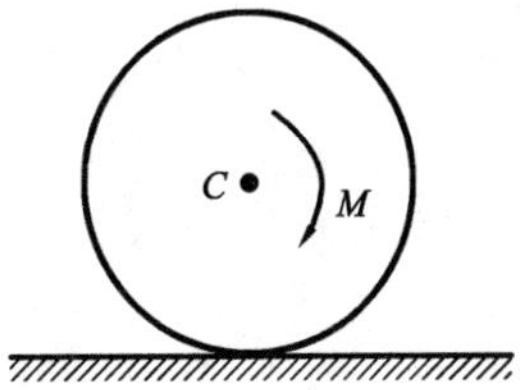

图 6-51　习题 6-24 图

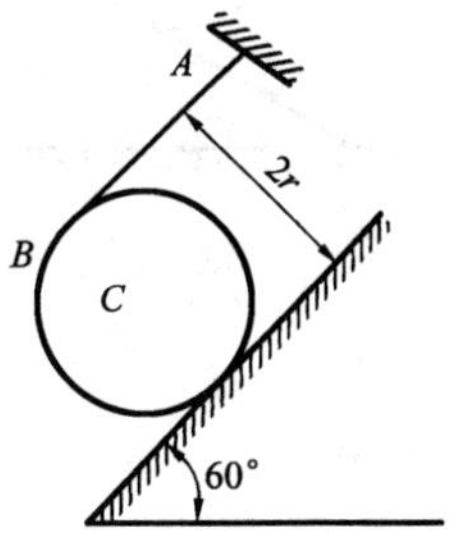

图 6-52　习题 6-25 图

6-26 均质圆柱体 A 的质量为 m，在轮的外缘上缠以细绳，绳的一端 B 固定，如图 6-53 所示。当 BC 铅垂时圆柱下降，设初始轮心的速度为零，试求轮心下降为 h 时，轮心的速度和绳的拉力。

6-27 如图 6-54 所示，带式运输机的轮 B 受常力偶矩 M 的作用，使胶带运输机由静止开始运动。若被提升的重物 A 的质量为 m_1，轮 B 和轮 C 的半径均为 r，质量均为 m_2，并视为均质圆盘。运输机胶带与水平线的交角为 θ，胶带的质量不计，胶带与重物间无相对滑动。试求重物 A 移动 s 时的速度和加速度。

6-28 如图 6-55 所示，三棱柱 A 沿三棱柱 B 的斜面滑动，A、B 的质量分别为 m_1 和 m_2，三棱柱 B 的斜面与水平线的交角为 θ，若初始时系统静止，忽略摩擦，试求三棱柱 B 的加速度。

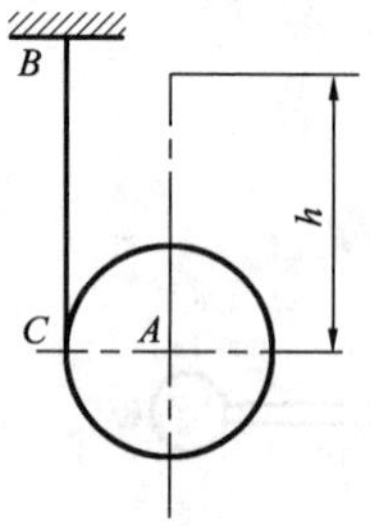

图 6-53 习题 6-26 图

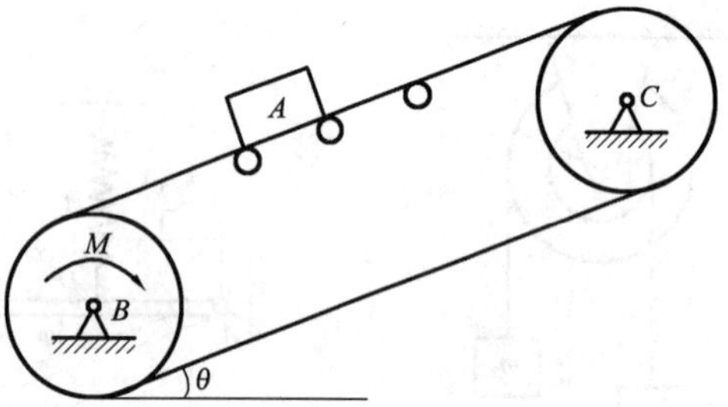

图 6-54 习题 6-27 图

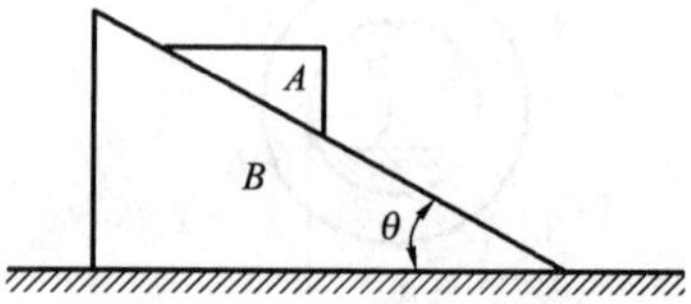

图 6-55 习题 6-28 图

6-29 圆轮 A 的质量为 m_1，沿倾角为 θ 的斜面向下滚动而不滑动，如图 6-56 所示。其质心连接绳索，并跨过滑轮 B 提升质量为 m_2 的重物 C，滑轮 B 绕轴 O 转动。设圆轮 A 和滑轮 B 的质量相同，半径相同，且为均质圆盘。试求圆轮 A 的质心加速度和系在圆盘上绳索的拉力。

6-30 如图 6-57 所示的系统中，物块及两均质轮的质量均为 m，轮半径均为 R。轮 C 上缘缠绕一弹性系数为 k 的无重弹簧，轮 C 在地面上无滑动地滚动。初始时，弹簧无伸长，此时在轮 O 上挂一重物，试求当重物由静止下落为 h 时的速度和加速度，以及轮 C 与地面间的摩擦力。

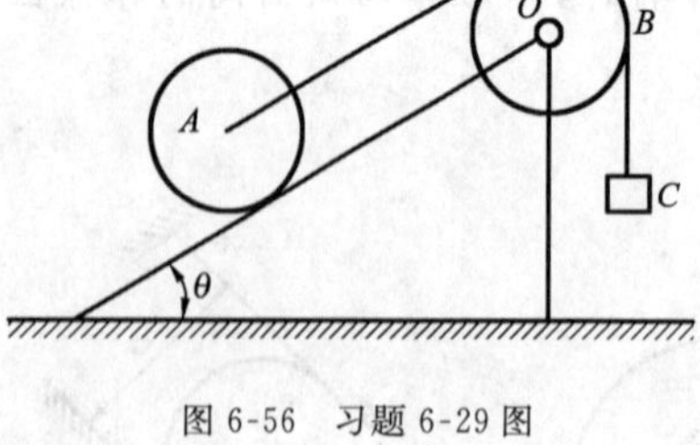

图 6-56 习题 6-29 图

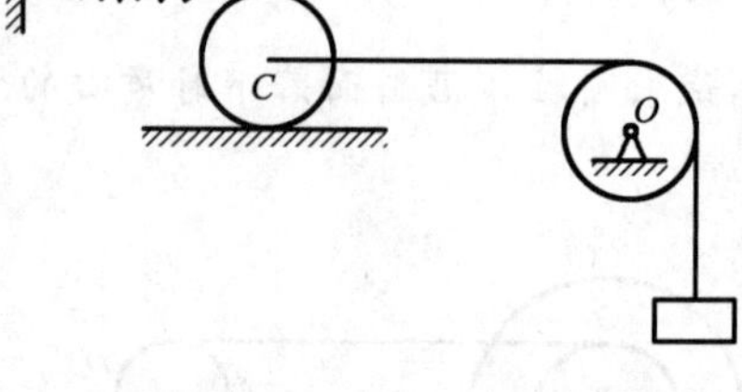

图 6-57 习题 6-30 图

第 7 章

达朗贝尔原理

上一章以牛顿定律为基础研究了质点和质点系的动力学问题，给出了求解质点和质点系动力学问题的普遍定理。这一章我们需要学习求解非自由质点系动力学问题的新方法——达朗贝尔原理，它是用静力学平衡的观点解决动力学问题，又称为动静法。特别是在已知的运动求约束力方面显得尤为方便，因此在工程中得到广泛的应用。

7.1 达朗贝尔原理概述

7.1.1 惯性力·质点的达朗贝尔原理

设非自由质点的质量为 m，加速度为 $\boldsymbol{a}$，作用在质点上的主动力为 $\boldsymbol{F}$，约束力为 $\boldsymbol{F}_N$，如图 7-1 所示。根据牛顿第二定律，有

$$m\boldsymbol{a}=\boldsymbol{F}+\boldsymbol{F}_N$$

将上式移项写为

$$\boldsymbol{F}+\boldsymbol{F}_N-m\boldsymbol{a}=0 \tag{7-1}$$

引入记号

$$\boldsymbol{F}_I=-m\boldsymbol{a} \tag{7-2}$$

式(7-1)成为

$$\boldsymbol{F}+\boldsymbol{F}_N+\boldsymbol{F}_I=0 \tag{7-3}$$

式中，$\boldsymbol{F}_I$——质点的惯性力，具有力的量纲，它是一个虚拟力，它的大小等于质点的质量与加速度的乘积，方向与质点的加速度方向相反。

式(7-3)是一个汇交力系的平衡方程，它表示：作用在质点上的主动力、约束力和虚拟的惯性力在形式上构成平衡力系，称为质点的达朗贝尔原理。此原理是法国科学家达朗贝尔于 1743 年提出的。

利用达朗贝尔原理在质点上虚拟添加惯性力，将动力学问题转化成静力学平衡问题进行求解的方法称为动静法。

应当指出：

(1)达朗贝尔原理并没有改变动力学问题的性质。因为质点实际上并不是受到力的作用而真正处于平衡状态，而是假想地加在质点上的惯性力与作用在质点上的主动力、约束力

在形式上构成平衡力系。

(2)惯性力是一种虚拟力,但它是使质点改变运动状态的施力物体的反作用力。

例如,系在绳子一端质量为 m 的小球,速度为 $\boldsymbol{v}$,用手拉住小球在水平面内做匀速圆周运动,如图 7-2 所示。小球受到绳子的拉力 $\boldsymbol{F}$,使小球改变运动状态产生法向加速度 $\boldsymbol{a}_n$,即 $\boldsymbol{F}=m\boldsymbol{a}_n$。小球对绳子的反作用力 $\boldsymbol{F}'=-\boldsymbol{F}=-m\boldsymbol{a}_n$,这是由于小球具有惯性,力图保持其原有的运动状态,而对绳子施加的反作用力。

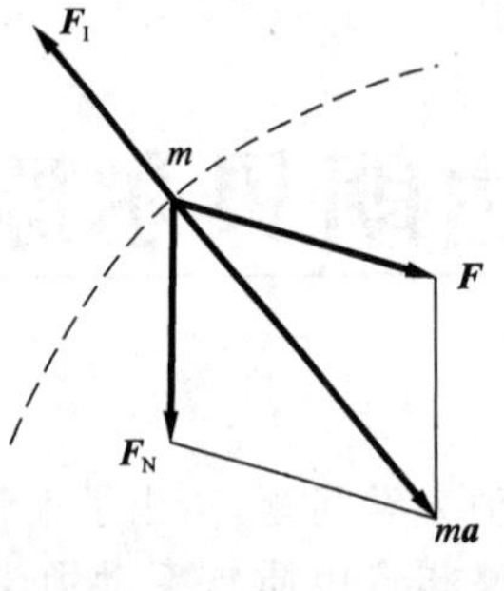

图 7-1　质点的达朗贝尔原理

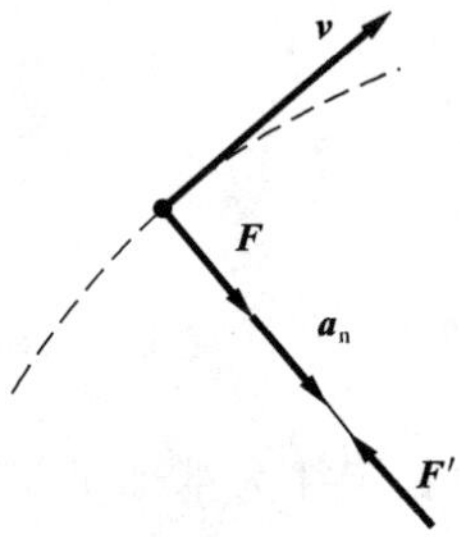

图 7-2　小球在水平面内做匀速圆周运动

(3)质点的加速度不仅可以由一个力引起,而且可以由同时作用在质点上的几个力共同引起。因此惯性力可以是对多个施力物体的反作用力。

例如圆锥摆,如图 7-3 所示,小球在摆线拉力 $\boldsymbol{F}_T$ 和重力 $m\boldsymbol{g}$ 作用下做匀速圆周运动,有

$$\boldsymbol{F}_T+m\boldsymbol{g}=m\boldsymbol{a}$$

此时的惯性力为

$$\boldsymbol{F}_I=-m\boldsymbol{a}=-\boldsymbol{F}_T-m\boldsymbol{g}=\boldsymbol{F}'_T+(-m\boldsymbol{g})$$

式中,$\boldsymbol{F}'_T$ 和 $-m\boldsymbol{g}$ 分别为摆线和地球所受到小球的反作用力。由于它们不作用在同一物体上,当然没有合力,但它们构成了小球的惯性力系。

【例 7-1】 有一圆锥摆,如图 7-4 所示,重为 $P=9.8\ \text{N}$ 的小球系于长为 $l=30\ \text{cm}$ 的绳上,绳的另一端系在固定点 O,并与铅直线成 $\varphi=60°$角。已知小球在水平面内做匀速圆周运动,试求小球的速度和绳子的拉力。

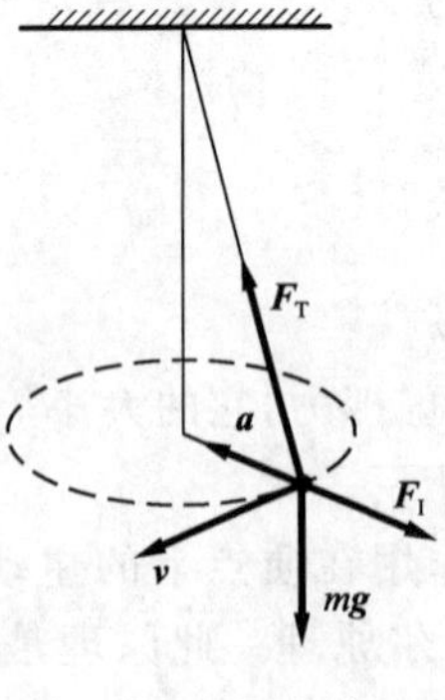

图 7-3　圆锥摆

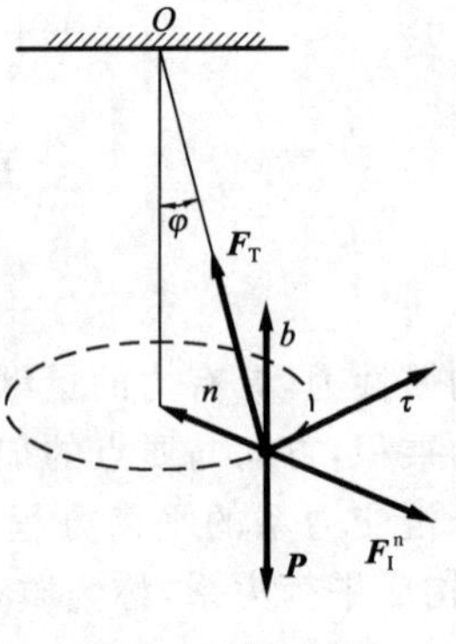

图 7-4　例 7-1 图

解　以小球为研究对象,受有重力 $\boldsymbol{P}$,绳子的拉力 $\boldsymbol{F}_T$ 以及在小球上虚拟的惯性力,如图 7-4 所示。由于小球在水平面内做匀速圆周运动,其惯性力只有法向惯性力 $\boldsymbol{F}_I^n$,即

$$F_I^n=\frac{\boldsymbol{P}}{g}a_n=\frac{\boldsymbol{P}}{g}\frac{v^2}{l\sin\varphi}$$

方向与法向加速度相反。

由质点的达朗贝尔原理得

$$\boldsymbol{F}_{\mathrm{T}}+\boldsymbol{P}+\boldsymbol{F}_{\mathrm{I}}^{\mathrm{n}}=0$$

将上式向自然轴上投影，得下面的平衡方程

$$\sum F_n=0, F_{\mathrm{T}}\sin\varphi-F_{\mathrm{I}}^{\mathrm{n}}=0$$

$$\sum F_b=0, F_{\mathrm{T}}\cos\varphi-P=0$$

解得

$$F_{\mathrm{T}}=\frac{P}{\cos\varphi}=19.6\ \mathrm{N}, v=\sqrt{\frac{F_{\mathrm{T}}gl\sin^2\varphi}{P}}=2.1\ \mathrm{m/s}$$

7.1.2　质点系的达朗贝尔原理

设质点系由 n 个质点组成，其中第 i 个质点的质量为 m_i，加速度为 $\boldsymbol{a}_i$，作用于该质点的主动力 $\boldsymbol{F}_i$、约束力 $\boldsymbol{F}_{\mathrm{N}i}$、惯性力 $\boldsymbol{F}_{\mathrm{I}i}=-m_i\boldsymbol{a}_i$，由质点的达朗贝尔原理第 i 个质点有

$$\boldsymbol{F}_i+\boldsymbol{F}_{\mathrm{N}i}+\boldsymbol{F}_{\mathrm{I}i}=0 \qquad (i=1,2\cdots,n) \tag{7-4}$$

式(7-4)表明：质点系中的每一个质点受到主动力 $\boldsymbol{F}_i$、约束力 $\boldsymbol{F}_{\mathrm{N}i}$、惯性力 $\boldsymbol{F}_{\mathrm{I}i}$ 作用下在形式上处于平衡。

若将作用在质点系上的力按外力和内力分，设第 i 个质点上的外力为 $\boldsymbol{F}_i^{(e)}$、内力为 $\boldsymbol{F}_i^{(i)}$，式(7-4)为

$$\boldsymbol{F}_i^{(\mathrm{e})}+\boldsymbol{F}_i^{(\mathrm{i})}+\boldsymbol{F}_{\mathrm{I}i}=0 \qquad (i=1,2,\cdots,n) \tag{7-5}$$

式(7-5)表明：质点系中的每一个质点在外力 $\boldsymbol{F}_i^{(e)}$、内力 $\boldsymbol{F}_i^{(i)}$、惯性力 $\boldsymbol{F}_{\mathrm{I}i}$，作用下在形式上处于平衡。对于整个质点系而言，外力 $\boldsymbol{F}_i^{(e)}$、内力 $\boldsymbol{F}_i^{(i)}$、惯性力 $\boldsymbol{F}_{\mathrm{I}i}(i=1,2,\cdots,n)$ 在形式上构成空间平衡力系，由静力学平衡理论知，空间任意力系平衡的必要与充分条件是力系的主矢和对任一点的主矩均为零。即

$$\left.\begin{aligned}&\sum \boldsymbol{F}_i^{(\mathrm{e})}+\sum \boldsymbol{F}_i^{(\mathrm{i})}+\sum \boldsymbol{F}_{\mathrm{I}i}=0\\&\sum M_O(\boldsymbol{F}_i^{(\mathrm{e})})+\sum M_O(\boldsymbol{F}_i^{(\mathrm{i})})+\sum M_O(\boldsymbol{F}_{\mathrm{I}i})=0\end{aligned}\right\} \tag{7-6}$$

由于内力是成对出现的，内力的主矢 $\sum \boldsymbol{F}_i^{(i)}=0$，内力的主矩 $\sum M_O(\boldsymbol{F}_i^{(i)})=0$。则式(7-6)为

$$\left.\begin{aligned}&\sum \boldsymbol{F}_i^{(\mathrm{e})}+\sum \boldsymbol{F}_{\mathrm{I}i}=0\\&\sum M_O(\boldsymbol{F}_i^{(\mathrm{e})})+\sum M_O(\boldsymbol{F}_{\mathrm{I}i})=0\end{aligned}\right\} \tag{7-7}$$

即质点系的达朗贝尔原理：作用在质点系上的所有外力与虚加在质点上的惯性力在形式上构成平衡力系。

式(7-7)在直角坐标轴上的投影形式：

(1)空间力系

$$\left.\begin{aligned}&\sum F_{ix}^{(\mathrm{e})}+\sum F_{\mathrm{I}xi}=0\\&\sum F_{iy}^{(\mathrm{e})}+\sum F_{\mathrm{I}yi}=0\\&\sum F_{iz}^{(\mathrm{e})}+\sum F_{\mathrm{I}zi}=0\\&\sum M_x(\boldsymbol{F}_i^{(\mathrm{e})})+\sum M_x(\boldsymbol{F}_{\mathrm{I}i})=0\\&\sum M_y(\boldsymbol{F}_i^{(\mathrm{e})})+\sum M_y(\boldsymbol{F}_{\mathrm{I}i})=0\\&\sum M_z(\boldsymbol{F}_i^{(\mathrm{e})})+\sum M_z(\boldsymbol{F}_{\mathrm{I}i})=0\end{aligned}\right\} \tag{7-8}$$

(2)平面力系

$$\left.\begin{aligned}&\sum F_{ix}^{(e)}+\sum F_{Ixi}=0\\&\sum F_{iy}^{(e)}+\sum F_{Iyi}=0\\&\sum M_O(\boldsymbol{F}_i^{(e)})+\sum M_O(\boldsymbol{F}_{Ii})=0\end{aligned}\right\}\tag{7-9}$$

7.2 刚体惯性力系的简化

在应用动静法解决非自由质点系的动力学问题时,往往需要在每个质点上虚加惯性力,当质点较多,特别是刚体时,非常不方便。因此需要对虚加惯性力系进行简化,以便求解。下面对刚体做平移、定轴转动和平面运动时的惯性力系进化简化。

7.2.1 平移刚体惯性力系的简化

当刚体做平移时,由于同一瞬时刚体上各点的加速度相等,则各点的加速度都用质心 C 的加速度表示,即 $\boldsymbol{a}_C=\boldsymbol{a}_i$,如图 7-5 所示。将惯性力加在每个质点上,组成平行的惯性力系,且均与质心 C 的加速度方向相反,惯性力系向任一点 O 简化,得惯性力系主矢为

$$\boldsymbol{F}'_{IR}=\sum \boldsymbol{F}_{Ii}=\sum -m_i\boldsymbol{a}_i=\sum(-m_i\boldsymbol{a}_C)$$
$$=(\sum -m_i)\boldsymbol{a}_C=-m\boldsymbol{a}_C\tag{7-10}$$

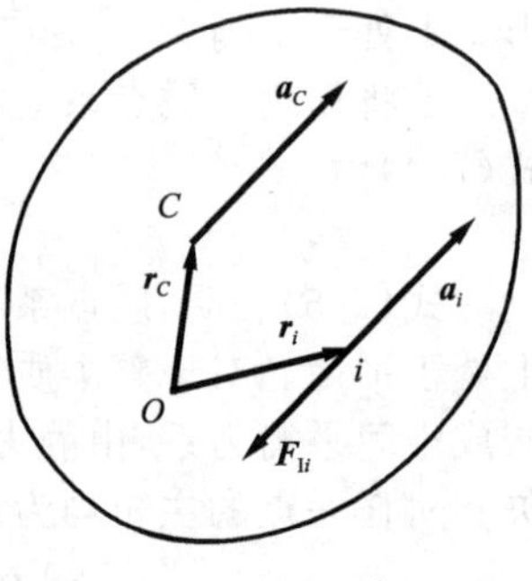

图 7-5 平移刚体

惯性力系的主矩为

$$M_{IO}=\sum \boldsymbol{r}_i\times\boldsymbol{F}_{Ii}=\sum \boldsymbol{r}_i\times(-m_i\boldsymbol{a}_i)=-(\sum m_i\boldsymbol{r}_i)\times\boldsymbol{a}_C=-m\boldsymbol{r}_C\times\boldsymbol{a}_C\tag{7-11}$$

式中,$\boldsymbol{r}_C$—— 质心 C 到简化中心 O 点的矢径。

若取质心 C 为简化中心 $\boldsymbol{r}_C=0$,则惯性力系的主矩为

$$M_{IO}=0\tag{7-12}$$

当简化中心不在质心 C 处,其主矩 $M_{IO}\neq 0$。

结论:刚体做平移时,惯性力系简化为通过质心的一个合力,其大小等于刚体的质量和加速度的乘积,方向与加速度方向相反。

7.2.2 定轴转动刚体惯性力系的简化

这里只限于刚体具有质量对称平面且转轴垂直于此对称平面的特殊情形。

当刚体做定轴转动时,先将刚体上的惯性力简化在质量对称平面上,构成平面力系,再将平面力系向转轴与对称平面的交点 O 简化。轴心 O 为简化中心,如图 7-6 所示,惯性力系的主矢为

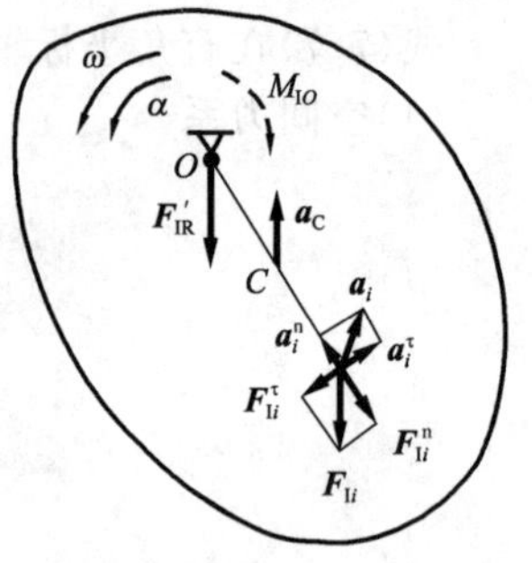

图 7-6 定轴转动刚体

$$\boldsymbol{F}'_{IR}=\sum \boldsymbol{F}_{Ii}=\sum -m_i\boldsymbol{a}_i=-\frac{\mathrm{d}}{\mathrm{d}t}(\sum m_i\boldsymbol{v}_i)$$

$$=-\frac{\mathrm{d}}{\mathrm{d}t}(m\boldsymbol{v}_C)=-m\boldsymbol{a}_C \tag{7-13}$$

惯性力系的主矩为

$$M_{IO}=\sum M_O(\boldsymbol{F}_{Ii}^{\tau})=-(\sum m_i\alpha r_i\cdot r_i)$$
$$=-\alpha\sum m_i r_i^2=-J_O\alpha \tag{7-14}$$

式中，J_O—— 刚体对垂直于质量对称平面转轴的转动惯量。

结论：具有质量对称平面且转轴垂直于此对称平面的定轴转动刚体的惯性力系，向转轴简化为一个力和一个力偶。此力的大小等于刚体的质量与质心加速度的乘积，方向与质心加速度方向相反，作用线通过转轴；此力偶矩的大小等于刚体对转轴的转动惯量与角加速度的乘积，转向与角加速度转向相反。

当转轴通过质心时，质心的加速度 $\boldsymbol{a}_C=0$，$\boldsymbol{F}'_{IR}=0$，则惯性力系简化为质心上的一个力矩。即

$$M_{IO}=-J_O\alpha \tag{7-15}$$

7.2.3　平面运动刚体惯性力系的简化

设刚体具有质量对称平面，且刚体上的各点在与对称平面保持平行的平面内运动。此时刚体上的惯性力简化为在此对称平面内的平面力系。由平面运动的特点，取质心 C 为基点，如图 7-7 所示，质心的加速度为 $\boldsymbol{a}_C=0$，绕质心 C 转动的角速度为 ω，角加速度为 α，惯性力系的主矢为

$$\boldsymbol{F}'_{IR}=-m\boldsymbol{a}_C \tag{7-16}$$

惯性力系的主矩为

$$M_{IC}=-J_C\alpha \tag{7-17}$$

式中，J_C——过质心且垂直于质量对称平面的轴的转动惯量。

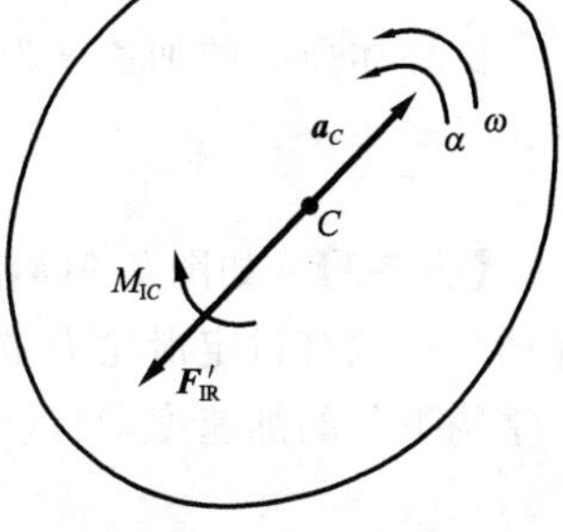

图 7-7　平面运动刚体

结论：具有质量对称平面的刚体，在平行于此平面运动时，刚体的惯性力系简化为在此平面内的一个力和一个力偶。此力大小等于刚体的质量与质心加速度的乘积，方向与质心加速度方向相反，作用线通过质心；此力偶矩的大小等于刚体对通过质心且垂直于质量对称平面的轴的转动惯量与角加速度的乘积，转向与角加速度的转向相反。

【例 7-2】 均质圆柱体 A 的质量为 m，在外缘上绕有一细绳，绳的一端 B 固定不动，如图 7-8(a)所示，圆柱体无初速度地自由下降，试求圆柱体质心的加速度和绳的拉力。

解　对圆柱体 A 进行受力分析，作用其上的力有：圆柱体的重力 $m\boldsymbol{g}$、绳的拉力 $\boldsymbol{F}_T$、作用在圆柱质心的虚拟惯性力 $\boldsymbol{F}_I$ 和 M_{IA}，即

$$\begin{cases}F_I=ma_A=mR\alpha\\ M_{IA}=J_A\alpha=\dfrac{1}{2}mR^2\alpha\end{cases} \tag{a}$$

其方向如图 7-8(b)所示。

列平衡方程为

$$\sum M_C=0,M_{IA}-mgR+F_IR=0 \tag{b}$$

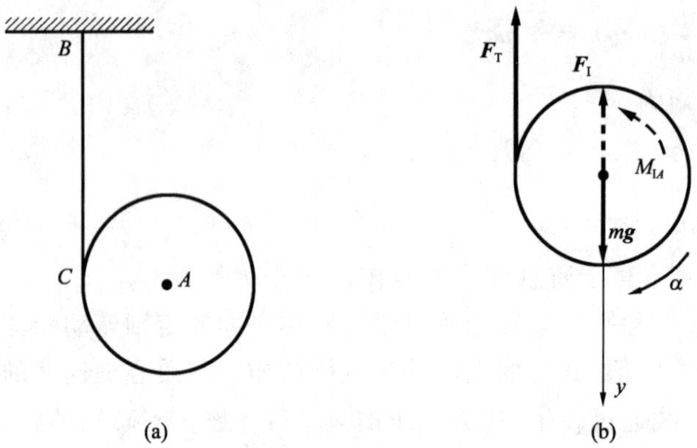

图 7-8 例 7-2 图

$$\sum F_y = 0, mg - F_T - F_I = 0 \tag{c}$$

式(a)代入式(b)和式(c),并联立求解,得圆柱体的角加速度和绳的拉力为

$$\alpha = \frac{2g}{3R}$$

$$F_T = \frac{1}{3}mg$$

圆柱体质心的加速度为

$$a_A = R\alpha = \frac{2}{3}g$$

【例 7-3】 如图 7-9(a)所示,均质圆盘的质量为 m_1,由水平绳拉着沿水平面做纯滚动,绳的另一端跨过定滑轮 B 并系一重物 A,重物的质量为 m_2。绳和定滑轮 B 的质量不计,试求重物下降的加速度,圆盘质心的加速度以及作用在圆盘上绳的拉力。

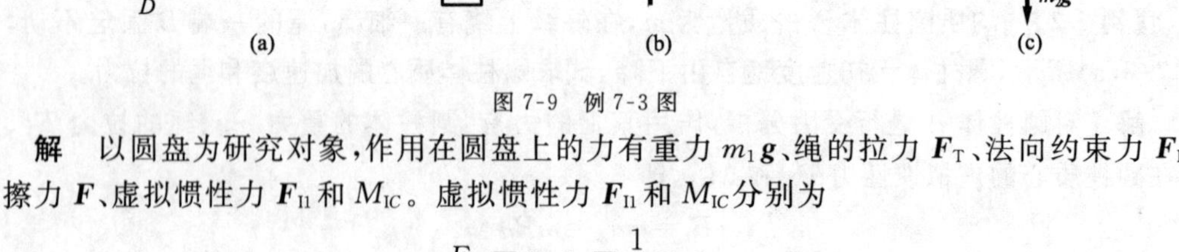

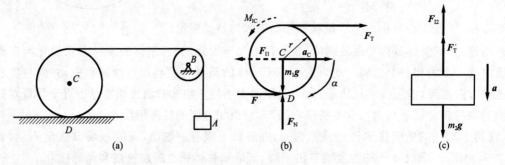

图 7-9 例 7-3 图

解 以圆盘为研究对象,作用在圆盘上的力有重力 $m_1\boldsymbol{g}$、绳的拉力 $\boldsymbol{F}_T$、法向约束力 $\boldsymbol{F}_N$、摩擦力 $\boldsymbol{F}$、虚拟惯性力 $\boldsymbol{F}_{I1}$ 和 M_{IC}。虚拟惯性力 $\boldsymbol{F}_{I1}$ 和 M_{IC} 分别为

$$F_{I1} = m_1 a_C = \frac{1}{2}m_1 a_A$$

$$M_{IC} = J_C\alpha = \frac{1}{2}m_1 r^2 \frac{a_C}{r} = \frac{1}{2}m_1 r \frac{a_A}{2} = \frac{1}{4}m_1 r a_A$$

其方向如图 7-9(b)所示,r 为圆盘的半径。

列平衡方程为

$$\sum M_D = 0, M_{IC} + F_{I1} r - F_T 2r = 0 \qquad \text{(a)}$$

再以重物 A 为研究对象，作用在重物 A 上的力有重力 $m_2 \boldsymbol{g}$、绳的拉力 $\boldsymbol{F}'_T$、虚拟惯性力 $\boldsymbol{F}_{I2}$。虚拟惯性力为

$$F_{I2} = m_2 a_A$$

其方向如图 7-9(c)所示。

列平衡方程为

$$\sum F_y = 0, m_2 g - F'_T - F_{I2} = 0 \qquad \text{(b)}$$

式(a)和式(b)联立，并注意 $F_T = F'_T$，解得重物下降的加速度为

$$a_A = \frac{8m_2}{3m_1 + 8m_2} g$$

圆盘质心的加速度为

$$a_C = \frac{1}{2} a_A = \frac{4m_2}{3m_1 + 8m_2} g$$

作用在圆盘上绳的拉力为

$$F_T = \frac{3m_1 m_2}{3m_1 + 8m_2} g$$

【资料阅读】

北　斗

卫星导航定位系统主要由三大部分组成：空间卫星、地面监测网和用户设备。卫星导航的优点是具有全球全天候、高精度、多功能、庞复性。当前，全球有四大卫星定位系统：GPS 系统（美国）、北斗系统（中国）、GLONASS 系统（俄罗斯）、伽利略卫星导航系统（欧盟）。

北斗卫星导航系统建设实施“三步走”发展战略，即按照试验—区域—全球的总体思路分步实施。北斗试验系统空间段由两颗静止地球轨道卫星组成。北斗区域系统空间段由 5 颗静止地球轨道卫星、5 颗倾斜地球同步轨道卫星、4 颗中圆地球轨道卫星组成，即 5GEO+5IGSO+4MEO 模式，满足亚太地区基本需求。北斗全球系统空间段计划由 35 颗卫星组成，包括 5 颗静止轨道卫星、27 颗中地球轨道卫星、3 颗倾斜同步轨道卫星。按照规划，由 35 颗卫星组成的导航星座，在定位授时精度、抗干扰、系统容量等方面比北斗二号系统将有大幅提升，达到同期国际先进水平，并形成完善的国家卫星导航产业支撑、应用、推广和服务保障体系。

（资料来源：计算机与网络，2020）

思政目标

在引入惯性力概念后，达朗贝尔原理（动静法）创造性地将动力学问题用静力学分析处理问题的思路与方法来进行。学习中学生会认识到惯性力的双重性。同时培养学生对复杂事物从不同角度进行分析处理的思路与习惯。

本章小结

1. 质点的惯性力

$$\boldsymbol{F}_{\mathrm{I}}=-m\boldsymbol{a}$$

式中，$\boldsymbol{F}_{\mathrm{I}}$——质点的惯性力，它是一个虚拟力。

2. 质点的达朗贝尔原理

作用在质点上的主动力、约束力和虚拟的惯性力在形式上构成平衡力系。即

$$\boldsymbol{F}+\boldsymbol{F}_{\mathrm{N}}+\boldsymbol{F}_{\mathrm{I}}=0$$

3. 质点系的达朗贝尔原理

作用在质点系上的所有外力与虚加在质点上的惯性力在形式上构成平衡力系。即平衡力系平衡的必要与充分条件是力系的主矢和对任一点的主矩均为零。

主矢：
$$\sum \boldsymbol{F}_i^{(\mathrm{e})}+\sum \boldsymbol{F}_{\mathrm{I}i}=0$$

主矩：
$$\sum M_O(\boldsymbol{F}_i^{(\mathrm{e})})+\sum M_O(\boldsymbol{F}_{\mathrm{I}i})=0$$

4. 质点系达朗贝尔原理的投影形式

(1)空间力系

$$\left.\begin{aligned}
&\sum F_{ix}^{(\mathrm{e})}+\sum F_{\mathrm{I}xi}=0\\
&\sum F_{iy}^{(\mathrm{e})}+\sum F_{\mathrm{I}yi}=0\\
&\sum F_{iz}^{(\mathrm{e})}+\sum F_{\mathrm{I}zi}=0\\
&\sum M_x(\boldsymbol{F}_i^{(\mathrm{e})})+\sum M_x(\boldsymbol{F}_{\mathrm{I}i})=0\\
&\sum M_y(\boldsymbol{F}_i^{(\mathrm{e})})+\sum M_y(\boldsymbol{F}_{\mathrm{I}i})=0\\
&\sum M_z(\boldsymbol{F}_i^{(\mathrm{e})})+\sum M_z(\boldsymbol{F}_{\mathrm{I}i})=0
\end{aligned}\right\}$$

(2)平面力系

$$\left.\begin{aligned}
&\sum F_{ix}^{(\mathrm{e})}+\sum F_{\mathrm{I}xi}=0\\
&\sum F_{iy}^{(\mathrm{e})}+\sum F_{\mathrm{I}yi}=0\\
&\sum M_O(\boldsymbol{F}_i^{(\mathrm{e})})+\sum M_O(\boldsymbol{F}_{\mathrm{I}i})=0
\end{aligned}\right\}$$

5. 刚体惯性力系的简化

(1)平移刚体惯性力系的简化

$$\boldsymbol{F}'_{\mathrm{IR}}=-m\boldsymbol{a}_C$$

式中，惯性力系简化为通过质心的一个合力。

(2)定轴转动刚体惯性力系的简化

$$\boldsymbol{F}'_{\mathrm{IR}}=-m\boldsymbol{a}_C,M_{\mathrm{IO}}=-J_O\alpha$$

当转轴通过质心时，定轴转动刚体的惯性力系简化为质心上的一个力矩。即

$$M_{\mathrm{IO}}=-J_O\alpha$$

(3)平面运动刚体惯性力系的简化

$$\boldsymbol{F}'_{\mathrm{IR}}=-m\boldsymbol{a}_C,M_{\mathrm{IC}}=-J_C\alpha$$

习 题

7-1　物体 A 重为 $\boldsymbol{P}_1$，放在水平面上，与水平面的摩擦系数为 f，物体 B 重为 $\boldsymbol{P}_2$，滑轮 C 的细绳连接物体 A 和物体 B，如图 7-10 所示。滑轮 C 的质量和轴承的摩擦不计，试求当物体 B 下降时，物体 A 的加速度和细绳的拉力。

7-2　两重物重为 $P=20$ kN 和 $Q=8$ kN，连接如图 7-11 所示，并由电动机 A 拖动，若电动机的绳的拉力为 3 kN，滑轮的重量不计，试求重物 $\boldsymbol{P}$ 的加速度和绳 FD 的拉力。

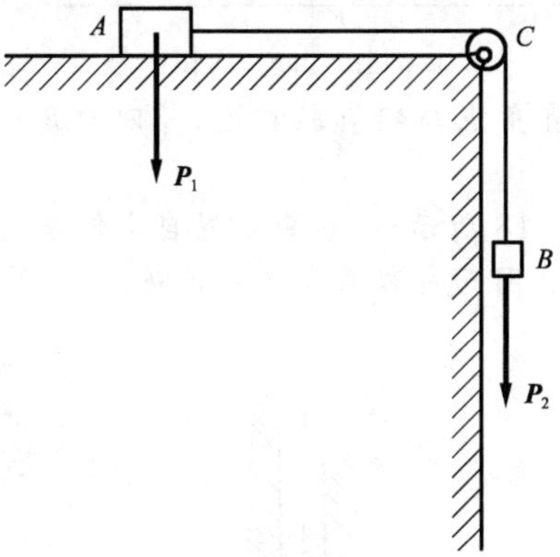

图 7-10　习题 7-1 图

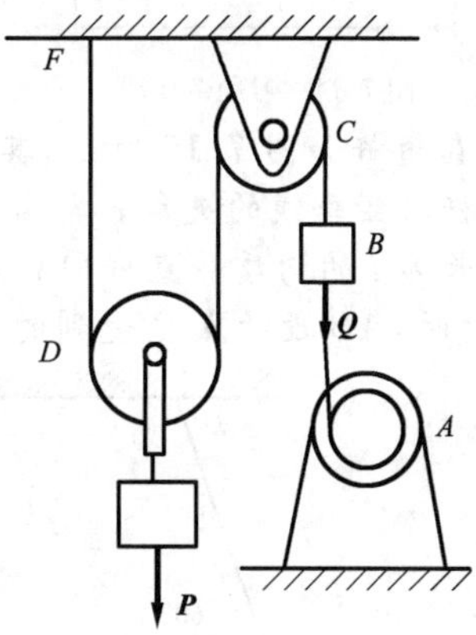

图 7-11　习题 7-2 图

7-3　如图 7-12 所示的轮轴质心位于 O 处，对轴的转动惯量为 J_O。在轮轴上系有两个质量为 m_1 和 m_2 的物体，若此轮轴顺时针转动，试求轮轴的角加速度 α 和轴承的动约束力。

7-4　如图 7-13 所示的质量为 m_1 的物体 A 下落时，带动质量为 m_2 的均质圆盘 B 转动，不计支架和绳子的重量以及轴处的摩擦，$BC=a$，圆盘 B 的半径为 R。试求固定端的约束力。

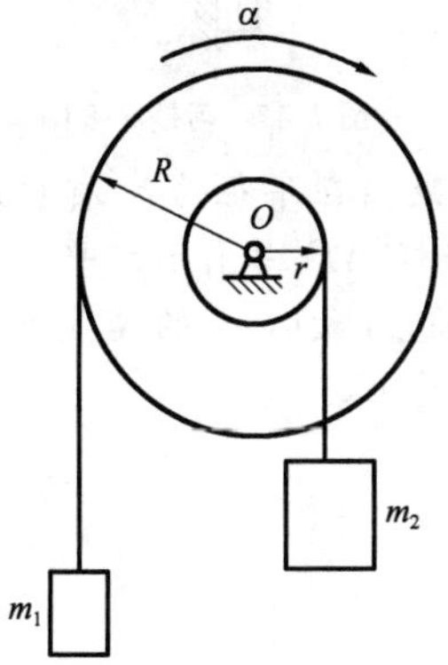

图 7-12　习题 7-3 图

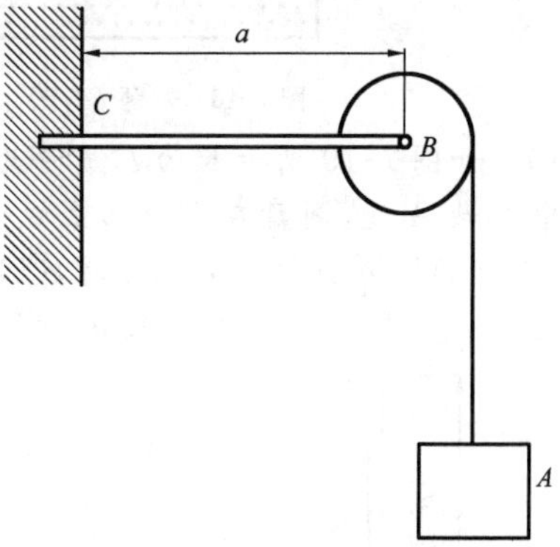

图 7-13　习题 7-4 图

7-5　均质杆长为 l，重为 $\boldsymbol{P}$，由铰链 A 和绳索支撑，如图 7-14 所示。若连接点 B 的绳索突然断了，试求铰支座 A 的约束力和点 B 的加速度。

7-6　如图 7-15 所示的长方形均质板，边长为 $a=20$ cm，$b=15$ cm，质量为 27 kg，用两个销子 A 和 B 悬挂。若突然撤去销子 B，试求此瞬时均质板的角加速度和销子 A 的约束力。

7-7　正方形均质板重为 40 N，在铅垂面内以 3 根软绳拉住，板的边长为 $b=10$ cm，如图 7-16 所示。试求：(1)当软绳 FG 剪断后，方板开始运动时板中心的加速度以及 AD 和 BE 两绳的拉力；(2)当绳 AD 和绳 BE 位于铅垂位置时，板中心 C 的加速度以及 AD 和 BE

两绳的拉力。

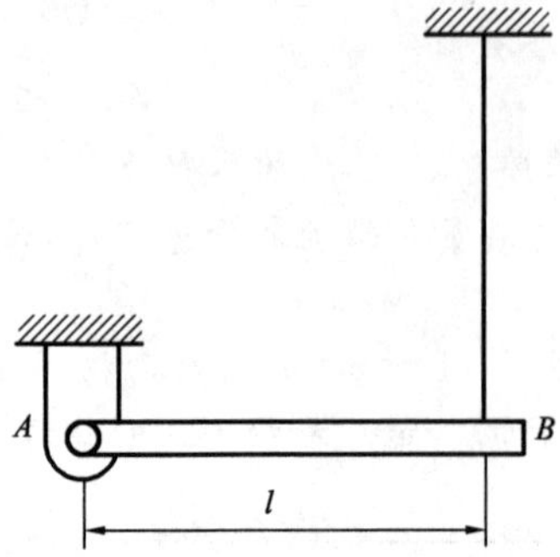

图 7-14 习题 7-5 图

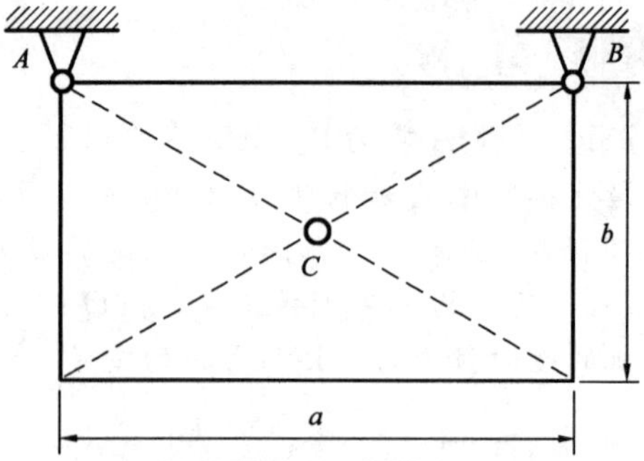

图 7-15 习题 7-6 图

7-8 直角杆如图 7-17 所示，其边长为 a 和 b，直角点与铅直轴相连，并以匀角速度 ω 转动，试求杆与铅垂线的夹角 φ 与角速度 ω 的关系。

7-9 长为 l 的均质等直杆 OA，质量为 m，如图 7-18 所示，从铅垂位置自由倒下。试求当 d 为多大时，AB 段的点 B 受到的力偶矩 M 为最大，因而杆容易在此处折断。

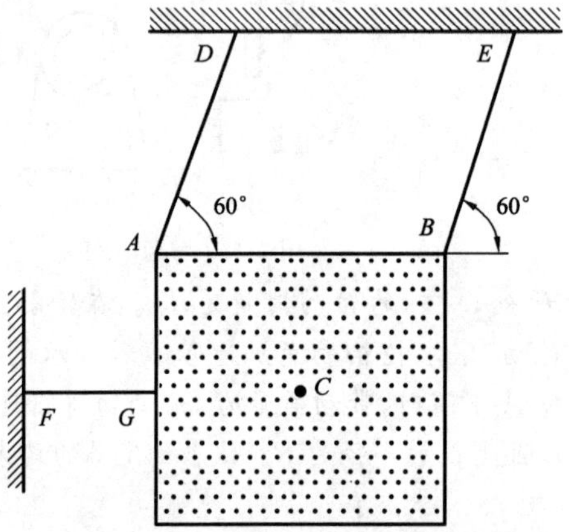

图 7-16 习题 7-7 图

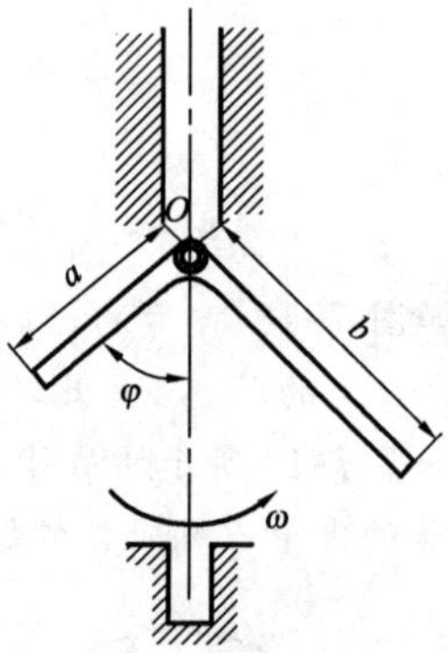

图 7-17 习题 7-8 图

7-10 如图 7-19 所示长为 l，质量为 m 的均质杆 AB 铰接在半径为 r，质量为 m 的均质圆盘的中心点 A 处，圆盘在水平面上做无滑动的滚动。若杆 AB 由图示水平位置无初速度释放，试求杆 AB 运动到铅垂位置时，(1)杆 AB 的角速度 ω_{AB}，盘心 A 的速度 $\boldsymbol{v}_A$；(2)杆 AB 的角加速度 α_{AB}，盘心 A 的加速度 $\boldsymbol{a}_A$；(3)地面作用于盘上的力。

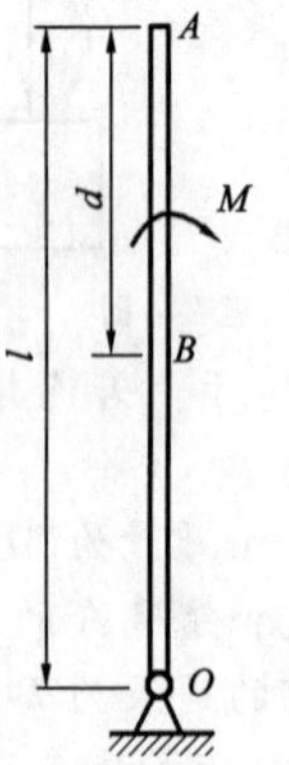

图 7-18 习题 7-9 图

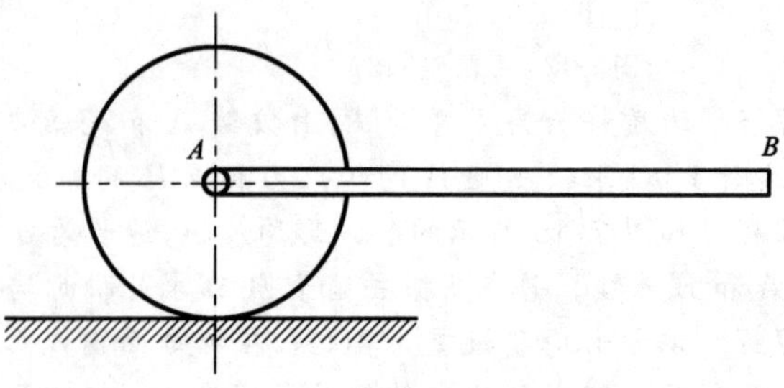

图 7-19 习题 7-10 图

第 8 章

虚位移原理

在静力学中，我们利用力系的平衡条件研究了刚体在力的作用下的平衡问题，但对有许多约束的刚体系而言，求解某些未知力需要取几次研究对象，建立足够多的平衡方程，才能求出所要求的未知力。这样做是非常繁杂的，同时平衡方程的确立只是对刚体而言是必要和充分的条件；而对任意的非自由质点系而言，它只是必要条件不是充分条件。

虚位移原理是静力学的最一般原理，它给出了任意质点系平衡的必要和充分条件，减少了不必要的平衡方程，从系统主动力做功的角度出发研究质点系的平衡问题。

8.1 约束·自由度·广义坐标

8.1.1 约束

质点或质点系的运动受到它周围物体的限制作用，这种限制作用称为约束，表示约束的数学方程称为约束方程。按约束方程的形式对约束进行以下分类。

1. 几何约束和运动约束

限制质点或质点系在空间的几何位置的约束称为几何约束。例如，如图 8-1 所示的单摆，其约束方程为

$$x^2+y^2=l^2$$

又如图 8-2 所示的曲柄连杆机构，其约束方程为

$$\begin{cases}x_A^2+y_A^2=r^2\\(x_A-x_B)^2+(y_A-y_B)^2=l^2\\y_B=0\end{cases}$$

上述例子中的约束方程均表示几何约束。

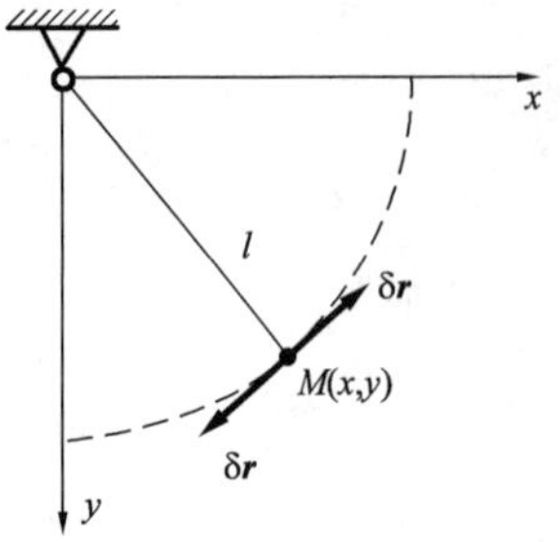

图 8-1 单摆

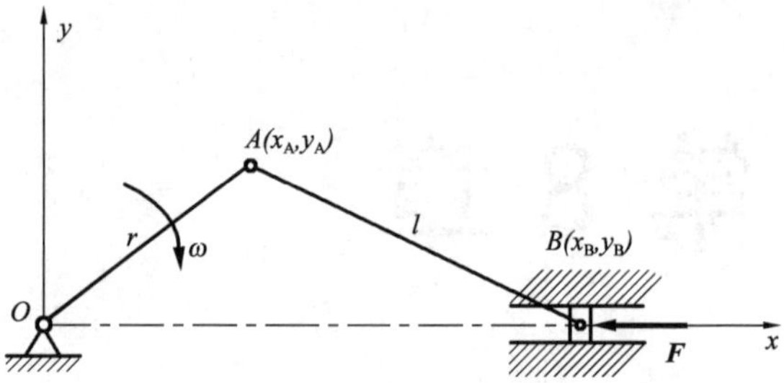

图 8-2 曲柄连杆机构

如果约束方程中含有坐标对时间的导数，或者说，限制质点或质点系运动的约束，称为运动约束。例如，如图 8-3 所示在平直轨道上做纯滚动的圆轮，轮心的速度为

$$v_C=\omega r$$

运动约束方程为

$$v_C-\omega r=0$$

设 x_C 和 φ 分别为轮心 C 点的坐标和圆轮的转角，则上式可改写为

$$\dot{x}_C-\dot{\varphi}r=0$$

2. 定常约束与非定常约束

约束方程中不显含时间的约束称为定常约束，上面各例中的约束均为定常约束。约束方程中显含时间的约束称为非定常约束。例如，将单摆的绳穿在小环上，如图 8-4 所示，设初始摆长为 l_0，以不变的速度拉动摆绳，单摆的约束方程为

$$x^2+y^2=(l_0-vt)^2$$

约束方程中有时间变量 t，属于非定常约束。

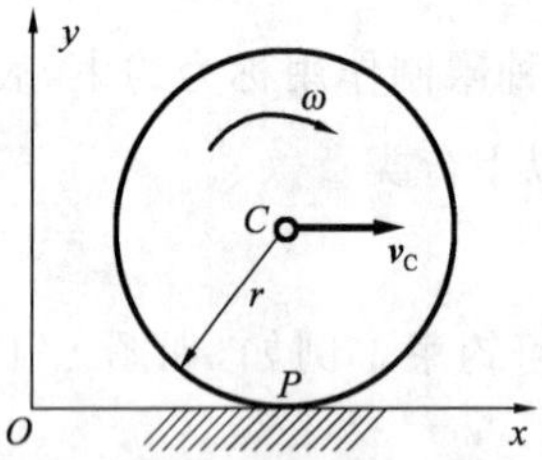

图 8-3 在平直轨道上做纯滚动的圆轮

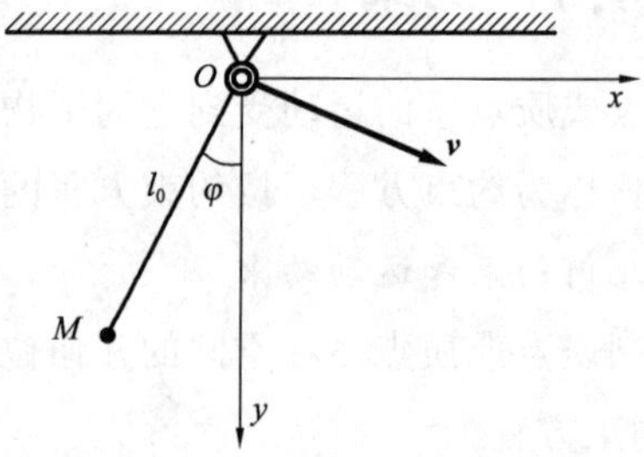

图 8-4 穿小环的单摆

3. 非完整约束与完整约束

约束方程中含有坐标对时间的导数，而且方程不能积分成有限形式的约束，称为非完整约束。反之，约束方程中不含有坐标对时间的导数，或约束方程中含有坐标对时间的导数，但能积分成有限形式的约束，称为完整约束。上述例子中在平直轨道上做纯滚动的圆轮，其运动约束方程为完整约束。

4. 双侧约束与单侧约束

约束不仅限制物体沿某一方向的位移，同时也限制物体沿相反方向的位移，这种约束称为双侧约束。例如，如图 8-1 所示的单摆是用直杆制成的，摆杆不仅限制小球沿拉伸方向的

位移，而且也限制小球沿压缩方向的位移，此约束为双侧约束。若将摆杆换成绳索，绳索不能限制小球沿压缩方向的位移，这样的约束为单侧约束。即约束仅限制物体沿某一方向的位移，不能限制物体沿相反方向的位移，这种约束称为单侧约束。

本章非自由质点系的约束只限于几何、定常的双侧约束，约束方程的一般形式为

$$f_j(x_1,y_1,z_1,\cdots,x_n,y_n,z_n)=0 \quad (j=1,2,\cdots,s) \tag{8-1}$$

式中，n——质点系中质点的数目；

s——约束方程的数目。

8.1.2　自由度

确定具有完整约束的质点系位置所需独立坐标的数目称为质点系的自由度数，简称自由度，用 k 表示。例如，在空间运动的质点，其独立坐标为(x,y,z)，自由度为 $k=3$；在平面运动的质点，其独立坐标为(x,y)，自由度为 $k=2$；做平面运动的刚体，其独立坐标为(x_A,y_A,φ)，自由度为 $k=3$。

一般情况，设由 n 个质点组成的质点系，受有 s 个几何约束，此完整系统的自由度数为

空间运动的自由度数：　　$k=3n-s$

平面运动的自由度数：　　$k=2n-s$

8.1.3　广义坐标

确定质点系位置的独立参量称质点系的广义坐标，常用 $Q_j(j=1,2,\cdots,s)$表示。广义坐标的形式是多种的，可以是笛卡儿直角坐标 x、y、z，弧坐标 s，转角 φ。

一般情况，设具有理想、双侧约束的质点系，由 n 个质点组成，受有 s 个几何约束，系统的自由度为 $k=3n-s$，若以 $q_1,q_2,\cdots,q_k$ 表示质点系的广义坐标，质点系第 i 个质点的直角坐标形式的广义坐标为

$$\begin{cases} x_i=x_i(q_1,q_2,\cdots,q_k,t) \\ y_i=y_i(q_1,q_2,\cdots,q_k,t) \\ z_i=z_i(q_1,q_2,\cdots,q_k,t) \end{cases} \quad (i=1,2,\cdots,n) \tag{8-2}$$

矢量形式为

$$\boldsymbol{r}_i=\boldsymbol{r}_i(q_1,q_2,\cdots,q_k,t) \quad (i=1,2,\cdots,n) \tag{8-3}$$

8.2　虚位移原理概述

8.2.1　虚位移和虚功

1. 虚位移

在某给定瞬时，质点或质点系为约束所允许的无限小的位移，称为质点或质点系的虚位移。虚位移可以是线位移，也可以是角位移。用变分符号 $\delta\boldsymbol{r}$ 表示，以区别真实位移 $\mathrm{d}\boldsymbol{r}$。

例如，如图 8-1 所示的单摆，沿圆弧的切线有虚位移 $\delta\boldsymbol{r}$。

虚位移与实际位移是两个截然不同的概念。虚位移只与约束条件有关，与时间、作用力和运动的初始条件无关。实位移是质点或质点系在一定时间内发生的真实位移，除了与约束条件有关以外，还与作用在它们上的主动力和运动的初始条件有关。虚位移是任意无限小的位移，在定常约束下，可以有沿不同方向的虚位移。

2. 虚功

力在虚位移上做的功称为虚功，用 δW 表示，即

$$\delta W = \boldsymbol{F} \cdot \delta \boldsymbol{r} \tag{8-4}$$

虚功与实际位移中的元功在本教材中的符号相同，但它们之间有着本质的区别。因为虚位移是假想的，不是真实的位移，因此其虚功就不是真实的功，是假想的，它与实际位移无关；而实际位移中的元功是真实位移的功，它与物体运动的路径有关。这一点学习时需要注意。

3. 理想约束

约束力在质点系的任意虚位移中所做的虚功之和等于零，这样的约束称为理想约束。若用 $\boldsymbol{F}_{Ni}$ 表示质点系中第 i 个质点所受的约束力，$\delta \boldsymbol{r}_i$ 表示质点系中第 i 个质点的虚位移，则理想约束为

$$\delta W = \sum \boldsymbol{F}_{Ni} \cdot \delta \boldsymbol{r}_i = 0 \tag{8-5}$$

如光滑接触面、铰链、不可伸长绳索、刚杆(二力杆)等均为理想约束。

8.2.2 虚位移原理

虚位移原理：具有理想、双侧、定常约束的质点系平衡的必要与充分条件是：作用在质点系上的所有主动力在任何虚位移中所做的虚功之和等于零。即

$$\delta W_F = \sum \boldsymbol{F}_i \cdot \delta \boldsymbol{r}_i = 0 \tag{8-6}$$

式(8-6)的解析式为

$$\delta W_F = \sum (F_{xi} \delta x_i + F_{yi} \delta y_i + F_{zi} \delta z_i) = 0 \tag{8-7}$$

虚位移原理由拉格朗日于1764年提出，又称为虚功原理，它是研究一般质点系平衡的普遍定理，也称静力学普遍定理。

虚位移原理的必要性证明：

当质点系平衡时，质点系中的每个质点受到主动力 $\boldsymbol{F}_i$ 和约束力 $\boldsymbol{F}_{Ni}$ 而处于平衡，则有

$$\boldsymbol{F}_i + \boldsymbol{F}_{Ni} = 0 \quad (i = 1, 2, \cdots, n)$$

将上式两端同乘以 $\delta \boldsymbol{r}_i$，得

$$\sum \boldsymbol{F}_i \cdot \delta \boldsymbol{r}_i + \sum \boldsymbol{F}_{Ni} \cdot \delta \boldsymbol{r}_i = 0$$

由于质点系有理想约束，即

$$\sum \boldsymbol{F}_{Ni} \cdot \delta \boldsymbol{r}_i = 0$$

则有

$$\delta W_F = \sum \boldsymbol{F}_i \cdot \delta \boldsymbol{r}_i = 0$$

虚位移原理的充分性证明：

假设质点系受到力系作用时，不处于平衡状态，则作用在质点系上的某一个主动力 $\boldsymbol{F}_i$ 和约束力 $\boldsymbol{F}_{Ni}$ 在其相应的虚位移上所做的虚功必有

$$(\boldsymbol{F}_i+\boldsymbol{F}_{Ni})\cdot\delta\boldsymbol{r}_i\neq 0$$

由于质点系有理想约束，即

$$\sum\boldsymbol{F}_{Ni}\cdot\delta\boldsymbol{r}_i=0$$

则对于质点系有

$$\delta W_F=\sum\boldsymbol{F}_i\cdot\delta\boldsymbol{r}_i\neq 0$$

这与式(8-6)矛盾，质点系必处于平衡。

【例 8-1】 如图 8-5 所示的机构中，当曲柄 OC 绕轴 O 转动时，滑块 A 沿曲柄滑动，从而带动杆 AB 在铅直的滑槽内移动，不计各杆的自重与各处的摩擦。试求平衡时力 $\boldsymbol{F}_1$ 和 $\boldsymbol{F}_2$ 的关系。

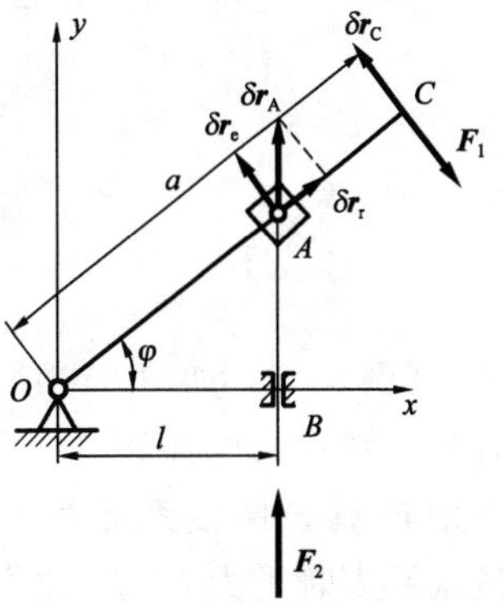

图 8-5　例 8-1 图

解　作用在该机构上的主动力为力 $\boldsymbol{F}_1$ 和 $\boldsymbol{F}_2$，约束是理想约束，且为 1 个自由度体系。有如下两种解法：

(1)几何法

如图 8-5 所示，A、C 两点的虚位移分别为 $\delta\boldsymbol{r}_A$、$\delta\boldsymbol{r}_C$，则由虚位移原理式(8-6)，得

$$\boldsymbol{F}_2\delta\boldsymbol{r}_A-\boldsymbol{F}_1\delta\boldsymbol{r}_C=0 \qquad (a)$$

由图中的几何关系，得

$$\delta r_e=\delta r_A\cos\varphi$$

$$\delta r_C=\frac{\delta r_e}{OA}a=\frac{\delta r_A\cos\varphi}{\dfrac{l}{\cos\varphi}}a=\delta r_A\,\frac{\cos^2\varphi}{l}a \qquad (b)$$

式(b)代入式(a)，得

$$F_2\delta r_A-F_1\delta r_A\,\frac{\cos^2\varphi}{l}a=0$$

$$\left(F_2-F_1\,\frac{\cos^2\varphi}{l}a\right)\delta r_A=0$$

由于虚位移 $\delta\boldsymbol{r}_A$ 是任意独立的，则

$$F_2-F_1\,\frac{\cos^2\varphi}{l}a=0$$

即

$$\frac{F_1}{F_2}=\frac{l}{a\cos^2\varphi}$$

(2)解析法

由于体系具有 1 个自由度，广义坐标为曲柄 OC 绕轴 O 转动时的转角 φ，则滑块 A 在图示坐标系中的坐标为

$$y=l\tan\varphi$$

A 点的虚位移为

$$\delta r_A=\delta y=\frac{l}{\cos^2\varphi}\delta\varphi$$

C 点的虚位移为

$$\delta r_C=\delta(a\varphi)=a\delta\varphi$$

将 A、C 点的虚位移代入式(a)得

$$F_2\frac{l}{\cos^2\varphi}\delta\varphi-F_1a\delta\varphi=0$$

$$\left(F_2\frac{l}{\cos^2\varphi}-F_1a\right)\delta\varphi=0$$

由于广义虚位移 $\delta\varphi$ 是任意独立的，则有

$$F_2\frac{l}{\cos^2\varphi}-F_1a=0$$

即

$$\frac{F_1}{F_2}=\frac{l}{a\cos^2\varphi}$$

【例 8-2】 如图 8-6 所示的平面机构中，已知各杆与弹簧的原长为 l，重量均略去不计，滑块 A 重为 $\boldsymbol{P}$，弹簧刚度系数为 k，铅直滑道是光滑的。试求平衡时重力 $\boldsymbol{P}$ 与 θ 之间的关系。

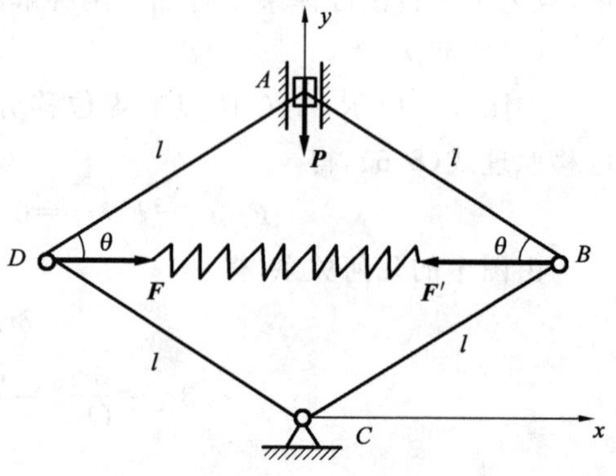

图 8-6 例 8-2 图

解 去掉弹簧的约束，以弹力 $\boldsymbol{F}$、$\boldsymbol{F}'$ 代替，体系的约束为理想约束，在主动力重力 $\boldsymbol{P}$ 和弹力 $\boldsymbol{F}$、$\boldsymbol{F}'$ 的作用下处于平衡。此体系具有 1 个自由度，广义坐标为 θ，则由虚位移原理式(8-6)得

$$-P\delta y_A-F\delta x_B+F'\delta x_D=0 \qquad \text{(a)}$$

主动力作用点的坐标为

$$\begin{cases} y_A=2l\sin\theta \\ x_B=l\cos\theta \\ x_D=-l\cos\theta \end{cases}$$

则各作用点的虚位移为上式取变分，得

$$\begin{cases} \delta y_A=2l\cos\theta\delta\theta \\ \delta x_B=-l\sin\theta\delta\theta \\ \delta x_D=l\sin\theta\delta\theta \end{cases} \qquad \text{(b)}$$

弹簧的弹力 $\boldsymbol{F}$、$\boldsymbol{F}'$ 为

$$F=F'=k(2l\cos\theta-l) \qquad \text{(c)}$$

将式(b)和式(c)代入式(a)，得

$$-P2l\cos\theta\delta\theta+k(2l\cos\theta-l)l\sin\theta\delta\theta+k(2l\cos\theta-l)l\sin\theta\delta\theta=0$$

整理得

$$[-P+kl(2\sin\theta-\tan\theta)]\delta\theta=0$$

由于广义虚位移 $\delta\theta$ 是任意独立的，则有

$$-P+kl(2\sin\theta-\tan\theta)=0$$

即得平衡时重力 P 与 θ 之间的关系为

$$P=kl(2\sin\theta-\tan\theta)$$

【例 8-3】 一多跨静定梁受力如图 8-7(a)所示，试求支座 B 的约束力。

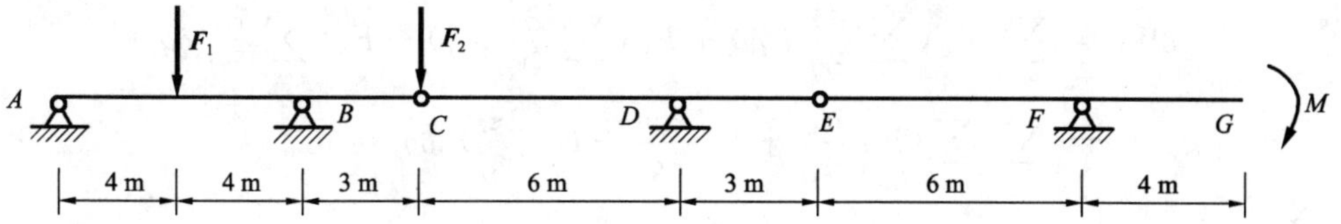

(a)

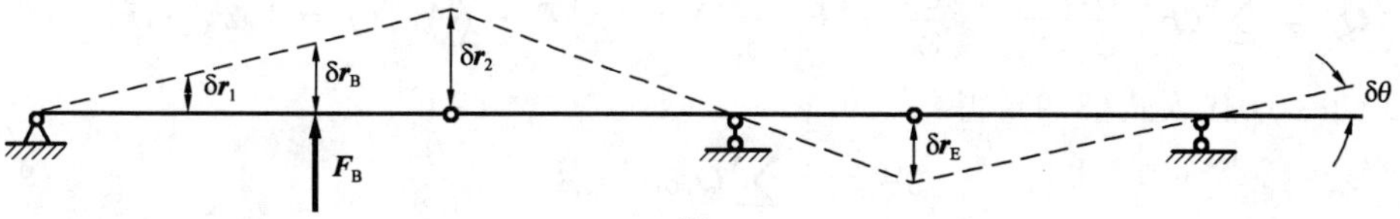

(b)

图 8-7 例 8-3 图

解 将支座 B 处的约束解除，用力 $\boldsymbol{F}_B$ 代替。此梁为 1 个自由度体系，由虚位移原理式(8-6)得

$$-F_1\delta r_1+F_B\delta r_B-F_2\delta r_2-M\delta\theta=0$$

则

$$F_B=F_1\frac{\delta r_1}{\delta r_B}+F_2\frac{\delta r_2}{\delta r_B}+M\frac{\delta\theta}{\delta r_B}$$

式中，各处的虚位移关系为

$$\frac{\delta r_1}{\delta r_B}=\frac{1}{2}$$

$$\frac{\delta r_2}{\delta r_B}=\frac{11}{8}$$

$$\frac{\delta\theta}{\delta r_B}=\frac{1}{\delta r_B}\cdot\frac{\delta r_G}{4}=\frac{1}{\delta r_B}\cdot\frac{\delta r_E}{6}=\frac{1}{6\delta r_B}\cdot\frac{3\delta r_2}{6}=\frac{3}{36}\cdot\frac{\delta r_2}{\delta r_B}=\frac{1}{12}\cdot\frac{11}{8}=\frac{11}{96}$$

从而得支座 B 的约束力为

$$F_B=\frac{1}{2}F_1+\frac{11}{8}F_2+\frac{11}{96}M$$

8.2.3 广义坐标表示的质点系平衡方程

设由 n 个质点组成的质点系，受有 s 个定常完整约束，系统的自由度为 $k=3n-s$，对质点系中第 i 个质点的广义坐标求变分，由式(8-2)得

$$\begin{cases}\delta x_i=\sum\dfrac{\partial x_i}{\partial q_j}\delta q_j\\ \delta y_i=\sum\dfrac{\partial y_i}{\partial q_j}\delta q_j\qquad(i=1,2,\cdots,n)\\ \delta z_i=\sum\dfrac{\partial z_i}{\partial q_j}\delta q_j\end{cases}\tag{8-8}$$

其矢量式为

$$\delta\boldsymbol{r}_i=\sum\frac{\partial\boldsymbol{r}_i}{\partial q_j}\delta q_j\qquad(i=1,2,\cdots,n)$$

将式(8-8)代入式(8-7),得

$$\delta W_F = \sum[F_{xi}(\sum \frac{\partial x_i}{\partial q_j}\delta q_j) + F_{yi}(\sum \frac{\partial y_i}{\partial q_j}\delta q_j) + F_{zi}(\sum \frac{\partial z_i}{\partial q_j}\delta q_j)]$$

$$= \sum[\sum(F_{xi}\frac{\partial x_i}{\partial q_j} + F_{yi}\frac{\partial y_i}{\partial q_j} + F_{zi}\frac{\partial z_i}{\partial q_j})]\delta q_j = 0 \tag{8-9}$$

令

$$Q_j = \sum(F_{xi}\frac{\partial x_i}{\partial q_j} + F_{yi}\frac{\partial y_i}{\partial q_j} + F_{zi}\frac{\partial z_i}{\partial q_j}) = \sum \boldsymbol{F}_i \cdot \frac{\partial \boldsymbol{r}_i}{\partial q_j} \quad (j=1,2,\cdots,k) \tag{8-10}$$

将式(8-10)代入式(8-9),得

$$\delta W_F = \sum Q_j \delta q_j = 0 \tag{8-11}$$

式中,Q_j——与广义坐标 q_j 对应的广义力;

$Q_j\delta q_j$——具有功的量纲。

由于广义坐标 q_j 具有独立性,则式(8-11)有

$$Q_j = 0 \qquad (j=1,2,\cdots,k) \tag{8-12}$$

即质点系平衡的必要与充分条件是:系统中所有广义力都等于零。式(8-12)是广义力表示的平衡方程。

求广义力有两种方法:一种求法是直接从式(8-10)中求出;另一种求法是利用广义坐标具有独立和任意的性质,令某一虚位移 $\delta q_j \neq 0$,其余的 $k-1$ 个虚位移为零,则有

$$\delta W_F = Q_j \delta q_j$$

从而

$$Q_j = \frac{\delta W_F}{\delta q_j} \tag{8-13}$$

在实际求解中常采用第二种方法。

当主动力是势力时,势能也是广义坐标的函数,即

$$V = V(q_1, q_2, \cdots, q_k)$$

主动力与势能的关系由式(6-56)有

$$\boldsymbol{F}_i = -(\frac{\partial V}{\partial x_i}\boldsymbol{i} + \frac{\partial V}{\partial y_i}\boldsymbol{j} + \frac{\partial V}{\partial z_i}\boldsymbol{k}) \qquad (i=1,2,\cdots,n) \tag{8-14}$$

虚位移为

$$\frac{\partial \boldsymbol{r}_i}{\partial q_j} = \frac{\partial x_i}{\partial q_j}\boldsymbol{i} + \frac{\partial y_i}{\partial q_j}\boldsymbol{j} + \frac{\partial z_i}{\partial q_j}\boldsymbol{k} \qquad (i=1,2,\cdots,n) \tag{8-15}$$

将式(8-14)和式(8-15)代入式(8-10),得

$$Q_j = \sum \boldsymbol{F}_i \cdot \frac{\partial \boldsymbol{r}_i}{\partial q_j} = -(\sum \frac{\partial V}{\partial x_i}\frac{\partial x_i}{\partial q_j} + \frac{\partial V}{\partial y_i}\frac{\partial y_i}{\partial q_j} + \frac{\partial V}{\partial z_i}\frac{\partial z_i}{\partial q_j}) = -\frac{\partial V}{\partial q_j} \tag{8-16}$$

则虚位移原理的平衡方程式(8-12)变为

$$\frac{\partial V}{\partial q_j} = 0 \qquad (j=1,2,\cdots,k) \tag{8-17}$$

或者为

$$\delta V = 0 \tag{8-18}$$

即在势力场中,具有理想、双侧、定常约束的质点系平衡的必要与充分条件是:势能对每个广义坐标的偏导数都等于零,或者势能在平衡位置取驻值。

【例 8-4】 平面机构在如图 8-8 所示位置上平衡，已知在曲柄 AB 上作用有力偶矩 M，在铰链 C 处，受有水平力 $\boldsymbol{F}$。$AB=\frac{1}{2}CD=l$，各杆的重量和摩擦不计，试求水平力 $\boldsymbol{P}$ 与力偶矩 M 的关系。

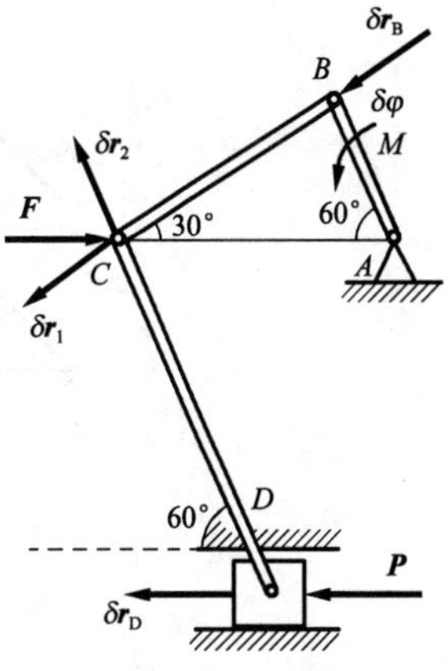

图 8-8　例 8-4 图

解　此机构为 2 个自由度体系。设广义坐标为曲柄 AB 与水平轴的夹角 φ，滑块 D 的水平位移 r_D。

(1)求广义坐标 φ 所对应的广义力

令滑块 D 不动，虚位移 $\delta x_D=0$，则广义力

$$Q_1=\frac{\delta W_1}{\delta q_1}=\frac{M\delta\varphi-F\cos30^\circ\delta r_1}{\delta\varphi} \tag{a}$$

图示位置，杆 CB 可以看成瞬时平移，则有

$$\delta r_1=\delta r_B=l\delta\varphi \tag{b}$$

将式(b)代入式(a)，再由质点系平衡的必要与充分条件是：系统中所有广义力都等于零。则

$$Q_1=0$$

得

$$\frac{M\delta\varphi-F\cos30^\circ l\delta\varphi}{\delta\varphi}=0$$

$$M-F\cos30^\circ l=0$$

则水平力 $\boldsymbol{F}$ 与力偶矩 M 的关系为

$$F=\frac{M}{l\cos30^\circ}=\frac{2\sqrt{3}M}{3l} \tag{c}$$

(2)求广义坐标 x_D 所对应的广义力

令曲柄 AB 不动，虚位移 $\delta\varphi=0$。此时体系相当于 BC 为曲柄、杆 CD 为连杆组成的曲柄连杆机构。铰链 C 处的虚位移 δr_2 垂直于杆 BC，由速度投影定理得

$$\delta r_2=\delta r_D\cos60^\circ$$

广义力为

$$Q_2=\frac{\delta W_2}{\delta q_2}=\frac{P\delta r_D-F\cos60^\circ\delta r_2}{\delta r_D}=\frac{P\delta r_D-F\cos60^\circ\delta r_D\cos60^\circ}{\delta r_D}$$

由质点系平衡条件

$$Q_2=0$$

得

$$P-F\cos^2 60^\circ=0$$

则水平力 $\boldsymbol{F}$ 与 $\boldsymbol{P}$ 的关系为

$$P=F\cos^2 60^\circ \tag{d}$$

将式(c)代入式(d)得水平力 $\boldsymbol{P}$ 与力偶矩 M 的关系为

$$P=\frac{M}{l\cos30^\circ}\cos^2 60^\circ=\frac{\sqrt{3}M}{6l}$$

【例 8-5】 如图 8-9 所示两重物 A 和 B，重量分别为 $\boldsymbol{P}_1$ 和 $\boldsymbol{P}_2$，并系在细绳上，分别放在倾角为 θ 和 β 的斜面上，绳子绕过两个定滑轮与动滑轮相连。动滑轮上挂重物 C，重量为 $\boldsymbol{P}_3$。若滑轮和细绳的自重以及各处的摩擦不计，试求体系平衡时，$\boldsymbol{P}_1$、$\boldsymbol{P}_2$ 和 $\boldsymbol{P}_3$ 的关系。

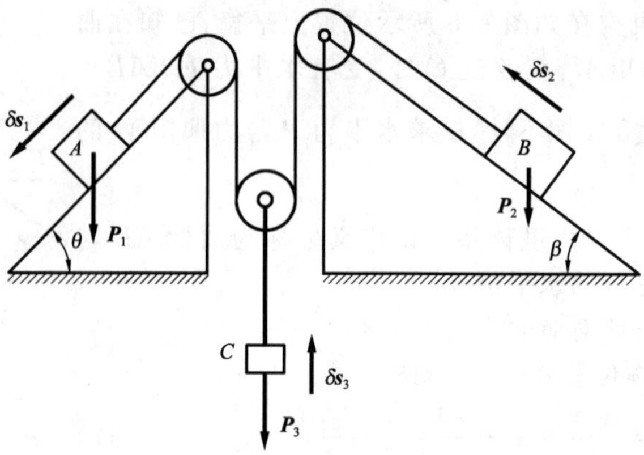

图 8-9 例 8-5 图

解 此机构为 2 个自由度体系。设广义坐标为重物 A 沿斜面向下的位移 $\boldsymbol{s}_1$、重物 B 沿斜面向上的位移 $\boldsymbol{s}_2$ 和重物 C 的竖直位移 $\boldsymbol{s}_3$。

(1)求广义坐标 δs_1 所对应的广义力

令重物 B 不动，虚位移 $\delta s_2=0$，则广义力

$$Q_1=\frac{\delta W_1}{\delta q_1}=\frac{P_1\sin\theta\delta s_1-P_3\delta s_3}{\delta s_1}$$

由运动关系得

$$\delta s_3=\frac{1}{2}\delta s_1$$

则

$$Q_1=\frac{\delta W_1}{\delta q_1}=\frac{P_1\sin\theta\delta s_1-P_3\ \frac{1}{2}\delta s_1}{\delta s_1}=P_1\sin\theta-\frac{1}{2}P_3$$

由质点系平衡条件

$$Q_1=0$$

得

$$P_3=2P_1\sin\theta \tag{a}$$

(2)求广义坐标 δs_2 所对应的广义力

令重物 A 不动，虚位移 $\delta s_1=0$，则广义力

$$Q_2=\frac{\delta W_2}{\delta q_2}=\frac{P_3\delta s_3-P_2\sin\beta\delta s_2}{\delta s_2}$$

由运动关系得

$$\delta s_3=\frac{1}{2}\delta s_2$$

则

$$Q_2=\frac{\delta W_2}{\delta q_2}=\frac{\frac{1}{2}P_3\delta s_2-P_2\sin\beta\delta s_2}{\delta s_2}=\frac{1}{2}P_3-P_2\sin\beta$$

由质点系平衡条件

$$Q_2=0$$

得

$$P_3=2P_2\sin\beta \tag{b}$$

由式(a)和式(b)得 P_1、P_2 和 P_3 的关系为

$$2P_1\sin\theta=P_3=2P_2\sin\beta$$

思政目标

引入虚位移、虚功的概念，虚功原理从力的功的角度分析处理静力学问题，是用动力学分析处理问题的思路方法来解决静力学求约束力的问题。为我们创新性思维的培养与确立及创新性解决问题提供了思路和方法。

本章小结

1. 约束·自由度·广义坐标

约束分为以下形式：

(1)几何约束：限制质点或质点系在空间的几何位置的约束。

(2)运动约束：限制质点或质点系运动的约束。

(3)定常约束：约束方程中不显含时间的约束。

(4)非定常约束：约束方程中显含时间的约束。

(5)非完整约束：约束方程中含有坐标对时间的导数，而且方程不能积分成有限形式的约束。

(6)完整约束：约束方程中不含有坐标对时间的导数，或约束方程中含有坐标对时间的导数，但能积分成有限形式的约束。

(7)双侧约束：约束限制物体沿某一方向的位移，同时也限制物体沿相反方向的位移。

(8)单侧约束：约束仅限制物体沿某一方向的位移，不能限制物体沿相反方向的位移。

自由度：确定具有完整约束的质点系位置所需独立坐标的数目，用 k 表示。

广义坐标：确定质点系位置的独立参量，以 $q_1,q_2,\cdots,q_k$ 表示质点系的广义坐标。

由 n 个质点组成的质点系，受有 s 个几何约束，系统的自由度为 k，则质点系第 i 个质点直角坐标形式的广义坐标为

$$\begin{cases}x_i=x_i(q_1,q_2,\cdots,q_k,t)\\ y_i=y_i(q_1,q_2,\cdots,q_k,t)\\ z_i=z_i(q_1,q_2,\cdots,q_k,t)\end{cases}\quad (i=1,2,\cdots,n)$$

矢量形式为

$$\boldsymbol{r}_i=\boldsymbol{r}_i(q_1,q_2,\cdots,q_k,t)\quad (i=1,2,\cdots,n)$$

2. 虚位移·虚功·理想约束

虚位移：质点或质点系为约束所允许的无限小的位移。

虚功：力在虚位移上做的功。

理想约束：约束力在质点系的任意虚位移中所做的虚功之和等于零。即

$$\delta W=\sum \boldsymbol{F}_{Ni}\cdot\delta\boldsymbol{r}_i=0$$

3. 虚位移原理

具有理想、双侧、定常约束的质点系平衡的必要与充分条件是：作用在质点系上的所有主动力在任何虚位移中所做的虚功之和等于零。即

$$\delta W_F=\sum \boldsymbol{F}_i\cdot\delta\boldsymbol{r}_i=0$$

解析式为

$$\delta W_F = \sum (F_{xi}\delta x_i + F_{yi}\delta y_i + F_{zi}\delta z_i) = 0$$

4. 广义坐标表示的质点系平衡方程

(1)一般的平衡问题

广义力：

$$Q_j = \sum \left(F_{xi}\frac{\partial x_i}{\partial q_j} + F_{yi}\frac{\partial y_i}{\partial q_j} + F_{zi}\frac{\partial z_i}{\partial q_j}\right) = \sum \boldsymbol{F}_i \cdot \frac{\partial \boldsymbol{r}_i}{\partial q_j} \quad (j = 1,2,\cdots,k)$$

广义力表示的平衡方程：

$$Q_j = 0 \quad (j=1,2,\cdots,k)$$

即质点系平衡的必要与充分条件是：系统中所有广义力都等于零。

(2)当主动力是势力时

广义力：

$$Q_j = -\frac{\partial V}{\partial q_j}$$

式中，势能是广义坐标的函数，即 $V=V(q_1,q_2,\cdots,q_k)$。

平衡方程：

$$\frac{\partial V}{\partial q_j} = 0 \qquad (j=1,2,\cdots,k)$$

或者为

$$\delta V = 0$$

即在势力场中，具有理想、双侧、定常约束的质点系平衡的必要与充分条件是：势能对每个广义坐标的偏导数都等于零，或者势能在平衡位置取驻值。

习 题

8-1 如图 8-10 所示，一折梯由两个杆 AC、BC 组成，每杆长为 l，重为 $\boldsymbol{P}$，放在粗糙的水平面上，设梯子与地面间的滑动摩擦系数为 f。试求平衡时，梯子与地面所成的最小角 $\theta_{\min}$。

8-2 在如图 8-11 所示机构中，两等长杆 AB 与 BC 在点 B 处用铰链连接，又在杆的 D、E 两点连接一水平弹簧。弹簧的刚度系数为 k，当距离 $AC=a$ 时，弹簧为原长。如在点 C 处作用一水平力 $\boldsymbol{F}$，杆系处于平衡，$AB=l$，$BD=b$，杆的自重不计。试求 AC 之间的距离 x。

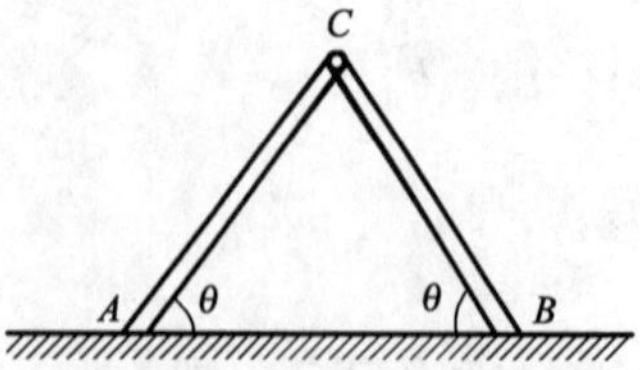

图 8-10 习题 8-1 图

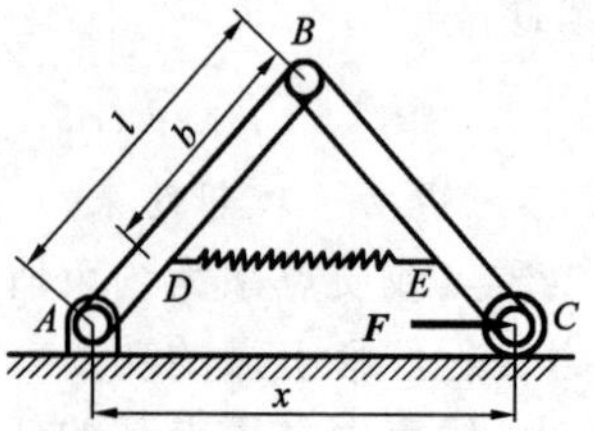

图 8-11 习题 8-2 图

8-3 如图 8-12 所示的机构在力 $\boldsymbol{F}_1$ 与 $\boldsymbol{F}_2$ 的作用下平衡，各杆的自重及各处的摩擦不计。$OD=BD=l_1$，$AD=l_2$，试求 $\boldsymbol{F}_1/\boldsymbol{F}_2$ 的值。

8-4 系统在力偶矩 M 和水平力 $\boldsymbol{F}$ 的作用下平衡，如图 8-13 所示。各物体的自重及各处的摩擦不计，$AC=CB=\frac{l}{2}$。试求杆与水平线的夹角 φ。

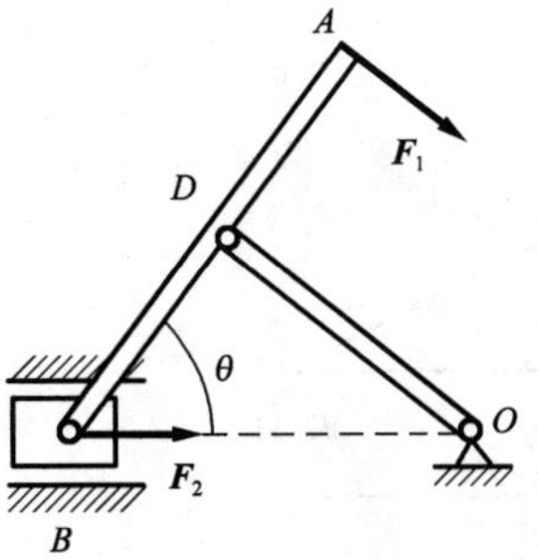

图 8-12　习题 8-3 图

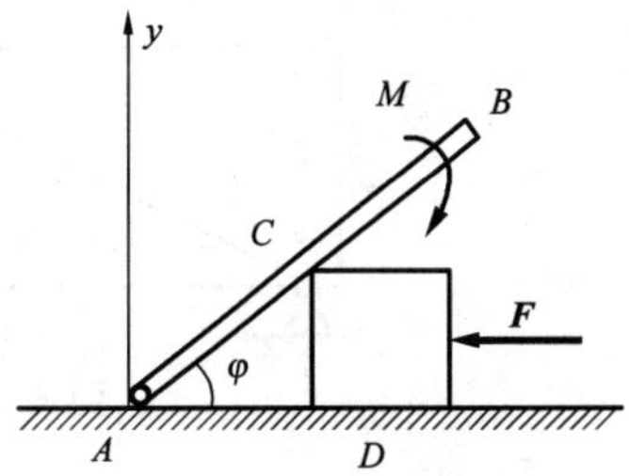

图 8-13　习题 8-4 图

8-5　半径为 R 的滚子放在粗糙的水平面上，连杆 AB 的两端分别与轮缘上的点 A 和滑块 B 铰接。现在滚子上施加力偶矩 M，在滑块 B 上施加水平力 $\boldsymbol{F}$，使系统在如图 8-14 所示位置处于平衡。已知滚子的重力 $\boldsymbol{P}$ 足够大，连杆 AB 和滑块 B 的自重及铰链处的摩擦不计，滚阻摩擦不计。试求力偶矩 M 与水平力 F 间的关系以及滚子与地面间的滑动摩擦力。

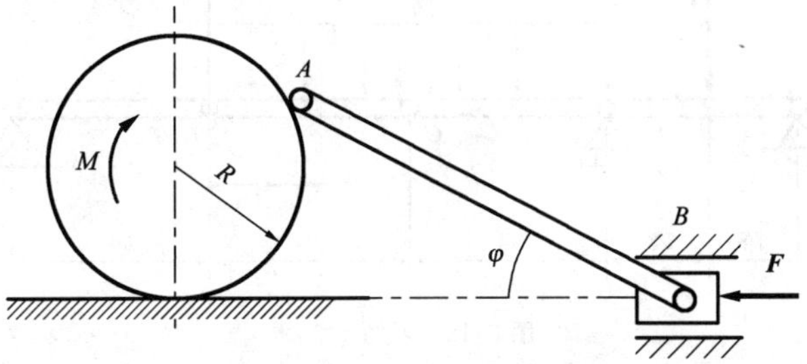

图 8-14　习题 8-5 图

8-6　如图 8-15 所示，重物 A、B 分别连接在细绳的两端，重物 A 放在粗糙的水平面上，重物 B 绕过定滑轮 E 铅垂悬挂，动滑轮 H 的轴心挂重物 C。设重物 A 重为 $2\boldsymbol{P}$，重物 B 重为 $\boldsymbol{P}$，试求平衡时，重物 C 的重量 $\boldsymbol{W}$ 以及重物 A 与水平面间的滑动摩擦系数。

8-7　如图 8-16 所示结构中，AB、CD 由光滑铰链 C 连接。在水平构件的 B 端作用一铅垂力 $\boldsymbol{F}$，在 CD 上作用一力偶矩 M，各杆的自重不计，几何尺寸如图所示。试求固定铰支座 D 处的约束力。

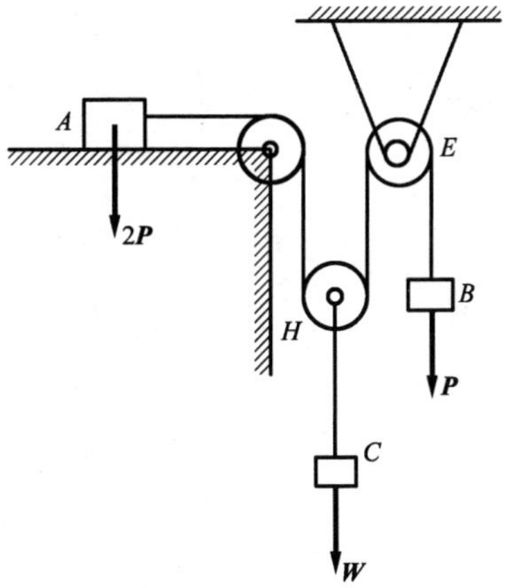

图 8-15　习题 8-6 图

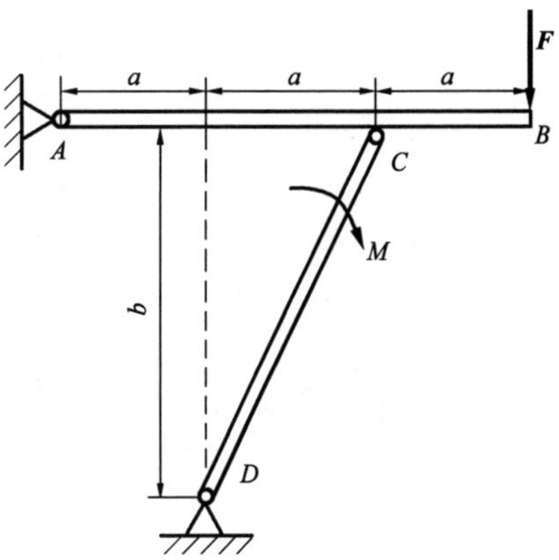

图 8-16　习题 8-7 图

8-8　求如图 8-17 所示桁架杆 3 的内力。

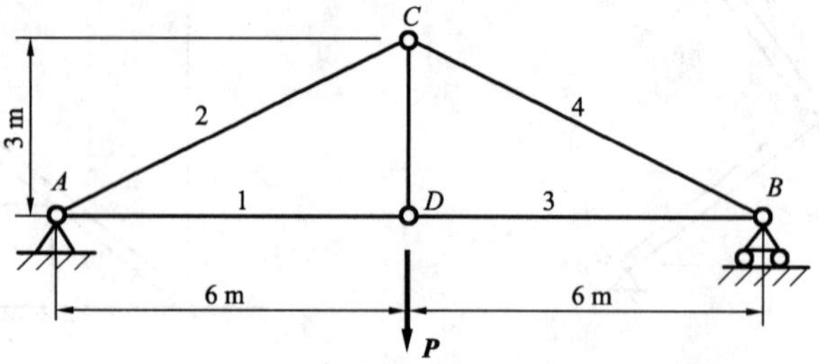

图 8-17　习题 8-8 图

8-9　如图 8-18 所示为组合梁载荷分布，已知跨度 $l=8$ m，$P=4900$ N，载荷集度 $q=2450$ N/m，力偶矩 $M=4900$ N·m。试求支座约束。

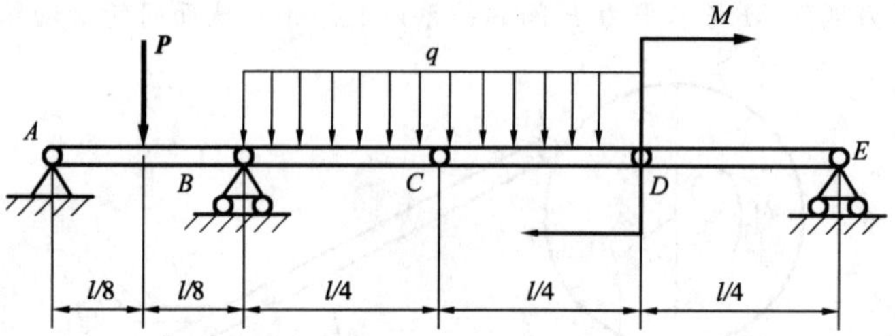

图 8-18　习题 8-9 图

8-10　直角杆 AC 与直杆 BC 在点 C 处铰接。杆 BC 中点作用一力 $\boldsymbol{F}$，各杆的自重不计，几何尺寸如图 8-19 所示。试求支座 A 的水平约束力。

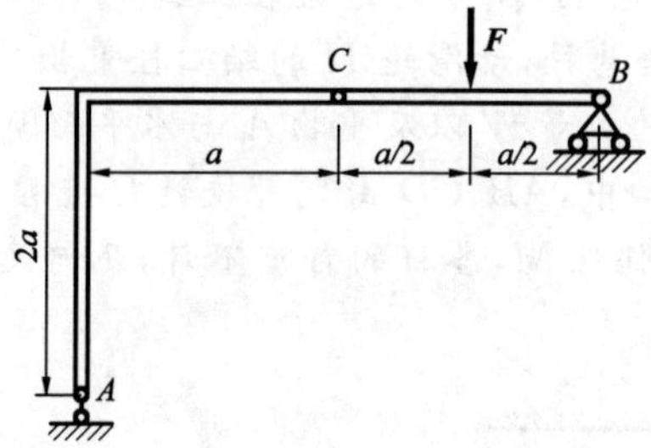

图 8-19　习题 8-10 图

第2篇 材料力学

材料力学是研究构件强度、刚度和稳定性计算的科学。

所谓强度是指材料或构件抵抗破坏的能力。材料强度高,是指这种材料比较坚固,不易破坏;材料强度低,则是指这种材料不够坚固,较易破坏。

所谓刚度是指构件抵抗变形的能力。构件的刚度大,是指构件在荷载作用下不易变形,即抵抗变形的能力大;构件的刚度小,是指构件在荷载作用下,较易变形,即抵抗变形的能力小。在工程中,根据不同的用途,使构件在荷载作用下产生的变形不能超过一定的范围,即要求构件具有一定的刚度。

所谓稳定性是指受压细长杆件其平衡状态的稳定性。例如,细长的受压杆件,当压力超过一定限度后,虽然没有破坏,但会显著地变弯,甚至弯曲折断,由此酿成严重事故。因此,细长的受压杆件,必须保证其具有足够的稳定性。

满足了强度、刚度和稳定性要求,才能保证构件安全地正常工作。构件的强度、刚度和稳定性均与所用材料的力学性能(材料受外力作用后在强度和变形方面所表现出来的性能)有关,这些材料的力学性能均需通过试验来测定。工程中还有些单靠理论分析解决不了的问题也需要借助于试验来解决。因此,在材料力学中,试验研究与理论分析同等重要,都是完成材料力学的任务所必需的。

材料力学的研究对象是构件,是变形固体。在材料力学的研究中,对变形固体做了如下基本假设:

(1)连续均匀假设

连续是指材料内部没有空隙,均匀是指材料的性质各处都一样。连续均匀假设认为变形固体内毫无间隙地充满了物质,并且各处力学性能都相同。

(2)各向同性假设

认为材料沿不同的方向具有相同的力学性质。常用的工程材料如钢、铸铁、玻璃以及浇筑很好的混凝土等,都可以认为是各向同性材料。有些材料如轧制钢材、竹、木材等,沿不同方向的力学性质是不同的,称为各向异性材料。本教材中将主要研究各向同性材料。

(3)弹性变形假设

弹性变形假设指变形固体在外力撤去后能恢复原来形状和尺寸的性质。

(4)小变形假设

工程中大多数构件在荷载作用下,其几何尺寸的改变量与构件本身的尺寸相比都很微小,称这类变形为“小变形”。由于变形很微小,所以在研究构件的平衡、运动等问题时,可忽略其变形,采用构件变形前的原始尺寸进行计算,从而使计算大为简化。

综上所述,在材料力学中,把实际材料看作均匀、连续、各向同性的可变形固体,且在大多数情况下局限在弹性变形范围内和小变形条件下进行研究。实际事物往往是很复杂的,为了便于研究,每门学科均采用抓主要矛盾的科学抽象法——略去对所研究问题影响不大的次要因素,只保留事物的主要性质,将实际物体抽象、简化为理想模型作为研究对象。

实际工程中,构件的几何形状是各种各样的,简化后可大致归纳为四种:杆、板、壳和块,本教材所研究的主要是其中的等截面直杆。凡是长度远大于其他两个方向尺寸的构件称为杆件,如建筑工程中的梁、柱以及机器上的传动轴等均属杆件。

工程中的杆件所受的外力是多种多样的,因此,杆件的变形也是各种各样的。杆件变形的基本形式主要是以下四种:

(1)轴向拉伸或压缩

在一对方向相反、作用线与杆轴线重合的外力作用下,杆件将发生长度的改变(伸长或缩短),这种变形形式称为轴向拉伸或压缩。

(2)剪切

在一对相距很近、大小相等、方向相反的横向外力作用下,杆件的横截面将沿外力作用方向发生错动,这种变形形式称为剪切。

(3)扭转

在一对转向相反、作用面垂直于杆轴线的外力偶作用下,杆的任意两横截面将发生相对转动,而轴线仍维持直线,这种变形形式称为扭转。

(4)弯曲

在一对转向相反、作用面在杆件的纵向平面(包含杆轴线在内的平面)内的外力偶作用下,杆件将在纵向平面内发生弯曲,这种变形形式称为纯弯曲变形。如果在杆件的纵向平面内有几个垂直于杆轴线的外力作用,则杆件将在纵向平面内发生弯曲变形,杆件的轴线由直线变成曲线,这种弯曲变形形式称为横力弯曲变形。

工程实际中的杆件可能同时承受不同形式的外力,常常同时发生两种或两种以上的基本变形,这种变形情况称为组合变形。

第 9 章

轴向拉伸与压缩

拉伸与压缩变形

9.1 轴向拉伸与压缩的概念

工程实际中,发生轴向拉伸或压缩变形的构件很多,例如,钢木组合桁架中的钢拉杆(图 9-1)和内燃机的活塞连杆等,即作用于杆上的外力(或外力合力)的作用线与杆的轴线重合。在这种轴向荷载作用下,杆件以轴向伸长或缩短为主要变形形式,称为**轴向拉伸或轴向压缩**。以轴向拉压为主要变形的杆件,称为**拉(压)杆**。

实际拉(压)杆的端部连接情况和传力方式是各不相同的,但在讨论时可以将它们两端的力系用合力代替,其作用线与杆的轴线重合,则其计算简图如图 9-2 所示。

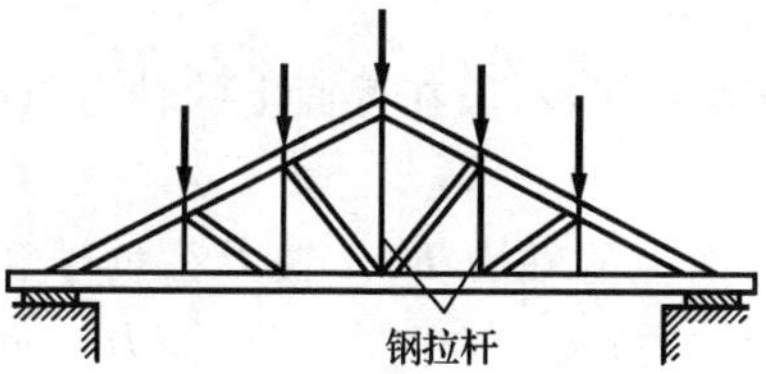

图 9-1　钢木组合桁架简图

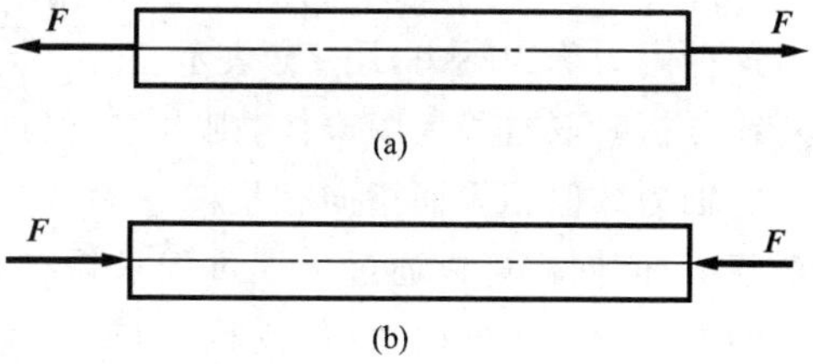

图 9-2　拉(压)杆计算简图

本章主要研究拉(压)杆的内力、应力及变形的计算。同时还将通过拉伸和压缩试验,研究材料在拉伸与压缩时的力学性能。

9.2 内力、轴力及轴力图

9.2.1 内力

如前所述,材料力学的研究对象是构件,对于所研究的构件而言,其他物体作用于该构件上的力均为**外力**。

构件在受到外力作用而变形时,其内部各部分之间将产生相互作用力,这种由外力的作用而引起的物体内部的相互作用力,称为**内力**。内力随着外力的变化而变化,外力增加,内力也增加,外力去掉后,内力也将随之消失。显然,作用在构件上的外力使其产生变形,而内力的作用则力图使受力构件恢复原状,内力对变形起抵抗和阻止作用。由于假设了物体是连续均匀的,因此在物体内部相邻部分之间相互作用的内力,实际上是一个连续分布的内力系,而分布内力系的合力即为内力。

在研究构件的强度、刚度、稳定性等问题时,经常需要知道构件在已知外力作用下某一截面上的内力值。为了计算某一截面上的内力,可在该截面处用一假想的平面将构件截为两部分,取其中任一部分为研究对象,另一部分对研究对象的作用以力的形式来表示,此力就是该截面上的内力。

9.2.2 轴力及轴力图

下面以拉杆为例,如图 9-3(a)所示。等直杆在拉力的作用下处于平衡,欲求某横截面m-m上的内力,先假想将杆沿 m-m 截面截开,留下任一部分作为脱离体进行分析,并将去掉部分对留下部分的作用以分布在截面 m-m 上各点的内力来代替,如图 9-3(b)所示。对于留下部分而言,截面 m-m 上的内力就成为外力。由于整个杆件处于平衡状态,杆件的任一部分均应保持平衡。于是,杆件横截面 m-m 上的内力系的合力 F_N 与其左端外力 $\boldsymbol{F}$ 形成共线力系,由平衡条件

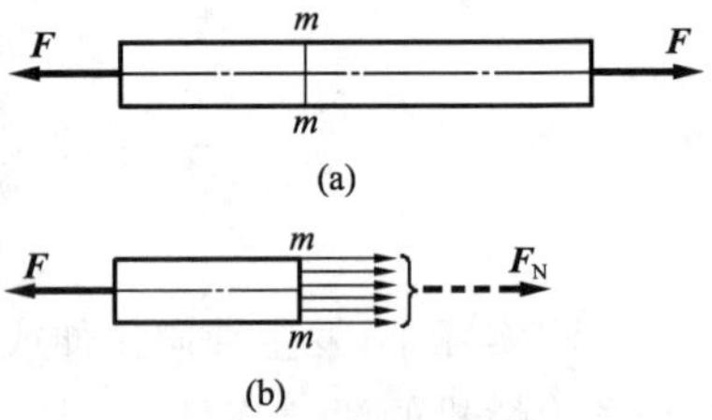

图 9-3 轴向受拉杆件

$$\sum F_x = 0, F_N - F = 0$$

得

$$F_N = F$$

$\boldsymbol{F}_N$ 为杆件任一横截面上的内力,其作用线与杆的轴线重合,即垂直于横截面并通过其形心。这种内力称为**轴力**,用 $\boldsymbol{F}_N$ 表示。

若在分析时取右段为脱离体,则由作用与反作用原理可知,右段在截面上的轴力与前述左段上的轴力数值相等而指向相反。

对于压杆,同样可以通过上述过程求得其任一横截面上的轴力 $\boldsymbol{F}_N$。轴力正负号规定:当轴力的方向背离截面时,杆件受拉,则轴力为正,称为**拉力**;反之,杆件受压,轴力为负,称为**压力**。

以上计算内力的方法,称为**截面法**。其步骤如下:

(1)假想沿所求内力的截面将构件分为两部分;

(2)取其中任一部分为研究对象;

(3)列平衡方程,求解内力。

当杆受到多个轴向外力作用时,在杆不同位置的横截面上,轴力往往不同。为了形象而清晰地表示横截面上的轴力沿轴线变化的情况,可用平行于轴线的坐标表示横截面的位置,称为基线,用垂直于轴线的坐标表示横截面上轴力的数值,正的轴力(拉力)画在基线的上方,负的轴力(压力)画在基线的下方。这样绘出的轴力沿杆件轴线变化的图线,称为轴力图。

【例 9-1】 一等直杆所受外力如图 9-4(a)所示,试求各段截面上的轴力,并作杆的轴力图。

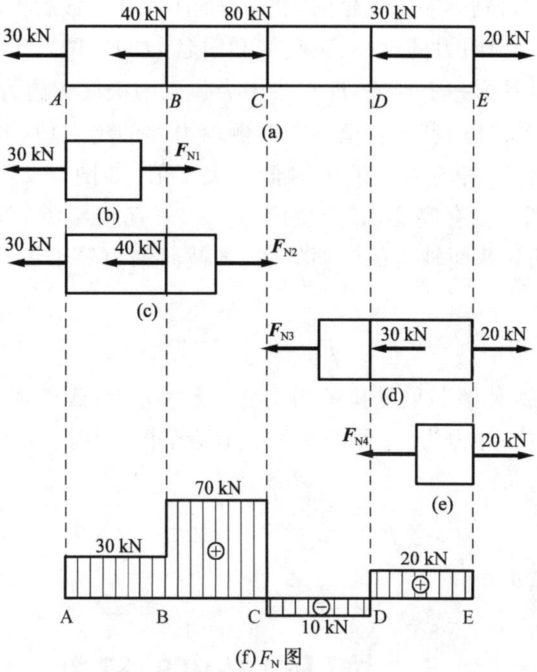

图 9-4　例 9-1 图

解　根据截面法在 AB 段范围内任一截面处将杆截开，取左段为脱离体[图9-4(b)]，假定轴力 $\boldsymbol{F}_{N1}$ 为拉力(以后轴力都按拉力假设)，由平衡方程

$$\sum F_x = 0, F_{N1} - 30 = 0$$

得

$$F_{N1} = 30\ \text{kN}$$

结果为正值，故 $\boldsymbol{F}_{N1}$ 为拉力。

同理，可得 BC 段内任一截面上的轴力 $\boldsymbol{F}_{N2}$[图 9-4(c)] 为

$$\sum F_x = 0, F_{N2} - 30 - 40 = 0$$

$$F_{N2} = 70\ \text{kN}$$

结果为正值，说明 $\boldsymbol{F}_{N2}$ 为拉力。

在求 CD 段内的轴力时，将杆截开后取右段为脱离体[图 9-4(d)]，因为右段杆上包含的外力较少。由平衡方程

$$\sum F_x = 0, 20 - 30 - F_{N3} = 0$$

得

$$F_{N3} = -10\ \text{kN}$$

结果为负值，说明 $\boldsymbol{F}_{N3}$ 为压力。

同理，DE 段内任一截面上的轴力 $\boldsymbol{F}_{N4}$ 为

$$\sum F_x = 0, 20 - F_{N4} = 0$$

$$F_{N4} = 20\ \text{kN}$$

结果为正值，说明 $\boldsymbol{F}_{N4}$ 为拉力。

将求得的各段轴力沿杆轴线绘制出来即为轴力图[图 9-4(f)]。

由上述计算可见，在求轴力时，先假设未知轴力为拉力，则得数前的正负号既表明所设轴

力的方向是否正确，也符合轴力的正负号的规定，因而不必在得数后再注“压”或“拉”字。

注意：画轴力图时要标明力的大小、正负号和图名（如 F_N 图），否则轴力图不完整。

由上述轴力图可以看到一个现象，即在集中力作用的截面上内力图在该截面的左、右两侧内力不相等，存在一个差值，且该差值等于两侧内力差的绝对值，我们称这种同一截面两侧内力不等的现象为突变，其内力差的绝对值为突变值。如图 9-4(a) 所示，B 截面有外力 40 kN，则该截面内力图一定有突变，其突变值为 $|30-70|=40$ kN。

由截面法可得求任一截面轴力的简便方法：某截面轴力等于该截面一侧所有轴向外力的代数和，即

$$F_N=\sum F_i$$

式中，$\boldsymbol{F}_i$ 的正负号为使该截面受拉的力为正，反之为负；或者取左侧时，则向左的外力为正；取右侧时，则向右的外力为正。如图 9-4(c) 所示，求 $\boldsymbol{F}_{N2}$ 时，取截面左侧为研究对象，则 BC 段某截面的轴力为

$$F_{N2}=\sum F_i=30+40=70\ \text{kN}$$

与截面法求得的结果相同。

9.3 拉(压)杆内的应力

上面讨论了构件内力的概念及计算方法。但是，知道内力的大小还不能判断构件的强度是否足够。经验告诉我们，有两根材料相同的拉杆，一根较粗，一根较细，在相同的轴向拉力 $\boldsymbol{F}$ 作用下，内力相等，当力 $\boldsymbol{F}$ 增大时，细杆必先断。这说明内力仅代表内力系的总和，而不能表明截面上各点受力的强弱程度。为了解决强度问题，不仅需要知道构件可能沿哪个截面破坏，而且还需要知道截面上哪个点处最危险。这样，就需要进一步研究内力在截面上各点处的分布情况，因而引入了应力的概念。

9.3.1 应力

所谓应力即截面内一点的内力，或内力的集度。如图 9-5(a)所示为任一受力构件，在 m-m 截面上任一点 K 的周围取一微小面积 ΔA，并设作用在该面积上的内力为 $\Delta\boldsymbol{F}$。

$$\boldsymbol{p}_m=\frac{\Delta\boldsymbol{F}}{\Delta A} \tag{9-1}$$

则 $\boldsymbol{p}_m$ 称为 ΔA 上的**平均应力**。

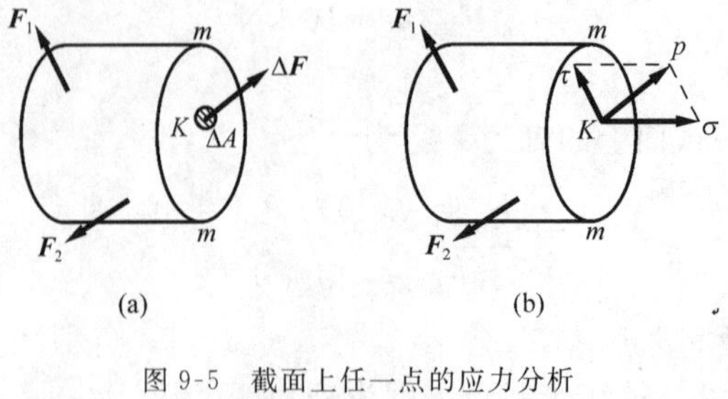

图 9-5　截面上任一点的应力分析

当内力沿截面分布不均匀时，平均应力 $\boldsymbol{p}_m$ 的值随 ΔA 的大小而变化，它不能确切表示

K 点受力强弱的程度，只有当 ΔA 趋于零时，$\boldsymbol{p}_m$ 的极限 $\boldsymbol{p}$ 方可代表 K 点受力强弱的程度，即

$$\boldsymbol{p}=\lim_{\Delta A\to 0}\frac{\Delta \boldsymbol{F}}{\Delta A} \tag{9-2}$$

$\boldsymbol{p}$ 称为截面 m-m 上点 K 处的**总应力**。显然，应力 $\boldsymbol{p}$ 的方向即 $\Delta\boldsymbol{F}$ 的极限方向。应力 $\boldsymbol{p}$ 是矢量，通常沿截面的法向与切向分解为两个分量。沿截面法向的应力分量 $\boldsymbol{\sigma}$ 称为**正应力**；沿截面切向的应力分量 $\boldsymbol{\tau}$ 称为**切应力**。它们可以分别反映垂直于截面与切于截面作用的两种内力系的分布情况。

从应力的定义可见，应力具有如下特征：

(1)应力定义在受力物体的某一截面上的某一点处，因此，讨论应力时必须明确是哪一个截面上的哪一个点。

(2)在某一截面上一点处的应力是矢量。对于应力分量，通常规定，正应力的方向是背离截面时为正，指向截面时为负；切应力使截面一侧产生顺时针转动趋势时为正，反之为负。如图 9-5(b)所示的正应力为正，切应力为负。

(3)应力的量纲为 $\mathrm{ML^{-1}T^{-2}}$。其国际单位是牛/米^2($\mathrm{N/m^2}$)，称为帕斯卡(Pa)，即 1 Pa=1 $\mathrm{N/m^2}$。应力常用的单位为 MPa，1 MPa=10^6 Pa。

9.3.2　拉(压)杆横截面上的应力

确定拉(压)杆横截面上的应力，必须了解其内力系在横截面上的分布规律。由于内力与变形有关，因此，首先通过试验来观察杆的变形。取一等截面直杆，如图 9-6(a)所示，加载前在其表面刻两条横向线 ab 和 cd，代表两个平面，再画两条与轴线平行的纵向线代表纵向平面。然后在杆的两端沿轴线施加一对拉力 $\boldsymbol{F}$ 使杆发生变形，此时可观察到横向线发生相对平移。ab、cd 分别移至 a_1b_1、c_1d_1，但仍为直线，并仍与纵向线垂直，如图 9-6(b)所示，这说明纵向线伸长了且伸长量相等，同时各点只有正应力无切应力。根据这一现象可做如下假设：变形前为平面的横截面，变形后仍为平面，只是相对地沿轴向发生了平移，这个假设称为**平面假设**。

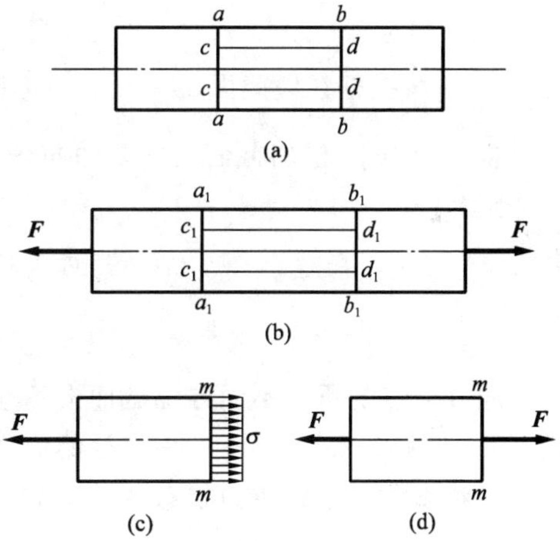

图 9-6　横截面上的应力分析

根据平面假设，可以得出结论：在弹性范围内，各点变形相同，所受力也相同，即应力在横截面上均匀分布。

$$\sigma=\frac{F_{\mathrm{N}}}{A} \tag{9-3}$$

σ 的正负规定与轴力相同，拉力对应拉应力，压力对应压应力。

9.3.3　拉(压)杆斜截面上的应力

以上研究了拉(压)杆横截面上的应力，为了更全面地了解杆内的应力情况，现在研究斜

截面上的应力。如图 9-7(a)所示拉杆，利用截面法，沿任一斜截面 $m\text{-}m$ 将杆截开，取左段杆为研究对象，该截面的方位以其外法线 On 与 x 轴的夹角 α 表示。由平衡条件可得斜截面 $m\text{-}m$ 上的内力 $\boldsymbol{F}_\alpha$ 为

$$F_\alpha = F \tag{a}$$

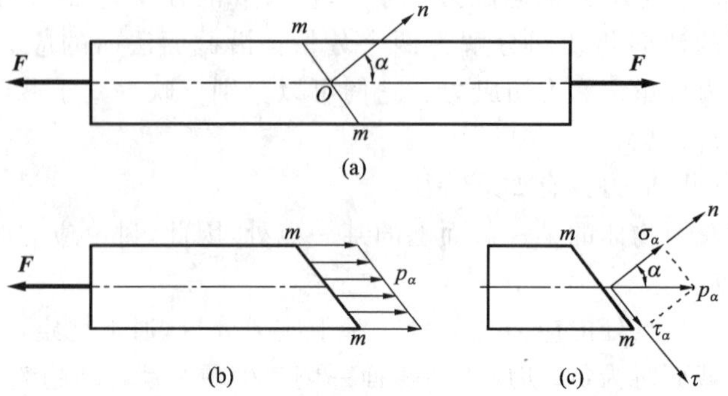

图 9-7 斜截面上的应力分析

由前述分析可知，杆件横截面上的应力均匀分布，由此可以推断，斜截面 $m\text{-}m$ 上任一点的总应力 $\boldsymbol{p}_\alpha$ 也为均匀分布，如图 9-7(b)所示，且其方向必与杆轴平行。设斜截面的面积为 A_α，A_α 与横截面面积 A 的关系为 $A_\alpha = A/\cos\alpha$。于是

$$p_\alpha = \frac{F_\alpha}{A_\alpha} = \frac{F}{A}\cos\alpha = \sigma_0 \cos\alpha \tag{b}$$

式中，σ_0——拉杆在横截面($\alpha=0$)上的正应力，$\sigma_0 = \dfrac{F}{A}$。

将总应力 p_α 沿斜截面法向与切向分解，如图 9-7(c)所示，得斜截面上的正应力与切应力分别为

$$\sigma_\alpha = p_\alpha \cos\alpha = \sigma_0 \cos^2\alpha \tag{c}$$

$$\tau_\alpha = p_\alpha \sin\alpha = \frac{\sigma_0}{2}\sin 2\alpha \tag{d}$$

通过一点的所有不同方位截面上的应力的集合，称为该点处的**应力状态**。由(c)、(d)两式可知，在所研究的拉杆中，一点处的应力状态由其横截面上的正应力即可完全确定，这样的应力状态称为**单轴应力状态**。关于应力状态的问题将在后面详细讨论。

由(c)、(d)两式可知

$$\sigma_{\max} = \sigma_0 \tag{e}$$

即最大正应力发生在横截面上。

$$\tau_{\max} = \frac{\sigma_0}{2} \tag{f}$$

即最大切应力发生在与杆轴线成 45°的斜截面上。

当等直杆受几个轴向外力作用时，由轴力图可求得其最大轴力 $\boldsymbol{F}_{\mathrm{N,max}}$，那么杆内的最大正应力为

$$\sigma_{\max} = \frac{F_{\mathrm{N,max}}}{A} \tag{9-4}$$

最大轴力所在的横截面称为**危险截面**，危险截面上的正应力称为**最大工作应力**。

【例 9-2】　一正方形截面的阶梯形砖柱，其受力情况、各段长度及横截面尺寸如图9-8(a)所示。已知 $P=60$ kN，试求荷载引起的最大工作应力。

解　首先作柱的轴力图，如图 9-8(b)所示。由于此柱为变截面柱，应分别求出每段柱横截面上的正应力，从而确定全柱的最大工作应力。

Ⅰ、Ⅱ两段柱横截面上的正应力，分别由已求得的轴力和已知的横截面尺寸算得

$$\sigma_{\mathrm{I}}=\frac{F_{\mathrm{N1}}}{A_1}=\frac{-60\times10^3}{(240\times10^{-3})\times(240\times10^{-3})}$$
$$=-1.04\ \mathrm{MPa}(压应力)$$

$$\sigma_{\mathrm{II}}=\frac{F_{\mathrm{N2}}}{A_2}=\frac{-180\times10^3}{(370\times10^{-3})\times(370\times10^{-3})}$$
$$=-1.31\ \mathrm{MPa}(压应力)$$

由上述结果可见，砖柱的最大工作应力在柱的下段，其值为 1.31 MPa，是压应力。

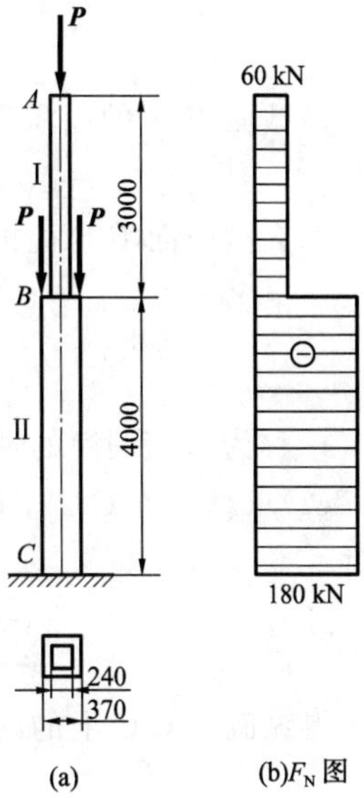

图 9-8　例 9-2 图

【例 9-3】　气动吊钩的汽缸如图 9-9(a)所示，内径 $D=180$ mm，壁厚 $\delta=8$ mm，气压 $p=2$ MPa，活塞杆直径 $d=10$ mm，试求汽缸横截面 B-B 及纵截面 C-C 上的应力。

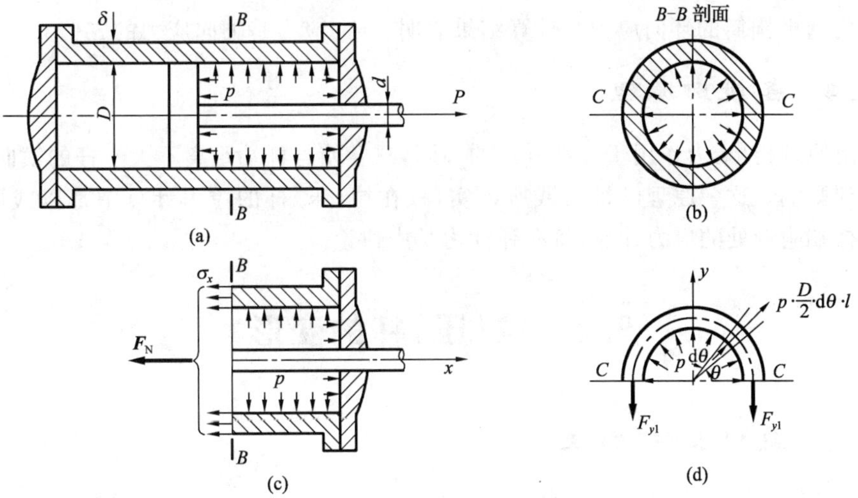

图 9-9　例 9-3 图

解　汽缸内的压缩气体将使汽缸体沿纵、横方向胀开，在汽缸的纵、横截面上产生拉应力。

(1)求横截面 B-B 上的应力。取 B-B 截面右侧部分为研究对象，如图 9-9(c)所示，由平衡条件

$$\sum F_x=0,\frac{\pi}{4}(D^2-d^2)p-F_{\mathrm{N}}=0$$

当 $D\gg d$ 时，得横截面 B-B 上的轴力为

$$F_N \approx \frac{\pi}{4}D^2 p$$

横截面 B-B 的面积为

$$A=\pi\cdot(D+\delta)\cdot\delta=\pi\cdot(D\delta+\delta^2)\approx\pi D\delta$$

那么横截面 B-B 上的应力为

$$\sigma_x=\frac{F_N}{A}\approx\frac{\frac{\pi}{4}D^2 p}{\pi D\delta}=\frac{Dp}{4\delta}=\frac{180\times 2}{4\times 8}=11.25\ \text{MPa}$$

σ_x 称为薄壁圆筒的轴向应力。

(2)求纵截面 C-C 上的应力。取长为 l 的半圆筒为研究对象，如图 9-9(d)所示，由平衡条件

$$\sum F_y=0,\int_0^{\pi}\left(p\cdot\frac{D}{2}\cdot \mathrm{d}\theta\cdot l\right)\sin\theta-2F_{y1}=0$$

得纵截面 C-C 上的内力为

$$2F_{y1}=plD$$

纵截面 C-C 的面积为

$$A_1=2l\delta$$

当 $D\geqslant 20\delta$ 时，可认为应力沿壁厚近似均匀分布，那么纵截面 C-C 上的应力为

$$\sigma_y=\frac{2F_{y1}}{A_1}=\frac{plD}{2l\delta}=\frac{pD}{2\delta}=\frac{2\times 180}{2\times 8}=22.5\ \text{MPa}$$

σ_y 称为薄壁圆筒的环向应力。计算结果表明：环向应力是轴向应力的二倍。

9.3.4 圣维南原理

圣维南原理指出：力作用于杆端方式的不同，只会使与杆端距离不大于杆的横向尺寸的范围内受到影响。这一原理已被实践所证实，故在拉(压)杆的应力计算中都以式(9-3)为准。至于杆端附近处的应力计算，将在弹性力学中讨论。

9.4 拉(压)杆的变形

9.4.1 绝对变形、胡克定律

当拉杆沿其轴向伸长时，其横向将缩短，如图 9-10(a)所示；压杆则相反，轴向缩短时，其横向将增大，如图 9-10(b)所示。

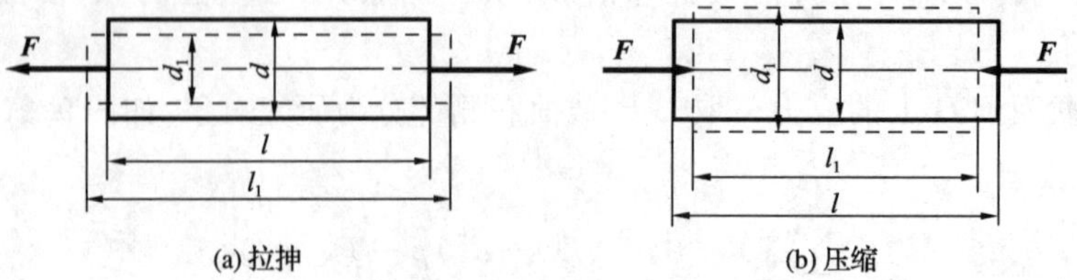

图 9-10 拉(压)变形

设 l、d 为直杆变形前的长度与直径，l_1、d_1 为直杆变形后的长度与直径，则轴向和横向变形分别为

$$\Delta l=l_1-l \tag{a}$$

$$\Delta d=d_1-d \tag{b}$$

Δl 与 Δd 称为**绝对变形**。由式(a)、式(b)可知，Δl 与 Δd 符号相反。

试验结果表明：如果所施加的荷载使杆件的变形处于弹性范围内，杆的轴向变形 Δl 与杆所承受的轴向力 $\boldsymbol{F}$、杆的原长 l 成正比，而与其横截面面积 A 成反比，写成关系式为

$$\Delta l\propto\frac{Fl}{A}$$

引进比例常数 E，则有

$$\Delta l=\frac{Fl}{EA} \tag{9-5a}$$

由于 $F_N=F$，故上式可改写为

$$\Delta l=\frac{F_N l}{EA} \tag{9-5b}$$

这一关系式称为**胡克定律**。式中，比例常数 E 称为杆材料的**弹性模量**，其量纲为 $ML^{-1}T^{-2}$，其单位为 Pa。E 的数值随材料而异，是通过试验测定的，其值表征材料抵抗弹性变形的能力。EA 称为杆的**拉伸(压缩)刚度**，对于长度相等且受力相同的杆件，其拉伸(压缩)刚度越大，则杆件的变形越小。Δl 的正负与轴力 $\boldsymbol{F}_N$ 一致。

当拉、压杆有两个以上的外力作用时，需先画出轴力图，然后按式(9-5b)分段计算各段的变形，各段变形的代数和即为杆的总变形：

$$\Delta l=\sum\frac{F_{Ni}l_i}{(EA)_i} \tag{9-6}$$

9.4.2　相对变形、泊松比

绝对变形的大小只反映杆的总变形量，而无法说明杆的变形程度。因此，为了度量杆的变形程度，还需计算单位长度内的变形量。对于轴力为常量的等截面直杆，其变形处处相等。可将 Δl 除以 l、Δd 除以 d 表示单位长度的变形量，即

$$\varepsilon=\frac{\Delta l}{l} \tag{a}$$

$$\varepsilon'=\frac{\Delta d}{d} \tag{b}$$

式中，ε——纵向线应变；

ε'——横向线应变。

应变是单位长度的变形，无量纲。由于 Δl 与 Δd 具有相反符号，因此 ε 与 ε' 也具有相反的符号。将式(9-5b)代入式(a)，得胡克定律的另一表达形式为

$$\varepsilon=\frac{\sigma}{E} \tag{9-7}$$

显然，式(9-7)中的纵向线应变 ε 和横截面上正应力的正负号也是相对应的。式(9-7)是经过改写后的胡克定律，它不仅适用于拉(压)杆，而且还可以更普遍地用于所有的单轴应力状态，故通常又称为**单轴应力状态下的胡克定律**。

试验表明，当拉(压)杆内应力不超过某一限度时，横向线应变ε'与纵向线应变ε之比的绝对值为一常数，即

$$\mu=\left|\frac{\varepsilon'}{\varepsilon}\right| \tag{9-8}$$

式中，μ——**横向变形因数或泊松(S.-D. Poisson)比**，无量纲，其数值是通过试验测定的。

弹性模量和泊松比都是材料的弹性常数。常用材料的E和μ值可参阅表9-1。

表9-1 常用材料的E和μ值

材料名称	E/GPa	μ
低碳钢	196～216	0.25～0.33
中碳钢	205	
合金钢	186～216	0.24～0.33
灰口铸铁	78.5～157	0.23～0.27
球墨铸铁	150～180	
铝合金	70	0.33
混凝土	15.2～36	0.16～0.18
木材(顺纹)	9～12	

【例9-4】 已知阶梯形直杆受力如图9-11(a)所示，材料的弹性模量$E=200$ GPa，杆各段的横截面面积分别为$A_{AB}=A_{BC}=1\ 500\ \text{mm}^2$，$A_{CD}=1\ 000\ \text{mm}^2$。试求：(1)作轴力图；(2)计算杆的总伸长量；(3)计算每段的线应变。

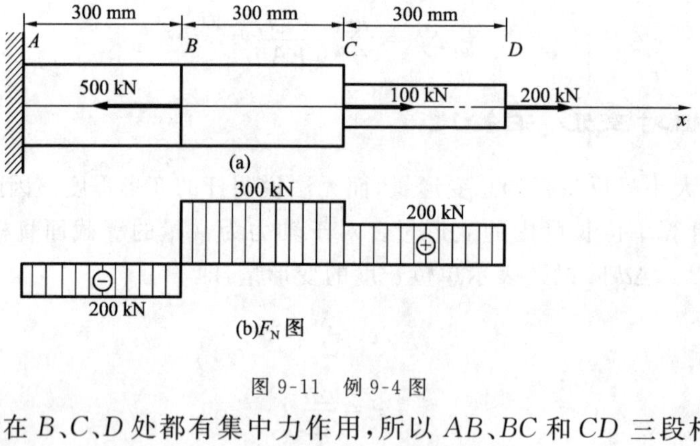

图9-11 例9-4图

解 (1)因为在B、C、D处都有集中力作用，所以AB、BC和CD三段杆的轴力各不相同。用简便方法求各段的轴力。

$$F_{NAB}=200+100-500=-200\ \text{kN}$$

$$F_{NBC}=200+100=300\ \text{kN}$$

$$F_{NCD}=200\ \text{kN}$$

轴力图如图9-11(b)所示。

(2)求杆的变形。因为杆各段轴力不等，且横截面面积也不完全相同，因而必须分段计算各段的变形，然后求和。各段杆的轴向变形分别为

$$\Delta l_{AB}=\frac{F_{NAB}l_{AB}}{EA_{AB}}=\frac{-200\times10^3\times300}{200\times10^3\times1\ 500}=-0.2\ \text{mm}$$

$$\Delta l_{BC}=\frac{F_{NBC}l_{BC}}{EA_{BC}}=\frac{300\times10^3\times300}{200\times10^3\times1500}=0.3\ \text{mm}$$

$$\Delta l_{CD}=\frac{F_{NCD}l_{CD}}{EA_{CD}}=\frac{200\times10^3\times300}{200\times10^3\times1000}=0.3\ \text{mm}$$

杆的总伸长量为

$$\Delta l=\Delta l_{AB}+\Delta l_{BC}+\Delta l_{CD}=-0.2+0.3+0.3=0.4\ \text{mm}$$

(3)求各段的线应变。

$$\varepsilon_{AB}=\frac{\Delta l_{AB}}{l_{AB}}=\frac{-0.2}{300}=-6.67\times10^{-4}$$

$$\varepsilon_{BC}=\frac{\Delta l_{BC}}{l_{BC}}=\frac{0.3}{300}=10\times10^{-4}$$

$$\varepsilon_{CD}=\frac{\Delta l_{CD}}{l_{CD}}=\frac{0.3}{300}=10\times10^{-4}$$

【例 9-5】 一钻杆简图如图 9-12(a)所示，上端固定，下端自由，长为 l，横截面面积为 A，材料容重为 γ。求整个杆件由自重引起的伸长量。

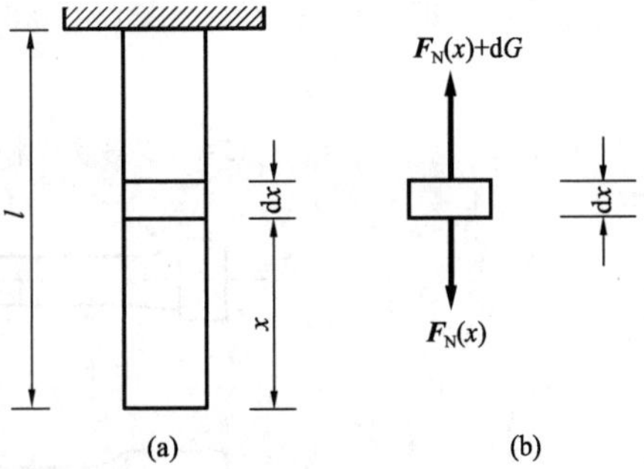

图 9-12　例 9-5 图

解　在自重作用下，不同横截面上的轴力是变量，在距下端距离为 x 处取一微段杆，长为 dx，$\boldsymbol{F}_N(x)$是长为 x 的杆段的自重，则有

$$F_N(x)=xA\gamma$$

dG 为微段杆的自重，则有

$$dG=dx\cdot A\cdot\gamma$$

此值与 $\boldsymbol{F}_N(x)$相比是微量，可以忽略，即认为微段杆内各横截面的轴力都为 $\boldsymbol{F}_N(x)$。于是直接应用胡克定律来求微段杆的伸长量为

$$\Delta(dx)=\frac{F_N(x)dx}{EA}=\frac{x\gamma dx}{E}$$

整个杆件的伸长量为

$$\Delta l=\int_0^l\Delta(dx)=\int_0^l\frac{x\gamma dx}{E}=\frac{\gamma l^2}{2E}$$

把此结果改写成

$$\Delta l=\frac{(\gamma Al)l}{2EA}=\frac{1}{2}\frac{Gl}{EA}=\frac{1}{2}(\Delta l)'$$

式中，$(\Delta l)'$——整个杆的自重作为集中荷载作用在杆端所引起的伸长量。

由此可得，等直杆由自重所引起的伸长量等于把自重当作集中荷载作用在杆端所引起的伸长量的一半。

9.5　材料在拉伸(压缩)时的力学性质

如绪论部分所述，材料力学是研究受力构件的强度和刚度等问题的。而构件的强度和刚度，除了与构件的几何尺寸及受力情况有关外，还与材料的力学性质有关。试验指出，材料的力学性质不仅决定于材料本身的成分、组织以及冶炼、加工、热处理等过程，而且决定于加载方式、应力状态和温度。本节主要介绍工程中常用材料在常温、静载条件下的力学性能。

在常温、静载条件下，材料常分为塑性材料和脆性材料两大类，本节重点讨论它们在拉伸和压缩时的力学性能。

在进行拉伸试验时，先将材料加工成符合国家标准(例如 GB/T 228—2010《金属材料室温拉伸试验方法》)的试样。为了避开试样两端受力部分对测试结果的影响，试验前先在试样的中间等直部分上划两条横线，如图 9-13 所示，当试样受力时，横线之间的一段杆中任何横截面上的应力均相等，这一段即为杆的工作段，其长度称为**标距**。在试验时就量测工作段的变形。常用的试样有圆截面和矩形截面两种。为了能比较不同粗细的试样在拉断后工作段的变形程度，通常对圆截面标准试样的标距长度与其横截面直径的比例加以规定。矩形截面标准试样，则规定其标距长度与横截面面积的比例。常用的标准比例有两种，即

$$l=10d \text{ 和 } l=5d\text{(圆截面试样)}$$

或

$$l=11.3\sqrt{A} \text{ 和 } l=5.65\sqrt{A}\text{(矩形截面试样)}$$

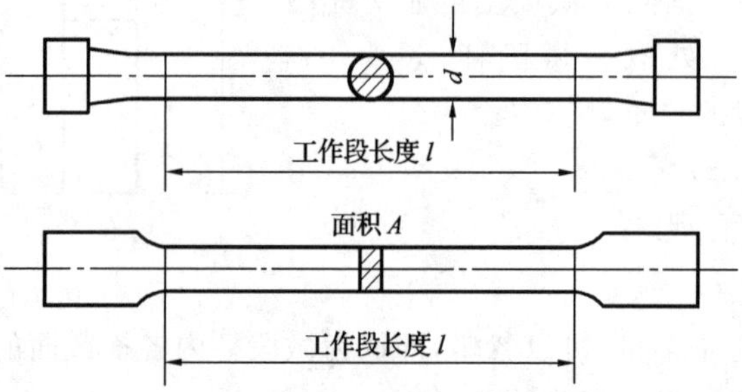

图 9-13　拉伸试样

压缩试样通常用圆形截面或正方形截面的短柱体，如图 9-14 所示，其长度 l 与横截面直径 d 或边长 b 的比值一般规定为 1～3，这样才能避免试样在试验过程中被压弯。

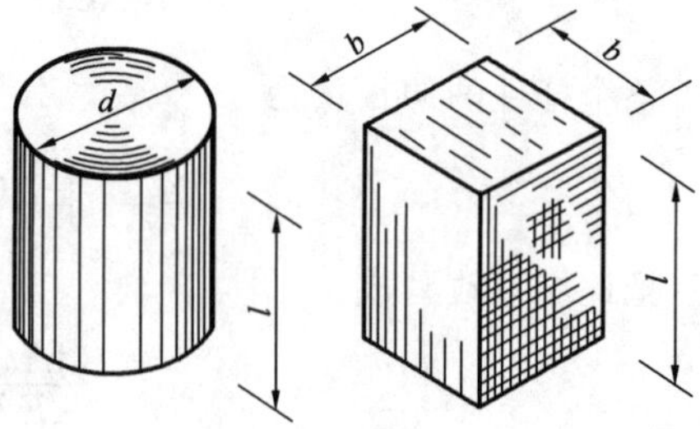

图 9-14　压缩试样

拉伸或压缩试验时使用的设备是万能试验机。万能试验机由机架、加载系统、测力示值系统、载荷位移记录系统以及夹具、附具等五个基本部分组成。关于万能试验机的具体构造和原理，可参阅有关材料力学实验书籍。

9.5.1　低碳钢拉伸时的力学性质

将准备好的低碳钢试样装到万能试验机上，开动万能试验机使试样两端受轴向拉力 $\boldsymbol{F}$ 的作用。当 $\boldsymbol{F}$ 由零逐渐增加时，试样逐渐伸长，用仪器测量标距 l 的伸长 Δl，将各 $\boldsymbol{F}$ 值与相应的 Δl 值记录下来，直到试样被拉断时为止。然后，以 Δl 为横坐标，F 为纵坐标，在纸上标出若干个点，以曲线相连，可得一条 F-Δl 曲线，如图 9-15 所示，称为低碳钢的**拉伸曲线**或**拉**

伸图。一般万能试验机可以自动绘出拉伸曲线。

低碳钢的拉伸图只能代表试样的力学性能，因为该图的横坐标和纵坐标均与试样的几何尺寸有关。为了消除试样尺寸的影响，将拉伸图中的 F 值除以试样横截面的原面积，即用应力来表示：$\sigma=\dfrac{F}{A}$；将 Δl 除以试样工作段的原长 l，即用应变来表示：$\varepsilon=\dfrac{\Delta l}{l}$。这样，所得曲线即与试样的尺寸无关，而可以代表材料的力学性质，称为**应力-应变曲线**或 **σ-ε 曲线**，如图 9-16 所示。

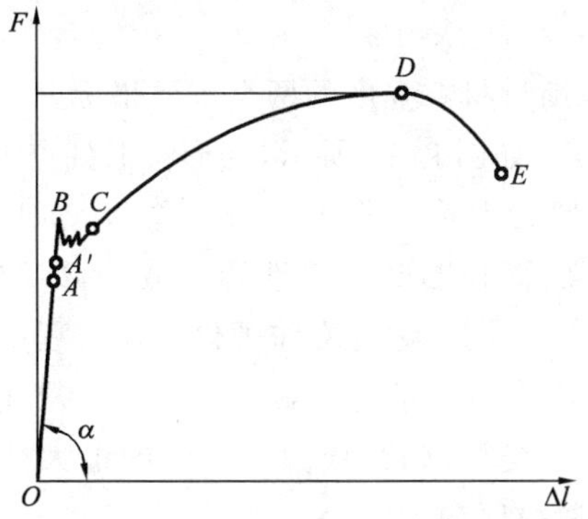

图 9-15　低碳钢拉伸图（F-Δl 曲线）

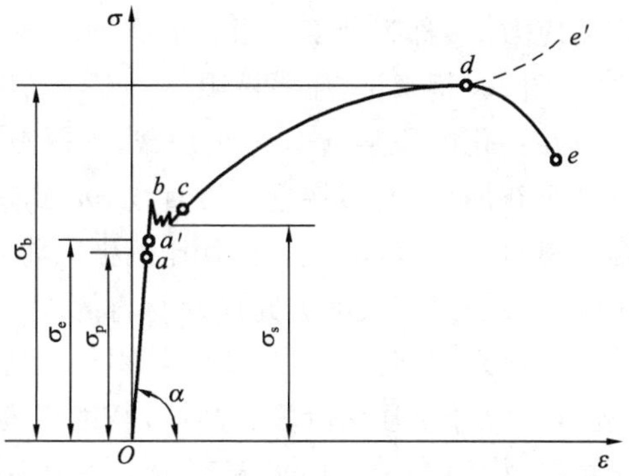

图 9-16　低碳钢拉伸图（σ-ε 曲线）

低碳钢是工程中使用最广泛的材料之一，同时，低碳钢试样在拉伸试验中所表现出的变形与抗力之间的关系也比较典型。由 σ-ε 曲线图可见，低碳钢在整个拉伸试验过程中大致可分为四个阶段。

1. 弹性阶段（图 9-16 中的 Oa' 段）

这一阶段试样的变形完全是弹性的，全部卸除荷载后，试样将恢复其原长，这一阶段称为**弹性阶段**。

这一阶段曲线有两个特点：一是 Oa 段是一条直线，它表明在这段范围内，应力与应变成正比，即

$$\sigma=E\varepsilon$$

比例系数 E 即为弹性模量，在图 9-16 中 $E=\tan\alpha$。此式所表明的关系即胡克定律。成正比关系的最高点 a 所对应的应力值 σ_p，称为**比例极限**，Oa 段称为线性弹性区。低碳钢的 $\sigma_p=200$ MPa。

另一特点是 aa' 段为非直线段，它表明应力与应变成非线性关系。试验表明，只要应力不超过 a' 点所对应的应力 σ_e，其变形是完全弹性的，称 σ_e 为**弹性极限**，其值与 σ_p 接近，所以在应用上，对比例极限和弹性极限不做严格区别。

2. 屈服阶段（图 9-16 中的 $a'c$ 段）

在应力超过弹性极限后，试样的伸长急剧地增加，而万能试验机的荷载读数却在很小的范围内波动，即试样的荷载基本不变而试样却不断伸长，好像材料暂时失去了抵抗变形的能力，这种现象称为**屈服**，这一阶段则称为**屈服阶段**。屈服阶段出现的变形，是不可恢复的塑性变形。若试样经过抛光，则在试样表面可以看到一些与试样轴线成 45°角的条纹，如图 9-17所示，这是材料沿试样的最大切应力面发生滑移而出现的现象，称为**滑移线**。

在屈服阶段内，应力 σ 有幅度不大的波动，称最高点为上屈服点，称最低点 b 为下屈服

点。试验指出，加载速度等很多因素对屈服阶段的曲线上限值的影响较大，而下限值则较为稳定。因此将屈服阶段的下限值定义为**屈服应力** σ_s 或**屈服极限**。低碳钢的屈服极限为 $\sigma_s \approx$ 240 MPa。

3. 强化阶段(图 9-16 中的 cd 段)

试样经过屈服阶段后，材料的内部结构得到了重新调整。在此过程中材料不断发生强化，试样中的抗力不断增长，材料抵抗变形的能力有所提高，表现为变形曲线自 c 点开始又继续上升，直到最高点 d 为止，这一现象称为**强化**，这一阶段称为**强化阶段**。其最高点 d 所对应的应力 σ_b，称为**强度极限**。低碳钢的强度极限 $\sigma_b \approx 400$ MPa。

对于低碳钢来讲，屈服极限 σ_s 和强度极限 σ_b 是衡量材料强度的两个重要指标。

若在强化阶段某点 m 停止加载，并逐渐卸除荷载，如图 9-18 所示，变形将退到点 n。如果立即重新加载，变形将重新沿直线 nm 到达点 m，然后大致沿着曲线 mde 继续增加，直到拉断。材料经过这样处理后，其比例极限将得到提高，而拉断时的塑性变形减少，即塑性降低了。这种通过卸载的方式而使材料的性质获得改变的做法称为**冷作硬化**。在工程中常利用冷作硬化来提高钢筋和钢缆绳等构件在线弹性范围内所能承受的最大荷载。值得注意的是，若试样拉伸至强化阶段后卸载，经过一段时间后再受拉，则其线弹性范围的最大荷载还有所提高，如图 9-18 中 $nfgh$ 所示。这种现象称为**冷拉时效**。

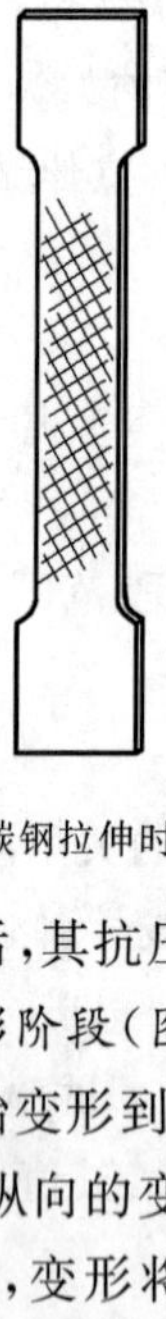

图 9-17 低碳钢拉伸时的屈服现象

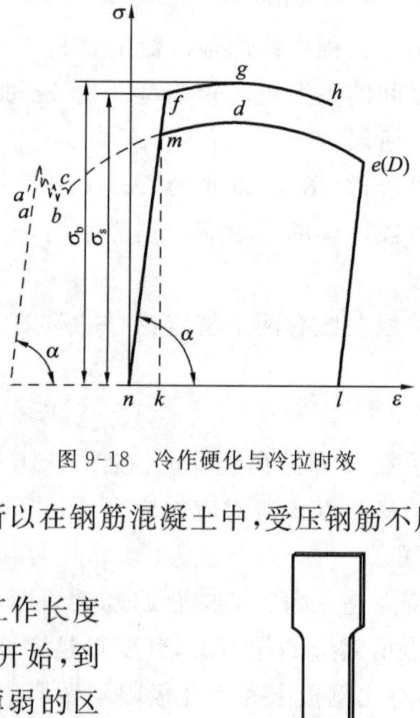

图 9-18 冷作硬化与冷拉时效

钢筋冷拉后，其抗压的强度指标并不提高，所以在钢筋混凝土中，受压钢筋不用冷拉。

4. 局部变形阶段(图 9-16 中的 de 段)

试样从开始变形到 σ-ε 曲线的最高点 d，在工作长度范围 l 内沿横、纵向的变形是均匀的。但自 d 点开始，到 e 点断裂时为止，变形将集中在试样的某一较薄弱的区域内，如图9-19所示，该处的横截面面积显著地收缩，出现**"缩颈"**现象。在试样继续变形的过程中，由于"缩颈"部分的横截面面积急剧缩小，因此，荷载读数(试样的抗力)反而降低，如图 9-15 中的 DE 段。在图 9-16 中实线 de 是以变形前的横截面面积除 F 后得到的，所以其形状与图 9-15 中的 DE 段相似，也是下降。但实际缩颈处

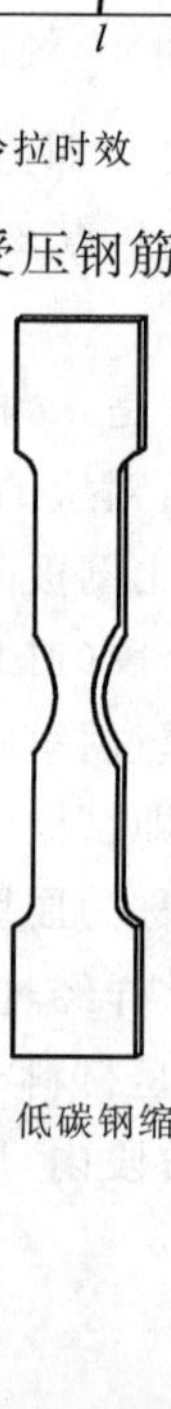

图 9-19 低碳钢缩颈现象

的应力仍是增长的，如图 9-16 中虚线 de'所示。

为了衡量材料的塑性性能，通常以试样拉断后的标距长度 l_1 与其原长 l 之差除以 l 的比值（表示成百分数）来表示。

$$\delta=\frac{l_1-l}{l}\times 100\%$$

δ 称为**延伸率**，低碳钢的 $\delta=20\%\sim30\%$。此值的大小表示材料在拉断前能发生的最大塑性变形程度，是衡量材料塑性的一个重要指标。工程上一般认为 $\delta\geqslant5\%$的材料为塑性材料，$\delta<5\%$的材料为脆性材料。

衡量材料塑性的另一个指标为截面收缩率，用 ψ 表示，其定义为

$$\psi=\frac{A-A_1}{A}\times 100\%$$

式中，A_1——试样拉断后断口处的最小横截面面积。

低碳钢的 ψ 一般在 60%左右。

9.5.2　其他金属材料在拉伸时的力学性质

对于其他金属材料，σ-ε 曲线并不都像低碳钢那样具备四个阶段。如图 9-20 所示为几种典型的金属材料在拉伸时的 σ-ε 曲线。可以看出，这些材料的共同特点是延伸率 δ 均较大，它们和低碳钢一样都属于塑性材料。但是有些材料（如铝合金）没有明显的屈服阶段，国家标准（GB/T 228—2010）规定，取塑性应变为 0.2%时所对应的应力值作为**名义屈服极限**，以 $\sigma_{0.2}$表示，如图 9-21 所示。确定 $\sigma_{0.2}$的方法是：在 ε 轴上取 0.2%的点，过此点作平行于 σ-ε 曲线的直线段的直线（斜率亦为 E），与 σ-ε 曲线相交的点所对应的应力即为 $\sigma_{0.2}$。

有些材料，如铸铁、陶瓷等发生断裂前没有明显的塑性变形，这类材料称为脆性材料。如图 9-22 所示是铸铁在拉伸时的σ-ε曲线，这是一条微弯曲线，即应力应变不成正比。但由于直到拉断时试样的变形都非常小，且没有屈服阶段、强化阶段和局部变形阶段，因此，在工程计算中，通常取总应变为 0.1%时 σ-ε 曲线的割线（如图 9-22 所示的虚线）斜率来确定其弹性模量，称为**割线弹性模量**。衡量脆性材料拉伸强度的唯一指标是材料的强度极限 σ_b。

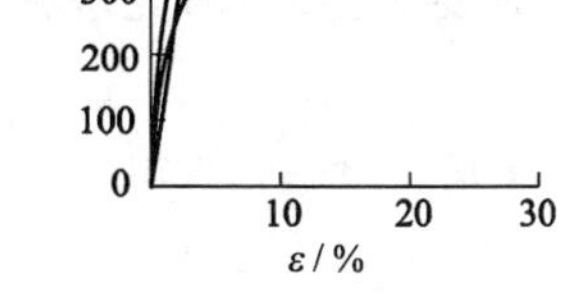

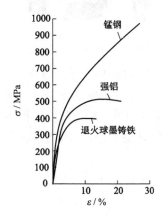

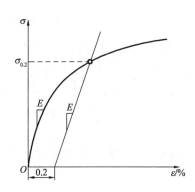

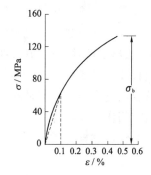

图 9-20　几种典型的金属材料在拉伸时的 σ-ε 曲线

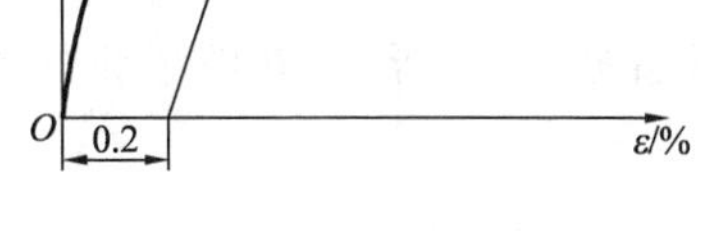

图 9-21　无明显屈服阶段的屈服极限

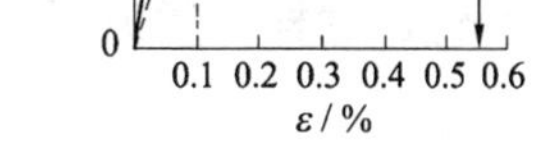

图 9-22　铸铁拉伸时的 σ-ε 曲线

9.5.3 低碳钢在压缩时的力学性质

下面介绍低碳钢压缩时的力学性质。将短圆柱体压缩试样置于万能试验机的承压平台间，并使之发生压缩变形。与拉伸试验相同，可绘出试样在试验过程的缩短量 Δl 与压力 F 之间的关系曲线，称为试样的**压缩图**。为了使得到的曲线与所用试样的横截面面积和长度无关，同样可以将压缩图改画成 σ-ε 曲线，如图 9-23 实线所示。为了便于比较材料在拉伸和压缩时的力学性能，在图中以虚线绘出了低碳钢在拉伸时的 σ-ε 曲线。

由图 9-23 可以看出：低碳钢在压缩时的弹性模量、弹性极限和屈服极限等与拉伸时基本相同，但过了屈服极限后，曲线逐渐上升，这是因为在试验过程中，试样的长度不断缩短，横截面面积不断增大，而计算名义应力时仍采用试样的原面积。此外，随着试样越压越扁，使得低碳钢试样的抗压强度 σ_{bc} 无法测定。

9.5.4 其他金属材料在压缩时的力学性质

从低碳钢拉伸试验的结果可以了解其在压缩时的力学性质。多数金属都有类似低碳钢的性质，所以塑性材料压缩时，在屈服阶段以前的特征值，都可用拉伸时的特征值，只是把拉换成压而已。但也有一些金属，例如铬钼硅合金钢，在拉伸和压缩时的屈服极限并不相同，因此，对这些材料需要做压缩试验，以确定其压缩屈服极限。

塑性材料（低碳钢）试样压缩后的变形如图 9-24 所示。试样的两端面由于受到摩擦力的影响，变形后呈鼓状。

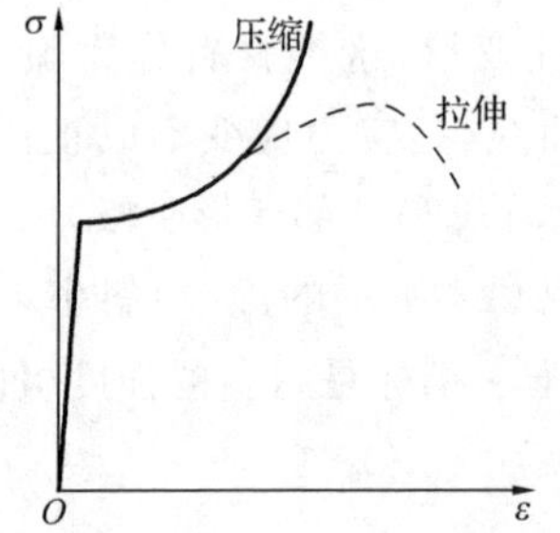

图 9-23 低碳钢拉伸、压缩时的 σ-ε 曲线

图 9-24 低碳钢试样压缩后的变形图

与塑性材料不同，脆性材料在拉伸和压缩时的力学性能有较大的区别。如图 9-25 所示，绘出了铸铁在拉伸（虚线）和压缩（实线）时的 σ-ε 曲线，比较这两条曲线可以看出：(1)无论拉伸还是压缩，铸铁的 σ-ε 曲线都没有明显的直线阶段，所以应力-应变关系只是近似地符合胡克定律；(2)铸铁在压缩时无论强度还是延伸率都比在拉伸时要大得多，因此这种材料宜用作受压构件。

铸铁试样受压破坏的情形如图 9-26 所示，其破坏面与轴线大致成 35°～40°倾角。

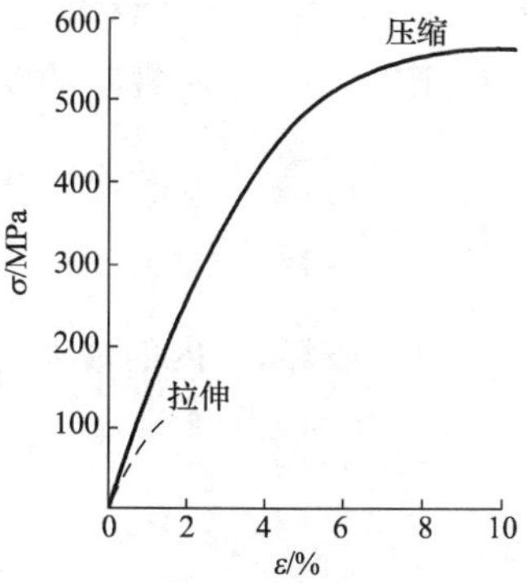

图 9-25　铸铁拉伸、压缩时的 σ-ε 曲线

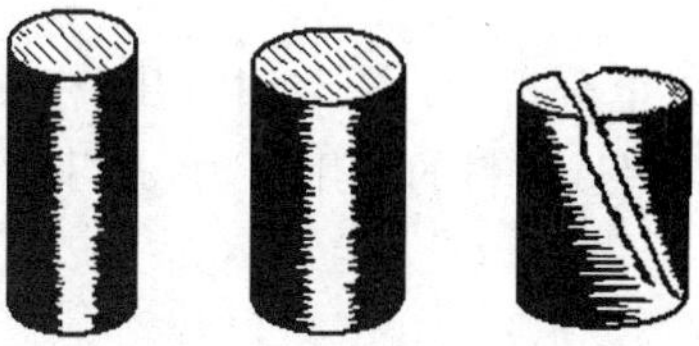

图 9-26　铸铁试样受压破坏图

9.6　许用应力与强度条件

9.6.1　许用应力

前面已经介绍了杆件在拉伸或压缩时最大工作应力的计算，以及材料在荷载作用下所表现的力学性质。但是，杆件是否会因强度不够而发生破坏，只有把杆件的最大工作应力与材料的强度指标联系起来，才有可能做出判断。

前述试验表明，当正应力达到强度极限 σ_b 时，会引起断裂；当正应力达到屈服极限 σ_s 时，将产生屈服或出现显著的塑性变形。构件工作时发生断裂是不容许的，构件工作时发生屈服或出现显著的塑性变形一般也是不容许的。所以，从强度方面考虑，断裂是构件破坏或失效的一种形式，同样，屈服也是构件失效的一种形式。

根据上述情况，通常将强度极限与屈服极限统称为**极限应力**，并用 σ_u 表示。对于脆性材料，强度极限是唯一强度指标，因此以强度极限作为极限应力；对于塑性材料，由于其屈服应力 σ_s 小于强度极限 σ_b，故通常以屈服应力作为极限应力。对于无明显屈服阶段的塑性材料，则用 $\sigma_{0.2}$ 作为 σ_u。

在理想情况下，为了充分利用材料的强度，应使材料的工作应力接近于材料的极限应力，但实际上这是不可能的，原因是有如下的一些不确定因素：所有这些不确定的因素，都有可能使构件的实际工作条件比设想的要偏于危险。除以上原因外，为了确保安全，构件还应具有适当的强度储备，特别是对于因破坏将带来严重后果的构件，更应给予较大的强度储备。

由此可见，杆件的最大工作应力 σ_{max} 应小于材料的极限应力 σ_u，而且还要有一定的强度储备。因此，在选定材料的极限应力后，除以一个大于 1 的系数 n，所得结果称为**许用应力**，即

$$[\sigma]=\frac{\sigma_u}{n} \tag{9-9}$$

式中，n——**安全因数**。

确定材料的许用应力就是确定材料的安全因数。确定安全因数是一项严肃的工作，安全因数定低了，构件不安全；定高了则浪费材料。各种材料在不同工作条件下的安全因数或

许用应力，可从有关规范或设计手册中查到。在一般静强度计算中，对于塑性材料，按屈服应力所规定的安全因数 n_s，通常取为 1.5～2.2；对于脆性材料，按强度极限所规定的安全因数 n_b，通常取为 3.0～5.0，甚至更大。

9.6.2 强度条件

根据以上分析，为了保证拉(压)杆在工作时不至因强度不够而破坏，杆内的最大工作应力 σ_{max} 不得超过材料的许用应力 $[\sigma]$，即

$$\sigma_{max}=\left(\frac{F_N}{A}\right)_{max}\leqslant[\sigma] \tag{9-10}$$

式(9-10)为拉(压)杆的**强度条件**。对于等截面杆，上式变为

$$\sigma_{max}=\frac{F_{N,max}}{A}\leqslant[\sigma] \tag{9-11}$$

利用上述强度条件，可以解决下列三种强度计算问题。

(1)强度校核。已知荷载、杆件尺寸及材料的许用应力，根据强度条件校核是否满足强度要求。

(2)选择横截面尺寸。已知荷载及材料的许用应力，确定杆件所需的最小横截面面积。对于等截面拉(压)杆，其所需横截面面积为

$$A\geqslant\frac{F_{N,max}}{[\sigma]}$$

(3)确定承载能力。已知杆件的横截面面积及材料的许用应力，根据强度条件可以确定杆件能承受的最大轴力，即

$$F_{N,max}\leqslant A[\sigma]$$

然后即可求出承载力。

最后还需指出，如果最大工作应力 σ_{max} 超过了许用应力 $[\sigma]$，但只要不超过许用应力的 5%，在工程计算中仍然是允许的。

在以上计算中，都要用到材料的许用应力。几种常用材料的许用应力值见表 9-2。

表 9-2　几种常用材料的许用应力值

材料名称	牌　号	轴向拉伸/MPa	轴向压缩/MPa
低碳钢	Q235	140～170	140～170
低合金钢	16Mn	230	230
灰口铸铁		35～55	160～200
木材(顺纹)		5.5～10.0	8～16
混凝土	C20	0.44	7
混凝土	C30	0.6	10.3

注：适用于常温、静载和一般工作条件下的拉杆和压杆。

【例 9-6】 一钢筋混凝土组合屋架，如图 9-27(a)所示，受均布荷载 q 作用，屋架的上弦杆 AC 和 BC 由钢筋混凝土制成，下弦杆 AB 为 Q235 钢制成的圆截面钢拉杆。已知 $q=10\ \text{kN/m}$，$l=8.8\ \text{m}$，$h=1.6\ \text{m}$，钢的许用应力 $[\sigma]=170\ \text{MPa}$，试设计钢拉杆 AB 的直径。

解 (1)求支反力 $\boldsymbol{F}_A$ 和 $\boldsymbol{F}_B$，因屋架及荷载左右对称，所以

$$F_A=F_B=\frac{1}{2}ql=\frac{1}{2}\times10\times8.8=44\ \text{kN}$$

(2)用截面法求拉杆内力 $\boldsymbol{F}_{NAB}$，取左半个屋架为脱离体，受力如图 9-27(b)所示。由

$$\sum M_C=0,F_A\times4.4-q\times\frac{l}{2}\times\frac{l}{4}-F_{NAB}\times1.6=0$$

得

$$F_{NAB}=(F_A\times4.4-\frac{1}{8}ql^2)/1.6$$

$$=\frac{44\times4.4-\frac{1}{8}\times10\times8.8^2}{1.6}=60.5\ \text{kN}$$

(3)设计 Q235 钢拉杆 AB 的直径。

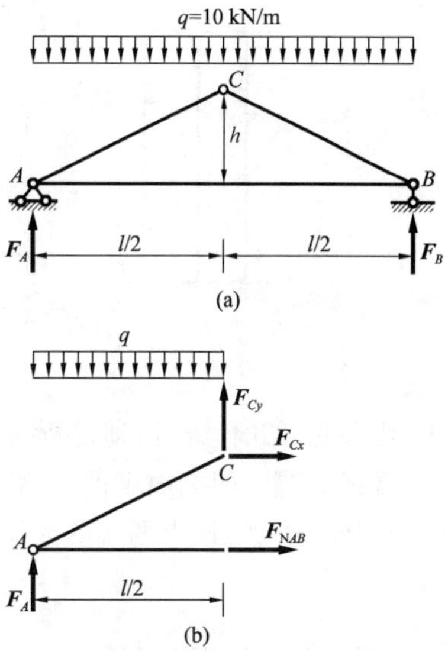

图 9-27 例 9-6 图

由强度条件

$$\frac{F_{NAB}}{A}=\frac{4F_{NAB}}{\pi d^2}\leqslant[\sigma]$$

得

$$d\geqslant\sqrt{\frac{4F_{NAB}}{\pi[\sigma]}}=\sqrt{\frac{4\times60.5\times10^3}{\pi\times170}}=21.29\ \text{mm}$$

9.7 拉(压)杆的超静定问题

9.7.1 超静定问题的提出及其求解方法

在前面所讨论的问题中，杆件或杆系的约束反力以及内力只要通过静力平衡方程就可以求得，这类问题称为**静定问题**。但在工程实际中，我们还会遇到另外一种情况，其杆件的内力或结构的约束反力的数目超过静力平衡方程的数目，以致单凭静力平衡方程不能求出全部未知力，这类问题称为**超静定问题**。未知力数目与独立平衡方程数目之差，称为**超静定次数**。如图 9-28(a)所示的杆件，上端 A 固定，下端 B 也固定，上下两端各有一个约束反力，但我们只能列出一个静力平衡方程，不能解出这两个约束反力，这是一个一次超静定问题。如图 9-28(b)所示的杆系结构，三杆铰接于 A，铅垂外力 F 作用于 A 铰。由于平面汇交力系仅有两个独立的平衡方程，显然，仅由静力平衡方程不可能求出三根杆的内力，故也为一次超静定问题。再如图 9-28(c)所示的水平刚性杆 AB，A 端铰支，还有两拉杆约束，因此也为一次超静定问题。

在求解超静定问题时，除了利用静力平衡方程以外，还必须考虑杆件的实际变形情况，列出变形的补充方程，并使补充方程的数目等于超静定次数。结构在正常工作时，其各部分的变形之间必然存在着一定的几何关系，称为**变形协调条件**。解超静定问题的关键在于根据变形协调条件写出几何方程，然后将联系杆件的变形与内力之间的物理关系(如胡克定

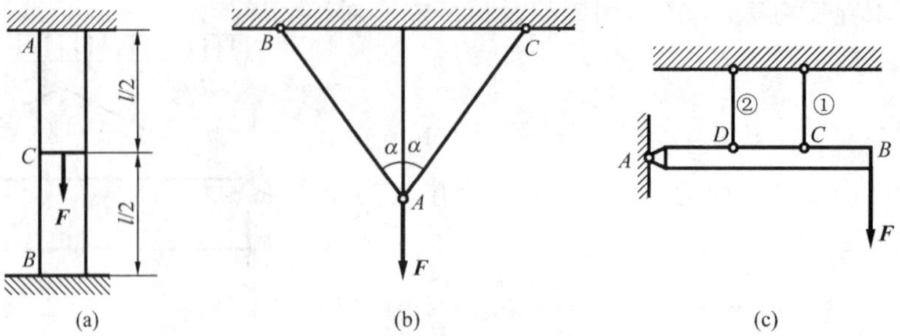

图 9-28 超静定结构简图

律)代入变形几何方程,即得所需的补充方程。下面通过具体例子来加以说明。

【例 9-7】 两端固定的等直杆 AB,在 C 处承受轴向力 $\boldsymbol{F}$,如图 9-29(a)所示,杆的拉(压)刚度为 EA,试求两端的支反力。

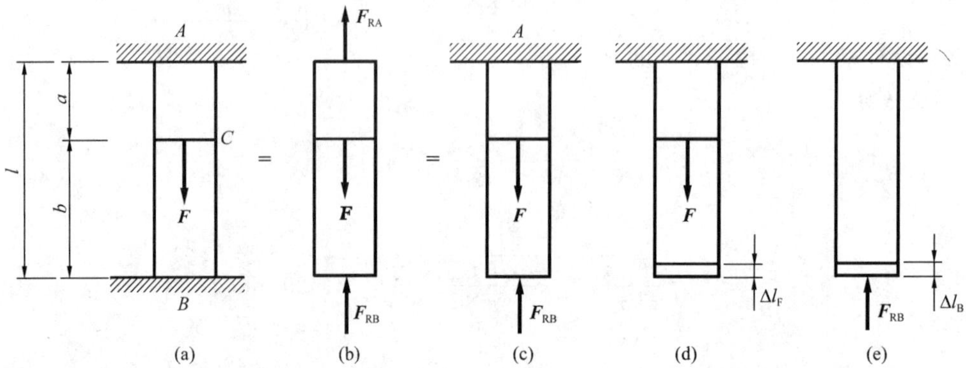

图 9-29 例 9-7 图

解 根据前面的分析可知,该结构为一次超静定问题,需找一个补充方程。为此,从下列三个方面来分析。

(1)静力方面。杆的受力如图 9-29(b)所示。可写出一个平衡方程为

$$\sum F_y = 0, F_{RA} + F_{RB} - F = 0 \tag{a}$$

(2)几何方面。由于是一次超静定问题,所以有一个多余约束,取下固定端 B 为多余约束,暂时将它解除,以未知力 $\boldsymbol{F}_{RB}$来代替此约束对杆 AB 的作用,则得一静定杆,如图 9-29(c)所示,受已知力 $\boldsymbol{F}$ 和未知力 $\boldsymbol{F}_{RB}$ 作用,并引起变形。设杆由力 $\boldsymbol{F}$ 引起的变形为 Δl_F,如图 9-29(d)所示,由 $\boldsymbol{F}_{RB}$ 引起的变形为 Δl_B,如图 9-29(e)所示。但由于 B 端原是固定的,不能上下移动,由此应有下列几何关系

$$\Delta l_F + \Delta l_B = 0 \tag{b}$$

(3)物理方面。由胡克定律,有

$$\Delta l_F = \frac{Fa}{EA}, \Delta l_B = -\frac{F_{RB}l}{EA} \tag{c}$$

将式(c)代入式(b)即得补充方程

$$\frac{Fa}{EA} - \frac{F_{RB}l}{EA} = 0 \tag{d}$$

最后,联立方程(a)和(d),解得

$$F_{RA}=\frac{Fb}{l},F_{RB}=\frac{Fa}{l}$$

结果为正，说明假设的约束力方向与实际相同。

求出支反力后，即可用截面法分别求得 AC 段和 BC 段的轴力。

【资料阅读】

我国古代桥梁技术

我国古代桥梁技术一直领先世界，其历史可以追溯到公元前 13 世纪。据文献记载，最早的桥梁为木桥，在这方面无论历史还是遗迹，我国均处于世界先进水平。我国古代最巅峰的桥梁当属石桥，石桥不仅在技术上遥遥领先世界，而且在规模上亦是世界罕见。我国古代还有一种值得称颂的桥梁就是索桥，国外不少桥梁专家认为索桥是我国首创。自明、清开始，由于历代当政者施行闭关锁国政策，中国桥梁技术裹足不前，尤其是自西方工业革命后，中国的桥梁技术更是远远落后于西方。英国 1890 年建成的主跨 519 m 苏格兰福思桥等代表了 19 世纪钢桥的最高成就，而同时期的中国在桥梁方面的建设成就非常少。具体来看，中国桥梁发展主要经历了下列阶段：以西周、春秋为主以及此前的古桥的萌芽阶段；以秦、汉为主，包括战国和三国时期的古代桥梁初步发展阶段；以唐、宋为主，包括两晋、南北朝和隋、五代时期的古代桥梁发展辉煌阶段；以元、明、清三朝为主的桥梁发展饱和阶段；以及近代的桥梁发展停滞阶段。

（资料来源：《天堑变通途——中国桥梁 70 年》）

思政目标

通过轴向拉伸与压缩变形完成胡克定律的讲解，引出我国在春秋时期的《考工记》中的相关记载，彰显我国古代匠人的聪明才智与劳动结晶，增强民族自信。

本章小结

1. 轴力和轴力图

轴向拉伸和压缩变形时，杆件任一横截面上的内力，其作用线与杆的轴线重合，这种内力称为轴力，用 $\boldsymbol{F}_N$ 表示。当轴力的方向与横截面的外法线方向一致时，杆件受拉，规定轴力为正，称为拉力；反之，杆件受压，轴力为负，称为压力。计算内力的方法，称为截面法。轴力沿杆件轴线变化的图线，称为轴力图。

2. 拉（压）杆内的应力

应力是受力杆件某一截面上一点处的内力集度。

拉（压）杆横截面上只有正应力 σ，且均匀分布，设轴力为 $\boldsymbol{F}_N$，横截面面积为 A，则有

$$\sigma=\frac{F_N}{A}$$

σ 的正负规定与轴力相同，拉应力为正，压应力为负。

拉(压)杆斜截面上的正应力与切应力分别为

$$\sigma_\alpha = p_\alpha \cos\alpha = \sigma_0 \cos^2\alpha,\tau_\alpha = p_\alpha \sin\alpha = \frac{\sigma_0}{2}\sin 2\alpha$$

式中,σ_0——拉杆在横截面($\alpha=0$)上的正应力,$\sigma_0=\dfrac{F}{A}$。

3. 拉(压)杆的变形

绝对变形:　　$\Delta l = l_1 - l$　　　$\Delta d = d_1 - d$

相对变形:　　$\varepsilon = \dfrac{\Delta l}{l}$　　　$\varepsilon' = \dfrac{\Delta d}{d}$

泊松比:　　$\mu = \left|\dfrac{\varepsilon'}{\varepsilon}\right|$

胡克定律:　　$\Delta l = \dfrac{F_N l}{EA}$　　　$\varepsilon = \dfrac{\sigma}{E}$

式中,比例常数 E——杆材料的弹性模量;

EA——杆的拉伸(压缩)刚度。

当拉、压杆有两个以上的外力作用时,各段变形的代数和即为杆的总变形:

$$\Delta l = \sum \frac{F_{Ni} l_i}{(EA)_i}$$

4. 强度条件

为了保证拉(压)杆在工作时不致因强度不够而破坏,杆内的最大工作应力 σ_{max} 不得超过材料的许用应力$[\sigma]$,即

$$\sigma_{max} = \left(\frac{F_N}{A}\right)_{max} \leqslant [\sigma]$$

材料的极限应力除以一个大于 1 的安全因数 n,所得结果称为许用应力,即

$$[\sigma] = \frac{\sigma_u}{n}$$

利用强度条件,可以解决三种强度计算问题:(1)强度校核;(2)选择横截面尺寸;(3)确定承载能力。

5. 拉(压)杆的超静定问题

杆件或杆系的约束反力以及内力只要通过静力平衡方程就可以求得,这类问题称为静定问题。如果杆件的内力或结构的约束反力的数目超过静力平衡方程的数目,单凭静力平衡方程不能求出全部未知力,这类问题称为超静定问题。解超静定问题的关键在于根据变形协调条件写出几何方程,然后联系杆件的变形与内力之间的物理关系(如胡克定律)代入变形几何方程,即得所需的补充方程。

习　题

9-1　试求如图 9-30 所示各杆 1-1、2-2、3-3 截面上的轴力,并作轴力图。

9-2　试求如图 9-31 所示阶梯状直杆 1-1、2-2 和 3-3 截面上的轴力,并作轴力图。若横截面面积 $A_1=200\ \text{mm}^2$,$A_2=300\ \text{mm}^2$,$A_3=400\ \text{mm}^2$,试求横截面上的应力。

9-3　在如图 9-32 所示的结构中,所有各杆都是钢制的,横截面面积均等于 $3\times 10^{-3}\ \text{m}^2$,力 $F=100\ \text{kN}$,试求各杆的应力。

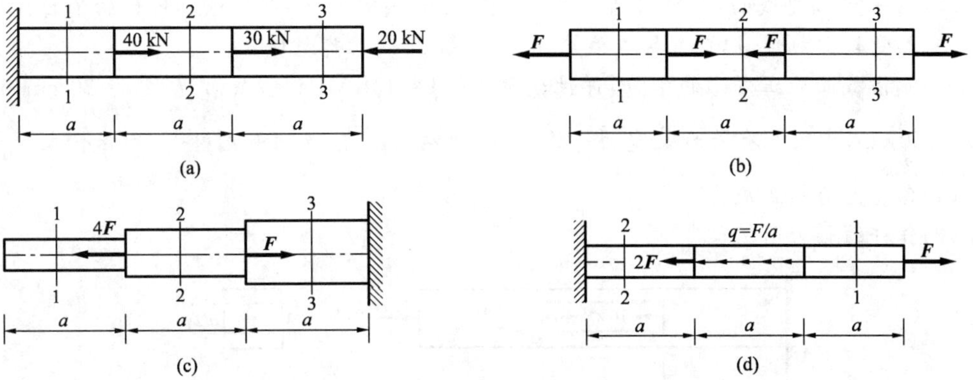

图 9-30　习题 9-1 图

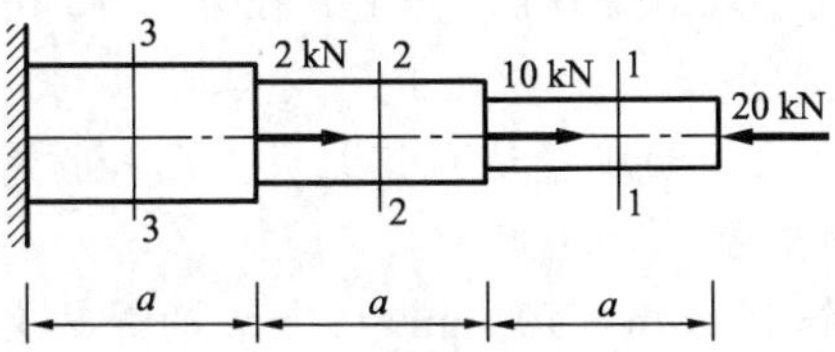

图 9-31　习题 9-2 图

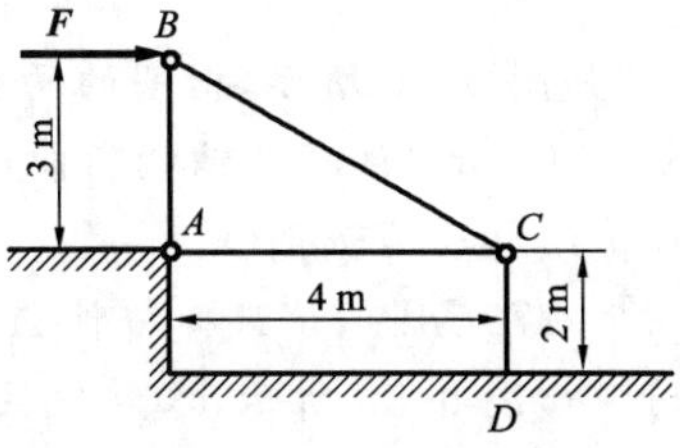

图 9-32　习题 9-3 图

9-4　一根等直杆受力如图 9-33 所示，已知杆的横截面面积 A 和材料的弹性模量 E，试作轴力图，并求杆端 D 的位移。

9-5　已知钢和混凝土的弹性模量分别为 $E_{ste}=200$ GPa，$E_{con}=28$ GPa，钢杆和混凝土杆分别受轴向压力作用，试问：

(1)当两杆应力相等时，混凝土杆的应变 ε_{con} 为钢杆的应变 ε_{set} 的多少倍？

(2)当两杆应变相等时，钢杆的应力 σ_{set} 为混凝土的应力 σ_{con} 的多少倍？

(3)当 $\varepsilon_{set}=\varepsilon_{con}=-0.001$ 时，两杆的应力各是多少？

9-6　吊架结构的尺寸及受力情况如图 9-34 所示。水平梁 AB 为变形可忽略的粗钢梁，CA 是钢杆，长 $l_1=2$ m，横截面面积 $A_1=2\ \text{cm}^2$，弹性模量 $E_1=200$ GPa；DB 是铜杆，长 $l_2=1$ m，横截面面积 $A_2=8\ \text{cm}^2$，弹性模量 $E_2=100$ GPa，试求：

(1)使水平梁 AB 仍保持水平时，载荷 $\boldsymbol{F}$ 离 DB 杆的距离 x。

(2)若使水平梁 AB 的竖向位移不超过 0.2 cm，则最大的力 $\boldsymbol{F}$ 应为多少？

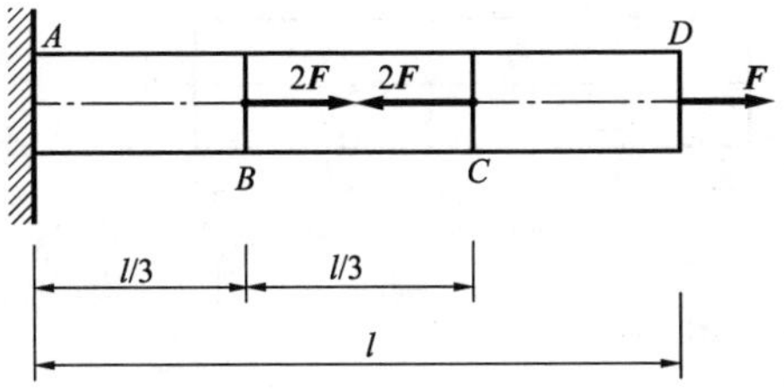

图 9-33　习题 9-4 图

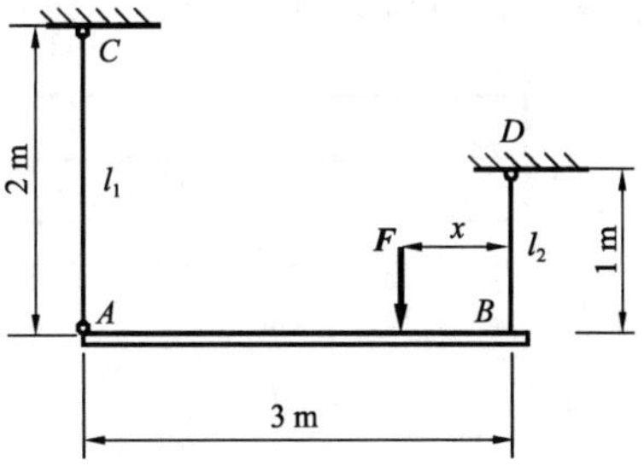

图 9-34　习题 9-6 图

9-7 一空心圆截面钢杆，外直径 $D=120$ mm，内直径 $d=60$ mm，材料的泊松比 $\mu=0.3$。当其受轴向拉伸时，已知纵向线应变 $\varepsilon=0.001$，试求其壁厚 δ。

9-8 横截面为正方形的木杆，弹性模量 $E=1\times10^4$ MPa，横截面边长 $a=20$ cm，杆总长 $3l=150$ cm，中段开有长为 l、宽为 $\frac{a}{2}$ 的槽，杆的左端固定，受力如图 9-35 所示。求：

(1)各段内力和正应力。

(2)作杆的轴力图。

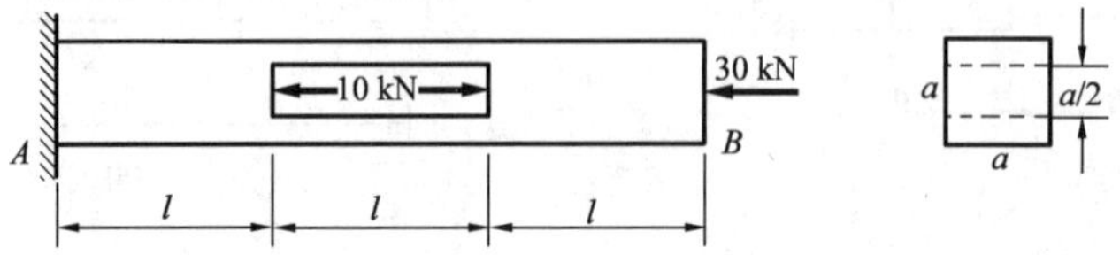

图 9-35 习题 9-8 图

9-9 如图 9-36 所示，桁架的两杆材料相同，$[\sigma]=150$ MPa。杆 1 直径 $d_1=15$ mm，杆 2 直径 $d_2=20$ mm，试求此结构所能承受的最大荷载。

9-10 结构受力如图 9-37 所示，杆件 AB、AD 均由两根等边角钢组成。已知材料的许用应力 $[\sigma]=170$ MPa，试选择杆件 AB、AD 的角钢型号。

9-11 如图 9-38 所示，木制短柱的四角用四个 40 mm×40 mm×4 mm 的等边角钢加固。已知角钢的许用应力 $[\sigma]_{钢}=160$ MPa，$E_{钢}=200$ GPa；$E_{木}=10$ GPa 木材的许用应力 $[\sigma]_{木}=12$ MPa。试求许可荷载 $\boldsymbol{F}$。

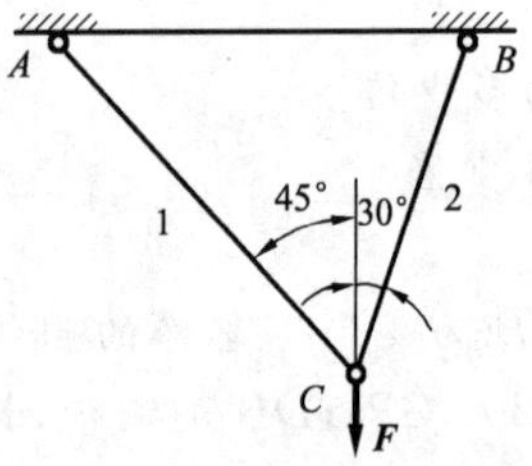

图 9-36 习题 9-9 图

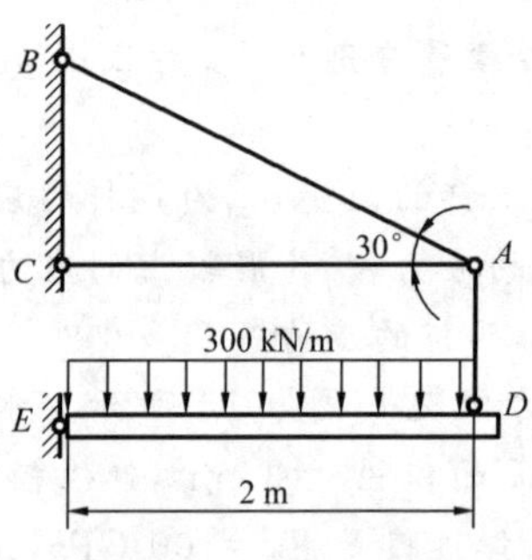

图 9-37 习题 9-10 图

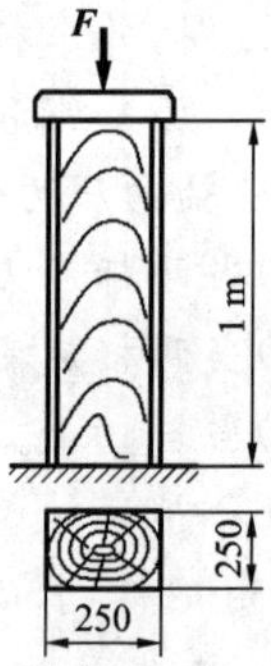

图 9-38 习题 9-11 图

9-12 如图 9-39 所示两端固定的等直杆件，受力和尺寸如图 9-47 所示。试计算其支反力，并画杆件的轴力图。

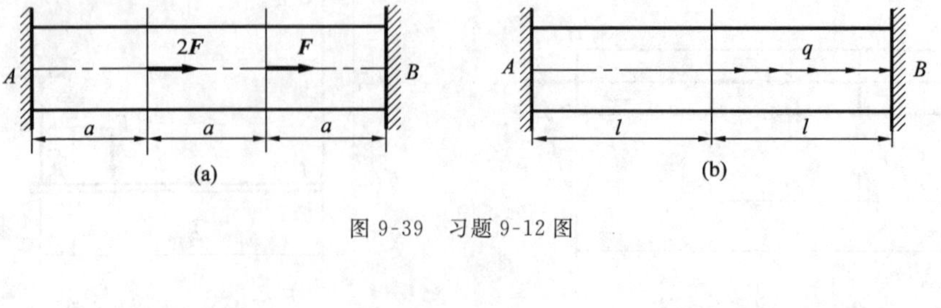

图 9-39 习题 9-12 图

第 10 章

扭转　　剪切的实用计算

扭转与剪切变形

10.1　扭转的概念及实例

工程中有一类等直杆，其受力和变形特点是：杆件受力偶系作用，这些力偶的作用面都垂直于杆轴，如图 10-1 所示，截面 B 相对于截面 A 转了一个角度 φ，称为**扭转角**。同时，杆表面的纵向线将变成螺旋线。具有以上受力和变形特点的变形，称为**扭转变形**。

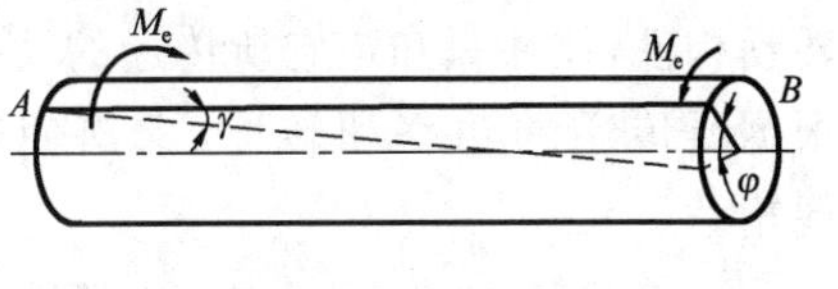

图 10-1　扭转杆

工程中发生扭转变形的杆件很多。如船舶推进轴，如图 10-2(a)所示，当主机发动时，带动推进轴转动，这时主机给传动轴作用一力偶矩 M_e，而螺旋桨由于水的阻力作用给轴一反力偶矩，如图 10-2(b)所示，使推进轴产生扭转变形。单纯发生扭转的杆件不多，但以扭转为其主要变形之一的则不少，如汽车方向盘操纵杆(图 10-3)、钻探机的钻杆(图 10-4)等，都存在不同程度的扭转变形。工程中把以扭转为主要变形的直杆称为轴。

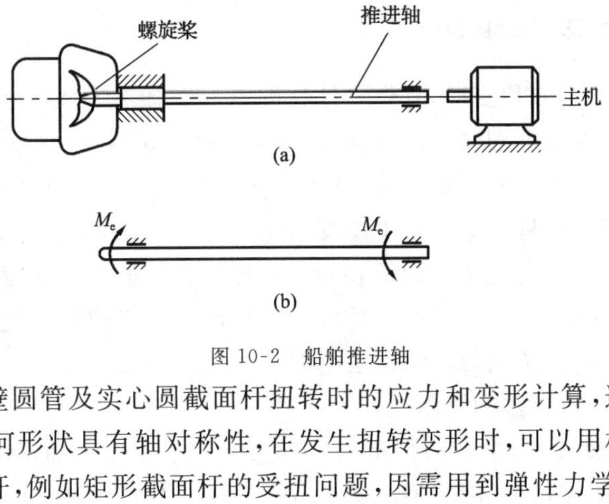

图 10-2　船舶推进轴

本章只讨论薄壁圆管及实心圆截面杆扭转时的应力和变形计算，这是由于等直圆杆的物性和横截面的几何形状具有轴对称性，在发生扭转变形时，可以用材料力学的方法来求解。对于非圆截面杆，例如矩形截面杆的受扭问题，因需用到弹性力学的研究方法，故不多论述。

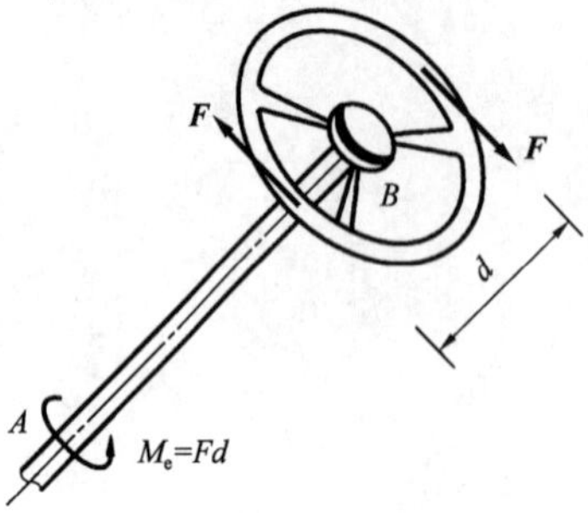

图 10-3 汽车方向盘操纵杆

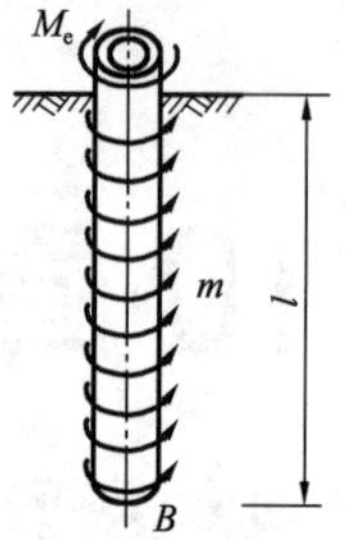

图 10-4 钻探机的钻杆

10.2 扭矩的计算和扭矩图

10.2.1 外力偶矩的计算

传动轴为机械设备中的重要构件，其功能为通过轴的转动以传递动力。对于传动轴等转动构件，往往只知道它所传递的功率和转速。为此，需根据所传递的功率和转速，求出使轴发生扭转的外力偶矩。

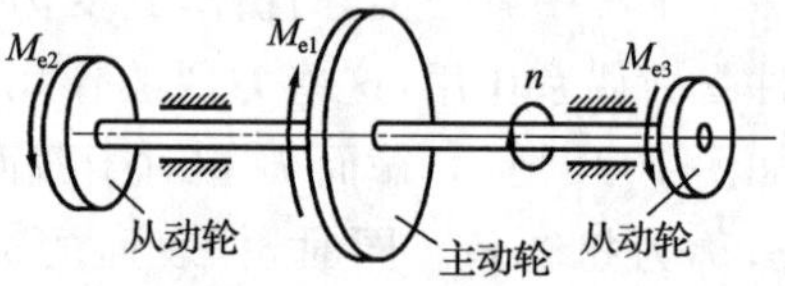

图 10-5 传动轴

一传动轴如图 10-5 所示，其转速为 n，轴传递的功率由主动轮输入，然后通过从动轮分配出去。设通过某一轮所传递的功率为 P，则

$$\{M_e\}_{N\cdot m}=9550\frac{\{P\}_{kW}}{\{n\}_{r/min}} \tag{10-1}$$

如果功率 P 的单位用马力(1 马力=735.5 N·m/s)，则

$$\{M_e\}_{N\cdot m}=7024\frac{\{P\}_{马力}}{\{n\}_{r/min}} \tag{10-2}$$

10.2.2 扭矩及扭矩图

要研究受扭杆件的应力和变形，首先要计算内力。设有一圆轴 AB，如图 10-6(a)所示，受外力偶矩 M_e 作用。由截面法可知，圆轴任一横截面 m-m 上的内力系必形成一力偶，如图 10-6(b)所示，该内力偶矩称为**扭矩**，并用 T 来表示。为使从两段杆所求得的同一截面上的扭矩在正负号上一致，可将扭矩按右手螺旋法则用力偶矢来表示，并规定当力偶矢指向截面的外法线时扭矩为正，反之为负。为了表明沿杆轴线各横截面上的扭矩的变化情况，从而确定最大扭矩及其所在横截面的位置，常需画出扭矩随横截面位置变化的函数曲线，这种曲线称为**扭矩图**(T 图)，可仿照轴力图的作法绘制。

下面通过例题看看扭矩图的绘制。

【例 10-1】 传动轴如图 10-6(a)所示，其转速 n=200 r/min，功率由 A 轮输入，B、C、D 三轮输出。若不计轴承摩擦所耗的功率，已知 P_1=500 kW，P_2=150 kW，P_3=150 kW 及 P_4=200 kW，试作轴的扭矩图。

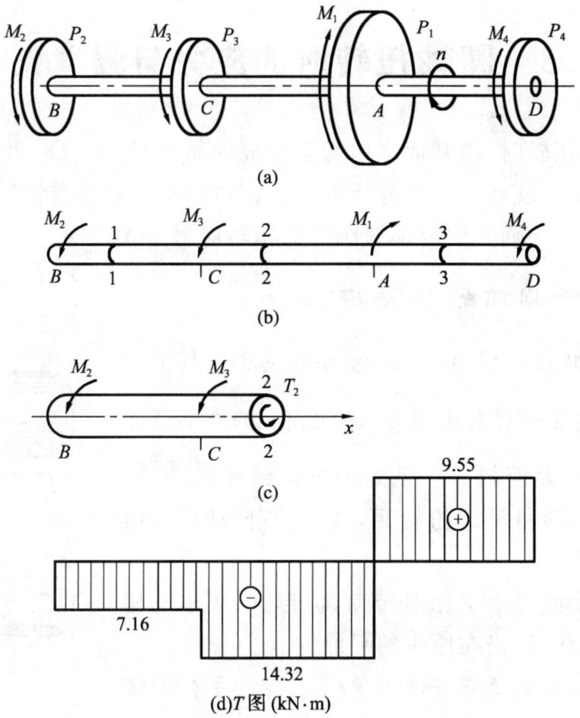

图 10-6　例 10-1 图

解　(1)计算外力偶矩。各轮作用于轴上的外力偶矩分别为

$$M_1=9550\times\frac{500}{200}=23.88\times10^3\ \mathrm{N\cdot m}=23.88\ \mathrm{kN\cdot m}$$

$$M_2=M_3=9550\times\frac{150}{200}=7.16\times10^3\ \mathrm{N\cdot m}=7.16\ \mathrm{kN\cdot m}$$

$$M_4=9550\times\frac{200}{200}=9.55\times10^3\ \mathrm{N\cdot m}=9.55\ \mathrm{kN\cdot m}$$

(2)由轴的计算简图，如图 10-6(b)所示，可计算各段轴的扭矩。先计算 CA 段内任一横截面 2-2 上的扭矩。沿横截面 2-2 将轴截开，并研究左边一段的平衡，由图 10-6(c)可知

$$\sum M_x=0,T_2+M_2+M_3=0$$

得　$$T_2=-M_2-M_3=-14.32\ \mathrm{kN\cdot m}$$

同理，在 BC 段内　$$T_1=-M_2=-7.16\ \mathrm{kN\cdot m}$$

在 AD 段内　$$T_3=M_4=9.55\ \mathrm{kN\cdot m}$$

(3) 根据以上数据，作扭矩图，如图 10-6(d) 所示。由扭矩图可知，T_{max} 发生在 CA 段内，其值为 14.32 kN · m。

可以用简便方法计算某截面扭矩：某截面扭矩等于截面一侧所有力偶矩的代数和，即

$$T=\sum M_{ei}$$

其中，各力偶矩矢以取左侧(取右侧)向左为正(向右为正)，与画轴力图的简便方法类似，同学们可以多多练习。

10.3 圆轴扭转时的应力与强度条件

上节阐明了圆轴扭转时，横截面上内力系合成的结果是一力偶，并建立了其力偶矩（扭矩）与外力偶矩的关系。现在进一步分析内力系在横截面上的分布情况，以便建立横截面上的应力与扭矩的关系。下面先研究薄壁圆筒的扭转应力。

10.3.1 薄壁圆筒的扭转应力

设一薄壁圆筒，如图 10-7(a)所示，壁厚 δ 远小于其平均半径 r_0（$\delta\leqslant\frac{r_0}{10}$），两端受一对大小相等、转向相反的外力偶作用。加力偶前，在圆筒表面刻上一系列的纵向线和圆周线，从而形成一系列的矩形格子。扭转后，可看到下列变形情况，如图 10-7(b)所示：

(1)各圆周线绕轴线发生了相对转动，但形状、大小及相互之间的距离均无变化，且仍在原来的平面内。

(2)所有的纵向线倾斜了同一微小角度 γ，变为平行的螺旋线。在小变形时，纵向线仍看作直线。

由(1)可知，扭转变形时，横截面的大小、形状及轴向间距不变，说明横截面上正应力为零。由(2)可知，扭转变形时，相邻横截面间相对转动，横截面上各点相对错动，发生剪切变形，故横截面上有切应力，其方向沿各点相对错动的方向，即与半径垂直。

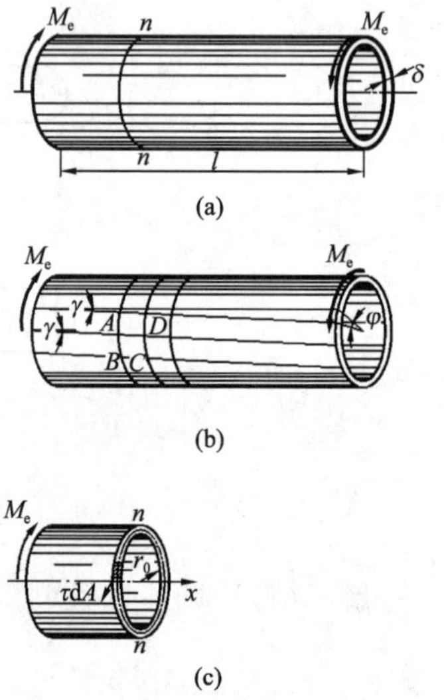

图 10-7 薄壁圆筒的扭转

圆筒表面上每个格子的直角也都改变了相同的角度 γ，这种直角的改变量 γ 称为**切应变**。这个切应变和横截面上沿圆周切线方向的切应力是相对应的。由于相邻两圆周线间每个格子的直角改变量相等，并根据材料均匀连续的假设，可以推知沿圆周各点处切应力的方向与圆周相切，且其数值相等。至于切应力沿壁厚方向的变化规律，由于壁厚 δ 远小于其平均半径 r_0，故可近似地认为沿壁厚方向各点处切应力的数值无变化。

根据上述分析可得，薄壁圆筒扭转时横截面上各点处的切应力 τ 值均相等，其方向与圆周相切，如图 10-7(c)所示。于是，由横截面上内力与切应力间的静力关系，得

$$\int_A \tau \mathrm{d}A \cdot r = T$$

由于 τ 为常数，且对于薄壁圆筒，r 可用其平均半径 r_0 代替，而积分 $\int_A \mathrm{d}A = A = 2\pi r_0 \delta$ 为圆筒横截面面积，将其代入上式，得

$$\tau=\frac{T}{2\pi r_0^2\delta}=\frac{T}{2A_0\delta} \tag{10-3}$$

式中，$A_0=\pi r_0^2$。

由如图 10-7(b)所示的几何关系，可得薄壁圆筒表面上的切应变 γ 和相距为 l 的两端面

间的相对扭转角 φ 之间的关系式为

$$\gamma=\varphi r/l \tag{10-4}$$

式中，r——薄壁圆筒的外半径。

通过薄壁圆筒的扭转试验可以发现，当外力偶矩在某一范围内时，相对扭转角 φ 与扭矩 T 成正比，如图 10-8(a)所示。利用式(10-3)和式(10-4)，即得 τ 与 γ 间的线性关系(图 10-8(b))为

$$\tau=G\gamma \tag{10-5}$$

式中，比例常数 G——材料的切变模量，其量纲与弹性模量 E 相同。钢材的切变模量约为 80 GPa。

式(10-5)称为材料的剪切胡克定律。

应该注意，剪切胡克定律只有在切应力不超过材料的剪切比例极限 τ_P 时才适用。

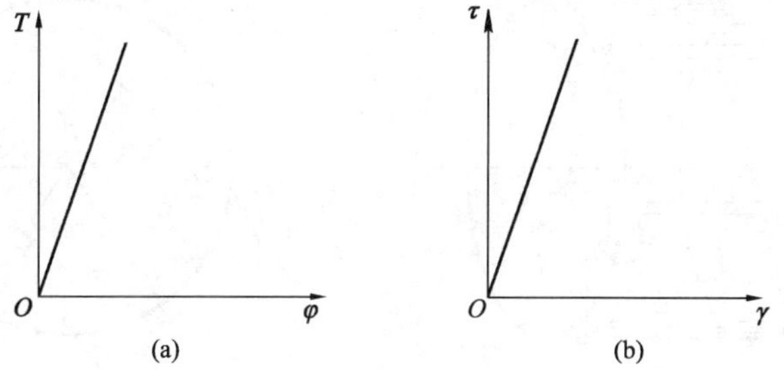

图 10-8 剪切胡克定律

10.3.2 圆轴扭转时横截面上的应力

为了分析圆轴的扭转应力，首先观察其变形。

取一等截面圆轴，并在其表面等间距地画上一系列的纵向线和圆周线，从而形成一系列的矩形格子。然后在轴两端施加一对大小相等、转向相反的外力偶。可观察到下列变形情况，如图 10-9 所示：各圆周线绕轴线发生了相对旋转，但形状、大小及相互之间的距离均无变化，所有的纵向线倾斜了同一微小角度 γ。

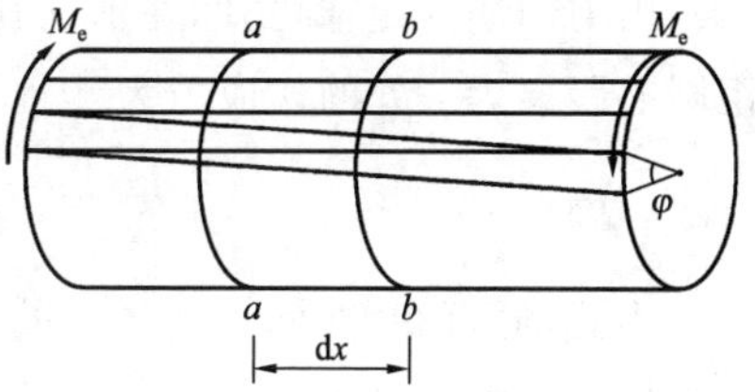

图 10-9 圆轴的扭转

根据上述现象，对轴内变形做如下假设：变形后，横截面仍保持平面，其形状、大小与横截面间的距离均不改变，而且，半径仍为直线。简言之，圆轴扭转时，各横截面如同刚性圆片，仅绕轴线做相对旋转。此假设称为圆轴扭转时的**平面假设**。

由此可得如下推论：横截面上只有切应力而无正应力。横截面上任一点的切应力均沿其相对错动的方向，即与半径垂直。

下面将从几何、物理与静力学三个方面来研究切应力的大小、分布规律及计算。

1. 几何方面

为了确定横截面上各点处的应力，从圆杆内截取长为 dx 的微段进行分析，如图 10-10 所示。根据变形现象，右截面相对于左截面转了一个微扭转角 $d\varphi$，因此其上的任意半径 O_2D 也转动了同一角度 $d\varphi$。由于横截面转动，杆表面上的纵向线 AD 倾斜了一个角度 γ。

由切应变的定义可知，γ 就是横截面周边上任一点 A 处的切应变。同时，经过半径 O_2D 上任意点 G 的纵向线 EG 在杆变形后也倾斜了一个角度 γ_ρ，即为横截面半径上任一点 E 处的切应变。设 G 点至横截面圆心点的距离为 ρ，由如图 10-10(a)所示的几何关系可得

$$\gamma_\rho \approx \frac{\overline{GG'}}{EG} = \frac{\rho \mathrm{d}\varphi}{\mathrm{d}x}$$

即

$$\gamma_\rho = \rho \frac{\mathrm{d}\varphi}{\mathrm{d}x}$$

式中，$\frac{\mathrm{d}\varphi}{\mathrm{d}x}$——扭转角沿杆长的变化率，对于给定的横截面，该值是个常量。

所以，上式表明切应变 γ_ρ 与 ρ 成正比，即沿半径按直线规律变化。

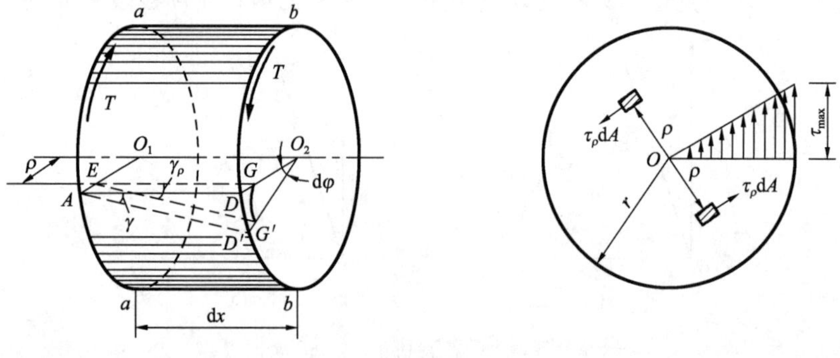

(a)　　(b)

图 10-10　横截面上的应力分析

2. 物理方面

由剪切胡克定律可知，在剪切比例极限范围内，切应力与切应变成正比，所以，横截面上距圆心距离为 ρ 处的切应力为

$$\tau_\rho = G\gamma_\rho = G\rho \frac{\mathrm{d}\varphi}{\mathrm{d}x} \tag{a}$$

由式(a)可知，在同一半径 ρ 的圆周上各点处的切应力 τ_ρ 值均相等，其值与 ρ 成正比。实心圆截面杆扭转切应力沿任一半径的变化情况如图 10-11(a)所示。由于平面假设同样适用于空心圆截面杆，因此空心圆截面杆扭转切应力沿任一半径的变化情况如图 10-11(b)所示。

3. 静力学方面

横截面上切应力变化规律表达式(a)中的 $\mathrm{d}\varphi/\mathrm{d}x$ 是个待定参数，通过静力学方面的考虑来确定该参数。在距圆心 ρ 处的微面积 $\mathrm{d}A$ 上，作用有微剪力 $\tau_\rho \mathrm{d}A$，如图 10-12 所示，它对圆心 O 的力矩为 $\rho\tau_\rho \mathrm{d}A$。在整个横截面上，所有微力矩之和等于该截面的扭矩，即

$$\int_A \rho\tau_\rho \mathrm{d}A = T \tag{b}$$

将式(a) 代入式(b)，经整理后得

$$G\frac{\mathrm{d}\varphi}{\mathrm{d}x}\int_A \rho^2 \mathrm{d}A = T$$

上式中的积分$\int_A \rho^2 \mathrm{d}A$，即为横截面的**极惯性矩** I_P，则有

$$\frac{\mathrm{d}\varphi}{\mathrm{d}x}=\frac{T}{GI_P} \tag{10-6}$$

式(10-6)为圆轴扭转变形的基本公式，将其代入式(a)，即得

$$\tau_\rho=\frac{T}{I_P}\rho \tag{10-7}$$

式中，I_P——截面的极惯性矩(见附录 B)，$I_P=\frac{\pi d^4}{32}$。

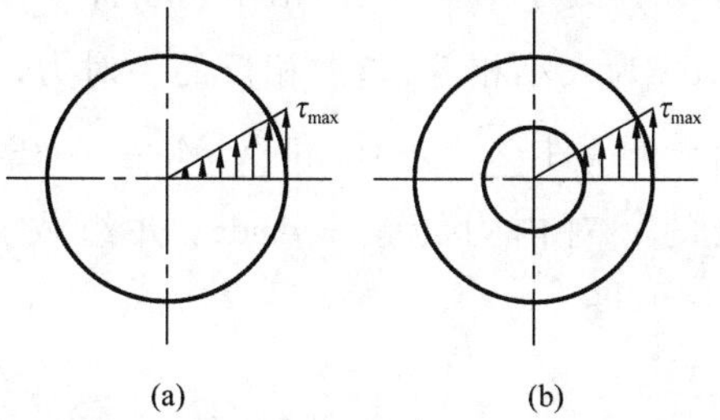

图 10-11　切应力分布规律

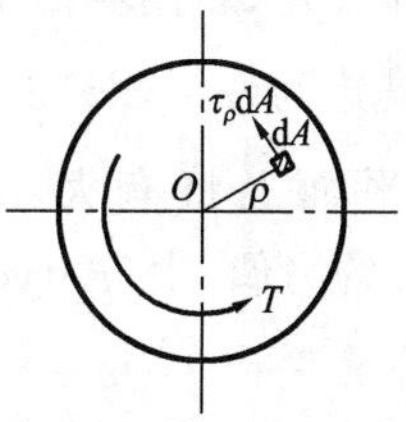

图 10-12　切应力与扭转的关系

式(10-7)为圆轴扭转时横截面上任一点处切应力的计算公式。

由式(10-7)可知，当 ρ 等于最大值 $d/2$ 时，即在横截面周边上的各点处，切应力将达到最大，其值为

$$\tau_{max}=\frac{T}{I_P}\cdot\frac{d}{2}$$

在上式中，极惯性矩与半径都为横截面的几何量，令

$$W_P=\frac{I_P}{d/2}$$

那么

$$\tau_{max}=\frac{T}{W_P} \tag{10-8}$$

式中，W_P——**扭转截面系数**，其单位为 m^3。

实心圆截面的扭转截面系数为

$$W_P=\frac{I_P}{d/2}=\frac{\pi d^3}{16}$$

空心圆截面的扭转截面系数为

$$W_P=\frac{I_P}{D/2}=\frac{\pi(D^4-d^4)}{16D}=\frac{\pi D^3}{16}(1-\alpha^4)$$

式中，$\alpha=d/D$。

应该指出，式(10-6)与式(10-7)仅适用于圆截面轴，而且，横截面上的最大切应力不得超过材料的剪切比例极限。

另外，由横截面上切应力的分布规律可知，越是靠近杆轴处切应力越小，故该处材料强度没有得到充分利用。如果将这部分材料挖下来放到周边处，就可以较充分地发挥材料的

作用，达到经济的效果。从这方面看，空心圆截面杆比实心圆截面杆合理。

10.3.3 斜截面上的应力

前面研究了等直圆杆扭转时横截面上的应力。为了全面了解杆内任一点的所有截面上的应力情况，下面研究任意斜截面上的应力，从而找出最大应力及其作用面的方位，为强度计算提供依据。

在圆杆的表面处任取一单元体，如图 10-13(a) 所示。图中左、右两侧面为杆的横截面，上、下两侧面为径向截面，前、后两侧面为圆柱面。在其前、后两侧面上无任何应力，故可将其改为用平面图表示，如图 10-13(b) 所示。由于单元体处于平衡状态，由平衡条件 $\sum F_y = 0$ 可知，单元体在左、右两侧面上的内力元素 $\tau_x \mathrm{d}y\mathrm{d}z$ 为大小相等、指向相反的一对力，并组成一个力偶，其矩为$(\tau_x \mathrm{d}y\mathrm{d}z)\mathrm{d}x$。为了满足另两个平衡条件 $\sum F_x = 0$ 和 $\sum M_z = 0$，在单元体的上、下两平面上将有大小相等、指向相反的一对内力元素 $\tau_y \mathrm{d}x\mathrm{d}z$，并组成其矩为$(\tau_y \mathrm{d}x\mathrm{d}z)\mathrm{d}y$ 的力偶。由$(\tau_x \mathrm{d}y\mathrm{d}z)\mathrm{d}x = (\tau_y \mathrm{d}x\mathrm{d}z)\mathrm{d}y$，得

$$\tau_x = \tau_y \tag{10-9}$$

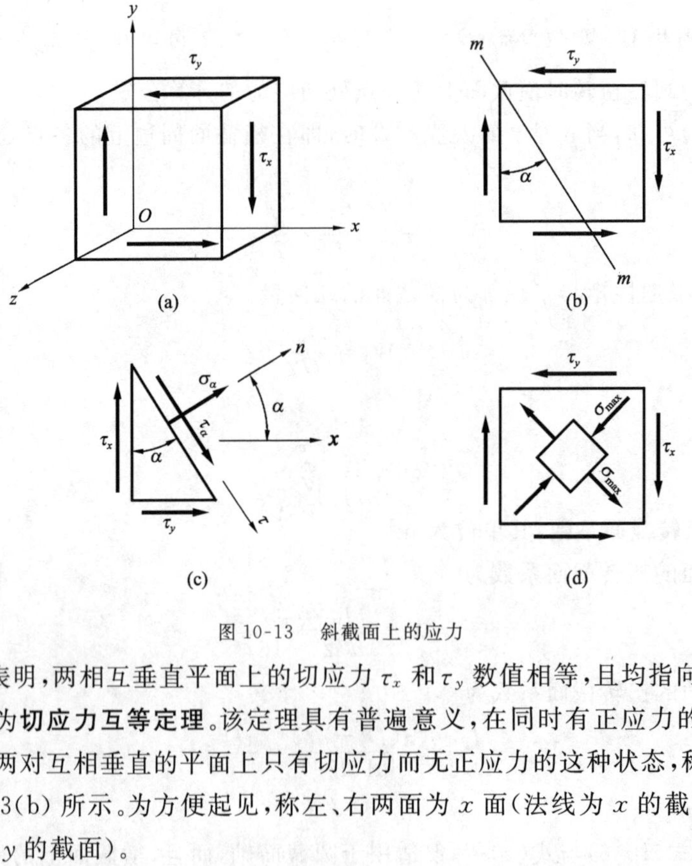

图 10-13 斜截面上的应力

式(10-9) 表明，两相互垂直平面上的切应力 τ_x 和 τ_y 数值相等，且均指向(或背离) 这两平面的交线，称为**切应力互等定理**。该定理具有普遍意义，在同时有正应力的情况下同样成立。单元体在其两对互相垂直的平面上只有切应力而无正应力的这种状态，称为**纯剪切应力状态**，如图 10-13(b) 所示。为方便起见，称左、右两面为 x 面(法线为 x 的截面)，上、下两面为 y 面(法线为 y 的截面)。

现在分析与面成任意角 α 的斜截面 m-m 上的应力。取斜截面左部分为脱离体，设斜截面上的应力为 σ_α 和 τ_α，如图 10-13(c) 所示。

单元体在 τ_x、τ_y 及σ_α、τ_α 的共同作用下处于平衡。选取斜截面的外法线 n 及切线 τ 为投影

轴，写出平衡方程

$$\sum F_n = 0, \sigma_\alpha \mathrm{d}A + \tau_x \mathrm{d}A\cos\alpha \cdot \sin\alpha + \tau_y \mathrm{d}A\sin\alpha \cdot \cos\alpha = 0$$

$$\sum F_\tau = 0, \tau_\alpha \mathrm{d}A - \tau_x \mathrm{d}A\cos\alpha \cdot \cos\alpha + \tau_y \mathrm{d}A\sin\alpha \cdot \sin\alpha = 0$$

利用切应力互等定理公式，经整理得

$$\sigma_\alpha = -\tau_x \sin(2\alpha) \tag{10-10}$$

$$\tau_\alpha = \tau_x \cos(2\alpha) \tag{10-11}$$

由式(10-11)可知，当 $\alpha=0°$ 和 $90°$ 时，切应力绝对值最大，均等于 τ_x。而由式(10-10)可知，在 $\alpha=\pm45°$（α 角自 x 轴算起，逆时针转向截面外法线 n 时为正）的两斜截面上正应力达到极值，分别为

$$\sigma_{-45°} = \sigma_{\max} = +\tau_x$$

和

$$\sigma_{+45°} = \sigma_{\max} = -\tau_x$$

即该两截面上的正应力，一个为拉应力，另一个为压应力，其绝对值均为 τ_x，且最大、最小正应力的作用面与最大切应力的作用面之间互成 45°，如图 10-13(d)所示。

上述分析结果，在圆周扭转破坏现象中亦可得到证实。对于剪切强度低于拉伸强度的材料（如低碳钢），是从杆的最外层沿横截面发生剪切破坏的；而对于拉伸强度低于剪切强度的材料（如铸铁），是从杆的最外层沿与杆轴线呈 45°角的斜截面拉断的；木材这种材料，它的顺纹抗剪强度最低，所以当受扭而破坏时，是沿纵向截面破坏的。

10.3.4　强度条件

为确保圆杆在扭转时不被破坏，其横截面上的最大工作切应力 $\tau_{\max}$ 不得超过材料的许用切应力，即要求

$$\tau_{\max} \leqslant [\tau] \tag{10-12}$$

此即圆杆扭转强度条件。对于等直圆杆，其最大工作应力存在于最大扭矩所在横截面（危险截面）的周边上任一点处，这些点即为**危险点**。于是，上述强度条件可表示为

$$\tau_{\max} = \frac{T_{\max}}{W_{\mathrm{P}}} \leqslant [\tau] \tag{10-13}$$

利用此强度条件可进行强度校核、选择横截面尺寸或计算许可荷载。

理论与试验研究均表明，材料纯剪切时的许用应力 $[\tau]$ 与许用正应力 $[\sigma]$ 之间存在下述关系：

对于塑性材料，$[\tau]=(0.5\sim0.577)[\sigma]$

对于脆性材料，$[\tau]=(0.8\sim1.0)[\sigma_{\mathrm{t}}]$

式中，$[\sigma_{\mathrm{t}}]$——许用拉应力。

【例 10-2】 某传动轴，轴内的最大扭矩 $T=1.5\ \mathrm{kN\cdot m}$，若许用切应力 $[\tau]=50\ \mathrm{MPa}$，试按下列两种方案确定轴的横截面尺寸。

(1)实心圆截面轴的直径 d_1。

(2)空心圆截面轴的内、外径，其内、外径之比为 $d/D=0.9$。

解　(1)确定实心圆轴的直径。由强度条件式(10-13)得

$$W_P \geqslant \frac{T_{max}}{[\tau]}$$

而实心圆轴的扭转截面系数为

$$W_P = \frac{\pi d_1^3}{16}$$

那么,实心圆轴的直径为

$$d_1 \geqslant \sqrt[3]{\frac{16T}{\pi[\tau]}} = \sqrt[3]{\frac{16\times 1.5\times 10^6}{3.14\times 50}} = 53.5\ \text{mm}$$

(2)确定空心圆轴的内、外径。由扭转强度条件以及空心圆轴的扭转截面系数可知,空心圆轴的外径为

$$D \geqslant \sqrt[3]{\frac{16T}{\pi(1-\alpha^4)[\tau]}} = \sqrt[3]{\frac{16\times 1.5\times 10^6}{3.14\times(1-0.9^4)\times 50}} = 76.3\ \text{mm}$$

其内径为

$$d = 0.9D \geqslant 68.7\ \text{mm}$$

10.4 圆轴扭转时的变形与刚度条件

10.4.1 扭转变形公式

如前所述,轴的扭转变形,是用两横截面绕轴线的相对扭转角 φ 表示。

由式(10-6)可知,微段 dx 的扭转角变形为

$$d\varphi = \frac{T}{GI_P}dx$$

因此,相距 l 的两横截面间的扭转角为

$$\varphi = \int_l d\varphi = \int_l \frac{T}{GI_P}dx$$

由此可见,对于长为 l、扭矩 T 为常数的等截面圆轴,由上式得两端横截面间的扭转角为

$$\varphi = \frac{Tl}{GI_P} \tag{10-14}$$

φ 的单位为 rad。式(10-14)表明,扭转角 φ 与扭矩 T、轴长 l 成正比,与 GI_P 成反比。GI_P 称为圆轴的**扭转刚度**。

10.4.2 圆轴扭转刚度条件

等直圆轴扭转时,除需满足强度要求外,有时还需满足刚度要求。例如机器的传动轴如扭转角过大,将会使机器在运转时产生较大的振动,或影响机床的加工精度等。圆轴在扭转时各段横截面上的扭矩可能并不相同,各段的长度也不相同。因此,在工程实际中,通常是限制扭转角沿轴线的变化率 $d\varphi/dx$ 或单位长度内的扭转角,使其不超过某一规定的许用值 $[\theta]$。由式(10-6)可知,扭转角的变化率为

$$\theta = \frac{d\varphi}{dx} = \frac{T}{GI_P}$$

所以，圆轴扭转的刚度条件为

$$\theta_{\max}=(\frac{T}{GI_{\mathrm{P}}})_{\max}\leqslant[\theta] \tag{10-15a}$$

对于等截面圆轴，则要求

$$\frac{T_{\max}}{GI_{\mathrm{P}}}\leqslant[\theta] \tag{10-15b}$$

式中，$[\theta]$——单位长度许用扭转角，其常用单位是°/m。而单位长度扭转角的单位是 rad/m，须将其单位换算，于是可得

$$\frac{T_{\max}}{GI_{\mathrm{P}}}\times\frac{180}{\pi}\leqslant[\theta] \tag{10-15c}$$

对于一般的传动轴，$[\theta]$为(0.5～2)°/m。对于精密机器的轴，$[\theta]$常取在(0.15～0.3)°/m之间。具体数值可在《机械设计手册》中查出。

【例 10-3】　一汽车传动轴简图如图 10-14(a)所示，转动时输入的力偶矩 $M_e=9.56\ \mathrm{kN\cdot m}$，轴的内、外直径之比 $\alpha=\frac{1}{2}$。钢的许用切应力$[\tau]=40$ MPa，切变模量 $G=80$ GPa，许可单位长度扭转角$[\theta]=0.3$°/m。试按强度条件和刚度条件选择轴的直径。

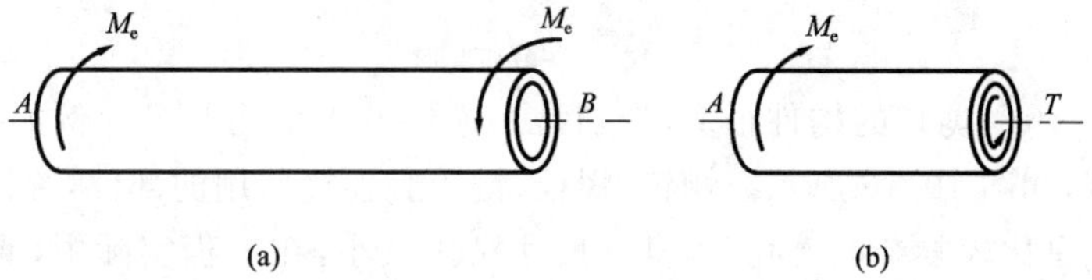

图 10-14　例 10-3 图

解　(1)求扭矩 T。用截面法截取左段为脱离体，如图 10-14(b)所示，根据平衡条件得

$$T=M_e=9.56\ \mathrm{kN\cdot m}$$

(2)根据强度条件确定轴的外径。

由
$$W_{\mathrm{P}}=\frac{\pi D^3}{16}(1-\alpha^4)=\frac{\pi D^3}{16}[1-(\frac{1}{2})^4]=\frac{\pi D^3}{16}\times\frac{15}{16}$$

和
$$\frac{T_{\max}}{W_{\mathrm{P}}}\leqslant[\tau]$$

得
$$D\geqslant\sqrt[3]{\frac{16T}{\pi(1-\alpha^4)[\tau]}}=\sqrt[3]{\frac{16\times 9.56\times 10^3\times 16}{15\pi\times 40\times 10^6}}\times 10^3=109\ \mathrm{mm}$$

(3)根据刚度条件确定轴的外径。

由
$$I_{\mathrm{P}}=\frac{\pi D^4}{32}(1-\alpha^4)=\frac{\pi D^4}{32}[1-(\frac{1}{2})^4]=\frac{\pi D^4}{32}\times\frac{15}{16}$$

和
$$\frac{T_{\max}}{GI_{\mathrm{P}}}\times\frac{180}{\pi}\leqslant[\theta]$$

得
$$D\geqslant\sqrt[4]{\frac{T}{G\times\frac{\pi}{32}(1-\alpha^4)}\times\frac{180}{\pi}\times\frac{1}{[\theta]}}$$

$$=\sqrt[4]{\frac{32\times(9.56\times 10^3)\times 16}{(80\times 10^9)\pi\times 15}\times\frac{180}{\pi}\times\frac{1}{0.3}}\times 10^3$$

$=125.5\ \text{mm}$

所以，空心圆轴的外径不能小于 125.5 mm，内径不能小于 62.75 mm。

10.5 剪切的概念及实例

剪切是杆件的基本变形形式之一，当杆件受大小相等、方向相反、作用线相距很近的一对横向力作用时，如图 10-15(a)所示，杆件发生剪切变形。此时，截面 cd 相对于截面 ab 将发生错动，如图 10-15(b)所示。若变形过大，杆件将在截面 cd 和 ab 之间的某一截面 m-m 处被剪断，m-m 截面称为**剪切面**。剪切面的内力称为**剪力**，与之相对应的应力为**切应力**。

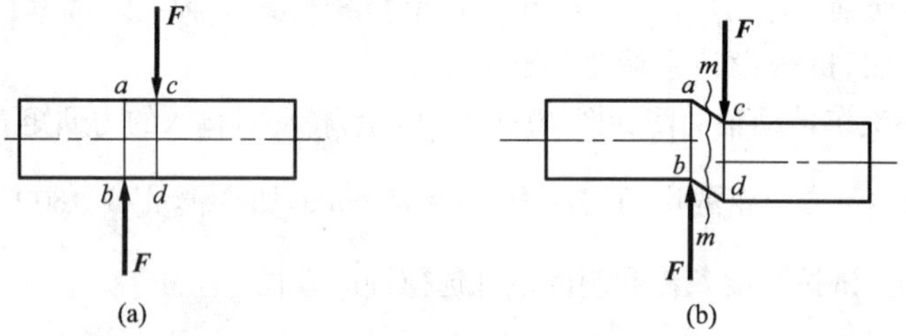

图 10-15 剪切变形

工程实际中，承受剪切的构件很多，特别是在连接件中更为常见。例如，机械中的轴与齿轮间的键连接，如图 10-16 所示。铆钉、螺栓、键等起连接作用的部件，统称为连接件。连接件的变形往往是比较复杂的，而其本身的尺寸又比较小，在工程实际中，通常按照连接件的破坏可能性，采用既能反映受力的基本特征，又能简化计算的假设，计算其名义应力，然后根据直接试验的结果，确定其许用应力，来进行强度计算。这种简化计算的方法，称为**工程实用计算法**。连接件的强度计算，在整个结构设计中占有重要的地位。

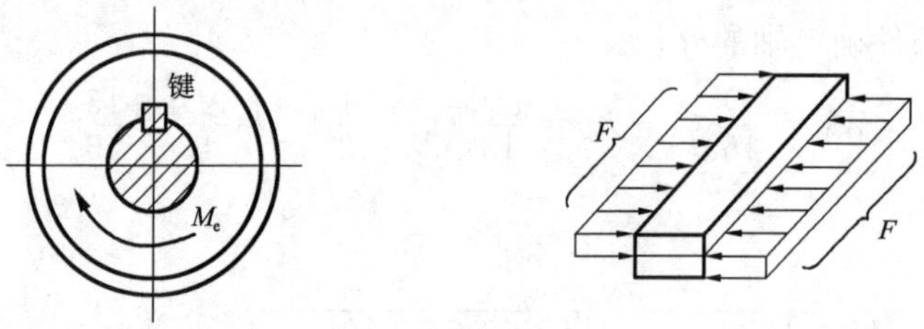

图 10-16 键连接

10.6 连接件的强度计算

在连接件中，铆钉和螺栓连接是较为典型的连接方式，其强度计算对其他连接形式具有普遍意义。下面就以铆钉连接为例来说明连接件的强度计算。

10.6.1 剪切实用计算

铆钉的受力图如图 10-17(b)所示，板对铆钉的作用力是分布力，此分布力的合力等于作用在板上的力 $\boldsymbol{F}$。用一假想截面沿剪切面 m-m 将铆钉截为上、下两部分，暴露出剪切面

上的内力 $\boldsymbol{F}_S$，如图 10-18(a)所示，即为**剪力**。取其中一部分为脱离体，由平衡方程

$$\sum F_x = 0, F - F_S = 0$$

得

$$F_S = F$$

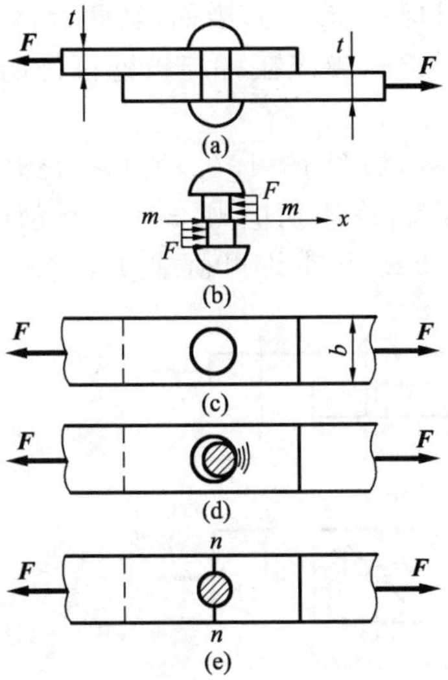

图 10-17　铆钉连接

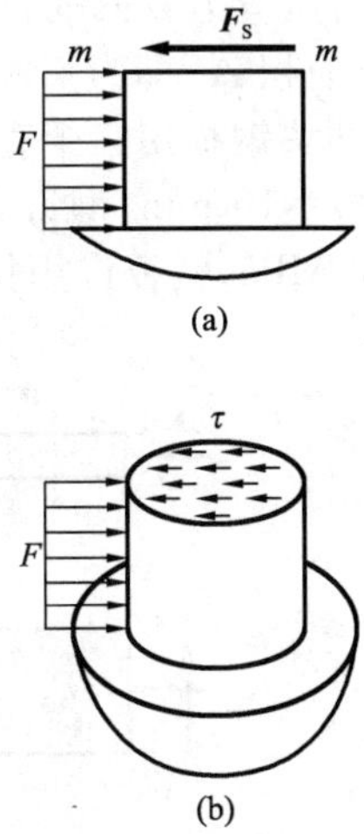

图 10-18　铆钉的受力分析

在剪切实用计算中，假设剪切面上的切应力均匀分布，于是，剪切面上的名义切应力为

$$\tau = \frac{F_S}{A_S} \tag{10-16}$$

式中，A_S——剪切面的面积。

然后，通过直接试验，得到剪切破坏时材料的极限切应力 τ_u，再除以安全因数，即得材料的许用切应力[τ]。于是，剪切强度条件可表示为

$$\tau = \frac{F_S}{A_S} \leqslant [\tau] \tag{10-17}$$

试验表明，对于钢连接件的许用切应力[τ]与许用正应力[σ]之间，有如下关系：

$$[\tau] = (0.6 \sim 0.8)[\sigma]$$

10.6.2　挤压实用计算

在如图 10-17(d)所示的铆钉连接中，在铆钉与连接板相互接触的表面上，将发生彼此间的局部承压现象，称为**挤压**。挤压面上所受的压力称为**挤压力**，并记作 $F_{bs} = F$。因挤压而产生的应力称为**挤压应力**。铆钉与铆钉孔壁之间的接触面为圆柱形曲面，挤压应力 σ_{bs} 的分布不均匀，要精确计算这样分布的挤压应力是比较困难的。在工程计算中，当挤压面为圆柱面时，取实际挤压面在直径平面上的投影面积 A_{bs}，即铆钉的直径乘以板的厚度作为计算挤压面积。在挤压实用计算中，用挤压力除以计算挤压面积得到名义挤压应力，即

$$\sigma_{bs} = \frac{F_{bs}}{A_{bs}} \tag{10-18}$$

然后，通过直接试验，并按名义挤压应力的计算公式得到材料的极限挤压应力，再除以

安全因数，即得许用挤压应力$[\sigma_{bs}]$。于是，挤压强度条件可表示为

$$\sigma_{bs}=\frac{F_{bs}}{A_{bs}}\leqslant[\sigma_{bs}] \tag{10-19}$$

试验表明，对于钢连接件的许用挤压应力$[\sigma_{bs}]$与许用正应力$[\sigma]$之间，有如下关系：

$$[\sigma_{bs}]=(1.7\sim2.0)[\sigma]$$

应当注意，挤压应力是在连接件与被连接件之间相互作用的，因而，当两者材料不同时，应校核其中许用挤压应力较低的材料的挤压强度。另外，当连接件与被连接件的接触面为平面时，计算挤压面积A_{bs}即为实际挤压面的面积。

【例 10-4】 两块钢板用三个直径相同的铆钉连接，如图 10-19(a)所示。已知钢板宽度$b=100$ mm，厚度$t=10$ mm，铆钉直径$d=20$ mm，铆钉许用切应力$[\tau]=100$ MPa，许用挤压应力$[\sigma_{bs}]=300$ MPa，钢板许用拉应力$[\sigma]=160$ MPa。试求许可荷载$[F]$。

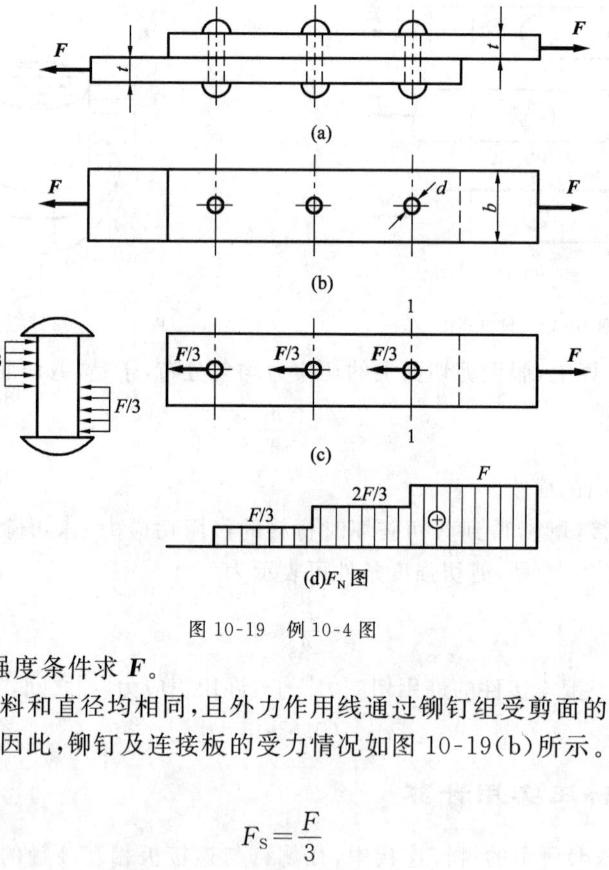

图 10-19 例 10-4 图

解 (1)按剪切强度条件求 $\boldsymbol{F}$。

由于各铆钉的材料和直径均相同，且外力作用线通过铆钉组受剪面的形心，可以假定各铆钉所受剪力相同。因此，铆钉及连接板的受力情况如图 10-19(b)所示。每个铆钉所受的剪力为

$$F_S=\frac{F}{3}$$

根据剪切强度条件式(10-17)

$$\tau=\frac{F_S}{A_S}\leqslant[\tau]$$

可得

$$F\leqslant3[\tau]\frac{\pi d^2}{4}=3\times100\times\frac{3.14\times20^2}{4}=94\ 200\ \text{N}=94.2\ \text{kN}$$

(2)按挤压强度条件求 $\boldsymbol{F}$。

由上述分析可知，每个铆钉承受的挤压力为

$$F_{bs}=\frac{F}{3}$$

根据挤压强度条件式(10-19)

$$\sigma_{bs}=\frac{F_{bs}}{A_{bs}}\leqslant[\sigma_{bs}]$$

可得

$$F\leqslant 3[\sigma_{bs}]A_{bs}=3[\sigma_{bs}]dt=3\times 300\times 20\times 10=180\ 000\ \text{N}=180\ \text{kN}$$

(3)按连接板抗拉强度求 $\boldsymbol{F}$。

由于上、下板的厚度及受力是相同的,所以分析其一即可。如图 10-19(c)、图 10-19(d)所示为上板的受力情况及轴力图。1-1 截面内力最大而截面面积最小,为危险截面,则有

$$\sigma=\frac{F_{N1\text{-}1}}{A_{1\text{-}1}}=\frac{F}{A_{1\text{-}1}}\leqslant[\sigma]$$

由此可得

$$F\leqslant[\sigma](b-d)t=160\times(100-20)\times 10=128\ 000\ \text{N}=128\ \text{kN}$$

根据以上计算结果,应选取最小的荷载值作为此连接结构的许用荷载。故取

$$[F]=94.2\ \text{kN}$$

铆钉连接在建筑结构中被广泛采用,上例中搭接和单盖板对接中的铆钉具有一个剪切面,称为**单剪**,双盖板对接中的铆钉具有两个剪切面,称为**双剪**。

【资料阅读】

矮寨特大悬索桥

矮寨特大悬索桥是湖南省吉首至茶洞高速公路跨越矮寨德夯大峡谷的一座特大型桥梁,跨度达 1 176 m,距谷底垂直高度达 355 m,在悬索桥梁中居世界第三,亚洲第一,而在横跨大峡谷的悬索钢桁桥梁中为世界之首。中外桥梁专家、学者对该桥的建设惊叹不已,认为它是世界桥梁建设史上的壮举。

(资料来源:《天堑变通途——忆矮寨特大悬索桥》)

思政目标

通过钱学森、钱伟长和郭永怀等力学名家爱国事迹的介绍,塑造学生正确的人生观、价值观,激发学生科技报国的家国情怀和使命担当。

本章小结

1. 扭矩的计算和扭矩图

(1)外力偶矩的计算

$$\{M_e\}_{N\cdot m}=9\ 550\,\frac{\{P\}_{kW}}{\{n\}_{r/min}},\{M_e\}_{N\cdot m}=7\ 024\,\frac{\{P\}_{马力}}{\{n\}_{r/min}}$$

(2)扭矩及扭矩图

圆轴扭转变形时,任一横截面上的内力系形成一力偶,该内力偶矩称为扭矩,用 T 表示。为了表明沿杆轴线各横截面上的扭矩的变化情况,从而确定最大扭矩及其所在横截面

的位置，常需画出扭矩随横截面位置变化的曲线，这种曲线称为扭矩图，或 T 图。

2. 圆轴扭转时的应力与强度条件

(1)薄壁圆筒的扭转应力

$$\tau=\frac{T}{2\pi r_0^2\delta}=\frac{T}{2A_0\delta}$$

(2)圆截面轴扭转时横截面上的应力

$$\tau_\rho=\frac{T}{I_P}\rho,\tau_{\max}=\frac{T}{W_P}$$

(3)斜截面上的应力

$$\sigma_\alpha=-\tau_x\sin(2\alpha),\tau_\alpha=\tau_x\cos(2\alpha)$$

(4)强度条件

$$\tau_{\max}=\frac{T_{\max}}{W_P}\leqslant[\tau]$$

3. 圆轴扭转时的变形与刚度条件

(1)扭转变形公式

$$\varphi=\frac{Tl}{GI_P}$$

(2)圆轴扭转刚度条件

$$\frac{T_{\max}}{GI_P}\cdot\frac{180}{\pi}\leqslant[\theta]$$

4. 连接件的强度计算

(1)剪切实用计算

$$\tau=\frac{F_S}{A_S}\leqslant[\tau]$$

(2)挤压实用计算

$$\sigma_{bs}=\frac{F_{bs}}{A_{bs}}\leqslant[\sigma_{bs}]$$

习　题

10-1　试作如图 10-20 所示各杆的扭矩图。

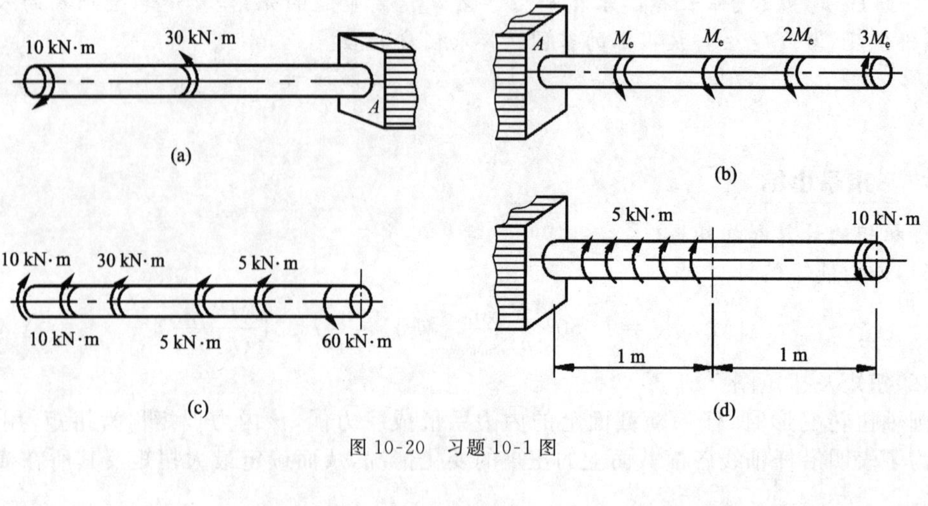

图 10-20　习题 10-1 图

10-2 如图 10-21 所示，一传动轴做匀速转动，转速 $n=200$ r/min，轴上装有五个轮子，主动轮Ⅱ输入的功率为 60 kW，从动轮Ⅰ、Ⅲ、Ⅳ、Ⅴ依次输出 18 kW、12 kW、22 kW 和 8 kW。试作轴的扭矩图。

10-3 如图 10-22 所示，一钻探机的功率为 10 kW，转速 $n=180$ r/min，钻杆钻入土层的深度 $l=40$ m。若土壤对钻杆的阻力可看作是均匀分布的力偶，试求分布力偶的集度 m，并作钻杆的扭矩图。

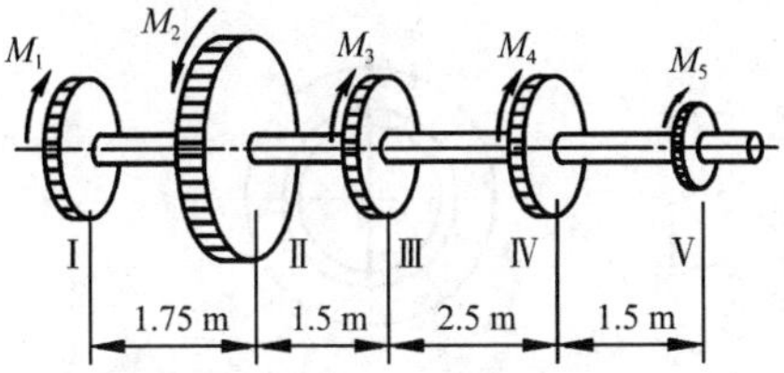

图 10-21 习题 10-2 图

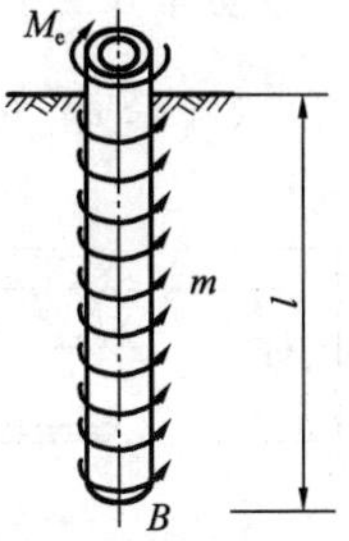

图 10-22 习题 10-3 图

10-4 空心钢轴的外径 $D=100$ mm，内径 $d=50$ mm。已知间距 $l=2.7$ m 的两横截面的相对扭转角 $\varphi=1.8°$，材料的切变模量 $G=80$ GPa，试求：

(1)轴内的最大切应力。

(2)当轴以 $n=80$ r/min 的速度旋转时，轴所传递的功率。

10-5 如图 10-23 所示一等直圆杆，已知 $d=40$ mm，$a=400$ mm，$G=80$ GPa，$\varphi_{DB}=1°$，试求：

(1)最大切应力。

(2)截面 A 相对于截面 C 的扭转角。

10-6 如图 10-24 所示一圆截面杆，左端固定，右端自由，在全长范围内受均布力偶矩作用，其集度为 m，设杆的材料的切变模量为 G，截面的极惯性矩为 I_P，杆长为 l，试求自由端的扭转角 φ_B。

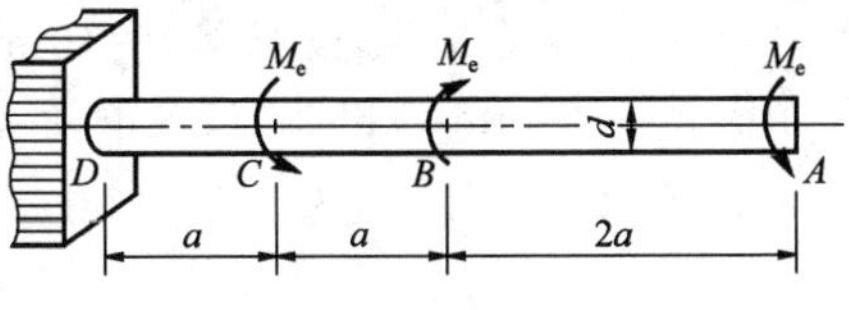

图 10-23 习题 10-5 图

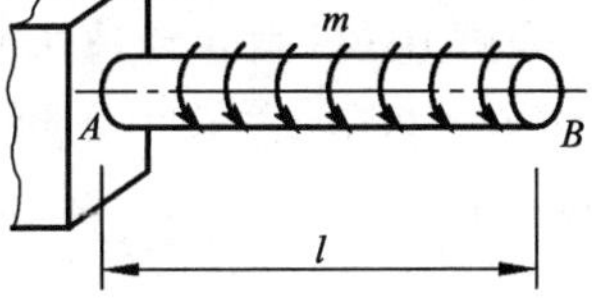

图 10-24 习题 10-6 图

10-7 如图 10-25 所示，一薄壁钢管受扭矩 $M_e=2$ kN·m 的作用。已知 $D=60$ mm，$d=50$ mm，$E=210$ GPa。已测得管壁上相距 $l=200$ mm 的 AB 两截面的相对扭转角 $\varphi_{AB}=0.43°$，试求材料的泊松比(提示：各向同性材料的三个弹性常数 E、G、μ 间的关系为 $G=\dfrac{E}{2(1+\mu)}$)。

10-8 直径 $d=25$ mm 的钢圆杆，受 60 kN 的轴向拉力作用时，在标距为 200 mm 的长度内伸长了 0.113 mm。当其承受一对 $M_e=0.2$ kN·m 的扭转外力偶矩作用时，在标距为 200 mm 的长度内相对扭转了 0.732°。试求钢材的弹性常数 E、G 和 μ。

10-9 如图 10-26 所示，实心圆轴与空心圆轴通过牙嵌离合器相连接。已知轴的转速

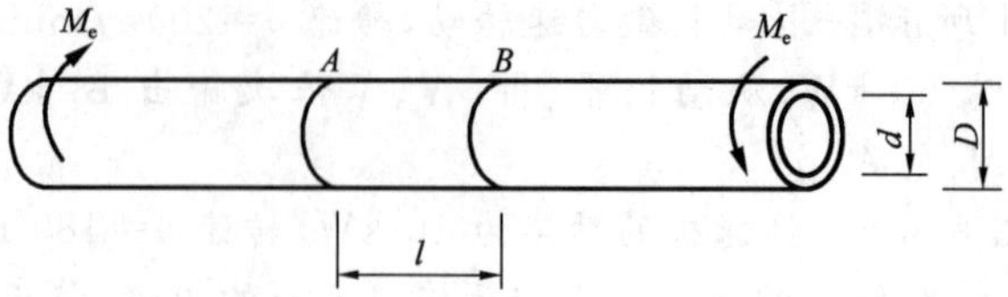

图 10-25　习题 10-7 图

$n=100$ r/min，传递功率 $P=10$ kW，许用切应力 $[\tau]=80$ MPa，$\frac{d_1}{d_2}=0.6$。试确定实心轴的直径 d，空心轴的内、外径 d_1 和 d_2。

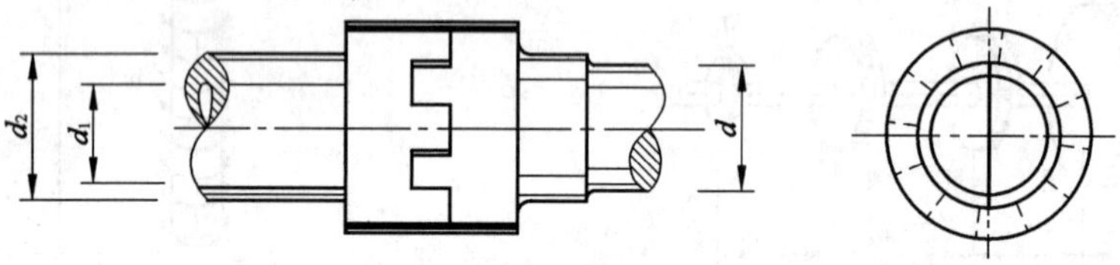

图 10-26　习题 10-9 图

10-10　如图 10-27 所示的等直圆杆，已知外力偶矩 $M_A=2.99$ kN·m，$M_B=7.2$ kN·m，$M_C=4.21$ kN·m，许用切应力 $[\tau]=70$ MPa，许可单位长度扭转角 $[\theta]=1°/\text{m}$，切变模量 $G=80$ GPa。试确定该轴的直径 d。

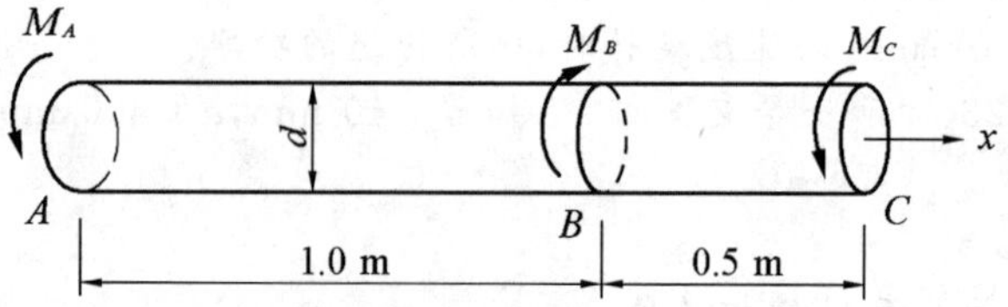

图 10-27　习题 10-10 图

10-11　阶梯形圆轴直径分别为 $d_1=40$ mm，$d_2=70$ mm，轴上装有三个带轮，如图 10-28 所示。已知由轮 3 输入的功率为 $P_3=30$ kW，轮 1 输出的功率为 $P_1=13$ kW，轴做匀速转动，转速 $n=200$ r/min，材料的许用切应力 $[\tau]=60$ MPa，$G=80$ GPa，许用扭转角 $[\theta]=2°/\text{m}$。试校核轴的强度和刚度。

10-12　如图 10-29 所示为冲床的冲头。在力 $\boldsymbol{F}$ 的作用下冲剪钢板，设板厚 $t=10$ mm，板材料的剪切强度极限 $\tau_b=360$ MPa，当需冲剪一个直径 $d=20$ mm 的圆孔，试计算所需的冲力 $\boldsymbol{F}$ 的值。

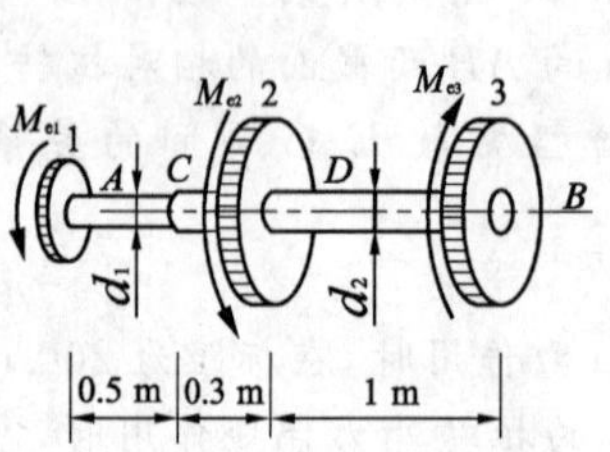

图 10-28　习题 10-11 图

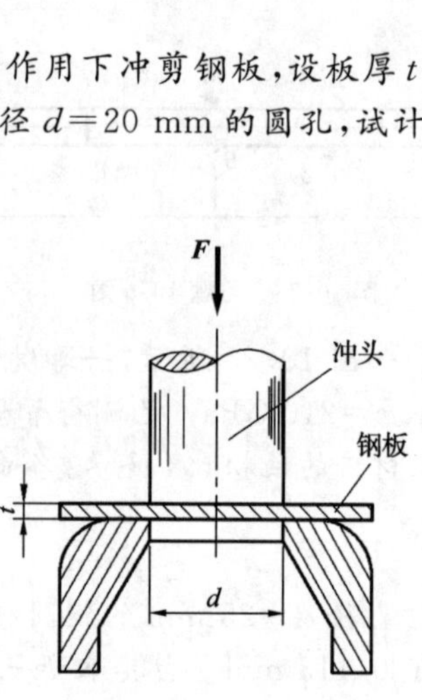

图 10-29　习题 10-12 图

10-13　如图 10-30 所示为一正方形截面的混凝土柱，浇筑在混凝土基础上。基础分两层，每层厚为 t。已知 $F=200$ kN，假定地基对混凝土板的反力均匀分布，混凝土的许用切应力 $[\tau]=1.5$ MPa。试计算为使基础不被剪坏，所需厚度 t 的值。

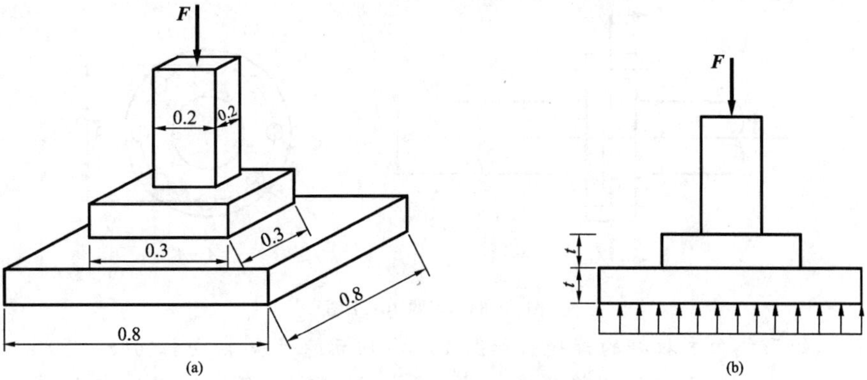

图 10-30　习题 10-13 图

10-14　试校核如图 10-31 所示的拉杆头部的剪切强度和挤压强度。已知图中尺寸 $D=32$ mm，$d=20$ mm，$h=12$ mm，杆的许用切应力 $[\tau]=100$ MPa，许用挤压应力为 $[\sigma_{bs}]=240$ MPa。

10-15　水轮发电机组的卡环尺寸如图 10-32 所示。已知轴向荷载 $F=1\ 450$ kN，卡环材料的许用切应力 $[\tau]=80$ MPa，许用挤压应力为 $[\sigma_{bs}]=150$ MPa。试校核该卡环的强度。

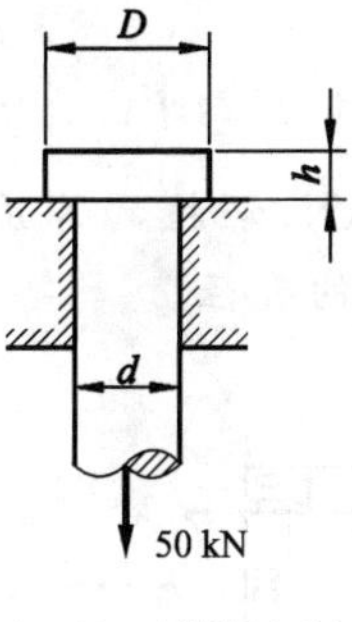

图 10-31　习题 10-14 图

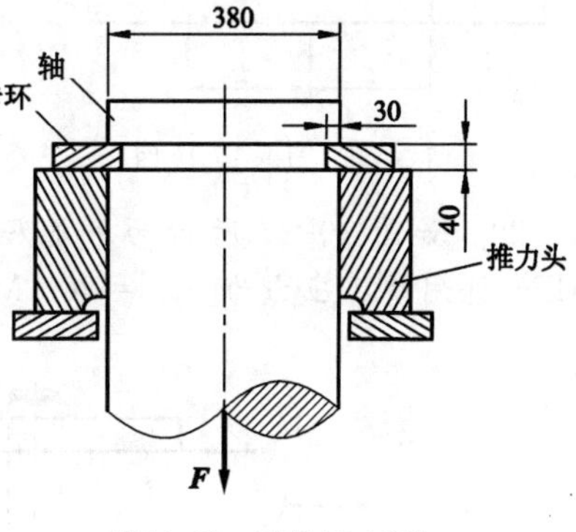

图 10-32　习题 10-15 图

10-16　拉力 $F=80$ kN 的螺栓连接如图 10-33 所示。已知 $b=80$ mm，$\delta=10$ mm，$d=22$ mm，螺栓的许用切应力 $[\tau]=130$ MPa，钢板的许用挤压应力为 $[\sigma_{bs}]=300$ MPa，许用拉应力 $[\sigma]=170$ MPa。试校核接头强度。

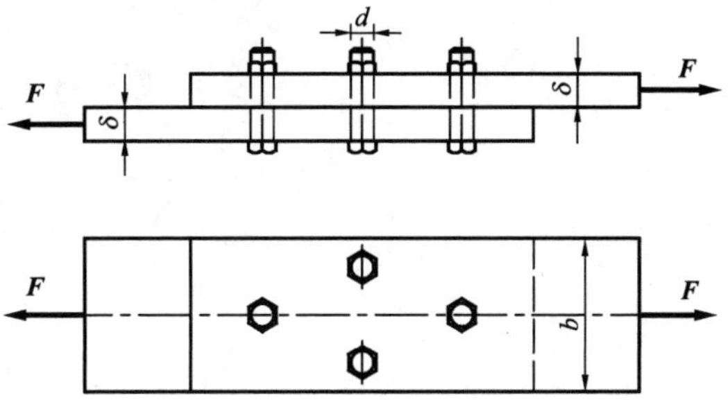

图 10-33　习题 10-16 图

10-17　两直径 $d=100$ mm 的圆轴，由凸缘和螺栓连接，共有 8 个螺栓布置在 $D_0=200$ mm 的圆周上，如图 10-34 所示。已知轴在扭转时的最大切应力为 70 MPa，螺栓的许用切应力 $[\tau]=60$ MPa。试求螺栓所需的直径 d_1。

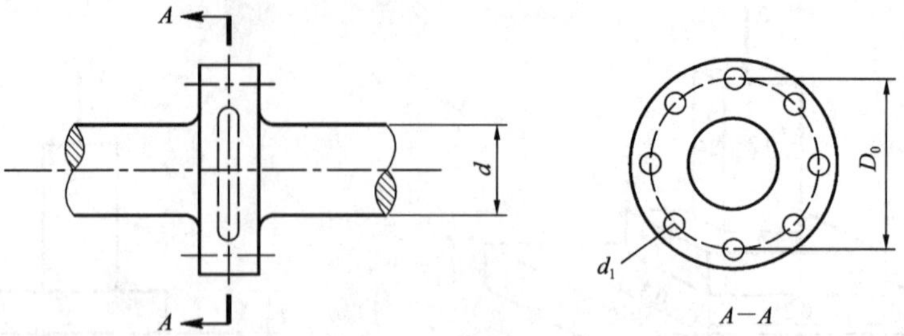

图 10-34　习题 10-17 图

10-18　矩形截面木拉杆的榫接头如图 10-35 所示。已知轴向拉力 $F=50$ kN，截面宽度 $b=250$ mm，木材的顺纹许用挤压应力为 $[\sigma_{bs}]=10$ MPa，顺纹许用切应力 $[\tau]=1$ MPa。试求接头处所需的尺寸 l 和 a。

10-19　如图 10-36 所示，用夹剪剪断直径为 3 mm 的铝丝。若铝丝的剪切极限应力约为 100 MPa，试问需要多大的力 $\boldsymbol{F}$？若销钉 B 的直径为 8 mm，试求销钉内的切应力。

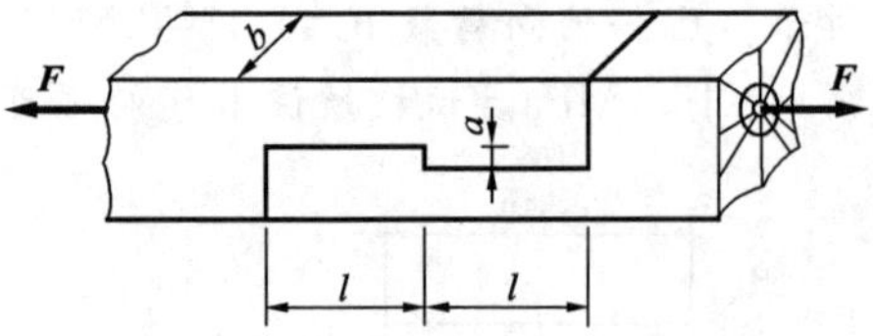

图 10-35　习题 10-18 图

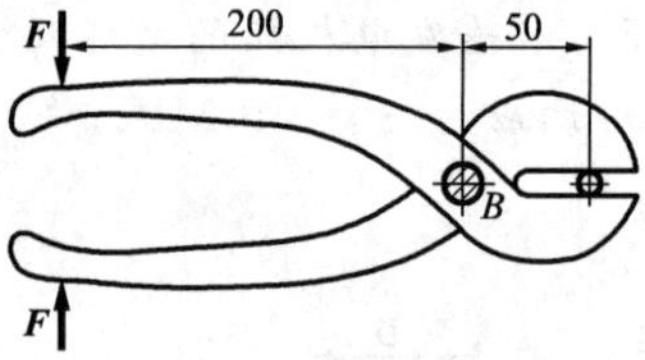

图 10-36　习题 10-19 图

10-20　如图 10-37 所示为一螺栓接头。已知 $F=40$ kN，螺栓的许用切应力 $[\tau]=130$ MPa，许用挤压应力为 $[\sigma_{bs}]=300$ MPa。试计算螺栓所需的直径。

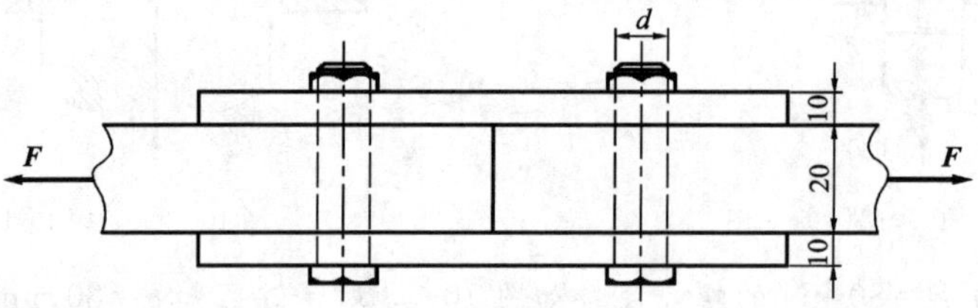

图 10-37　习题 10-20 图

第 11 章

弯曲变形

平面弯曲

11.1 平面弯曲的概念及梁的计算简图

工程结构中常用的一类构件，当其受到垂直于轴线的横向外力或纵向平面内外力偶的作用时，其轴线变形后成为曲线，这种变形即为**弯曲变形**。以弯曲为主要变形的构件称为**梁**。如楼板梁(图 11-1(a))、阳台挑梁(图 11-1(b))、土压力作用下的挡土墙(图 11-1(c))及桥式起重机的钢梁(图 11-1(d))等。它们承受的荷载都垂直于构件，使其轴线由原来的直线变成曲线。

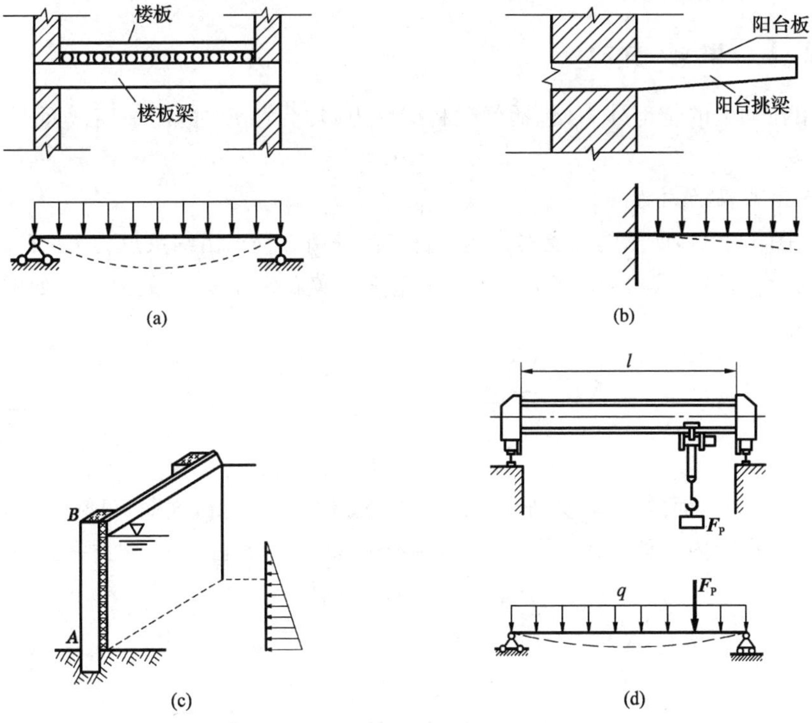

图 11-1　工程中的简单梁

在工程中经常使用的梁，其横截面都具有对称轴，对称轴与梁轴线构成的平面为纵向对称平面，当所有外力均作用在该纵向对称平面内时，梁的轴线必将弯成一条位于该对称面内的平面曲线，如图 11-2(a)所示，这种弯曲称为**平面弯曲**，其计算简图如图 11-2(b)所示。若梁不具有纵向对称面，或者梁虽具有纵向对称面但外力并不作用在纵向对称面内，这种弯曲统称为**非平面弯曲**，平面弯曲是弯曲问题中最简单而且最基本的情况。本章以平面弯曲为主，讨论梁横截面上的内力、应力和变形计算。

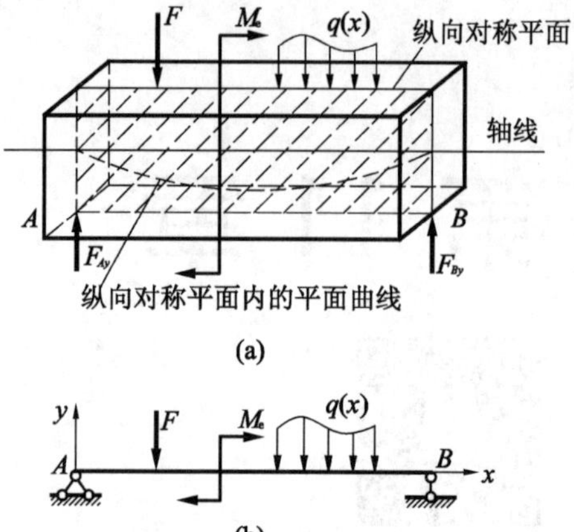

图 11-2 梁的平面弯曲

这里研究的梁是等截面的直梁，梁所受的外力是作用在纵向对称面内的平面力系。

为了便于分析计算，需将实际的梁结构用梁的轴线来代替，并将荷载形式及支座进行简化，即作出梁的计算简图。

11.2 弯曲内力

为了进行梁的应力和位移计算，必须首先了解梁上各截面上的内力情况。下面对梁的内力及内力图做详细讨论。

11.2.1 梁的内力

当作用在梁上的全部外力(包括荷载和支反力)均为已知时，任一横截面上的内力可由截面法确定。

1. 截面法求梁的内力

现以如图 11-3(a)所示的简支梁为例。首先由平衡方程求出约束反力 $\boldsymbol{F}_A$、$\boldsymbol{F}_B$。取点 A 为坐标轴 x 的原点，根据求内力的截面法，可计算任一横截面 m-m 上的内力。如图 11-3(b)所示，由平衡方程

$$\sum F_y = 0, F_A - F_S = 0$$

可得

$$F_S = F_A \tag{a}$$

内力 $\boldsymbol{F}_S$ 称为截面的剪力。另外，由于 $\boldsymbol{F}_A$ 与 $\boldsymbol{F}_S$ 构成一力偶，因而，可断定 m-m 上一定存在一个与其平衡的内力偶，其力偶矩为 M，对 m-m 截面的形心取矩，建立平衡方程

$$\sum M_C = 0, M - F_A x = 0$$

可得

$$M = F_A x \tag{b}$$

内力偶矩 M 称为截面的弯矩。由此可以确定，梁弯曲时截面内力有两项——剪力和弯矩。

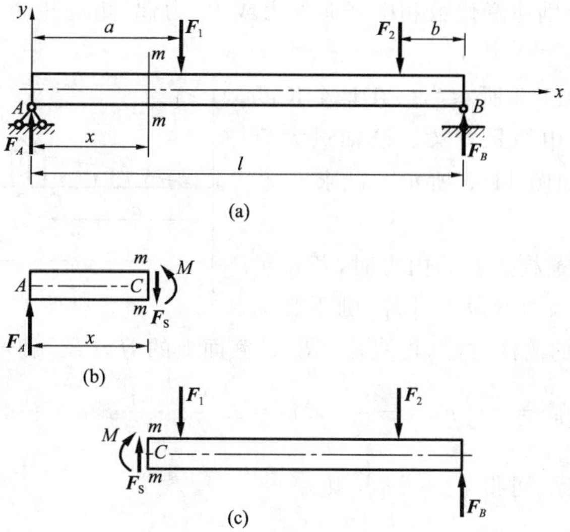

图 11-3　梁的弯曲内力

根据作用与反作用定律，如取右段为研究对象，用相同的方法也可以求得 $m\text{-}m$ 截面上的内力。但要注意，其数值与式（a）和式（b）相等，方向和转向却与其相反，如图 11-3（c）所示。

2. 梁内力的符号

剪力、弯矩的符号做如下假设：截面上的剪力相对所取的脱离体上任一点均产生顺时针转动趋势，这样的剪力为正剪力，如图 11-4(a)所示，反之为负剪力，如图 11-4(b)所示；截面上的弯矩使得所取脱离体下部受拉为正，如图 11-4(c)所示，反之为负，如图 11-4(d)所示。

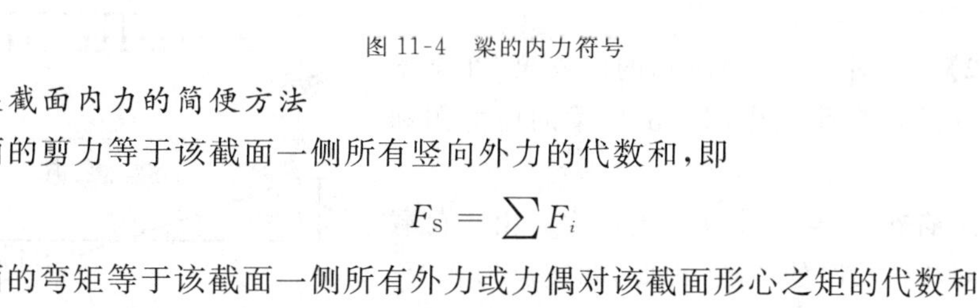

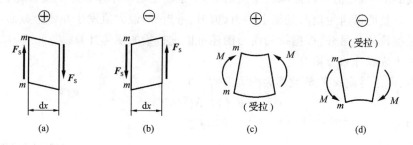

图 11-4　梁的内力符号

3. 求某截面内力的简便方法

某截面的剪力等于该截面一侧所有竖向外力的代数和，即

$$F_S = \sum F_i \tag{c}$$

某截面的弯矩等于该截面一侧所有外力或力偶对该截面形心之矩的代数和，即

$$M = \sum M_i \tag{d}$$

需要指出：代数和中竖向外力或力矩（力偶矩）的正负号与剪力和弯矩的正负号规定一致。

简便方法求内力的优点是无须切开截面、取脱离体、进行受力分析以及列出平衡方程，而可以根据截面一侧梁段上的外力直接写出截面的剪力和弯矩。这种方法大大简化了求内力的计算步骤，但要特别注意代数和中竖向外力或力(力偶)矩的正负号。下面通过例题来熟悉简便方法。

【例 11-1】 如图 11-5 所示为一在整个长度上受线性分布荷载作用的悬臂梁。已知最大荷载集度 q_0，几何尺寸如图 11-5 所示。试求 C 截面上的剪力和弯矩。

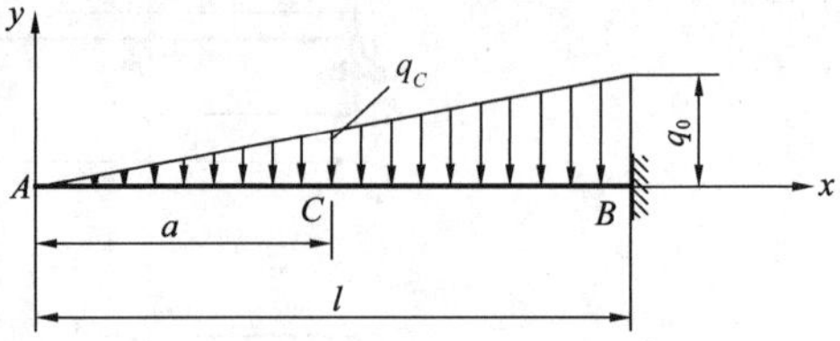

图 11-5 例 11-1 图

解 当求悬臂梁横截面上的内力时，若取包含自由端的横截面一侧的梁段来计算，则不必求出支反力。用求内力的简便方法，可直接写出 C 截面上的剪力 F_{SC} 和弯矩 M_C。

$$F_{SC}=\sum F_i=-\frac{q_C}{2}a, M_C=-\frac{q_C}{2}a\cdot\frac{1}{3}a=-\frac{q_C}{6}a^2$$

由三角形比例关系，可得 $q_C=\frac{a}{l}q_0$，则

$$F_{SC}=-\frac{q_0a^2}{2l}, M_C=-\frac{q_0a^3}{6l}$$

可见，简便方法求内力，计算过程非常简单。

11.2.2 梁的内力图

设横截面沿梁轴线的位置用坐标 x 表示，以 x 为横坐标，以剪力或弯矩为纵坐标绘出的曲线，即为梁的剪力图和弯矩图。作内力图的步骤是，首先画一条基线(x 轴)平行且等于梁的长度，习惯上将正值的剪力画在基线的上方，负值的剪力画在基线的下方，将正值的弯矩画在基线的下方，负值的弯矩画在基线的上方，也就是弯矩图画在梁的受拉侧。作内力图的主要目的就是能很清楚地看到梁上内力(剪力、弯矩)的最大值发生在哪个截面，以便对该截面进行强度校核。另外，根据梁的内力图还可以进行梁的变形计算。

1. 按内力方程作内力图

将剪力、弯矩写成 x 的函数称为内力方程，即

$$F_S=F_S(x), M=M(x)$$

由剪力方程、弯矩方程可以判断内力图的形状，即可绘出内力图。

【例 11-2】 如图 11-6(a)所示的简支梁，在全梁上受集度为 q 的均布荷载作用。试作梁的剪力图和弯矩图。

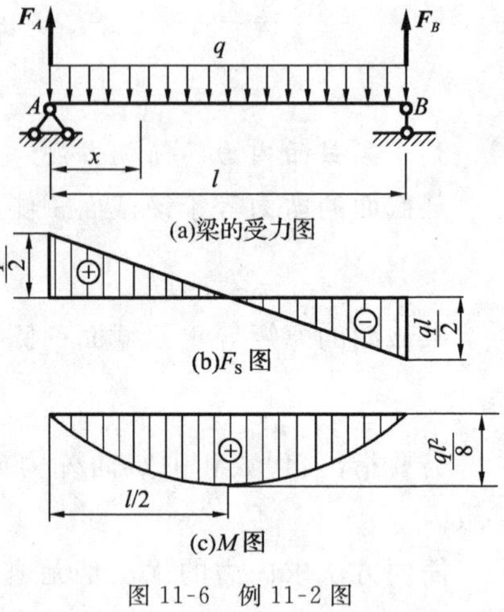

图 11-6 例 11-2 图

解 对于简支梁，须先计算其支反力。由于荷载及支反力均对称于梁跨的中点，因此，两支反力相等，如图 11-6(a)所示。

$$F_A=F_B=\frac{ql}{2}$$

任意横截面 x 处的剪力和弯矩方程可写成(x 横截面左侧)

$$F_S(x)=F_A-qx=\frac{ql}{2}-qx \qquad (0\leqslant x\leqslant l)$$

$$M(x)=F_Ax-qx\cdot\frac{x}{2}=\frac{qlx}{2}-\frac{qx^2}{2} \qquad (0\leqslant x\leqslant l)$$

由上式可知，剪力图为一倾斜直线，弯矩图为抛物线。仿照例 11-2 中的绘图过程，即可绘出剪力图和弯矩图，如图 11-6(b)和图 11-6(c)所示。斜直线确定线上两点即可画出，而抛物线至少需要确定三个点才能画出曲线（$x=0,M=0;x=l,M=0;x=\frac{l}{2},M=\frac{ql^2}{8}$）。

由内力图可见，梁在梁跨中横截面上的弯矩值为最大，$M_{max}=\frac{ql^2}{8}$，而该横截面上 $F_S=0$；两支座内侧横截面上的剪力值为最大，$F_{S,max}=\left|\frac{ql}{2}\right|$。

【例 11-3】 如图 11-7(a)所示的简支梁在 C 处受集中荷载 $\boldsymbol{F}$ 作用。试作梁的剪力图和弯矩图。

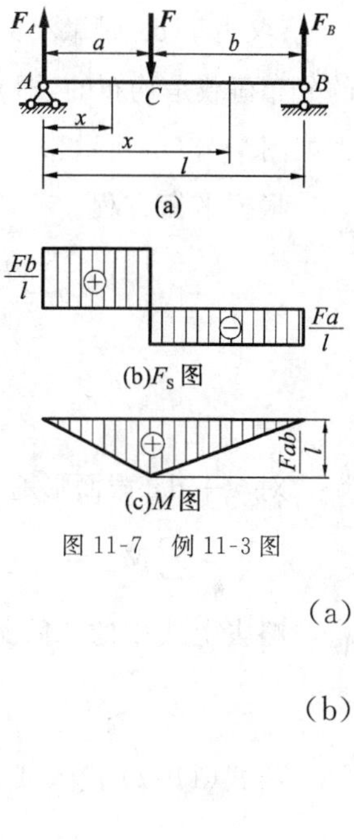

图 11-7　例 11-3 图

解　首先由平衡方程 $\sum M_B=0$ 和 $\sum M_A=0$ 分别算得支反力（图 11-7(a)）为

$$F_A=\frac{Fb}{l},F_B=\frac{Fa}{l}$$

由于梁在 C 处有集中荷载 $\boldsymbol{F}$ 的作用，显然，在集中荷载两侧的梁段，其剪力和弯矩方程均不相同，故需将梁分为 AC 和 CB 两段，分别写出其剪力和弯矩方程。

对于 AC 段梁，其剪力和弯矩方程分别为（x 横截面左侧）

$$F_S(x)=F_A=\frac{Fb}{l} \qquad (0\leqslant x\leqslant a) \qquad \text{(a)}$$

$$M(x)=F_Ax=\frac{Fb}{l}x \qquad (0\leqslant x\leqslant a) \qquad \text{(b)}$$

对于 CB 段梁，其剪力和弯矩方程为（x 横截面左侧）

$$F_S(x)=F_A-F=-\frac{Fa}{l} \qquad (a\leqslant x\leqslant l) \qquad \text{(c)}$$

$$M(x)=F_Ax-F(x-a)=\frac{Fa}{l}(l-x) \qquad (a\leqslant x\leqslant l) \qquad \text{(d)}$$

由式(a)、式(c)可知，左、右两梁段的剪力图各为一条平行于轴的直线。由式(b)、式(d)可知，左、右两段的弯矩图各为一条斜直线。根据这些方程绘出的剪力图和弯矩图，如图 11-7(b)和图 11-7(c)所示。

由图 11-7 可见，在 $b>a$ 的情况下，AC 段梁任一横截面上的剪力值为最大，$F_{S,max}=\frac{Fb}{l}$；而集中荷载作用处横截面上的弯矩为最大，$M_{max}=\frac{Fab}{l}$；在集中荷载作用处左、右两侧横截面上的剪力值不相等。

2. 简便方法作内力图

所谓简便方法，就是利用剪力、弯矩与荷载间的关系作内力图。

(1)$q(x)$、$F_S(x)$和$M(x)$之间的关系

设梁受荷载作用如图 11-8(a)所示，建立坐标系如图所示，并规定：分布荷载的集度 $q(x)$向上为正，向下为负。在分布荷载的梁段上取一微段 dx，设坐标为 x 处横截面上的剪力和弯矩分别为 $F_S(x)$和 $M(x)$，该处的荷载集度为 $q(x)$，在 $x+dx$ 处横截面上的剪力和弯矩分别为 $F_S(x)+dF_S(x)$和 $M(x)+dM(x)$。又由于 dx 是微小的一段，所以可认为 dx 段上的分布荷载是均布的，即$q(x)$等于常值，则 dx 段梁受力如图 11-8(b)所示。

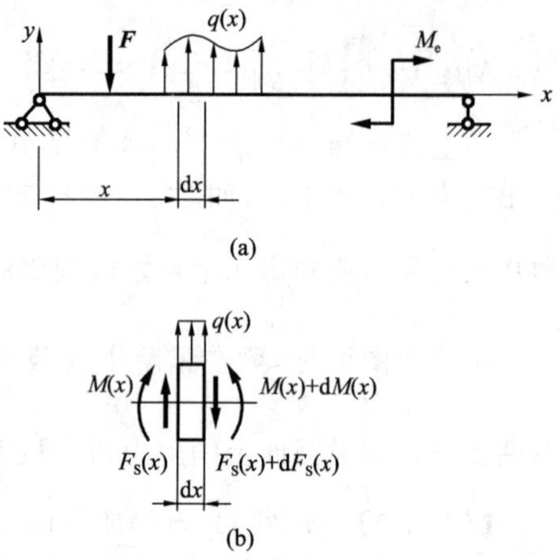

图 11-8　梁的荷载、剪力和弯矩之间的关系

根据平衡方程

$$\sum F_y = 0, F_S(x) - [F_S(x) + dF_S(x)] + q(x)dx = 0$$

得

$$\frac{dF_S(x)}{dx} = q(x) \tag{11-1}$$

对 $x+dx$ 截面形心取矩，并建立平衡方程

$$\sum M_C = 0, [M(x) + dM(x)] - M(x) - F_S(x)dx - \frac{q(x)}{2}(dx)^2 = 0$$

略去上式中的二阶无穷小量$(dx)^2$，则可得到

$$\frac{dM(x)}{dx} = F_S(x) \tag{11-2}$$

将式(11-2) 代入式(11-1)，又可得

$$\frac{d^2M(x)}{dx^2} = q(x) \tag{11-3}$$

以上三式即为荷载集度 $q(x)$、剪力 $F_S(x)$ 和弯矩 $M(x)$ 三者之间的关系式。

(2)内力图的特征

由式(11-1)可见，剪力图上某点处的切线斜率等于该点处荷载集度的大小；由式(11-2)可见，弯矩图上某点处的斜率等于该点处剪力的大小；由式(11-3)可见，弯矩图的凹向取决于荷载集度的正负号。

下面根据式(11-1)和式(11-2)，讨论几种特殊情况。

①当 $q(x)=0$ 时，由式(11-1)、式(11-2)可知：$F_S(x)$一定为常量，$M(x)$是 x 的一次函数，即没有均布荷载作用的梁段上，剪力图为水平直线，弯矩图为斜直线。

②当 $q(x)=$常数时，由式(11-1)、式(11-2)可知：$F_S(x)$是 x 的一次函数，$M(x)$是 x 的二次函数，即有均布荷载作用的梁段上剪力图为斜直线，弯矩图为二次抛物线。

③当 $q(x)$为 x 的一次函数时，由式(11-1)、式(11-2)可知：$F_S(x)$是 x 的二次函数，$M(x)$是 x

的三次函数，即三角形均布荷载作用的梁段上剪力图为抛物线，弯矩图为三次曲线。

(3)极值的讨论

由前面分析可知，当梁上作用均布荷载时，梁的弯矩图即为抛物线，这就存在极值的凹向和极值位置的问题。如何判断极值的凹向呢？数学中是由曲线的二阶导数来判断的。假如曲线方程为 $y=f(x)$，则当 $y''>0$ 时，有极小值；当 $y''<0$ 时，有极大值。仿照数学的方法来确定弯矩图的极值凹向。则当 $M''(x)=q(x)>0$ 时，弯矩图有极小值；当 $M''(x)=q(x)<0$ 时，弯矩图有极大值。也就是说，当 $q(x)$ 方向向上作用时，$M(x)$ 图有极小值；当 $q(x)$ 方向向下作用时，$M(x)$ 图有极大值，具体形式如图 11-9 所示。

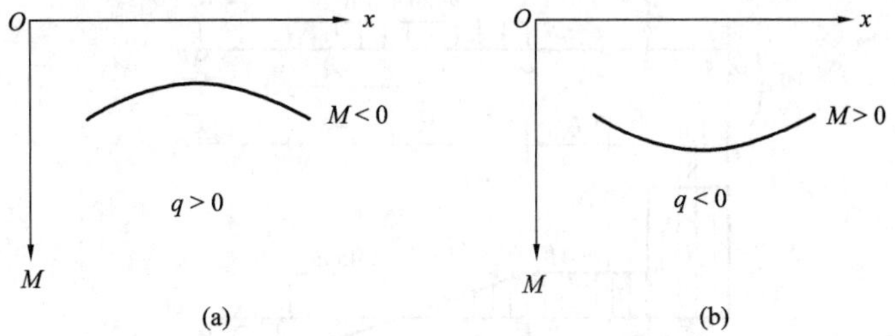

图 11-9　弯矩图的凹向与载荷集度的关系

注意：$M(x)$ 图的正值向下，与数学中的坐标系有所区别。

下面讨论极值的位置。式(11-2)中，令 $M'(x)=F_S(x)=0$，即可确定弯矩图极值的位置 x。由此可得：剪力为零的截面即为弯矩的极值截面。或者说，弯矩的极值截面上剪力一定为零。

应用 $q(x)$、$F_S(x)$ 和 $M(x)$ 间的关系，可检验所作剪力图或弯矩图的正确性，或直接作梁的剪力图和弯矩图。现将有关 $q(x)$、$F_S(x)$ 和 $M(x)$ 间的关系以及剪力图和弯矩图的一些特征汇总整理，见表 11-1，以供参考。

表 11-1　　梁在几种荷载作用下剪力图与弯矩图的特征

一段梁上的外力的情况	向下的均布荷载	无荷载	集中力 F C	集中力偶 M_e C
剪力图上的特征	由左至右向下倾斜的直线 ⊕ 或 ⊖	一般为水平直线 ⊕ 或 ⊖	在 C 处突变，突变方向为由左至右下台阶 C F	在 C 处无变化 C
弯矩图上的特征	开口向上的抛物线的某段 或 或	一般为斜直线 或	在 C 处有尖角，尖角的指向与集中力方向相同 或 或	在 C 处突变，突变方向为由左至右下台阶 C M_e
最大弯矩所在截面的可能位置	在 $F_S=0$ 的截面		在剪力突变的截面	在紧靠 C 点的某一侧的截面

(4)作内力图的步骤

①分段(集中力、集中力偶、分布荷载的起点和终点处要分段)。

②判断各段内力图形状(利用表 11-1)。

③确定控制截面内力(割断分界处的截面)。

④画出内力图。

⑤校核内力图(突变截面和端面的内力)。

【例 11-4】 试用简便方法作如图 11-10(a)所示静定梁的剪力图和弯矩图。

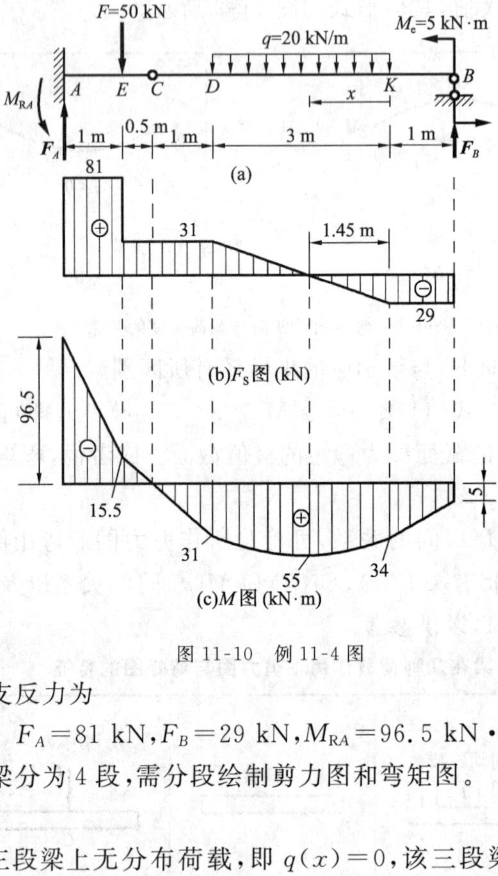

图 11-10 例 11-4 图

解 已求得梁的支反力为

$$F_A=81\ \text{kN}, F_B=29\ \text{kN}, M_{RA}=96.5\ \text{kN}\cdot\text{m}$$

由于梁上外力将梁分为 4 段,需分段绘制剪力图和弯矩图。

(1)绘制剪力图

因 AE、ED、KB 三段梁上无分布荷载,即 $q(x)=0$,该三段梁上的 F_S 图为水平直线。应当注意在支座 A 及截面 E 处有集中力作用,F_S 图有突变,要分别计算集中力作用处的左、右两侧截面上的剪力值。各段分界处的剪力值为

AE 段: $$F_{SA右}=F_{SE左}=F_A=81\ \text{kN}$$

ED 段: $$F_{SE右}=F_{SD}=F_A-F=81-50=31\ \text{kN}$$

DK 段:$q(x)$等于负常量,F_S 图应为向右下方倾斜的直线,因截面 K 上无集中力,则可取右侧梁段来研究,截面 K 上的剪力为

$$F_{SK}=-F_B=-29\ \text{kN}$$

KB 段: $$F_{SB左}=-F_B=-29\ \text{kN}$$

还需求出 $F_S=0$ 的截面位置。设该截面距 K 为 x,于是在截面 x 上的剪力为零,即

$$F_{Sx}=-F_B+qx=0$$

得

$$x=\frac{F_B}{q}=\frac{29\times10^3}{20\times10^3}=1.45\ \text{m}$$

由以上各段的剪力值并结合微分关系，便可绘出剪力图，如图11-10(b)所示。

(2)绘制弯矩图

因AE、ED、KB三段梁上$q(x)=0$，故三段梁上的M图应为斜直线。各段分界处的弯矩值为

$$M_A=-M_{RA}=-96.5\ \text{kN}\cdot\text{m}$$

$$M_E=-M_{RA}+F_A\times1=-96.5\times10^3+(81\times10^3)\times1=-15.5\ \text{kN}\cdot\text{m}$$

$$M_D=-96.5\times10^3+(81\times10^3)\times2.5-(50\times10^3)\times1.5=31\ \text{kN}\cdot\text{m}$$

$$M_{B左}=M_e=5\ \text{kN}\cdot\text{m}$$

$$M_K=F_B\times1+M_e=(29\times10^3)\times1+5\times10^3=34\ \text{kN}\cdot\text{m}$$

显然，在ED段的中间铰C处的弯矩$M_C=0$。

DK段：该段梁上$q(x)$为负常量，M图为向下凸的二次抛物线。在$F_S=0$的截面上弯矩有极值，其值为

$$\begin{aligned}M_{极值}&=F_B\times2.45+M_e-\frac{q}{2}\times1.45^2\\&=(29\times10^3)\times2.45+5\times10^3-\frac{20\times10^3}{2}\times1.45^2\\&=55\ \text{kN}\cdot\text{m}\end{aligned}$$

根据以上各段分界处的弯矩值和在$F_S=0$处的$M_{极值}$，并根据微分关系，便可绘出该梁的弯矩图，如图11-10(c)所示。

3. 按叠加原理作弯矩图

当梁在荷载作用下为小变形时，其跨长的改变可略去不计。因而，在求梁的支反力、剪力和弯矩时，均可按其原始尺寸进行计算，而得到的结果均与梁上荷载呈线性关系。在这种情况下，当梁上受几个荷载共同作用时，某一横截面上的弯矩就等于梁在各项荷载单独作用下同一横截面上弯矩的代数和。

11.3 弯曲应力

上一节讨论了梁的内力计算，在这一节中将研究梁的应力计算问题，目的是为了对梁进行强度计算。

对应梁的两个内力即剪力和弯矩，可以分析出构成这两个内力的分布内力的形式。如横截面切向内力F_S，一定是由切向的分布内力构成，即存在切应力τ；而横截面的弯矩M一定是由法向的分布内力构成，即存在正应力σ。所以梁的横截面上一般是既有正应力，又有切应力。

11.3.1 试验分析及假设

如果梁的内力只有弯矩而没有剪力，这样的平面弯曲称纯弯曲，下面以纯弯曲梁为例，分析梁横截面上的应力。

为了分析横截面上应力的分布规律，先研究横截面上任一点纵向线应变沿截面的分布规律，为此可通过试验观察其变形现象。假设梁具有纵向对称面，梁加载前，先在其侧面画上一组与轴线平行的纵向线（如 *a-a*、*b-b*，代表纵向平面）和与轴线垂直的横向线（如 *m-m*、*n-n*，代表横截面），如图 11-11(a)所示。然后在梁的两端加上一对矩为 M_e 的力偶，如图 11-11(b)所示。变形后，可以看到下列现象：

所有横向线（*m-m*，*n-n*）仍保持为直线，但他们相互间转了一个角度，且仍与纵向线（*a-a*，*b-b*）垂直。

各纵向线都弯成了圆弧线，靠近顶面的纵向线变短，靠近底面的纵向线伸长。根据上面的试验现象，可做如下分析和假设：

(1)梁的横截面在变形前是平面的变形后仍为平面，并绕垂直于纵对称面的某一轴转动，但仍垂直于梁变形后的轴线，这就是所谓的**平面假设**。

(2)根据平面假设和变形现象，可将梁看成是由一层层的纵向纤维组成，假设各层纤维之间无挤压，则各纤维只受到轴向拉伸或压缩。进而得出结论，横截面各点只有正应力，而无切应力，且梁在变形后，同一层纤维变形是相同的。

(3)由于上部各层纤维缩短，下部各层纤维伸长，而梁的变形又是连续的，因此判定中间必有一层纤维既不伸长也不缩短，此层称为中性层。中性层与横截面的交线称为**中性轴**，如图 11-11(c)所示。中性轴将横截面分为受拉区和受压区。

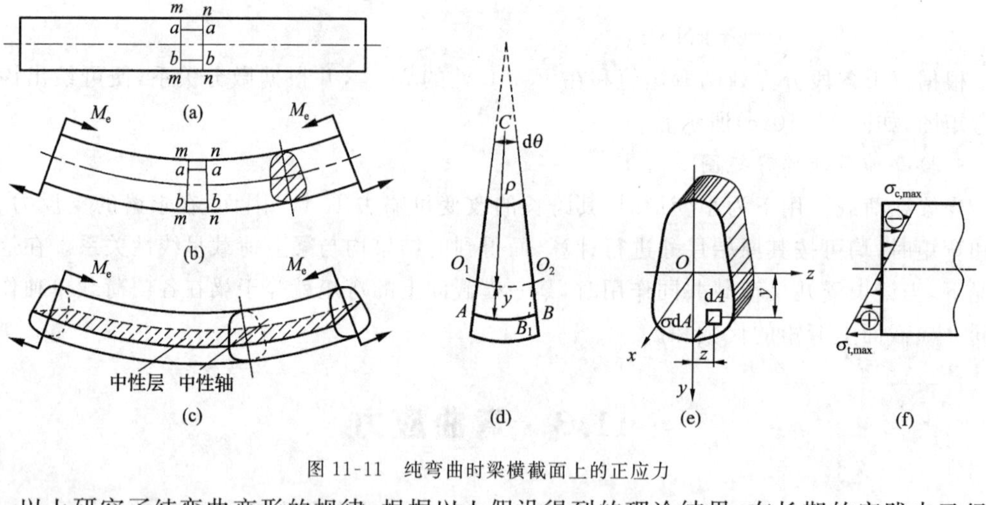

图 11-11 纯弯曲时梁横截面上的正应力

以上研究了纯弯曲变形的规律，根据以上假设得到的理论结果，在长期的实践中已经得到检验，且与弹性理论的结果相一致。

11.3.2 纯弯曲梁横截面上的正应力

与推导圆轴扭转时横截面上的切应力公式一样，仍然从几何、物理和静力三个方面进行分析，从而得出梁横截面上的正应力计算公式及其沿横截面的分布规律。

1. 几何方面

将梁的轴线取为 x 轴，横截面的对称轴取为 y 轴，在纯弯曲梁中截取一微段 dx，由平面假设可知，梁在弯曲时，两横截面将绕中性轴 z 相对转过一个角度 $d\theta$，如图 11-11(d)所示。设 O_1-O_2 代表中性层，$O_1O_2=dx$，设中性层的曲率半径为 ρ，则距中性层为 y 处的纵向线应

变为

$$\varepsilon=\frac{AB-O_1O_2}{\mathrm{d}x}=\frac{(\rho+y)\mathrm{d}\theta-\rho\mathrm{d}\theta}{\rho\mathrm{d}\theta}=\frac{y}{\rho} \tag{11-4}$$

式(11-4)表明，当横截面内力一定的情况下，中性层的曲率 $1/\rho$ 是一定值。由此可见，只要平面假设成立，则纵向纤维的线应变与该点到中性轴的距离 y 成正比，或者说，横截面上任一点处的纵向线应变 ε 沿横截面呈线性分布。

2. 物理方面

因为假设了各纵向纤维间无挤压，每一层纤维都是受拉或受压。于是，当材料处于线弹性范围内，且拉、压的弹性模量相等（$E_t=E_c=E$），则由胡克定律得

$$\sigma=E\varepsilon$$

将式(11-4)代入上式，得

$$\sigma=E\varepsilon=E\frac{y}{\rho} \tag{11-5}$$

即横截面上任一点处的正应力与该点到中性轴的距离成正比，且距中性轴等远处各点的正应力相等。

3. 静力方面

前面虽然得到了正应力沿横截面的分布规律，但是，要确定正应力的数值，还必须确定曲率 $1/\rho$ 及中性轴的位置，这些问题将通过静力学关系来解决。在横截面上距中性轴 y 处取一微面积 $\mathrm{d}A$，如图 11-11(e)所示。作用在其上的法向内力 $\sigma\mathrm{d}A$，构成了垂直于横截面的空间平行力系，故可组成下列三个内力分量：

$$F_N=\int_A\sigma\mathrm{d}A \tag{a}$$

$$M_y=\int_A z\sigma\mathrm{d}A \tag{b}$$

$$M_z=\int_A y\sigma\mathrm{d}A \tag{c}$$

根据梁上只有外力偶 M_e 的受力条件可知，M_z 就是横截面上的弯矩 M，其值为 M_e，F_N 和 M_y 均等于零。再将式(11-5)代入上述各式，得

$$F_N=\frac{E}{\rho}\int_A y\mathrm{d}A=\frac{E}{\rho}S_z=0 \tag{d}$$

$$M_y=\frac{E}{\rho}\int_A zy\mathrm{d}A=\frac{E}{\rho}I_{yz}=0 \tag{e}$$

$$M_z=\frac{E}{\rho}\int_A y^2\mathrm{d}A=\frac{E}{\rho}I_z=M \tag{f}$$

为满足式(d)，$\dfrac{E}{\rho}\neq 0$，则有 $S_z=A\cdot y_C=0$，可见，横截面面积 $A\neq 0$，必有横截面形心坐标 $y_C=0$，由此可得结论：中性轴必通过横截面形心。

式(e)是自然满足的。因为 $\dfrac{E}{\rho}\neq 0$，只有 $I_{yz}=0$，而对于惯性积，只要横截面 y、z 轴中有一个是对称轴（如 y 轴），则其惯性积 I_{yz} 就必为零。

最后由式(f)，可确定曲率，即

$$\frac{1}{\rho}=\frac{M}{EI_z} \tag{11-6}$$

由式(11-6)可知,梁的弯曲程度与截面的弯矩 M 成正比,与 EI_z 成反比,EI_z 称为截面的抗弯刚度。将式(11-6)代入正应力表达式(11-5),则有

$$\sigma=\frac{M}{I_z}\cdot y \tag{11-7}$$

式中,M——截面的弯矩;

I_z——截面对中性轴的惯性矩;

y——所求应力点的纵坐标。

正应力沿横截面的分布规律如图 11-11(f)所示。需要注意,当所求的点是在受拉区时,求得的正应力为拉应力;所求的点是在受压区时,求得的正应力为压应力。因此,在计算某点的正应力时,其数值就由式(11-7)计算,式中的 M、y 都取绝对值,最后正应力是拉应力还是压应力取决于该点是在受拉区还是受压区。

11.3.3 梁的正应力强度计算

1. 纯弯曲理论的推广

当梁上作用有垂直梁的荷载时,梁的弯曲称为横力弯曲,这时横截面上既有弯矩又有剪力,也就是说横截面上不仅有正应力,而且有切应力,切应力使截面发生翘曲,还引起纤维间的挤压应力。因此,平面假设和纵向纤维间无挤压都不成立,但按弹性理论的分析结果,对于工程实际中常用的梁,应用式(11-7)来计算梁在横力弯曲时横截面上的正应力所得的结果略偏低一些,但足以满足工程中的精度要求,且梁的跨高比越大,其误差就越小。因此,可以忽略切应力和挤压应力的影响。结论是:式(11-7)仍可用来计算横力弯曲时等直梁横截面上的正应力,但式中的弯矩 M 应该用相应截面上的弯矩 $M(x)$ 代替,即对于梁的平面弯曲,正应力公式可以统一写成下列形式。

$$\sigma=\frac{M(x)}{I_z}\cdot y \tag{11-8}$$

该公式在推导过程中依据下列条件:

(1)平面假设。

(2)各纵向纤维间无挤压。

(3)材料在线弹性范围内,且拉、压时的弹性模量相等。

(4)具有纵向对称平面的等直梁。

上述条件也就是正应力公式的适用条件。

2. 正应力的强度条件

由正应力沿横截面的分布规律可知,最大的正应力是在距中性轴最远处,即

$$\sigma_{\max}=\frac{M}{I_z}y_{\max} \tag{11-9a}$$

若令

$$W_z=\frac{I_z}{y_{\max}}$$

则

$$\sigma_{\max}=\frac{M}{W_z} \tag{11-9b}$$

式中，W_z 为抗弯截面系数，它与截面的形状和尺寸有关，其量纲为[长度]^3。

宽为 b，高为 h 的矩形截面

$$W_z=\frac{I_z}{y_{\max}}=\frac{bh^3/12}{h/2}=\frac{bh^2}{6}$$

直径为 d 的圆截面

$$W_z=\frac{I_z}{y_{\max}}=\frac{\pi d^4/64}{d/2}=\frac{\pi d^3}{32}$$

对于各种型钢截面的抗弯截面系数，可从附录 C 中的型钢表中查到。

按照单轴应力状态下强度条件的形式，梁的正应力强度条件可表示为：最大工作正应力 $\sigma_{\max}$ 不能超过材料的许用弯曲正应力$[\sigma]$，即

$$\sigma_{\max}\leqslant[\sigma] \tag{11-10a}$$

对于等截面梁，强度条件也可写成

$$\sigma_{\max}=\frac{M_{\max}}{W_z}\leqslant[\sigma] \tag{11-10b}$$

关于材料许用弯曲正应力的确定，一般以材料的许用拉应力作为其许用弯曲的正应力。事实上，由于弯曲和轴向拉伸时杆横截面上正应力的变化规律不同，材料在弯曲和轴向拉伸时的强度并不相同，因而在某些设计规范中所规定的许用弯曲正应力就比其许用拉应力略高。对于用铸铁等脆性材料制成的梁，由于材料的许用拉应力和许用压应力不同，而梁截面的中性轴往往也不是对称轴，因此梁的最大工作拉应力和最大工作压应力(注意两者往往不发生在同一截面上)要求分别不超过材料的许用拉应力和许用压应力，即

$$\left.\begin{array}{l}\sigma_{\mathrm{t,max}}\leqslant[\sigma_{\mathrm{t}}]\\ \sigma_{\mathrm{c,max}}\leqslant[\sigma_{\mathrm{c}}]\end{array}\right\} \tag{11-10c}$$

正应力强度条件应用在三个方面：

(1)校核强度。

(2)确定最小截面尺寸。

(3)确定许可荷载。

【例 11-5】　跨长 $l=2$ m 的铸铁梁受力如图 11-12(a)所示。已知材料的拉、压许用应力分别为$[\sigma_{\mathrm{t}}]=30$ MPa 和$[\sigma_{\mathrm{c}}]=90$ MPa。试根据截面最为合适的要求，确定 T 形截面梁横截面的尺寸 δ，如图 11-12(b)所示，并校核梁的强度。

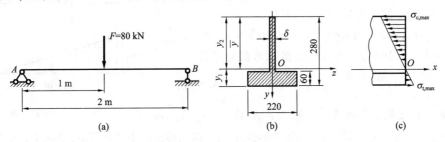

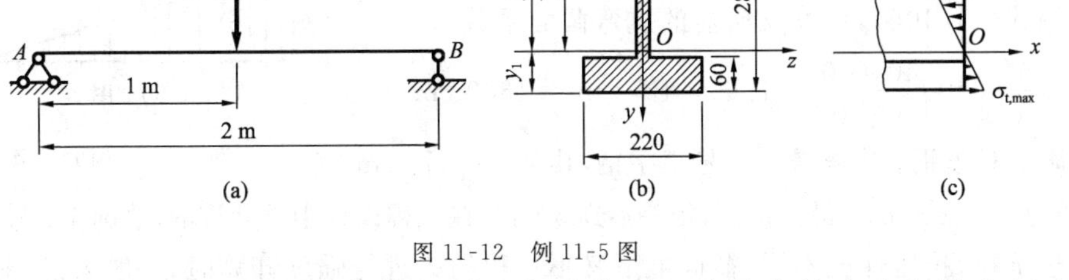

图 11-12　例 11-5 图

解　要使截面最为合理，应使梁的同一危险截面上的最大拉应力与最大压应力(图

11-12(c))之比 $\sigma_{t,max}/\sigma_{c,max}$ 与相应的许用应力之比 $[\sigma_t]/[\sigma_c]$ 相等。由于 $\sigma_{t,max}=\frac{My_1}{I_z}$ 和 $\sigma_{c,max}=\frac{My_2}{I_z}$，并已知 $\frac{[\sigma_t]}{[\sigma_c]}=\frac{30}{90}=\frac{1}{3}$，所以

$$\frac{\sigma_{t,max}}{\sigma_{c,max}}=\frac{y_1}{y_2}=\frac{1}{3} \tag{a}$$

式(a)就是确定中性轴即形心轴位置 $\bar{y}$(图 11-12(b))的条件。考虑到 $y_1+y_2=280$ mm，即

$$\bar{y}=y_2=210\ \text{mm} \tag{b}$$

显然，$\bar{y}$ 值与截面尺寸有关，根据形心坐标公式(见附录 A)及如图 11-12(b)所示尺寸，并利用式(b)可列出

$$\bar{y}=\frac{(280-60)\times\delta\times\left(\frac{280-60}{2}\right)+60\times220\times\left(280-\frac{60}{2}\right)}{(280-60)\times\delta+60\times220}=210\ \text{mm}$$

由此求得

$$\delta=24\ \text{mm} \tag{c}$$

确定 δ 后进行强度校核。由平行移轴公式(见附录 B)，计算截面对中性轴的惯性矩 I_z 为

$$I_z=\frac{24\times220^3}{12}+24\times220\times(210-110)^2+\frac{220\times60^3}{12}+220\times60\times\left(280-210-\frac{60}{2}\right)^2$$
$$=99.2\times10^{-6}\ \text{m}^4$$

梁中最大弯矩在梁中点处，即

$$M_{max}=\frac{Fl}{4}=\frac{80\times10^3\times2}{4}=40\ \text{kN}\cdot\text{m}$$

于是，由式(11-10c)、式(11-9a)得梁的最大拉、压应力，并据此校核强度

$$\sigma_{t,max}=\frac{M_{max}y_1}{I_z}=\frac{40\times10^3\times70\times10^{-3}}{99.2\times10^{-6}}=28.2\times10^6\ \text{Pa}=28.2\ \text{MPa}<[\sigma_t]$$

$$\sigma_{c,max}=\frac{M_{max}y_2}{I_z}=\frac{40\times10^3\times210\times10^{-3}}{99.2\times10^{-6}}=84.7\times10^6\ \text{Pa}=84.7\ \text{MPa}<[\sigma_c]$$

可见，梁满足强度条件。

【例 11-6】 试利用型钢表为如图 11-13(a)所示的悬臂梁选择一工字形截面。已知，$F=40$ kN，$l=6$ m，$[\sigma]=150$ MPa。

解 首先作悬臂梁的弯矩图，如图 11-13(b)所示，悬臂梁的最大弯矩发生在固定端处，其值为

$$M_{max}=Fl=40\times10^3\times6=240\ \text{kN}\cdot\text{m}$$

应用式(11-10b)，计算梁所需的抗弯截面系数

$$W_z\geqslant\frac{M_{max}}{[\sigma]}=\frac{240\times10^3}{150\times10^6}=1.60\times10^{-3}\ \text{m}^3=1600\ \text{cm}^3$$

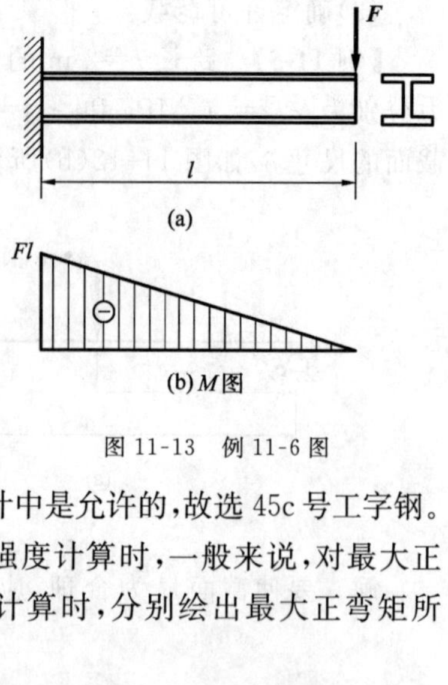

图 11-13　例 11-6 图

由附录 C 型钢表中查得，45c 号工字钢，其 $W'_z=1570\ \text{cm}^3$ 与算得的 $W_z=1600\ \text{cm}^3$ 最为接近，相差不到 5%，这在工程设计中是允许的，故选 45c 号工字钢。

对于抗拉、抗压性能不同，截面上下又不对称的梁进行强度计算时，一般来说，对最大正弯矩所在截面和最大负弯矩所在截面均需进行强度校核。计算时，分别绘出最大正弯矩所

在截面的正应力分布图和最大负弯矩所在截面的正应力分布图，然后寻找最大拉应力和最大压应力进行强度校核。

11.4　梁横截面上的切应力

1.切应力公式的推导

现在以矩形截面梁为例，推导横截面的切应力。如图 11-14(a)所示矩形截面梁，在纵向对称面内承受任意荷载作用。设横截面高度为 h，宽度为 b。

如图 11-14(a)所示矩形截面梁，在纵向对称面内承受任意荷载作用。设横截面高度为 h，宽度为 b。现在研究切应力沿横截面的分布规律。首先用 m-m、n-n 两横截面假想地从梁中取出长为 $\mathrm{d}x$ 的一段，两横截面受力如图 11-14(b)所示。然后，在横截面上纵坐标为 y 处用一个纵向截面 A-B 将该微段的下部切出，如图 11-14(c)所示。设横截面上 y 处的切应力为 τ，则由切应力互等定理可知，纵截面 A-B 上的切应力为 τ'，数值上等于 τ。因此，当切应力 τ'确定后，τ 也随之确定。下面讨论如何确定 τ'。

对于狭长矩形截面，由于梁的侧面上无切应力，故横截面上侧面边各点处的切应力必与侧边平行，且沿横截面宽度变化不大。于是，可做如下**两个假设**：①横截面上各点处的切应力均与侧边平行；②横截面上距中性轴等远处的切应力大小相等。根据上述假设所得到的解与弹性理论的解相比较，可以发现，对狭长矩形截面梁，上述假设完全可用，对一般高度大于宽度的矩形截面梁，在工程设计中也是适用的。

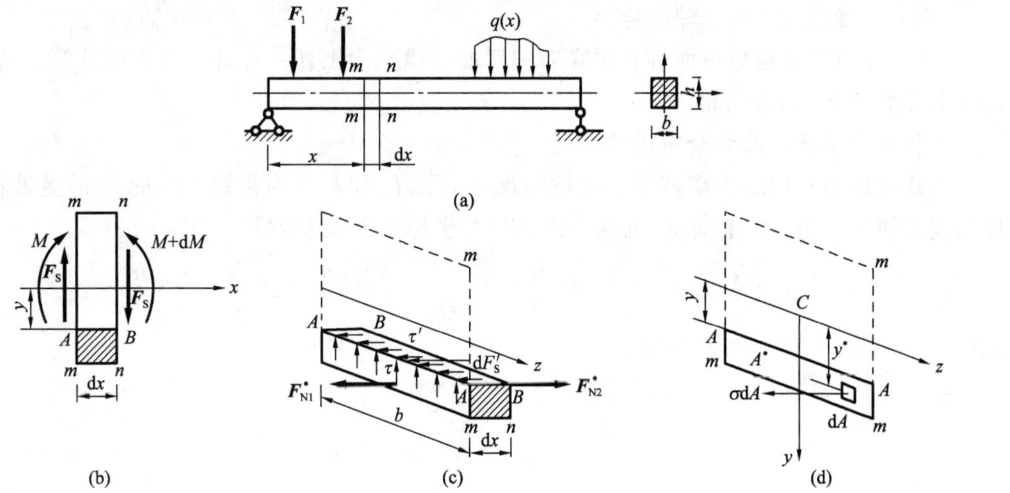

图 11-14　矩形截面梁横截面上的切应力

如图 11-14(b)所示，两横截面上的弯矩在一般情况下是不相等的，它们分别为 M 和 $M+\mathrm{d}M$，两横截面上距中性轴为 y^* 处的弯曲正应力分别为 σ_1 和 σ_2。设微段下部横截面的面积为 A^*，在横截面 m-m、n-n 内取一微面积 $\mathrm{d}A$，则微面积 $\mathrm{d}A$ 上的轴向力为 $\sigma\mathrm{d}A$，如图 11-14(d)所示。则面积 A^* 上的轴向合力分别为 F_{N1}^* 与 F_{N2}^*，如图 11-14(c)所示。建立轴向力平衡条件

$$\sum F_x = 0, F_{\mathrm{N1}}^* - F_{\mathrm{N2}}^* + \mathrm{d}F'_{\mathrm{S}} = 0 \tag{a}$$

由图 11-14(d) 可知

$$F_{N1}^{*}=\int_{A^{*}}\sigma_{1}\mathrm{d}A=\int_{A^{*}}\frac{My^{*}}{I_{z}}\mathrm{d}A=\frac{M}{I_{z}}\int_{A^{*}}y^{*}\mathrm{d}A=\frac{M}{I_{z}}S_{z}^{*}\tag{b}$$

$$F_{N2}^{*}=\int_{A^{*}}\sigma_{2}\mathrm{d}A=\int_{A^{*}}\frac{M+\mathrm{d}M}{I_{z}}y^{*}\mathrm{d}A=\frac{M+\mathrm{d}M}{I_{z}}S_{z}^{*}\tag{c}$$

式中，S_z^* —— 面积 A^* 对横截面中性轴的静矩，$S_z^*=\int_{A^*}y^*\mathrm{d}A$。

由于 τ' 沿微段 $\mathrm{d}x$ 长度上变化很小，故其增量可略去不计，即认为：τ' 在纵截面 A-B 上为常数，于是得到

$$\mathrm{d}F'_{S}=\tau' b\,\mathrm{d}x\tag{d}$$

将式(b)、式(c)和式(d)代入平衡方程式(a)，经简化得到

$$\tau'=\frac{\mathrm{d}M}{\mathrm{d}x}\cdot\frac{S_z^*}{I_z b}$$

代入弯矩与剪力间的微分关系，上式即为

$$\tau'=\frac{F_S S_z^*}{I_z b}$$

由切应力互等定理 $\tau'=\tau$，故有

$$\tau=\frac{F_S S_z^*}{I_z b}\tag{11-11}$$

式中，I_z——整个横截面对其中性轴的惯性矩；

b——矩形截面的宽度；

F_S——横截面上的剪力；

S_z^*——面积 A^* 对 z 轴的静矩。

式(11-11)即为矩形截面等直梁在对称弯曲时横截面上任一点处切应力的计算公式。τ 的方向与剪力 F_S 的方向相同。

2. 切应力沿横截面的分布规律

由式(11-11)可见，在横截面一定的情况下，F_S、I_z 和 b 均为常数。因此，τ 沿横截面高度的变化情况就由 S_z^* 来确定，也就是说，S_z^* 与坐标 y 的关系就是 τ 与 y 的关系。

$$S_z^*=\int_{A^*}y^*\mathrm{d}A=A^*\bar{y}=\left[b\left(\frac{h}{2}-y\right)\right]\left[y+\frac{1}{2}\left(\frac{h}{2}-y\right)\right]=\frac{1}{2}b\left(\frac{h^2}{4}-y^2\right)$$

式中，$\bar{y}$——面积 A^* 的形心坐标。

将上式代入式(11-11)，可得

$$\tau=\frac{1}{2}\frac{F_S}{I_z}\left(\frac{h^2}{4}-y^2\right)\tag{11-12}$$

3. 横截面上最大切应力

由式(11-12)可见，矩形截面梁的切应力 τ 沿截面高度是按抛物线分布规律变化的。当 y 等于 $\pm\frac{h}{2}$ 时，即在横截面上距中性轴最远处，切应力 $\tau=0$；当 $y=0$ 时，即在中性轴上各点处，切应力达到最大值，如图 11-15 所示。

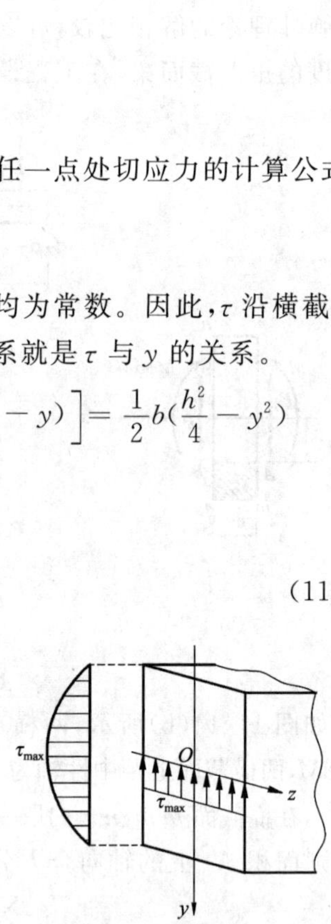

图 11-15 切应力沿横截面的分布规律

$$\tau_{\max}=\frac{1}{2}\frac{F_S h^2}{I_z\ 4}=\frac{F_S h^2}{8\dfrac{bh^3}{12}}=\frac{3}{2}\frac{F_S}{A} \tag{11-13}$$

式中，A——横截面的面积，$A=bh$。

由此得出结论：矩形截面梁横截面上的最大切应力发生在中性轴各点处，其值为平均切应力的1.5倍。

对于其他形状的对称截面，均可应用上面的推导方法，求得切应力的近似解，并且横截面上的最大切应力通常在中性轴上各点处。

4.梁的切应力强度条件

横力弯曲下的等直梁，除了保证正应力的强度外，还需要满足切应力强度要求。等直梁的最大切应力一般是在剪力最大横截面上的中性轴处。由于在中性轴上的各点处的正应力为零，所以中性轴处各点的应力状态为纯剪切应力状态，其强度条件可以按纯剪切应力状态下的强度条件表示

$$\tau_{\max}\leqslant[\tau]$$

或写成

$$\tau_{\max}=\frac{F_{S,\max}\cdot S_{z,\max}^{*}}{I_z d}\leqslant[\tau] \tag{11-14}$$

式中，$[\tau]$——材料在横力弯曲时的许用切应力。

在进行梁的强度计算时，必须同时满足正应力和切应力强度条件。通常情况是，先按正应力强度条件选择截面或确定许用荷载，然后按切应力进行强度校核。对于细长梁，梁的强度取决于正应力，按正应力强度条件选择截面或确定许用荷载后，一般不再需要进行切应力强度校核。但在几种特殊情况下，需要校核梁的切应力：

(1)梁的跨度较短，或在支座附近有较大的荷载作用。在这种情况下，梁的弯矩较小，而剪力却很大。

(2)铆接或焊接的组合截面（如工字形）钢梁，当其腹板厚度与梁高度之比小于型钢截面的相应比值时，腹板的切应力较大。

(3)木材在顺纹方向抗剪强度较差，木梁在横力弯曲时可能因中性层上的切应力过大而使梁沿中性层发生剪切破坏。

【例11-7】 如图11-16所示两端铰支的矩形截面木梁，受均布荷载作用，荷载集度 $q=10\ \text{kN/m}$。已知木材的许用应力 $[\sigma]=12\ \text{MPa}$，顺纹许用应力 $[\tau]=1.5\ \text{MPa}$，设 $\frac{h}{b}=\frac{3}{2}$。试选择梁的截面尺寸，并进行强度校核。

解　(1)作梁的剪力图和弯矩图。梁的剪力图和弯矩图如图11-16(b)和图11-16(c)所示。由图可知，最大弯矩和最大的剪力分别发生在跨中截面上和支座 A、B 处，其值分别为

$$M_{\max}=11.25\ \text{kN}\cdot\text{m},F_{S,\max}=15\ \text{kN}$$

(2)按正应力强度条件选择梁的截面尺寸。由弯曲正应力强度条件得

$$W_z\geqslant\frac{M_{\max}}{[\sigma]}=\frac{11.25\times10^3}{12\times10^6}=0.00094\ \text{m}^3$$

又因 $h=\frac{3}{2}b$，则有

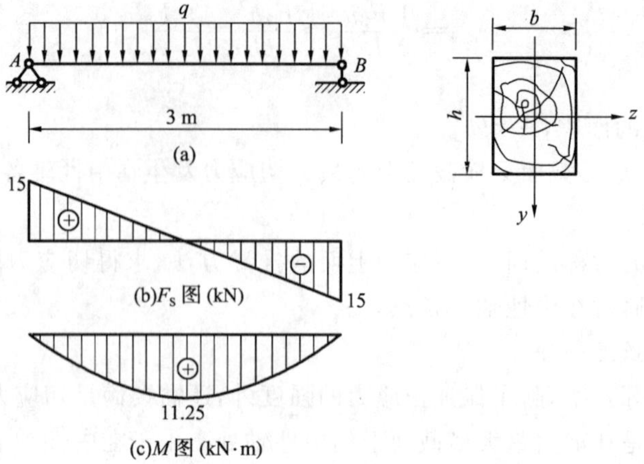

图 11-16　例 11-7 图

$$W_z=\frac{bh^2}{6}=\frac{3b^3}{8}$$

故可求得

$$b=\sqrt[3]{\frac{8W_z}{3}}=\sqrt[3]{\frac{8\times 0.00094}{3}}=135\ \text{mm}$$

$$h=\frac{3}{2}b=\frac{3}{2}\times 135\approx 200\ \text{mm}$$

(3)校核梁的切应力强度。将由正应力强度条件确定的截面尺寸 b 和 h，代入梁最大切应力公式(11-13)中，得

$$\tau_{\max}=\frac{3}{2}\frac{F_{S,\max}}{A}=\frac{3\times 15\times 10^3}{2\times 0.135\times 0.2}=0.83\ \text{MPa}<[\tau]$$

故梁的截面尺寸选为 $b=135$ mm，$h=200$ mm。

11.5　梁的合理设计

按强度要求设计梁时，主要是依据梁的正应力强度条件

$$\sigma_{\max}=\frac{M_{\max}}{W_z}\leqslant[\sigma]$$

由上式可见，要提高梁的承载能力，即降低梁的最大正应力，则可在不减小外荷载、不增加材料的前提下，尽可能地降低最大弯矩，提高抗弯截面系数。

下面介绍几种工程常用的提高梁的弯曲强度的措施。

1. 合理配置支座和荷载

为了降低梁的最大弯矩，可以合理地改变支座形式或位置。如图 11-17(a) 所示的悬臂梁，将其变为简支梁，如图 11-17(b)所示；再将其变为外伸梁，当 $a=0.207l$ 时，则梁中最大弯矩 $M_{\max}=0.0215ql^2$，如图 11-17(c)所示。另外，可以靠增加支座，使其改成超静定梁，也能降低梁的最大弯矩。在荷载不变的情况下，还可以合理地布置荷载，以达到降低最大弯矩的作用，如在梁上增加一根辅助梁。

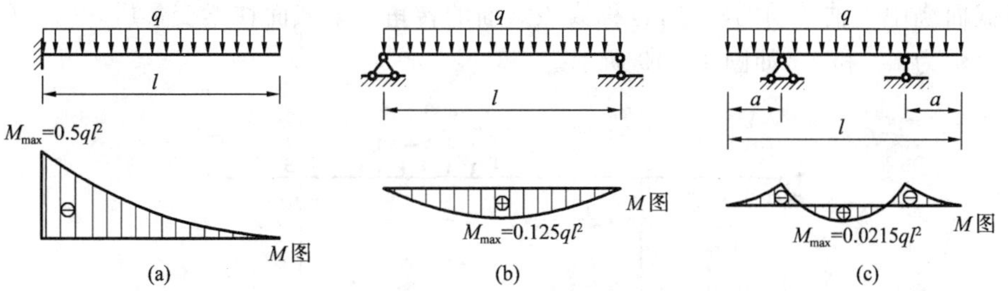

图 11-17 不同的支座布置

2. 合理设计截面形状

当梁所受外力不变时，截面上的最大正应力与抗弯截面系数成反比。或者说，在截面面积 A 保持不变的条件下，抗弯截面系数愈大的梁，其承载能力愈强。例如，环形比圆形合理，矩形截面立放比扁放合理，而工字钢又比立放的矩形更为合理。对于由压缩强度远高于拉伸强度的铸铁等脆性材料制成的梁，宜采用 T 形等对中性轴不对称的截面，并将其翼缘部分置于受拉侧。

3. 合理设计梁的形状——变截面梁或等强度梁

梁的弯矩图形象地反映了弯矩沿梁轴线的变化情况。由于梁内不同横截面上最大正应力是随弯矩值的变化而变化的，因此，在等直梁设计中，只要危险截面上的最大正应力满足强度要求，其余各截面自然满足，并有余量。为节约材料并减轻自重，可以在弯矩较大的梁段采用较大的截面，在弯矩较小的梁段采用较小的截面，这种横截面尺寸沿梁轴线变化的梁称之为变截面梁。若使梁各截面上的最大正应力都相等，并均达到材料的许用应力，通常称为等强度梁。由强度条件

$$\sigma=\frac{M(x)}{W(x)}\leqslant[\sigma]$$

可得到等强度梁各截面的抗弯截面系数为

$$W(x)=\frac{M(x)}{[\sigma]} \tag{11-15}$$

式中，$M(x)$——等强度梁横截面上的弯矩。

在工程实际中，通过用等强度梁的设计思想并结合具体情况，将其修正成易于加工制造的形式。如图 11-18 所示的车辆底座下的叠板弹簧等。

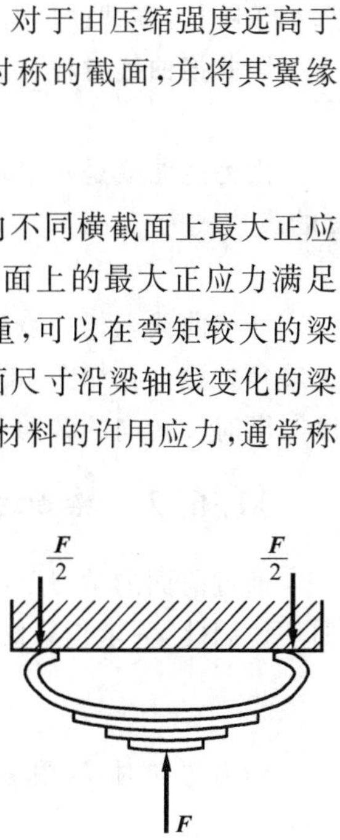

图 11-18 叠板弹簧

11.6 弯曲变形概述

11.6.1 弯曲变形的基本概念

梁在平面弯曲变形后，其轴线由直线变成了一条光滑连续的平面曲线，如图 11-19 所示。梁变形后的轴线称为**挠曲线**。由于是在线弹性范围内的挠曲线，所以也称为**弹性曲线**。梁的变形用横截面的两个位移来度量，即线位移 w 和转角位移 θ。所谓线位移是指横截面的形心(轴线上的点)在垂直于梁轴线方向的位移，也称为该截面的**挠度**。所谓转角位移

是指横截面绕中性轴转动的角度，也称为该截面的**转角**。某截面在梁变形后，其挠度和转角可分别表示为 w_C 和 θ_C，如图 11-19 所示。

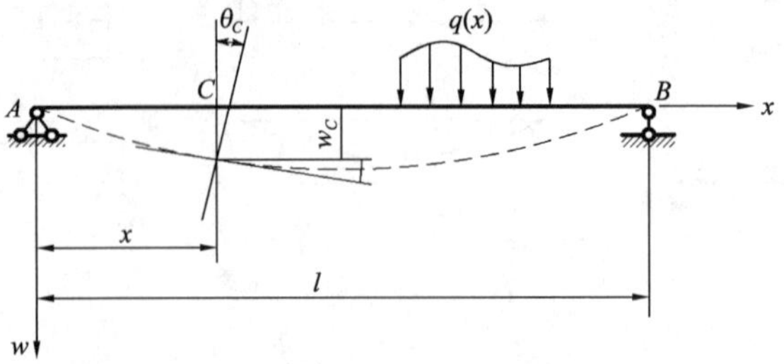

图 11-19 梁的弯曲变形

注意到梁弯曲成曲线后，在 x 轴方向也是有线位移的。但在小变形情况下，梁的挠度远小于跨长，横截面形心沿 x 轴方向的线位移与挠度相比属于高阶微量，故可忽略不计。

因此**挠曲线方程**可表示为

$$w=w(x) \tag{a}$$

因为挠曲线是一平坦曲线，小变形情况下梁的转角一般不超过 1°，由式(a)可求得转角 θ 的表达式为

$$\theta \approx w'(x) \tag{b}$$

即挠曲线上任一点处切线的斜率 w' 可足够精确地代表该点处横截面的转角 θ，式(b)称为**转角方程**。在如图 11-19 所示的坐标系中，假定向下的挠度为正，反之为负，量纲为[长度]；顺时针转向的转角为正，反之为负，单位为[弧度]。

11.6.2 梁的挠曲线近似微分方程

通过前面的学习已经知道，度量等直梁弯曲变形程度的是变形曲线的曲率，即挠曲线的曲率。因此，为求得梁的挠曲线方程，可利用曲率 k 与弯矩 M 间的物理关系，即式(11-6)

$$k=\frac{1}{\rho}=\frac{M}{EI}$$

横力弯曲时，M 和 ρ 都是 x 的函数，即

$$k(x)=\frac{1}{\rho(x)}=\frac{M(x)}{EI} \tag{c}$$

式(a)中，实际上是忽略了剪力对梁位移的影响。另外，从数学方面来看，平面曲线的曲率可表示为

$$\frac{1}{\rho}=\left|\frac{w''}{(1+w'^2)^{3/2}}\right| \tag{d}$$

由前面分析可知，w' 表示的是挠曲线切线的斜率，w'' 是用来判断挠曲线的凹向。小变形情况下，挠曲线是一平坦曲线，因此 w' 很小，w'^2 更小，与 1 相比可算是高阶微量，故可略去不计。式(d)可近似地写为

$$\frac{1}{\rho}=|w''| \tag{e}$$

将式(c)代入式(e)，得

$$|w''|=\frac{M(x)}{EI} \tag{f}$$

根据弯矩符号的规定，当挠曲线下凸时，$M>0$，有极大值，而 $w''<0$；当挠曲线上凸时，$M<0$，有极小值，而 $w''>0$。由此可见，M 与 w'' 的正负号正好相反。于是(f)可写为

$$w''=-\frac{M(x)}{EI} \tag{11-16a}$$

式(11-16a)中略去了剪力 F_S 的影响，并略去了 w'^2 项，故称为梁的**挠曲线近似微分方程**。由式(11-16a)可见，只要能建立梁的弯矩方程，即可通过两次积分，求得梁的转角和挠度。

11.6.3　积分法求梁的变形

对于等直梁，EI 为常数，式(11-16a)可写成

$$EIw''=-M(x) \tag{11-16b}$$

当全梁各横截面上的弯矩可用一个弯矩方程表示时，梁的挠曲线近似微分方程仅有一个。将式(11-16b)的两边同时积分一次，可得

$$EIw'=-\int M(x)\mathrm{d}x+C \tag{11-17a}$$

再积分一次，得

$$EIw=-\int\left[\int M(x)\mathrm{d}x\right]\mathrm{d}x+Cx+D \tag{11-17b}$$

式(11-17a)和式(11-17b)中出现的两个积分常数 C 和 D，可通过梁的支撑条件确定。

当梁上弯矩由 n 个弯矩方程表示时，就有 n 个挠曲线近似微分方程，则积分常数有 $2n$ 个。那么这些积分常数的确定不仅要考虑支撑条件，同时要考虑变形连续条件。这两种条件统称为边界条件。上述这种通过两次积分求梁挠度和转角的方法称为**积分法**。

积分常数可以通过支撑条件和变形连续条件来确定：

1. 支撑条件

所谓支撑条件，即梁在支座处的挠度和转角是可确定的，如图 11-20 所示。

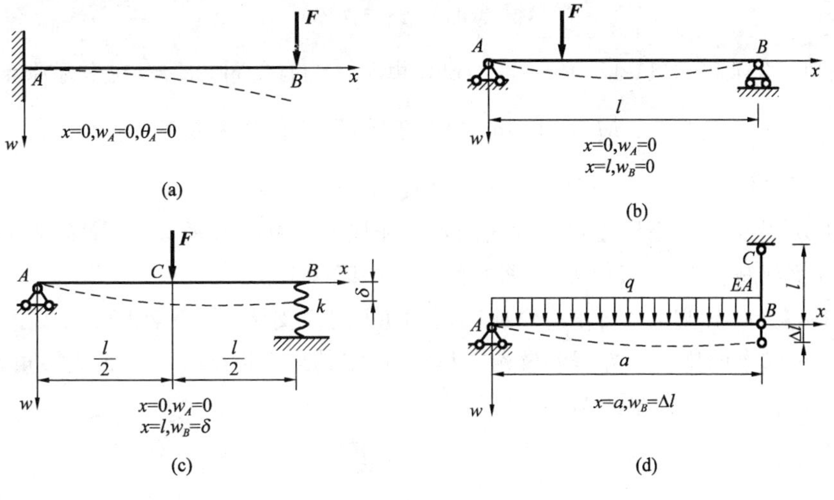

图 11-20　梁的支撑条件

图 11-20(a)中，悬臂梁的固定端处有两个支撑条件：

$$x=0\text{ 时},w_A=0$$

$$x=0 \text{ 时},\theta_A=0$$

图 11-20(b)中，简支梁的两个支撑条件：

$$x=0 \text{ 时},w_A=0$$

$$x=l \text{ 时},w_B=0$$

特殊情况，当支座处发生位移时，其支撑条件应等于对应处的变形。

图 11-20(c)中，支座 B 处是弹性支撑，则 B 处的支撑条件应为

$$x=l \text{ 时},w_B=\delta$$

式中，δ——弹簧的变形量，可由弹簧力确定，即 $F_B=k\delta$，k 为弹簧刚度，则 $\delta=\dfrac{F_B}{k}$，而 F_B 由平衡方程确定。

图 11-20(d)中，B 处是弹性杆件，则 B 处的支撑条件为

$$x=a \text{ 时},w_B=\Delta l$$

式中，Δl——弹性杆件的变形量，可由拉(压)杆的变形公式计算。

$$\Delta l=\frac{F_{NB}l}{EA}$$

2. 变形连续条件

所谓变形连续条件是指梁的任一横截面左、右两侧的转角和挠度是相等的。如图11-21所示，C 处的连续条件为

$$x=l \text{ 时},\theta_{C左}=\theta_{C右}$$

$$x=l \text{ 时},w_{C左}=w_{C右}=0$$

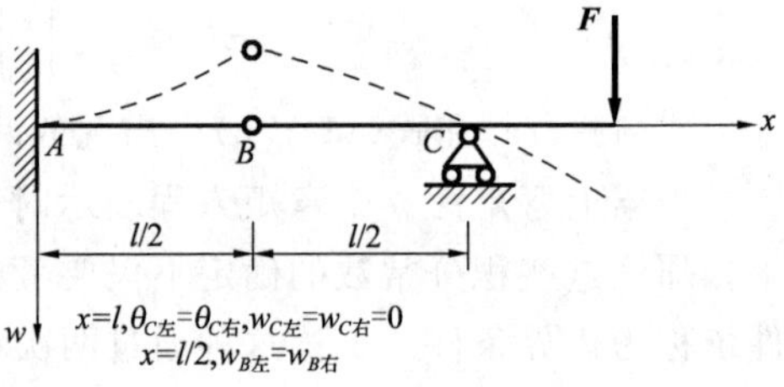

图 11-21 梁的变形连续条件

对于中间铰的左、右两侧截面虽然挠度相等，但转角可以不等。如图 11-21 所示，B 处的连续条件可写为

$$x=\frac{l}{2}\text{ 时},w_{B左}=w_{B右}$$

从式(11-17a)和式(11-17b)中可以看出，由于 x 为自变量，那么，在坐标原点即 $x=0$ 处的积分 $\int_0^0 M(x)\mathrm{d}x$ 和 $\int_0^0\left[\int_0^0 M(x)\mathrm{d}x\right]\mathrm{d}x$ 恒等于零，因此积分常数

$$C=EIw|_{x=0}=EI\theta_0, D=EIw_0$$

式中，θ_0 和 w_0 分别代表坐标原点处截面的转角和挠度。由此看来，对于简支梁问题有 $D=0$，对于悬臂梁问题有 $C=0$、$D=0$，下面的例题会验证这一点。

【例 11-8】 如图 11-22 所示一弯曲刚度为 EI 的简支梁，在全梁上受集度为 q 的均布荷载作用。试求梁的挠曲线方程和转角方程，并确定其最大挠度 w_{max} 和最大转角 θ_{max}。

解 由对称关系可知梁的两支反力为

$$F_A=F_B=\frac{ql}{2}$$

梁的弯矩方程为

$$M(x)=\frac{ql}{2}x-\frac{1}{2}qx^2=\frac{q}{2}(lx-x^2) \tag{a}$$

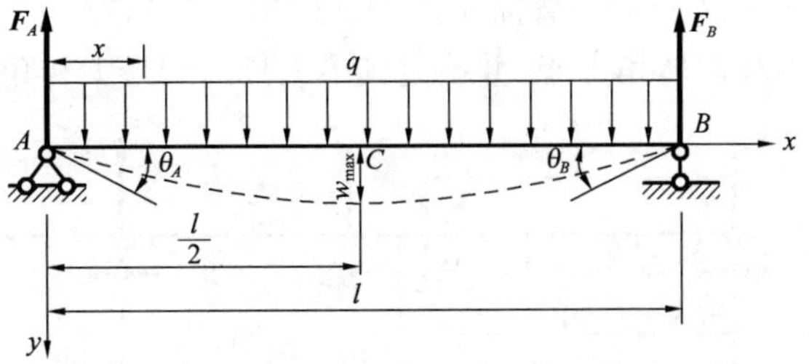

图 11-22　例 11-8 图

将式(a)中的 $M(x)$ 代入式(11-16b),得

$$EIw''=-M(x)=-\frac{q}{2}(xl-x^2)$$

再通过两次积分,可得

$$EIw'=-\frac{q}{2}(\frac{lx^2}{2}-\frac{x^3}{3})+C \tag{b}$$

$$EIw=-\frac{q}{2}(\frac{lx^3}{6}-\frac{x^4}{12})+Cx+D \tag{c}$$

在简支梁中,边界条件是左、右两铰支座处的挠度均等于零,即

在 $x=0$ 处,$w=0$

在 $x=l$ 处,$w=0$

将边界条件代入式(c),可得

$$D=0$$

和

$$EIw|_{x=l}=-\frac{q}{2}(\frac{l^4}{6}-\frac{l^4}{12})+Cl=0$$

从而解出

$$C=\frac{ql^3}{24}$$

于是,梁的转角方程和挠曲线方程分别为

$$\theta=w'=\frac{q}{24EI}(l^3-6lx^2+4x^3) \tag{d}$$

和

$$w=\frac{qx}{24EI}(l^3-2lx^2+x^3) \tag{e}$$

由于梁上外力及边界条件对于梁跨中点是对称的,因此梁的挠曲线也应是对称的。由图 11-22 可见,两支座处的转角绝对值相等,且均为最大值。分别以 $x=0$ 及 $x=l$ 代入式(d),可得最大转角值为

$$\theta_{max}=\begin{cases}\theta_A\\ \theta_B\end{cases}=\pm\frac{ql^3}{24EI}$$

又因挠曲线为一光滑曲线,故在对称的挠曲线中,最大挠度必在梁跨中点 $x=l/2$ 处。所以其最大挠度值为

$$w_{max}=w|_{x=\frac{l}{2}}=\frac{ql/2}{24EI}(l^3-2l\times\frac{l^2}{4}+\frac{l^3}{8})=\frac{5ql^4}{384EI}$$

【例 11-9】 如图 11-23 所示一弯曲刚度为 EI 的简支梁，在 D 点处受一集中荷载 $\boldsymbol{F}$ 作用。试求梁的挠曲线方程和转角方程，并确定其最大挠度和最大转角。

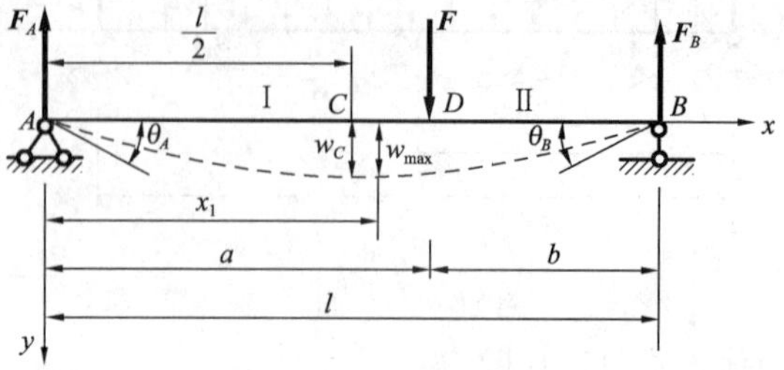

图 11-23　例 11-9 图

解　梁的两个支反力为

$$F_A = F\frac{b}{l}, F_B = F\frac{a}{l} \tag{a}$$

对于梁段Ⅰ和Ⅱ，其弯矩方程分别为

$$M_1 = F_A x = F\frac{b}{l}x \qquad (0 \leqslant x \leqslant a) \tag{b'}$$

$$M_2 = F\frac{b}{l}x - F(x-a) \qquad (a \leqslant x \leqslant l) \tag{b''}$$

分别求得梁段Ⅰ和Ⅱ的挠曲线微分方程及其积分，见表 11-2。

表 11-2　梁段Ⅰ和Ⅱ的挠曲线微分方程及其积分

梁段Ⅰ($0 \leqslant x \leqslant a$)	梁段Ⅱ($a \leqslant x \leqslant l$)
挠曲线微分方程：	挠曲线微分方程：
$EIw''_1 = -M_1 = -F\frac{b}{l}x$　　(c′)	$EIw''_2 = -M_2 = -F\frac{b}{l}x + F(x-a)$　　(c″)
积分一次：	积分一次：
$EIw'_1 = -F\frac{b}{l} \times \frac{x^2}{2} + C_1$　　(d′)	$EIw'_2 = -F\frac{b}{l} \times \frac{x^2}{2} + \frac{F(x-a)^2}{2} + C_2$　　(d″)
再积分一次：	再积分一次：
$EIw_1 = -F\frac{b}{l} \times \frac{x^3}{6} + C_1 x + D_1$　　(e′)	$EIw_2 = -F\frac{b}{l} \times \frac{x^3}{6} + \frac{F(x-a)^3}{6} + C_2 x + D_2$　　(e″)

在对梁段Ⅱ进行积分运算时，对含有 $(x-a)$ 的弯矩项不要展开，而以 $(x-a)$ 作为自变量进行积分，这样可使下面确定积分常数的工作得到简化。

利用 D 点处的连续条件：

在 $x=a$ 处　　$w'_1 = w'_2, w_1 = w_2$

将式(d′)、式(d″)和式(e′)、式(e″)代入上面的边界条件，可得

$$C_1 = C_2, D_1 = D_2$$

如前所述，积分常数 C_1 和 D_1 分别等于 $EI\theta_0$ 和 EIw_0，因此有

$$C_1 = C_2 = EI\theta_0, D_1 = D_2 = EIw_0$$

由于图中简支梁在坐标原点处是铰支座，因此，$w_0 = 0$，故 $D_1 = D_2 = 0$。另一积分常数

$C_1=C_2=EI\theta_0$，则可利用右支座处的约束条件，即在 $x=l$ 处，$w_2=0$ 来确定。根据这一边界条件，由梁段Ⅱ的式(e″)，可得

$$EIw_2|_{x=l}=-F\frac{b}{l}\times\frac{l^3}{6}+\frac{F(l-a)^3}{6}+C_2l=0$$

即可求得

$$C_1=C_2=EI\theta_0=\frac{Fb}{6l}(l^2-b^2)$$

将积分常数代入式(d′)、式(d″)、式(e′)、式(e″)，即得梁段Ⅰ和梁段Ⅱ的转角方程和挠曲线方程，见表 11-3。

表 11-3　梁段Ⅰ和梁段Ⅱ的转角方程和挠曲线方程

梁段Ⅰ($0\leqslant x\leqslant a$)	梁段Ⅱ($a\leqslant x\leqslant l$)
转角方程：	转角方程：
$\theta_1=w_1'=\frac{Fb}{2lEI}\left[\frac{1}{3}(l^2-b^2)-x^2\right]$　(f′)	$\theta_2=w_2'=\frac{Fb}{2lEI}\left[\frac{l}{b}(x-a)^2-x^2+\frac{1}{3}(l^2-b^2)\right]$　(f″)
挠曲线方程：	挠曲线方程：
$w_1=\frac{Fbx}{6lEI}[l^2-b^2-x^2]$　(g′)	$w_2=\frac{Fb}{6lEI}\left[\frac{l}{b}(x-a)^3-x^3+(l^2-b^2)x\right]$　(g″)

将 $x=0$ 和 $x=l$ 分别代入式(f′)和式(f″)，即得左、右两支座处截面的转角分别为

$$\theta_A=\theta_1|_{x=0}=\theta_0=\frac{Fb(l^2-b^2)}{6lEI}=\frac{Fab(l+b)}{6lEI}$$

$$\theta_B=\theta_2|_{x=l}=-\frac{Fab(l+a)}{6lEI}$$

当 $a>b$ 时，右支座处截面的转角绝对值为最大，其值为

$$\theta_{\max}=\theta_B=-\frac{Fab(l+a)}{6lEI}$$

现确定梁的最大挠度。简支梁的最大挠度应在 $w'=0$ 处。先研究梁段Ⅰ，令 $w_1'=0$，由式(f′)解得

$$x_1=\sqrt{\frac{l^2-b^2}{3}}=\sqrt{\frac{a(a+2b)}{3}} \tag{h}$$

当 $a>b$ 时，由式(h)可见 x_1 值将小于 a。由此可知，最大挠度确在梁段Ⅰ中。将 x_1 值代入式(g′)，经简化后即得最大挠度为

$$w_{\max}=w_1|_{x=x_1}=\frac{Fb}{9\sqrt{3}lEI}\sqrt{(l^2-b^2)^3} \tag{i}$$

由式(h)可见，b 值越小，则 x_1 值越大。即荷载越靠近右支座，梁的最大挠度点离中点就越远，而且梁的最大挠度与梁跨中点挠度的差值也随之增加。在极端情况下，当 b 值甚小，以致 b^2 与 l^2 相比可略去不计时，则从式(i)可得

$$w_{\max}\approx\frac{Fbl^2}{9\sqrt{3}EI}=0.0642\times\frac{Fbl^2}{EI} \tag{j}$$

而梁跨中点 C 处截面的挠度为

$$w_C\approx\frac{Fbl^2}{16EI}=0.0625\times\frac{Fbl^2}{EI}$$

在这一极端情况下，两者相差也不超过梁跨中点挠度的3%。由此可知，在简支梁中，不论它受什么荷载作用，只要挠曲线上无拐点，其最大挠度值都可用梁跨中点处的挠度值来代替，其精确度能满足工程计算的要求。

当集中荷载 **F** 作用在简支梁的中点处，即 $a=b=\frac{l}{2}$ 时，则

$$\theta_{\max}=\pm\frac{Fl^2}{16EI}$$

$$w_{\max}=w_C=\frac{Fl^3}{48EI}$$

11.6.4 叠加法求梁的变形

当弯曲变形很小，材料在线弹性范围内工作时，梁变形后其跨长的改变可忽略不计，且梁的挠度和转角均与作用在梁上的荷载呈线性关系。因此，对于 n 种荷载同时作用时，弯矩可以代数相加，变形也可以叠加，这就是所谓的叠加原理。当梁在多个荷载同时作用时，某一截面上的挠度和转角，就等于各个荷载单独作用下该截面的挠度和转角的代数和，此即为叠加法求梁的变形。

附录D给出了梁在每种荷载单独作用下的挠度和转角表，利用表中的结果和叠加法，计算梁在复杂荷载作用下的变形较为简便。

【例 11-10】 一弯曲刚度为 EI 的简支梁受荷载如图11-24(a)所示。试按叠加法求梁跨中的挠度和支座处截面的转角 θ_A 和 θ_B。

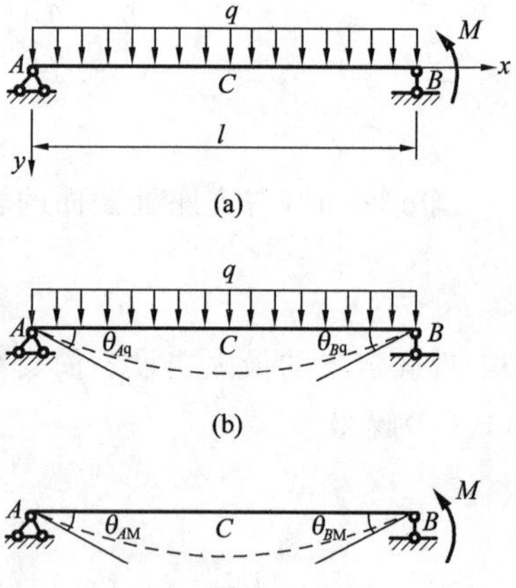

图 11-24 例 11-10 图

解 梁上的荷载可以分为两项简单荷载，如图11-24(b)和图11-24(c)所示。由附录D可以查出两者分别作用时梁的相应挠度值，然后按叠加法，即得所求的挠度。

跨中点最大挠度为

$$w_{\max}=\frac{5ql^4}{384EI}+\frac{Ml^2}{16EI}$$

$$\theta_A=\theta_{Aq}+\theta_{AM}=\frac{ql^3}{24EI}+\frac{Ml}{6EI}$$

$$\theta_B=\theta_{Bq}+\theta_{BM}=-\frac{ql^3}{24EI}-\frac{Ml}{3EI}$$

11.6.5 梁的刚度条件

所谓刚度条件，就是对变形的限制条件。若梁的变形超过了规定的限度，就会影响其正常工作。如桥梁的挠度过大，就会在机车通过时产生很大的振动，机床主轴的挠度过大将会影响其加工精度等。因此，按强度条件设计了梁的截面后，往往还需对梁进行刚度校核。

在各类工程设计中，对构件弯曲变形的许可值有不同的规定，对于梁的挠度，其许可值通常用许可的挠度与跨长之比值 $\left[\frac{w}{l}\right]$ 作为标准。梁的转角用 $[\theta]$ 表示许可转角。则梁的刚度条件可写为

$$\left.\begin{aligned}\frac{w_{\max}}{l}&\leqslant\left[\frac{w}{l}\right]\\ \theta_{\max}&\leqslant[\theta]\end{aligned}\right\}\tag{11-18}$$

在土建工程中，$\left[\frac{w}{l}\right]$值取在$\frac{1}{250}\sim\frac{1}{1000}$范围内。在机械中的主轴，$\left[\frac{w}{l}\right]$值则限制在$\frac{1}{5000}\sim\frac{1}{10000}$范围内，$[\theta]$值常限制在 0.001 rad～0.005 rad 范围内。关于梁或轴的许用位移值，可从有关规范或手册中查得。

特别需要说明的是，一般土建工程中的梁，强度条件如能满足，刚度条件一般都能满足。因此，在设计梁时，刚度要求常处于从属地位。但当对构件的位移限制很严时，刚度条件则可能起控制作用。

【例 11-11】 如图 11-25 所示电动葫芦的轨道拟用一根工字钢制作，荷载 $F=30$ kN，可沿全梁移动，已知材料$[\sigma]=170$ MPa，$[\tau]=100$ MPa，$E=2.1\times10^5$ MPa，梁的许用挠度$[w]=15$ mm，不计梁的自重，试确定工字钢的型号。

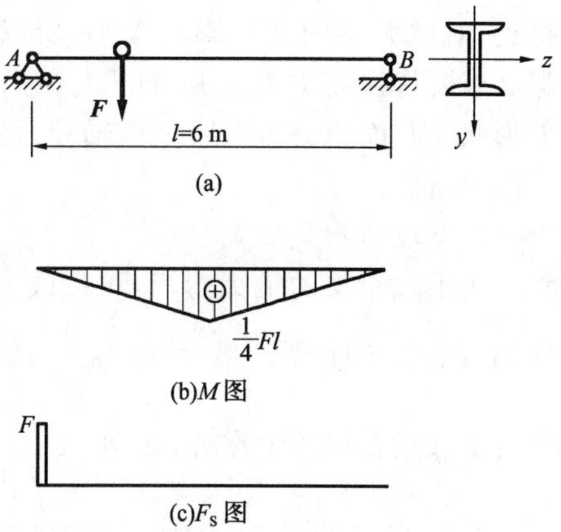

图 11-25 例 11-11 图

解 (1)画内力图。当荷载 **F** 移动到梁跨中点时，产生最大弯矩 $M_{\max}$；当移动到支座附近，产生最大剪力 $F_{S,\max}$。这两种最不利位置的 M 图、F_S 图如图 11-25(b)和图 11-25(c)所示。

$$M_{\max}=\frac{Fl}{4}=\frac{30\times6}{4}=45\ \text{kN}\cdot\text{m}$$

$$F_{S,\max}=F=30\ \text{kN}$$

(2)由正应力强度条件选择截面。梁跨中点截面的上、下边缘各点是危险点。由

$$\sigma_{\max}=\frac{M_{\max}}{W_z}\leqslant[\sigma]$$

得

$$W_z\geqslant\frac{M_{\max}}{[\sigma]}=\frac{45\times10^3}{170\times10^6}=265\times10^{-6}\ \text{m}^3=265\ \text{cm}^3$$

查型钢表，选 22a 号工字钢有

$$W_z=309\ \text{cm}^3,I_z=3400\ \text{cm}^4$$

$$I_z:S_{z,\max}^*=18.9\ \text{cm},d=7.5\ \text{mm}$$

(3)切应力强度校核。支座内侧截面的中性轴上各点处切应力最大。

$$\tau_{\max}=\frac{F_{S,\max}S_{z,\max}^*}{I_zd}=\frac{30\times10^3}{7.5\times10^{-3}}\times\frac{1}{18.9\times10^{-2}}=21.2\times10^6\ \text{Pa}=21.2\ \text{MPa}<[\tau]$$

满足切应力强度要求。

(4)刚度校核。最大挠度发生在梁跨中点，由附录 D 可得

$$w_{\max}=\frac{Fl^3}{48EI_z}$$

即

$$w_{\max}=\frac{30\times10^3\times6^3}{48\times2.1\times10^{11}\times3.4\times10^{-5}}=18.9\times10^{-3}\ \text{m}=18.9\ \text{mm}>[w]$$

可见，刚度条件不满足要求，应加大工字钢截面以减小变形。

如改用25a号工字钢，$I_z=5020\ \text{cm}^4$，则有

$$w_{\max}=\frac{30\times10^3\times6^3}{48\times2.1\times10^{11}\times5020\times10^{-8}}=12.8\times10^{-3}\ \text{m}=12.8\ \text{mm}<[w]$$

刚度条件也满足，故可选用25a号工字钢。

11.6.6 梁的合理刚度设计

由梁的变形表(附录D)可见，若想减小梁的挠度和转角，可以增大梁的抗弯刚度EI，或减小弯矩。

1. 合理选择截面形状

对于钢材来说，增大E，即采用高强度钢，不仅成本很高，而且它与低强度钢的E值很接近，对增大梁的刚度影响很小，所以采用提高E值的办法来提高梁的刚度是不可取的。那么就要从提高I值入手，而I与截面形状有关。在截面面积不变的情况下，采用适当的截面形状使其面积分布在距中性轴较远处，可以增大截面的惯性矩。如工程中常见的工字形、箱形等截面。

2. 合理的加载形式

为了减小梁的最大弯矩，可以改变加载方式。如图11-26(a)所示，当集中荷载$\boldsymbol{F}$直接作用在梁中点时，梁的最大弯矩是$\frac{Fl}{4}$，如图11-26(b)所示；如果在AB梁上加一个辅助梁CD，并将$\boldsymbol{F}$作用在梁的中点处，如图11-26(c)所示，则梁的最大弯矩是$\frac{F}{2}a$，如图11-26(d)所示。令$a<\frac{l}{2}$，则如图11-26(c)所示的加载方式可降低梁的最大弯矩。

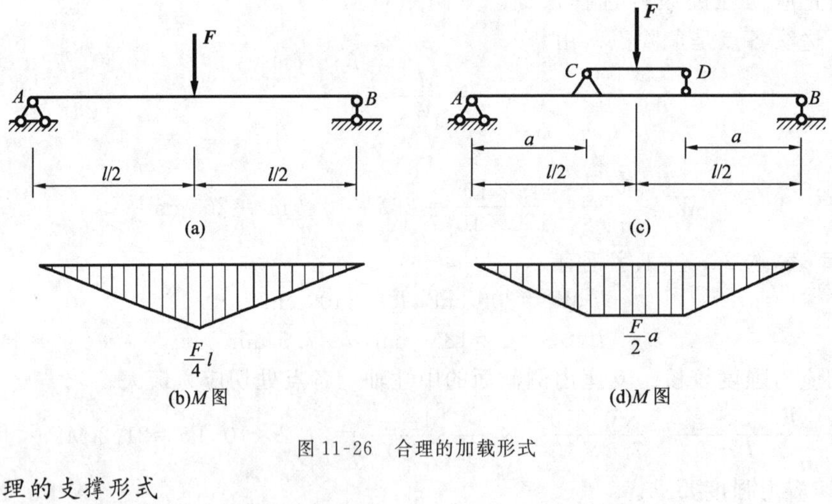

图11-26 合理的加载形式

3. 合理的支撑形式

由于梁的挠度和转角与其跨长的n次幂成正比，因此减小梁的跨长也能达到减小梁的挠度和转角的目的。例如将如图11-27(a)所示的支座向里移动，变成如图11-27(b)所示。由于图11-27(b)中外伸部分的荷载使梁AB段产生向上的挠度，如图11-27(c)所示，因此使AB段梁的向下挠度有所减小。另外，靠增加支撑也可以减小挠度，如图11-27(d)所示，这是超静定问题了。

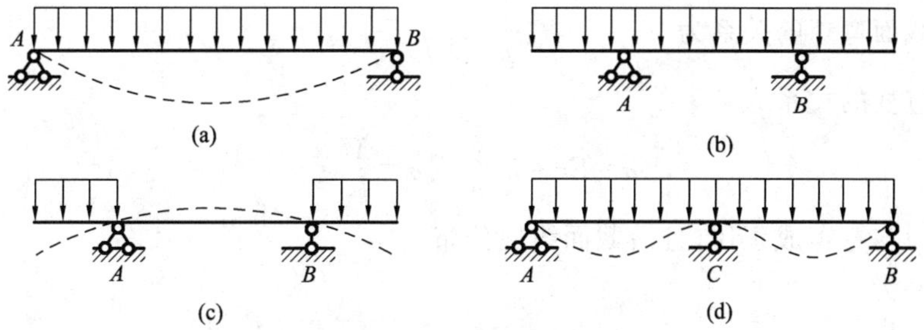

图 11-27 合理的支撑形式

【资料阅读】

加德桥

加德桥位于法国南部朗格多克-鲁西永大区所辖的加尔省省会尼姆附近，高 50 m 长 275 m。

公元前 27 年，奥古斯都在尼姆附近建立了一个城镇。公元前 19—20 年，为了保证城内居民的饮水得到足量的供应，必须从尼姆以北 50 km 以外修建渠道，将泉水运送到目的地。位于地表的一段横渠需跨越加德桥，遂将此桥建造使之成为输水管道的一部分，可供敞篷双轮马车、行人通行。

加德桥是罗马建筑师和水利工程师创造的技术和艺术杰作，1985 年，它被列入世界遗产名录。

（资料来源：百家号）

思政目标

通过如何切割圆木横截面以增大其抗弯强度的问题，引入宋代李诫创作的建筑学著作《营造法式》，激发学生爱国情怀，培养学生严谨求实的工作态度。

本章小结

1. 弯曲内力及内力图

内力计算：截面法、简便方法。

画内力图方法：内力方程、简便方法（利用荷载集度与内力之间的关系）、叠加法。

2. 弯曲应力及强度计算

（1）弯曲正应力及强度计算

梁纯弯曲时，距中性层为 y 处的纵向线应变与曲率的关系为

$$\varepsilon=\frac{y}{\rho}$$

曲率与截面弯矩的关系为 $\frac{1}{\rho}=\frac{M}{EI_z}$

应力与应变的关系为

$$\sigma=E\varepsilon=E\frac{y}{\rho}\text{或}\sigma=\frac{M}{I_z}\cdot y$$

即正应力与弯矩成正比，且沿截面线性分布。

强度条件为

$$\sigma_{\max}=\frac{M}{I_z}y_{\max}\leqslant[\sigma]$$

对于拉、压许用应力不同的材料，其强度条件为

$$\left.\begin{aligned}\sigma_{t,\max}\leqslant[\sigma_t]\\ \sigma_{c,\max}\leqslant[\sigma_c]\end{aligned}\right\}$$

(2)弯曲切应力及强度计算

矩形截面梁上的切应力 $\tau=\frac{F_S S_z^*}{I_z b}$

其中对于矩形截面

$$S_z^*=\frac{b}{2}\left(\frac{h^2}{4}-y^2\right)$$

即截面上的切应力与剪力成正比，且按截面抛物线规律分布。

强度条件为

$$\tau_{\max}=\frac{F_{S,\max}\cdot S_{z,\max}^*}{I_z d}\leqslant[\tau]$$

强度条件的应用：①校核强度；②确定梁最小截面尺寸；③确定支座荷载。

3. 梁的合理强度设计

主要从三方面考虑：

(1)合理配置支座和荷载

(2)合理设计截面形状

(3)合理设计梁的形状——变截面梁或等强度梁，即

$$W(x)=\frac{M(x)}{[\sigma]}$$

4. 弯曲变形及刚度条件

挠曲线近似微分方程

$$EIw''=-M(x)$$

积分法求梁的转角和挠度

$$EIw'=-\int M(x)\mathrm{d}x+C$$

$$EIw=-\int\left[\int M(x)\mathrm{d}x\right]\mathrm{d}x+Cx+D$$

式中，C、D——积分常数，可由支撑条件和变形连续条件确定。

叠加法求梁的变形可利用附表 D。

梁的刚度条件

$$\left.\begin{aligned}&\frac{w_{\max}}{l}\leqslant\left[\frac{w}{l}\right]\\&\theta_{\max}\leqslant[\theta]\end{aligned}\right\}$$

5. 梁的合理刚度设计

主要从三方面考虑：

(1)合理选择截面形状

(2)合理的加载方式

(3)合理的支撑形状

习　题

11-1　求如图 11-28 所示各梁中指定截面上的剪力和弯矩。

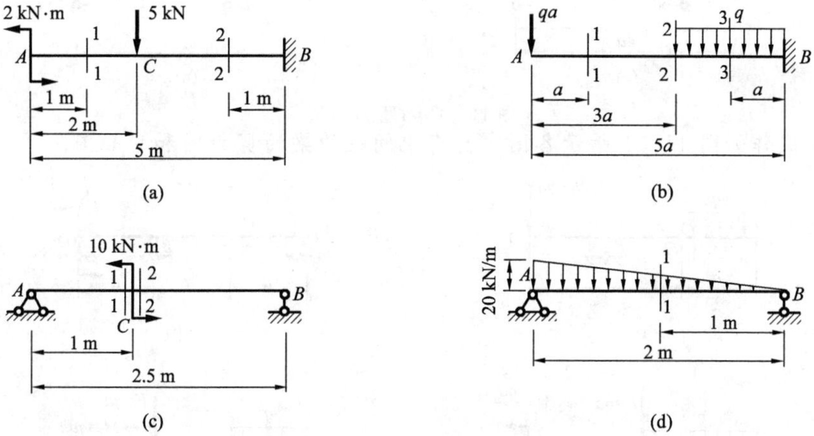

图 11-28　习题 11-1 图

11-2　利用内力方程作如图 11-29 所示各梁的剪力图和弯矩图。

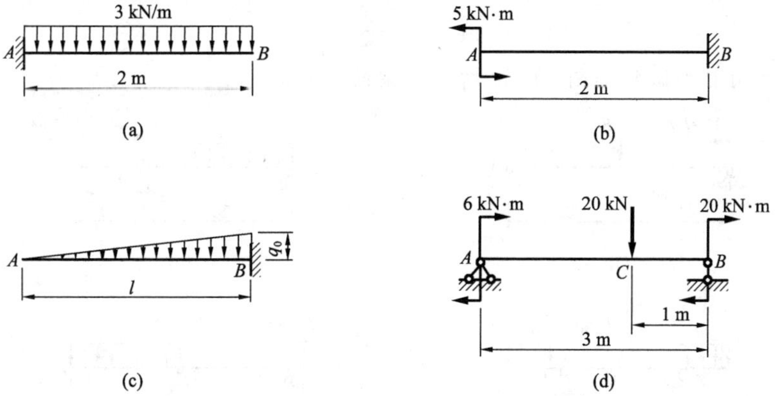

图 11-29　习题 11-2 图

11-3　用简便方法作如图 11-30 所示各梁的剪力图和弯矩图。

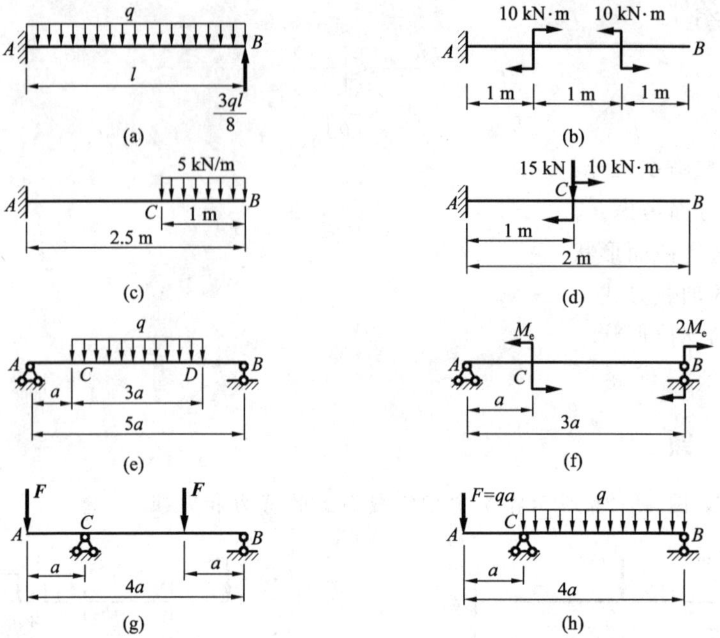

图 11-30 习题 11-3 图

11-4 试作如图 11-31 所示各图中具有中间铰的梁的剪力图和弯矩图。

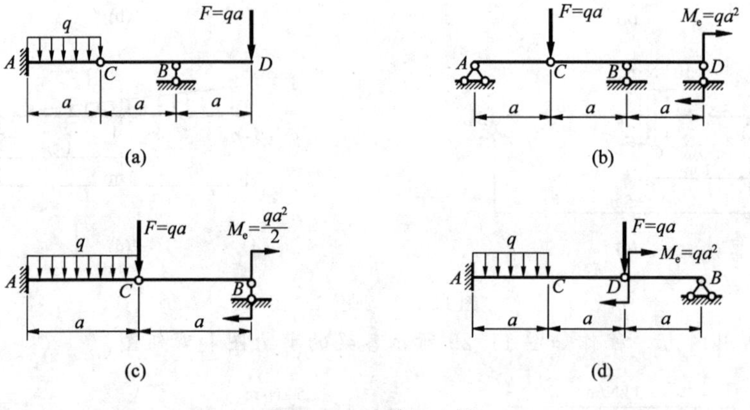

图 11-31 习题 11-4 图

11-5 试用叠加法作如图 11-32 所示各梁的弯矩图。

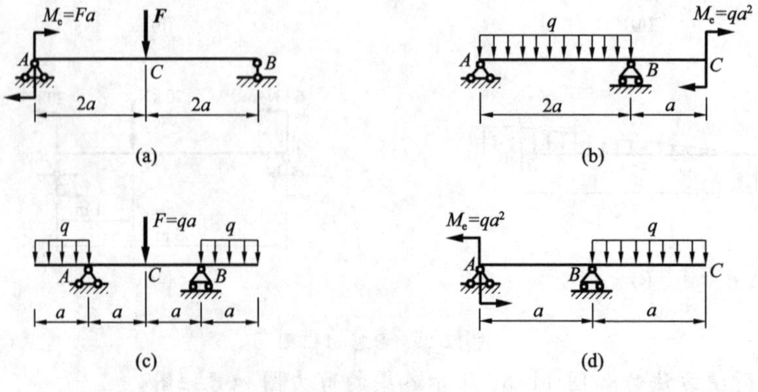

图 11-32 习题 11-5 图

11-6　如图 11-33 所示吊车梁，吊车的每个轮子对梁的作用力都是 $\boldsymbol{F}$，试问：

(1)吊车在什么位置时，梁内的弯矩最大？最大弯矩等于多少？

(2)吊车在什么位置时，梁的支反力最大？最大支反力和最大剪力各等于多少？

11-7　由两根 28a 号槽钢组成的简支梁受三个集中力作用，如图 11-34 所示。已知该梁材料为 Q235 钢，其许用弯曲正应力$[\sigma]=170$ MPa。试求梁的许可荷载$[F]$。

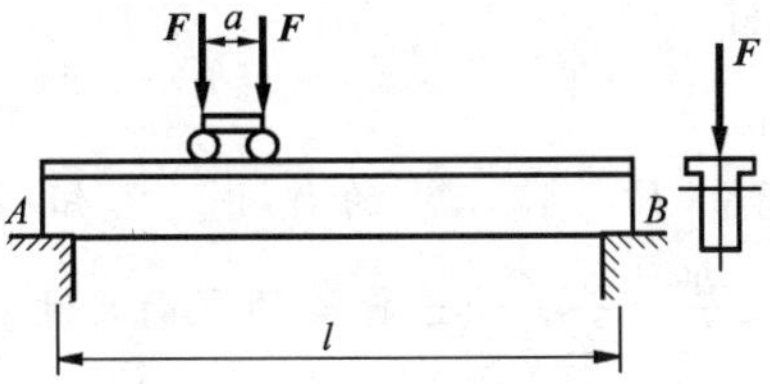

图 11-33　习题 11-6 图

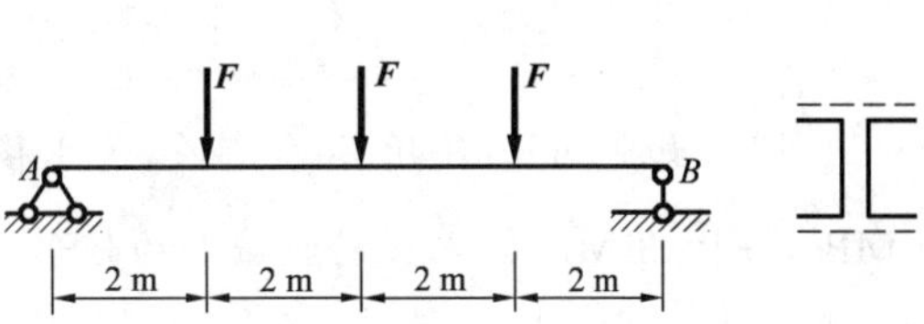

图 11-34　习题 11-7 图

11-8　一简支木梁受力如图 11-35 所示，荷载 $F=5$ kN，距离 $a=0.7$ m，材料的许用弯曲正应力$[\sigma]=10$ MPa，横截面为$\dfrac{h}{b}=3$ 的矩形。试按正应力强度条件确定梁横截面的尺寸。

11-9　当荷载 $\boldsymbol{F}$ 直接作用在跨长 $l=6$ m 的简支梁 AB 之中点时，梁内最大正应力超过许可值 30%。为了消除过载现象，配置了如图 11-36 所示的辅助梁 CD，试求辅助梁的最小跨长 a。

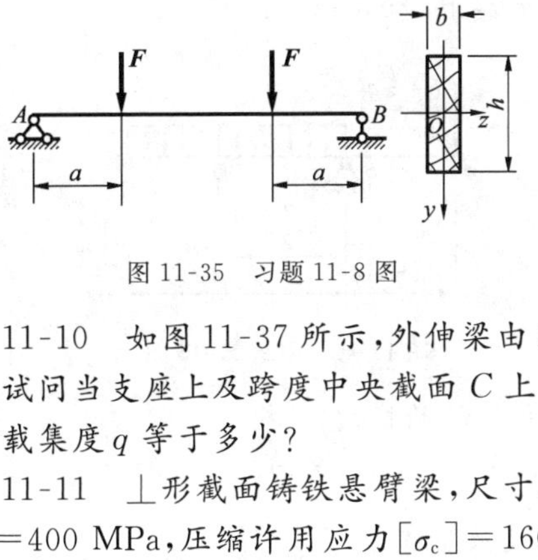

图 11-35　习题 11-8 图

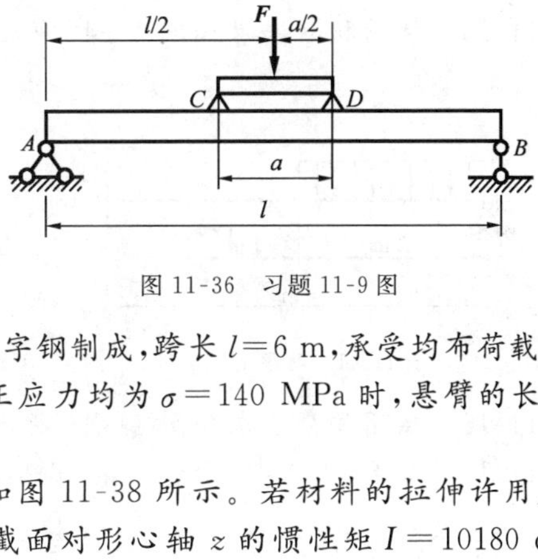

图 11-36　习题 11-9 图

11-10　如图 11-37 所示，外伸梁由 25b 号工字钢制成，跨长 $l=6$ m，承受均布荷载 q 作用。试问当支座上及跨度中央截面 C 上的最大正应力均为 $\sigma=140$ MPa 时，悬臂的长度 a 及荷载集度 q 等于多少？

11-11　⊥形截面铸铁悬臂梁，尺寸及荷载如图 11-38 所示。若材料的拉伸许用应力$[\sigma_t]=400$ MPa，压缩许用应力$[\sigma_c]=160$ MPa，截面对形心轴 z 的惯性矩 $I=10180\ \text{cm}^4$，$h_1=9.64$ cm，试计算该梁的许可荷载$[F]$。

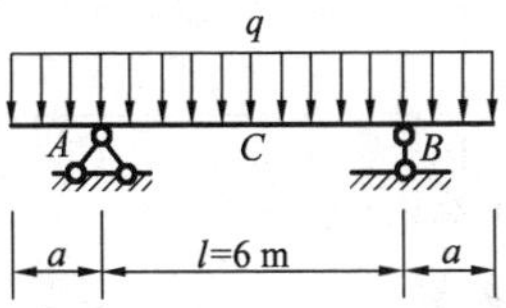

图 11-37　习题 11-10 图

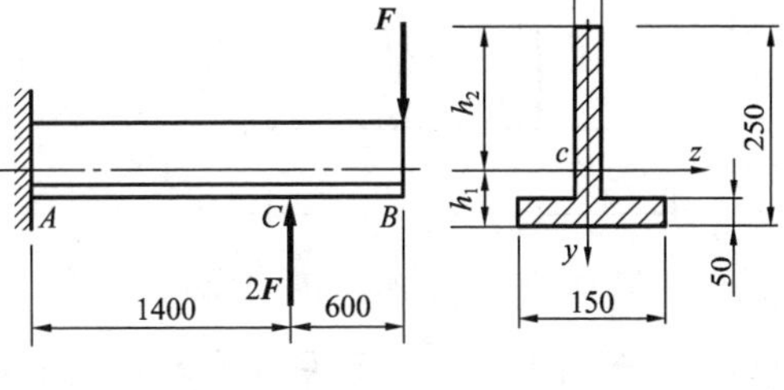

图 11-38　习题 11-11 图

11-12　如图 11-39 所示的矩形截面简支梁，承受均布荷载 q 作用。若已知 $q=2$ kN/m，

$l=3$ m,$h=2b=240$ mm。试求:截面竖放(图 11-39(b))和横放(图 11-39(c))时梁内的最大正应力,并加以比较。

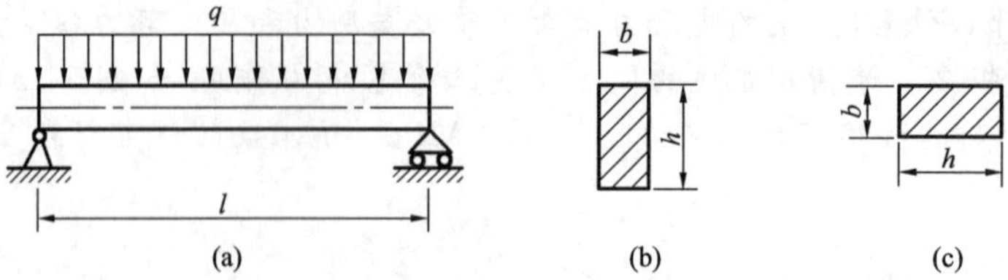

图 11-39 习题 11-12 图

11-13 如图 11-40 所示木梁受一可移动的荷载 $F=40$ kN 的作用。已知$[\sigma]=10$ MPa,$[\tau]=3$ MPa。木梁的横截面为矩形,其高宽比$\dfrac{h}{b}=\dfrac{3}{2}$。试选择梁的截面尺寸。

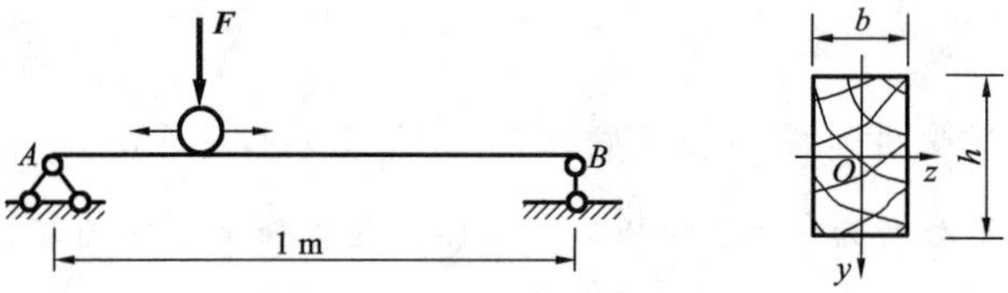

图 11-40 习题 11-13 图

11-14 外伸梁 AC 承受荷载如图 11-41 所示,$M_e=40$ kN·m,$q=20$ kN/m。材料的许用弯曲正应力$[\sigma]=170$ MPa,许用切应力$[\tau]=100$ MPa。试选择工字钢的型号。

11-15 试用积分法求如图 11-42 所示外伸梁的 θ_A、θ_B 及 w_A、w_D。

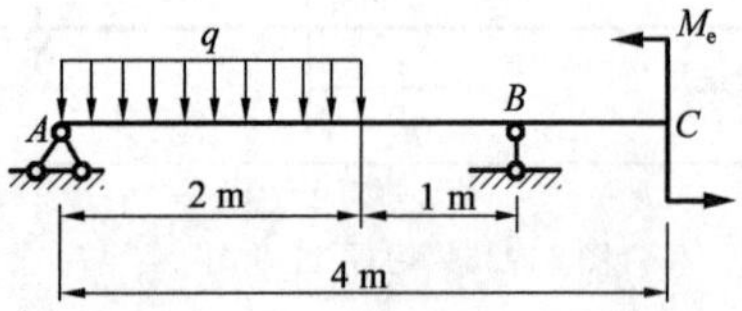

图 11-41 习题 11-14 图

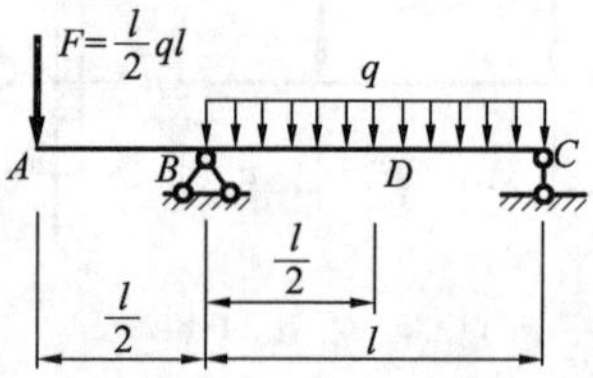

图 11-42 习题 11-15 图

11-16 试用积分法求如图 11-43 所示悬臂梁的 B 端的挠度。

11-17 如图 11-44 所示外伸梁,两端受 $\boldsymbol{F}$ 作用,EI 为常数,试问:

(1)$\dfrac{x}{l}$为何值时,梁跨中点的挠度与自由端的挠度数值相等?

(2)$\dfrac{x}{l}$为何值时,梁跨度中点的挠度最大?

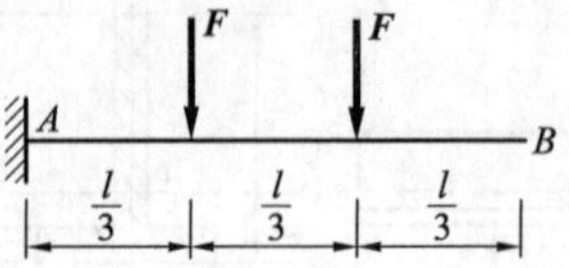

图 11-43 习题 11-16 图

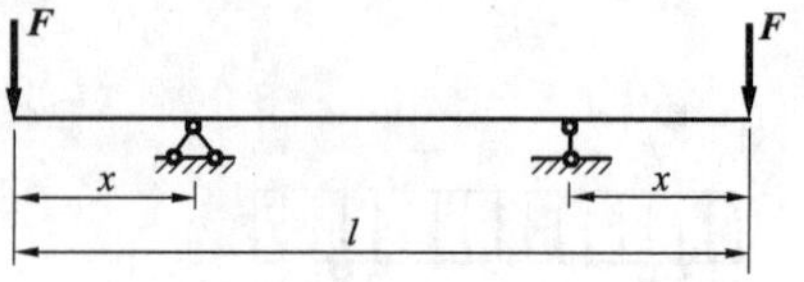

图 11-44 习题 11-17 图

11-18 如图 11-45 所示梁 B 截面置于弹簧上,弹簧刚度系数为 k,求 A 点处挠度,梁的 $EI=$常数。

11-19 如图 11-46 所示悬臂梁为工字钢梁,长度 $l=4$ m,在梁的自由端作用有力 $F=$

10 kN，已知钢材的许用应力$[\sigma]=170$ MPa，$[\tau]=100$ MPa，$E=210$ GPa，梁的许用挠度$[w]=\dfrac{l}{400}$，试按强度条件和刚度条件选择工字钢型号。

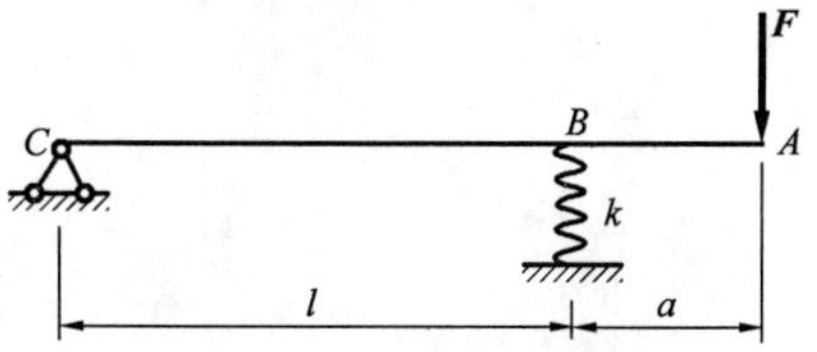

图 11-45　习题 11-18 图

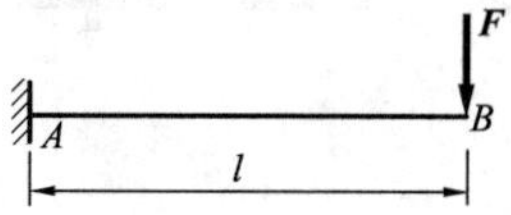

图 11-46　习题 11-19 图

11-20　如图 11-47 所示结构，悬臂梁 AB 与简支梁 DG 均由 18 号工字钢制成，BC 为圆截面杆，直径 $d=20$ mm，梁与杆的弹性模量均为 $E=200$ GPa，$F=30$ kN，试计算梁内最大弯曲正应力、杆内最大正应力以及 C 截面的竖直位置。

11-21　如图 11-48 所示，有两个相距为 $l/4$ 的活动载荷 $\boldsymbol{F}$ 缓慢地在长为 l 的等截面简支梁上移动，试确定梁中央处的最大挠度 $w_{\max}$。

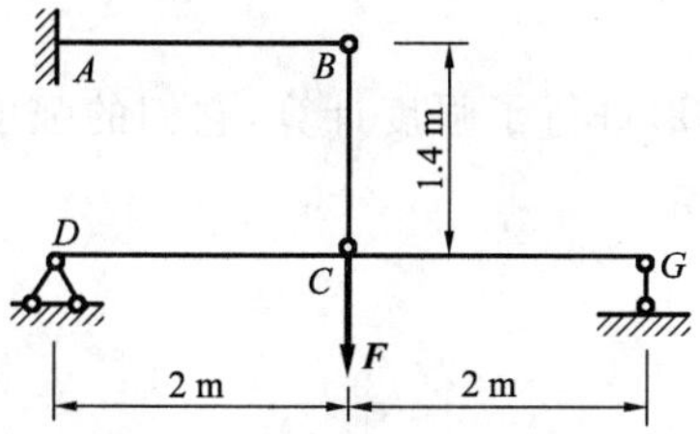

图 11-47　习题 11-20 图

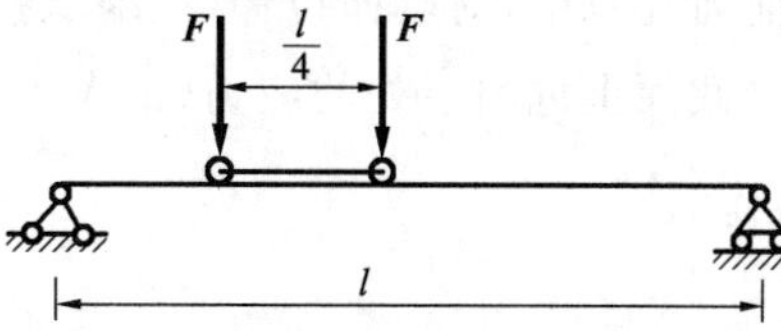

图 11-48　习题 11-21 图

11-22　如图 11-49 所示简支梁，左、右端各作用一个力偶矩分别为 M_1 和 M_2 的力偶。欲使挠曲线的拐点位于距左端 $l/3$ 处，则力偶矩 M_1 与 M_2 应保持何种关系。

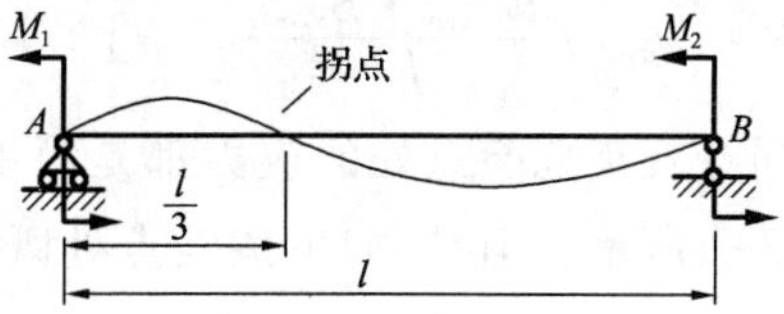

图 11-49　习题 11-22 图

第 12 章

应力状态和强度理论

12.1 概 述

在前面几章中，对轴向拉伸(压缩)、扭转和弯曲变形进行了强度计算，它们的强度条件都由危险截面上危险点处的应力(最大工作应力)来确定。

拉(压)：
$$\sigma_{\max}=\frac{F_{N}}{A}\leqslant[\sigma]$$

扭转：
$$\tau_{\max}=\frac{T}{W_{P}}\leqslant[\tau]$$

弯曲：
$$\sigma_{\max}=\frac{M_{\max}}{W_{z}}\leqslant[\sigma]$$

$$\tau_{\max}=\frac{F_{S,\max}\cdot S_{z,\max}^{*}}{I_{z}b}\leqslant[\tau]$$

上述强度条件有一个共同点就是危险点处的应力都是简单的应力状态，即单轴应力状态或纯剪切应力状态，如图 12-1 所示。但是，如果危险点处既有正应力，又有切应力，即处于复杂应力状态，在进行强度计算时，则不能分别按正应力和切应力来建立强度条件，而需综合考虑正应力和切应力的影响，包括研究该点在各不同方位截面上应力的变化规律，从而确定该点处的最大正应力和最大切应力及其所在截面的方位。我们称受力构件内一点处不同方位截面上应力的集合为一点处的**应力状态**。另外，由于危险点处的应力状态较为复杂，工程上不可能对各种各样的受力构件都去做试验，来确定极限应力。于是，就需要探求材料破坏的规律，如能确定引起材料破坏的共同因素，就可以通过较简单的试验，来确定该共同因素的极限值，从而建立相应的强度条件。这种关于材料破坏规律的假说，称为**强度理论**。

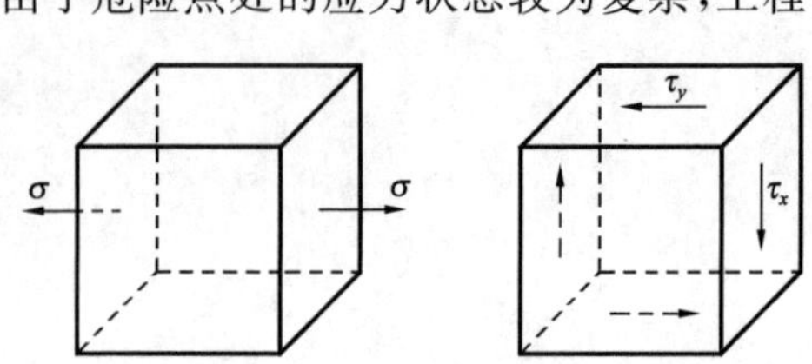

图 12-1 简单的应力状态

12.2　平面应力状态下的应力分析

为了研究构件上某一点处的应力状态，可以围绕该点取出一个单元体(三对平面彼此垂直，各边长均为无穷小量)，且假设单元体各面上的应力都是均匀分布的，两个相对的平行面上的应力等值反向，两个相互垂直平面上的切应力满足切应力互等定理。

12.2.1　平面应力状态的概念

从受力构件中截取的单元体，其中的一对平行平面通常是构件的两个横截面，而横截面上任一点的应力都是可求的。若单元体有一对平面上的应力等于零，则称为平面应力状态。在如图 12-2(a)所示的梁表面上围绕 A 点取一个单元体，如图 12-2(b)所示，由于单元体前、后两平面上应力为零。不考虑纤维间的挤压，为简便起见，单元体可用平面图形表示，如图 12-2(c)所示，各个边就代表各个面。

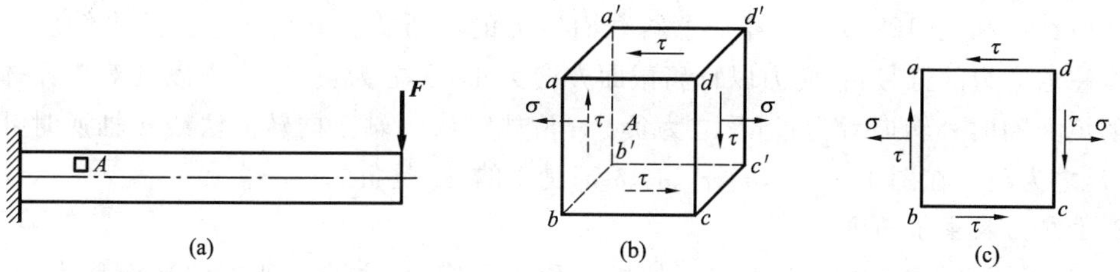

图 12-2　一点的应力状态

分析平面应力状态有两种方法：解析法和图解法(应力圆法)。下面分别采用两种方法分析一点在平面内各方位上的应力情况。

12.2.2　解析法

解析法即通过静力平衡方程求解点在各方位应力情况的方法。已知平面应力状态如图 12-3(a)所示，σ_x、τ_x、σ_y、τ_y 均为已知。现在研究垂直于 xy 截面的任一斜截面 ef 上的应力，如图 12-3(b)所示。斜截面的方位以从 x 轴到其外法线 n 转过的角度 α 表示，以后称此垂直于法线 n 的截面为 α 截面。同理，垂直于 x 轴的截面为 x 截面，垂直于 y、z 轴的截面分别为 y 截面和 z 截面。下面通过截面法求出 α 截面上的应力。

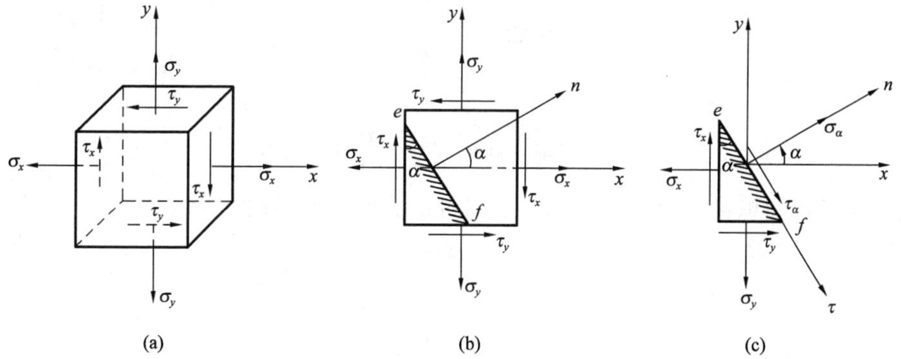

图 12-3　斜截面的应力分析

1.斜截面上的应力

取 ef 截面左侧为研究对象,楔形体受力如图 12-3(c)所示。斜截面面积为 $\mathrm{d}A$,则 x、y 截面面积分别为 $\mathrm{d}A_x$、$\mathrm{d}A_y$。

$$\mathrm{d}A_x=\mathrm{d}A\cos\alpha \tag{a}$$

$$\mathrm{d}A_y=\mathrm{d}A\sin\alpha \tag{b}$$

将楔形体上的所有力分别向法线 n 方向和切线 τ 方向投影,建立平衡方程,得

$$\sum F_n=0,\sigma_\alpha \mathrm{d}A+\tau_x \mathrm{d}A_x\sin\alpha-\sigma_x \mathrm{d}A_x\cos\alpha+\tau_y \mathrm{d}A_y\cos\alpha-\sigma_y \mathrm{d}A_y\sin\alpha=0 \tag{c}$$

$$\sum F_\tau=0,\tau_\alpha \mathrm{d}A+\tau_y \mathrm{d}A_y\sin\alpha+\sigma_y \mathrm{d}A_y\cos\alpha-\tau_x \mathrm{d}A_x\cos\alpha-\sigma_x \mathrm{d}A_x\sin\alpha=0 \tag{d}$$

将式(a)、式(b),及 $|\tau_x|=|\tau_y|$,代入式(c)、式(d),经整理得

$$\sigma_\alpha=\frac{\sigma_x+\sigma_y}{2}+\frac{\sigma_x-\sigma_y}{2}\cos2\alpha-\tau_x\sin2\alpha \tag{12-1}$$

$$\tau_\alpha=\frac{\sigma_x-\sigma_y}{2}\sin2\alpha+\tau_x\cos2\alpha \tag{12-2}$$

式(12-1)和式(12-2)是计算任意斜截面应力的解析式。利用上述公式求解斜截面应力时应注意应力的符号:正应力以背离截面方向为正,反之为负;切应力以其对单元体内任一点的矩为顺时针转向者为正,反之为负。α 角规定从 x 轴正向转向法线 n 轴逆时针方向为正,反之为负。在图 12-3 中,σ_x、τ_x、σ_y、α 都是正的,τ_y 是负的。

2.主应力及主平面方位

过一点处不同截面方位上正应力的极值称为主应力,主应力所在的平面称为主平面。可以证明:通过受力构件内任意一点处一定存在三个互相垂直的主平面,用 α_1、α_2、α_3 表示,相应的三个主应力通常用 σ_1、σ_2、σ_3 表示,三者的顺序按代数值的大小排列,即 $\sigma_1\geqslant\sigma_2\geqslant\sigma_3$。

利用数学求极值的方法,将式(12-1)对变量 2α 求导并令其等于零,可确定正应力的极值及极值所在截面,即

$$\frac{\mathrm{d}\sigma_\alpha}{\mathrm{d}(2\alpha)}=0$$

或写成

$$\frac{\sigma_x-\sigma_y}{2}\sin2\alpha_0+\tau_x\cos2\alpha_0=0 \tag{12-3a}$$

由式(12-3a)可确定使正应力存在极值的角度 α_0,即

$$\tan2\alpha_0=-\frac{2\tau_x}{\sigma_x-\sigma_y} \tag{12-3b}$$

或写成

$$2\alpha_0=\arctan\left(\frac{-2\tau_x}{\sigma_x-\sigma_y}\right) \tag{12-3c}$$

由三角函数知识可知,$2\alpha_0$ 在 $0\sim2\pi$ 之间可以有两个值,且相差 π。

$$2\alpha'_0=2\alpha_0\pm\pi \tag{12-3d}$$

或

$$\alpha'_0=\alpha_0\pm\frac{\pi}{2} \tag{12-3e}$$

式(12-3d)中的 α_0、α'_0 就是两个主平面方位,但不一定是 α_1、α_2。将式(12-3c)代入式

(12-1)中,得正应力的两个极值

$$\left.\begin{matrix}\sigma_{\max}\\ \sigma_{\min}\end{matrix}\right\}=\frac{\sigma_x+\sigma_y}{2}\pm\sqrt{\left(\frac{\sigma_x-\sigma_y}{2}\right)^2+\tau_x^2} \tag{12-4}$$

$\sigma_{\max}$、$\sigma_{\min}$就是在 xy 平面内的两个主应力,但不一定是 σ_1、σ_2,要视具体情况而定。

另外,比较式(12-3a)和式(12-2)可见,两式恒等。由此得出结论:**正应力存在极值的截面上(主平面)切应力为零,或者说切应力为零的截面为主平面。**

式(12-3d)中的两个主平面方位 α_0'和 α_0 究竟哪个是 $\sigma_{\max}$所在的截面方位呢?下面给出判断 $\sigma_{\max}$所在截面的规则。

(1)$\sigma_{\max}$一定在切应力对指的象限内($\alpha=\pm\frac{\pi}{4}$处)。

(2)$\sigma_{\max}$一定偏向 σ_x 和 σ_y 中代数值较大的一侧。

如图 12-4(a)所示为平面应力状态的单元体。它可以看作是两个应力状态的叠加,如图 12-4(b)和图 12-4(c)所示。如图 12-4(b)所示,最大正应力一定在 $\alpha=-\frac{\pi}{4}$截面上;而如图 12-4(c)所示,最大正应力就是 σ_x。这样 $\sigma'_{\max}$与 $\sigma''_{\max}$叠加即为如图 12-4(a)所示的最大正应力 $\sigma_{\max}$,它一定发生在 $0\sim-\frac{\pi}{4}$,如图 12-4(a)所示。因此,可以判断 α_0'和 α_0 哪个是在 $0\sim-\frac{\pi}{4}$的值,哪个就是对应 $\sigma_{\max}$的主平面方位角。

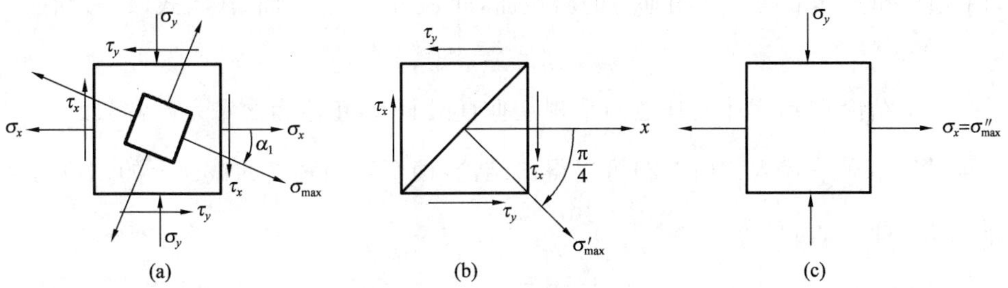

图 12-4　平面应力状态

3.切应力的极值及极值截面位置

将式(12-2)对变量 2α 求导,并令其等于零,得

$$\frac{\mathrm{d}\tau_\alpha}{\mathrm{d}(2\alpha)}=0$$

或

$$\frac{\sigma_x-\sigma_y}{2}\cos2\alpha_1-\tau_x\sin2\alpha_1=0 \tag{12-5a}$$

即

$$\tan2\alpha_1=\frac{\sigma_x-\sigma_y}{2\tau_x} \tag{12-5b}$$

或写成

$$2\alpha_1=\arctan\left(\frac{\sigma_x-\sigma_y}{2\tau_x}\right) \tag{12-5c}$$

式(12-5c)即为切应力的极值所在的截面方位。将其代入式(12-2),得切应力的极值

$$\left.\begin{matrix}\tau_{\max}\\ \tau_{\min}\end{matrix}\right\}=\pm\sqrt{\left(\frac{\sigma_x-\sigma_y}{2}\right)^2+\tau_x^2} \tag{12-6}$$

式(12-6)中的$\tau_{\max}$、$\tau_{\min}$仅表示xy平面内的极大、极小切应力，并不一定是单元体的最大、最小切应力。至于单元体的最大、最小切应力必须通过三向(空间)应力状态分析才能确定。比较式(12-5a)和式(12-1)，可见两式不恒等，即切应力存在极值的截面上，正应力未必为零。

由上述正应力、切应力极值讨论可以得出结论1：主应力所在截面上切应力必为零，或切应力为零的截面上正应力一定是主应力；而切应力的极值截面上正应力不一定为零(特殊情况，如纯剪切应力状态时，切应力极值截面上正应力为零)。

另外，将式(12-3b)和式(12-5b)的等式两边相乘，得

$$\tan 2\alpha_0 \cdot \tan 2\alpha_1=-1$$

即

$$2\alpha_1=2\alpha_0\pm\frac{\pi}{2}$$

或

$$\alpha_1=\alpha_0\pm\frac{\pi}{4}$$

因此得出结论2：切应力极值所在截面与主平面成45°夹角。

如果通过单元体取两个互相垂直的斜截面，即α和$\alpha+\frac{\pi}{2}$截面，代入式(12-1)有

$$\sigma_\alpha+\sigma_{\alpha+\frac{\pi}{2}}=\sigma_x+\sigma_y$$

因此得出结论3：单元体的任意两个相互垂直截面上，正应力之和是一常数。

同样，将α、$\alpha+\frac{\pi}{2}$代入式(12-2)可以得出结论：两个互相垂直的截面上的切应力大小相等，方向相反，即

$$\tau_{\alpha+\frac{\pi}{2}}=-\tau_\alpha$$

上式即为切应力互等定理。

【例 12-1】 试用解析法求如图12-5(a)所示平面应力状态的主应力和主平面方位。

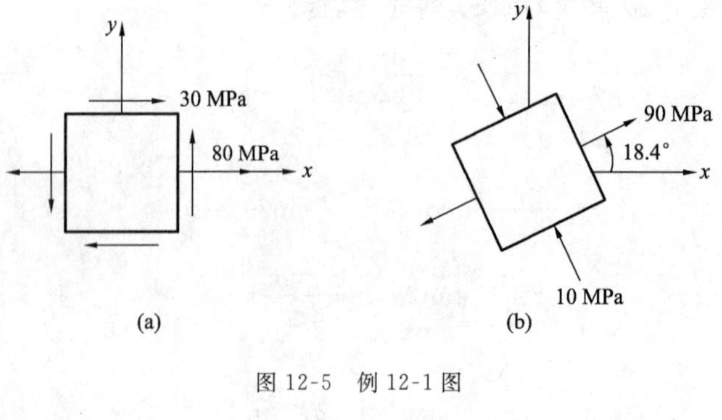

图12-5 例12-1图

解法1 (1)求主应力

$$\left.\begin{matrix}\sigma_{\max}\\ \sigma_{\min}\end{matrix}\right\}=\frac{\sigma_x+\sigma_y}{2}\pm\sqrt{\left(\frac{\sigma_x-\sigma_y}{2}\right)^2+\tau_x^2}$$

$$=\frac{80}{2}\pm\sqrt{\left(\frac{80}{2}\right)^2+(-30)^2}$$

$$=\left.\begin{matrix}90\\-10\end{matrix}\right\}\text{MPa}$$

所以，$\sigma_1=\sigma_{max}=90$ MPa，$\sigma_2=0$，$\sigma_3=\sigma_{min}=-10$ MPa

(2)求主平面方位

$$\tan2\alpha_0=\frac{-2\tau_x}{\sigma_x-\sigma_y}=\frac{-2\times(-30)}{80}=0.75$$

因为 $\tan2\alpha_0$ 是正的，说明 $2\alpha_0$ 在第一象限，故

$$2\alpha_0=36.87°,\alpha_0=18.4°$$

α_0 即为 σ_1 所在截面的方位角。σ_1 和 σ_3 的方向如图 12-5(b)所示。

解法 2　先确定主平面方位

$$\tan2\alpha_0=\frac{-2\tau_x}{\sigma_x-\sigma_y}=\frac{-2\times(-30)}{80}=0.75$$

α_0 在 $\pm\frac{\pi}{2}$ 范围内有两个解

$$\alpha_0=\alpha_0'\pm\frac{\pi}{2}$$

即

$$\alpha_0=18.4°,\alpha_0'=-71.6°$$

下面确定哪个是 α_1，哪个是 α_3。

由 α_1 的判定规则可知，σ_1 一定发生在 $0\sim\frac{\pi}{4}$ 的截面上，因此在 α_0 和 α_0' 中，α_0 满足这一条件，故 $\alpha_1=\alpha_0$，那么 σ_3 所在方位角 $\alpha_3=\alpha_0'$。

将 $\alpha_0=18.4°$ 代入斜截面应力公式(12-1)，得

$$\begin{aligned}\sigma_1&=\frac{\sigma_x+\sigma_y}{2}+\frac{\sigma_x-\sigma_y}{2}\cos2\alpha_0-\tau_x\sin2\alpha_0\\&=\frac{80}{2}+\frac{80}{2}\cos(2\times18.4°)-(-30)\sin(2\times18.4°)\\&=90\text{ MPa}\end{aligned}$$

将 $\alpha_0'=-71.6°$ 代入斜截面应力公式(12-1)，可得 $\sigma_3=-10$ MPa。

12.2.3　几何法——应力圆法

1. 应力圆的绘制

由解析法式(12-1)和式(12-2)可以看到，在已知 σ_x、σ_y、$\tau_x=-\tau_y$ 时，任一截面上的 σ_α、τ_α 均以 2α 为参变量。将式(12-1)、式(12-2)变换形式，可写成

$$\sigma_\alpha-\frac{\sigma_x+\sigma_y}{2}=\frac{\sigma_x-\sigma_y}{2}\cos2\alpha-\tau_x\sin2\alpha$$

$$\tau_\alpha=\frac{\sigma_x-\sigma_y}{2}\sin2\alpha+\tau_x\cos2\alpha$$

将以上两式等号两边平方，然后相加，得到

$$\left(\sigma_\alpha-\frac{\sigma_x+\sigma_y}{2}\right)^2+\tau_\alpha^2=\left(\frac{\sigma_x-\sigma_y}{2}\right)^2+\tau_x^2$$

很显然，上式是一个以 σ_α、τ_α 为变量的圆的方程。若以 σ 为横坐标，τ 为纵坐标，则圆心 C 在 $(\frac{\sigma_x+\sigma_y}{2},0)$ 处，即 C 在 σ 轴上，圆的半径为 $\sqrt{\left(\frac{\sigma_x-\sigma_y}{2}\right)^2+\tau_x^2}$，如图 12-6 所示。此圆称为应力圆，或称莫尔圆。

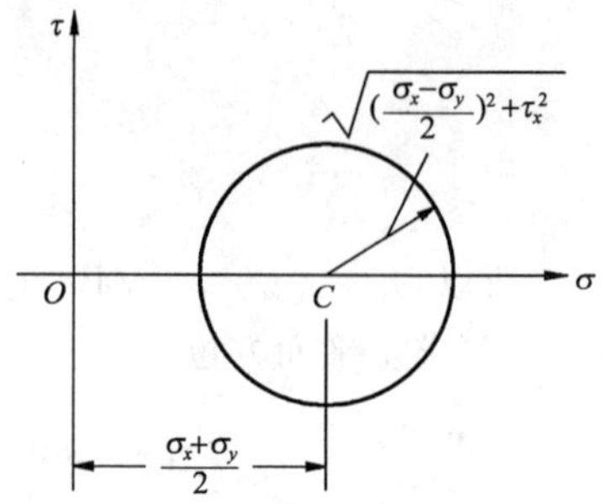

图 12-6 应力圆

现以如图 12-7(a)所示的平面应力状态为例说明作应力圆的步骤。

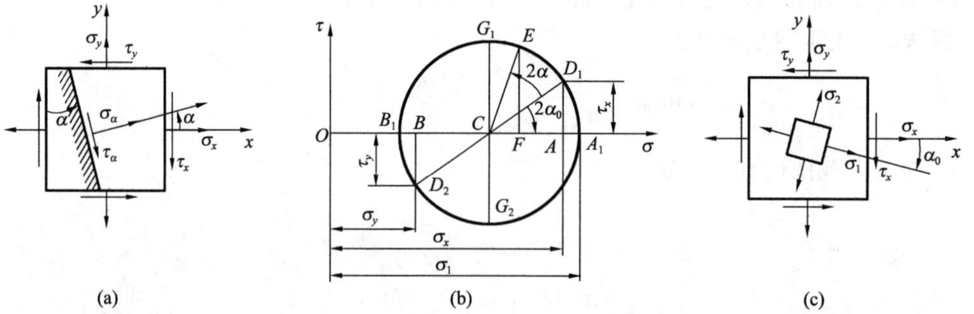

图 12-7 单元体与应力圆的对应关系

(1)建立 σ-τ 坐标系。

(2)对应 x 截面及 y 截面的应力在坐标系中确定点 $D_1(\sigma_x,\tau_x)$ 和 $D_2(\sigma_y,\tau_y)$，$\tau_y=-\tau_x$。

(3)连接 D_1、D_2 点，与 σ 轴交于 C 点，以 C 为圆心，CD_1 或 CD_2 为半径作圆，即为应力圆，如图 12-7(b)所示。

容易证明：

$$OC=\frac{\sigma_x+\sigma_y}{2}$$

$$CD_1=CD_2=\sqrt{\left(\frac{\sigma_x-\sigma_y}{2}\right)^2+\tau_x^2}$$

因此按上述步骤作出的圆一定是应力圆。建议读者练习证明。

2. 单元体与应力圆的对应关系

应力圆直观地反映了一点处平面应力状态下任意斜截面上应力随截面方位角变化的规律，以及一点处应力状态的特征。在实际应用中，并不一定把应力圆看作纯粹的图解法，而是可以利用应力圆来理解有关一点处应力状态的一些特征，或从圆上的几何关系来分析一点处的应力状态。下面看看单元体与应力圆的对应关系。

(1)面与点的对应

单元体某面上的应力，对应于应力圆上某一点的坐标。如图 12-7 中 x 截面上的应力 σ_x、τ_x 对应应力圆上的 D_1 点。

(2)夹角的对应

单元体上任意 A、B 两个面的夹角(或截面外法线间的夹角)若是 β，则在应力圆上代表这两个面上应力的两点之间圆弧段所对应的圆心角为 2β，且转向相同，如图 12-8 所示。

3. 应力圆的应用

(1)确定任意截面应力

如图 12-7(a)所示单元体，试确定其 α 截面上的应力 σ_α、τ_α。因为由 x 轴转到斜截面法线 n 的夹角为逆时针转动 α 角，所以在应力圆上，从 D_1 点(x 截面上的应力)以 CD_1 为半径，也按逆时针方向转动 2α 得到 E 点，如图 12-7(b)所示，则 E 点的坐标就代表 α 截面上的应力 $\sigma_\alpha=OF$，$\tau_\alpha=FE$。它们的大小可以按比例量出来，也可按几何关系计算。

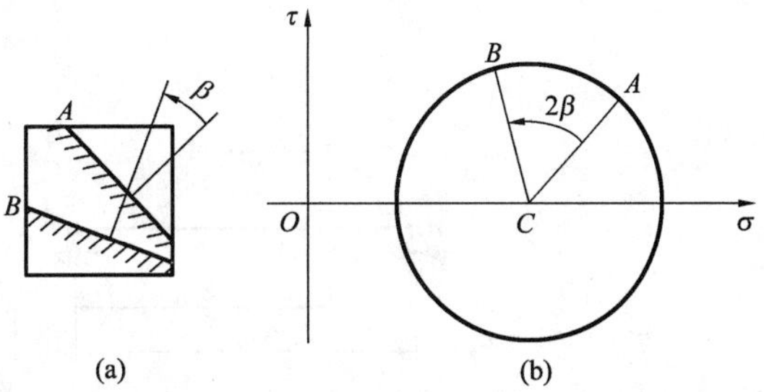

图 12-8　单元体与应力圆的角度关系

(2)确定主应力

由图 12-7(b)可见，在 σ-τ 平面内，正应力的最大值和最小值分别在 A_1 点和 B_1 点，也就是在应力圆与 σ 轴的交点处，该点的切应力为零。即

$$\sigma_{\max}=OA_1=OC+CA_1$$

$$\sigma_{\min}=OB_1=OC-CB_1$$

通过几何关系可确定 OA_1 和 OB_1，其表达式即为解析法的结果(式(12-4))。

(3)确定主平面方位

在应力圆上由 D_1 点到 A_1 点这段弧长所对的圆心角为顺时针 $2\alpha_0$，所以在单元体上就应从轴顺时针转 α_0 到 $\sigma_{\max}$ 所在截面的法线位置，如图 12-7(b)和图 12-7(c)所示。

(4)确定切应力的极值及其方位

如图 12-7(b)所示应力圆中的 G_1、G_2 两点就是 σ-τ 平面内切应力的极值，它们的绝对值相等，都等于应力圆的半径，即

$$\left.\begin{matrix}\tau_{\max}\\ \tau_{\min}\end{matrix}\right\}=\pm CG_1=\pm\sqrt{\left(\frac{\sigma_x-\sigma_y}{2}\right)^2+\tau_x^2}$$

上式即为式(12-6)。

另外从图 12-7(b)中还可以看到，切应力的极值点 G_1、G_2，与主平面 A_1、B_1 点相差 90°，从而验证了单元体上切应力的极值截面与主平面相差 45°的结论。

【例 12-2】 两端简支的焊接工字钢梁及其荷载如图 12-9(a)和图 12-9(b)所示，梁的横截面尺寸如图 12-9(c)所示。试分别绘出截面 C(图 12-9(a))上 a 和 b 两点处(图 12-9(c))的应力圆，并用应力圆求出这两点处的主应力。

解 计算支反力，并作出梁的剪力图和弯矩图，如图 12-9(d)和图 12-9(e)所示。然后根据截面 C 的弯矩 $M_C=80\ \text{kN}\cdot\text{m}$ 及截面 C 左侧的剪力值 $F_{SC}=200\ \text{kN}$，计算截面 C 上 a、b 两点处的应力。为此，先计算横截面(图 12-9(c))的惯性矩 I_z 和求 a 点处切应力时需用的静矩 S_{za}^* 等。

$$I_z=\frac{120\times300^3}{12}-\frac{111\times270^3}{12}=88\times10^6\ \text{mm}^4$$

$$S_{za}^*=120\times15\times(150-7.5)=256000\ \text{mm}^3$$

$$y_a=135\ \text{mm}$$

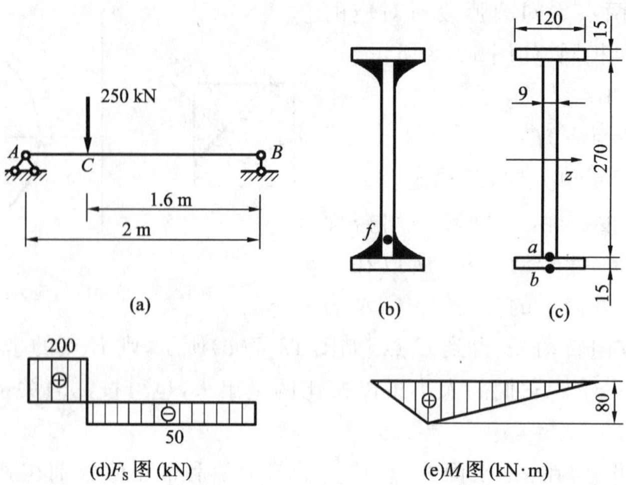

图 12-9 例 12-2 图

由以上各数据可算得截面 C 上 a 点处的应力为

$$\sigma_a=\frac{M_C}{I_z}y_a=\frac{80\times10^3}{88\times10^{-6}}\times0.135=122.7\times10^6\ \text{Pa}=122.7\ \text{MPa}$$

$$\tau_a=\frac{F_{SC}S_{za}^*}{I_z d}=\frac{200\times10^3\times256\times10^{-6}}{88\times10^{-6}\times9\times10^{-3}}=64.6\times10^6\ \text{Pa}=64.6\ \text{MPa}$$

据此，可绘出 a 点处单元体在 xy 平面上的应力，如图 12-10(a)所示。在绘出坐标轴及选定适当的比例尺后，根据单元体上的应力值即可绘出相应的应力圆，如图 12-10(b)所示。由此图可见，应力圆与 σ 轴的两交点 A_1、A_2 的横坐标分别代表 a 点处的两个主应力 σ_1 和 σ_3，可按选定的比例尺量得，或由应力圆的几何关系求得

$$\sigma_1=OA_1=OC+CA_1=\frac{\sigma_x}{2}+\sqrt{\left(\frac{\sigma_x}{2}\right)^2+\tau_x^2}=150.4\ \text{MPa}$$

$$\sigma_3=OA_2=OC-CA_2=\frac{\sigma_x}{2}-\sqrt{\left(\frac{\sigma_x}{2}\right)^2+\tau_x^2}=-27.7\ \text{MPa}(\text{压应力})$$

$$2\alpha_0=-\arctan\frac{64.6}{61.35}=-46.4°$$

故由 x 平面至 σ_1 所在的截面的夹角 α_0 应为 $-23.2°$。显然，σ_3 所在的截面应垂直于 σ_1 所在的截面，如图 12-10(a)所示。由此确定了 a 点处的主应力为 $\sigma_1=150.4$ MPa，$\sigma_2=0$，$\sigma_3=-27.7$ MPa。

对于截面 C 上 b 点处的应力，由 $y_b=150$ mm 可得

$$\sigma_b=\frac{M_C}{I_z}y_b=\frac{80\times10^3}{88\times10^{-6}}\times0.15=136.4\times10^6\ \text{Pa}=136.4\ \text{MPa}$$

b 点处的切应力为零。

据此，可绘出 b 点处单元体各面上的应力，如图 12-10(c)所示，其相应的应力圆如图 12-10(d)所示。由图 12-10(c)可见，b 点处的三个主应力分别为 $\sigma_1=\sigma_x=136.4$ MPa，$\sigma_2=\sigma_3=0$。σ_1 所在的截面就是 x 平面，亦即梁的截面 C。

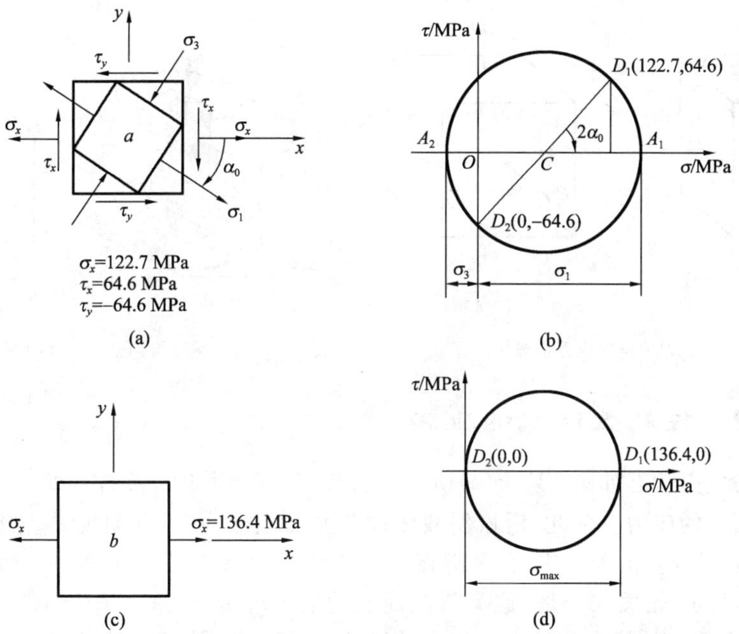

图 12-10 例 12-2 图

12.3 空间应力状态下的应力分析

12.3.1 空间应力状态的概念

所谓空间应力状态，也叫三向应力状态，就是指单元体的三对平面上都有应力，如图 12-11(a)所示，其中切应力的两个下标分别表示哪个截面上沿哪个方向，如 τ_{xy} 表示 x 截面上沿 y 方向的切应力。根据切应力互等定理，有 $\tau_{xy}=\tau_{yx}$，$\tau_{xz}=\tau_{zx}$，$\tau_{yz}=\tau_{zy}$，因此，一点空间应力状态独立的应力分量是 6 个，即 σ_x、σ_y、σ_z、τ_{xy}、τ_{yz}、τ_{zx}。

前面已经讲过，过一点总可以存在三个主应力并且彼此正交。这样就可将如图 12-11(a)所示的空间应力状态换成如图 12-11(b)所示的形式，即主应力表示的空间应力状态，以便于研究。

当受力物体内某一点处的三个主应力 σ_1、σ_2 和 σ_3 都是已知时，就可直接作出主应力表示的单元体图。如图 12-12(a)所示钢轨的轨头部分，当受车轮的静荷载作用时，围绕接触点截取一个单元体，其三个相互垂直的平面都是主平面。在表面上有接触压应力 σ_3，在横截面和铅垂截面上分别有压应力 σ_2 和 σ_1，如图 12-12(b)所示，这是三个主应力均为压应力的空间应力状态。另外，螺钉在拉伸时，其螺纹根部内的单元体则处于三个主应力均为拉应力的空间应力状态。

空间应力状态是一点处应力状态中最为一般的情况，平面应力状态是空间应力状态的特例，即有一个主应力为零。仅一个主应力不为零的应力状态称为单轴应力状态。空间应力状态所得的某些结论也同样适用于平面或单轴应力状态。

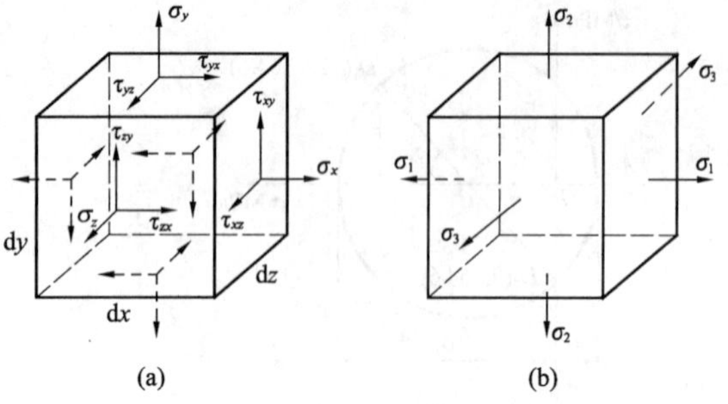

图 12-11　空间应力状态

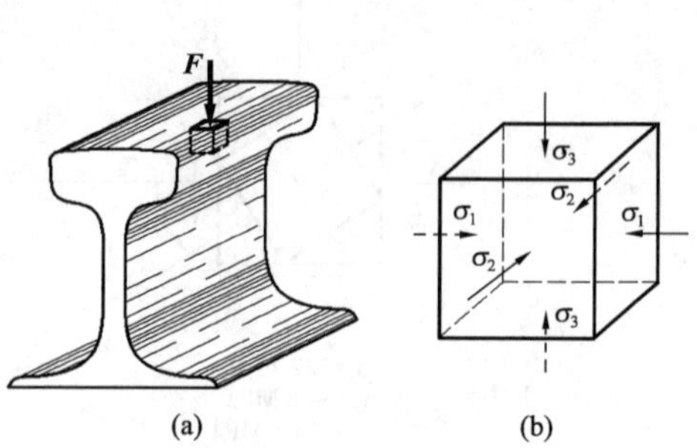

图 12-12　钢轨轨头处的应力状态

12.3.2　任意截面上的应力

设一点的应力状态如图 12-13(a)所示。首先,研究与其中一个主平面(主应力 σ_3 平面)垂直的斜截面上的应力。为此,沿该斜截面将单元体截分为二,并研究其左边部分的平衡,如图 12-13(b)所示。由于主应力 σ_3 所在的两平面上是一对自相平衡的力,因而该斜截面上的应力 σ、τ 与 σ_3 无关。于是,这类斜截面上的应力可由 σ_1 和 σ_2 作出的应力圆上的点来表示,而该应力圆上的最大和最小正应力分别为 σ_1 和 σ_2。同理,在与 σ_2(或 σ_1)主平面垂直的斜截面上的应力 σ 和 τ,可用 σ_1、σ_3(或 σ_2、σ_3)作出的应力圆上的点来表示。进一步的研究证明,表示与三个主平面斜交的任意斜截面(图 12-13(a)中的 abc 截面)上应力 σ 和 τ 的 D 点,必位于上述三个应力圆所围成的阴影范围内,如图 12-13(c)所示。

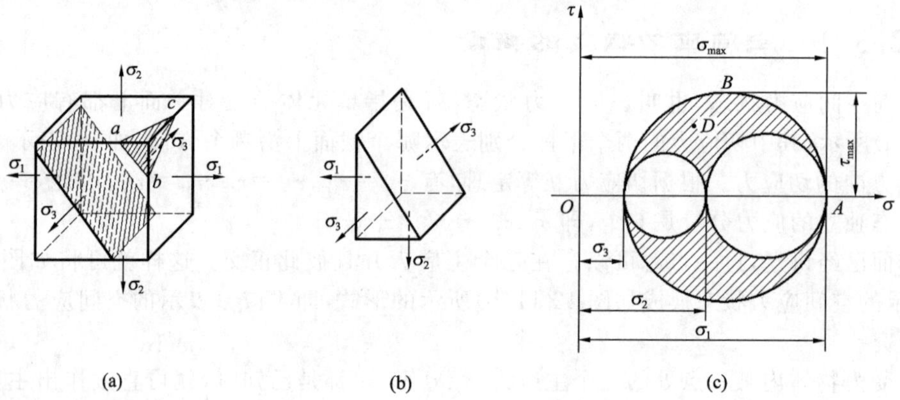

图 12-13　空间应力状态的应力分析

12.3.3　最大切应力及其方位

由图 12-13(c)可见,最大正应力就是 σ_1,而最大切应力是在 σ_1 和 σ_3 所作的应力圆的 B 点处,即

$$\tau_{\max}=\frac{\sigma_1-\sigma_3}{2} \tag{12-7}$$

需要注意,虽然 σ_1、σ_2 和 σ_3 都画在同一个坐标系内,但是它们是相互垂直的。由 B 点的位置可知,最大切应力所在截面与 σ_2 主平面垂直,并与 σ_1 和 σ_3 所在主平面各成 45°角。

【例 12-3】　单元体各面上的应力如图 12-14(a)所示。试作应力圆,并求出主应力和最大切应力值及其作用面方位。

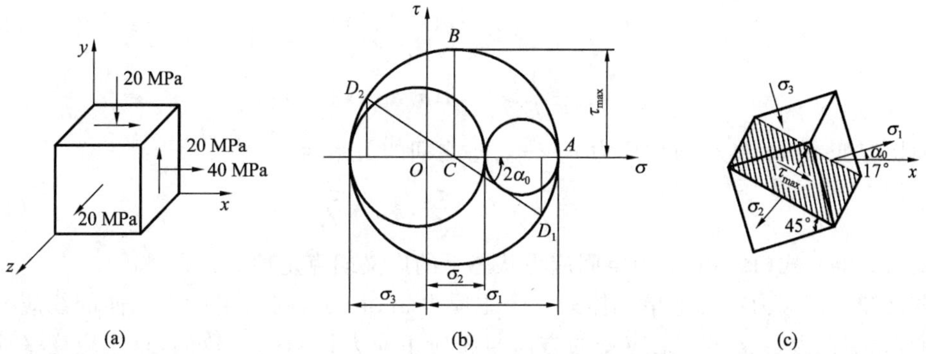

图 12-14　例 12-3 图

解　该单元体有一个已知的主应力 $\sigma_z=20\ \mathrm{MPa}$。因此，与该主平面正交的各截面上的应力与主应力 σ_z 无关，于是，可依据 x 截面和 y 截面上的应力，画出应力圆，如图 12-14(b)所示。由应力圆可得两个主应力值为 46 MPa 和 −26 MPa。将该单元体的三个主应力按其代数值的大小顺序排列为

$$\sigma_1=46\ \mathrm{MPa},\sigma_2=20\ \mathrm{MPa},\sigma_3=-26\ \mathrm{MPa}$$

依据三个主应力值，便可作出三个应力圆，如图 12-14(b)所示。在其中最大的应力圆上，B 点的纵坐标(该圆的半径)即为该单元体的最大切应力，其值为

$$\tau_{\max}=BC=36\ \mathrm{MPa}$$

且 $2\alpha_0=34^\circ$，据此便可确定 σ_1 所在主平面方位及其余各主平面的位置。其中最大切应力所在截面与 σ_2 平行，与 σ_1 和 σ_3 所在的主平面各成 45°夹角，如图 12-14(c)所示。

12.4　广义胡克定律

在前面第 9 章、第 10 章中，给出了在线弹性范围内应力与应变成正比的关系，即拉(压)胡克定律和剪切胡克定律。这些胡克定律针对的都是简单应力状态。本节将研究复杂应力状态下应力与应变的关系，称为广义胡克定律。

12.4.1　广义胡克定律

对于各向同性材料，沿各方向的弹性常数 E、G 和 μ 均分别相同。而且，由于各向同性材料沿任一方向对于其弹性常数都具有对称性。因而，在线弹性范围，小变形情况下，沿坐标轴(或应力矢)方向，正应力只引起线应变，而切应力只引起同一平面内的切应变。一般情况下，描述一点处应力状态需要 6 个独立的应力分量，即 σ_x、σ_y、σ_z、τ_{xy}、τ_{yz}、τ_{zx}。这样线应变 ε_x、ε_y、ε_z 只与正应力 σ_x、σ_y、σ_z 有关，而切应变 γ_{xy}、γ_{yz}、γ_{zx} 只与切应力 τ_{xy}、τ_{yz}、τ_{zx} 有关。应用叠加原理可知：

如 x 方向线应变，可表示为由 σ_x、σ_y、σ_z 分别引起的线应变的代数和，即

$$\varepsilon_x=\frac{\sigma_x}{E}-\mu\frac{\sigma_y}{E}-\mu\frac{\sigma_z}{E}=\frac{1}{E}[\sigma_x-\mu(\sigma_y+\sigma_z)]$$

同理，可得 y 方向和 z 方向的线应变 ε_y、ε_z。最后得到

$$\varepsilon_x=\frac{1}{E}[\sigma_x-\mu(\sigma_y+\sigma_z)]$$

$$\varepsilon_y=\frac{1}{E}[\sigma_y-\mu(\sigma_x+\sigma_z)] \tag{12-8a}$$

$$\varepsilon_z=\frac{1}{E}[\sigma_z-\mu(\sigma_x+\sigma_y)]$$

而切应变 γ_{xy}、γ_{yz}、γ_{zx} 与切应力 τ_{xy}、τ_{yz}、τ_{zx} 之间的关系为

$$\gamma_{xy}=\frac{\tau_{xy}}{G},\gamma_{yz}=\frac{\tau_{yz}}{G},\gamma_{zx}=\frac{\tau_{zx}}{G} \tag{12-8b}$$

式(12-8a)、式(12-8b)即为空间应力状态下的广义胡克定律。

若已知空间应力状态下单元体的三个主应力 σ_1、σ_2、σ_3，则沿主应力方向的线应变称为主应变，分别记为 ε_1、ε_2、ε_3，主应变的方向与相应主应力指向是一致的，且主应变平面内无切应变。上述式(12-8a)可写成

$$\left.\begin{aligned}\varepsilon_1&=\frac{1}{E}[\sigma_1-\mu(\sigma_2+\sigma_3)]\\ \varepsilon_2&=\frac{1}{E}[\sigma_2-\mu(\sigma_1+\sigma_3)]\\ \varepsilon_3&=\frac{1}{E}[\sigma_3-\mu(\sigma_1+\sigma_2)]\end{aligned}\right\} \tag{12-9}$$

式(12-8a)、式(12-8b)和式(12-9)是用应力表示应变的广义胡克定律，还可以将其转换成应变表示应力的形式。

$$\left.\begin{aligned}\sigma_x&=c[(1-\mu)\varepsilon_x+\mu(\varepsilon_y+\varepsilon_z)]\\ \sigma_y&=c[(1-\mu)\varepsilon_y+\mu(\varepsilon_x+\varepsilon_z)]\\ \sigma_z&=c[(1-\mu)\varepsilon_z+\mu(\varepsilon_x+\varepsilon_y)]\end{aligned}\right\} \tag{12-10a}$$

$$\tau_{xy}=G\gamma_{xy},\tau_{yz}=G\gamma_{yz},\tau_{zx}=G\gamma_{zx} \tag{12-10b}$$

$$\left.\begin{aligned}\sigma_1&=c[(1-\mu)\varepsilon_1+\mu(\varepsilon_2+\varepsilon_3)]\\ \sigma_2&=c[(1-\mu)\varepsilon_2+\mu(\varepsilon_1+\varepsilon_3)]\\ \sigma_3&=c[(1-\mu)\varepsilon_3+\mu(\varepsilon_1+\varepsilon_2)]\end{aligned}\right\} \tag{12-11}$$

式中，$c=\dfrac{E}{(1+\mu)(1-2\mu)}$。

在平面应力状态下，只要在上述各式中设 $\sigma_z=0,\tau_{zx}=0,\tau_{yz}=0$，或 $\sigma_3=0$，则有

$$\left.\begin{aligned}\varepsilon_x&=\frac{1}{E}(\sigma_x-\mu\sigma_y)\\ \varepsilon_y&=\frac{1}{E}(\sigma_y-\mu\sigma_x)\\ \varepsilon_z&=-\frac{\mu}{E}(\sigma_x+\sigma_y)\\ \gamma_{xy}&=\frac{1}{G}\tau_{xy}\end{aligned}\right\}\text{或}\left\{\begin{aligned}\varepsilon_1&=\frac{1}{E}(\sigma_1-\mu\sigma_2)\\ \varepsilon_2&=\frac{1}{E}(\sigma_2-\mu\sigma_1)\\ \varepsilon_3&=-\frac{\mu}{E}(\sigma_1+\sigma_2)\\ \gamma_{xy}&=\frac{1}{G}\tau_{xy}\end{aligned}\right. \tag{12-12}$$

由式(12-12)可见，σ_z 或 $\sigma_3=0$，但其相应的应变 ε_z 或 $\varepsilon_3\neq0$。

【例 12-4】 已知构件自由表面上某点处的两个主应变值为 $\varepsilon_1=240\times10^{-6}$，$\varepsilon_3=-160\times10^{-6}$。构件材料为 Q235 钢，其弹性模量 $E=210$ GPa，泊松比 $\mu=0.3$。试求该点处的主应力数值，并求该点处另一主应变 ε_2 的数值和方向。

解 由于主应力 σ_1、σ_2、σ_3 与主应变 ε_1、ε_2、ε_3 相对应，故根据题意可知该点处 $\sigma_2=0$，而处于平面应力状态。因此，由平面应力状态下的广义胡克定律得

$$\varepsilon_1=\frac{1}{E}(\sigma_1-\mu\sigma_3),\varepsilon_3=\frac{1}{E}(\sigma_3-\mu\sigma_1)$$

联立上面两式，即可解得

$$\sigma_1=\frac{E}{1-\mu^2}(\varepsilon_1+\mu\varepsilon_3)=\frac{210\times10^9}{1-0.3^2}\times(240-0.3\times160)\times10^{-6}=44.3\times10^6\ \text{Pa}=44.3\ \text{MPa}$$

$$\sigma_3=\frac{E}{1-\mu^2}(\varepsilon_3+\mu\varepsilon_1)=\frac{210\times10^9}{1-0.3^2}\times(-160+0.3\times240)\times10^{-6}=-20.3\times10^6\ \text{Pa}=-20.3\ \text{MPa}$$

主应变 ε_2 的数值可由式(12-12)求得

$$\varepsilon_2=-\frac{\mu}{E}(\sigma_1+\sigma_3)=-\frac{0.3}{210\times10^9}\times(44.3\times10^6-20.3\times10^6)=-34.3\times10^{-6}$$

由此可见，主应变 ε_2 是缩短，其方向必与 ε_1 及 ε_3 垂直，即沿构件表面的法线方向。

12.4.2 体积应变

构件在受力变形后，通常将引起体积变化。每单位体积的体积变化称为体积应变，用 θ 表示。现研究各向同性材料在空间应力状态下的体积应变。

设主应力单元体的边长分别为 $\mathrm{d}x$、$\mathrm{d}y$、$\mathrm{d}z$，变形前单元体的体积为

$$V=\mathrm{d}x\mathrm{d}y\mathrm{d}z$$

变形后单元体的边长分别为

$$\mathrm{d}x+\varepsilon_1\mathrm{d}x=(1+\varepsilon_1)\mathrm{d}x$$
$$\mathrm{d}y+\varepsilon_2\mathrm{d}y=(1+\varepsilon_2)\mathrm{d}y$$
$$\mathrm{d}z+\varepsilon_3\mathrm{d}z=(1+\varepsilon_3)\mathrm{d}z$$

于是，变形后单元体的体积为

$$V'=(1+\varepsilon_1)(1+\varepsilon_2)(1+\varepsilon_3)\mathrm{d}x\mathrm{d}y\mathrm{d}z$$

在小变形条件下略去线应变乘积项的高阶微量，得

$$V'=(1+\varepsilon_1+\varepsilon_2+\varepsilon_3)\mathrm{d}x\mathrm{d}y\mathrm{d}z \tag{12-13}$$

由体积应变的定义，有

$$\theta=\frac{V'-V}{V}=\varepsilon_1+\varepsilon_2+\varepsilon_3 \tag{12-14a}$$

将式(12-9)代入上式，经简化得

$$\theta=\frac{1-2\mu}{E}(\sigma_1+\sigma_2+\sigma_3) \tag{12-14b}$$

即任一点处的体积应变与该点处的三个主应力之和成正比。

对于纯剪切应力状态，$\sigma_1=-\sigma_3=\tau_x$，$\sigma_2=0$，由式(12-14b)可见，材料的体积应变等于零。即在小变形条件下，切应力不引起各向同性材料的体积改变，而只引起形状的改变。因此，在空间应力状态下，材料的体积应变只与线应变 ε_x、ε_y、ε_z 有关。于是仿照上述推导可得

$$\theta=\frac{1-2\mu}{E}(\sigma_x+\sigma_y+\sigma_z) \tag{12-14c}$$

由此得出结论：在任意形式的应力状态下，各向同性材料内一点处的体积应变与通过该点的任意三个相互垂直平面上的正应力之和成正比，而与切应力无关。

【例 12-5】 边长 $a=0.1$ m 的铜立方块，无间隙地放入体积较大、变形可略去不计的钢凹槽中，如图 12-15(a)所示。已知铜的弹性模量 $E=100$ GPa，泊松比 $\mu=0.34$。当受到 $F=300$ kN 的均匀压力作用时，试求铜块的主应力、体积应变以及最大切应力。

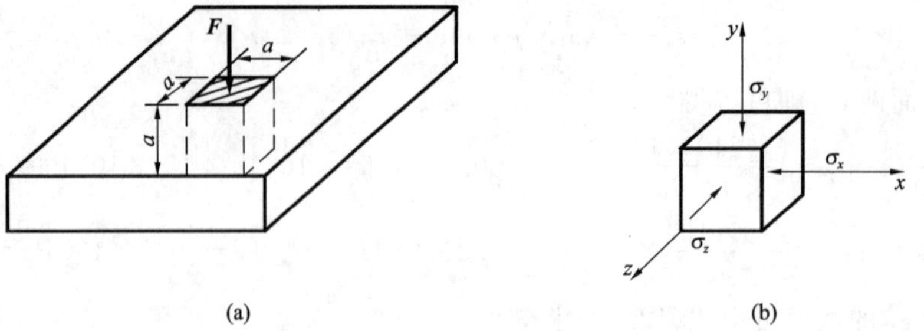

图 12-15 例 12-5 图

解 铜块的横截面上的压应力为

$$\sigma_y=-\frac{F}{A}=-\frac{300\times10^3}{0.1^2}=-30\times10^6\ \text{Pa}=-30\ \text{MPa}$$

铜块受到的轴向压缩将产生膨胀,但受到刚性凹槽壁的阻碍,使铜块在 x 和 z 方向的线应变等于零。于是,在铜块与槽壁接触面间将产生均匀的压应力 σ_x 和 σ_z,如图 12-15(b)所示。按照广义胡克定律公式(12-8a)可得

$$\varepsilon_x=\frac{1}{E}[\sigma_x-\mu(\sigma_y+\sigma_z)]=0 \tag{a}$$

$$\varepsilon_z=\frac{1}{E}[\sigma_z-\mu(\sigma_y+\sigma_x)]=0 \tag{b}$$

联立(a)、(b)两式求解,可得

$$\sigma_x=\sigma_z=\frac{\mu(1+\mu)}{1-\mu^2}\sigma_y=\frac{0.34\times(1+0.34)}{1-0.34^2}\times(-30\times10^6)=-15.5\times10^6\ \text{Pa}=-15.5\ \text{MPa}$$

按主应力的代数值顺序排列,得铜块的主应力为

$$\sigma_1=\sigma_2=-15.5\ \text{MPa},\sigma_3=-30\ \text{MPa}$$

将以上数据代入体积应变公式(12-14b),可得铜块的体积应变为

$$\theta=\frac{1-2\mu}{E}(\sigma_1+\sigma_2+\sigma_3)=\frac{1-2\times0.34}{100\times10^9}\times(-15.5\times10^6-15.5\times10^6-30\times10^6)=-1.95\times10^{-4}$$

将有关的主应力值代入式(12-7),得

$$\tau_{\max}=\frac{1}{2}(\sigma_1-\sigma_3)=\frac{1}{2}[-15.5\times10^6-(-30\times10^6)]=7.25\times10^6\ \text{Pa}=7.25\ \text{MPa}$$

12.4.3 空间应力状态的应变能密度

物体受外力作用而产生弹性变形时,在物体内部将积蓄能量,该能量称为应变能,每单位体积内所积蓄的应变能称为应变能密度。在单轴应力状态下,即

$$v_\varepsilon=\frac{1}{2}\sigma\varepsilon$$

对于在线弹性范围内、小变形条件下受力的物体,所积蓄的应变能只取决于外力的最终值,而与加力次序无关。设物体上的外力按同一比例由零增至最终值,因此,物体内任一单元体的三个主应力也按同一比例由零增加到最终值 σ_1、σ_2、σ_3。在线弹性情况下,每一主应力单独作用时与相应的主应变 ε_1、ε_2、ε_3 之间仍保持线性关系,因而与每一主应力相应的比能等于该主应力在与之相应的主应变上所做的功,而其他两个主应力在该主应变上并不做功。因此,同时考虑三个主应力在与其相应的主应变上所做的功,单元体的比能为

$$v_\varepsilon=\frac{1}{2}(\sigma_1\varepsilon_1+\sigma_2\varepsilon_2+\sigma_3\varepsilon_3)$$

将式(12-9)代入上式，经整理简化后得

$$v_\varepsilon=\frac{1}{2E}[\sigma_1^2+\sigma_2^2+\sigma_3^2-2\mu(\sigma_1\sigma_2+\sigma_2\sigma_3+\sigma_3\sigma_1)] \tag{12-15}$$

在一般情况下，单元体将同时发生体积改变和形状改变。

如图 12-16(a)所示的主应力单元体，可以分解为如图 12-16(b)和图 12-16(c)所示两种单元体的叠加，其中 σ_m 为平均应力，即

$$\sigma_m=\frac{1}{3}(\sigma_1+\sigma_2+\sigma_3)$$

如图 12-16(b)所示单元体上受平均应力，没有形状改变，只有体积改变，故其应变能密度就等于体积改变能密度 v_v，即

$$v'_\varepsilon=v_v=\frac{1}{2E}[3\sigma_m^2-2\mu(3\sigma_m^2)]=\frac{1-2\mu}{6E}(\sigma_1+\sigma_2+\sigma_3)^2 \tag{12-16}$$

如图 12-16(c)所示单元体上三个主应力之和为零，没有体积改变，只有形状改变，故其应变能密度 v''_ε 就等于形状改变能密度 v_d，即

$$v''_\varepsilon=v_d=\frac{1+\mu}{6E}[(\sigma_1-\sigma_2)^2+(\sigma_2-\sigma_3)^2+(\sigma_3-\sigma_1)^2] \tag{12-17}$$

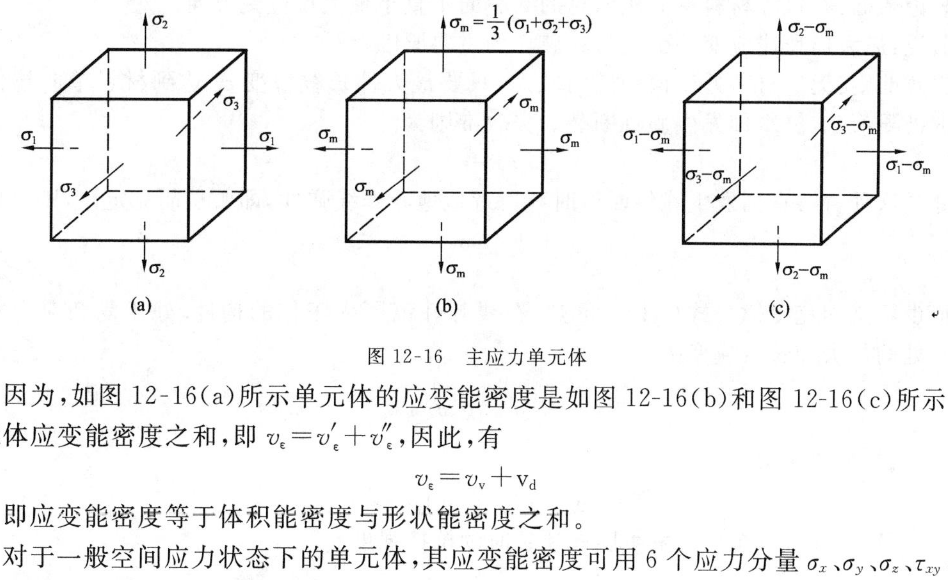

图 12-16　主应力单元体

因为，如图 12-16(a)所示单元体的应变能密度是如图 12-16(b)和图 12-16(c)所示两种单元体应变能密度之和，即 $v_\varepsilon=v'_\varepsilon+v''_\varepsilon$，因此，有

$$v_\varepsilon=v_v+\mathrm{v}_d$$

即应变能密度等于体积能密度与形状能密度之和。

对于一般空间应力状态下的单元体，其应变能密度可用 6 个应力分量 σ_x、σ_y、σ_z、τ_{xy}、τ_{yz}、τ_{zx} 来表示。由于在小变形情况下，对于每个应力分量的应变能密度，均等于该应力分量与相应的应变分量的乘积之半，故有

$$v_\varepsilon=\frac{1}{2}(\sigma_x\varepsilon_x+\sigma_y\varepsilon_y+\sigma_z\varepsilon_z+\tau_{xy}\gamma_{xy}+\tau_{yz}\gamma_{yz}+\tau_{zx}\gamma_{zx})$$

12.5　强度理论

在常温、静载情况下，材料的强度失效主要有两种形式：一种是塑性屈服，一种是脆性断裂。

强度理论是关于材料发生强度失效力学因素的假说，对于复杂应力状态，需要使用强度

理论。适用于脆性断裂的强度理论包括最大拉应力理论和最大伸长线应变理论。这两个强度理论提出最早，按提出的时间先后又分别称为第一强度理论和第二强度理论。适用于塑性屈服的强度理论，常用的有最大切应力理论和形状改变能密度理论，按提出时间先后又分别称为第三强度理论和第四强度理论。

12.5.1 四个强度理论

1. 最大拉应力理论(第一强度理论)

理论依据：铸铁、石料等材料单向拉伸时的断裂面垂直于最大拉应力。

假说：最大拉应力是引起材料破坏的主要因素。

失效准则：无论材料处于何种应力状态，只要最大拉应力 σ_1 达到材料单向拉伸断裂时的极限值 σ_u，材料即发生脆性断裂。失效准则为

$$\sigma_1=\sigma_u$$

极限应力 σ_u 除以安全系数 n，得到材料的许用拉应力$[\sigma]=\frac{\sigma_u}{n}$。

强度条件为

$$\sigma_1\leqslant[\sigma] \tag{12-18}$$

2. 最大伸长线应变理论(第二强度理论)

理论依据：石料等材料单向压缩时的断裂面垂直于最大拉应变方向。

假说：最大伸长线应变是引起材料破坏的主要原因。

失效准则：无论材料处于何种应力状态，只要最大伸长线应变 ε_1 达到材料单向拉伸断裂时的极限值 ε_u，材料即发生脆性断裂。失效准则为

$$\varepsilon_1=\varepsilon_u$$

如果这种材料直到发生脆性断裂时都可近似地看作线弹性，即服从胡克定律，则

$$\varepsilon_u=\frac{\sigma_u}{E}$$

而由广义胡克定律公式(12-9)可知，在线弹性范围内工作的构件，处于复杂应力状态下一点处的最大伸长线应变为

$$\varepsilon_1=\frac{1}{E}[\sigma_1-\mu(\sigma_2+\sigma_3)]$$

于是，失效准则成为

$$\sigma_1-\mu(\sigma_2+\sigma_3)=\sigma_u$$

式中，σ_u——材料在单向拉伸发生脆性断裂时的抗拉强度。

将极限应力 σ_u 除以安全因数 n，得到材料的许用拉应力$[\sigma]=\frac{\sigma_u}{n}$。

强度条件为

$$\sigma_1-\mu(\sigma_2+\sigma_3)\leqslant[\sigma] \tag{12-19}$$

一般地说，最大拉应力理论适用于脆性材料以拉应力为主的情况，而最大伸长线应变理论适用于以压应力为主的情况。由于这一理论在应用上不如最大拉应力理论简便，故在工程实际中应用较少。

3. 最大切应力理论(第三强度理论)

理论依据：当作用在构件上的外力过大时，其危险点处的材料就会沿最大切应力所在截面滑移而发生屈服失效。

假说:最大切应力是引起材料屈服破坏的主要原因。

失效准则:无论材料处于何种应力状态,只要最大切应力 τ_{max} 达到了材料屈服时的极限值 τ_u,该点处的材料就会发生屈服。

材料屈服时切应力的极限值 τ_u,同样可以通过任意一种使试样发生屈服的试验来确定。对于像低碳钢这一类塑性材料,在单轴拉伸试验时材料就是沿斜截面发生滑移而出现明显的屈服现象的。这时,试样在横截面上的正应力就是材料的屈服极限 σ_s,而在试样斜截面上的最大切应力(45°斜截面上的切应力)等于横截面上正应力的一半。于是,对于这一类材料,就可以从单轴拉伸试验中得到材料屈服时切应力的极限值 τ_u。

$$\tau_u = \frac{\sigma_s}{2}$$

所以,失效准则为

$$\tau_{max} = \tau_u = \frac{\sigma_s}{2}$$

由式(12-7)可知,在复杂应力状态下一点处的最大切应力为

$$\tau_{max} = \frac{1}{2}(\sigma_1 - \sigma_3)$$

于是,失效准则可写成

$$\frac{\sigma_1 - \sigma_3}{2} = \frac{\sigma_s}{2}$$

或

$$\sigma_1 - \sigma_3 = \sigma_s$$

将上式右边的 σ_s 除以安全因数 n,得到材料的许用拉应力 $[\sigma] = \frac{\sigma_s}{n}$。

强度条件为

$$\sigma_1 - \sigma_3 \leqslant [\sigma] \tag{12-20}$$

4. 形状改变能密度理论(第四强度理论)

理论依据:使材料破坏需要消耗外力功,就要积蓄应变能。应变能又可分为体积应变能和形状应变能。而体积应变能为等值拉伸应力状态或等值压缩应力状态下的应变能,它不会造成屈服失效。引起材料屈服的主要因素是单位体积的形状应变能或形状改变能密度。

假说:形状改变能密度是引起材料屈服的主要因素。

失效准则:无论在什么样的应力状态下,只要构件内一点处的形状改变能密度 v_d 达到了材料的极限值 v_{du},该点处的材料就会发生屈服。失效准则为

$$v_d = v_{du}$$

对于像低碳钢这一类塑性材料,因为在拉伸试验时,当横截面上的正应力达到 σ_s 时就出现明显的屈服现象,故可通过拉伸试验的结果来确定材料的 v_{du} 值。为此可利用公式(12-17),并将 $\sigma_1 = \sigma_s$,$\sigma_2 = \sigma_3 = 0$ 代入,从而得材料的极限值 v_{du} 为

$$v_{du} = \frac{(1+\mu)}{6E}[2\sigma_s^2]$$

在复杂应力状态下,由式(12-17)有

$$v_d = \frac{1+\mu}{6E}[(\sigma_1 - \sigma_2)^2 + (\sigma_2 - \sigma_3)^2 + (\sigma_3 - \sigma_1)^2]$$

按照这一强度理论的观点,失效准则可改写为

$$\frac{1+\mu}{6E}[(\sigma_1 - \sigma_2)^2 + (\sigma_2\sigma_3)^2 + (\sigma_3 - \sigma_1)^2] = \frac{(1+\mu)}{6E}[2\sigma_s^2]$$

或简化为

$$\sqrt{\frac{1}{2}[(\sigma_1-\sigma_2)^2+(\sigma_2-\sigma_3)^2+(\sigma_3-\sigma_1)^2]}=\sigma_s$$

再将上式右边的 σ_s 除以安全因数 n，得到材料的许用拉应力 $[\sigma]=\frac{\sigma_s}{n}$。

强度条件为

$$\sqrt{\frac{1}{2}[(\sigma_1-\sigma_2)^2+(\sigma_2-\sigma_3)^2+(\sigma_3-\sigma_1)^2]}\leqslant[\sigma] \tag{12-21}$$

12.5.2 相当应力及强度条件

综合以上四个强度理论的强度条件，可以把四个强度理论的强度条件写成统一的形式

$$\sigma_r\leqslant[\sigma]$$

式中，σ_r——相当应力，它是由三个主应力按一定形式组合而成的。

四个强度理论的相当应力分别为

$$\begin{cases}\sigma_{r1}=\sigma_1\\ \sigma_{r2}=\sigma_1-\mu(\sigma_2+\sigma_3)\\ \sigma_{r3}=\sigma_1-\sigma_3\\ \sigma_{r4}=\sqrt{\frac{1}{2}[(\sigma_1-\sigma_2)^2+(\sigma_2-\sigma_3)^2+(\sigma_3-\sigma_1)^2]}\end{cases} \tag{12-22}$$

应该指出，对于危险点处于复杂应力状态的构件，按某一强度理论的相当应力进行强度校核时，一方面要保证所用强度理论与在这种应力状态下发生的破坏形式相对应，另一方面要求用以确定许用应力 $[\sigma]$ 的极限应力，也必须是相当于该破坏形式的极限应力。

12.5.3 强度理论的应用

本章所述强度理论均仅适用于常温、静载条件下的均质、连续、各向同性的材料。对于拉、压强度相等的塑性材料，一般选择第三或第四强度理论（除非接近三向等值拉伸应力状态，材料发生脆断）；对于拉、压强度不等的脆性材料，以拉为主时选用第一强度理论，以压为主时选用第二强度理论，总之，强度理论着眼于材料的破坏规律。

【例 12-6】 两端简支的工字梁承受荷载如图 12-17(a)所示。已知材料 Q235 钢的许用应力为 $[\sigma]=170$ MPa 和 $[\tau]=100$ MPa。试按强度条件选择工字钢的型号。

解 首先确定梁的危险截面，在算得支反力后，作梁的剪力图和弯矩图如图 12-17(b)、图12-17(c)所示。由图可见，梁的 C、D 两截面上的弯矩和剪力均为最大值，所以这两个截面为危险截面。现取截面 C 计算，其剪力和弯矩分别为 $F_{SC}=F_{S,max}=200$ kN 和 $M_C=M_{max}=84$ kN·m。

先按正应力强度条件选择截面。最大正应力发生在截面 C 的上、下边缘各点处，其应力状态为单轴应力状态，由强度条件 $\sigma_{max}\leqslant[\sigma]$ 求出所需的截面系数为

$$W_z=\frac{M_{max}}{[\sigma]}=\frac{84\times10^3}{170\times10^6}=494\times10^{-6}\ \text{m}^3$$

如选用 28a 号工字钢，则其截面的 $W_z=508\ \text{cm}^3$。显然，这一截面满足正应力强度条件的要求。

再按切应力强度条件进行校核。对于 28a 号工字钢的截面，由型钢表查得

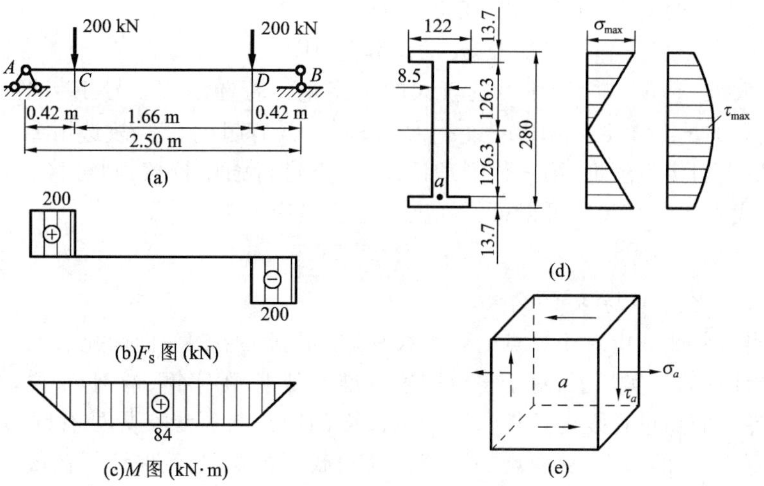

图 12-17　两端简支的工字梁承受荷载

$$I_z = 7114\ \text{cm}^4 = 7114\times10^{-8}\ \text{m}^4$$

$$\frac{I_z}{S_z} = 24.62\ \text{cm} = 24.62\times10^{-2}\ \text{m}$$

$$d = 0.85\ \text{cm} = 0.85\times10^{-2}\ \text{m}$$

危险截面上的最大切应力发生在中性轴处，且为纯剪切应力状态，其最大切应力为

$$\tau_{max} = \frac{F_{S,max}}{\dfrac{I_z}{S_z}\times d} = \frac{200\times10^3}{24.62\times10^{-2}\times0.85\times10^{-2}} = 95.5\times10^6\ \text{Pa} = 95.5\ \text{MPa} < [\tau]$$

由此可见，选用 28a 号工字钢满足切应力强度条件。

以上考虑了危险截面上的最大正应力和最大切应力。但是，对于工字形截面，在腹板与翼缘交界处，正应力和切应力都相当大，且为平面应力状态。因此，须对这些点进行强度校核。为此，截取腹板与下翼缘交界的 a 点处的单元体，如图 12-17(e)所示。根据 28a 号工字钢截面简化后的尺寸(如图 12-17(d)所示)和上面查得的 I_z，求得横截面上 a 点处的正应力 σ 和切应力 τ 分别为

$$\sigma_a = \frac{M_{max}y}{I_z} = \frac{84\times10^3\times0.1263}{7114\times10^{-8}} = 149.1\times10^6\ \text{Pa} = 149.1\ \text{MPa}$$

$$\tau_a = \frac{F_{S,max}S_z^*}{I_zd} = \frac{200\times10^3\times223\times10^{-6}}{7114\times10^{-8}\times0.85\times10^{-2}} = 73.8\times10^6\ \text{Pa} = 73.8\ \text{MPa}$$

上面第二式中的 S_z^* 是横截面的下翼缘面积对中性轴的静矩，其值为

$$S_z^* = 122\times13.7\times\left(126.3+\frac{13.7}{2}\right) = 223000\ \text{mm}^3 = 223\times10^{-6}\ \text{m}^3$$

在如图 12-17(e)所示的应力状态下，该点的三个主应力为

$$\left.\begin{matrix}\sigma_1\\ \sigma_3\end{matrix}\right\} = \frac{\sigma_a}{2} \pm \sqrt{\left(\frac{\sigma_a}{2}\right)^2 + \tau_a^2} \tag{a}$$

$$\sigma_2 = 0$$

由于 a 点是复杂应力状态，材料是 Q235 钢，按形状改变能密度理论(第四强度理论)进行强度校核。将上述主应力代入式(12-21)后，得强度条件为

$$\sigma_{r4} = \sqrt{\sigma_a^2 + 3\tau_a^2}$$

将上述 a 点处的 σ_a、τ_a 值代入上式得

$$\sigma_{r4}=196.4\ \text{MPa}$$

σ_{r4} 较[σ]大了 15.5%，所以应另选较大的工字钢。若选用 28b 号工字钢。再按上述方法，算得 a 点处的 $\sigma_{r4}=173.2$ MPa，较[σ]大 1.88%，没有超过 5%，故选用 28b 号工字钢。

若按照最大切应力理论(第三强度理论)对 a 点进行强度校核，则可将上述三个主应力的表达式(a)代入式(12-20)，可得第三强度理论相当应力为

$$\sigma_{r3}=\sqrt{\sigma_a^2+4\tau_a^2}$$

读者可自行比较 σ_{r3} 与[σ]的结果。

应该指出，例 12-6 中对于 a 点的强度校核，是根据工字钢截面简化后的尺寸(看作由三个矩形组成)计算的。实际上，对于符合国家标准的型钢(工字钢、槽钢)来说，并不需要对腹板与翼缘交界处的点进行强度校核。因型钢截面的腹板与翼缘交界处有圆弧，且工字钢翼缘的内边又有 1∶6 的斜度，从而增加了交接处的截面宽度，这就保证了在截面上、下边缘处的正应力和中性轴上的切应力都不超过许用应力的情况下，腹板与翼缘交界处各点一般不会发生强度不够的问题。但是，对于自行设计的由三块钢板焊接而成的组合工字梁(又称钢板梁)，就要按例题中的方法对腹板与翼缘交界处的临近各点进行强度校核。

【资料阅读】

胡 克

英国科学家、博物学家、发明家罗伯特·胡克 1635 年生于英国。在物理学研究方面，他提出了描述材料弹性的基本定律——胡克定律。在机械制造方面，他设计制造了真空泵、显微镜和望远镜，并将自己用显微镜观察所得写成《显微术》一书，细胞一词即由他命名。在新技术发明方面，他发明的很多设备至今仍在使用。除了科学技术，胡克在城市设计和建筑方面也有着重要的贡献。胡克因其兴趣广泛、贡献重大被称为“伦敦的莱奥纳多”。

(资料来源：新知网)

思政目标

通过引入我国古代匠师李春与其杰作——赵州桥，使学生更加深刻理解空间应力状态下的应力分析，同时体会我国古代结构之美和高超的施工技术，培养学生爱国情怀和工匠精神。

本章小结

1. 平面应力状态

(1)解析法

任意截面上的正应力

$$\sigma_\alpha=\frac{\sigma_x+\sigma_y}{2}+\frac{\sigma_x-\sigma_y}{2}\cos2\alpha-\tau_x\sin2\alpha$$

$$\tau_\alpha=\frac{\sigma_x-\sigma_y}{2}\sin2\alpha+\tau_x\cos2\alpha$$ 正应力极值

$$\left.\begin{matrix}\sigma_{\max}\\ \sigma_{\min}\end{matrix}\right\}=\frac{\sigma_x+\sigma_y}{2}\pm\sqrt{\left(\frac{\sigma_x-\sigma_y}{2}\right)^2+\tau_x^2}$$

正应力极值截面

$$\tan 2\alpha_0=-\frac{2\tau_x}{\sigma_x-\sigma_y}$$

切应力极值

$$\left.\begin{matrix}\tau_{\max}\\ \tau_{\min}\end{matrix}\right\}=\pm\sqrt{\left(\frac{\sigma_x-\sigma_y}{2}\right)^2+\tau_x^2}$$

切应力极值截面

$$\tan 2\alpha_1=\frac{\sigma_x-\sigma_y}{2\tau_x}$$

主应力：正应力的极值即为主应力，即 $\sigma_1\geqslant\sigma_2\geqslant\sigma_3$。

主平面：主应力所在的平面为主平面，主平面上切应力为零。

(2)几何法——应力圆法

画应力圆的步骤：

①建立 σ-τ 坐标系。

②对应 x 截面及 y 截面的应力在坐标系中确定点 $D_1(\sigma_x,\tau_x)$和 $D_2(\sigma_y,\tau_y)$，$\tau_y=-\tau_x$。

③连接 D_1、D_2 点，与 σ 轴交于 C 点，以 C 为圆心，CD_1 或 CD_2 为半径作圆，即为应力圆。

2. 空间应力状态

最大切应力(主切应力)

$$\tau_{\max}=\frac{\sigma_1-\sigma_3}{2}$$

3. 广义胡克定律

空间应力状态下

$$\left.\begin{aligned}\varepsilon_x&=\frac{1}{E}[\sigma_x-\mu(\sigma_y+\sigma_z)]\\ \varepsilon_y&=\frac{1}{E}[\sigma_y-\mu(\sigma_x+\sigma_z)]\\ \varepsilon_z&=\frac{1}{E}[\sigma_z-\mu(\sigma_x+\sigma_y)]\end{aligned}\right\}$$

$$\left.\begin{aligned}\gamma_{xy}&=\frac{\tau_{xy}}{G}\\ \gamma_{yz}&=\frac{\tau_{yz}}{G}\\ \gamma_{zx}&=\frac{\tau_{zx}}{G}\end{aligned}\right\}$$

平面应力状态下，$\sigma_z=0$

$$\left.\begin{aligned}\varepsilon_x&=\frac{1}{E}(\sigma_x-\mu\sigma_y)\\ \varepsilon_y&=\frac{1}{E}(\sigma_y-\mu\sigma_x)\\ \varepsilon_z&=-\frac{\mu}{E}(\sigma_x+\sigma_y)\\ \gamma_{xy}&=\frac{1}{G}\tau_{xy}\end{aligned}\right\}$$

体积应变 $$\theta=\frac{1-2\mu}{E}(\sigma_1+\sigma_2+\sigma_3)$$

4.强度理论

第一强度理论相当应力 $\sigma_{r1}=\sigma_1$

第二强度理论相当应力 $\sigma_{r2}=\sigma_1-\mu(\sigma_2+\sigma_3)$

第三强度理论相当应力 $\sigma_{r3}=\sigma_1-\sigma_3$

第四强度理论相当应力 $$\sigma_{r4}=\sqrt{\frac{1}{2}[(\sigma_1-\sigma_2)^2+(\sigma_2-\sigma_3)^2+(\sigma_3-\sigma_1)^2]}$$

强度条件 $\sigma_r\leqslant[\sigma]$

习 题

12-1 试从如图 12-18 所示的各构件中 A 点和 B 点处取出单元体,并表明单元体各面上的应力。

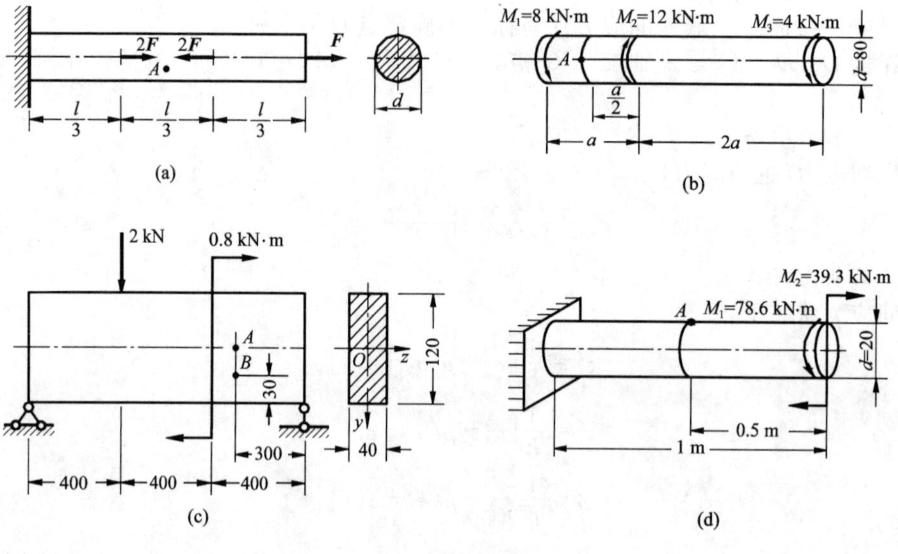

图 12-18 习题 12-1 图

12-2 各单元体面上的应力如图 12-19 所示。试分别利用解析法和应力圆法求:

(1)指定截面上的应力。

(2)主应力的数值。

(3)在单元体上绘出主平面的位置及主应力的方向。

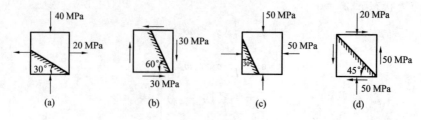

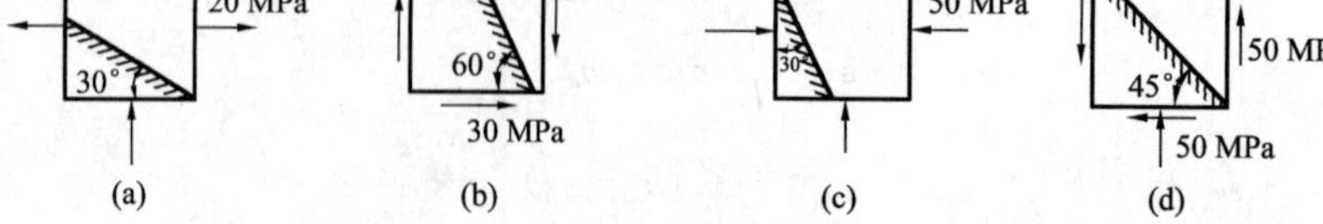

图 12-19 习题 12-2 图

12-3　各单元体如图 12-20 所示。试利用应力圆的几何关系求：

(1)主应力的数值。

(2)在单元体上绘出主平面的位置及主应力的方向。

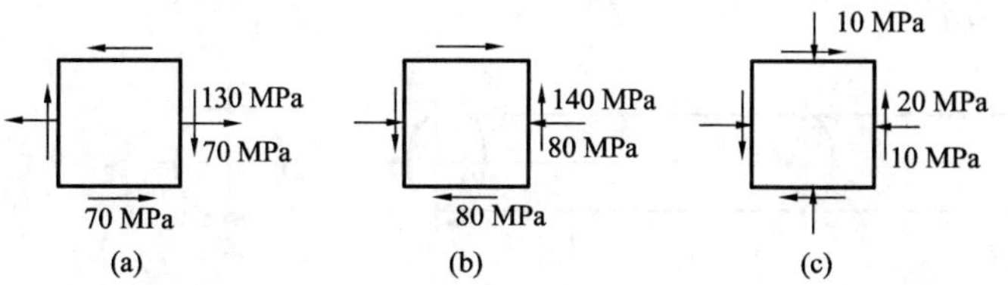

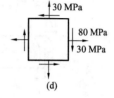

图 12-20　习题 12-3 图

12-4　已知平面应力状态下某点处的两个截面上的应力如图 12-21 所示。试利用应力圆求该点处的主应力值和主平面方位，并求出两截面间的夹角 α 值。

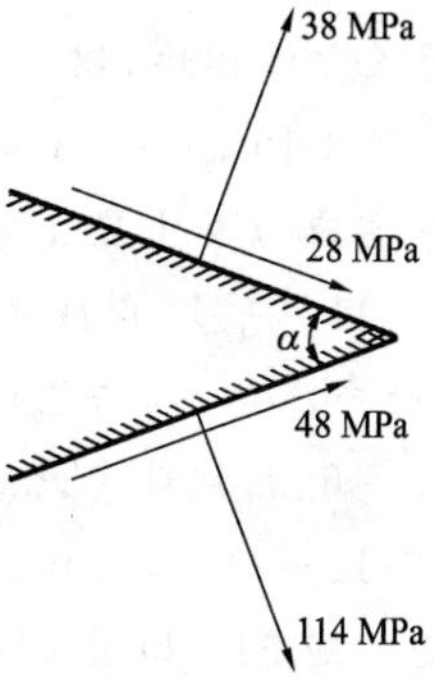

图 12-21　习题 12-4 图

12-5　已知应力状态如图 12-22 所示，试画出三个应力圆，并求主应力、最大切应力。

12-6　如图 12-23 所示的单元体处于平面应力状态，已知 $\sigma_x=100$ MPa，$\sigma_y=80$ MPa，$\tau_x=50$ MPa，弹性模量 $E=200$ GPa，泊松比 $\mu=0.3$。试求正应变 ε_x、ε_y 与切应变 γ_{xy}，并绘制该单元体变形后的大致形状。

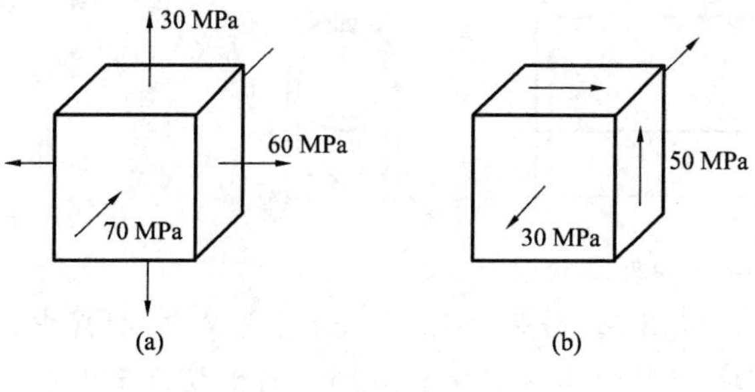

图 12-22　习题 12-5 图

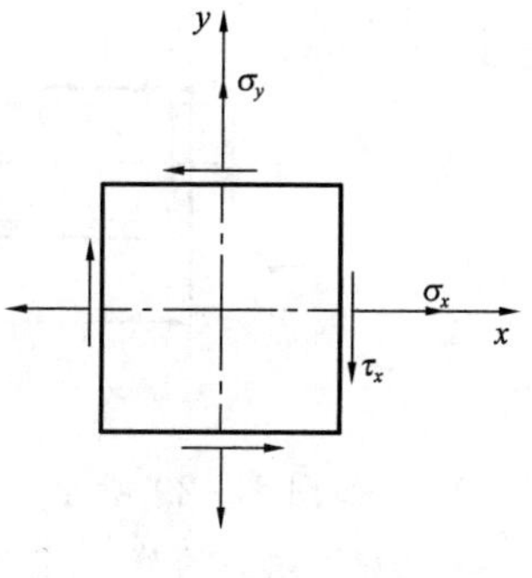

图 12-23　习题 12-6 图

12-7　如图 12-24 所示板件，处于纯剪切应力状态，试计算沿对角线 AC 与 BD 方向的正应变与 $\varepsilon_{-45°}$ 以及沿板厚方向的正应变 ε_δ。材料的弹性模量 E 和 μ 均为已知。

12-8　求如图 12-25 所示圆截面杆危险点处的主应力。已知 $F_1=4\pi$ kN，$F_2=60\pi$ kN，$M_e=4\pi$ kN·m，$l=0.5$ m，$d=10$ cm。

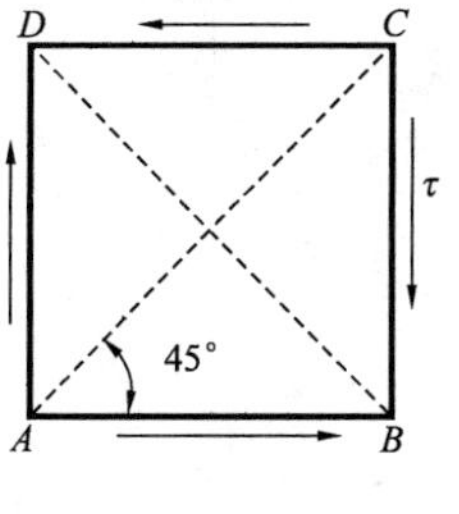

图 12-24　习题 12-7 图

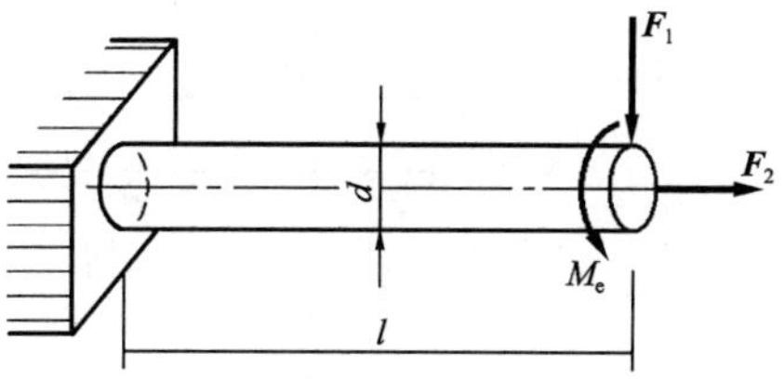

图 12-25　习题 12-8 图

12-9　如图12-26所示圆轴受弯曲与扭转组合变形，$M_1=M_2=150\ \text{N}\cdot\text{m}$，$d=50\ \text{mm}$。试求：

(1)画出A、B、C三点的单元体。

(2)计算A、B点的主应力值。

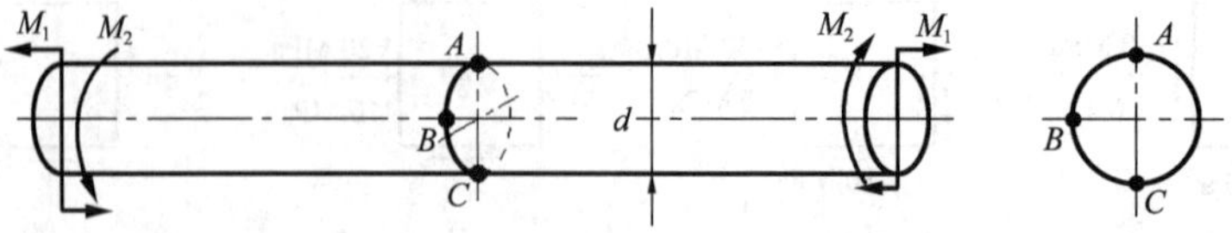

图12-26　习题12-9图

12-10　如图12-27所示的槽形刚体内，放置一边长为10 mm的正方体铝块，铝块与槽壁间紧密接触无间隙。铝的弹性模量$E=70\ \text{GPa}$，$\mu=0.33$，当铝块上表面受到压力$F=6\ \text{kN}$时，求其三个主应力及主应变。

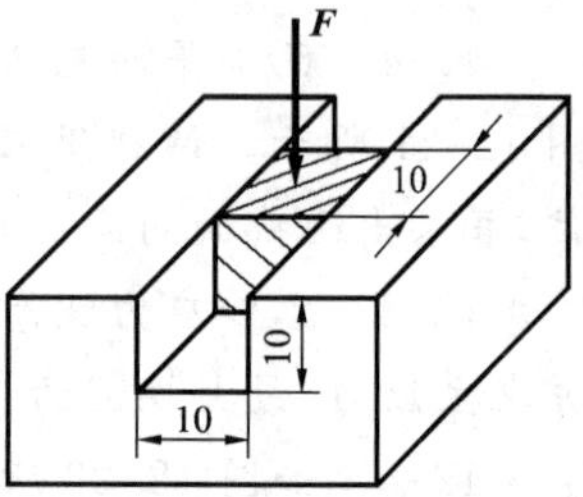

图12-27　习题12-10图

12-11　平均直径$D=1.8\ \text{m}$、壁厚$t=14\ \text{mm}$的圆柱形容器，承受内压作用，若已知容器为其屈服点$\sigma_s=400\ \text{MPa}$，取安全因数$n_s=6.0$，试确定此容器所能承受的最大压应力p。

12-12　$D=120\ \text{mm}$、$d=80\ \text{mm}$的空心圆轴，两端承受一对扭转力偶矩M_e，如图12-28所示。在轴的中部表面A点处，测得与母线45°方向的线应变为$\varepsilon_{45°}=2.6\times10^{-4}$。已知材料的弹性模量$E=200\ \text{GPa}$，$\mu=0.3$，试求扭转力偶矩$M_e$。

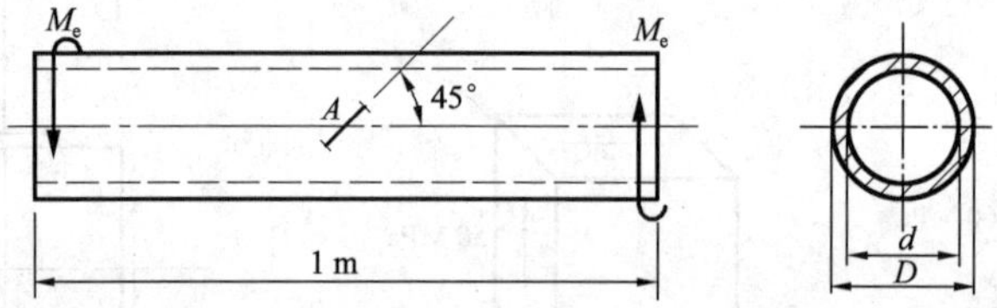

图12-28　习题12-12图

12-13　如图12-29所示，在受集中力偶矩M_e作用的矩形截面简支梁中，测得中性层上K点处沿45°方向的线应变为$\varepsilon_{45°}$。已知材料的弹性常量E、μ和梁的横截面及尺寸b、h、a、d、l。试求集中力偶矩M_e。

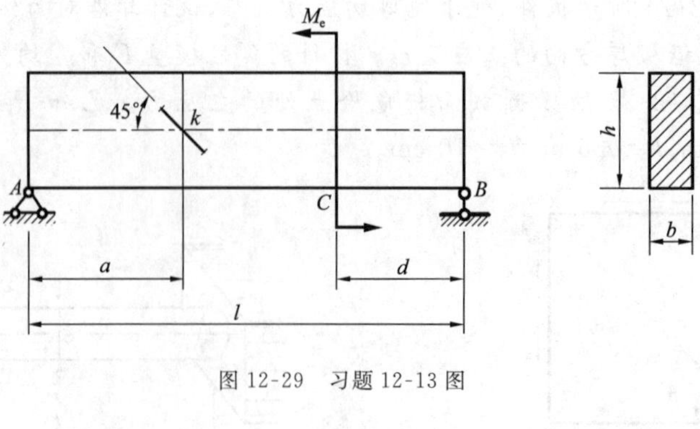

图12-29　习题12-13图

第 13 章

组合变形

13.1 组合变形的概念

在前面几章中，研究了构件在发生轴向拉伸(压缩)、剪切、扭转、弯曲等基本变形时的强度和刚度问题。在工程实际中，有很多构件在荷载作用下往往发生两种或两种以上的基本变形。若其中一种变形是主要的，其余变形所引起的应力(或变形)很小，则构件可按主要的基本变形进行计算。若几种变形所对应的应力(或变形)属于同一数量级，则构件的变形为**组合变形**。例如，如图 13-1(a)所示吊钩的 AB 段，在力 $\boldsymbol{F}$ 作用下，将同时产生拉伸与弯曲两种基本变形；机械中的齿轮传动轴(图 13-1(b))在外力作用下，将同时发生扭转变形及在水平平面和垂直平面内的弯曲变形。

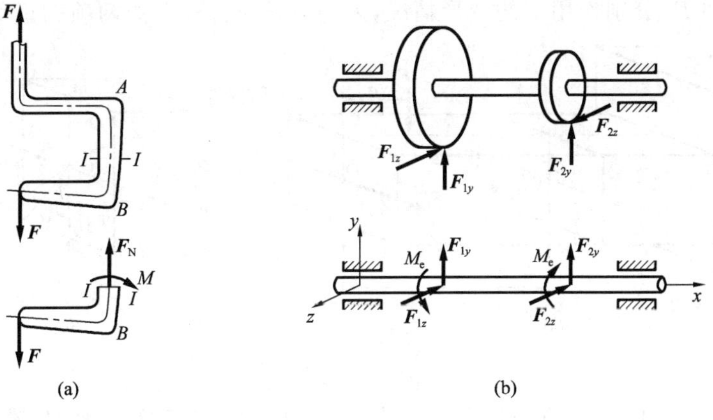

图 13-1 吊钩及齿轮传动轴

求解组合变形问题的基本方法是叠加法，即首先将组合变形分解为几个基本变形，然后分别考虑构件在每一种基本变形情况下的应力和变形。最后利用叠加原理，综合考虑各基本变形的组合情况，以确定构件的危险截面、危险点的位置及危险点的应力状态，并据此进行强度计算。试验证明，只要构件的刚度足够大，材料服从胡克定律，则由上述叠加法所得的计算结果是足够精确的。反之，对于小刚度、大变形的构件，必须要考虑各基本变形之间的相互影响，例如大挠度的压弯杆，叠加原理就不能适用。

下面分别讨论在工程中经常遇到的几种组合变形。

13.2 斜弯曲

前面已经讨论了梁在平面弯曲时的应力和变形计算。在平面弯曲问题中,外力作用在由截面的形心主轴与梁的轴线组成的纵向对称面内,梁的轴线变形后将变为一条平面曲线,且仍在外力作用面内。在工程实际中,有时会遇到外力不作用在形心主轴所在的纵向对称面内,如屋面檩条的受力情况。在这种情况下,杆件可考虑为在两相互垂直的纵向对称面内同时发生平面弯曲。试验及理论研究指出,此时梁的挠曲线不在外力作用平面内,这种弯曲称为**斜弯曲**。

现在以矩形截面悬臂梁为例,如图13-2(a)所示,分析斜弯曲时应力和变形的计算。这时梁在 $\boldsymbol{F}_1$ 和 $\boldsymbol{F}_2$ 作用下,分别在水平纵向对称面(xOz 平面)和铅垂纵向对称面(xOy 平面)内发生对称弯曲。在梁的任意横截面 m-m 上,由 $\boldsymbol{F}_1$ 和 $\boldsymbol{F}_2$ 引起的弯矩值依次为

$$M_y=F_1x,M_z=F_2(x-a)$$

在横截面 m-m 上的某点 $C(y,z)$ 处由弯矩 M_y 和 M_z 引起的正应力分别为

$$\sigma'=\frac{M_y}{I_y}z,\sigma''=-\frac{M_z}{I_z}y$$

根据叠加原理,σ' 和 σ'' 的代数和即为 C 点的正应力,即

$$\sigma'+\sigma''=\frac{M_y}{I_y}z-\frac{M_z}{I_z}y \tag{13-1}$$

式中,I_y 和 I_z 分别为横截面对 y 轴和 z 轴的惯性矩;M_y 和 M_z 分别是横截面上位于水平和铅垂对称平面内的弯矩,且其力矩矢量分别与 y 轴和 z 轴的正向一致,如图13-2(b)所示。在具体计算中,也可以先不考虑弯矩 M_y、M_z 和坐标 y、z 的正负号,以其绝对值代入,然后根据梁在 $\boldsymbol{F}_1$ 和 $\boldsymbol{F}_2$ 分别作用下的变形情况,来判断式(13-1)右边两项的正负号。

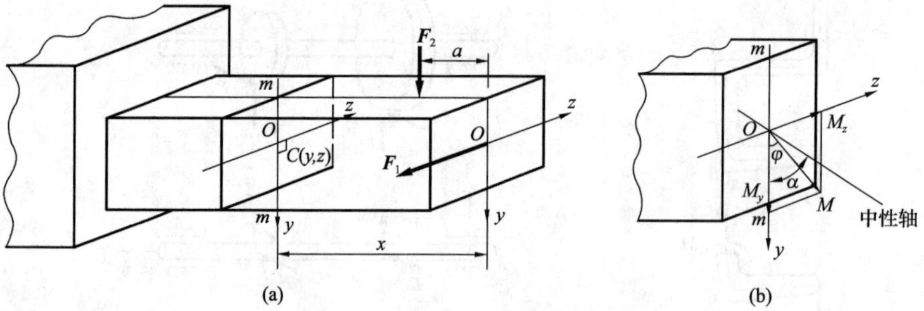

图13-2 斜弯曲

为了进行强度计算,必须先确定梁内的最大正应力。对于等截面梁,最大正应力发生在弯矩最大的截面(危险截面)上,但要确定截面上哪一点的正应力最大(就是要找出危险点的位置),应先确定截面中性轴的位置。由于中性轴上各点处的正应力均为零,令(y_0,z_0)代表中性轴上的任一点,将它的坐标值代入式(13-1),即可得中性轴方程

$$\frac{M_y}{I_y}z_0-\frac{M_z}{I_z}y_0=0$$

从上式可知,中性轴是一条通过横截面形心的直线,令中性轴与 y 轴的夹角为 α,如图13-2(b)所示,则

$$\tan\alpha=\frac{z_0}{y_0}=\frac{M_z}{M_y}\cdot\frac{I_y}{I_z}=\frac{I_y}{I_z}\tan\varphi$$

式中，角度 φ 是横截面上合成弯矩 $M=\sqrt{M_y^2+M_z^2}$ 的矢量与 y 轴的夹角，如图 13-3(b)所示。一般情况下，由于截面的 $I_y\neq I_z$，因而中性轴与合成弯矩 M 所在的平面并不垂直。截面的挠度垂直于中性轴，如图 13-3(a)所示，所以挠曲线将不在合成弯矩所在的平面内，这与平面弯曲不同。对于正方形、圆形等截面以及某些特殊组合截面，其中 $I_y=I_z$，就是所有形心轴都是主惯性轴，故 $\alpha=\varphi$，因而，正应力可用合成弯矩 M 进行计算。但是，梁各横截面上的合成弯矩 M 所在平面的方位一般并不相同，所以，虽然每一截面的挠度都发生在该截面的合成弯矩所在平面内，梁的挠曲线一般仍是一条空间曲线。可是，梁的挠曲线方程仍应分别按两垂直平面内的弯曲来计算，不能直接用合成弯矩进行计算。

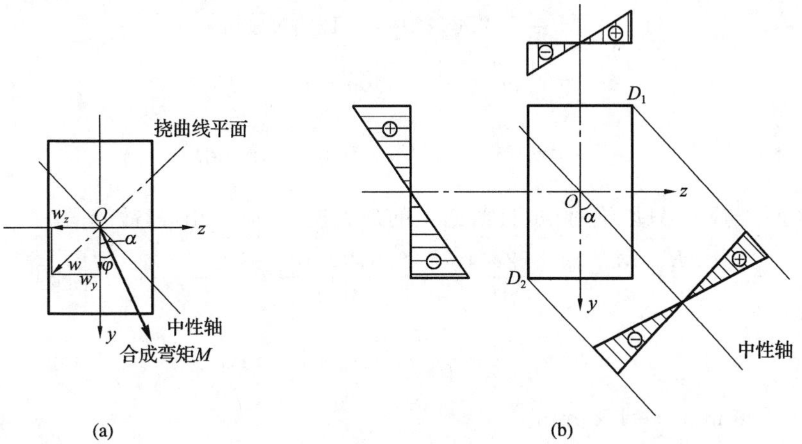

图 13-3　斜弯曲时横截面上的应力情况

确定中性轴的位置后，就可看出截面上离中性轴最远的点是正应力 σ 值最大的点。一般只要作与中性轴平行且与横截面周边相切的线，切点就是最大正应力的点。如图 13-3(b)所示的矩形截面梁，显然右上角 D_1 与左下角 D_2 有最大正应力值，将这些点的坐标(y_1，z_1)或(y_2，z_2)代入式(13-1)，可得最大拉应力 $\sigma_{t,\max}$ 和最大压应力 $\sigma_{c,\max}$。

在确定了梁的危险截面和危险点的位置，并算出危险点处的最大正应力后，由于危险点处于单轴应力状态，于是，可将最大正应力与材料的许用正应力相比较来建立强度条件，进行强度计算，即

$$\sigma_{\max}=\left|\frac{M_y}{w_y}\right|+\left|\frac{M_z}{w_z}\right|\leqslant[\sigma] \tag{13-2}$$

【例 13-1】　一长 2 m 的矩形截面木制悬臂梁，弹性模量 $E=1.0\times10^4$ MPa，梁上作用有两个集中荷载 $F_1=1.3$ kN 和 $F_2=2.5$ kN，如图 13-4(a)所示，设截面 $b=0.6h$，$[\sigma]=10$ MPa。试选择梁的截面尺寸，并计算自由端的挠度。

解　(1)选择梁的截面尺寸

将自由端的作用荷载 $\boldsymbol{F}_1$ 分解

$$F_{1y}=F_1\sin 15^\circ=0.336\ \text{kN}$$

$$F_{1z}=F_1\cos 15^\circ=1.256\ \text{kN}$$

此梁的斜弯曲可分解为在 xy 平面内及 xz 平面内的两个平面弯曲，如图 13-4(b)所示，危险截面在固定端。

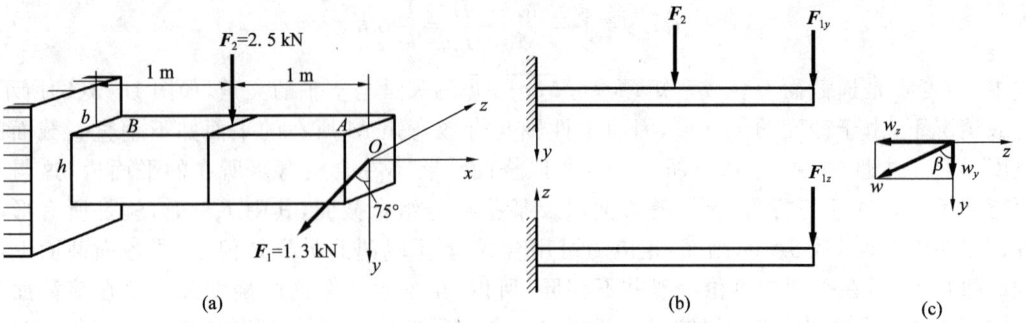

图 13-4 例 13-1 图

$$M_z=2.5\times1+0.336\times2=3.172\ \text{kN}\cdot\text{m}$$

$$M_y=1.256\times2=2.512\ \text{kN}\cdot\text{m}$$

$$w_z=\frac{1}{6}bh^2=\frac{1}{6}\times0.6h\cdot h^2=0.1h^3$$

$$w_y=\frac{1}{6}hb^2=\frac{1}{6}\times h\cdot(0.6h)^2=0.06h^3$$

上式中 M_z 与 M_y 只取绝对值，且截面上的最大拉、压应力相等，故

$$\sigma_{\max}=\frac{M_z}{w_z}+\frac{M_y}{w_y}=\frac{3.172\times10^6}{0.1h^3}+\frac{2.512\times10^6}{0.06h^3}=\frac{73.587\times10^6}{h^3}\leqslant[\sigma]$$

即
$$h\geqslant\sqrt[3]{\frac{73.587\times10^6}{10}}=194.5\ \text{mm}$$

可取 $h=200$ mm，$b=120$ mm。

(2)计算自由端的挠度

分别计算挠度 w_y 与 w_z，如图 13-4(c)所示，则

$$w_y=-\frac{F_{1y}l^3}{3EI_z}-\frac{F_2\left(\frac{l}{2}\right)^2}{6EI_z}\left(3l-\frac{l}{2}\right)$$

$$=-\frac{0.336\times10^3\times2^3+\frac{1}{2}\times2.5\times10^3\times1^2\times(3\times2-1)}{3\times1.0\times10^4\times10^6\times\frac{1}{12}\times0.12\times0.2^3}$$

$$=-3.72\times10^{-3}\ \text{m}=-3.72\ \text{mm}$$

$$w_z=\frac{F_{1z}l^3}{3EI_y}=\frac{1.256\times10^3\times2^3}{3\times1.0\times10^4\times10^6\times\frac{1}{12}\times0.2\times0.12^3}=0.0116\ \text{m}=11.6\ \text{mm}$$

$$w=\sqrt{w_z^2+w_y^2}=\sqrt{(-3.72)^2+11.6^2}=12.18\ \text{mm}$$

$$\beta=\arctan\left(\frac{11.6}{3.72}\right)=72.22^\circ$$

13.3 拉伸(压缩)与弯曲

拉伸(压缩)与弯曲的组合变形是工程中常见的情况。如图 13-5(a)所示的起重机横梁

AB，其受力简图如图13-5(b)所示。轴向力 $\boldsymbol{F}_{Ax}$ 和 $\boldsymbol{F}_{Bx}$ 引起压缩，横向力 $\boldsymbol{F}_{Ay}$、$\boldsymbol{F}$ 及 $\boldsymbol{F}_{By}$ 引起弯曲，所以杆件产生压缩与弯曲的组合变形。对于弯曲刚度 EI 较大的杆，横向力引起的挠度与横截面的尺寸相比很小，因此，由轴向力引起的弯矩可以略去不计。于是，可分别计算由横向力和轴向力引起的杆横截面上的正应力，按叠加原理求其代数和，即得横截面上的正应力。

下面我们举一简单例子来说明。

悬臂梁 AB 如图 13-6(a)所示，在它的自由端 A 作用一与铅垂方向成 φ 角的力 $\boldsymbol{F}$（在纵向对称面 xy 平面内）。将力 $\boldsymbol{F}$ 分别沿 x 轴 y 轴分解，可得

$$\boldsymbol{F}_x=\boldsymbol{F}\sin\varphi$$

$$\boldsymbol{F}_y=\boldsymbol{F}\cos\varphi$$

$\boldsymbol{F}_x$ 为轴向力，引起梁的拉伸变形，如图 13-6(b)所示；$\boldsymbol{F}_y$ 为横向力，引起梁的弯曲变形，如图 13-6(c)所示。

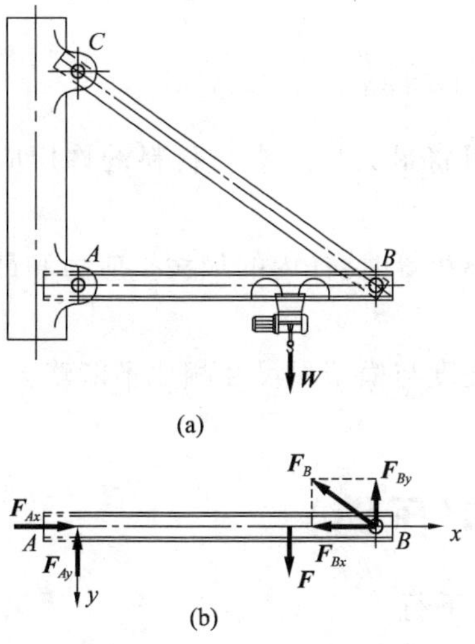

图 13-5　起重机

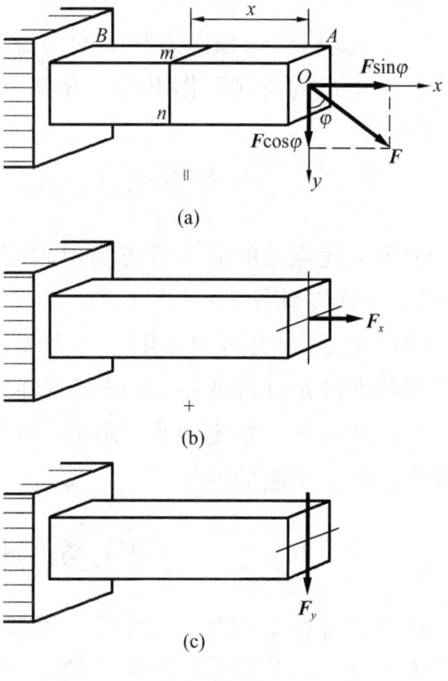

图 13-6　拉伸与弯曲组合变形

距 A 端 x 的截面上：

轴力　　$F_N=F_x-F\sin\varphi$

弯矩　　$M_z=-F_yx=-F\cos\varphi\cdot x$

在轴向力 $\boldsymbol{F}_x$ 作用下，杆各个横截面上有相同的轴力 $F_N=F_x$。而在横向力作用下，固定端横截面上的弯矩最大，$M_{max}=-F\cos\varphi\cdot l$，故危险截面是在固定端。

与轴力 F_N 对应的拉伸正应力 σ_t 在该截面上各点处均相等，其值为

$$\sigma_t=\frac{F_N}{A}=\frac{F_x}{A}=\frac{F\sin\varphi}{A}$$

而与 M_{max} 对应的最大弯曲正应力 σ_b，出现在该截面的上、下边缘处，其绝对值为

$$\sigma_b=\left|\frac{M_{max}}{w_z}\right|=\frac{Fl\cos\varphi}{w_z}$$

在危险截面上与 F_N、M_{max} 对应的正应力沿截面高度变化的情况分别如图 13-7(a)和图

13-7(b)所示。将拉伸正应力与弯曲正应力叠加后，正应力沿截面高度的变化情况如图 13-7(c)所示。

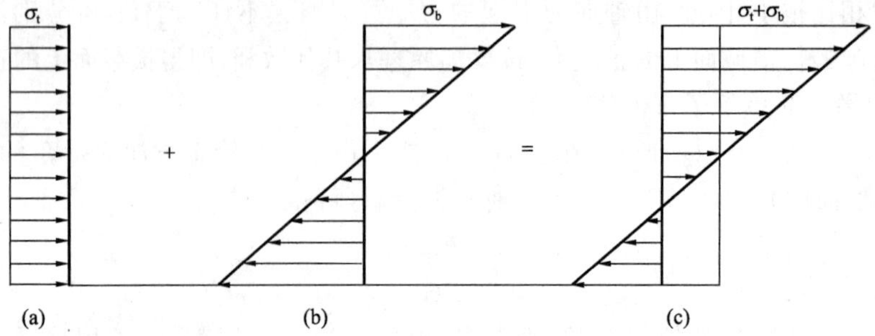

图 13-7　拉伸与弯曲组合变形的应力叠加

若 $\sigma_t > \sigma_b$，则 σ_{min} 为拉应力；若 $\sigma_t < \sigma_b$，则 σ_{min} 为压应力。

所以 σ_{min} 值须视轴向力和横向力分别引起的应力而定。如图 13-7(c)所示的应力分布图是在 $\sigma_t < \sigma_b$ 的情况下作出的。显然，杆件的最大正应力是危险截面上边缘各点处的拉应力，其值为

$$\sigma_{max} = \left|\frac{F_N}{A}\right| + \left|\frac{M_{max}}{w_z}\right| \leqslant [\sigma] \tag{13-3}$$

由于危险点处的应力状态为单轴应力状态，故可将最大拉应力与材料的许用应力相比较，以进行强度计算。

应该注意，当材料的许用拉应力和许用压应力不相等时，杆内的最大拉应力和最大压应力必须分别满足杆件的拉、压强度条件。

若杆件的抗弯刚度很小，则由横向力所引起的挠度与横截面尺寸相比不能略去，此时就应考虑轴向力引起的弯矩。

13.4　偏心拉伸(压缩)

作用在直杆上的外力，当其作用线与杆的轴线平行但不重合时，将引起**偏心拉伸**或**偏心压缩**。钻床的立柱(图 13-8(a))和厂房中支撑吊车梁的柱子(图 13-8(b))即为偏心拉伸和偏心压缩。

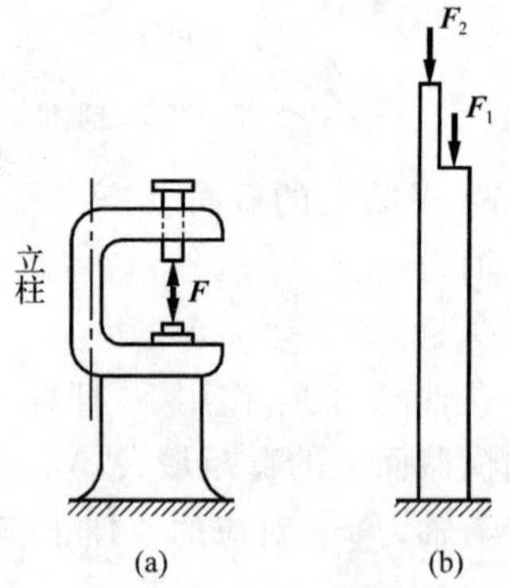

图 13-8　偏心拉伸(压缩)实例

13.4.1　偏心拉伸(压缩)的应力计算

现以实心截面的等直杆承受距离截面形心为 e(称为偏心距)的偏心拉力 $\boldsymbol{F}$(图 13-9(a))为例，来说明偏心拉杆的强度计算。设偏心力 $\boldsymbol{F}$ 作用在端面上的 K 点，其坐标为 (e_y, e_z)。将力 $\boldsymbol{F}$ 向截面形心 O 点简化，把原来的偏心力 $\boldsymbol{F}$ 转化为轴向拉力 $\boldsymbol{F}$；作用在 xOz 平面内的弯曲力偶矩 $M_{ey} = F \cdot e_z$；作用在 xy 平面内的弯曲力偶矩 $M_{ez} = F \cdot e_y$。

在这些荷载作用下，如图 13-9(b)所示，杆件的变形是轴向拉伸和两个纯弯曲的组合。所有横截面上的内力——轴力和弯矩均保持不变，即

$$F_N = F, M_y = M_{ey} = F \cdot e_z, M_z = M_{ez} = F \cdot e_y$$

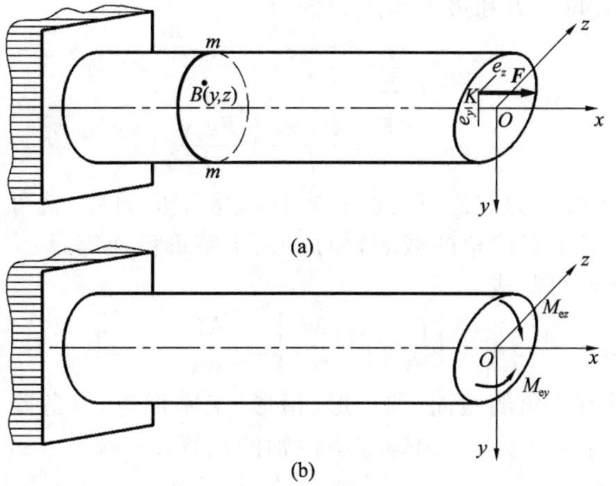

图 13-9 偏心拉伸的应力分析

叠加上述三内力所引起的正应力，即得任意横截面 m-m 上某点 $B(y,z)$ 的应力计算式

$$\sigma = \frac{F}{A} + \frac{M_y z}{I_y} + \frac{M_z y}{I_z} = \frac{F}{A} + \frac{F e_z z}{I_y} + \frac{F e_y y}{I_z} \tag{a}$$

式中，A——横截面面积；

I_y 和 I_z——横截面对 y 轴和 z 轴的惯性矩。

利用惯性矩与惯性半径的关系(见附录 A)，有

$$I_y = A \cdot i_y^2, I_z = A \cdot i_z^2$$

于是式(a)可改写为

$$\sigma = \frac{F}{A}\left(1 + \frac{e_z z}{i_y^2} + \frac{e_y y}{i_z^2}\right) \tag{b}$$

式(b)是一个平面方程，这表明正应力在横截面上按线性规律变化，而应力平面与横截面相交的直线(沿该直线 $\sigma=0$)就是中性轴，如图 13-10 所示。将中性轴上任一点 $C(z_0, y_0)$ 代入式(b)，即得中性轴方程为

$$1 + \frac{e_z z_0}{i_y^2} + \frac{e_y y_0}{i_z^2} = 0 \tag{13-4}$$

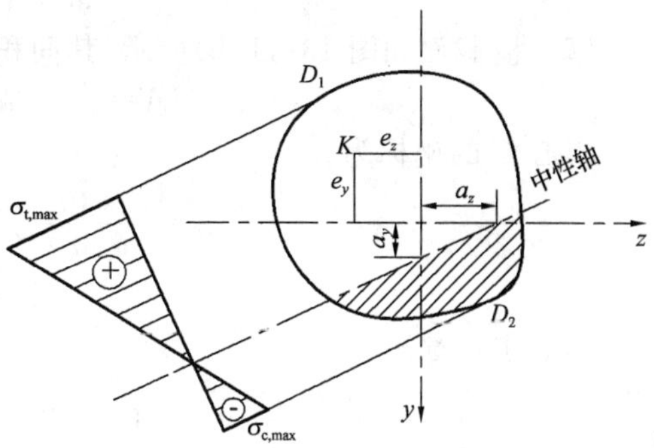

图 13-10 中性轴及应力分布

显然，中性轴是一条不通过截面形心的直线，它在 y、z 轴上的截距 a_y 和 a_z 分别可以从式(13-4)计算出来。在上式中，令 $z_0=0$，相应的 y_0 即为 a_y；而令 $y_0=0$，相应的 z_0 即为 a_z。由此求得

$$a_y = -\frac{i_z^2}{e_y}, a_z = -\frac{i_y^2}{e_z} \tag{13-5}$$

式(13-5)表明，中性轴截距 a_y、a_z 和偏心距 e_y、e_z 符号相反，所以中性轴与外力作用点 K 位于截面形心 O 的两侧，如图 13-10 所示。中性轴把截面分为两部分，一部分受拉应力，另一部分受压应力。

确定了中性轴的位置后，可作两条平行于中性轴且与截面周边相切的直线，切点 D_1 与

D_2 分别是截面上最大拉应力与最大压应力的点，分别将 $D_1(z_1,y_1)$ 与 $D_2(z_2,y_2)$ 的坐标代入式(a)，即可求得最大拉应力和最大压应力的值

$$\left.\begin{aligned}\sigma_{D_1}&=\frac{F}{A}+\frac{Fe_z z_1}{I_y}+\frac{Fe_y y_1}{I_z}\\ \sigma_{D_2}&=\frac{F}{A}+\frac{Fe_z z_2}{I_y}+\frac{Fe_y y_2}{I_z}\end{aligned}\right\}$$

由于危险点处于单轴应力状态，因此，在求得最大正应力后，就可根据材料的许用应力 $[\sigma]$ 来建立强度条件。对于有棱角的截面，如矩形、工字形截面等，最大拉或压应力发生在截面棱角处，所以强度条件可写成

$$\sigma_{\max}=\left|\frac{F_N}{A}\right|\pm\left|\frac{M_z}{w_z}\right|\pm\left|\frac{M_y}{w_y}\right|\leqslant[\sigma] \tag{13-6}$$

注意：对于周边具有棱角的截面，如矩形、箱形、工字形等，其危险点必定在截面的棱角处，并可根据杆件的变形来确定，无须确定中性轴的位置。

【例 13-2】 试求如图 13-11(a)所示杆内的最大正应力。力 **F** 与杆的轴线平行。

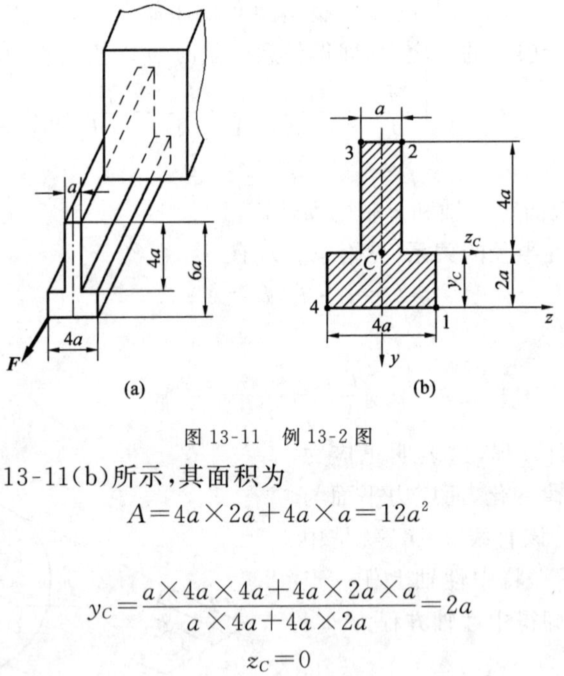

图 13-11 例 13-2 图

解 横截面如图 13-11(b)所示，其面积为

$$A=4a\times 2a+4a\times a=12a^2$$

形心 C 的坐标为

$$y_C=\frac{a\times 4a\times 4a+4a\times 2a\times a}{a\times 4a+4a\times 2a}=2a$$

$$z_C=0$$

形心主惯性矩

$$I_{zC}=\frac{a\times(4a)^3}{12}+a\times 4a\times(2a)^2+\frac{4a\times(2a)^3}{12}+2a\times 4a\times a^2=32a^4$$

$$I_{yC}=\frac{1}{12}[2a\times(4a)^3+4a\times a^3]=11a^4$$

力 **F** 对主惯性轴 y_C 和 z_C 之矩

$$M_{yC}=F\times 2a=2Fa,M_{zC}=F\times 2a=2Fa$$

比较如图 13-11(b)所示截面 4 个角点上的正应力可知，角点 4 上的正应力最大，即

$$\sigma_4=\frac{F}{A}+\frac{M_{zC}\times 2a}{I_{zC}}+\frac{M_{yC}\times 2a}{I_{yC}}=\frac{F}{12a^2}+\frac{2Fa\times 2a}{32a^4}+\frac{2Fa\times 2a}{11a^4}=0.572\,\frac{F}{a^2}$$

13.4.2　截面核心

当外力的偏心距(e_y、e_z)较小时，横截面上就可能不出现压应力，即中性轴不与横截面相交。同理，当偏心压力 **F** 的偏心距较小时，杆的横截面上也可能不出现拉应力。在工程中，有不少材料抗拉性能差，但抗压性能好且价格比较便宜，如砖、石、混凝土、铸铁等。在这类构件的设计计算中，往往认为其拉伸强度为零。这就要求构件在偏心压力作用下，其横截面上不出现拉应力，由式(13-5)可知，对于给定的截面，e_y、e_z 值越小，a_y、a_z 值就越大，即外力作用点离形心越近，中性轴距形心就越远。因此，当外力作用点位于截面形心附近的一个区域内时，就可保证中性轴不与横截面相交，这个区域称为**截面核心**。当外力作用在截面核心的边界上时，与此相对应的中性轴就正好与截面的周边相切，如图 13-12 所示。利用这一关系就可确定截面核心的外边界。

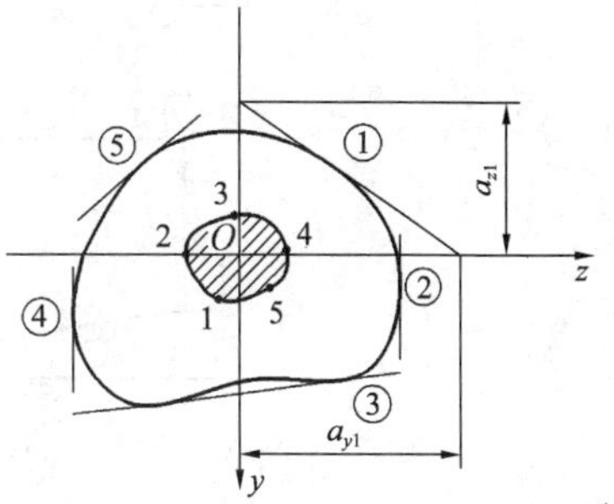

图 13-12　截面核心

为确定任意形状截面(图 13-12)的截面核心边界，可将与截面周边相切的任一直线①看作是中性轴，其在 y、z 两个形心主惯性轴上的截距分别为 a_{y1} 和 a_{z1}。由式(13-5)确定与该中性轴对应的外力作用点 1，即截面核心边界上一个点的坐标(e_{y1}，e_{z1})为

$$e_{y1}=-\frac{i_z^2}{a_{y1}},e_{z1}=-\frac{i_y^2}{a_{z1}}$$

同样，分别将与截面周边相切的直线②，③，…看作是中性轴，并按上述方法求得与其对应的截面核心边界上点 2，3，…的坐标。连接这些点所得到的一条封闭曲线，即为所求截面核心的边界，而该边界曲线所包围的带阴影线的面积，即为截面核心，如图 13-12 所示。

13.5　弯曲与扭转

机械中的传动轴与皮带轮、齿轮或飞轮等连接时，往往同时受到弯曲与扭转的联合作用。由于传动轴都是圆截面的，故以圆截面杆为例，讨论杆件发生弯曲与扭转组合变形时的强度计算。

设有一实心圆轴 AB，A 端固定，B 端连一手柄 BC，在 C 处作用一铅垂方向力 **F**，如图 13-13(a)所示，圆轴 AB 承受弯曲与扭转的组合变形。略去自重的影响，将力 **F** 向 AB 轴端截面的形心 B 简化后，即可将外力分为两组，一组是作用在轴上的横向力 **F**，另一组为在轴端截面内的力偶矩 $M_e=Fa$，如图 13-13(b)所示，前者使轴发生弯曲变形，后者使轴发生扭转变形。分别作出圆轴 AB 的弯矩图和扭矩图，如图 13-13(c)和图 13-13(d)所示，可见，轴的固定端截面是危险截面，其内力分量分别为

$$M=Fl,T=M_e=Fa$$

在截面 A 上弯曲正应力 σ 和扭转切应力 τ 均按线性分布，如图 13-13(e)和图 13-13(f)所示。危险截面上铅垂直径上下两端点 C_1 和 C_2 是截面上的危险点，因在这两点上正应力和切应力均达到极大值，故必须校核这两点的强度。对于抗拉强度与抗压强度相等的塑性材料，只需取其中的一个点 C_1 来研究即可。C_1 点的弯曲正应力和扭转切应力分别为

$$\sigma=\frac{M}{w_z},\tau=\frac{T}{w_P} \tag{a}$$

对于直径为 d 的实心圆截面，抗弯截面系数与抗扭截面系数分别为

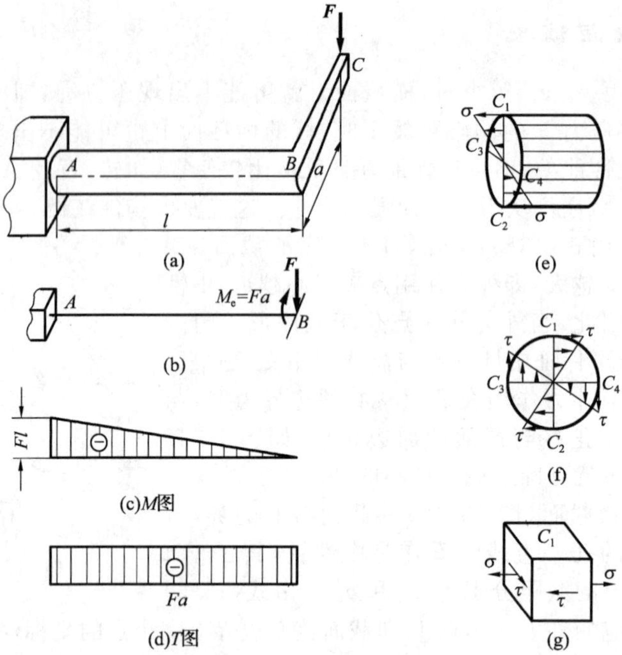

图 13-13　弯曲与扭转组合变形

$$w_z=\frac{\pi d^3}{32},w_P=\frac{\pi d^3}{16}=2w_z \tag{b}$$

围绕 C_1 点分别用横截面、径向纵截面和切向纵截面截取单元体，可得 C_1 点处的应力状态，如图 13-13(g)所示。显然，C_1 点处于平面应力状态，其三个主应力为

$$\left.\begin{matrix}\sigma_1\\\sigma_3\end{matrix}\right\}=\frac{\sigma}{2}\pm\frac{1}{2}\sqrt{\sigma^2+4\tau^2},\sigma_2=0$$

对于用塑性材料制成的杆件，选用第三或第四强度理论来建立强度条件，即

$$\sigma_r\leqslant[\sigma] \tag{13-7}$$

若用第三强度理论，则相当应力为

$$\sigma_{r3}=\sigma_1-\sigma_3=\sqrt{\sigma^2+4\tau^2} \tag{13-8a}$$

若用第四强度理论，则相当应力为

$$\sigma_{r4}=\sqrt{\sigma_1^2+\sigma_3^2-\sigma_1\sigma_3}=\sqrt{\sigma^2+3\tau^2} \tag{13-8b}$$

将(a)、(b)两式代入式(13-8)，相当应力表达式可改写为

$$\left.\begin{aligned}\sigma_{r3}&=\sqrt{\left(\frac{M}{w_z}\right)^2+4\left(\frac{T}{w_P}\right)^2}=\frac{\sqrt{M^2+T^2}}{w_z}\\\sigma_{r4}&=\sqrt{\left(\frac{M}{w_z}\right)^2+3\left(\frac{T}{w_P}\right)^2}=\frac{\sqrt{M^2+0.75T^2}}{w_z}\end{aligned}\right\} \tag{13-9}$$

在求得危险截面的弯矩 M 和扭矩 T 后，就可直接利用式(13-9)建立强度条件，进行强度计算。式(13-9)同样适用于空心圆杆，而只需将式中的 W_z 改用空心圆截面的弯曲截面系数。

应该注意的是，式(13-8)适用于如图 13-13(g)所示的平面应力状态，而不论正应力 σ 是由弯曲还是由其他变形引起的，不论切应力 τ 是由扭转还是由其他变形引起的，也不论正应力和切应力是正值还是负值。工程中有些杆件，如船舶推进轴、有止推轴承的传动轴等除了承受弯曲和扭转变形外，同时还受到轴向拉伸(压缩)，其危险点处的正应力 σ 等于弯曲正应力与轴向拉伸(压缩)正应力之和,相当应力表达式(13-8)仍然适用。但式(13-9)仅适用于扭转与弯曲组合变形下的圆截面杆。

通过以上举例,对传动轴等进行静力强度计算时,一般可按下列步骤进行:

(1)外力分析(确定杆件组合变形的类型)。

(2)内力分析(确定危险截面的位置)。

(3)应力分析(确定危险截面上的危险点)。

(4)强度计算(选择适当的强度理论进行强度计算)。

【例 13-3】 机轴上的两个齿轮如图 13-14(a)所示,受到切线方向的力 $P_1=5\ \text{kN}$,$P_2=10\ \text{kN}$ 作用,轴承 A 及 D 处均为铰支座,轴的许用应力$[\sigma]=100\ \text{MPa}$,求轴所需的直径 d。

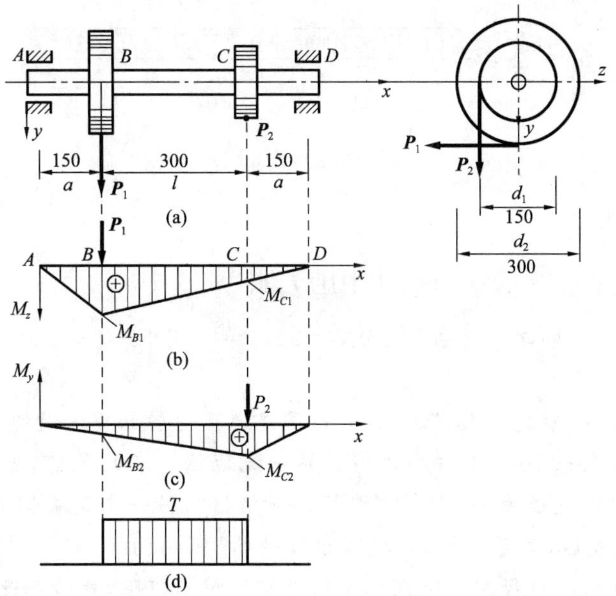

图 13-14　例 13-3 图

解　(1)外力分析

把 $\boldsymbol{P}_1$ 及 $\boldsymbol{P}_2$ 向机轴轴心简化成为竖向力 $\boldsymbol{P}_1$、水平力 $\boldsymbol{P}_2$ 及力偶矩

$$M_e=P_1\times\frac{d_2}{2}=P_2\times\frac{d_1}{2}=10\times\frac{150\times10^{-3}}{2}=0.75\ \text{kN}\cdot\text{m}$$

两个力使轴发生弯曲变形,两个力偶矩使轴在 BC 段内发生扭转变形。

(2)内力分析

BC 段内的扭矩为

$$T=M_e=0.75\ \text{kN}\cdot\text{m}$$

轴在竖向平面内因 $\boldsymbol{P}_1$ 作用而弯曲,弯矩图如图 13-14(b)所示,引起 B、C 处的弯矩分别为

$$M_{B1}=\frac{P_1(l+a)a}{l+2a},M_{C1}=\frac{P_1a^2}{l+2a}$$

轴在水平面内因 $\boldsymbol{P}_2$ 作用而弯曲,在 B、C 处的弯矩分别为

$$M_{B2}=\frac{P_2a^2}{l+2a},M_{C2}=\frac{P_2(l+a)a}{l+2a}$$

B、C 两个截面上的合成弯矩为

$$M_B=\sqrt{M_{B1}^2+M_{B2}^2}=\sqrt{\frac{P_1^2(l+a)^2a^2}{(l+2a)^2}+\frac{P_2^2a^4}{(l+2a)^2}}=0.676\ \text{kN}\cdot\text{m}$$

$$M_C=\sqrt{M_{C1}^2+M_{C2}^2}=\sqrt{\frac{P_1^2a^4}{(l+2a)^2}+\frac{P_2^2(l+a)^2a^2}{(l+2a)^2}}=1.14\ \mathrm{kN\cdot m}$$

轴内每一截面的弯矩都由两个弯矩分量合成,且合成弯矩的作用平面各不相同,但因为圆轴的任一直径都是形心主轴,抗弯截面系数 W 都相同,所以可将各截面的合成弯矩画在同一张图内,如图 13-14(c)所示。

(3)强度计算

按第四强度理论建立强度条件

$$\sigma_{r4}=\frac{\sqrt{M_C^2+0.75T^2}}{w}\leqslant[\sigma]$$

$$w=\frac{\pi d^3}{32}\geqslant\frac{\sqrt{(1.14\times10^3)^2+0.75\times(0.75\times10^3)^2}}{100\times10^6}$$

解之得

$$d\geqslant0.051\ \mathrm{m}=51\ \mathrm{mm}$$

【资料阅读】

“中国天眼”

FAST 是世界最大单口径射电望远镜,于 2016 年 9 月 25 日在贵州省平塘县落成启用,被誉为“中国天眼”。

这个目前中国保持领先的天文工程,开创了建造巨型射电望远镜的新模式,具有自主知识产权,被认为将在未来 10~20 年内保持世界一流地位。在此之前,世界上保持领先的射电望远镜,一个是德国直径为 100 米的“埃菲尔斯伯格”,另一个是美国直径为 300 米的“阿雷西博”。FAST 建成后,灵敏度将比“埃菲尔斯伯格”提高约 10 倍;与“阿雷西博”相比,其综合性能提高约 10 倍。口径突破百米已是射电望远镜的极限,建造如此巨大的射电望远镜国际上没有先例,而 500 米口径的结构要实现毫米级精度,也是前所未有的。

(资料来源:《华声》,2017)

思政目标

工程中构件受力是复杂的,很多构件的变形也是多种基本变形同时发生的。组合变形构件的强度分析与计算形式多样,需具体问题具体分析。通过本章内容的学习,学生可认识到客观世界是复杂的,复杂事物受多重因素的影响,其结果并不是各个单个因素影响结果的简单叠加,它们之间往往还存在着相互影响。

本章小结

1. 组合变形的概念

所谓组合变形,指的是由两种或两种以上基本变形叠加而成的变形,本章主要讨论四种组合变形的强度计算问题,如斜弯曲、拉伸(压缩)与弯曲、偏心拉伸(压缩)和弯曲与扭转。其中,斜弯曲、拉伸(压缩)与弯曲和偏心拉伸(压缩)的强度计算属于一类问题,即通过正应

力强度条件来计算强度,强度条件可以写成

$$\sigma_{max} \leqslant [\sigma]$$

而弯曲与扭转组合变形的强度计算则需要通过强度理论来解决,强度条件要由相当应力来建立,强度条件可以写成

$$\sigma_r \leqslant [\sigma]$$

2. 斜弯曲

所谓斜弯曲,即两个垂直平面内的平面弯曲,强度条件为

$$\sigma_{max} = \left|\frac{M_y}{w_y}\right| + \left|\frac{M_z}{w_z}\right| \leqslant [\sigma]$$

3. 拉伸(压缩)与弯曲

所谓拉伸(压缩)与弯曲,即轴向拉伸(压缩)变形与平面弯曲变形的叠加,强度条件为

$$\sigma_{max} = \left|\frac{F_N}{A}\right| + \left|\frac{M_{max}}{w_z}\right| \leqslant [\sigma]$$

4. 偏心拉伸(压缩)

所谓偏心拉伸(压缩),即轴向拉伸(压缩)变形与两个垂直平面内的平面弯曲变形的叠加。对于有棱角的截面,最大的拉或压应力发生在截面棱角处,因此,强度条件可写为

$$\sigma_{max} = \left|\frac{F_N}{A}\right| \pm \left|\frac{M_z}{w_z}\right| \pm \left|\frac{M_y}{w_y}\right| \leqslant [\sigma]$$

5. 弯曲与扭转

所谓弯曲与扭转变形,即弯曲变形(平面弯曲或斜弯曲)与扭转变形的叠加。由于这种组合变形的危险截面处的危险点是复杂应力状态,所以,该点的强度条件应该由强度理论来确定,即

$$\sigma_r \leqslant [\sigma]$$

若用第三强度理论,则相当应力为

$$\sigma_{r3} = \sigma_1 - \sigma_3 = \sqrt{\sigma^2 + 4\tau^2}$$

若用第四强度理论,则相当应力为

$$\sigma_{r4} = \sqrt{\sigma_1^2 + \sigma_3^2 - \sigma_1\sigma_3} = \sqrt{\sigma^2 + 3\tau^2}$$

若杆件截面为圆截面,则相当应力表达式可改写为

$$\left.\begin{aligned} \sigma_{r3} &= \sqrt{\left(\frac{M}{w_z}\right)^2 + 4\left(\frac{T}{w_P}\right)^2} = \frac{\sqrt{M^2 + T^2}}{w_z} \\ \sigma_{r4} &= \sqrt{\left(\frac{M}{w_z}\right)^2 + 3\left(\frac{T}{w_P}\right)^2} = \frac{\sqrt{M^2 + 0.75T^2}}{w_z} \end{aligned}\right\}$$

式中,M——危险截面处的合弯矩。

6. 截面核心

当外力作用点位于截面形心附近的一个区域内时,就可保证中性轴不与横截面相交,这个区域称为截面核心,即当外力作用在截面核心的边界上时,与此相对应的中性轴就正好与截面的周边相切。或者说,只要外力作用在截面核心内,截面上的应力就是同号(拉应力或压应力)。

习　题

13-1　矩形截面木制简支梁 AB,在跨度中点 C 处承受一与垂直方向成 $\varphi = 15^\circ$ 的集中

力 $F=10$ kN 的作用，如图 13-15 所示，已知木材的弹性模量 $E=1.0\times10^4$ MPa。试确定：

(1)截面上中性轴的位置。

(2)危险截面上的最大正应力。

(3)C 点总挠度的大小和方向。

13-2　如图 13-16 所示一楼梯木斜梁的长度为 $l=4$ m，截面为 0.2 m×0.1 m 的矩形，受均布荷载作用，$q=2$ kN/m。试作梁的轴力图和弯矩图，并求横截面上的最大拉应力和最大压应力。

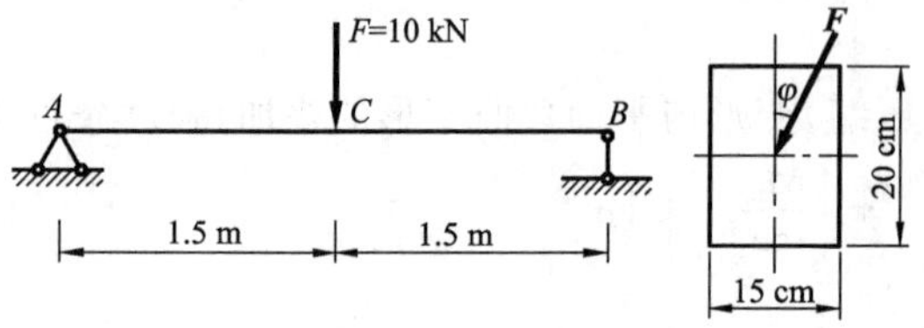

图 13-15　习题 13-1 图

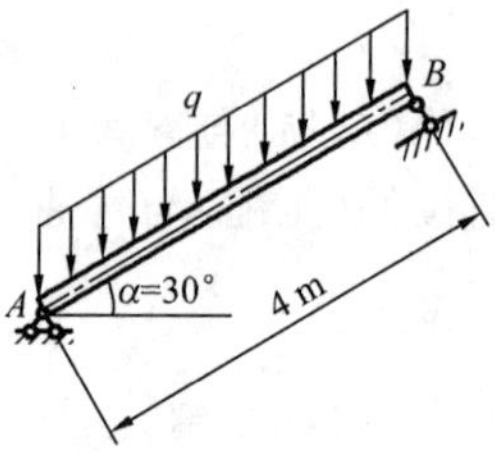

图 13-16　习题 13-2 图

13-3　如图 13-17 所示一悬臂滑车架，杆 AB 为 18 号工字钢，其长度为 $l=2.6$ m。试求当荷载 $F=25$ kN 作用在 AB 的中点 D 处时，杆内的最大正应力。设工字钢的自重可略去不计。

13-4　如图 13-18 所示钻床的立柱为铸铁制成，$F=15$ kN，许用应力$[\sigma_t]=35$ MPa。试确定立柱所需直径 d。

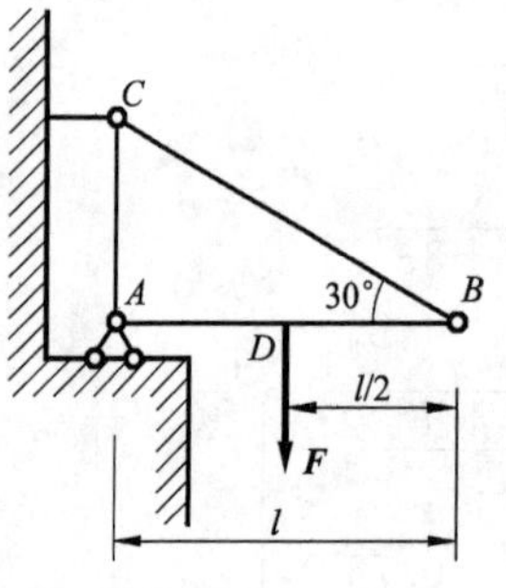

图 13-17　习题 13-3 图

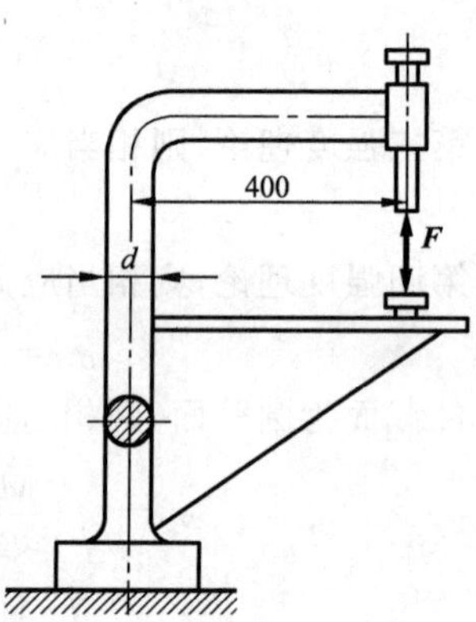

图 13-18　习题 13-4 图

13-5　悬臂梁在自由端受集中力 $\boldsymbol{F}$ 的作用，如图 13-19(a)所示，该力通过截面形心。设梁截面形状以及力 $\boldsymbol{F}$ 在自由端截面平面内的方向分别如图 13-19(b)～(g)所示，其中图(b)、(c)、(g)中的 φ 为任意角。试说明各截面梁发生何种组合变形。

13-6　曲拐受力如图 13-20 所示，其圆杆部分的直径 $d=50$ mm。试画出表示 A 点处应力状态的单元体，并求其主应力及最大切应力。

13-7　铁道路标圆信号板，装在外径 $D=60$ mm 的空心圆柱上，所受的最大风载 $P=2$ kN/m²，$[\sigma]=60$ MPa。试按第三强度理论选定空心柱的厚度，如图 13-21 所示。

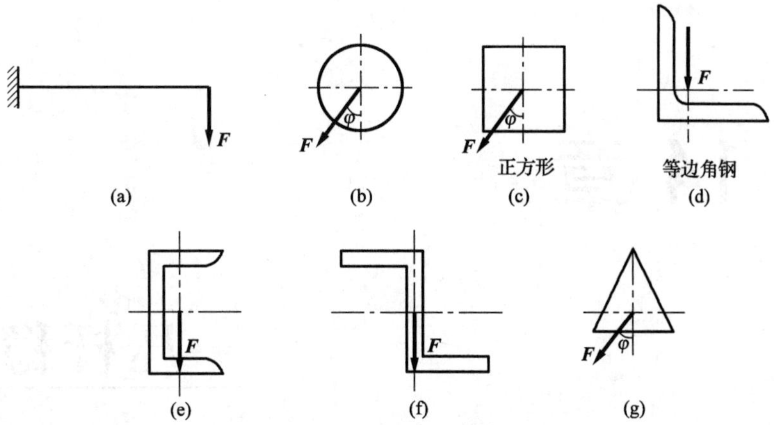

图 13-19　习题 13-5 图

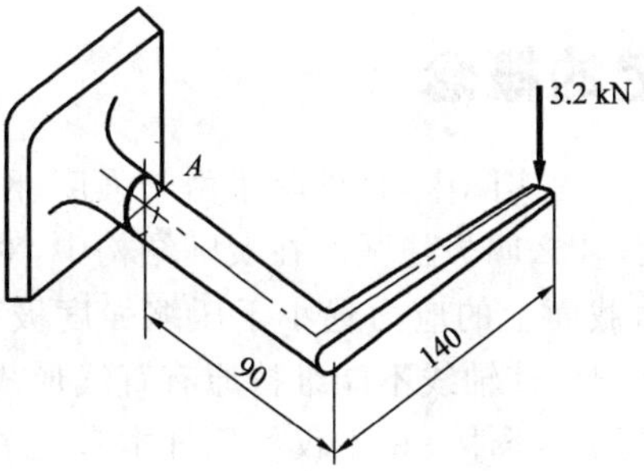

图 13-20　习题 13-6 图

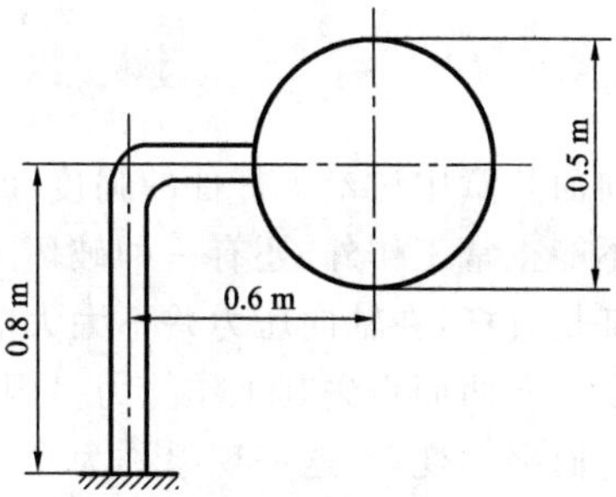

图 13-21　习题 13-7 图

13-8　手摇绞车如图 13-22 所示，$\boldsymbol{F}$ 为作用在摇把上的力，方向垂直于纸面，轴的直径 $d=30$ mm，材料为 Q235 钢，$[\sigma]=80$ MPa。试按第三强度理论求手摇绞车的最大起重量 $\boldsymbol{P}$。

13-9　承受偏心拉伸的矩形截面杆如图 13-23 所示，今用电测法测得该杆上、下两侧面的纵向应变 ε_1 和 ε_2。试证明偏心距 e 与应变 ε_1、ε_2 在弹性范围内满足下列关系式：

$$e=\frac{\varepsilon_1-\varepsilon_2}{\varepsilon_1+\varepsilon_2}\cdot\frac{h}{6}$$

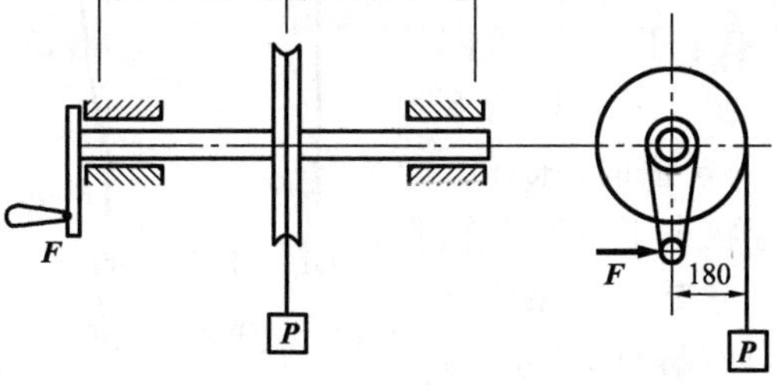

图 13-22　习题 13-8 图

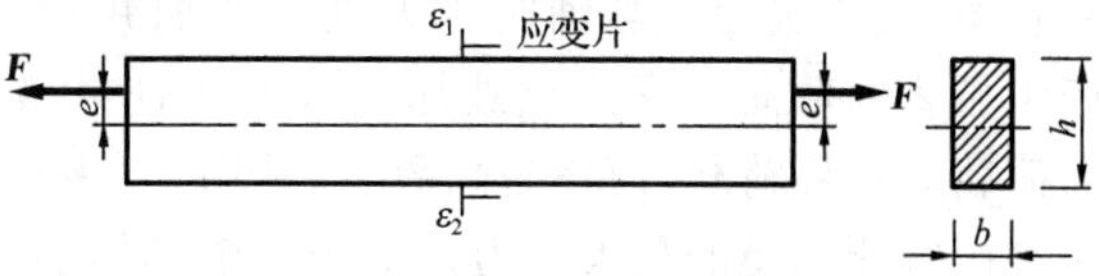

图 13-23　习题 13-9 图

第 14 章

压杆稳定

14.1 压杆稳定的概念

前面几章中讨论了杆件的强度和刚度问题。在工程实际中,杆件除了由于强度、刚度不够而不能正常工作外,还有一种破坏形式就是失稳。什么叫失稳呢?在实际结构中,对于受压的细长直杆,在轴向压力并不太大的情况下,杆横截面上的应力远小于压缩强度极限,会突然发生弯曲而丧失其工作能力。因此,细长杆受压时,其轴线不能维持原有直线形式的平衡状态而突然变弯,这一现象称为丧失稳定,或称失稳。杆件失稳不仅使压杆本身失去了承载能力,而且会因局部构件的失稳而导致整个结构的破坏。因此,对于轴向受压杆件,除应考虑强度与刚度问题外,还应考虑其稳定性问题。所谓稳定性,指的是平衡状态的稳定性,亦即物体保持其当前平衡状态的能力。

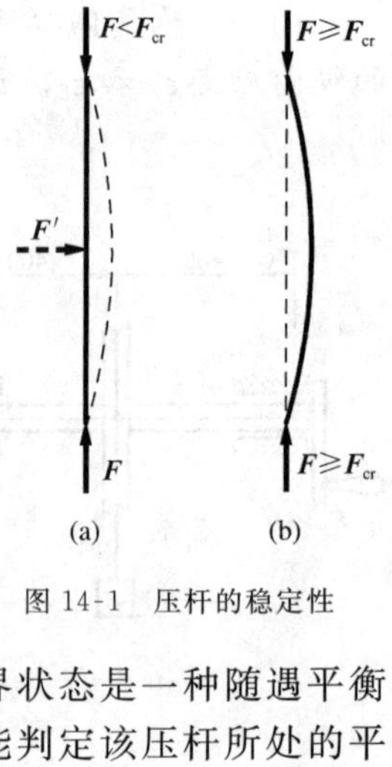

图 14-1 压杆的稳定性

如图 14-1 所示,两端铰支的细长压杆,当受到轴向压力时,如果是所用材料、几何形状等无缺陷的理想直杆,则杆受力后仍将保持直线形状。当轴向压力较小时,如果给杆一个侧向干扰使其稍微弯曲,则当干扰去掉后,杆仍会恢复原来的直线形状,说明压杆处于稳定的平衡状态,如图 14-1(a)所示。当轴向压力达到某一值时,加干扰力杆件变弯,而撤除干扰力后,杆件在微弯状态下平衡,不再恢复到原来的直线状态,如图 14-1(b)所示,说明压杆处于不稳定的平衡状态,或称失稳。当轴向压力继续增加并超过一定值时,压杆会产生显著的弯曲变形甚至破坏。这个使杆在微弯状态下平衡的轴向荷载为临界荷载,简称为临界力,并用 F_{cr} 表示。它是压杆保持直线平衡时能承受的最大压力。对于一个具体的压杆(材料、尺寸、约束等情况均已确定)来说,临界力 F_{cr} 是一个确定的数值。压杆的临界状态是一种随遇平衡状态,因此,根据杆件所受的实际压力是否小于该压杆的临界力,就能判定该压杆所处的平衡状态是稳定的还是不稳定的。

工程实际中许多受压构件都要考虑其稳定性,例如千斤顶的丝杆、自卸载重车的液压活塞杆和连杆以及桁架结构中的受压杆等。

解决压杆稳定问题的关键是确定其临界力。如果将压杆的工作压力控制在由临界力所确定的许用范围内,则压杆不致失稳。下面研究如何确定压杆的临界力。

14.2　理想压杆临界力的计算

对于实际的压杆，导致其弯曲的因素有很多，比如，压杆材料本身存在的不均匀性，压杆在制造时其轴线不可避免地会存在初曲率，作用在压杆上外力的合力作用线也不可能毫无偏差地与杆轴线相重合等。这些因素都可能使压杆在外力作用下除发生轴向压缩变形外，还发生附加的弯曲变形。但在对压杆的承载能力进行理论研究时，通常将压杆抽象为由均质材料制成的中心受压直杆的力学模型，即理想压杆。因此，“失稳”临界力的概念都是针对这一力学模型而言的。

14.2.1　两端铰支细长压杆的临界力

现以两端铰支、长度为 l 的等截面细长中心受压杆为例，如图 14-2(a)所示，推导其临界力的计算公式。假设压杆在临界力作用下轴线呈微弯状态维持平衡，如图 14-2(b)所示。此时，压杆任意 x 截面沿 y 方向的挠度为 w，该截面上的弯矩为

$$M(x)=F_{cr}\cdot w \tag{a}$$

弯矩的正、负号按第 11 章中的规定，挠度 w 以沿 y 轴正方向为正。

将式(a)代入式(11-16b)，可得挠曲线的近似微分方程为

$$EIw''=-M(x)=-F_{cr}w \tag{b}$$

式中，I——压杆横截面的最小形心主惯性矩。

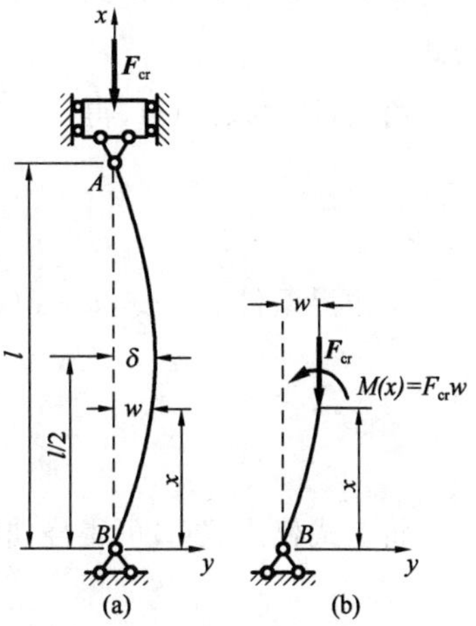

图 14-2　两端铰支的细长压杆

将式(b)两端均除以 EI，并令

$$\frac{F_{cr}}{EI}=k^2 \tag{c}$$

则式(b)可写成如下形式

$$w''+k^2w=0 \tag{d}$$

式(d)为二阶常系数线性微分方程，其通解为

$$w=A\sin(kx)+B\cos(kx) \tag{e}$$

式中，A、B 和 k 三个待定常数可利用挠曲线的边界条件来确定。

边界条件：

当 $x=0$ 时，$w=0$，代入式(e)，得 $B=0$。式(e)为

$$w=A\sin(kx) \tag{f}$$

当 $x=l$ 时，$w=0$，代入式(f)，得

$$A\sin kl=0 \tag{g}$$

满足式(g)的条件是$A=0$,或者$\sin(kl)=0$。若$A=0$,由式(f)可见$w=0$,与题意(轴线呈微弯状态)不符。因此,只有

$$\sin(kl)=0 \tag{h}$$

即得

$$kl=n\pi \quad (n=1,2,3,\cdots)$$

其最小非零解是$n=1$的解,于是

$$kl=\sqrt{\frac{F_{cr}}{EI}}\cdot l=\pi \tag{i}$$

即得

$$F_{cr}=\frac{\pi^2 EI}{l^2} \tag{14-1}$$

式(14-1)即两端铰支等截面细长中心受压直杆临界力$\boldsymbol{F}_{cr}$的计算公式,也称为欧拉公式。

将式(i)代入式(f),得

$$w=A\sin\left(\frac{\pi}{l}x\right) \tag{j}$$

将边界条件$x=\frac{l}{2}$,$w=\delta$(δ为挠曲线中点挠度)代入式(j),得

$$A=\frac{\delta}{\sin\frac{\pi}{2}}=\delta$$

将上式代入式(j)可得挠曲线方程为

$$w=\delta\sin\left(\frac{\pi}{l}x\right) \tag{k}$$

即挠曲线为半波正弦曲线。

14.2.2 一端固定、一端自由细长压杆的临界力

如图14-3所示,一下端固定、上端自由并在自由端受轴向压力作用的等直细长压杆。杆长为l,在临界力作用下,杆失稳时假定可能在xOy平面内维持微弯状态下的平衡,其弯曲刚度为EI,现推导其临界力。

根据杆端约束情况,杆在临界力$\boldsymbol{F}_{cr}$作用下的挠曲线形状如图14-3所示,最大挠度δ发生在杆的自由端。由临界力引起的杆任意x截面上的弯矩为

$$M(x)=-F_{cr}(\delta-w) \tag{a}$$

式中,w——x截面处杆的挠度。

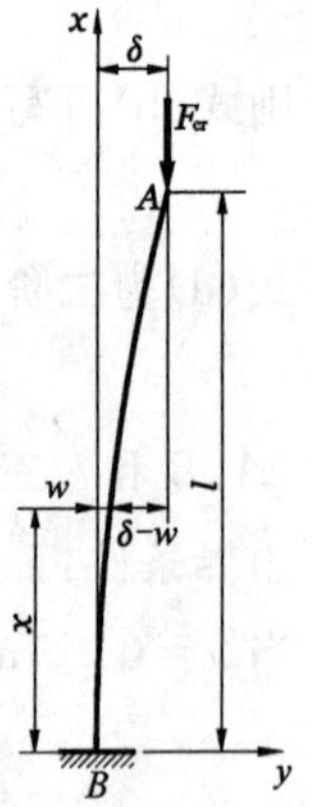

图14-3 一端固定、一端自由的细长压杆

将式(a)代入杆的挠曲线近似微分方程式(11-16(b)),即得

$$EIw''=-M(x)=F_{cr}(\delta-w) \tag{b}$$

式(b)两端均除以 EI,并令$\frac{F_{cr}}{EI}=k^2$,经整理得

$$w''+k^2w=k^2\delta \tag{c}$$

式(c)为二阶常系数非齐次微分方程,其通解为

$$w=A\sin(kx)+B\cos(kx)+\delta \tag{d}$$

其一阶导数为

$$w'=Ak\cos(kx)-Bk\sin(kx) \tag{e}$$

式中,A、B 和 k 可由挠曲线的边界条件确定。

当 $x=0$ 时,$w=0$,有 $B=-\delta$。

当 $x=0$ 时,$w'=0$,有 $A=0$。

将 A、B 的值代入式(d),得

$$w=\delta[1-\cos(kx)] \tag{f}$$

再将边界条件 $x=l$,$w=\delta$ 代入式(f),即得

$$\delta=\delta[1-\cos(kl)] \tag{g}$$

由此得

$$\cos(kl)=0 \tag{h}$$

从而得

$$kl=\frac{n\pi}{2}\quad(n=1,3,5,\cdots) \tag{i}$$

其最小非零解为 $n=1$ 的解,即 $kl=\frac{\pi}{2}$。于是该压杆临界力 $\boldsymbol{F}_{cr}$ 的欧拉公式为

$$F_{cr}=\frac{\pi^2EI}{(2l)^2} \tag{14-2}$$

将 $k=\frac{\pi}{2l}$代入式(f),即得此压杆的挠曲线方程为

$$w=\delta\left(1-\cos\frac{\pi x}{2l}\right)$$

式中,δ——杆自由端的微小挠度,其值不定。

比较上述两种典型压杆的欧拉公式,可以看出,两个公式的形式都一样;临界力与 EI 成正比,与 l^2 成反比,只相差一个系数。显然,此系数与约束形式有关。于是,临界力的表达式可统一写为

$$F_{cr}=\frac{\pi^2EI}{(\mu l)^2} \tag{14-3}$$

式中,μ——长度系数;

μl——压杆的相当长度。

不同杆端约束情况下的长度系数见表 14-1。值得指出,表中给出的都是理想约束情况。实际工程问题中,杆端约束多种多样,要根据具体实际约束的性质和相关设计规范选定值的大小。

表 14-1　　不同杆端约束情况下的长度系数

支撑情况	两端铰支	一端固定 另一端铰支	两端固定	一端固定 另一端自由	两端固定但可 沿横向相对移动
失稳时挠曲线形状	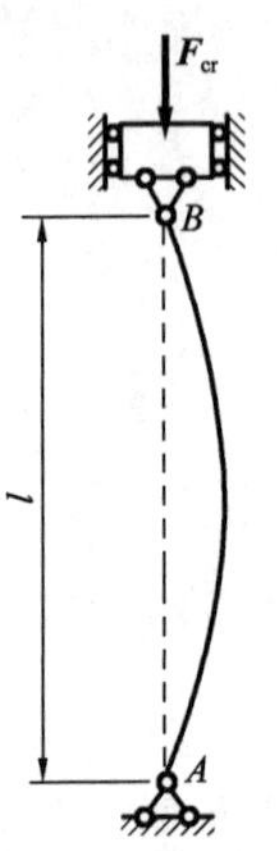	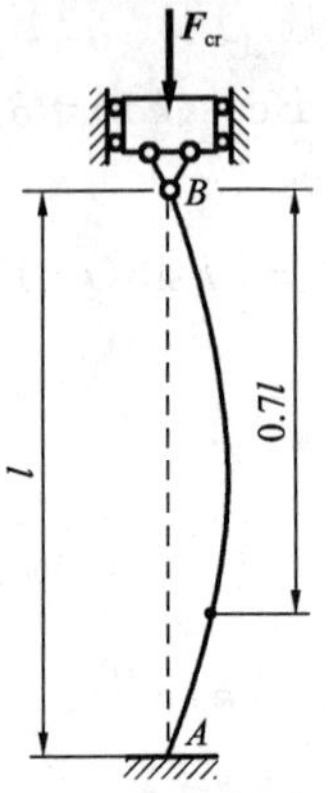 C—挠曲线拐点	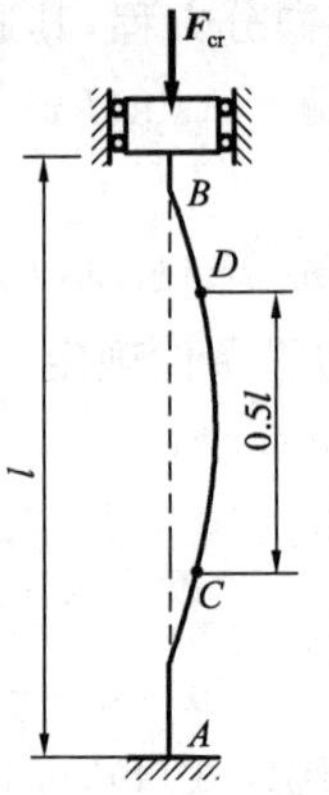 C、D—挠曲线拐点	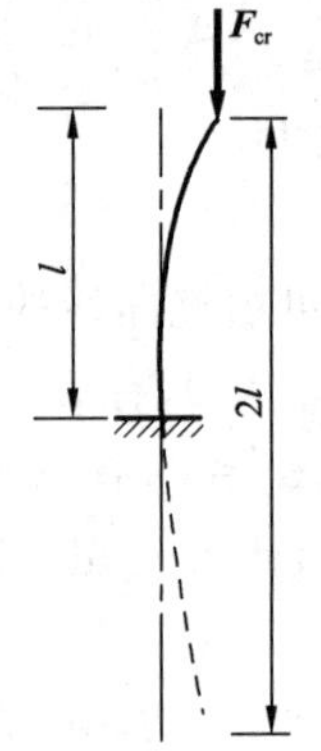	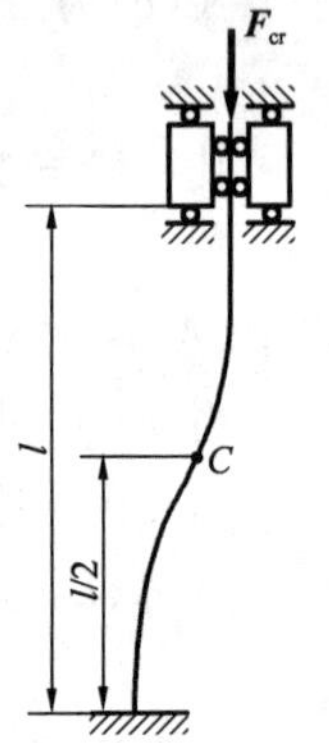 C—挠曲线拐点
临界力 F_{cr} 欧拉公式	$\frac{\pi^2 EI}{l^2}$	约$\frac{\pi^2 EI}{(0.7l)^2}$	$\frac{\pi^2 EI}{(0.5l)^2}$	$\frac{\pi^2 EI}{(2l)^2}$	$\frac{\pi^2 EI}{l^2}$
长度因数 μ	1	0.7	0.5	2	1

14.3 欧拉公式的适用范围

14.3.1 临界应力和柔度

当压杆受临界力 $\boldsymbol{F}_{cr}$ 作用而在直线平衡形式下维持不稳定平衡时，横截面上的压应力可按公式 $\sigma=\frac{F}{A}$ 计算。于是，各种支撑情况下压杆横截面上的应力为

$$\sigma_{cr}=\frac{F_{cr}}{A}=\frac{\pi^2 E}{(\mu l)^2}\cdot\frac{I}{A}=\frac{\pi^2 E}{(\mu l/i)^2} \tag{14-4}$$

式中，σ_{cr}——**临界应力**；

i——压杆横截面对中性轴的**惯性半径**，$i=\sqrt{\frac{I}{A}}$。

令

$$\lambda=\frac{\mu l}{i} \tag{14-5}$$

式中，λ——压杆的**长细比**或**柔度**。其值越大，σ_{cr} 就越小，即压杆越容易失稳。

则式(14-4)可写成

$$\sigma_{cr}=\frac{\pi^2 E}{\lambda^2} \tag{14-6}$$

式(14-6)称为临界应力的欧拉公式。

14.3.2 欧拉公式的适用范围

在前面推导临界力的欧拉公式过程中，使用了挠曲线近似微分方程。而挠曲线近似微

分方程的适用条件是小变形、线弹性范围内。因此，欧拉公式(14-6)只适用于小变形且临界应力不超过材料比例极限 σ_p，亦即

$$\sigma_{cr} \leqslant \sigma_p$$

将式(14-6)代入上式，得

$$\frac{\pi^2 E}{\lambda^2} \leqslant \sigma_p$$

或写成

$$\lambda \geqslant \pi \sqrt{\frac{E}{\sigma_p}} = \lambda_p \tag{14-7}$$

式中，λ_p——能够应用欧拉公式的压杆柔度的界限值。通常称 $\lambda \geqslant \lambda_p$ 的压杆为大柔度压杆，或细长压杆；而当压杆的柔度 $\lambda < \lambda_p$ 时，就不能应用欧拉公式。

14.3.3　临界应力总图

当压杆柔度 $\lambda < \lambda_p$ 时，欧拉公式(14-3)和(14-6)不再适用。对这样的压杆，目前设计中多采用经验公式确定临界应力。常用的经验公式有直线公式和抛物线公式。

1. 直线公式

对于柔度 $\lambda < \lambda_p$ 的压杆，通过试验发现，其临界应力 σ_{cr} 与柔度之间的关系可近似地用如下直线公式表示

$$\sigma_{cr} = a - b\lambda \tag{14-8}$$

式中，a、b——与压杆材料力学性能有关的常数。

事实上，当压杆柔度小于 λ_0 时，不论施加多大的轴向压力，压杆都不会因发生弯曲变形而失稳。一般将 $\lambda < \lambda_0$ 的压杆称为**小柔度杆**。这时只要考虑压杆的强度问题即可。当压杆的 λ 值在 $\lambda_0 < \lambda < \lambda_p$ 范围时，称压杆为**中柔度杆**。

对于由塑性材料制成的小柔度杆，当其临界应力达到材料的屈服强度 σ_s 时，即认为失效。所以有

$$\sigma_{cr} = \sigma_s$$

将其代入式(14-8)，可确定 λ_0 的大小。

$$\lambda_0 = \frac{a - \sigma_s}{b} \tag{14-9}$$

如果将式(4-19)中的 σ_s 换成脆性材料的抗压强度 σ_b，即得由脆性材料制成压杆的 λ_0 值。不同材料的 a、b 值及 λ_p、λ_0 值见表 14-2。

表 14-2　不同材料的 a、b 值及 λ_p、λ_0 值

材料(σ_s,σ_b/MPa)	a/MPa	b/MPa	λ_p	λ_0
Q235 钢(σ_s=235,$\sigma_b\geqslant$372)	304	1.12	100	60
优质碳钢(σ_s=306,$\sigma_b\geqslant$470)	460	2.57	100	60
硅钢(σ_s=353,$\sigma_b\geqslant$510)	577	3.74	100	60
铬钼钢	980	5.29	55	
硬　铝	392	3.26	50	
铸　铁	332	1.45	80	
松　木	28.7	0.2	59	

以柔度 λ 为横坐标，临界应力 σ_{cr} 为纵坐标，将临界应力与柔度的关系曲线绘于图中，即得到全面反映大、中、小柔度压杆的临界应力随柔度变化情况的临界应力总图，如图 14-4 所示。

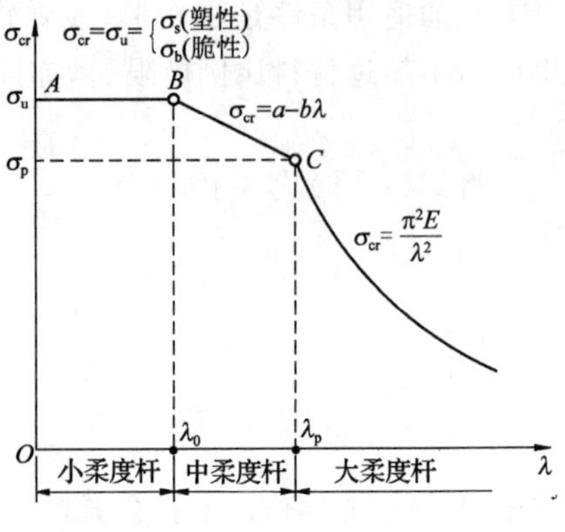

图 14-4 临界应力总图

2. 抛物线公式

我国钢结构规范（GB 50017—2003）中，采用如下形式的抛物线公式

$$\sigma_{cr}=\sigma_s\left[1-0.43\left(\frac{\lambda}{\lambda_c}\right)^2\right],\lambda\leqslant\lambda_c \qquad (14\text{-}10)$$

其中

$$\lambda_c=\pi\sqrt{\frac{E}{0.57\sigma_s}} \qquad (14\text{-}11)$$

式中，λ_c——临界应力曲线与抛物线相交点对应的柔度值。

14.4 压杆的稳定计算

14.4.1 稳定安全因数法

对于实际中的压杆，要使其不丧失稳定而正常工作，必须使压杆所承受的工作应力小于压杆的临界应力 σ_{cr}，为了使其具有足够的稳定性，可将临界应力除以适当的安全系数。于是，压杆的稳定条件为

$$\sigma=\frac{F}{A}\leqslant[\sigma]_{st}=\frac{\sigma_{cr}}{n_{st}} \qquad (14\text{-}12)$$

式中，n_{st}——**稳定安全因数**；

$[\sigma]_{st}$——**稳定许用应力**。

式(14-12)即为稳定安全因数法的稳定条件。常见压杆的稳定安全因数见表 14-3。

表 14-3 常见压杆的稳定安全因数

实际压杆	稳定安全因素 n_{st}
金属结构中的压杆	1.8～3.0
矿山和冶金设备中的压杆	4～8
机床的走刀丝杠	2.5～4
磨床油缸活塞杆	4～6
高速发动机挺杆	2.5～5
拖拉机转向机构的推杆	≥5
起重螺旋	3.5～5

【例 14-1】 如图 14-5 所示的结构中，梁 AB 为 No. 14 普通热轧工字钢，CD 为圆截面直杆，其直径为 $d=20$ mm，二者材料均为 Q235 钢。结构受力如图 14-5 所示，A、C、D 三处均为球铰约束。若已知 $F=25$ kN，$l_1=1.25$ m，$l_2=0.55$ m，$\sigma_s=235$ MPa。强度安全因数 $n_s=1.45$，稳定安全因数 $[n]_{st}=1.8$。试校核此结构是否安全。

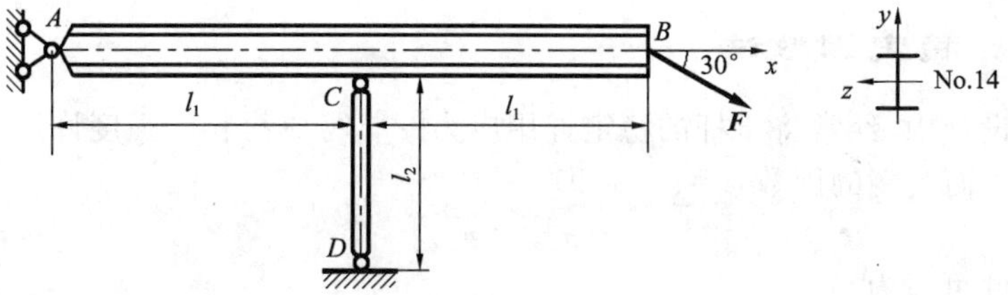

图 14-5　例 14-1 图

解　在给定的结构中共有两个构件：梁 AB，承受拉伸与弯曲的组合作用，属于强度问题；杆 CD，承受压缩荷载，属稳定问题。现分别校核如下：

(1)梁 AB 的强度校核。梁 AB 在截面 C 处的弯矩最大，该处横截面为危险截面，其上的弯矩和轴力分别为

$$M_{\max}=(F\sin30°)l_1=(25\times10^3\times0.5)\times1.25=15.63\times10^3\ \mathrm{N\cdot m}=15.63\ \mathrm{kN\cdot m}$$

$$F_x=F\cos30°=25\times10^3\times\cos30°=21.65\times10^3\ \mathrm{N}=21.65\ \mathrm{kN}$$

由附录 C 型钢表查得 No. 14 普通热轧工字钢的

$$W_z=102\ \mathrm{cm^3}=102\times10^3\ \mathrm{mm^3}$$

$$A=21.5\ \mathrm{cm^2}=21.5\times10^2\ \mathrm{mm^2}$$

由此得到

$$\sigma_{\max}=\frac{M_{\max}}{W_z}+\frac{F_x}{A}=\frac{15.63\times10^3}{102\times10^3\times10^{-9}}+\frac{21.65\times10^3}{21.5\times10^2\times10^{-6}}$$

$$=163.3\times10^6\ \mathrm{Pa}=163.3\ \mathrm{MPa}$$

Q235 钢的许用应力为

$$[\sigma]=\frac{\sigma_s}{n_s}=\frac{235}{1.45}=162\ \mathrm{MPa}$$

$\sigma_{\max}$略大于$[\sigma]$，但$(\sigma_{\max}-[\sigma])/[\sigma]\times100\%=0.8\%<5\%$，工程上仍认为是安全的。

(2)校核压杆 CD 的稳定性。由平衡方程求得压杆 CD 的轴向压力为

$$F_{CD}=2F\sin30°=F=25\ \mathrm{kN}$$

因为是圆截面杆，故惯性半径为

$$i=\sqrt{\frac{I}{A}}=\frac{d}{4}=5\ \mathrm{mm}$$

又因为两端为球铰约束 $\mu=1.0$，所以

$$\lambda=\frac{\mu l_2}{i}=\frac{1.0\times0.55}{5\times10^{-3}}=110>\lambda_p=100$$

这表明，压杆 CD 为细长杆，故需采用式(14-6)计算其临界应力，则临界力为

$$F_{cr}=\sigma_{cr}A=\frac{\pi^2E}{\lambda^2}\times\frac{\pi d^2}{4}=\frac{\pi^2\times206\times10^9}{110^2}\times\frac{\pi\times(20\times10^{-3})^2}{4}$$

$$=52.8\times10^3\ \mathrm{N}=52.8\ \mathrm{kN}$$

于是，压杆的工作安全因数为

$$n_{st}=\frac{\sigma_{cr}}{\sigma_w}=\frac{F_{cr}}{F_{CD}}=\frac{52.8}{25}=2.11>[n]_{st}=1.8$$

这一结果说明，压杆是稳定的。

上述两项计算结果表明，整个结构满足强度和稳定性要求。

14.4.2 稳定因数法

在压杆的设计中，经常将压杆的稳定许用应力$[\sigma]_{st}$写成材料的强度许用应力$[\sigma]$乘以一个随压杆柔度λ而改变的因数$\varphi=\varphi(\lambda)$，即

$$[\sigma]_{st}=\varphi[\sigma] \tag{14-13}$$

则稳定条件可写为

$$\sigma=\frac{F}{A}\leqslant[\sigma]_{st}=\varphi[\sigma] \tag{14-14}$$

式中，φ——**稳定因数**，与λ有关。对于木制压杆的稳定系数φ值，我国木结构设计规范(GB 50005—2003)中，按照树种的强度等级，分别给出了两组计算公式。

树种强度等级为TC17、TC15及TB20时

$$\lambda\leqslant 75,\varphi=\frac{1}{1+\left(\frac{\lambda}{80}\right)^2} \tag{14-15a}$$

$$\lambda>75,\varphi=\frac{3000}{\lambda^2} \tag{14-15b}$$

树种强度等级为TC13、TC11、TB17及TB15时

$$\lambda\leqslant 91,\varphi=\frac{1}{1+\left(\frac{\lambda}{65}\right)^2} \tag{14-16a}$$

$$\lambda>91,\varphi=\frac{2800}{\lambda^2} \tag{14-16b}$$

上述代号后的数字为树种的弯曲强度(MPa)。

表14-4和表14-5给出了Q235钢a、b类截面中心受压直杆的稳定因数φ。

【例14-2】 由Q235钢加工成的工字形截面连杆，两端为柱形铰，即在xy平面内失稳时，杆端约束情况接近于两端铰支，长度系数$\mu_z=1.0$；而在xz平面内失稳时，杆端约束情况接近于两端固定，$\mu_y=0.6$，如图14-6所示。已知连杆在工作时承受的最大压力为$F=35$ kN，材料的强度许用应力$[\sigma]=206$ MPa，并符合钢结构设计规范(GB 50017—2003)中a类中心受压杆的要求。试校核其稳定性。

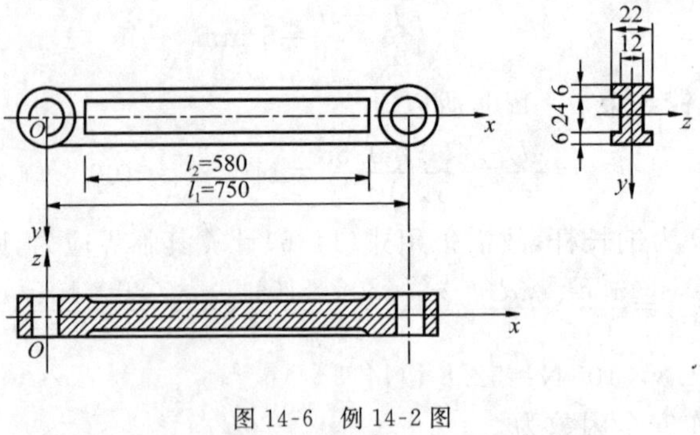

图14-6 例14-2图

解 横截面的面积和形心主惯性矩分别为

$$A=12\times24+2\times6\times22=552\ \text{mm}^2$$

$$I_z=\frac{12\times24^3}{12}+2\times\left(\frac{22\times6^3}{12}+22\times6\times15^2\right)=7.40\times10^4\ \text{mm}^4$$

$$I_y=\frac{24\times12^3}{12}+2\times\frac{6\times22^3}{12}=1.41\times10^4\ \text{mm}^4$$

表 14-4　　Q235 钢 a 类截面中心受压直杆的稳定因数 φ

λ	0	1.0	2.0	3.0	4.0	5.0	6.0	7.0	8.0	9.0
0	1.000	1.000	1.000	1.000	0.999	0.999	0.998	0.998	0.997	0.996
10	0.995	0.994	0.993	0.992	0.991	0.989	0.988	0.986	0.985	0.983
20	0.981	0.979	0.977	0.976	0.974	0.972	0.970	0.968	0.966	0.964
30	0.963	0.961	0.959	0.957	0.955	0.952	0.950	0.948	0.946	0.944
40	0.941	0.939	0.937	0.934	0.932	0.929	0.927	0.924	0.921	0.919
50	0.916	0.913	0.910	0.907	0.904	0.900	0.897	0.894	0.890	0.886
60	0.883	0.879	0.875	0.871	0.867	0.863	0.858	0.851	0.849	0.844
70	0.830	0.834	0.829	0.824	0.818	0.813	0.807	0.801	0.795	0.789
80	0.788	0.776	0.770	0.763	0.757	0.750	0.743	0.736	0.728	0.721
90	0.714	0.706	0.699	0.691	0.684	0.676	0.668	0.661	0.653	0.645
100	0.638	0.630	0.622	0.615	0.607	0.600	0.592	0.585	0.577	0.570
110	0.563	0.555	0.548	0.541	0.534	0.527	0.520	0.514	0.507	0.500
120	0.494	0.488	0.481	0.475	0.469	0.463	0.457	0.451	0.445	0.440
130	0.434	0.429	0.423	0.418	0.412	0.407	0.402	0.397	0.392	0.387
140	0.383	0.378	0.373	0.369	0.364	0.360	0.356	0.351	0.347	0.343
150	0.339	0.335	0.331	0.327	0.323	0.320	0.316	0.312	0.309	0.305
160	0.302	0.298	0.295	0.292	0.289	0.285	0.282	0.279	0.276	0.273
170	0.270	0.267	0.264	0.262	0.259	0.256	0.253	0.251	0.248	0.246
180	0.243	0.241	0.238	0.236	0.233	0.231	0.229	0.226	0.224	0.222
190	0.220	0.218	0.215	0.213	0.211	0.209	0.207	0.205	0.203	0.201
200	0.199	0.198	0.196	0.194	0.192	0.190	0.189	0.187	0.185	0.183
210	0.182	0.180	0.179	0.177	0.175	0.174	0.172	0.171	0.169	0.168
220	0.166	0.165	0.164	0.162	0.161	0.159	0.158	0.157	0.155	0.154
230	0.153	0.152	0.150	0.149	0.148	0.147	0.146	0.144	0.143	0.142
240	0.141	0.140	0.139	0.138	0.136	0.135	0.134	0.133	0.132	0.131
250	0.130									

表 14-5　Q235 钢 b 类截面中心受压直杆的稳定因数 φ

λ	0	1.0	2.0	3.0	4.0	5.0	6.0	7.0	8.0	9.0
0	1.000	1.000	1.000	0.999	0.999	0.998	0.997	0.996	0.995	0.994
10	0.992	0.991	0.989	0.987	0.985	0.983	0.981	0.978	0.976	0.973
20	0.970	0.967	0.963	0.960	0.957	0.953	0.950	0.946	0.943	0.939
30	0.936	0.932	0.929	0.925	0.922	0.918	0.914	0.910	0.906	0.903
40	0.899	0.895	0.891	0.887	0.882	0.878	0.874	0.870	0.865	0.861
50	0.856	0.852	0.847	0.842	0.838	0.833	0.828	0.823	0.818	0.813
60	0.807	0.802	0.797	0.791	0.786	0.780	0.774	0.769	0.763	0.757
70	0.751	0.745	0.739	0.732	0.726	0.720	0.714	0.707	0.701	0.694
80	0.688	0.681	0.675	0.668	0.661	0.655	0.648	0.641	0.635	0.628
90	0.621	0.614	0.608	0.601	0.594	0.588	0.581	0.575	0.568	0.561
100	0.555	0.549	0.542	0.536	0.529	0.523	0.517	0.511	0.505	0.499
110	0.493	0.487	0.481	0.475	0.470	0.464	0.458	0.453	0.447	0.442
120	0.437	0.432	0.426	0.421	0.416	0.411	0.406	0.402	0.397	0.392
130	0.387	0.383	0.378	0.374	0.370	0.365	0.361	0.357	0.353	0.349
140	0.345	0.341	0.337	0.333	0.329	0.326	0.322	0.318	0.315	0.311
150	0.308	0.304	0.301	0.298	0.365	0.291	0.288	0.285	0.282	0.279
160	0.276	0.273	0.270	0.267	0.265	0.262	0.259	0.256	0.254	0.251
170	0.249	0.246	0.244	0.241	0.239	0.236	0.234	0.232	0.229	0.227
180	0.225	0.223	0.220	0.218	0.216	0.214	0.212	0.210	0.208	0.206
190	0.204	0.202	0.200	0.198	0.197	0.195	0.193	0.191	0.190	0.188
200	0.186	0.184	0.183	0.181	0.180	0.178	0.176	0.175	0.173	0.172
210	0.170	0.169	0.167	0.166	0.165	0.163	0.162	0.160	0.159	0.158
220	0.156	0.155	0.154	0.153	0.151	0.150	0.149	0.148	0.146	0.145
230	0.144	0.143	0.142	0.141	0.140	0.138	0.137	0.136	0.135	0.134
240	0.133	0.132	0.131	0.130	0.129	0.128	0.127	0.126	0.125	0.124
250	0.123									

横截面对 z 轴和 y 轴的惯性半径分别为

$$i_z=\sqrt{\frac{I_z}{A}}=\sqrt{\frac{7.40\times10^4}{552}}=11.58\ \text{mm}$$

$$i_y=\sqrt{\frac{I_y}{A}}=\sqrt{\frac{1.41\times10^4}{552}}=5.05\ \text{mm}$$

于是，连杆的柔度值为

$$\lambda_z=\frac{\mu_z l_1}{i_z}=\frac{1.0\times750}{11.58}=64.8$$

$$\lambda_y=\frac{\mu_y l_2}{i_y}=\frac{0.6\times580}{5.05}=68.9$$

在两柔度值中，应按较大的柔度值 $\lambda_y=68.9$ 来确定压杆的稳定因数 φ。由表 14-4，并用内插法求得

$$\varphi=0.849+\frac{9}{10}\times(0.844-0.849)=0.845$$

将 φ 值代入式(14-13)，即得杆的稳定许用应力为

$$[\sigma]_{st}=\varphi[\sigma]=0.845\times206=174\ \text{MPa}$$

将连杆的工作应力与稳定许用应力比较，可得

$$\sigma=\frac{F}{A}=\frac{35\times10^3}{552\times10^{-6}}=63.4\ \text{MPa}<[\sigma]_{st}$$

故连杆满足稳定性要求。

14.4.3 稳定条件的应用

与强度条件类似，压杆的稳定条件式(14-12)、式(14-14)同样可以解决三类问题。

(1)校核压杆的稳定性。

(2)确定许用荷载。

(3)利用稳定条件设计截面尺寸。

14.5 压杆的合理截面设计

提高压杆的稳定性，就是要提高压杆的临界力。从临界力或临界应力的公式可以看出，影响临界力的主要因素不外乎如下几个方面：压杆的截面形状、压杆的长度、约束条件及材料性质等。下面分别加以讨论：

1. 选择合理的截面形状

压杆的临界力与其横截面的惯性矩成正比。因此，应该选择截面惯性矩较大的截面形状。并且，当杆端各方向约束相同时，应尽可能使杆截面在各方向的惯性矩相等。如图14-7所示的两种压杆截面，在面积相同的情况下，截面(b)比截面(a)合理，因为截面(b)的惯性矩大。由槽钢制成的压杆，有两种摆放形式，如图 14-8 所示，(b)比(a)合理，因为(a)中截面对竖轴的惯性矩比另一方向小很多，降低了杆的临界力。

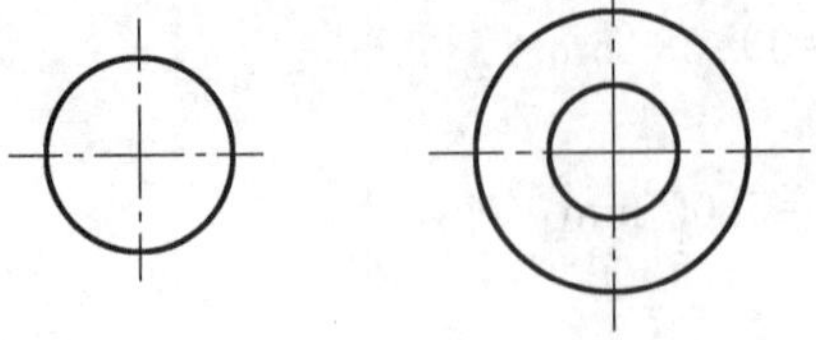

(a) (b)

图 14-7 不同的压杆截面

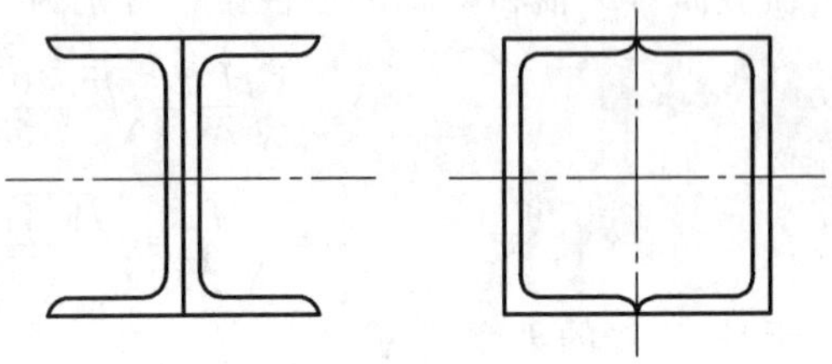

(a) (b)

图 14-8 不同的摆放形式

2.减小压杆长度

欧拉公式表明,临界力与压杆长度的平方成反比。所以,在设计时,应尽量减小压杆的长度,或设置中间支座以减小跨长,达到提高稳定性的目的。

3.改善约束条件

对细长压杆来说,临界力与反映杆端约束条件的长度系数 μ 的平方成反比。通过加强杆端约束的紧固程度,可以降低 μ 值,从而提高压杆的临界力。

4.合理选择材料

欧拉公式表明,临界力与压杆材料的弹性模量成正比。弹性模量高的材料制成的压杆,其稳定性好。合金钢等优质钢材虽然强度指标比普通低碳钢高,但其弹性模量与低碳钢的相差无几。所以,大柔度杆选用优质钢材对提高压杆的稳定性作用不大。而对中小柔度杆,其临界力与材料的强度指标有关,强度高的材料,其临界力也大,所以选择高强度材料对提高中小柔度杆的稳定性有一定作用。

【资料阅读】

埃菲尔铁塔

埃菲尔铁塔是一座镂空结构铁塔于 1889 年建成。埃菲尔铁塔得名于设计它的桥梁工程师居斯塔夫·埃菲尔。铁塔设计新颖独特,是世界建筑史上的杰作,因而成为法国的重要景点和突出标志。

埃菲尔铁塔占地一公顷,耸立在巴黎市区塞纳河畔的战神广场上,除了四个脚是用钢筋水泥之外,全身都用钢铁构成。塔分三层,第一层高 57 米,第二层高 115 米,第三层高 274 米;除了第三层平台没有缝隙外,其他部分全是镂空的。从塔座到塔顶共有 1711 级阶梯,现已安装电梯,故十分方便。每一层都设有酒吧和饭馆,供游客在此小憩,领略独具风采的巴黎市区全景:每逢晴空万里,这里可以看到 70 千米之内的景色。

埃菲尔铁塔是巴黎的标志之一,被法国人爱称为“铁娘子”,它和纽约的帝国大厦、东京的电视塔同被誉为世界三大著名建筑。

(资料来源:全球景点库)

思政目标

通过历史上工程中因压杆失稳发生的事故,在教训中培养学生工程素养。对工程中受压杆件的安全问题,应分清主次矛盾,即应首先关注其稳定性问题。

本章小结

1. 临界力及临界应力(欧拉公式)

$$F_{cr}=\frac{\pi^2 EI}{(\mu l)^2}$$

$$\sigma_{cr}=\frac{\pi^2 E}{\lambda^2}$$

欧拉公式的应用范围

$$\lambda\geqslant\pi\sqrt{\frac{E}{\sigma_p}}=\lambda_p$$

临界应力总图如图 14-4 所示。

2. 压杆的稳定计算

(1)稳定安全因数法

$$\sigma=\frac{F}{A}\leqslant[\sigma]_{st}=\frac{\sigma_{cr}}{n_{st}}$$

式中,n_{st}——**稳定安全因数;**

$[\sigma]_{st}$——**稳定许用应力。**

(2)稳定因数法

$$\sigma=\frac{F}{A}\leqslant[\sigma]_{st}=\varphi[\sigma]$$

式中,φ——稳定因数,与 λ 有关。

3. 稳定条件的应用

(1)校核压杆的稳定性。

(2)确定许用荷载。

(3)利用稳定条件设计截面尺寸。

习 题

14-1 如图 14-9(a)和(b)所示的两细长杆均与基础刚性连接,但第一根杆(如图 14-9(a)所示)的基础放在弹性地基上,第二根杆(如图 14-9(b)所示)的基础放在刚性地基上。试问两杆的临界力是否均为 $F_{cr}=\frac{\pi^2 EI_{min}}{(2l)^2}$?为什么?并由此判断压杆长度因数 μ 是否可能大于 2。

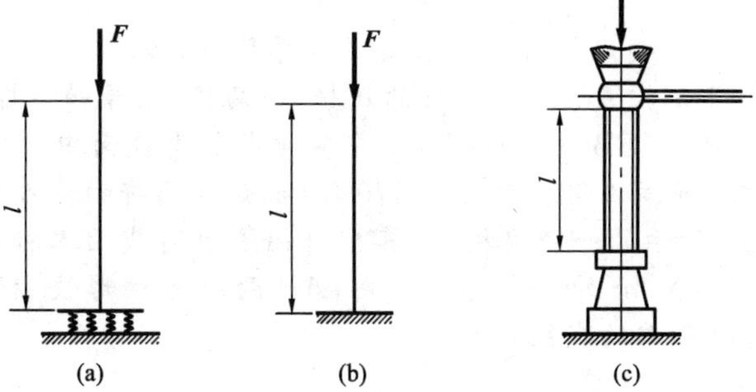

图 14-9 习题 14-1 图

14-2　如图 14-10 所示各杆材料和截面均相同，试问杆能承受的压力哪根最大，哪根最小(如图 14-10(f)所示的杆在中间支撑处不能转动)?

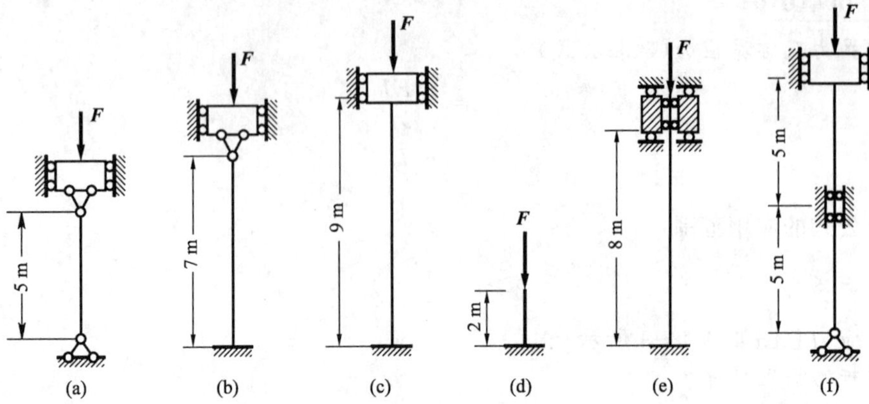

图 14-10　习题 14-2 图

14-3　压杆的 A 端固定，B 端自由，如图 14-11(a)所示。为提高其稳定性，在中点增加铰支座 C，如图 14-11(b)所示。试求加强后压杆的欧拉公式。

14-4　如图 14-12 所示正方形桁架，5 根相同直径的圆截面杆，已知杆直径 $d=50$ mm，杆长 $a=1$ m，材料为 Q235 钢，弹性模量 $E=200$ GPa。试求桁架的临界力。若将荷载 $\boldsymbol{F}$ 方向反向，桁架的临界力又为何值?

14-5　如图 14-13 所示两端固定的空心圆柱形压杆，材料为 Q235 钢，$E=200$ GPa，$\lambda_p=100$，外径与内径之比 $D/d=1.2$。试确定能用欧拉公式时，压杆长度与外径的最小比值，并计算这时压杆的临界力。

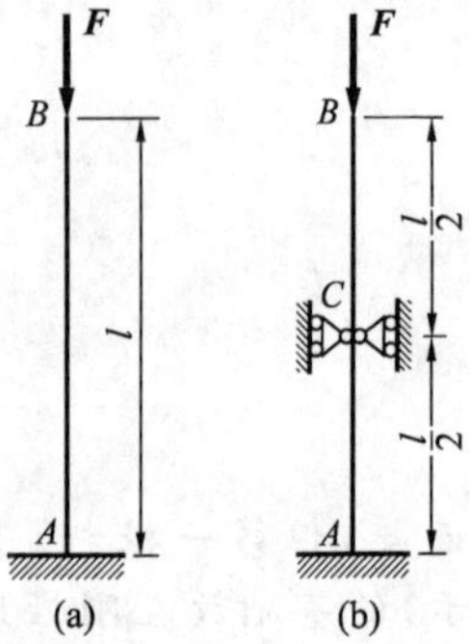

图 14-11　习题 14-3 图

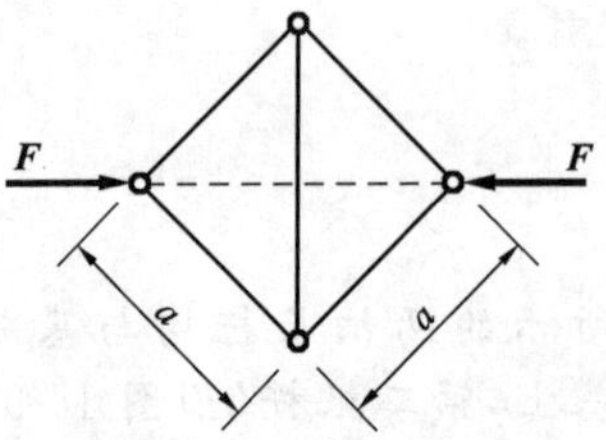

图 14-12　习题 14-4 图

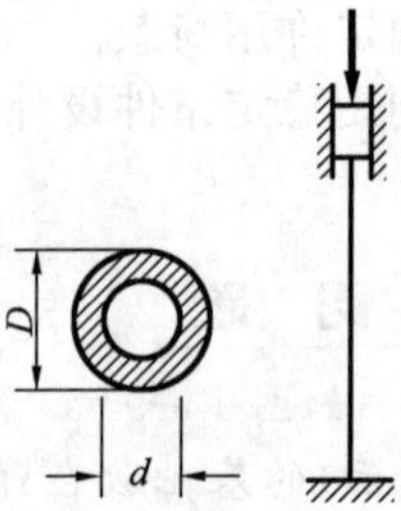

图 14-13　习题 14-5 图

14-6　如图 14-14 所示的结构 $ABCD$，由 3 根直径均为 d 的圆截面钢杆组成，在 B 点铰支，而在 A 点和 C 点固定，D 为铰接点，$\dfrac{l}{d}=10\pi$。若此结构由于杆件在平面 $ABCD$ 内弹性失稳而丧失承受能力，试确定作用于点 D 处的临界荷载 $\boldsymbol{F}$。

14-7　下端固定、上端铰支、长 $l=4$ m 的压杆，由两根 10 号槽钢焊接而成，如图 14-15 所示，符合钢结构设计规范(GB 50017—2003)中实腹式 b 类截面中心受力压杆的要求。已知杆的材料为 Q235 钢，强度许用应力$[\sigma]=170$ MPa，试求压杆的许可荷载。

14-8　如图 14-16 所示的一简单托架，其撑杆 AB 为圆截面木杆，强度等级为 TC15。若架上受集度为 $q=50$ kN/m 的均布荷载作用，AB 两端为柱形铰，材料的强度许用应力$[\sigma]=11$ MPa，试求撑杆所需的直径 d。

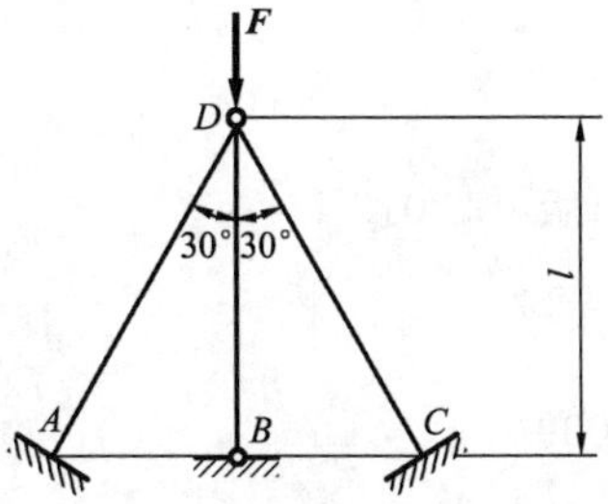

图 14-14 习题 14-6 图

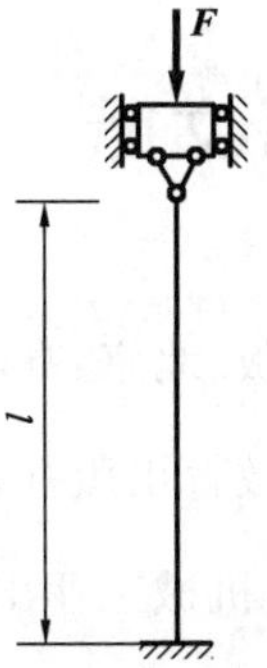

图 14-15 习题 14-7 图

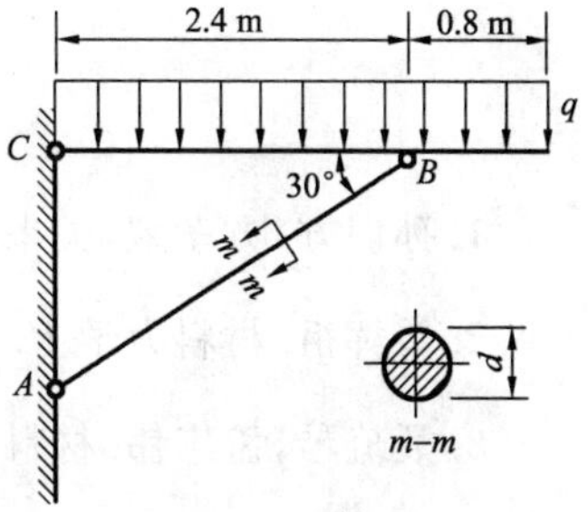

图 14-16 习题 14-8 图

14-9 如图 14-17 所示的结构中，杆 AC 与 CD 均由 Q235 钢制成，C、D 两处均为球铰。已知 $d=20$ mm，$b=100$ mm，$h=180$ mm；$E=200$ GPa，$\sigma_s=235$ MPa，$\sigma_b=400$ MPa；强度安全因数 $n=2.0$，稳定安全因数 $n_{st}=3.0$。试确定该结构的许可荷载。

14-10 如图 14-18 所示的结构中，AB 为 $b=40$ mm，$h=60$ mm 的矩形截面梁，AC 及 CD 为 $d=40$ mm 的圆形截面杆，$l=1$ m，材料均为 Q235 钢，若取强度安全因数 $n=1.5$，规定稳定安全因数 $n_{st}=4$，试求许可荷载[F]。

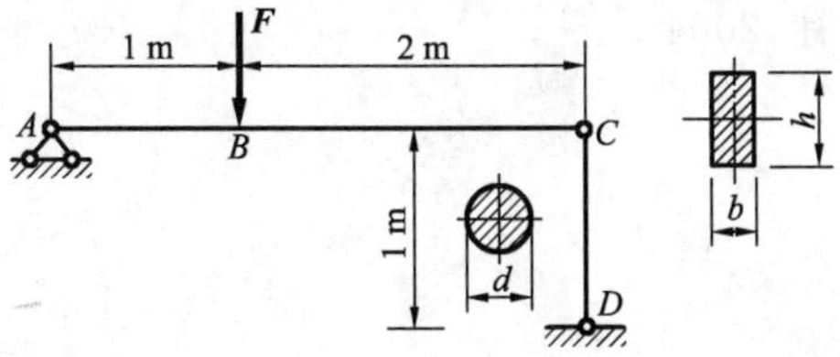

图 14-17 习题 14-9 图

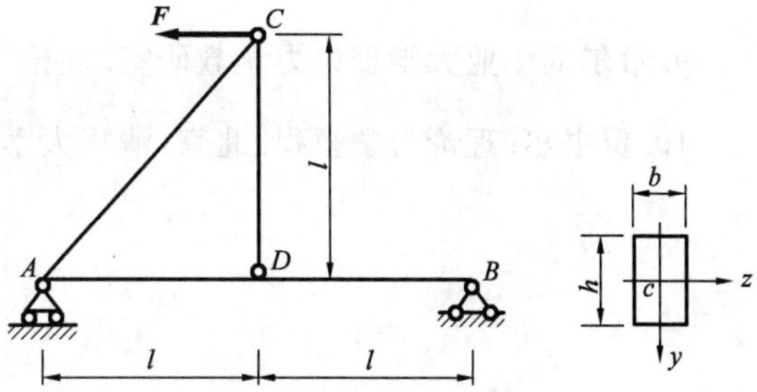

图 14-18 习题 14-10 图

14-11 如图 14-19 所示的结构中，刚性杆 AB，A 点为固定铰支，C、D 处与两细长杆铰接，已知两细长杆长为 l，抗弯刚度为 EI，试求当结构因细长杆失稳而丧失承载能力时，荷载 $\boldsymbol{F}$ 的临界值。

14-12 如图 14-20 所示的三角桁架，两杆均为由 Q235 钢制成的圆截面杆。已知杆直径 $d=20$ mm，$F=15$ kN，材料的 $\sigma_s=240$ MPa，$E=200$ GPa，强度安全因数 $n=2.0$，稳定安全因数 $n_{st}=2.5$。试检查结构能否安全工作。

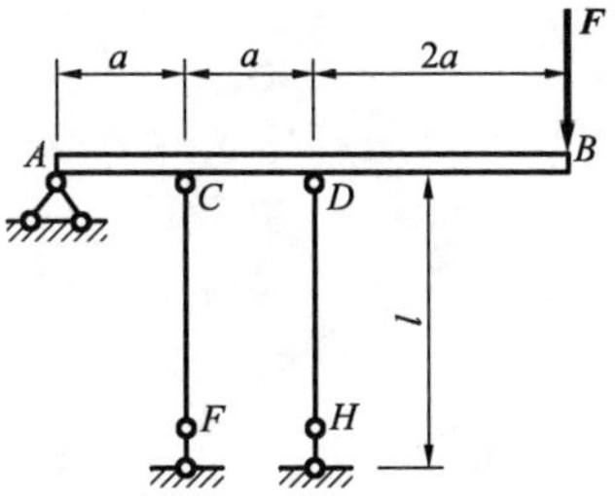

图 14-19 习题 14-11 图

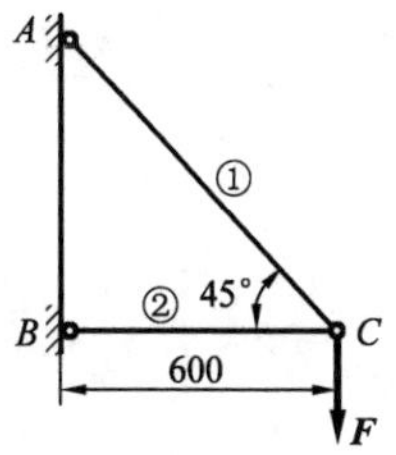

图 14-20 习题 14-12 图

参考文献

1. 孙训方,方孝淑,关来泰.材料力学.6版.北京:高等教育出版社,2019

2. 单辉祖.材料力学Ⅰ.4版.北京:高等教育出版社,2016

3. 聂疏琴,孟广伟.材料力学.2版.北京:机械工业出版社,2009

4. 邱棣华.材料力学.北京:高等教育出版社,2004

5. 殷雅俊,范钦珊.材料力学.3版.北京:高等教育出版社,2019

6. 董云峰,段文峰.理论力学.北京:清华大学出版社,2010

7. 邹建奇,崔健.材料力学.2版.北京:清华大学出版社,2015

8. 刘巧伶.理论力学.3版.北京:科学出版社,2010

9. 哈尔滨工业大学理论力学教研室.理论力学Ⅰ.8版.北京:高等教育出版社,2016

10. 贾书惠.理论力学教程.北京:清华大学出版社,2004

附　录

附录 A　刚体对轴转动惯量的计算

1. 转动惯量的概念

刚体对转轴 z 的转动惯量为

$$J_z = \sum_{i=1}^{n} m_i r_i^2 \tag{A-1}$$

式中，r_i——质量 m_i 的第 i 个质点到转轴 z 的垂直距离。

刚体对转轴 z 的转动惯量等于刚体上每个质点的质量与该点到转轴垂直距离的平方的乘积之和，恒为正值，单位为 $kg \cdot m^2$。

刚体的转动惯量是转动刚体惯性的量度。若想获得较大的转动惯量，应使刚体的质量分布在离转轴较远处，例如，起制动作用的飞轮，其质量尽可能地分布在轮缘上；若想获得较小的转动惯量，应使质量靠近转轴，采用较轻的物质。

2. 简单规则物体转动惯量的计算

在工程上，常见的物体大多数是简单规则的，对它们的计算常采用积分法。即

$$J_z = \int_V r^2 \mathrm{d}m \tag{A-2}$$

当物体是均质时，上式为

$$J_z = \rho \int_V r^2 \mathrm{d}V$$

式中，ρ —物体的密度，$\rho = \frac{M}{V}$；

M——物体的质量；

V——物体的体积。

(1)均质细直杆对转轴的转动惯量

如图 A-1 所示，设杆长为 l，横截面面积为 A，质量为 M，对转轴 z 的转动惯量为

$$J_z = \rho \int_V r^2 \mathrm{d}V = \frac{M}{Al} \int_0^l r^2 A \mathrm{d}r = \frac{1}{3} M l^2 \tag{A-3}$$

(2)均质细圆环对转轴的转动惯量

如图 A-2 所示,设细圆环的质量为 M,其上任一点到转轴的垂直距离用细圆环的平均半径 R 表示,则细圆环对转轴 z 转动惯量为

$$J_z = \sum_{i=1}^{n}(m_i R^2) = \sum_{i=1}^{n}(m_i)R^2 = MR^2 \tag{A-4}$$

式(A-4)表示的转动惯量与细圆环的厚度无关,因此可以推广到薄壁圆柱体绕中心轴的转动惯量。

(3)均质圆盘对转轴的转动惯量

如图 A-3 所示,设圆盘的质量为 M,圆盘的半径为 R,将圆盘分割成许多微小的细圆环,由均质细圆环转动惯量的计算,得均质圆盘对转轴 z 的转动惯量为

$$J_z = \int_V r^2 \mathrm{d}m = \rho\int_0^R r^2 2\pi rt\,\mathrm{d}r = \frac{M}{\pi R^2 t}\int_0^R r^3 2\pi t\,\mathrm{d}r = \frac{1}{2}MR^2 \tag{A-5}$$

式中,t——圆盘的厚度。

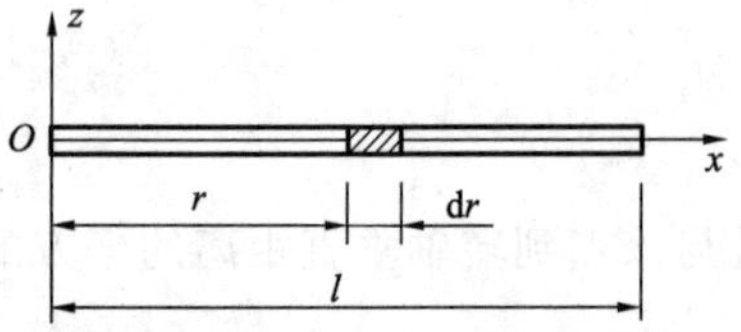

图 A-1 均质细直杆

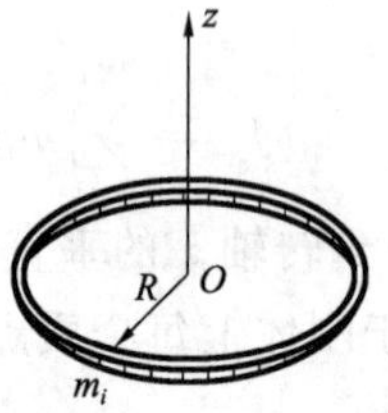

图 A-2 均质细圆环

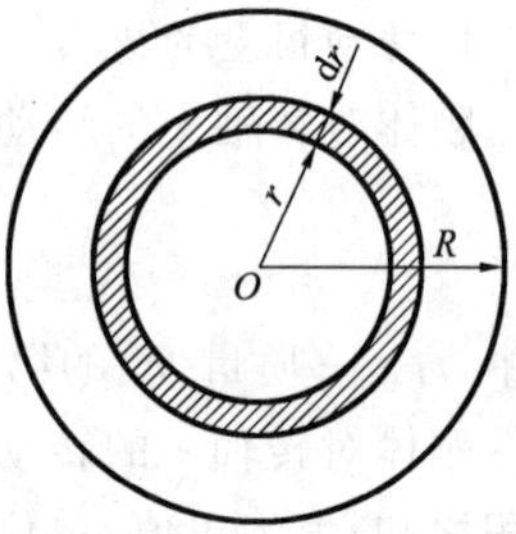

图 A-3 均质圆盘

由式(A-5)知,均质圆盘对转轴 z 的转动惯量与圆盘的厚度无关,因此式(A-5)可以推广到圆柱体绕中心轴的转动惯量。

3. 惯性半径(回转半径)

若将物体的质量集中到物体的某一点上,则定义均质物体的惯性半径为

$$\rho_z = \sqrt{\frac{J_z}{M}} \tag{A-6}$$

由式(A-6)知,形状相同的均质物体,其惯性半径相同。

上述计算物体的惯性半径为

(1)均质细直杆:$\rho_z = \frac{\sqrt{3}}{3}l$;

(2)均质细圆环:$\rho_z = R$;

(3)均质圆盘:$\rho_z = \frac{\sqrt{2}}{2}R$。

利用式(A-6),若已知物体的惯性半径 ρ_z,则较方便地计算物体的转动惯量为

$$J_z = M\rho_z^2 \tag{A-7}$$

4. 在工程中简单规则物体的转动惯量

表 A-1 给出了简单规则物体的转动惯量。

表 A-1　　**简单规则物体的转动惯量**

物体的形状	简　图	转动惯量	惯性半径	体　积
实心球	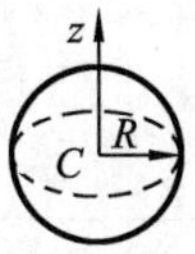	$J_z=\frac{2}{5}mR^2$	$\rho_z=\sqrt{\frac{2}{5}}R=0.632R$	$\frac{4}{3}\pi R^3$
圆锥体	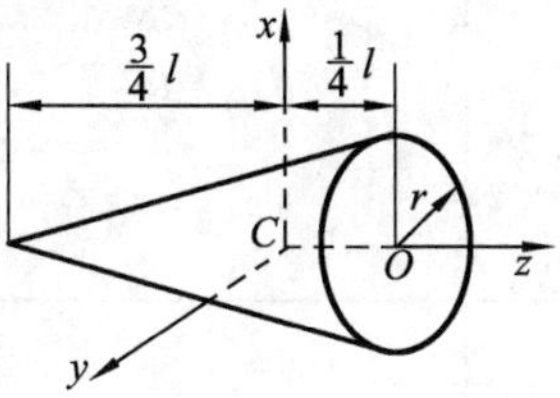	$J_z=\frac{3}{10}mr^2$ $J_x=J_y=\frac{3}{80}m(4r^2+l^2)$	$\rho_z=\sqrt{\frac{3}{10}}r=0.548r$ $\rho_x=\rho_y=\sqrt{\frac{3}{80}(4r^2+l^2)}$	$\frac{\pi}{3}r^2l$
圆　环	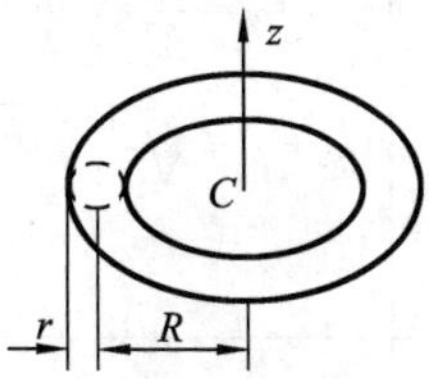	$J_z=m\left(R^2+\frac{3}{4}r^2\right)$	$\rho_z=\sqrt{R^2+\frac{3}{4}r^2}$	$2\pi^2r^2R$
椭圆形薄板	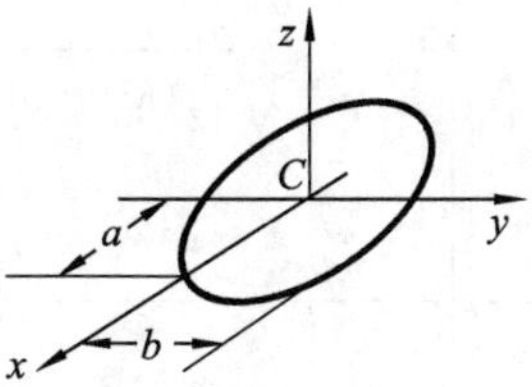	$J_z=\frac{m}{4}(a^2+b^2)$ $J_y=\frac{m}{4}a^2$ $J_x=\frac{m}{4}b^2$	$\rho_z=\frac{1}{2}\sqrt{a^2+b^2}$ $\rho_y=\frac{a}{2}$ $\rho_x=\frac{b}{2}$	πabh
立方体	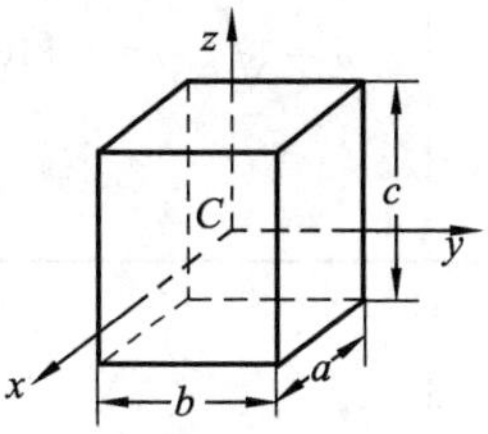	$J_z=\frac{m}{12}(a^2+b^2)$ $J_y=\frac{m}{12}(a^2+c^2)$ $J_x=\frac{m}{12}(b^2+c^2)$	$\rho_z=\sqrt{\frac{1}{12}(a^2+b^2)}$ $\rho_y=\sqrt{\frac{1}{12}(a^2+c^2)}$ $\rho_x=\sqrt{\frac{1}{12}(b^2+c^2)}$	abc
短形薄板	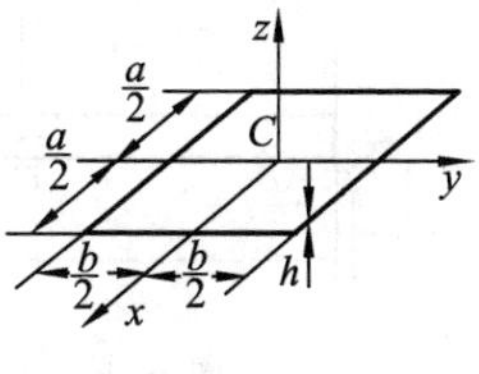	$J_z=\frac{m}{12}(a^2+b^2)$ $J_y=\frac{m}{12}a^2$ $J_x=\frac{m}{12}b^2$	$\rho_z=\sqrt{\frac{1}{12}(a^2+b^2)}$ $\rho_y=0.289a$ $\rho_x=0.289b$	abh

（续表）

物体的形状	简图	转动惯量	惯性半径	体积
细直杆	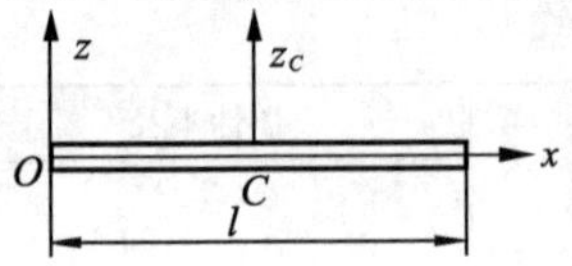	$J_{zC}=\frac{m}{12}l^2$ $J_z=\frac{m}{3}l^2$	$\rho_{zC}=\frac{l}{2\sqrt{3}}=0.289l$ $\rho_z=\frac{l}{\sqrt{3}}=0.578l$	
薄壁圆筒	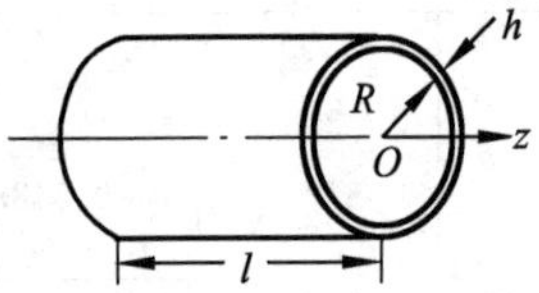	$J_z=mR^2$	$\rho_z=R$	$2\pi Rlh$
圆　柱	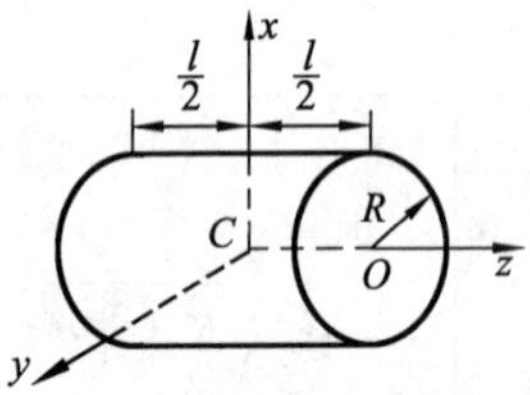	$J_z=\frac{1}{2}mR^2$ $J_x=J_y=\frac{m}{12}(3R^2+l^2)$	$\rho_z=\frac{R}{\sqrt{2}}=0.707R$ $\rho_x=\rho_y=\sqrt{\frac{1}{12}(3R^2+l^2)}$	$\pi R^2 l$
空心圆柱	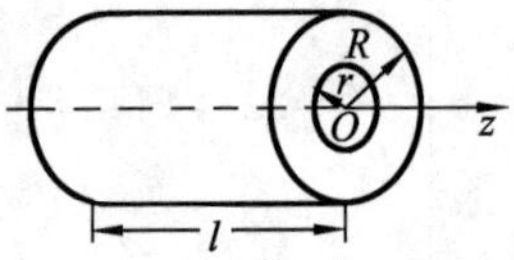	$J_z=\frac{m}{12}(R^2+r^2)$	$\rho_z=\sqrt{\frac{1}{12}(R^2+r^2)}$	$\pi l(R^2-r^2)$
薄壁空心球	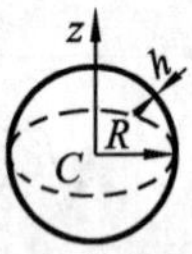	$J_z=\frac{2}{3}mR^2$	$\rho_z=\sqrt{\frac{2}{3}}R=0.816R$	$\frac{3}{2}\pi Rh$

5. 转动惯量的平行移轴定理

平行移轴定理：刚体对任一轴的转动惯量等于刚体对通过质心、且与该轴平行的轴的转动惯量，加上刚体的质量与两轴间垂直距离平方的乘积。即

$$J_z=J_{zC}+Md^2 \tag{A-8}$$

上述均质细直杆对质心 C 的转动惯量为

$$J_{zC}=J_z-M\left(\frac{l}{2}\right)^2=\frac{1}{3}Ml^2-M\left(\frac{l}{2}\right)^2=\frac{1}{12}Ml^2 \tag{A-9}$$

如图 A-4 所示。

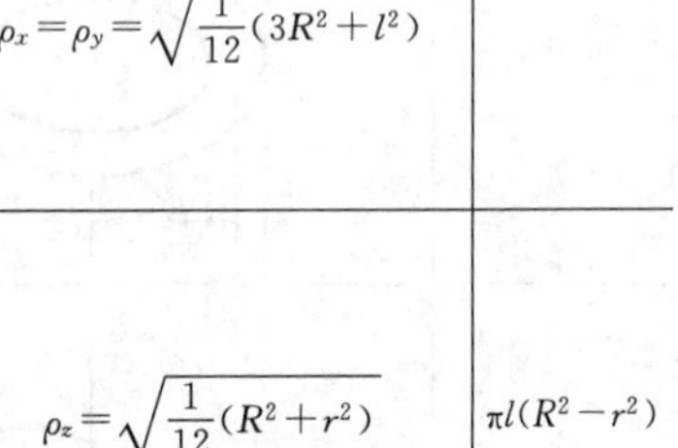

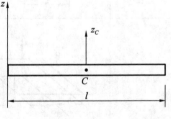

图 A-4　均质细直杆

6.组合物体转动惯量的计算

组合物体是由简单规则物体组成的,可以将组合物体分割成简单物体,利用转动惯量的平行移轴定理或现有的简单物体的转动惯量,求出每个简单物体的转动惯量,再把它们相加,即为组合物体的转动惯量。

【例 A-1】 钟摆简化为如图 A-5 所示,已知均质细摆杆的质量为 m_1,杆长为 l,均质圆盘的质量为 m_2,圆盘的半径为 r,试求钟摆对于悬挂点 O 的转动惯量。

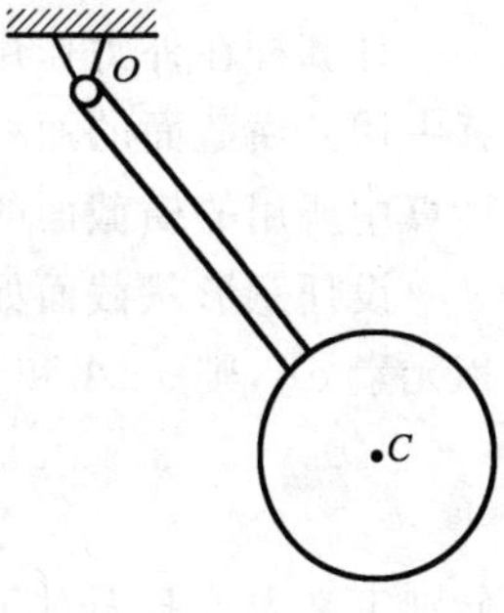

图 A-5 例 A-1 图

解 钟摆对于悬挂点 O 的转动惯量分为均质细摆杆和均质圆盘两部分,即

$$J_O=J_{O1}+J_{O2}$$

式中

$$J_{O1}=\frac{1}{3}m_1l^2$$

$$J_{O2}=\frac{1}{2}m_2r^2+m_2(l+r)^2$$

则有

$$J_O=\frac{1}{3}m_1l^2+\frac{1}{2}m_2r^2+m_2(l+r)^2$$

附录B　截面的几何性质

1. 截面的形心和静矩

计算杆在外力作用下的应力和变形时，用到杆横截面的几何性质，例如在杆的拉(压)计算中用到横截面的面积 A，在圆杆扭转计算中用到横截面的极惯性矩 I_P，以及在梁的弯曲计算中所用的横截面的静矩、惯性矩等。

设任意形状截面如图 B-1 所示，其截面的面积为 A。从截面中坐标为 (x,y) 处取一面积元素 dA，则 xdA 和 ydA 分别称为该面积元素 dA 对于 y 轴和 x 轴的**静矩**，而以下积分

$$S_y = \int_A x\,dA, S_x = \int_A y\,dA \tag{B-1}$$

分别定义为该截面对于 y 轴和 x 轴的静矩。上述积分应遍及整个截面的面积 A。

从理论力学已知，在 Oxy 坐标系中，均质等厚薄板的重心坐标为

$$x_C = \frac{\int_A x\,dA}{A}, y_C = \frac{\int_A y\,dA}{A}$$

而均质薄板的重心与该薄板平面图形的形心是重合的，所以，上式可用来计算截面(如图 B-1 所示)的形心坐标。于是可将上式改写为

$$x_C = \frac{S_y}{A}, y_C = \frac{S_x}{A} \tag{B-2}$$

因此，在知道截面对于 y 轴和 x 轴的静矩以后，即可求得截面形心的坐标。若将上式改写为

$$S_y = Ax_C, S_x = Ay_C \tag{B-3}$$

则在已知截面的面积 A 及其形心的坐标 x_C 和 y_C 时，就可求得截面对于 y 轴和 x 轴的静矩。

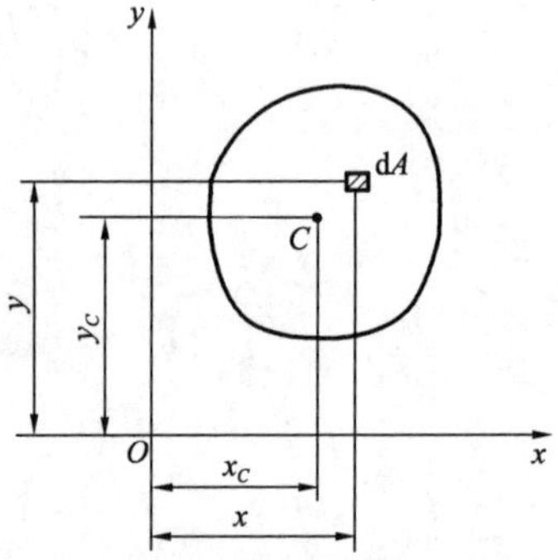

图 B-1　形心和静矩

由式(B-3)可见，若截面对于某一轴的静矩等于零，则该轴必通过截面的形心；反之，截面对通过其形心轴的静矩恒等于 0。

应该注意，截面的静矩是对于一定的轴而言的，同一截面对不同坐标轴的静矩不同。静矩可能是正值或负值，也可能为 0。其量纲为[长度]^3，常用单位为 m^3 或 mm^3。

当截面由若干简单图形例如矩形、圆形或三角形等组成时，由于简单图形的面积及其形心位置均为已知，可分别计算简单图形对该轴的静矩，然后再代数相加，即

$$S_y = \sum_{i=1}^{n} A_i x_i, S_x = \sum_{i=1}^{n} A_i y_i \tag{B-4}$$

式中，A_i—— 各简单图形的面积；

x_i、y_i—— 各简单图形的形心坐标；

n—— 简单图形的个数。

将式(B-4) 代入式(B-2)，可得计算组合截面形心坐标的公式，即

$$x_C = \frac{\sum_{i=1}^{n} A_i x_i}{\sum_{i=1}^{n} A_i}, y_C = \frac{\sum_{i=1}^{n} A_i y_i}{\sum_{i=1}^{n} A_i} \tag{B-5}$$

【例 B-1】 试计算如图 B-2 所示三角形截面对于与其底边重合的 x 轴的静矩。

解　取平行于 x 轴的狭长条(图 B-2)作为面积元素，即 $\mathrm{d}A=b(y)\mathrm{d}y$。由相似三角形关系，可知 $b(y)=\frac{b}{h}(h-y)$，因此有 $\mathrm{d}A=\frac{b}{h}(h-y)\mathrm{d}y$。将其代入式(B-1)的第二式，即得

$$S_x = \int_A y\mathrm{d}A = \int_0^h \frac{b}{h}(h-y)y\mathrm{d}y = b\int_0^h y\mathrm{d}y - \frac{b}{h}\int_0^h y^2\mathrm{d}y = \frac{bh^2}{6}$$

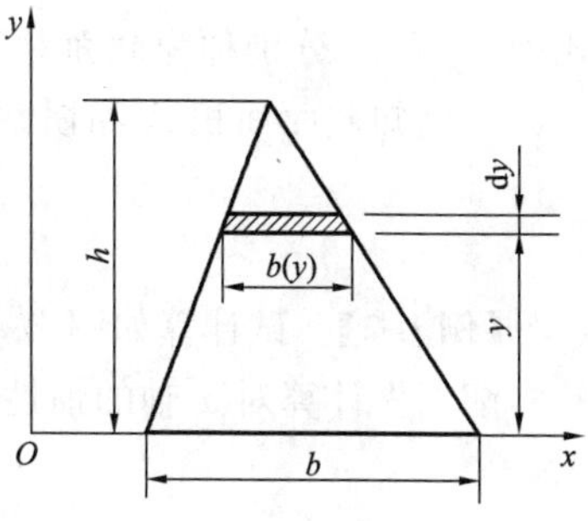

图 B-2　例 B-1 图

2. 极惯性矩、惯性矩、惯性积

设一面积为 A 的任意形状截面如图 B-3 所示。从截面中坐标为(x,y)处取一面积元素 $\mathrm{d}A$，则 $\mathrm{d}A$ 与其坐标原点距离平方的乘积 $\rho^2\mathrm{d}A$，称为面积元素对 O 点的**极惯性矩**。

而以下积分

$$I_\mathrm{P} = \int_A \rho^2 \mathrm{d}A \tag{B-6}$$

定义为整个截面对于 O 点的极惯性矩。上述积分应遍及整个截面面积 A。显然，极惯性矩的数值恒为正值，其单位为 m^4 或 mm^4。

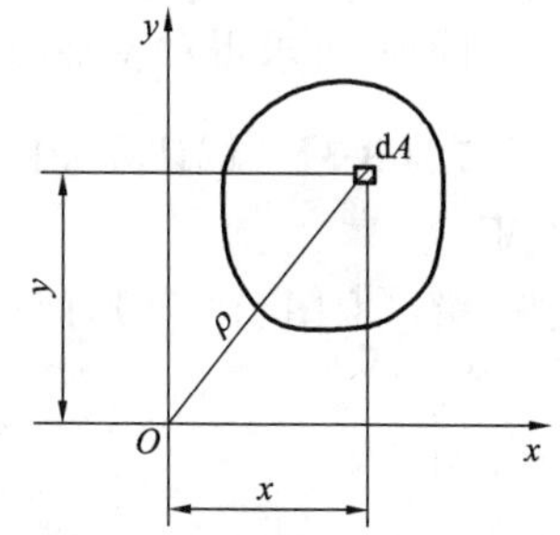

图 B-3　极惯性矩、惯性矩和惯性积

面积元素 $\mathrm{d}A$ 与其至 y 轴或 x 轴距离平方的乘积 $x^2\mathrm{d}A$ 或 $y^2\mathrm{d}A$，分别称为该面积元素对于 y 轴或 x 轴的**惯性矩**。而以下积分

$$I_y = \int_A x^2 \mathrm{d}A, I_x = \int_A y^2 \mathrm{d}A \tag{B-7}$$

则分别定义为整个截面对于 y 轴或 x 轴的惯性矩。同样，上述积分应遍及整个截面的面积 A。

如图 B-3 所示，$\rho^2 = x^2 + y^2$，故有

$$I_\mathrm{P} = \int_A \rho^2 \mathrm{d}A = \int_A (x^2 + y^2)\mathrm{d}A = I_y + I_x \tag{B-8}$$

式(B-8) 表明：截面对任意一对互相垂直轴的惯性矩之和，等于截面对该二轴交点的极惯性矩。

面积元素 $\mathrm{d}A$ 与其分别至 y 轴和 x 轴距离的乘积 $xy\mathrm{d}A$，称为该面积元素对于两坐标轴的**惯性积**。而以下积分

$$I_{xy} = \int_A xy\mathrm{d}A \tag{B-9}$$

定义为整个截面对于 x、y 两坐标轴的惯性积，其积分也应遍及整个截面的面积。

从上述定义可见，惯性矩 I_x、I_y 和惯性积 I_{xy} 都是对轴而言的，同一截面对不同轴的数值不同。极惯性矩是对点而言的，同一截面对不同点的极惯性矩的数值也是各不相同的。

惯性矩恒为正值，而惯性积则可正可负，也可能等于零。若 x、y 两坐标轴中有一个为截面的对称轴，则其惯性积 I_{xy} 恒等于零。惯性矩和惯性积的单位相同，均为 m^4 或 mm^4。

在某些应用中，将惯性矩表示为截面面积 A 与某一长度平方的乘积，即

$$I_y=i_y^2A,\ I_x=i_x^2A \tag{B-10a}$$

式中，i_y 和 i_x 分别称为截面对于 y 轴和 x 轴的**惯性半径**，其单位为 m 或 mm。

当已知截面面积 A 和惯性矩 I_x、I_y 时，惯性半径即可从下式求得。

$$i_y=\sqrt{\frac{I_y}{A}},\ i_x=\sqrt{\frac{I_x}{A}} \tag{B-10b}$$

【例 B-2】 试计算如图 B-4 所示矩形截面对于其对称轴(形心轴)x 和 y 的惯性矩。

解 先计算对 x 轴的惯性矩。取平行于 x 轴的阴影面积为面积元素，则

$$\mathrm{d}A=b\mathrm{d}y$$

$$I_x=\int_A y^2\mathrm{d}A=\int_{-\frac{h}{2}}^{\frac{h}{2}}by^2\mathrm{d}y=\frac{bh^3}{12}$$

同理，可求得对 y 轴的惯性矩为 $I_y=\dfrac{hb^3}{12}$。

【例 B-3】 试计算如图 B-5 所示圆截面对圆心 O 的极惯性矩和其形心轴(直径轴)的惯性矩。

解 取图示圆环形面积为面积元素，则

$$\mathrm{d}A=2\pi\rho\mathrm{d}\rho$$

$$I_{\mathrm{P}}=\int_A\rho^2\mathrm{d}A=\int_0^{\frac{d}{2}}2\pi\rho^3\mathrm{d}\rho=\frac{\pi d^4}{32}$$

由于 y、x 轴通过圆心，所以 $I_x=I_y$，由式(B-8)可得

$$I_{\mathrm{P}}=I_x+I_y=2I_x$$

即

$$I_x=I_y=\frac{I_{\mathrm{P}}}{2}=\frac{\pi d^4}{64}$$

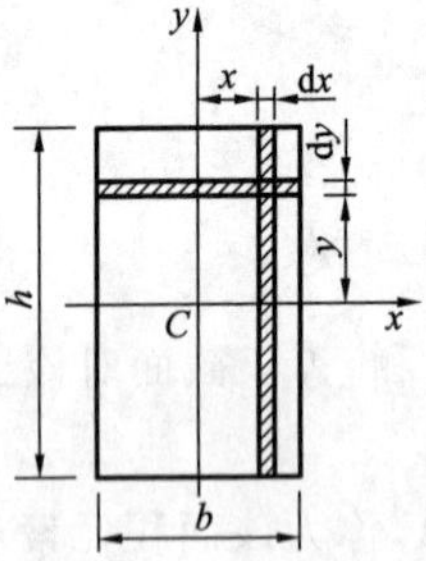

图 B-4 例 B-2 图

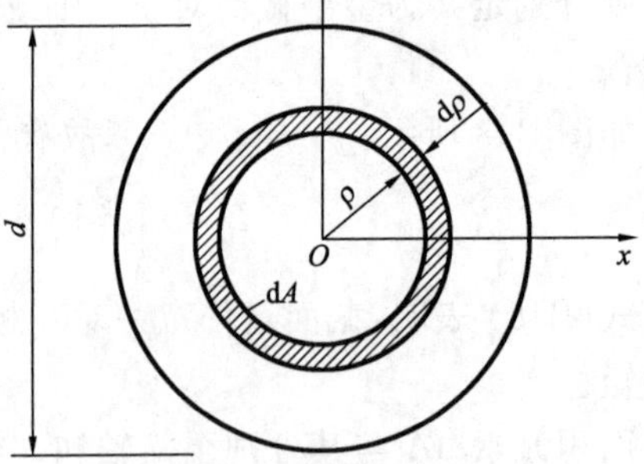

图 B-5 例 B-3 图

3. 惯性矩和惯性积的平行移轴公式及转轴公式

已知，同一截面对不同坐标轴的惯性矩(惯性积)的数值是各不相同的，本节将讨论坐标轴变换时，截面对不同坐标轴的惯性矩(惯性积)之间的关系。

(1)惯性矩和惯性积的平行移轴公式

设一面积为 A 的任意形状的截面,如图 B-6 所示。截面对任意的 x、y 轴的惯性矩和惯性积分别为 I_x、I_y 和 I_{xy}。另外,通过截面的形心 C 有分别与 x、y 轴平行的 x_C、y_C 轴,称为**形心轴**。截面对于形心轴的惯性矩和惯性积分别为 I_{x_C}、I_{y_C} 和 $I_{x_Cy_C}$。

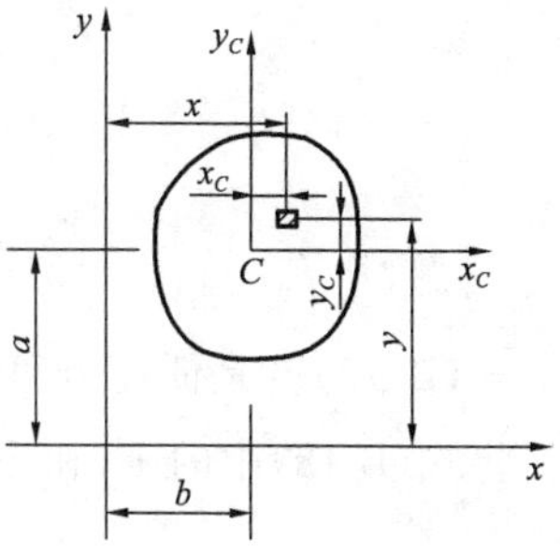

图 B-6　惯性矩和惯性积的平行移轴公式

由图 B-6 可见,截面上任一面积元素 dA 在两坐标系内的坐标(x,y)和(x_C,y_C)之间的关系为

$$x=x_C+b,y=y_C+a \qquad (a)$$

式中,a、b——截面形心在 Oxy 坐标系内的坐标值。

将式(a)中的 y 代入式(B-7)中的第二式,可得

$$I_x=\int_A y^2\mathrm{d}A=\int_A (y_C+a)^2\mathrm{d}A=\int_A y_C^2\mathrm{d}A+2a\int_A y_C\mathrm{d}A+a^2\int_A \mathrm{d}A=I_{x_C}+2aS_{x_C}+a^2A$$

因为 x_C 轴为形心轴,所以 $S_{x_C}=0$,因此可得

$$I_x=I_{x_C}+a^2A \qquad (\text{B-11a})$$

同理

$$I_y=I_{y_C}+b^2A \qquad (\text{B-11b})$$

式(B-11a)和式(B-11b)称为**惯性矩的平行移轴公式**。式中,a^2A 与 b^2A 均为正值,因此,截面对通过其形心轴的惯性矩是对所有平行轴的惯性矩中的最小者。

下面求对 x、y 轴的惯性积。根据定义,截面对 x、y 轴的惯性积为

$$\begin{aligned}I_{xy}&=\int_A xy\mathrm{d}A=\int_A (x_C+b)(y_C+a)\mathrm{d}A\\&=\int_A x_Cy_C\mathrm{d}A+b\int_A y_C\mathrm{d}A+a\int_A x_C\mathrm{d}A+ab\int_A \mathrm{d}A\\&=I_{x_Cy_C}+bS_{x_C}+aS_{y_C}+abA\end{aligned}$$

因为 x_C、y_C 轴为形心轴,所以 $S_{x_C}=S_{y_C}=0$,因此可得

$$I_{xy}=I_{x_Cy_C}+abA \qquad (\text{B-12})$$

式(B-12)即为**惯性积的平行移轴公式**。式中,a、b 均存在正负问题,其正负是以截面的形心在 Oxy 坐标系中的位置来确定的。所以移轴后的惯性积可能增加也可能减少。

应该注意,惯性矩与惯性积的平行移轴公式中,x_C、y_C 必须是形心轴,否则不能应用。

(2)惯性矩和惯性积的转轴公式

如图 B-7 所示,截面对与任意的 x、y 轴的惯性矩和惯性积分别为 I_x、I_y 和 I_{xy}。现将 Oxy 坐标系绕坐标原点 O 逆时针转过 α 角(α 角以逆时针转向为正)得到新的坐标系 Ox_1y_1。则截面对新坐标系的 I_{x_1}、I_{y_1} 和 $I_{x_1y_1}$ 与截面对原坐标系的 I_x、I_y 和 I_{xy} 之间的关系为

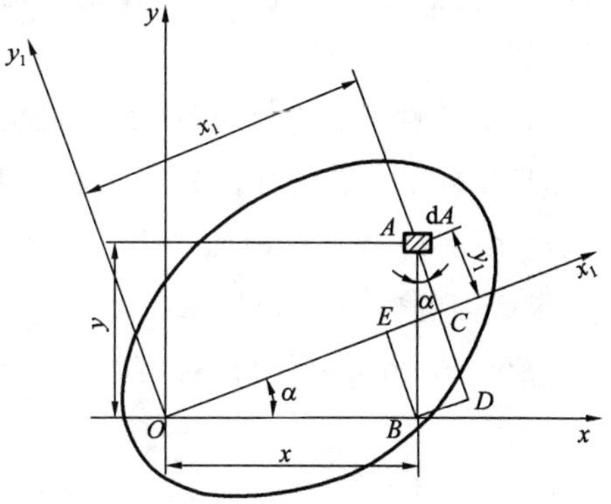

图 B-7　惯性矩和惯性积的转轴公式

$$\left.\begin{aligned} I_{x_1} &= \frac{I_x+I_y}{2}+\frac{I_x-I_y}{2}\cos 2\alpha - I_{xy}\sin 2\alpha \\ I_{y_1} &= \frac{I_x+I_y}{2}-\frac{I_x-I_y}{2}\cos 2\alpha + I_{xy}\sin 2\alpha \\ I_{x_1y_1} &= \frac{I_x-I_y}{2}\sin 2\alpha + I_{xy}\cos 2\alpha \end{aligned}\right\} \tag{B-13}$$

式(B-13)就是惯性矩和惯性积的**转轴公式**。

将式(B-13)中的 I_{x_1} 和 I_{y_1} 相加,可得

$$I_{x_1}+I_{y_1}=I_x+I_y \tag{B-14}$$

式(B-14)表明,截面对通过同一点的任意一对相互垂直的坐标轴的两惯性矩之和为一常数,并等于截面对该坐标原点的极惯性矩。

4. 主惯性轴和主惯性矩

由惯性积的转轴公式

$$I_{x_1y_1}=\frac{I_x-I_y}{2}\sin 2\alpha + I_{xy}\cos 2\alpha$$

可知,当 α 变化时,惯性积 $I_{x_1y_1}$ 也随之做周期性变化,且有正有负。因此,总可以找到一对坐标轴(x_0,y_0),使截面对(x_0,y_0)轴的惯性积等于零。截面对其惯性积等于零的一对坐标轴,称为**主惯性轴**。截面对于主惯性轴的惯性矩,称为**主惯性矩**。当一对主惯性轴的交点与截面的形心重合时,就称为**形心主惯性轴**。截面对于形心主惯性轴的惯性矩,称为**形心主惯性矩**。

过截面上的任何一点均可找到一对惯性主轴。通过截面形心的主惯性轴,称为**形心主惯性轴**(简称**形心主轴**),对形心主轴的惯性矩称为**形心主矩**。

具有对称轴的截面如矩形、工字形、圆形等,其对称轴就是形心主轴,因为对称轴既是主惯性轴(惯性积等于零)又通过截面的形心。

5. 组合截面的形心主轴与形心主惯性矩

工程计算中应用最广泛的是组合截面的形心主惯性矩。为此,必须首先确定截面的形心以及形心主轴的位置。

根据惯性矩的定义可知,组合截面关于形心主轴的惯性矩就等于各组成部分对该轴的惯性矩之和。

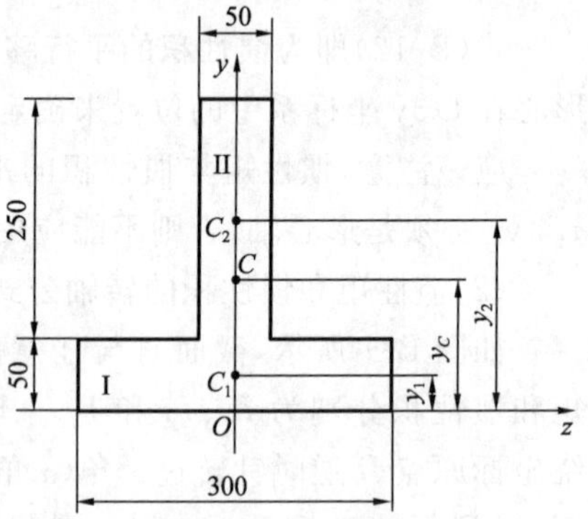

图 B-8 例 B-4 图

【例 B-4】 T 形截面的各部分尺寸如图 B-8 所示,求截面的形心主惯性矩。

解 (1)首先确定形心位置

$$y_C=\frac{\sum_{i=1}^{n}A_iy_i}{\sum_{i=1}^{n}A_i}=\frac{A_1y_1+A_2y_2}{A_1+A_2}=\frac{300\times 50\times 25+250\times 50\times 175}{300\times 50+250\times 50}=93.18\ \text{mm}$$

(2)确定形心主轴

如图 B-8 所示的(z_C,y_C)即为形心主轴。

(3)求形心主惯性矩

形心主轴 z_C 到两个矩形形心的距离分别为

$$a_{\mathrm{I}}=y_C-25=68.18\ \text{mm}$$

$$a_{\mathrm{II}}=175-y_C=81.82\ \text{mm}$$

截面对 z_C 轴的惯性矩为两个矩形截面对 z_C 轴的惯性矩之和,即

$$I_{z_C}=I_{z_C}^{\mathrm{I}}+I_{z_C}^{\mathrm{II}}=\frac{300\times 50^3}{12}+68.18^2\times 300\times 50+\frac{50\times 250^3}{12}+81.82^2\times 250\times 50$$

$$=2.2\times 10^8\ \text{mm}^4$$

$$I_{y_C}=I_{y_C}^{\mathrm{I}}+I_{y_C}^{\mathrm{II}}=\frac{50\times 300^3}{12}+\frac{250\times 50^3}{12}=1.15\times 10^8\ \text{mm}^4$$

习 题

B-1 求如图 B-9 所示截面图形对 z 轴的静矩与形心的位置。

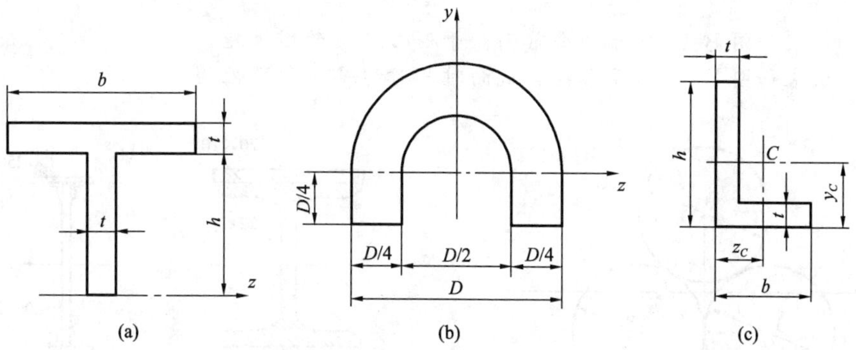

图 B-9 习题 B-1 图

B-2 如图 B-10 所示组合截面为两根 No. 20a 的普通热轧槽形钢所组成的截面,今欲使 $I_z=I_y$,试求 b(提示:计算所需数据均可由型钢表中查得)。

B-3 已知如图 B-11 所示的矩形截面中 I_{y1} 及 b、h。试求 I_{y2},现有四种答案,试判断哪一种是正确的。

(1)$I_{y2}=I_{y1}+\frac{1}{4}bh^3$;　　(2)$I_{y2}=I_{y1}+\frac{3}{16}bh^3$;

(3)$I_{y2}=I_{y1}+\frac{1}{16}bh^3$;　　(4)$I_{y2}=I_{y1}-\frac{3}{16}bh^3$。

B-4 试求如图 B-12 所示正方形截面对其对角线的惯性矩。

B-5 试分别求如图 B-13 所示环形和箱形截面对其对称轴 x 的惯性矩。

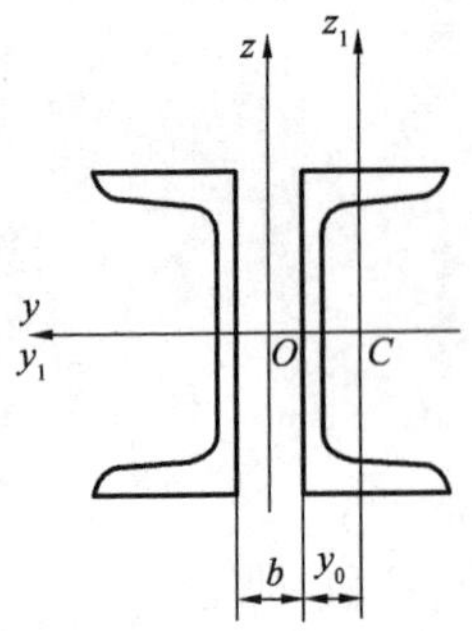

图 B-10　习题 B-2 图

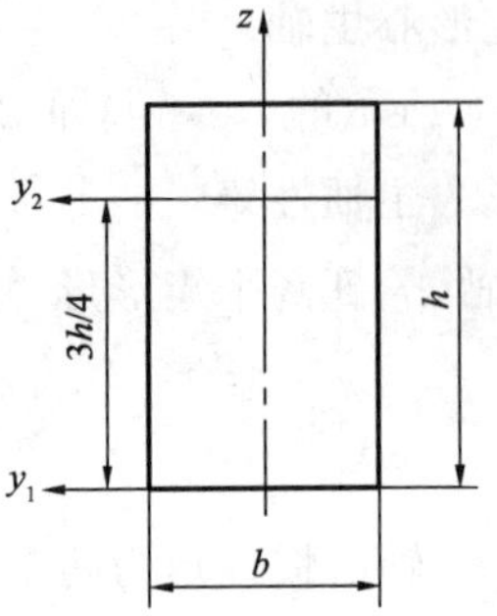

图 B-11　习题 B-3 图

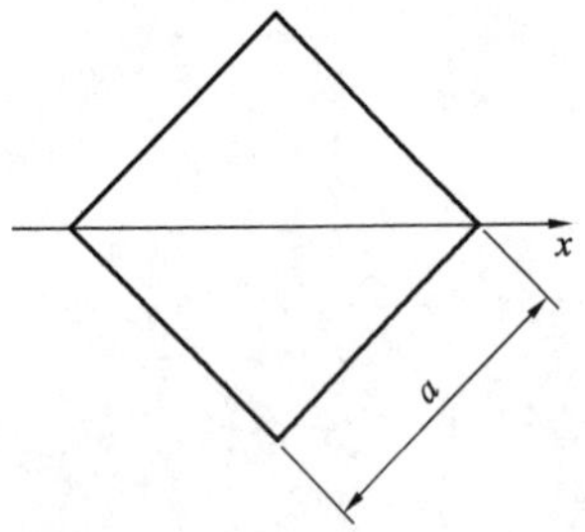

图 B-12　习题 B-4 图

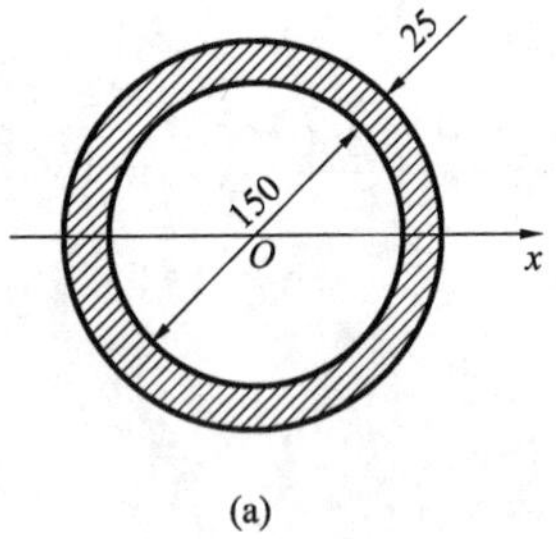

图 B-13　习题 B-5 图

B-6　试求如图 B-14 所示组合截面对于形心轴 x 的惯性矩。

B-7　试求如图 B-15 所示各组合截面对其对称轴 x 的惯性矩。

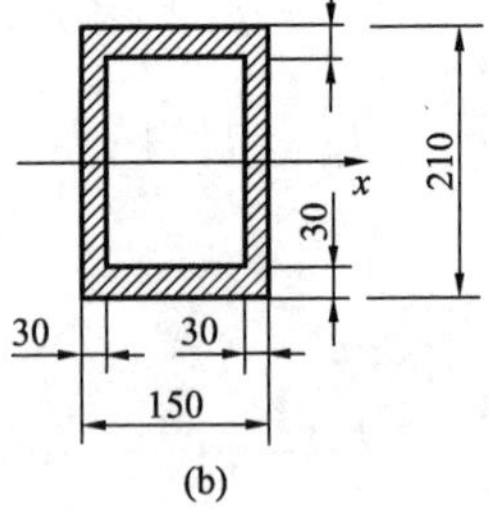

图 B-14　习题 B-6 图

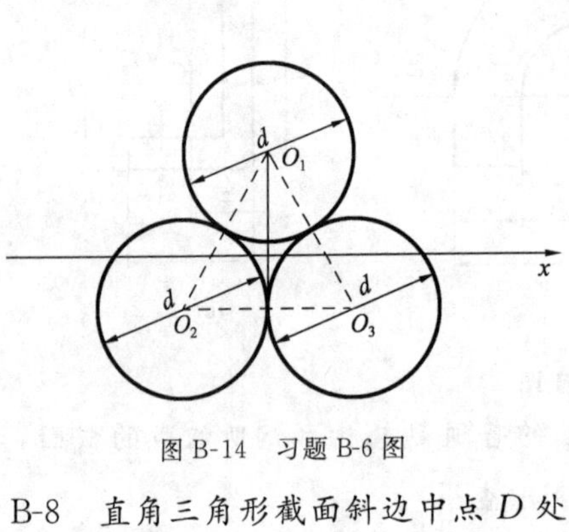

图 B-15　习题 B-7 图

B-8　直角三角形截面斜边中点 D 处的一对正交坐标轴 x、y 如图 B-16 所示，试问：

(1) x、y 是否为一对主惯性轴？

(2) 不用积分，计算其 I_x 和 I_{xy} 值。

B-9　如图 B-17 所示为一等边三角形中心挖去一半径为 r 的圆孔的截面。试证明该截面通过形心 C 的任一轴均为形心主惯性轴。

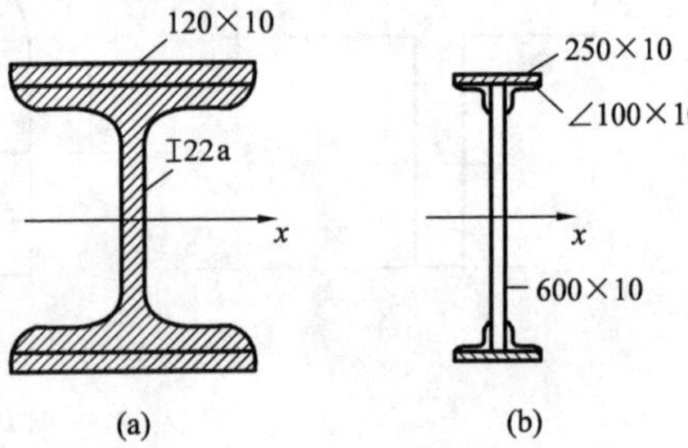

图 B-16　习题 B-8 图

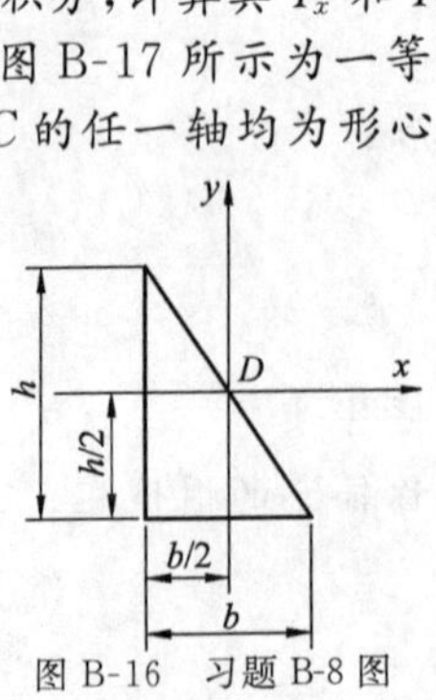

图 B-17　习题 B-9 图

附录C 型钢表

表 C-1　　热轧等边角钢(GB/T 706—2008)

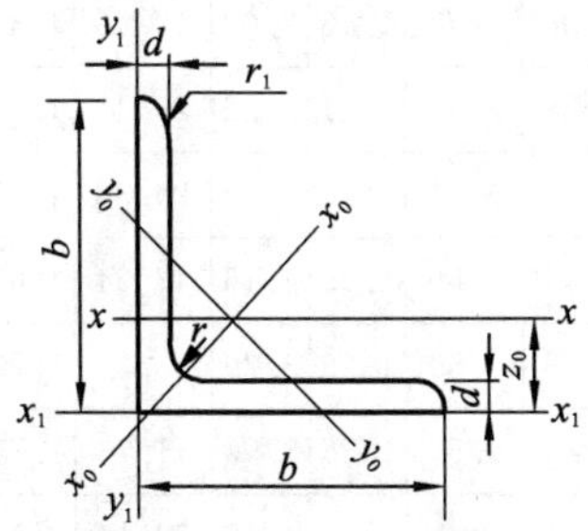

符号意义：

b——边宽度；　　I——惯性矩；

d——边厚度；　　i——惯性半径；

r——内圆弧半径；　　W——截面系数；

r_1——边端内圆弧半径；　　z_0——重心距离

角钢号数	尺寸/mm			截面面积 /cm²	理论重量 /(kg/m)	外表面积 /(m²/m)	参考数值										z_0 /cm
							$x-x$			x_0-x_0			y_0-y_0			x_1-x_1	
	b	d	r				I_x /cm⁴	i_x /cm	W_x /cm³	I_{x0} /cm⁴	i_{x0} /cm	W_{x0} /cm³	I_{y0} /cm⁴	i_{y0} /cm	W_{y0} /cm³	I_{x1} /cm⁴	
2	20	3	3.5	1.132	0.889	0.078	0.40	0.59	0.29	0.63	0.75	0.45	0.17	0.39	0.20	0.81	0.60
		4		1.459	1.145	0.077	0.50	0.58	0.36	0.78	0.73	0.55	0.22	0.38	0.24	1.09	0.64
2.5	25	3		1.432	1.124	0.098	0.82	0.76	0.46	1.29	0.95	0.73	0.34	0.49	0.33	1.57	0.73
		4		1.859	1.459	0.097	1.03	0.74	0.59	1.62	0.93	0.92	0.43	0.48	0.40	2.11	0.76
3.0	30	3	4.5	1.749	1.373	0.117	1.46	0.91	0.68	2.31	1.15	1.09	0.61	0.59	0.51	2.71	0.85
		4		2.276	1.786	0.117	1.84	0.90	0.87	2.92	1.13	1.37	0.77	0.58	0.62	3.63	0.89
3.6	36	3		2.109	1.656	0.141	2.58	1.11	0.99	4.09	1.39	1.61	1.07	0.71	0.76	4.68	1.00
		4		2.756	2.163	0.141	3.29	1.09	1.28	5.22	1.38	2.05	1.37	0.70	0.93	6.25	1.04
		5		3.382	2.654	0.141	3.95	1.08	1.56	6.24	1.36	2.45	1.65	0.70	1.09	7.84	1.07
4.0	40	3	5	2.359	1.852	0.157	3.59	1.23	1.23	5.69	1.55	2.01	1.49	0.79	0.96	6.41	1.09
		4		3.086	2.422	0.157	4.60	1.22	1.60	7.29	1.54	2.58	1.91	0.79	1.19	8.56	1.13
		5		3.791	2.976	0.156	5.53	1.21	1.96	8.76	1.52	3.10	2.30	0.78	1.39	10.74	1.17
4.5	45	3	5	2.659	2.088	0.177	5.17	1.40	1.58	8.20	1.76	2.58	2.14	0.89	1.24	9.12	1.22
		4		3.486	2.736	0.177	6.65	1.38	2.05	10.56	1.74	3.32	2.75	0.89	1.54	12.18	1.26
		5		4.292	3.369	0.176	8.04	1.37	2.51	12.74	1.72	4.00	3.33	0.88	1.81	15.25	1.30
		6		5.076	3.985	0.176	9.33	1.36	2.95	14.76	1.70	4.64	3.89	0.88	2.06	18.36	1.33
5	50	3	5.5	2.971	2.332	0.197	7.18	1.55	1.96	11.37	1.96	3.22	2.98	1.00	1.57	12.50	1.34
		4		3.897	3.059	0.197	9.26	1.54	2.56	14.70	1.94	4.16	3.82	0.99	1.96	16.69	1.38
		5		4.803	3.770	0.196	11.21	1.53	3.13	17.79	1.92	5.03	4.64	0.98	2.31	20.90	1.42
		6		5.688	4.465	0.196	13.05	1.52	3.68	20.68	1.91	5.85	5.42	0.98	2.63	25.14	1.46

（续表）

角钢号数	尺寸/mm			截面面积 /cm^2	理论重量 /(kg/m)	外表面积 /(m^2/m)	参考数值										z_0 /cm
							$x-x$			x_0-x_0			y_0-y_0			x_1-x_1	
	b	d	r				I_x /cm^4	i_x /cm	W_x /cm^3	I_{x0} /cm^4	i_{x0} /cm	W_{x0} /cm^3	I_{y0} /cm^4	i_{y0} /cm	W_{y0} /cm^3	I_{x1} /cm^4	
5.6	56	3	6	3.343	2.624	0.221	10.19	1.75	2.48	16.14	2.20	4.08	4.24	1.13	2.02	17.56	1.48
		4		4.390	3.446	0.220	13.18	1.73	3.24	20.92	2.18	5.28	5.46	1.11	2.52	23.43	1.53
		5		5.415	4.251	0.220	16.02	1.72	3.97	25.42	2.17	6.42	6.61	1.10	2.98	29.33	1.57
		6		8.367	6.568	0.219	23.63	1.68	6.03	37.37	2.11	9.44	9.89	1.09	4.16	47.24	1.68
6.3	63	4	7	4.978	3.907	0.248	19.03	1.96	4.13	30.17	2.46	6.78	7.89	1.26	3.29	33.35	1.70
		5		6.143	4.822	0.248	23.17	1.94	5.08	36.77	2.45	8.25	9.57	1.25	3.90	41.73	1.74
		6		7.288	5.721	0.247	27.12	1.93	6.00	43.03	2.43	9.66	11.20	1.24	4.46	50.14	1.78
		8		9.515	7.469	0.247	34.46	1.90	7.75	54.56	2.40	12.25	14.33	1.23	5.47	67.11	1.85
		10		11.657	9.151	0.246	41.09	1.88	9.39	64.85	2.36	14.56	17.33	1.22	6.36	84.31	1.93
7	70	4	8	5.570	4.372	0.275	26.39	2.18	5.14	41.80	2.74	8.44	10.99	1.40	4.17	45.74	1.86
		5		6.875	5.397	0.275	32.21	2.16	6.32	51.08	2.73	10.32	13.34	1.39	4.95	57.21	1.91
		6		8.160	6.406	0.275	37.77	2.15	7.48	59.93	2.71	12.11	15.61	1.38	5.67	68.73	1.95
		7		9.424	7.398	0.275	43.09	2.14	8.59	68.35	2.69	13.81	17.82	1.38	6.34	80.29	1.99
		8		10.667	8.373	0.274	48.17	2.12	9.68	76.37	2.68	15.43	19.98	1.37	6.98	91.92	2.03
7.5	75	5	9	7.412	5.818	0.295	39.97	2.33	7.32	63.30	2.92	11.94	16.63	1.50	5.77	70.56	2.04
		6		8.797	6.905	0.294	46.95	2.31	8.64	74.38	2.90	14.02	19.51	1.49	6.67	84.55	2.07
		7		10.160	7.976	0.294	53.57	2.30	9.93	84.96	2.89	16.02	22.18	1.48	7.44	98.71	2.11
		8		11.503	9.030	0.294	59.96	2.28	11.20	95.07	2.88	17.93	24.86	1.47	8.19	112.97	2.15
		10		14.126	11.089	0.293	71.98	2.26	13.64	113.92	2.84	21.48	30.05	1.46	9.56	141.71	2.22
8	80	5	9	7.912	6.211	0.315	48.79	2.48	8.34	77.33	3.13	13.67	20.25	1.60	6.66	85.36	2.15
		6		9.397	7.376	0.314	57.35	2.47	9.87	90.98	3.11	16.08	23.72	1.59	7.65	102.50	2.19
		7		10.860	8.525	0.314	65.58	2.46	11.37	104.07	3.10	18.40	27.09	1.58	8.58	119.70	2.23
		8		12.303	9.658	0.314	73.49	2.44	12.83	116.60	3.08	20.61	30.39	1.57	9.46	136.97	2.27
		10		15.126	11.874	0.313	88.43	2.42	15.64	140.09	3.04	24.76	36.77	1.56	11.08	171.74	2.35
9	90	6	10	10.637	8.350	0.354	82.77	2.79	12.61	131.26	3.51	20.63	34.28	1.80	9.95	145.87	2.44
		7		12.301	9.656	0.354	94.83	2.78	14.54	150.47	3.50	23.64	39.18	1.78	11.19	170.30	2.48
		8		13.944	10.946	0.353	106.47	2.76	16.42	168.97	3.48	26.55	43.97	1.78	12.35	194.80	2.52
		10		17.167	13.476	0.353	128.58	2.74	20.07	203.90	3.45	32.04	53.26	1.76	14.52	244.07	2.59
		12		20.306	15.940	0.352	149.22	2.71	23.57	236.21	3.41	37.12	62.22	1.75	16.49	293.76	2.67

（续表）

角钢号数	尺寸/mm			截面面积/cm^2	理论重量/(kg/m)	外表面积/(m^2/m)	参考数值										z_0/cm
							$x-x$			x_0-x_0			y_0-y_0			x_1-x_1	
	b	d	r				I_x/cm^4	i_x/cm	W_x/cm^3	I_{x0}/cm^4	i_{x0}/cm	W_{x0}/cm^3	I_{y0}/cm^4	i_{y0}/cm	W_{y0}/cm^3	I_{x1}/cm^4	
10	100	6	12	11.932	9.366	0.393	114.95	3.10	15.68	181.98	3.90	25.74	47.92	2.00	12.69	200.07	2.67
		7		13.796	10.830	0.393	131.86	3.09	18.10	208.97	3.89	29.55	54.74	1.99	14.26	233.54	2.71
		8		15.638	12.276	0.393	148.24	3.08	20.47	235.07	3.88	33.24	61.41	1.98	15.75	267.09	2.76
		10		19.261	15.120	0.392	179.51	3.05	25.06	284.68	3.84	40.26	74.35	1.96	18.54	344.48	2.84
		12		22.800	17.898	0.391	208.90	3.03	29.48	330.95	3.81	46.80	86.84	1.95	21.08	402.34	2.91
		14		26.256	20.611	0.391	236.53	3.00	33.73	374.06	3.77	52.90	99.00	1.94	23.44	470.75	2.99
		16		29.627	23.257	0.390	262.53	2.98	37.82	414.16	3.74	58.57	110.89	1.94	25.63	539.80	3.06
11	110	7	12	15.196	11.928	0.433	177.16	3.41	22.05	280.94	4.30	36.12	73.38	2.20	17.51	310.64	2.96
		8		17.238	13.532	0.433	199.46	3.40	24.95	316.49	4.28	40.69	82.42	2.19	19.39	355.20	3.01
		10		21.261	16.690	0.432	242.19	3.38	30.60	384.39	4.25	49.42	99.98	2.17	22.91	444.65	3.09
		12		25.200	19.782	0.431	282.55	3.35	36.05	448.17	4.22	57.62	116.93	2.15	26.15	534.60	3.16
		14		29.056	22.809	0.431	320.71	3.32	41.31	508.01	4.18	65.31	133.40	2.14	29.14	625.16	3.24
12.5	125	8	14	19.750	15.504	0.492	297.03	3.88	32.52	470.89	4.88	53.28	123.16	2.50	25.86	521.01	3.37
		10		24.373	19.133	0.491	361.67	3.85	39.97	573.89	4.85	64.93	149.46	2.48	30.62	651.93	3.45
		12		28.912	22.696	0.491	423.16	3.83	41.17	671.44	4.82	75.96	174.88	2.46	35.03	783.42	3.53
		14		33.367	26.193	0.490	481.65	3.80	54.16	763.73	4.78	86.41	199.57	2.45	39.13	915.61	3.61
14	140	10	14	27.373	21.488	0.551	514.65	4.34	50.58	817.27	5.46	82.56	212.04	2.78	39.20	915.11	3.82
		12		32.512	25.522	0.551	603.68	4.31	59.80	958.79	5.43	96.85	248.57	2.76	45.02	1099.28	3.90
		14		37.567	29.490	0.550	688.81	4.28	68.75	1093.56	5.40	110.47	284.06	2.75	50.45	1284.22	3.98
		16		42.539	33.393	0.549	770.24	4.26	77.46	1221.81	5.36	123.42	318.67	2.74	55.55	1470.07	4.06
16	160	10	16	31.502	24.729	0.630	779.53	4.98	66.70	1237.30	6.27	109.36	321.76	3.20	52.76	1365.33	4.31
		12		37.441	29.391	0.630	916.58	4.95	78.98	1455.68	6.24	128.67	377.49	3.18	60.74	1639.57	4.39
		14		43.296	33.987	0.629	1048.36	4.92	90.95	1665.02	6.20	147.17	431.70	3.16	68.24	1914.68	4.47
		16		49.067	38.518	0.629	1175.08	4.89	102.63	1865.57	6.17	164.89	484.59	3.14	75.31	2190.82	4.55
18	180	12		42.241	33.159	0.710	1321.35	5.59	100.82	2100.10	7.05	165.00	542.61	3.58	78.41	2332.80	4.89
		14		48.896	38.388	0.709	1514.48	5.56	116.25	2407.42	7.02	189.14	625.53	3.56	88.38	2723.48	4.97
		16		55.467	43.542	0.709	1700.99	5.54	131.13	2703.37	6.98	212.40	698.60	3.55	97.83	3115.29	5.05
		18		61.955	48.634	0.708	1875.12	5.50	145.64	2988.24	6.94	234.78	762.01	3.51	105.14	3502.43	5.13
20	200	14	18	54.642	42.894	0.788	2103.55	6.20	144.70	3343.26	7.82	236.40	863.83	3.98	111.82	3734.10	5.46
		16		62.013	48.680	0.788	2366.15	6.18	163.65	3760.89	7.79	265.93	971.41	3.96	123.96	4270.39	5.54
		18		69.301	54.401	0.787	2620.64	6.15	182.22	4164.54	7.75	294.48	1076.74	3.94	135.52	4808.13	5.62
		20		76.505	60.056	0.787	2867.30	6.12	200.42	4554.55	7.72	322.06	1180.04	3.93	146.55	5347.51	5.69
		24		90.661	71.168	0.785	3338.25	6.07	236.17	5294.97	7.64	374.41	1381.53	3.90	166.55	6457.16	5.87

注：截面图中的 $r_1=1/3d$ 及表中 r 的数据用于孔型设计，不做交货条件。

表 C-2　　　　　　　　热轧不等边角钢(GB/T 706—2008)

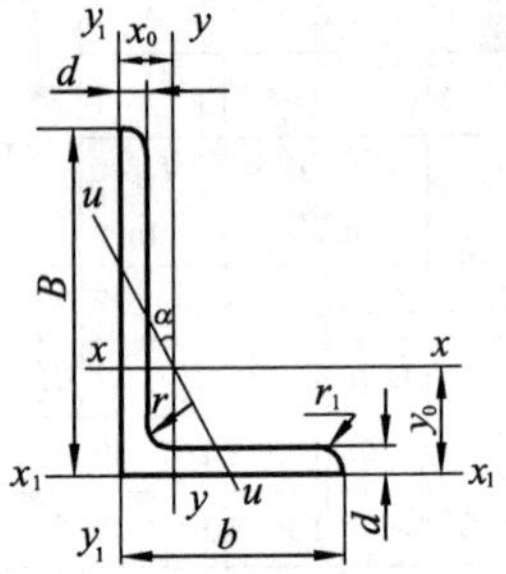

符号意义：

B——长边宽度；　　b——短边宽度；

d——边厚度；　　r——内圆弧半径；

r_1——边端内圆弧半径；　　I——惯性矩；

i——惯性半径；　　W——截面系数；

x_0——重心距离；　　y_0——重心距离

角钢号数	尺寸/mm				截面面积/cm²	理论重量/(kg/m)	外表面积/(m²/m)	参考数值													
								$x-x$			$y-y$			x_1-x_1		y_1-y_1		$u-u$			
	B	b	d	r				I_x/cm⁴	i_x/cm	W_x/cm³	I_y/cm⁴	i_y/cm	W_y/cm³	I_{x1}/cm⁴	y_0/cm	I_{y1}/cm⁴	x_0/cm	I_u/cm⁴	i_u/cm	W_u/cm³	$\tan\alpha$
2.5/1.6	25	16	3	3.5	1.162	0.912	0.080	0.70	0.78	0.43	0.22	0.44	0.19	1.56	0.86	0.43	0.42	0.14	0.34	0.16	0.392
			4		1.499	1.176	0.079	0.88	0.77	0.55	0.27	0.43	0.24	2.09	0.90	0.59	0.46	0.17	0.34	0.20	0.381
3.2/2	32	20	3		1.492	1.171	0.102	1.53	1.01	0.72	0.46	0.55	0.30	3.27	1.08	0.82	0.49	0.28	0.43	0.25	0.382
			4		1.939	1.522	0.101	1.93	1.00	0.93	0.57	0.54	0.39	4.37	1.12	1.12	0.53	0.35	0.42	0.32	0.374
4/2.5	40	25	3	4	1.890	1.484	0.127	3.08	1.28	1.15	0.93	0.70	0.49	6.39	1.32	1.59	0.59	0.56	0.54	0.40	0.386
			4		2.467	1.936	0.127	3.93	1.26	1.49	1.18	0.69	0.63	8.53	1.37	2.14	0.63	0.71	0.54	0.52	0.381
4.5/2.8	45	28	3	5	2.149	1.687	0.143	4.45	1.44	1.47	1.34	0.79	0.62	9.10	1.47	2.23	0.64	0.80	0.61	0.51	0.383
			4		2.806	2.203	0.143	5.69	1.42	1.91	1.70	0.78	0.80	12.13	1.51	3.00	0.68	1.02	0.60	0.66	0.380
5/3.2	50	32	3	5.5	2.431	1.908	0.161	6.24	1.60	1.84	2.02	0.91	0.82	12.49	1.60	3.31	0.73	1.20	0.70	0.68	0.404
			4		3.177	2.494	0.160	8.02	1.59	2.39	2.58	0.90	1.06	16.65	1.65	4.45	0.77	1.53	0.69	0.87	0.402
5.6/3.6	56	36	3	6	2.743	2.153	0.181	8.88	1.80	2.32	2.92	1.03	1.05	17.54	1.78	4.70	0.80	1.73	0.79	0.87	0.408
			4		3.590	2.818	0.180	11.45	1.79	3.03	3.76	1.02	1.37	23.39	1.82	6.33	0.85	2.23	0.79	1.13	0.408
			5		4.415	3.466	0.180	13.86	1.77	3.71	4.49	1.01	1.65	29.25	1.87	7.94	0.88	2.67	0.78	1.36	0.404
6.3/4	63	40	4	7	4.058	3.185	0.202	16.49	2.02	3.87	5.23	1.14	1.70	33.30	2.04	8.63	0.92	3.12	0.88	1.40	0.398
			5		4.993	3.920	0.202	20.02	2.00	4.74	6.31	1.12	2.71	41.63	2.08	10.86	0.95	3.76	0.87	1.71	0.396
			6		5.908	4.638	0.201	23.36	1.96	5.59	7.29	1.11	2.43	49.98	2.12	13.12	0.99	4.34	0.86	1.99	0.393
			7		6.802	5.339	0.201	26.53	1.98	6.40	8.24	1.10	2.78	58.07	2.15	15.47	1.03	4.97	0.86	2.29	0.389
7/4.5	70	45	4	7.5	4.547	3.570	0.226	23.17	2.26	4.86	7.55	1.29	2.17	45.92	2.24	12.26	1.02	4.40	0.98	1.77	0.410
			5		5.609	4.403	0.225	27.95	2.23	5.92	9.13	1.28	2.65	57.10	2.28	15.39	1.06	5.40	0.98	2.19	0.407
			6		6.647	5.218	0.225	32.54	2.21	6.95	10.62	1.26	3.12	68.35	2.32	18.58	1.09	6.35	0.98	2.59	0.404
			7		7.657	6.011	0.225	37.22	2.20	8.03	12.01	1.25	3.57	79.99	2.36	21.84	1.13	7.16	0.97	2.94	0.402
(7.5/5)	75	50	5	8	6.125	4.808	0.245	34.86	2.39	6.83	12.61	1.44	3.30	70.00	2.40	21.04	1.17	7.41	1.10	2.74	0.435
			6		7.260	5.699	0.245	41.12	2.38	8.12	14.70	1.42	3.88	84.30	2.44	25.37	1.21	8.54	1.08	3.19	0.435
			8		9.467	7.431	0.244	52.39	2.35	10.52	18.53	1.40	4.99	112.50	2.52	34.23	1.29	10.87	1.07	4.10	0.429
			10		11.590	9.098	0.244	62.71	2.33	12.79	21.96	1.38	6.04	140.80	2.60	43.43	1.36	13.10	1.06	4.99	0.423
8/5	80	50	5	8	6.375	5.005	0.255	41.96	2.56	7.78	12.82	1.42	3.32	85.21	2.60	21.06	1.14	7.66	1.10	2.74	0.388
			6		7.560	5.935	0.255	49.49	2.56	9.25	14.95	1.41	3.91	102.53	2.65	25.41	1.18	8.85	1.08	3.20	0.387
			7		8.724	6.848	0.255	56.16	2.54	10.58	16.96	1.39	4.48	119.33	2.69	29.82	1.21	10.18	1.08	3.70	0.384
			8		9.867	7.745	0.254	62.83	2.52	11.92	18.85	1.38	5.03	136.41	2.73	34.32	1.25	11.38	1.07	4.16	0.381

（续表）

角钢号数	尺寸/mm				截面面积/cm^2	理论重量/(kg/m)	外表面积/(m^2/m)	参考数值													
								$x-x$			$y-y$			x_1-x_1		y_1-y_1		$u-u$			
	B	b	d	r				I_x/cm^4	i_x/cm	W_x/cm^3	I_y/cm^4	i_y/cm	W_y/cm^3	I_{x1}/cm^4	y_0/cm	I_{y1}/cm^4	x_0/cm	I_u/cm^4	i_u/cm	W_u/cm^3	tanα
9/5.6	90	56	5	9	7.212	5.661	0.287	60.45	2.90	9.92	18.32	1.59	4.21	121.32	2.91	29.53	1.25	10.98	1.23	3.49	0.385
			6		8.557	6.717	0.286	71.03	2.88	11.74	21.42	1.58	4.96	145.59	2.95	35.58	1.29	12.90	1.23	4.18	0.384
			7		9.880	7.756	0.286	81.01	2.86	13.49	24.36	1.57	5.70	169.66	3.00	41.71	1.33	14.67	1.22	4.72	0.382
			8		11.183	8.779	0.286	91.03	2.85	15.27	27.15	1.56	6.41	194.17	3.04	47.93	1.36	16.34	1.21	5.29	0.380
10/6.3	100	63	6	10	9.617	7.550	0.320	99.06	3.21	14.64	30.94	1.79	6.35	199.71	3.24	50.50	1.43	18.42	1.38	5.25	0.394
			7		11.111	8.722	0.320	113.45	3.20	16.88	35.26	1.78	7.29	233.00	3.28	59.14	1.47	21.00	1.38	6.02	0.393
			8		12.584	9.878	0.319	127.37	3.18	19.08	39.39	1.77	8.21	266.32	3.32	67.88	1.50	23.50	1.37	6.78	0.391
			10		15.467	12.142	0.319	153.81	3.15	28.32	47.12	1.74	9.98	333.06	3.40	85.73	1.58	28.33	1.35	8.24	0.387
10/8	100	80	6	10	10.637	8.350	0.354	107.04	3.17	15.19	61.24	2.40	10.16	199.83	2.95	102.68	1.97	31.65	1.72	8.37	0.627
			7		12.301	9.656	0.354	122.73	3.16	17.52	70.08	2.39	11.71	233.20	3.00	119.98	2.01	36.17	1.72	9.60	0.626
			8		13.944	10.946	0.353	137.92	3.14	19.81	78.58	2.37	13.21	266.61	3.04	137.37	2.05	40.58	1.71	10.80	0.625
			10		17.167	13.476	0.353	166.87	3.12	24.24	94.65	2.35	16.12	333.63	3.12	172.48	2.13	49.10	1.69	13.12	0.622
11/7	110	70	6	10	10.637	8.350	0.354	133.37	3.54	17.85	42.92	2.01	7.90	265.78	3.53	69.08	1.57	25.36	1.54	6.53	0.403
			7		12.301	9.656	0.354	153.00	3.53	20.60	49.01	2.00	9.09	310.07	3.57	80.82	1.61	28.95	1.53	7.50	0.402
			8		13.944	10.946	0.353	172.04	3.51	23.30	54.87	1.98	10.25	354.39	3.62	92.70	1.65	32.45	1.53	8.45	0.401
			10		17.167	13.476	0.353	208.39	3.48	28.54	65.88	1.96	12.48	443.13	3.70	116.83	1.72	39.20	1.51	10.29	0.397
12.5/8	125	80	7	11	14.096	11.066	0.403	227.98	4.02	26.86	74.42	2.30	12.01	454.99	4.01	120.32	1.80	43.81	1.76	9.92	0.408
			8		15.989	12.551	0.403	256.77	4.01	30.41	83.49	2.28	13.56	519.99	4.06	137.85	1.84	49.15	1.75	11.18	0.407
			10		19.712	15.474	0.402	312.04	3.98	37.33	100.67	2.26	16.56	650.09	4.14	173.40	1.92	59.45	1.74	13.64	0.404
			12		23.351	18.330	0.402	364.41	3.95	44.01	116.67	2.24	19.43	780.39	4.22	209.67	2.00	69.35	1.72	16.01	0.400
14/9	140	90	8	12	18.038	14.160	0.453	365.64	4.50	38.48	120.69	2.59	17.34	730.53	4.50	195.79	2.04	70.83	1.98	14.31	0.411
			10		22.261	17.475	0.452	445.50	4.47	47.31	140.03	2.56	21.22	913.20	4.58	245.92	2.12	85.82	1.96	17.48	0.409
			12		26.400	20.724	0.451	521.59	4.44	55.87	169.79	2.54	24.95	1096.09	4.66	296.89	2.19	100.21	1.95	20.54	0.406
			14		30.456	23.908	0.451	594.10	4.42	64.18	192.10	2.51	28.54	1279.26	4.74	348.82	2.27	114.13	1.94	23.52	0.403
16/10	160	100	10	13	25.315	19.872	0.512	668.69	5.14	62.13	205.03	2.85	26.56	1362.89	5.24	336.59	2.28	121.74	2.19	21.92	0.390
			12		30.054	23.592	0.511	784.91	5.11	73.49	239.06	2.82	31.28	1635.56	5.32	405.94	2.36	142.33	2.17	25.79	0.388
			14		34.709	27.247	0.510	896.30	5.08	84.56	271.20	2.80	35.83	1908.50	5.40	476.42	2.43	162.23	2.16	29.56	0.385
			16		39.281	30.835	0.510	1003.04	5.05	95.33	301.60	2.77	40.24	2181.79	5.48	548.20	2.51	182.57	2.16	33.44	0.382
18/11	180	110	10	14	28.373	22.273	0.571	956.25	5.80	78.96	278.11	3.13	32.49	1940.40	5.89	447.22	2.44	166.50	2.42	26.88	0.376
			12		33.712	26.464	0.571	1124.72	5.78	93.53	325.03	3.10	38.32	2328.38	5.98	538.94	2.52	194.87	2.40	31.66	0.374
			14		38.967	30.589	0.570	1286.91	5.75	107.76	369.55	3.08	43.97	2716.60	6.06	631.95	2.59	222.30	2.39	36.32	0.372
			16		44.139	34.649	0.569	1443.06	5.72	121.64	411.85	3.06	49.44	3105.15	6.14	726.46	2.67	248.94	2.38	40.87	0.369
20/12.5	200	125	12	14	37.912	29.761	0.641	1570.90	6.44	116.73	483.16	3.57	49.99	3193.85	6.54	787.74	2.83	285.79	2.74	41.23	0.392
			14		43.867	34.436	0.640	1800.97	6.41	134.65	550.83	3.54	57.44	3726.17	6.62	922.47	2.91	326.58	2.73	47.34	0.390
			16		49.739	39.045	0.639	2023.35	6.38	152.18	615.44	3.52	64.69	4258.86	6.70	1058.86	2.99	366.21	2.71	53.32	0.388
			18		55.526	43.588	0.639	2238.30	6.35	169.33	677.19	3.49	71.74	4792.00	6.78	1197.13	3.06	404.83	2.70	59.18	0.385

注：1. 括号内型号不推荐使用。

2. 截面图中的 $r_1=1/3d$ 及表中 r 的数据用于孔型设计，不做交货条件。

表 C-3 热轧槽钢(GB/T 706—2008)

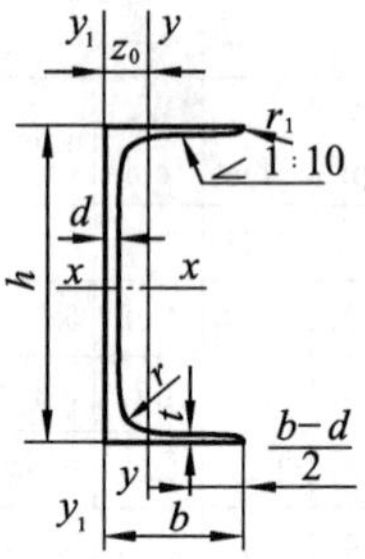

符号意义：

h——高度；　r_1——腿端圆弧半径；

b——腿宽度；　I——惯性矩；

d——腰厚度；　W——截面系数；

t——平均腿厚度；　i——惯性半径；

r——内圆弧半径；　z_0——$y-y$ 轴与 y_1-y_1 轴间距

型号	尺寸/mm						截面面积 /cm²	理论重量 /(kg/m)	参考数值							
									$x-x$			$y-y$			y_1-y_1	z_0 /cm
	h	b	d	t	r	r_1			W_x /cm³	I_x /cm⁴	i_x /cm	W_y /cm³	I_y /cm⁴	i_y /cm	I_{y_1} /cm⁴	
5	50	37	4.5	7	7.0	3.5	6.928	5.438	10.4	26.0	1.94	3.55	8.30	1.10	20.9	1.35
6.3	63	40	4.8	7.5	7.5	3.75	8.444	6.634	16.1	50.8	2.45	4.50	11.9	1.19	28.4	1.36
8	80	43	5.0	8	8.0	4.0	10.248	8.045	25.3	101	3.15	5.79	16.6	1.27	37.4	1.43
10	100	48	5.3	8.5	8.5	4.25	12.748	10.007	39.7	198	3.95	7.8	25.6	1.41	54.9	1.52
12.6	126	53	5.5	9	9.0	4.5	15.692	12.318	62.1	391	4.95	10.2	38.0	1.57	77.1	1.59
14a	140	58	6.0	9.5	9.5	4.75	18.516	14.535	80.5	564	5.52	13.0	53.2	1.70	107	1.71
14b	140	60	8.0	9.5	9.5	4.75	21.316	16.733	87.1	609	5.35	14.1	61.1	1.69	121	1.67
16a	160	63	6.5	10	10.0	5.0	21.962	17.240	108	866	6.28	16.3	73.3	1.83	144	1.80
16	160	65	8.5	10	10.0	5.0	25.162	19.752	117	935	6.10	17.6	83.4	1.82	161	1.75
18a	180	68	7.0	10.5	10.5	5.25	25.699	20.174	141	1270	7.04	20.0	98.6	1.96	190	1.88
18	180	70	9.0	10.5	10.5	5.25	29.299	23.000	152	1370	6.84	21.5	111	1.95	210	1.84
20a	200	73	7.0	11	11.0	5.5	28.837	22.637	178	1780	7.86	24.2	128	2.11	244	2.01
20	200	75	9.0	11	11.0	5.5	32.837	25.770	191	1910	7.64	25.9	144	2.09	268	1.95
22a	220	77	7.0	11.5	11.5	5.8	31.846	24.999	218	2390	8.67	28.2	158	2.23	298	2.10
22	220	79	9.0	11.5	11.5	5.8	36.246	28.453	234	2570	8.42	30.1	176	2.21	326	2.03
a	250	78	7.0	12	12.0	6.0	34.917	27.410	270	3370	9.82	30.6	176	2.24	322	2.07
25b	250	80	9.0	12	12.0	6.0	39.917	31.335	282	3530	9.41	32.7	196	2.22	353	1.98
c	250	82	11.0	12	12.0	6.0	44.917	35.260	295	3690	9.07	35.9	218	2.21	384	1.92
a	280	82	7.5	12.5	12.5	6.2	40.034	31.427	340	4760	10.9	35.7	218	2.33	388	2.10
28b	280	84	9.5	12.5	12.5	6.2	45.634	35.823	366	5130	10.6	37.9	242	2.30	423	2.02
c	280	86	11.5	12.5	12.5	6.2	51.234	40.219	393	5500	10.4	40.3	268	2.29	463	1.95
a	320	88	8.0	14	14.0	7.0	48.513	38.083	475	7600	12.5	46.5	305	2.50	552	2.24
32b	320	90	10.0	14	14.0	7.0	54.913	43.107	509	8140	12.2	49.2	336	2.47	593	2.16
c	320	92	12.0	14	14.0	7.0	61.313	48.131	543	8690	11.9	52.6	374	2.47	643	2.09
a	360	96	9.0	16	16.0	8.0	60.910	47.814	660	11900	14.0	63.5	455	2.73	818	2.44
36b	360	98	11.0	16	16.0	8.0	68.110	53.466	703	12700	13.6	66.9	497	2.70	880	2.37
c	360	100	13.0	16	16.0	8.0	75.310	59.118	746	13400	13.4	70.0	536	2.67	948	3.34
a	400	100	10.5	18	18.0	9.0	75.068	58.928	879	17600	15.3	78.8	592	2.81	1070	2.49
40b	400	102	12.5	18	18.0	9.0	83.068	65.208	932	18600	15.0	82.5	640	2.78	1140	2.44
c	400	104	14.5	18	18.0	9.0	91.068	71.488	986	19700	14.7	86.2	688	2.75	1220	2.42

注：截面图和表中标注的圆弧半径 r、r_1 的数据用于孔型设计，不做交货条件。

表 C-4 热轧工字钢(GB/T 706—2008)

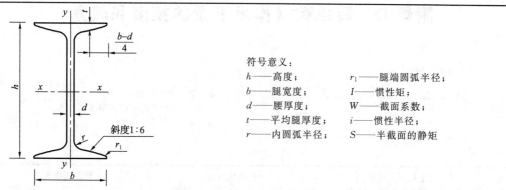

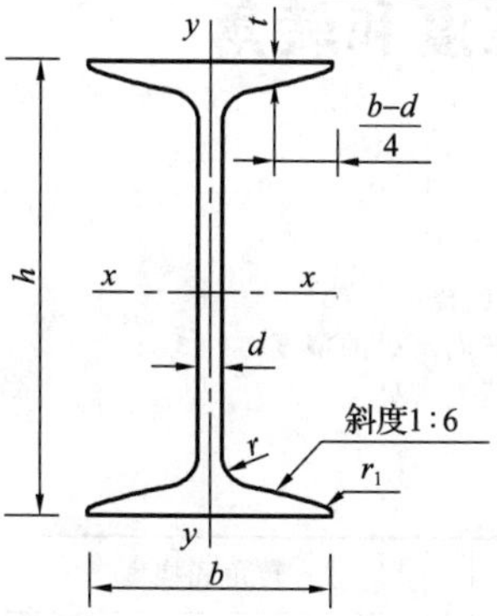

符号意义：

h——高度；	r_1——腿端圆弧半径；
b——腿宽度；	I——惯性矩；
d——腰厚度；	W——截面系数；
t——平均腿厚度；	i——惯性半径；
r——内圆弧半径；	S——半截面的静矩

型号	尺寸/mm						截面面积/cm²	理论重量/(kg/m)	参考数值						
									$x—x$				$y—y$		
	h	b	d	t	r	r_1			I_x /cm⁴	W_x /cm³	i_x /cm	$I_x:S_x$ /cm	I_y /cm⁴	W_y /cm³	i_y /cm
10	100	68	4.5	7.6	6.5	3.3	14.3	11.2	245	49	4.14	8.59	33	9.72	1.52
12.6	126	74	5	8.4	7	3.5	18.1	14.2	488.43	77.529	5.195	10.58	46.906	12.677	1.609
14	140	80	5.5	9.1	7.5	3.8	21.5	16.9	712	102	5.76	12	64.4	16.1	1.73
16	160	88	6	9.9	8	4	26.1	20.5	1130	141	6.58	13.8	93.1	21.2	1.89
18	180	94	6.5	10.7	8.5	4.3	30.6	24.1	1660	185	7.36	15.4	122	26	2
20a	200	100	7	11.4	9	4.5	35.5	27.9	2370	237	8.15	17.2	158	31.5	2.12
20b	200	102	9	11.4	9	4.5	39.5	31.1	2500	250	7.96	16.9	169	33.1	2.06
22a	220	110	7.5	12.3	9.5	4.8	42	33	3400	309	8.99	18.9	225	40.9	2.31
22b	220	112	9.5	12.3	9.5	4.8	46.4	36.4	3570	325	8.78	18.7	239	42.7	2.27
25a	250	116	8	13	10	5	48.5	38.1	5023.54	401.88	10.18	21.58	280.046	48.283	2.403
25b	250	118	10	13	10	5	53.5	42	5283.96	422.72	9.938	21.27	309.297	52.423	2.404
28a	280	122	8.5	13.7	10.5	5.3	55.45	43.4	7114.14	508.15	11.32	24.62	345.051	56.565	2.495
28b	280	124	10.5	13.7	10.5	5.3	61.05	47.9	7480	534.29	11.08	24.24	379.496	61.209	2.493
32a	320	130	9.5	15	11.5	5.8	67.05	52.7	11075.5	692.2	12.84	27.46	459.93	70.758	2.619
32b	320	132	11.5	15	11.5	5.8	73.45	57.7	11621.4	726.33	12.58	27.09	501.53	75.989	2.614
32c	320	134	13.5	15	11.5	5.8	79.95	62.8	12167.5	760.47	12.34	26.77	543.81	81.166	2.608
36a	360	136	10	15.8	12	6	76.3	59.9	15760	875	14.4	30.7	552	81.2	2.69
36b	360	138	12	15.8	12	6	83.5	65.6	16530	919	14.1	30.3	582	84.3	2.64
36c	360	140	14	15.8	12	6	90.7	71.2	17310	962	13.8	29.9	612	87.4	2.6
40a	400	142	10.5	16.5	12.5	6.3	86.1	67.6	21720	1090	15.9	34.1	660	93.2	2.77
40b	400	144	12.5	16.5	12.5	6.3	94.1	73.8	22780	1140	15.6	33.6	692	96.2	2.71
40c	400	146	14.5	16.5	12.5	6.3	102	80.1	23850	1190	15.2	33.2	727	99.6	2.65
45a	450	150	11.5	18	13.5	6.8	102	80.4	32240	1430	17.7	38.6	855	114	2.89
45b	450	152	13.5	18	13.5	6.8	111	87.4	33760	1500	17.4	38	894	118	2.84
45c	450	154	15.5	18	13.5	6.8	120	94.5	35280	1570	17.1	37.6	938	122	2.79
50a	500	158	12	20	14	7	119	93.6	46470	1860	19.7	42.8	1120	142	3.07
50b	500	160	14	20	14	7	129	101	48560	1940	19.4	42.4	1170	146	3.01
50c	500	162	16	20	14	7	139	109	50640	2080	19	41.8	1220	151	2.96
56a	560	166	12.5	21	14.5	7.3	135.25	106.2	65585.6	2342.31	22.02	47.73	1370.16	165.08	3.182
56b	560	168	14.5	21	14.5	7.3	146.45	115	68512.5	2446.69	21.63	47.17	1486.75	174.25	3.162
56c	560	170	16.5	21	14.5	7.3	157.85	123.9	71439.4	2551.41	21.27	46.66	1558.39	183.34	3.158
63a	630	176	13	22	15	7.5	154.9	121.6	93916.2	2981.47	24.62	54.17	1700.55	193.24	3.314
63b	630	178	15	22	15	7.5	167.5	131.5	98083.6	3163.98	24.2	53.51	1812.07	203.6	3.289
63c	630	180	17	22	15	7.5	180.1	141	102251.1	3298.42	23.82	52.92	1924.91	213.88	3.268

注：截面图和表中标注的圆弧半径 r、r_1 的数据，用于孔型设计，不作为交货条件。

附录D 简单荷载作用下梁的挠度和转角

悬臂梁

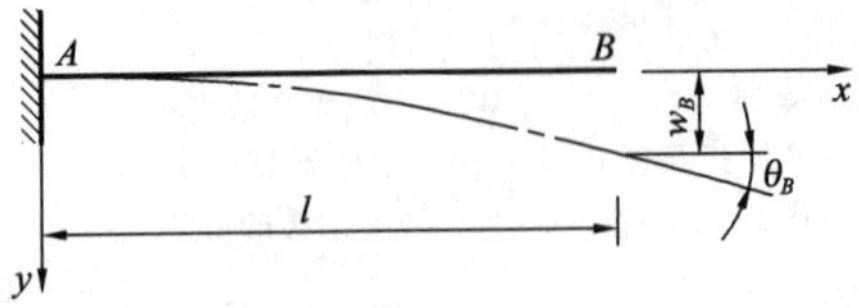

w=沿 y 方向的挠度
$w_B=w(l)$=梁右端处的挠度
$\theta_B=w'(l)$=梁右端处

序号	梁上荷载及弯矩图	挠曲线方程	转角和挠度
1	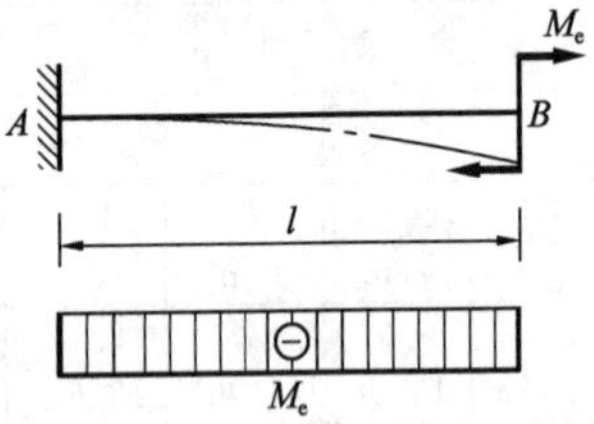	$w=\frac{M_e x^2}{2EI}$	$\theta_B=\frac{M_e l}{EI}$ $w_B=\frac{M_e l^2}{2EI}$
2	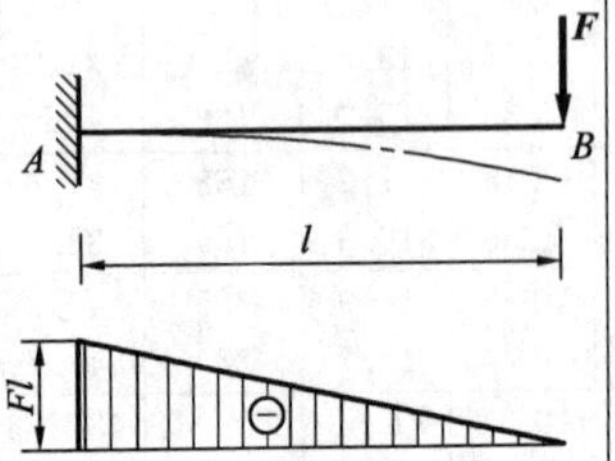	$w=\frac{Fx^2}{6EI}(3l-x)$	$\theta_B=\frac{Fl^2}{2EI}$ $w_B=\frac{Fl^3}{3EI}$
3	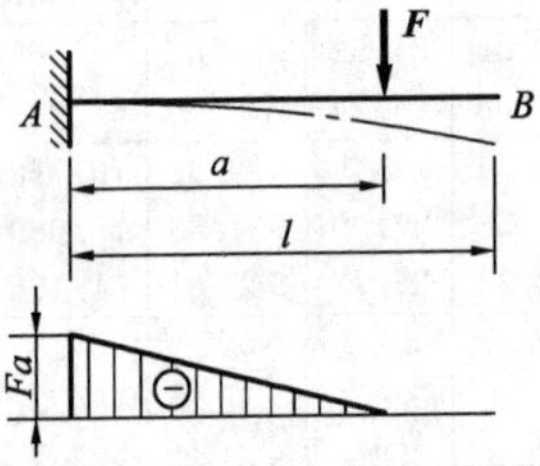	$w=\frac{Fx^2}{6EI}(3a-x)\ (0\leqslant x\leqslant a)$ $w=\frac{Fa^2}{6EI}(3x-a)\ (a\leqslant x\leqslant l)$	$\theta_B=\frac{Fa^2}{2EI}$ $w_B=\frac{Fa^2}{6EI}(3l-a)$
4	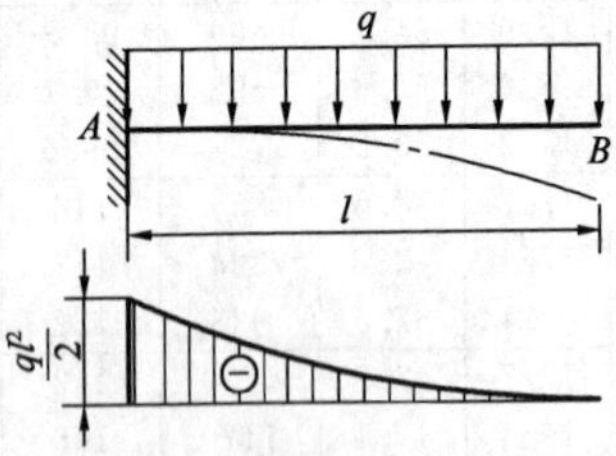	$w=\frac{qx^2}{24EI}(x^2+6l^2-4lx)$	$\theta_B=\frac{ql^3}{6EI}$ $w_B=\frac{ql^4}{8EI}$
5	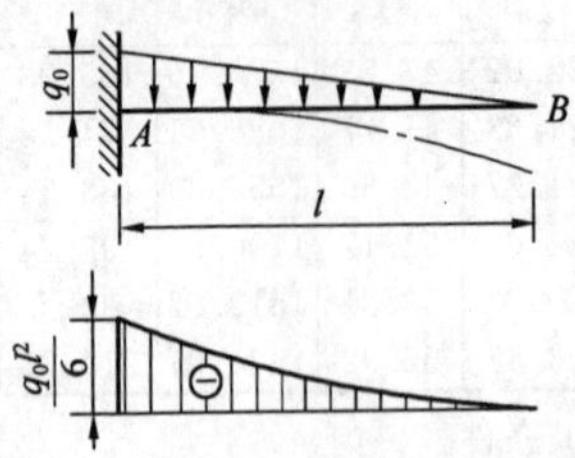	$w=\frac{q_0 x^2}{120EIl}(10l^3-10l^2x+5lx^2-x^3)$	$\theta_B=\frac{q_0 l^3}{24EI}$ $w_B=\frac{q_0 l^4}{30EI}$

简支梁

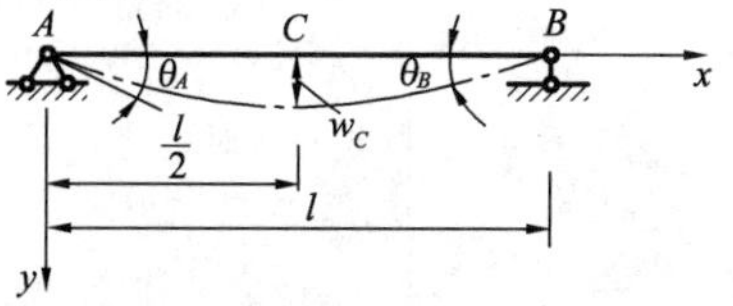

w=沿 y 方向的挠度
$w_C=w(l/2)$=梁的中点挠度
$\theta_A=w'(0)$=梁左端处的转角
$\theta_B=w'(l)$=梁右端处的转角

序号	梁上荷载及弯矩图	挠曲线方程	转角和挠度
6	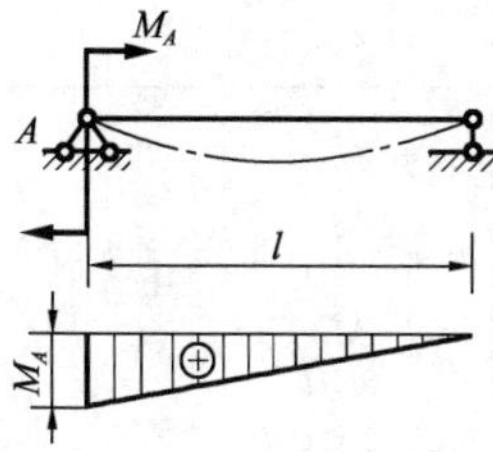	$w=\frac{M_A x}{6EIl}(l-x)(2l-x)$	$\theta_A=\frac{M_A l}{3EI}$ $\theta_B=-\frac{M_A l}{6EI}$ $w_C=\frac{M_A l^2}{16EI}$
7	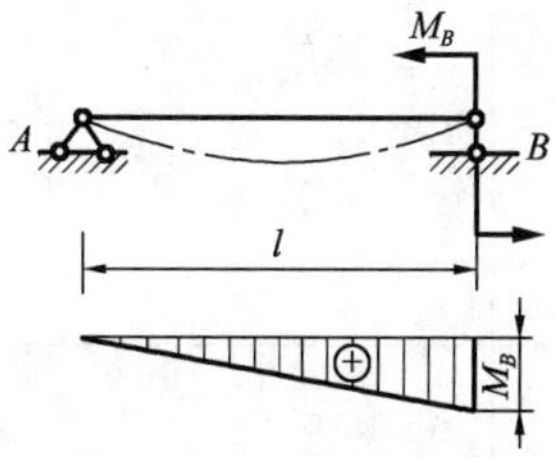	$w=\frac{M_B x}{6EIl}(l^2-x^2)$	$\theta_A=\frac{M_B l}{6EI}$ $\theta_B=-\frac{M_B l}{3EI}$ $w_C=\frac{M_B l^2}{16EI}$
8	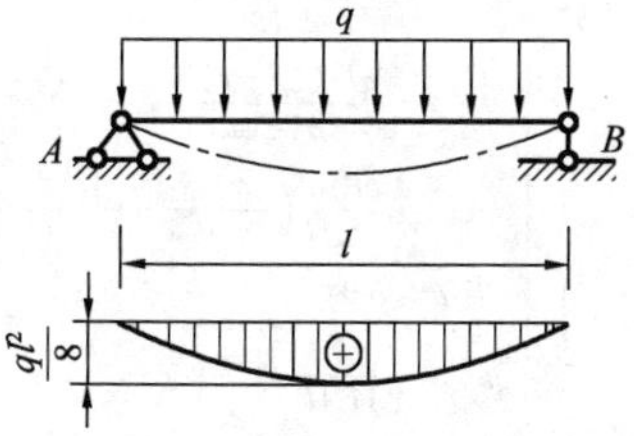	$w=\frac{qx}{24EI}(l^3-2lx^2+x^3)$	$\theta_A=\frac{ql^3}{24EI}$ $\theta_B=-\frac{ql^3}{24EI}$ $w_C=\frac{5ql^4}{384EI}$
9	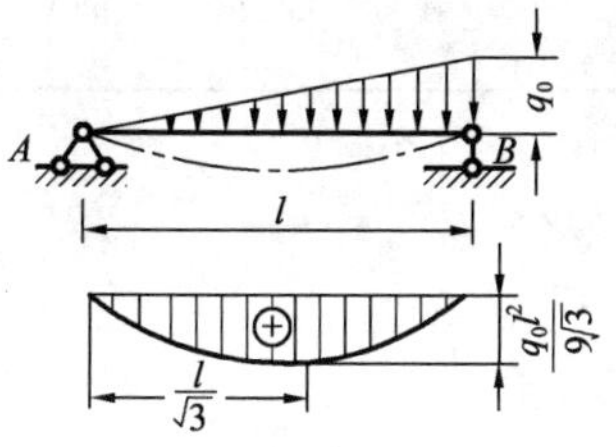	$w=\frac{q_0 x}{360EIl}(7l^4-10l^2x^2+3x^4)$	$\theta_A=\frac{7q_0 l^3}{360EI}$ $\theta_B=-\frac{q_0 l^3}{45EI}$ $w_C=\frac{5q_0 l^4}{768EI}$
10	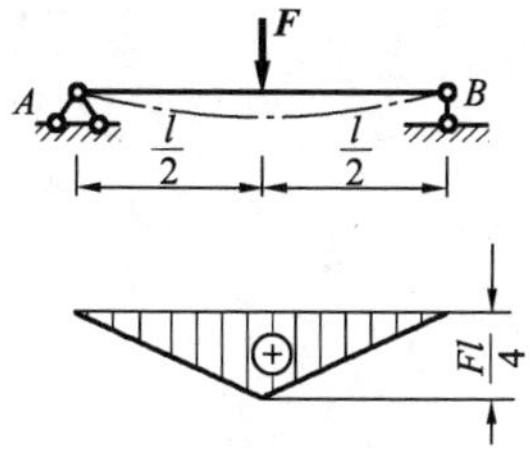	$w=\frac{Fx}{48EI}(3l^2-4x^2)$ $(0\leqslant x\leqslant\frac{l}{2})$	$\theta_A=\frac{Fl^2}{16EI}$ $\theta_B=-\frac{Fl^2}{16EI}$ $w_C=\frac{Fl^3}{48EI}$

（续表）

序号	梁上荷载及弯矩图	挠曲线方程	转角和挠度
11	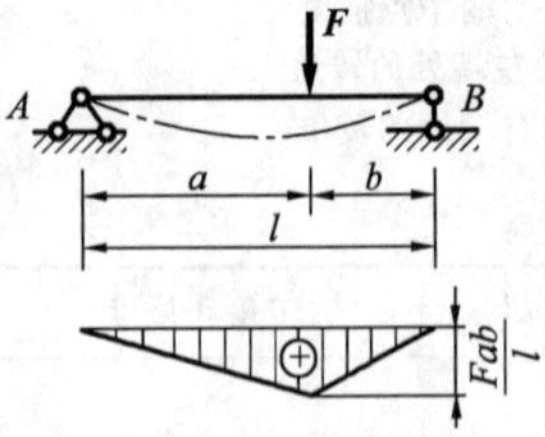	$w=\frac{Fbx}{6EIl}(l^2-x^2-b^2)$ $(0\leqslant x\leqslant a)$ $w=\frac{Fb}{6EIl}\left[\frac{l}{b}(x-a)^3+(l^2-b^2)x-x^3\right]$ $(a\leqslant x\leqslant l)$	当 $a\geqslant b$ 时 $\theta_A=\frac{Fab(l+b)}{6EIl}$ $\theta_B=-\frac{Fab(l+a)}{6EIl}$ $w_C=\frac{Fb(3l^2-4b^2)}{48EI}$
12	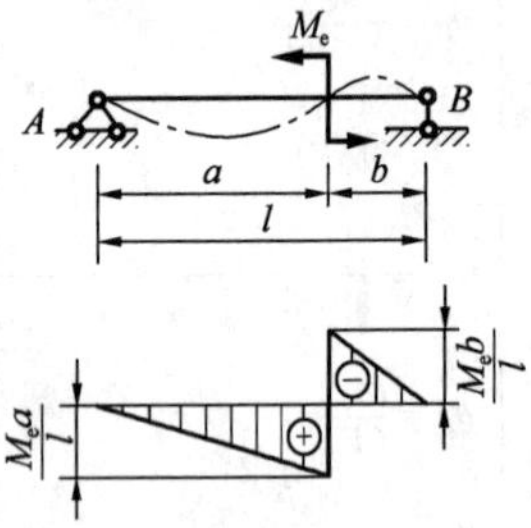	$w=\frac{M_e x}{6EIl}(6la-3a^2-2l^2-x^2)$ $(0\leqslant x\leqslant a)$ 当 $a=b=\frac{l}{2}$ 时 $w=\frac{M_e x}{24EIl}(l^2-4x^2)$ $(0\leqslant x\leqslant l/2)$	当 $a\geqslant b$ 时 $\theta_A=\frac{M_e}{6EIl}(6al-3a^2-2l^2)$ $\theta_B=\frac{M_e}{6EIl}(l^2-3a^2)$ 当 $a=b=\frac{l}{2}$ 时 $\theta_A=\frac{M_e l}{24EI}$ $\theta_B=\frac{M_e l}{24EI}$ $w_C=0$
13	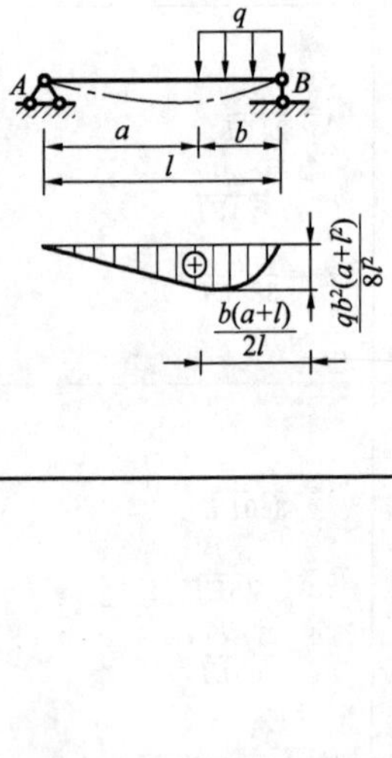	$w=-\frac{qb^5}{24EIl}$ $\left[2\frac{x^3}{b^3}-\frac{x}{b}\left(2\frac{l^2}{b^2}-1\right)\right]$ $(0\leqslant x\leqslant a)$ $w=-\frac{q}{24EI}\left[2\frac{b^2x^3}{l}-\frac{b^2x}{l}(2l^2-b^2)-(x-a)^4\right]$ $(a\leqslant x\leqslant l)$	当 $a\geqslant b$ 时 $\theta_A=\frac{qb^2(2l^2-b^2)}{24EIl}$ $\theta_B=-\frac{ql^2(2l-b)^2}{24EIl}$ $w_C=\frac{qb^5}{24EIl}\left(\frac{3}{4}\frac{l^3}{b^3}-\frac{1}{2}\frac{l}{b}\right)$ 当 $a\leqslant b$ 时 $w_C=\frac{qb^5}{24EIl}$ $\left[\frac{3}{4}\frac{l^3}{b^3}-\frac{1}{2}\frac{l}{b}+\frac{1}{16}\frac{l^5}{b^5}\left(1-\frac{2a}{l}\right)^4\right]$